T0297667

Recyclingtechnik

Hans Martens • Daniel Goldmann

Recyclingtechnik

Fachbuch für Lehre und Praxis

2. Auflage

 Springer Vieweg

Hans Martens
Augsburg, Deutschland

Daniel Goldmann
Clausthal-Zellerfeld, Deutschland

ISBN 978-3-658-02785-8   ISBN 978-3-658-02786-5 (eBook)
DOI 10.1007/978-3-658-02786-5

Die Deutsche Nationalbibliothek verzeichnet diese Publikation in der Deutschen Nationalbibliografie; detaillierte
bibliografische Daten sind im Internet über http://dnb.d-nb.de abrufbar.

Springer Vieweg
© Springer Fachmedien Wiesbaden 2011, 2016

Lektorat: Dr. Daniel Fröhlich

Gedruckt auf säurefreiem und chlorfrei gebleichtem Papier

Springer Fachmedien Wiesbaden GmbH ist Teil der Fachverlagsgruppe Springer Science+Business Media
(www.springer.com)

Geleitwort

Die Recyclingtechnik hat sich aus zwei Fachgebieten entwickelt – aus der Abfallwirtschaft und den Primärrohstofftechnologien.

Stand bei der Entwicklung der **Abfallwirtschaft** zunächst der Beseitigungsgedanke im Vordergrund, so gewann im Lauf der Zeit die Kreislaufführung von Stoffströmen an Bedeutung. Inzwischen hat sich eine leistungsfähige Ressourcenwirtschaft entwickelt, die einen Beitrag zur Rohstoffsicherung leistet. Dies spiegelt sich auch in der Nomenklatur der Gesetzgebung deutlich wider: Die erste bundeseinheitliche Regelung des Abfallrechts in Deutschland wurde 1972 mit dem Abfallbeseitigungsgesetz geschaffen. Ausgehend von der Beseitigung belegen die Titel der Folgenormen – Abfallgesetz (1986), Kreislaufwirtschafts- und Abfallgesetz (1994) und aktuell Kreislaufwirtschaftsgesetz (2012) – den fortschreitenden Wandel in der Zielsetzung. Mit dem Kreislaufwirtschaftsgesetz wurde der Stellenwert des Recyclings und damit des Ressourcenschutzes weiter erhöht; zum einen durch Einführung der fünfstufigen anstelle der dreistufigen Abfallhierarchie, bei der das Recycling in der Rangfolge vor der sonstigen Verwertung – insbesondere energetische Verwertung und Verfüllung – eingeordnet wird; zum anderen durch Einführung von Getrennthaltungspflichten für Metall-, Kunststoff-, Glas-, Papier- und Bioabfälle (seit 1. Januar 2015) sowie von Recyclingquoten für bestimmte Abfallarten, die ab 2020 einzuhalten sind.

Die Stärkung der Kreislaufwirtschaft und des Recyclings wird auch auf europäischer Ebene vorangetrieben. Ein Meilenstein war die Neufassung der EU-Abfallrahmenrichtlinie 2008. Derzeit arbeitet die EU-Kommission an einem *Circular Economy Paket* – das ambitionierter und effektiver sein soll als das von ihr zurückgezogene Kreislaufwirtschaftspaket der Vorgängerkommission. Es wird ein ganzheitlicher Ansatz verfolgt, von der Produktion und dem Produktdesign über den gesamten Lebenszyklus bis hin zu ReUse, Recycling und sonstiger Entsorgung. Die von der EU-Kommission angekündigte Veröffentlichung ihres Vorschlags steht bevor.

Eine zweite Wurzel der Recyclingtechnik sind die **Primärrohstofftechnologien**. Abfälle und Rohhaufwerke – bergbaulich gewonnenes Material – haben im Hinblick auf ihre weitere Verwendung eins gemeinsam: sie sind nur selten für die unmittelbare Weiterverarbeitung in anderen Industriezweigen – z. B. Verhüttung und industrielle Herstellung von Produkten – geeignet. An die Produkte werden Qualitätsanforderungen gestellt, die nur mit aufwendigen Techniken zu erreichen sind. Daher wurden Behandlungstechniken entwickelt, mit denen die Forderungen der Verwerter erfüllt werden können. Für die Aufbereitung von Abfällen zu Sekundärrohstoffen werden vorwiegend gleiche oder ähnliche Verfahren eingesetzt wie für Primärrohstoffe. Für Rohstoffe, die wegen ihres Wertstoffinhaltes genutzt werden sollen, spielen Anreicherverfahren die entscheidende Rolle.

Die Aufbereitungstechnik wird für die Vorbehandlung von zahlreichen Abfallarten eingesetzt, z. B. für Papier/Pappe/Karton, Altglas, Altreifen, Baurestmassen, Altfahrzeuge, Elektro- und Elektronikabfälle, Schlacken und Aschen aus Kraftwerken, Abfallverbrennungsanlagen und der Hüttenindustrie. In der Recyclingtechnik spielen mechanische, thermische und chemische Verfahren wichtige Rollen.

Viele Abfallarten sind komplexe, heterogene Gemische, deren hochwertige Verwertung anspruchsvolle und ausgefeilte, z. T. auch robuste Technik verlangt.

Ohne Kenntnis des Inputmaterials, der theoretischen Grundlagen sowie der Maschinen- und Verfahrenstechnik ist eine optimale Anwendung der Recyclingtechnik zur Erreichung der gewünschten Qualitäten der zu erzeugenden Produkte unter ökonomischen und ökologischen Gesichtspunkten nicht möglich. Obwohl während der letzten Jahrzehnte beachtliche Erfolge hinsichtlich der Kenntnis der Eigenschaften der Abfälle sowie der Maschinen- und Verfahrenstechnik erzielt wurden, kommen der weiteren Forschung und Entwicklung auch im Bereich des Recyclings große Bedeutung zu.

Für ausgewählte Recyclingverfahren werden auf europäischer Ebene *Beste Verfügbare Techniken* beschrieben, im BVT-Merkblatt *Abfallbehandlungsanlagen* zum Beispiel für die Regenerierung von Lösemitteln und die Wiedergewinnung von Katalysatorenbestandteilen. Insgesamt gewinnen europäische Vorgaben für die Recyclingtechnik als zentralen Teilbereich der Abfallwirtschaft größere Bedeutung – Stichworte sind u. a. die Abfallrahmenrichtlinie, das *Circular Economy Paket* der EU-Kommission und die erwähnten Merkblätter über die Besten Verfügbaren Techniken.

Das vorliegende Lehr- und Handbuch wendet sich als Einführung an Studierende naturwissenschaftlicher und technischer Studiengänge sowie an Techniker, Ingenieure und Betriebswirte im Anlagenbau und -betrieb der Recycling- und Abfallwirtschaft, Ingenieurbüros und Umweltbehörden.

Professor Hans Martens hatte auf Grundlage langjähriger industrieller Forschung und seiner Lehre an der Professur für Umwelttechnik und Recycling der Westsächsischen Hochschule Zwickau die Erstauflage veröffentlicht. Nun haben er und Professor Daniel Goldmann, ausgewiesener Recyclingexperte mit fundierten Erfahrungen in der Industrieforschung und -entwicklung sowie Inhaber des Lehrstuhls für Rohstoffaufbereitung und Recycling an der Technischen Universität Clausthal, die stark überarbeitete und ergänzte Neuauflage verfasst.

Das Buch bietet einen fundierten Überblick über alle wesentlichen Recyclingverfahren. Mit seiner logischen Struktur und übersichtlichen Gliederung empfehle ich das umfangreiche Nachschlagewerk für Studium und Praxis.

Professor Dr.-Ing. habil. Dr. h. c. Karl J. Thomé-Kozmiensky
Neuruppin, November 2015

Vorwort

Die Behandlung und Verwertung von Abfällen war weltweit zunächst eine Umweltschutz-maßnahme. Seit einigen Jahrzehnten verlagerte sich der Schwerpunkt auf die Wiederge-winnung der Wertstoffe und deren Rückführung in den Wirtschaftskreislauf. Dafür hat sich international der Begriff Recycling durchgesetzt (engl. recycling; franz. recyclage; span. reciclaje; ital. riciclaggio).

Nach wie vor bietet dieser Begriff eine Reihe von Interpretationsmöglichkeiten. Mit der letzten Revision der Europäischen Abfallrahmenrichtlinie und deren Umsetzung in deutsches Recht als Kreislaufwirtschaftsgesetz im Jahre 2012 (KrWG) wurde der Begriff Recycling für den Europäischen Raum konkretisiert. Jenseits juristischer Auslegungen kann unter Recycling der gesamte Prozess verstanden werden, der die Sammlung von Abfällen, die Durchführung von Vorbehandlungsmaßnahmen, die mechanische Aufbereitung zu Se-kundärrohstoffen und deren Verarbeitung zu neuen Grundstoffen und Werkstoffen umfasst.

Die bereits historische Bedeutung des Recyclings wird allerdings deutlich an der Ver-wertung von Altmetallen, die seit der Gewinnung und Nutzung von Metallen praktiziert wird. Das war durch die spezifischen Eigenschaften der Metalle möglich.

Metalle und Metalllegierungen erfahren während ihres Gebrauchs nur wenig Verschleiß und sind häufig sehr korrosionsbeständig. Das führt zu einem geringen Wertverlust, d. h. die Aufwendungen für die Gewinnung der Erze und die Metall-Herstellung, wie Arbeitskraft, Kapital, Energie und Hilfsstoffe gehen nicht verloren. Eine erneute Nutzung nach Umarbei-tung ist häufig mit geringem zusätzlichem Aufwand durch Umformen oder Umschmelzen möglich. Das gilt in besonderem Maß für die Edelmetalle (Gold, Silber, u. a.), aber auch für Eisen und die Nichteisenmetalle (Kupfer, Blei, Zinn u. a.) sowie deren Legierungen (z. B. Bronze, Messing). Die Wertbeständigkeit der Metalle begründete letztlich ihre Verwend-barkeit als Tauschwert (Bronzestücke, Edelmetallmünzen).

Andere Materialien wie Flüssigkeiten (Öle, Beizen usw.) sind nach Aufarbeitung eben-falls weiter verwendbar. Die Nutzung von Altpapier existiert seit Erfindung des Papiers. Beschriebene Pergamente wurden im Mittelalter z. B. als Bucheinband erneut genutzt und stellen heute wertvolle historische Dokumente dar. Eine lange Tradition hat auch die Ver-wertung von Altglas durch Umschmelzen. Die Mehrfachnutzung von Holz, Textilien und Wasser in Haushalten und Industrie ist ebenfalls weit verbreitet. In Zeiten der Rohstoff-knappheit oder wirtschaftlicher Krisen wurde Recycling oft als bedeutende gesellschaftspo-

litische Maßnahme durchgeführt. Das betraf z. B. das Sammeln von Edelmetallschmuck im
1. Weltkrieg oder das Einschmelzen von Bronzedenkmälern und Glocken im 2. Weltkrieg.

Im Rahmen der weltweiten Umweltdiskussion der vergangenen Jahrzehnte hat das Recycling aber eine noch deutlich erweiterte Bedeutung als Umweltschutzmaßnahme gewonnen. Durch diese „Verwertung von Abfällen" wird z. B. die Deponierung von Müll reduziert
und der Schadstoffeintrag von festen Stoffen, Flüssigkeiten und Gasen in den Boden, in
Flüsse und Grundwasser sowie in die Atmosphäre verringert. Außerdem ermöglicht das
Recycling häufig eine erhebliche Einsparung von Energie gegenüber der Primärproduktion.
Recycling liefert damit einen wichtigen Beitrag zur Reduzierung von CO_2-Emissionen und
damit der globalen Erwärmung. Immer komplexere Produktionsprozesse und Produkte,
immer kürzere Produktlebenszyklen und der Einsatz einer immer größeren Zahl begrenzt
verfügbarer Rohstoffe verschärfen die Herausforderungen für hocheffiziente Recyclingverfahren und -strukturen.

In den letzten Jahrzehnten ist ein umfangreiches Schrifttum zu verschiedenen Teilgebie-
ten des Recyclings entstanden, von Zeitungen und Fachzeitschriften über Tagungsbände bis
zu ergänzungsfähigen Loseblatt-Sammlungen und Fachbüchern. Für die Ausbildung von
Studierenden fehlte aber eine Monografie, die Zugang und Überblick zu den wichtigsten
Grundlagen und Verfahren sowie zu wesentlichen Praxisbeispielen der Recyclingtechnik
lieferte. Mit der Publikation des Fachbuchs für „Recyclingtechnik" (H. Martens) wurde
diese Lücke im Jahre 2011 erstmals gefüllt. Die Resonanz auf dieses Buch veranlassten
Verlag und Autor, nun eine aktualisierte Fassung mit kolorierten Abbildungen herauszu-
geben. Durch die Einbindung eines zweiten Autors (D. Goldmann) konnte eine 2. Auflage
in aktualisierter und erweiterter Fassung als Lehrbuch erarbeitet werden.

Selbstverständlich kann auch dieses Werk nicht auf alle Aspekte der Welt des Abfalls
eingehen. Bewusst erfolgt eine Fokussierung auf die Recyclingtechnik nichtbiologischer
Abfälle. Fragen der biologischen Abfallbehandlung, der Abfallwirtschaft, der Abwasserbehandlung oder des Umweltrechts bleiben anderen Publikationen vorbehalten.

Das vorliegende Lehrbuch „*Recyclingtechnik*" konzentriert sich auf die Recyclingtechnologien mit ihren verfahrenstechnischen Grundlagen und auf relevante Praxisbeispiele
und ergänzt diese im erforderlichen Maße durch wirtschaftliche, ökologische und abfall-
rechtliche Anmerkungen. Dadurch wird die Komplexität der Probleme für den Recycling-
ingenieur von morgen erkennbar, denn dieser muss Generalist mit breitem technischem
Sachverstand sein. In 16 Kapiteln folgt auf eine allgemeine Einführung die Vermittlung
verfahrenstechnischer Grundlagen. Dabei wird immer von den spezifischen Eigenschaften
und den Einsatzgebieten der Werkstoffe und Materialien ausgegangen. Entscheidende Unterschiede der Recyclingfähigkeit von Metallen, Kunststoffen, Papier, Glas und Keramik
werden herausgearbeitet, die typischen Recyclingverfahren für diese Stoffe beschrieben
und damit der Zugang zum Recycling von hochkomplexen Altprodukten (Altautos, Elektronikschrott u. a.) eröffnet. Ergänzend dazu werden auch die Recyclingmöglichkeiten
für andere wichtige Stoffe (Metallsalze, Salzlösungen, Oxide, Farben, Lacke, Lösemittel,
Öle Gase) angerissen. Die Kenntnis der Grundlagen soll auch die Fähigkeit zur Bearbeitung neuer Recyclingaufgaben ermöglichen, die sich durch Einführung neuer Werkstoffe,

Werkstoffverbunde und Produkte (z. B. LCD-Displays, Photovoltaikmodule, LED-Lampen, Magnete mit Seltenerdmetallen) sowie dem damit verbundenen Anfall neuartiger Produktionsabfälle ständig ergeben. Bei der Verwertung komplexer Altprodukte kommt dem Recycling von Altfahrzeugen, Elektro- und Elektronikaltgeräten sowie Batterien eine besondere Bedeutung zu. Dies wird deshalb in speziellen Kapiteln behandelt.

Für eine möglichst vollständige Verwertung von Abfällen kann in der Regel auf thermische Abfallbehandlung und energetische Verwertung nicht verzichtet werden. Aus diesem Grunde ist dieser Thematik ein eigenes Kapitel gewidmet. Aus der im KrWG festgelegten Produktverantwortung der Hersteller von Erzeugnissen ergeben sich Schlussfolgerungen für eine recyclinggerechte Konstruktion aller Erzeugnisse. Diese Thematik wird in einem abschließenden kurzen Kapitel behandelt. Ausführliche Darstellungen zu diesen Themengebieten würden den Rahmen des Buches sprengen, es sollen aber zumindest Implikationen und Schnittstellen zu diesen Gebieten aufgezeigt werden.

Das Buch ist als einführende Literatur für Studenten an Hochschulen und Universitäten mit technischen, naturwissenschaftlichen und wirtschaftlichen Studiengängen konzipiert, wird aber auch Ingenieuren, Technikern und Betriebswirten in der Praxis und in den Umweltbehörden Einstieg und Vertiefung in Bereiche der Recyclingtechnik ermöglichen. Vielleicht findet es aber auch das Interesse einer weiteren Leserschaft, trägt damit zu einem besseren Verständnis der komplexen Zusammenhänge der Recyclingproblematik bei und kann so einen kleinen Beitrag zur Entwicklung einer ressourceneffizienten Gesellschaft leisten.

Eine wesentlich kürzere Darstellung zur Recyclingtechnik wurde von Hans Martens bereits in das „*Handbuch Konstruktionswerkstoffe*" im Kapitel V3 (Hanser Verlag 2008 und 2014) eingebracht. Mit freundlicher Zustimmung des Hanser Verlags war es möglich, einige Tabellen und Abbildungen aus diesem Handbuch in das vorliegende umfassendere Buch zu übernehmen. Bei den betreffenden Tabellen und Abbildungen ist dann immer die Quelle [2.1] oder [3.21] angegeben.

Dem Springer Verlag danken wir für die Übernahme der 2. Auflage in den Bereich Energie und Umwelt bei Springer Vieweg. Besonderer Dank geht auch an den neuen Lektor Dr. D. Fröhlich, mit dem eine sehr konstruktive Zusammenarbeit realisiert werden konnte.

Hans Martens, Augsburg, 2015
Daniel Goldmann, Clausthal-Zellerfeld, 2015

Abkürzungsverzeichnis

ABS	Acrylnitril-Butadien-Styrol
ABS-FR	ABS Flame Retardent
ACCUREC	Li-Recyclingverfahren
AFK	Aramidfaserverstärkter Kunststoff
AGM-Akku	Absorbent-Glass-Mat-Akku
AOD	Argon-Oxygen-Decarburization
ASA	Acrylester-Styrol-Acrylnitril
ASR	Automotive Shredder Residue
BAM	Bariummagnesiumaluminat
BFA	Braunkohleflugasche
BImSchV	Bundesimmissionsschutzverordnung
B2B	Business-to-Business
BMC	Bulk Molding Compound
BTX	Aromaten (Benzol, Toluol, Xylol)
bvse	Bundesverband Sekundärrohstoffe und Entsorgung e. V.
CA	Celluloseacetat
CAT	Certerbiumaluminat
C2B	Consumer-to-Business
CCD-Kamera	Farbzeilenkamera
CCFL	Cold Cathode Fluorescent Lamp
CFK	kohlefaserverstärkter Kunststoff
CIGS	CuInGaSe-PV-Modul
CIS	CuInSe-PV-Modul
CKW	Chlorkohlenwasserstoff
CMYK	Cyan, Magenta, Yellow, Black
CR	Chloroprenkautschuk
CRT	Cathode Ray Tube
CUM	Kupferhüttenschlacke
DfR	Design for Recycling
DGT	Diglykolterephtalat
D2EHPA	Di-2-ethylhexylphosphorsäure

DK-Verfahren	Duisburger-Kupferhütte-Verfahren
DMDTC	Dimethyldithiocarbamat
DMT	Dimethylterephtalat
DSD	Duales System Deutschland
EAF	Electric Arc Furnace
EAR	Stiftung Elektro-Altgeräte Register
EBS	Ersatzbrennstoff
EcoBatRec	Li-Recyclingverfahren
EDS	Edelstahlschlacke
EDTA	Ethylendiamintetraessigsäure
EGR	Elektrische Gasreinigung
EM	Edelmetalle
EM-Sensor	Elektromagnetischer Sensor
EoL	End of Life
EOS	Elektroofenschlacke
EP	Epoxidharz
EPDM	Ethylen-Propylen-Dien-Kautschuk
EPM	Ethylen-Propylen-Copolymer
EPS	expandiertes PS
EVA	Ethylenvinylacetat
EVG	Elektronisches Vorschaltgerät (Energiesparlampe)
EVPG	Energieverbrauchsrelevante-Produkte-Gesetz
FCKW	Fluor-Chlor-Kohlenwasserstoff
FSM	Flammschutzmittel
FWL	Feuerungswärmeleistung
GF	Glasfaser
GFK	glasfaserverstärkter Kunststoff
GKOS	Kupolofenschlacke
GRS	Gemeinsames Rücknahmesystem Batterien
GWP	Global Warming Potential
HHGG	Haushaltgroßgeräte
HIPS	hochschlagzähes PS
HIS	Hyper Spectral Imaging
HMV	Hausmüllverbrennung
HMVA	Hausmüllverbrennungsasche
HMVS	Hausmüllverbrennungsschlacke
HOK	Herdofenkoks
HOS	Hochofenschlacke
HS	Hüttensand
HV	Hochvolt
IC	Integrated Circuit
ICT	Information and Communication Technology

IDIS	International Dismantling Information System
IND-Sensor	Induktionssensor
IS-Verfahren	Imperial Smelting-Verfahren
IS-Schachtofen	Imperial Smelting-Schachtofen
ISASMELT-Ofen	Badschmelzofen (Mount Isa Mines)
IT	Informationstechnik
ITDA	Interessengemeinschaft therm. Abfallbehandlung Deutschland
ITO	Indium Tin Oxide
KRS	Kayser Recycling System
KrW-/AbfG	Kreislaufwirtschaft-/Abfallgesetz
KrWG	Kreislaufwirtschaftsgesetz
KSP	Keramik, Steine, Porzellan
KSS	Kühlschmierstoff
KVG	Konventionelles Vorschaltgerät (Leuchtstofflampe)
KW	Kohlenwasserstoff
LAGA	Länderarbeitsgemeinschaft Abfall
LAP	Lanthanphosphat
LCD	Liquid Crystal Display
LCO-Batterie	Li-Co-Oxid-Batterie
LD-Verfahren	Linz-Donawitz-Konvertertechnologie
LDS	LD-Konverterschlacke
LED	Light Emission Diode
LFP	Li-Fe-Phosphat-Batterie
LFMP	Li-Fe-Mn-Phosphat-Batterie
LG	Leichtgut (Dichtesortierung)
LiBRi	Projekt Li-Recycling
LIBS	Laser Induced Breakdown System
LithoRec	Projekt Li-Recycling
LNO-Batterie	Li-Ni-Oxid-Batterie
LSD-NiMH	Low- Self-Discharge-NiMH
LSH	Lübecker Schrotthandel
MBA	Mechanisch-biologische Abfallbehandlung
MBS	Mechanisch-biologische Stabilisierung
ME	Methylenchlorid
MEK	Methylethylketon
MF	Melamin-Formaldehyd-Harz
MHKW	Müllheizkraftwerk
MIR	Infrarotspektrometrie (mittlere Wellenlänge)
MMC	Metal Matrix Composite
MVA	Müllverbrennungsanlage
NBR	Nitril-Butadien-Kautschuk
NE-Metalle	Nichteisenmetalle

NFPC	Natural Fibre Plastic Composites
NiMH-Batterie	Nickelmetallhydrid-Batterie
NIR	Nahinfrarotspektrometrie
NMC-Batterie	Li-Ni-Mn-Co-Oxid-Batterie
NR	Naturkautschuk
oP	organische Phase
PA	Polyamid
PAK	Polyzyklische aromatische Kohlenwasserstoffe
PAN	Polyacrylnitril
PBB	Polybromierte Biphenyle
PBDE	Polybromierte Diphenylether
PBT	Polybutylenterephtalat
PC	Polycarbonat
PCB	Polychlorierte Biphenyle
PCDD	Polychlorierte Dibenzodioxine
PCDF	Polychlorierte Dibenzofurane
PDP	Plasma Display Panel
PE	Polyethylen
PE-HD	PE hoher Dichte
PE-LD	PE niedriger Dichte
PER	Perchlorethylen
PES	Polyethersulfon
PET	Polyethylenterephtalat
PF	Phenol-Formaldehyd-Harz
PGM	Platingruppenmetalle
PI	Polyimid
PIB	Polyisobuten
PIM	Powder Injection Molding
PMIT	Magnet-Induktions Tomographie
PMMA	Polymethylmethacrylat
PO	Polyolefine
POM	Polyoxymethylen
PP	Polypropylen
PPS	Polyphenylensulfid
PS-E	expandiertes PS
PS	Polystyrol
PSU	Polysulfon
PTFE	Polytetrafluorethylen
PUR	Polyurethan
PV	Photovoltaik
PVB	Polyvinylbutyrat
PVC	Polyvinylchlorid

PVC-U	PVC weich
PVC-P	PVC hart
PVF	Polyvinylfluorid
PVDF	Polyvinylidenfluorid
RAM-Akku	Rechargeable-Alkali-Mangan-Akku
RC-Baustoffe	Recycling-Baustoffe
REA	Rauchgasentschwefelungsanlage
RESH	Residue Shredder
RFID	Radio Frequency Identification
RoHS	Restriction of Use of Certain Hazardous Substances
SAF	Submerged Arc Furnace
SBR	Styrol-Butadien-Kautschuk
SBS	Sekundärbrennstoff
SBS	Styrol-Butadien-Styrol-Copolymerisat
SCR	Selective Catalytic Reduction
SDHL-Verfahren	Variante des Wälzverfahrens
SEM	Seltenerdmetalle
SES	Sekundärmetallurgische Schlacke
SFA	Steinkohleflugasche
SG	Sammelgruppe (Elektrogeräte)
SG	Schwergut (Dichtesortierung)
SKA	Steinkohlenkesselasche
SKG	Schmelzkammergranulat (Schlacke)
SLF	Shredderleichtfraktion
SMC	Sheet Molding Compound
SNCR	Selective Noncatalytic Reduction
SR	Shredderrückstand
SSF	Shredderschwerfraktion
SWS	Stahlwerksschlacke
TA-Luft	Technische Anleitung zur Reinhaltung der Luft
TASI	Technische Anleitung zur Behandlung von Siedlungsabfall
TBP	Tributylphosphat
TBRC	Top Blown Rotary Converter
TCE	Trichlorethan
TDC	Tire Derived Chips
TDF	Tire Derived Fuel
TE	Toxizitätsäquivalent
TEA	Triethanolamin
Tetra	Tetrachlorkohlenstoff
THF	Tetrahydrofuran
TK	Telekommunikation
TOC	Total Organic Carbon

TPE	Thermoplastische Elastomere
TPE-U	Thermoplastische Polyurethan-Elastomere
TRI	Trichlorethylen
TS	Trockensubstanz
TSL-Reaktor	Top Submerged Lance-Reaktor
UF	Harnstoff-Formaldehyd-Harz (Aminoplast)
UBC	Used Beverage Can
UE	Unterhaltungselektronik
UP	ungesättigtes Polyesterharz
UP GF	glasfaserverstärktes UP (SMC)
URTF	Universal Tiltable Furnace
USV	Unterbrechungsfreie Stromversorgung
VDI	Verein deutscher Ingenieure
VfW-REBAT	Altbatterie-Sammelsystem
VIS	Visuelle Spektrometrie
VRLA-Akku	Valve Regulated Lead Acid Battery
VCC-Verfahren	Veba Combi-Cracking-Verfahren
WEEE	Waste Electric and Electronic Equipment
wP	wässrige Phase
WS	Wirbelschicht
XRF-Sensor	Röntgenfluoreszenz-Sensor
XRT-Sensor	Röntgentransmissions-Sensor
YOE	Yttriumeuropiumoxid
ZMK	Zwischenmolekulare Kräfte
ZWS	Zirkulierende Wirbelschicht

Inhaltsverzeichnis

Grundlagen der Kreislaufwirtschaft

1.1 Motivation und Zielstellung des Recyclings

Bei der Produktion wirtschaftlicher Güter, bei deren Gebrauch sowie am Ende ihrer Nutzungszeit entstehen Abfälle. Im KrWG ist der Abfallbegriff wie folgt definiert.

▶ *Abfälle im Sinne des Gesetzes sind alle Stoffe oder Gegenstände, deren sich der Besitzer entledigt, entledigen will oder entledigen muss.*

Produktionsrückstände, Verpackungen, Altprodukte, Altgebäude und -anlagen sind überwiegend fester Natur, es fallen aber auch Abfalllösungen, Abwässer und Abgase an. Feste Abfälle wurden lange Zeit vielfach in sehr verschiedenen Formen deponiert, Abwässer in Flüsse eingeleitet und Abgase in die Luft entlassen. Abfälle enthalten jedoch häufig Komponenten oder Inhaltsstoffe, deren weitere oder erneute Nutzung möglich ist. Sie besitzen also einen Restwert, wie z. B. Eisenschrott oder Altpapier. Ein solcher Restwert ist *ein erstes, erlösgetriebenes Motiv* für eine Verwertung. Die Erzeugung wirtschaftlicher Güter erfordert den Einsatz von Rohstoffen, Energie, Arbeitskraft und Kapital. Durch die Wiederverwendung von Komponenten aus Altprodukten und die Verwertung von Sekundärrohstoffen, die aus Abfällen gewinnbar sind, können ein großer Anteil der eingesetzten Rohstoffe und der zur Erzeugung der Werkstoffe und Produkte aufgewendeten Energie erneut nutzbar gemacht und damit die begrenzt verfügbaren Ressourcen geschont werden. Neben unmittelbarem betriebswirtschaftlichen Nutzen tritt damit als *zweites Motiv die Ressourcenschonung* hinzu, die langfristige volkswirtschaftliche und gesellschaftspolitische Auswirkungen hat. Andererseits können Abfälle auch Schadstoffe (Cadmium, chlororganische Verbindungen u. a.) enthalten, die bei einer ungeeigneten Entsorgung in die Umwelt entlassen werden. Ein ineffizientes Abfallmanagement kann darüber hinaus zu sogenannten Littering-Effekten führen, wie sie z. B. durch die Vermüllung von Landschaften mit Verpackungsmaterialien und aktuell durch das globale Problem der Vermüllung der Meere zu beobachten sind. Eine effiziente und umweltgerechte Verwertung von Abfällen vermindert

© Springer Fachmedien Wiesbaden 2016
H. Martens, D. Goldmann, *Recyclingtechnik*, DOI 10.1007/978-3-658-02786-5_1

also den *Schadstoffeintrag in die Natur (Reduzierung der Schadstoffemissionen* als *drittes Motiv)*. Schließlich verursacht die Deponierung von Abfällen auch Kosten und zusätzlich einen Flächenverbrauch Ein *viertes Motiv ist deshalb die Vermeidung von Deponiekosten und Einleitgebühren* und *die Erhaltung der Landschaft.*

Diese vier Motivationen werden von verschiedenen Teilen der Gesellschaft getragen. Für Individuen und Unternehmen sind die Motive „Realisierung des Restwertes" und „Einsparung von Deponiekosten und Einleitgebühren" entscheidend. Für große, Unternehmen tritt die Motivation der Ressourcensicherung für ihre Produktion hinzu und für Hersteller von Endprodukten die Verpflichtung zur Produktverantwortung nach deren Nutzungsende. Die anderen Motive sind von der Gesellschaft als Ganzes zu verantworten. Erste wesentliche Anstöße kamen dabei vom Club of Rome (1972, „Grenzen des Wachstums"), der insbesondere die Endlichkeit der Rohstoffressourcen bei ständiger Zunahme der Weltbevölkerung und Steigerung der Industrieproduktion sowie des Energieverbrauchs herausstellte. Weitere Initiativen gingen u. a. von der UN-Konferenz in Rio de Janeiro 1992 aus („sustainable development") sowie von dem Faktor-vier-Konzept (Doppelter Wohlstand – halbierter Naturverbrauch; Wuppertal Institut 1995) [1.1].

Um die komplexe Materie der Verwertung von Abfällen zu beschreiben und zu regulieren, folgten seit Mitte der 1990er-Jahre eine Vielzahl rechtlicher und organisatorischer Maßnahmen in denen jedoch häufig Begrifflichkeiten verwendet wurden, die nicht klar abgegrenzt sind. Dieser Trend hält bis heute an. Begriffe wie Verwendung, Verwertung, Recycling, Urban Mining, Landfill Mining u. a. werden in unterschiedlichsten Kontexten genutzt. In die Kategorie „Verwendung" (Wieder- oder Weiterverwendung) fallen etwa die in Abschn. 1.2 aufgeführten Maßnahmen, die dort als „Komponenten-" oder „Produktrecycling" aufgeführt sind. Obwohl diese Maßnahmen im engeren Sinne nicht mehr zur Kategorie „Recycling" gerechnet werden (siehe Abschn. 1.4), werden sie zum besseren Verständnis des Gesamtzusammenhanges kurz angerissen. In die Kategorie „Verwertung" fallen alle jene Maßnahmen, die eine Nutzbarmachung von Inhaltsstoffen von Abfällen umfasst, sei es eine energetische Verwertung, eine stoffliche Verwertung, die nicht zu einer Rückführung in den Produktionskreislauf führt oder eben das „Recycling".

Im Sinne der aktuellen Europäischen Abfallrahmenrichtlinie [1.2] und des deutschen Kreislaufwirtschaftsgesetzes (KrWG) [1.3] bezeichnet der Ausdruck Recycling

▶ „… *jedes Verwertungsverfahren, durch das Abfallmaterialien zu Erzeugnissen, Materialien oder Stoffen entweder für den ursprünglichen Zweck oder für andere Zwecke aufbereitet werden. Es schließt die Aufbereitung organischer Materialien ein, aber nicht die energetische Verwertung und die Aufbereitung zu Materialien, die für die Verwendung als Brennstoff oder zur Verfüllung bestimmt sind"* (KrWG § 3 (25)).

Kurzgefasst kann damit als Zielstellung des Recyclings die nachhaltige, umweltgerechte und ressourceneffiziente stoffliche Rückführung Abfallabgeleiteter Sekundärrohstoffe in den Wirtschaftskreislauf definiert werden.

1.2   Verwertbare Komponenten und Stoffe

Erreichen bestimmte Produkte als Ganzes das Ende Ihrer Nutzungsphase, so lassen sich doch einzelne Komponenten dieser Altprodukte wieder- oder weiterverwenden. Dies trifft etwa auf Gebrauchtteile von Altfahrzeugen zu. Diese Art der Folgenutzung wird landläufig, wenn formal auch nach den aktuellen Begriffsdefinitionen nicht mehr ganz korrekt als „Komponenten- oder Produktrecycling" bezeichnet. Die stoffliche Verwertung von Materialien mit Rückführung in den Wirtschaftskreislauf wird demgegenüber als „Material- oder Werkstoffrecycling" bezeichnet. Alle weiteren Verwertungsverfahren werden der Kategorie „Sonstige Verwertung" zugeordnet. Im Folgenden wird eine kurze Übersicht über diese Verwertungsarten gegeben.

Komponentenrecycling („Produktrecycling")
Man unterscheidet in dieser Kategorie zwischen

- Wiederverwendung von Bauteilen für den gleichen Einsatzzweck (z. B. Einsatz eines gebrauchten Kfz-Motors in einem anderen Fahrzeug) und
- Weiterverwendung von Bauteilen für einen anderen Verwendungszweck.

  Wieder- oder Weiterverwendung können

- unmittelbar mit noch funktionstüchtigen Komponenten,
- nach Reparatur beschädigter Komponenten oder
- nach industrieller Aufarbeitung (Regenerierung) – häufig bei den Produktherstellern selbst – erfolgen.

Das Komponentenrecycling ist nicht Gegenstand dieses Buches, da es sich von den Methoden und Verfahren des Material- bzw. Werkstoffrecycling ganz grundsätzlich unterscheidet und in anderen Industriebereichen stattfindet.

Materialrecycling, Werkstoffrecycling
Wenn das Recycling auf die Verwertung der Werkstoffe und anderer Materialien (Flüssigkeiten, Lösungen, Gase, Stäube, Salze) ausgerichtet ist, dann spricht man von *Werkstoffrecycling oder Materialrecycling.* Für das Materialrecycling müssen Prozesse der mechanischen Aufbereitung und der metallurgischen und chemischen Verfahrenstechnik angewandt werden. In diesem Buch wird unter dem Begriff Recycling praktisch immer das Materialrecycling oder Werkstoffrecycling verstanden.

Am Beispiel von Altfahrzeugen wird allerdings sehr deutlich, dass komplexe Abfallströme oder Altprodukte nur sehr selten ausschließlich in einem Entsorgungspfad enden. Je nach Marktlage oder technischem Zustand des Altfahrzeuges kommen einzelne Komponenten entweder für das Komponentenrecycling in Betracht oder für das Werkstoffrecycling. Diese Situation ist bei einer Reihe von Altprodukten zu beachten.

Ein Spezialfall der Regenerierung ist die *Aufarbeitung von Prozesslösungen*, die eindeutig dem Materialrecycling zuzurechnen ist und deshalb für einige Anwendungsfälle in diesem Buch mit betrachtet wird.

Sonstige Verwertung

Unter „sonstiger Verwertung" werden alle jene Maßnahmen verstanden, die nicht in die Rückführung von Komponenten in den Markt oder von Materialien und Werkstoffen in den Produktionsprozess münden aber dennoch eine Nutzung und keine Beseitigungsmaßnahme für Abfälle darstellen. Hierzu zählt vorrangig die energetische Verwertung. Da diese im Gesamtkontext bei der Nutzbarmachung komplexer Abfälle eine große Rolle spielt, wird ihr im vorliegenden Buch ein eigenes Kapitel gewidmet (Kap. 15). Zur „sonstigen Verwertung" zählen des Weiteren stoffliche Nutzungen von Abfallteilströmen als Material für den Bergversatz oder zum Deponiebau. Da an dieser Stelle der Übergang zu bergbautechnischen oder deponietechnischen Themengebieten erfolgt, soll auf weiterführende Literatur für diesen Bereich verwiesen werden.

1.3   Abfallkategorien, Produktlebensdauer

Die entstehenden Abfälle unterscheiden sich nach Anfall und Eigenschaften erheblich. Zur Verwirklichung eines effizienten Recyclings ist es deshalb zweckmäßig, mehrere Abfallgruppen festzulegen.

- *„Post-Production"-Abfälle*
  Abfälle, die im Laufe der Produktion anfallen in den Stufen
  – Rohstoffgewinnung und -aufbereitung
  – Grundstofferzeugung und Werkstofferzeugung (home scrap)
  – Halbzeugproduktion (new scrap)
  – Bauteil- und Endproduktherstellung
- *„Post-Industrial"-Abfälle*
  Abfälle u. a. aus
  – Produktdistribution und Vermarktung (z. B. Transportverpackungen)
  – der Erstellung von Gebäuden/Installationen etc. (z. B. Baustellenabfälle)
- *„Post-Consumer"-Abfälle*
  Abfälle aus den Kategorien
  – End-of-Life-Produkte (EoL)
  – Gebäuden/Installationen nach Nutzungsende etc. (z. B. Bauschutt)
  – Produkt-Verpackungen (Verkaufsverpackungen)
- *Deponien und Halden*
  – Deponien für gemischte Abfälle
  – Monodeponien und Zwischenlager
  – Halden aus Bergbau, Hüttenwesen u. a.

Diese Kategorien zeichnen sich durch Unterschiede in Anfall und Zusammensetzung aus, die sich auf die Recyclingprozesse stark auswirken. Einige wesentliche Merkmale sind:

- *„Post-Production"-Abfälle*
  - Sortenreine oder sortenarme Abfälle
  - Keine Rezepturenänderungen/Legierungsvermischungen
  - Keine kritischen Verunreinigungen oder Alterung
  - Zentraler und zeitlich kontinuierlicher Anfall

  In geeigneten Fällen bestehen Möglichkeiten für produktionsintegriertes oder produktionsnahes Recycling.
- *„Post-Industrial"-Abfälle*
  - Sortenreine oder sortenarme Abfälle
  - Geringe Verunreinigung und Alterung
  - Regionaler und zeitlich prognostizierbarer Anfall

  In geeigneten Fällen bestehen Möglichkeiten enger Recycling-Loops auf produktnahem Level.
- *„Post-Consumer"-Abfälle*
  - sortenreichere Abfallströme mit geringen Zeit-Mengen-Schwankungen
  - z. T. gravierende Rezepturenänderungen/Legierungsvermischungen
  - starke Verunreinigung und Alterung
  - lokaler Anfall

  Für End-of-Life-Produkte und Verkaufsverpackungen besteht ein Potential für vernetzte Verwertungsstrukturen.
- *Deponien und Halden*
  - extrem sortenreiche Abfallströme mit Multi-Reaktionspotential aus verschiedenen Ablagerungsstrategien und langen Ablagerungszeiträumen
  - Grundsätzlich gravierende Rezepturenänderungen/Legierungsvermischungen
  - starke Verschmutzungen und Alterungen
  - zentraler Anfall

  Potentiale für „landfill mining" bieten anthropogene Lagerstätten, wenn abgelagerte Mengen, enthaltene Wertstoffinhalte und/oder von der Ablagerung ausgehende Umweltrisiken hoch genug sind.

Lebensdauer von Produkten und Verfügbarkeit von Abfallströmen zum Recycling
Abfallströme, die interessante Wertstoffe enthalten, sind Gegenstand massiven Wettbewerbs. Deutlich wird dies z. B. beim Wettbewerb um das Altpapier zwischen öffentlich-rechtlichen Entsorgungskörperschaften (blaue Tonne) und privatwirtschaftlichen Entsorgern. Alte Gebrauchtgüter wie Fahrzeuge oder Elektrogeräte (und damit Abfälle) werden z. T. auch illegal exportiert, um die Verwertung in andere Ländern zu verlagern, die einen Wettbewerbsvorteil durch geringere Sozial- und Umweltstandards besitzen. Dies entzieht der regionalen, nationalen und europäischen Recyclingwirtschaft wertvolle Sekundärrohstoffe. Zur Kompensation solcher Wettbewerbsvorteile sind in den Industriestaaten

moderne Recyclingtechnologien zu entwickeln und zu implementieren, die kosten- und ressourceneffizient Wertstoffe zurückgewinnen können.

Die Zunahme der Komplexität von modernen Produkten und der Anstieg verarbeiteter Inhaltsstoffe erfordert zudem, in modernen Recyclingsystemen die Etablierung von Multimaterial-Rückgewinnungsstrukturen, die eine breitere Wertschöpfungsbasis ermöglicht. Beispielhaft ist hierfür die Entwicklung bei den Produkten für Kommunikation, Information und Unterhaltung zu nennen. Wurden für den Bau elektronischer Geräte in den 80er-Jahren des 20. Jahrhunderts im Schnitt noch 12 Elemente benötigt, ist diese Zahl im 2. Jahrzehnt des 21. Jahrhunderts bereits auf über 60 angewachsen. Für eine Vielzahl dieser Elemente aus Konsumgütern gibt es noch keine effizienten Rückgewinnungstechnologien, die industriell umgesetzt sind. Auf diesem Gebiet finden derzeit massive Entwicklungen statt. Das vorliegende Buch wird daher einige dieser Entwicklungen beleuchten.

Das Recycling muss der Entwicklung, Herstellung und Nutzung von Produkten folgen. Für die Entwicklung und Implementierung von Recyclingtechnologien ist daher der gesamte Lebenszyklus im Auge zu behalten vom Produkt-Design (Entwurf, Konstruktion, Materialeinsatz) über die Produktionstechnologien, die Nutzungsmuster bis zum End-of-Life. Die durchschnittliche Lebensdauer von Produkten und Anlagen ist als Maß relevant, um abschätzen zu können, wann welche Abfallströme mit welchen Zusammensetzungen für das Recycling bereitstehen. Tab. 1.1 gibt dazu eine Übersicht.

Tab. 1.1 Übersicht zur Lebensdauer von Produkten nach Abfallgruppen

Abfallgruppen – Produkte	Lebensdauer Jahre	Klassifikation L, M, K
Anlagen und Investitionsgüter		
Maschinen	20…30	L
Behälter, Kessel	20	L
Container	8	M
Stahlbau	20…60	L
Waggons	25	L
Schiffe	25	L
Rohrleitungen, Armaturen	5…10	M
Bauwerke	30…50	L
Elektrische Ausrüstungen		
Transformatoren	30…40	L
Elektromotoren	7	M
Kupferkabel	40	L

Tab. 1.1 (*Fortsetzung*) Übersicht zur Lebensdauer von Produkten nach Abfallgruppen

Abfallgruppen – Produkte	Lebensdauer Jahre	Klassifikation L, M, K
Aluminiumkabel	40	L
Elektrogeräte		
Radio, Fernseher	5…10	M
Telekommunikationsgeräte	1,5…5	K…M
Kühlschrank	12	L
Waschmaschine	8…20	M…L
Computer	4…6	M
Kraftfahrzeuge		
PKW	2…16	M
PKW-Akkumulator	5…10	M
PKW-Reifen	4	K
LKW, Landmaschinen	12…15	M
Kunststofferzeugnisse		
Behälter	5	K…M
Verpackungen	1…2	K
Papier, Pappe		
Zeitungen, Zeitschriften	0,1…0,5	K
Verpackungen	0,1	K
Bücher	1…10	K…M
Betriebsmittel		
Öle	2	K
Glaserzeugnisse		
Glasflaschen	0,5…2	K
Techn. Glasgeräte	5…10	M

Lebensdauerklassifikation: L = langlebige Produkte; M = Produkte mittlerer Nutzungsdauer; K = kurzlebige Produkte

1.4   Rechtliche Rahmenbedingungen, politische Zielsetzungen und Stoffströme

Das Recycling von Abfällen unterliegt einer Reihe von rechtlichen Vorgaben, die geschaffen wurden, um Umweltschutz zu gewährleisten, Ressourcenschonung sicherzustellen und die Verantwortung für den Umgang mit Abfällen zu regeln.

Eine einigermaßen vollständige Darstellung dieser Rahmenbedingung würde den Rahmen des vorliegenden Buches sprengen und ist Gegenstand einschlägiger Literatur. Für den Recyclingtechniker ist aber ein Grundverständnis für die jeweils gültigen wesentlichen Gesetze und Verordnungen, die bei Entwicklung und Umsetzung von Recyclingtechnologien zu beachten sind, unabdingbar. Ein kurzer Ein- bzw. Überblick soll daher im Folgenden gegeben werden.

Das seit 2012 geltende Kreislaufwirtschaftsgesetz KrWG [1.3] löste das seit 1996 geltende Kreislaufwirtschafts- und Abfallgesetz KrW-/AbfG ab. In die Zukunft weist das ebenfalls 2012 verfasste deutsche Ressourceneffizienzprogramm ProgRess. Weitere Rechtsvorschriften wie das Wertstoffgesetz sind in Vorbereitung. Lag die Hauptstoßrichtung der ersten rechtlichen Vorgaben in der umweltverträglichen Entsorgung von Abfällen, wandelt sich das Bild im Zeitalter der Ressourcenverknappung zusehends zu einem Steuerungsinstrument für die Versorgung mit Sekundärrohstoffen. Wesentliche Festlegungen des KrWG für das Recycling sind in dem folgenden Info-Kasten zusammengefasst.

Schwerpunkte des Kreislaufwirtschaftsgesetzes (KrWG)

§ 6 Grundsätze

(1) Vermeidung und Bewirtschaftung von Abfällen in der Rangfolge
1. Vermeidung
2. Vorbereitung zur Wiederverwendung
3. Recycling
4. sonstige Verwertung, insbesondere energetische Verwertung und Verfüllung
5. Beseitigung (gemeinwohlverträglich)

(2) Auswahl der Maßnahmen nach (1) unter folgenden Kriterien:
a) den zu erwartenden Emissionen
b) dem Maß der Schonung der natürlichen Ressourcen
c) der einzusetzenden oder zu gewinnenden Energie
d) der Anreicherung von Schadstoffen in Produkten oder daraus hergestellten Erzeugnissen

§ 7 Grundpflichten

(2) (3) (4) Erzeuger oder Besitzer von Abfällen sind zu deren Verwertung oder Beseitigung verpflichtet. Die Verwertung hat Vorrang vor der Beseitigung, soweit diese technisch möglich ist, keine Schadstoffanreicherung stattfindet und wirtschaftlich zumutbar ist.

§ 8 Wertigkeit der Maßnahmen

(3) Energetische und stoffliche Verwertung sind gleichrangig, wenn der Heizwert eines unvermischten Abfalls mindestens 11.000 kJ/kg beträgt.

§ 9 Getrennthalten von Abfällen zur Verwertung (Vermischungsverbot)

§ 14 Förderung des Recyclings und der sonstigen stofflichen Verwertung

(1) Getrenntsammlung von Papier-, Metall-, Kunststoff- und Glasabfällen

(3) Stoffliche Verwertung von Bauabfällen zu 70 % ab 2020.

§ 23 Produktverantwortung

(1) Hersteller und Vertreiber von Erzeugnissen haben diese so zu gestalten, dass während der Herstellung, dem Gebrauch und nach dem Nutzungsende entstehende Abfälle verwertet oder umweltverträglich beseitigt werden können.

(2) Schwerpunkte der Produktverantwortung:

   a) Entwicklung und Herstellung von Erzeugnissen, die mehrfach verwendbar bzw. langlebig sind und schadlos zu verwerten oder zu beseitigen sind.

   b) Herstellung von Erzeugnissen vorrangig aus verwertbaren Abfällen oder Sekundärrohstoffen.

   c) Kennzeichnung schadstoffhaltiger Erzeugnisse.

   d) Hinweise auf Wiederverwendungs- und Verwertungsmöglichkeiten

   e) Verpflichtung zur Rücknahme (§ 25 Rückgabepflicht)

Diese zentralen Regelungen wurden um produktspezifische Regelungen für bestimmte Altprodukte und Altstoffe ergänzt und zwar überall dort, wo

- von Abfallströmen besondere Umweltrisiken und/oder ordnungsrechtliche Probleme ausgehen,
- die Ressourceneffizienz bei der Verwertung der Abfälle verbessert werden soll,
- der Umgang mit diesen Abfallströmen offensichtlich ohne zusätzliche rechtliche Regelungen unzureichend ist und
- für den Aufbau verbesserter Verwertungsstrukturen sogenannte „Normadressaten" benannt werden können. Normadressaten können Personen, Unternehmen oder Gruppen sein, die vom Gesetzgeber direkt für die Umsetzung der Regelungen verantwortlich gemacht werden können wie z. B. Produkthersteller im Rahmen ihrer Produktverantwortung.

Beispielhaft seien hier die Verpackungsverordnung, das Elektro- und Elektronikgerätegesetz, die Altfahrzeug-Verordnung oder das Batteriegesetz genannt.

Ergänzt wird das Regelwerk um weitere Gesetze, Verordnungen und Technische An-
leitungen, die die Rahmenbedingungen für einen umweltgerechten Bau und Betrieb von
Abfallbehandlungsanlagen (Bundesimmissionsschutzgesetz und Bundesimmissionsschutz-
verordnungen), Luft- und Wasserreinhaltung (Bundesimmissionsschutzgesetz, Wasser-
haushaltsgesetz), den Schutz vor gefährlichen Stoffen und den Umgang mit diesen (Che-
mikalien-Gesetz, Kreislaufwirtschaftsgesetz u. a.) oder Fragen des grenzüberschreitenden
Abfalltransports (Abfallverbringungsgesetz) betreffen.

Der Abfall- und damit der Recyclingbereich unterliegen Europäischer Gesetzgebung,
die in der Regel in Form von sogenannten EU-Richtlinien erlassen werden und in den einzelnen EU-Staaten in nationales Recht umzusetzen sind. So sind auch die o. g. deutschen
Regelungen den EU-Regelungen unterworfen.

Für jeden, der mit Abfällen umgeht, ist zur Einordung der verschiedenen Maßnahmen
die sogenannte „Abfallhierarchie" gemäß § 6 KrWG [1.3] heranzuziehen, nach der unter
Berücksichtigung ökologischer und ökonomischer Bedingungen (KrWG § 7) immer die
nachfolgende Rangfolge anzustreben ist:

- Vermeidung
- Vorbereitung zur Wiederverwendung
- Recycling
- Sonstige Verwertung, insbesondere energetische Verwertung oder Verfüllung
- Beseitigung (gemeinwohlverträglich)

Unter Recycling ist wie oben beschrieben die Wiedereinführung von Sekundärrohstoffen aus Abfällen in den Produktionskreislauf zu verstehen, allerdings mit Ausnahme
der Produktion von Strom und Wärme (energetische Verwertung). Hierbei kann eine
Rückführung der Bestandteile auf die atomare Ebene erfolgen, wie es bei Metallen häufig
der Fall ist, auf die Ebene von Legierungen und Chemiebausteinen geringer Komplexität
(Metalloxide oder Salze, Mineralstoffe, Methanol etc.), auf mittelhohe (Monomere für die
Kunststoffproduktion) oder hohe (Polymere) Komplexität [1.4]. Hierbei ist nicht zwingend gefordert, dass der eingesetzte Wertstoff wieder im gleichen Produkt endet (z. B.
kann aus Stahlschrott von Altfahrzeugen auch Stahl für den Brückenbau werden oder Aluminiumschrott kann als Desoxidationsmittel bei der Stahlherstellung dienen). Besonders
breit gefächert ist die Auswahl der Möglichkeiten beim Recycling von Kunststoffen. Um
diese zu charakterisieren wurden die Begriffe „werkstoffliches Recycling" und „rohstoffliches Recycling" eingeführt. Unter „werkstofflichem Recycling" bzw. „werkstofflicher
Verwertung" wird ein Recyclingprozess verstanden, bei welchem Polymere nicht zerstört
werden sondern als Sekundärkunststoffe erhalten bleiben. Eine Rückführung auf Monomere oder geringer komplexe Chemiebausteine wird als „rohstoffliche Verwertung"
bezeichnet.

In der politischen Diskussion wird gerade für Kunststoffe häufig die werkstoffliche
Verwertung bevorzugt gefordert. Für den Recyclingtechniker sollte aber im Vordergrund
stehen, welcher Weg technisch, ökonomisch und auch ökologisch günstiger ist. Gefordert

Tab. 1.2 Abfallaufkommen und Verwertungswege in Deutschland 2011 [1.6]

Einsatz-Gebiet	Verarbeitete Werkstoffe (kt)	Abfallaufkommen (kt) (%)	Verwertung (kt)			Deponie (kt)
			Werkstofflich	Rohstofflich	Energetisch	
Verpackung	4.110	2.692 (49,4)	1.071	53	1.556	12
Bau	2.780	372 (6,8)	96	0	261	15
Fahrzeuge	1.170	213 (3,9)	62	0	142	9
Elektro(nik)-Geräte	730	241 (4,4)	18	0	217	6
Haushalts-waren	350	129 (2,4)	3	0	123	3
Möbel	450					
Land-wirtsch.	370	242 (4,4)	85	0	152	5
Sonst.	1.900	594 (10,1)	65	0	472	12
Verarbeiter		936 (17,2)	934			2
Erzeuger		74 (1,4)	72			2
			(32 %) **1.400**	(1 %) **53**	(66 %) **2.923**	**66**
Gesamt	**11.860**	**5.448** (100)	**5.382** (99 %)			(1 %)

sind daher quantifizierbare Vergleiche (z. B. Ökobilanzen) über den objektiv besten Umgang mit bestimmten Abfallströmen. Zu diesem Zweck sind auch Simulationsmodelle für die optimale Verwertung von Abfällen entwickelt worden.

Letztlich steht dem Recycler in der Praxis noch das Regelwerk der Abfallverzeichnisverordnung mit entsprechenden Abfallschlüsselnummern zur Verfügung, die eine Zuordnung erlaubt, ob es sich um gefährliche oder nicht gefährliche Abfälle handelt. Einschlägige Literatur zur betriebliche Kreislaufwirtschaft [1.5] ergänzen das Schrifttum.

Zum Stand der Abfallentsorgung in Deutschland wird auf die regelmäßigen Statistiken des Statistischen Bundesamtes und spezifische Studien [1.6] verwiesen. In Tab. 1.2 ist eine Zusammenstellung für die wichtigsten Abfallgruppen und die Verwertungsarten für 2011 angegeben.

Die Entwicklung der Abfallverwertung in Deutschland bis 2011 zeigt Abb. 1.1. In Europa wurden 2012 folgende Ergebnisse erzielt: Stoffliche Verwertung 26,3 %; Energetische Verwertung 35,6 %; Deponie 33 %. Anzumerken ist, dass in dieser Studie alle Maßnahmen der thermischen Behandlung in Verbrennungsanlagen pauschal der energetischen Verwertung zugerechnet wurden.

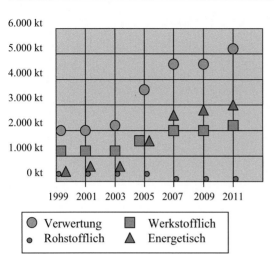

Abb. 1.1 Entwicklung der Abfallverwertung in Deutschland bis 2011 [1.6]

1.5   Qualitätsanforderungen an Recyclate

Die Forderung nach dem vermehrten Einsatz von Werkstoffen und Grundstoffen, die aus
Sekundärrohstoffen hergestellt wurden, ist nur dann ohne Probleme möglich, wenn diese
Stoffe identische Eigenschaften und Qualitäten wie die aus Primärrohstoffen erzeugten
aufweisen. Diese Forderung bezieht sich bei Werkstoffen vor allem auf den technisch
eingeführten Werkstofftyp und dessen Qualität.

Problematisch sind dabei oft die ganz andersartigen Verunreinigungen, Störstoffe oder
Inhaltsstoffe der Abfälle. Auf diese ist in allen Prozessstufen des Recyclings besonders zu
achten. Bei den Störstoffen sind drei Kategorien zu unterscheiden

- Produktstörstoffe,
- Prozessstörstoffe und
- Emissionsstörstoffe.

Produktstörstoffe beeinflussen direkt die Qualität der Endprodukte. Ein Beispiel hierfür
ist der Eintrag von Kupfer oder Zinn über Eisenschrotte oder andere Abfälle in den Stahlre-
cyclingprozess. Kupfer und Zinn sind aus dem Stahl nicht zu entfernen und führen zu einer
Versprödung und Verschlechterung der Tiefzieheigenschaften von Blechen.

Prozessstörstoffe beeinflussen zwar nicht die Qualität der Produkte, können aber die
Anlagen zu deren Herstellung nachhaltig schädigen. So können z. B. Alkalimetalle die
Ausmauerung von Hochöfen zerstören oder Chlor zur Heißgaskorrosion von Abgasanlagen
führen.

Emissionsstörstoffe sind letztlich jene Inhaltsstoffe, die zu verstärkten Emissionen in
Abgas und Abwasser von industriellen Produktionsprozessen führen (z. B. Schwefel oder
Quecksilber).

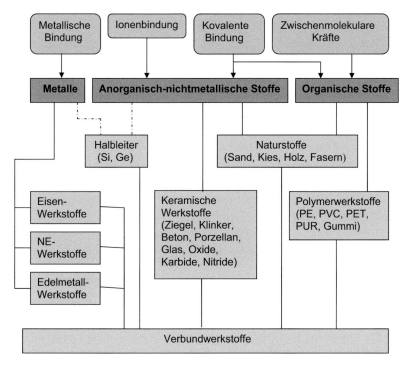

Abb. 1.2 Einteilung der Feststoffe nach chemischen Bindungsverhältnissen und Zuordnung der Stoffgruppen und Werkstoffgruppen (NE-Werkstoffe = Nichteisen-Werkstoffe) [1.4]

1.6   Recyclingeigenschaften der Stoffe

Die vielfältigen Werkstoffe und Materialien lassen sich unterschiedlich gut und unterschiedlich oft in hinreichender Qualität recyceln. Das resultiert aus den sehr unterschiedlichen physikalischen und chemischen Eigenschaften der Werkstoffe und Materialien.

1. In erster Linie sind dafür physikalisch-chemischen Bindungsverhältnisse in den Stoffen verantwortlich. In Abb. 1.2 sind die vier Bindungsformen und die daraus resultierenden Stoffarten für einige der wichtigsten Werkstoffgruppen dargestellt [1.4]. Die schwächsten Bindungskräfte liegen bei den Polymerwerkstoffen vor, so dass bereits mechanische Prozesse und Erwärmung eine teilweise Zerstörung der Polymere hervorrufen können. Dadurch ist die Auswahl von Verfahren begrenzt, mit denen ein Recycling auf werkstofflicher Ebene unter Erhalt der Polymerketten durchgeführt werden kann. Dagegen sind kovalente Bindungen und Ionenbindungen sehr starke Bindungen, die durch mechanische Prozesse nicht geknackt werden, d. h. solche Stoffe wie Oxide oder Silikate bleiben bei mechanischer Beanspruchung in der jeweiligen chemischen Verbindungsform vollständig erhalten. Metalle sind chemische Elemente und deshalb durch mechanische und physikalische Prozesse unzerstörbar (Einschränkung: Kernspaltung). Da metallhaltige Abfälle in Recyclingprozessen häufig bis auf

die einzelnen Elemente hinab aufgespalten werden, ergibt sich oft eine nahezu unbegrenzte Recyclierbarkeit.

2. Weitere wichtige physikalische Eigenschaften sind die Schmelzbarkeit, der Dampfdruck und die selektive Löslichkeit der Stoffe. Durch Schmelzprozesse sind leichter schmelzbare Stoffe von nichtschmelzbaren zu separieren. Genauso können Verdampfungsverfahren und Löseprozesse zur Stofftrennung ausgenutzt werden. Schließlich ermöglichen das Aufschmelzen und das Auflösen auch eine Homogenisierung von Abfallchargen.

3. Von besonderer Bedeutung sind die unterschiedlichen chemischen und elektrochemischen Eigenschaften der Stoffe. Das betrifft die Reaktionsmöglichkeiten mit Oxidations- und Reduktionsmitteln, die Löslichkeit in Säuren, Laugen und Komplexbildnern, die Ausfällung als schwerlösliche Komponenten, die reaktive Verdampfung und Elektrolyseverfahren.

Aus den drei angeführten Komplexen lassen sich die Recyclingeigenschaften der wichtigsten Werkstoffgruppen ableiten.

Besonders günstige Recyclingeigenschaften besitzen die meisten metallischen Abfälle, die besonders durch verschiedene Schmelztechnologien in hoher Reinheit als Metall zu gewinnen sind. Das trifft vor allem auf die Metalle mit geringer Sauerstoffaffinität zu. Die Leichtmetalle Aluminium und Magnesium mit ihrer hohen Sauerstoffaffinität sind allerdings in Schmelzprozessen nicht ausreichend zu raffinieren, so dass die meisten Verunreinigungen (z. B. Eisen) und Legierungsmetalle (z. B. Silizium, Kupfer und Zink) in diesen Metallen verbleiben. Daraus folgt, dass für diese und andere unedle Metalle besonders effektive mechanische Aufbereitungsverfahren vor den Schmelzprozessen durchgeführt werden müssen bzw. neu zu entwickeln sind.

Eine weitere Variante des Recyclings ist bei metallischen Abfällen die Umwandlung der Metallinhalte in eine marktfähige Metallverbindung z. B. in Metallsalze für die Galvanik (Edelmetallsalze, Nickelsalze, Kupfersalze usw.) oder für die Wasserreinigung (Eisensulfat, Eisenchlorid, Aluminiumsulfat) sowie in Pigmente (Eisenoxide) und Baustoffe (Schlacken). Dieser Weg ist dann die optimale Lösung, wenn metallhaltige Abfälle bereits teilweise als chemische Verbindungen des Metalls oder in Lösungen vorliegen. Das Recycling eines Metalls aus solchen chemischen Verbindungen durch Reduktion ist nur bei Metallen mit relativ edlem Charakter wirtschaftlich sinnvoll. Diese Bewertung der Eigenschaften einzelner Metalle – besonders die Sauerstoffaffinität – wird in Abschn. 6.1 näher erläutert.

Beim Recycling von Kunststoffen kommt es darauf an, welche Sorten, welche Sortenreinheit, welcher Grad der Verunreinigung und welche Alterung vorliegen, um entscheiden zu können, ob eine werkstoffliche, eine rohstoffliche oder eine energetische Verwertung anzustreben ist. In einigen Fällen ist es technisch und ökonomisch sinnvoller ein Kunststoffprodukt mit niedrigerer Qualität herzustellen (z. B. vom Batteriekasten zur Radhausschale oder zur Schallschutzwand). Diese Qualitätsminderung bezeichnet man als „Downcycling".

Altglas lässt sich auf Grund der Schmelzbarkeit und der hohen thermischen Stabilität der Silikate je nach Herkunft und Reinheitsgrad weitestgehend unbegrenzt recyceln, evtl. unter Herstellung einer geringeren Qualität (Behälterglas, Glassteine).

Beim Altpapierrecycling ist als besondere Stoffeigenschaft die geringe Festigkeit der Fasern zu berücksichtigen, so dass der Zahl der Recyclingzyklen bei Papier technische Grenzen gesetzt sind. Durch die stetige Verkürzung der Papierfaser mit jedem erneuten Recyclingzyklus sind häufig Zusätze von Neufasern und/oder ein Downcycling zu verschiedenen Papierqualitäten unausweichlich.

Die grundsätzlichen Unterschiede in der Recyclingfähigkeit der metallischen Werkstoffe, der Kunststoffe, der Gläser u. a. Stoffe werden in den folgenden Kapiteln des Buches detailliert behandelt, da sie für die Einschätzung neuer Recyclingaufgaben von entscheidender Bedeutung sind.

1.7   Technische, wirtschaftliche und ökologische Anforderungen an Recycling- und Verwertungsverfahren

Die Zielstellung eines weitgehenden Recyclings ist nur dann realistisch,

▶ *wenn beim Produkt-Design, die verfahrenstechnischen Möglichkeiten des Recyclings, die erreichbaren Qualitäten, die aufzuwendenden Kosten, die Marktsituation und die ökologischen Auswirkungen umfassend berücksichtigt werden.*

Diese Bedingungen sind ständigen Veränderungen unterworfen, so dass spezielle Recycling-/Verwertungsmaßnahmen immer wieder neu durchgerechnet und bewertet werden müssen.

Unter Sekundärrohstoffen sind die aus Abfällen abgetrennten und aufkonzentrierten Wertstofffraktionen zu verstehen, die in einem finalen Prozess zu Grund- oder Werkstoffen verarbeitet werden, die qualitativ mit solchen aus der Primärrohstoffroute mithalten können. Dafür wird bei einigen Produkten auch der Begriff Recyclate benutzt.

Fünf Voraussetzungen für eine effiziente Rückführung von Sekundärrohstoffen in den Markt müssen in der Regel berücksichtigt werden

- **Substitution primärer Rohstoffe**
  Wichtigste Voraussetzung für die Substitution ist die Herstellung der Grund- oder Werkstoffe in einer Qualität, die denen aus Primärrohstoffen entspricht. Dadurch ist die Einschleusung in die Halbzeugproduktion oder Endfertigung abgesichert. Die einheitliche Qualität ist besonders dann erreichbar, wenn die Sekundärrohstoffe in einen vorhandenen Verarbeitungsprozess von Primärrohstoffen eingeschleust werden kann (z. B. Stahlherstellung, Kupfergewinnung). Unabhängig davon kann ein Hersteller im Rahmen gesetzlicher Vorgaben, Selbstverpflichtungen oder Umweltinitiativen auch gezielt den Einsatz von Sekundärrohstoffen fördern.
- **Geeignete Absatzkanäle**
  Im Hinblick auf den Einsatz von Sekundärrohstoffen sind geeignete Absatzkanäle (Märkte) zu finden,

- die eine maximale Nutzung von Materialeigenschaften des Sekundärrohstoffs ermöglichen,
- deren Qualitätsanforderungen und Prozessstabilität gegen Schwankungen in Zusammensetzung und Liefermengen hinreichend groß sind und
- deren Aufnahmekapazität dem Angebot entspricht.

- **Optimale Dimensionierung und Lokalisierung**
  Gerade Post-Consumer-Abfälle fallen regional stark verteilt an, so dass zusätzliche Kosten für eine Zusammenführungslogistik entstehen. Gleichzeitig können aus vielen Abfällen mehrere Sekundärrohstoff-Konzentrate für unterschiedliche Abnehmer gewonnen werden, die wiederum an entsprechende Standorte transportiert werden müssen. Die Dimensionierung und Lokalisierung der Behandlungs- und Aufbereitungsanlagen ist daher von großer wirtschaftlicher Bedeutung und eine logistische Herausforderung.

- **Hohe Flexibilität und Anpassbarkeit**
  Im Gegensatz zu Primärrohstoffen, für die Abbauplanungen über Jahrzehnte hinweg durchgeführt werden können, sind Abfallströme von Mengenfluss und Zusammensetzung weitaus variabler. Beispielsweise werden Altfahrzeuge überwiegend im Frühjahr oder Herbst verschrottet. Recyclinganlagen für Elekroaltgeräte zum Beispiel sehen sich in schneller Folge neuen Produktgenerationen in Funktion, Aufbau und Zusammensetzung gegenüber (z. B. die Entwicklung vom Mobiltelefon zum Smartphone und Tablet). Dementsprechend müssen Recyclingprozesse und Anlagen hinreichend flexibel auf den Zulauf an unterschiedlichen Abfällen und deren Verarbeitung ausgelegt werden. Die mögliche Einschleusung in primäre Stoffkreisläufe ist dabei immer von Vorteil.

- **Marktrelevante Kosten**
  Die gesamten Verarbeitungskosten für die Abfälle müssen für die hergestellten Grundstoffe und Werkstoffe einen Preis ermöglichen, der demjenigen aus der Primärrohstoffroute nahekommt. Die eingesetzten Sekundärrohstoffe sind kostenseitig sehr unterschiedlich einzustufen. Metallschrotte (Stahl-, Kupfer-, Edelmetallschrotte u. a.) erzielen z. B. auf dem Markt hohe Preise, weil bei deren Verarbeitung hochwertige Werkstoffe zu erzeugen sind. Auch Altpapier ist eine begehrte Handelsware. Andere Abfallarten (Schlämme, Stäube u. a.) verursachen aber hohe Verarbeitungskosten, so dass die Recyclingindustrie einen Kostenbeitrag einfordert, d. h. die Abfallerzeuger müssen Entsorgungskosten entrichten.

Neben diesen, im Wesentlichen auf technischen, logistischen und betriebswirtschaftlichen Fragen basierenden Voraussetzungen sind zudem rechtliche, volkswirtschaftliche, soziologische und ökologische Rahmenbedingungen im Auge zu behalten.

Wesentliche rechtliche Rahmenbedingungen wurden in Abschn. 1.4 kurz angerissen.

Volkswirtschaftliche Herausforderungen entstehen durch die Abhängigkeiten von der Versorgung mit Primärrohstoffen, die gegebenenfalls zu Fördermaßnahmen des Bundes führen.

Soziologische Herausforderungen wie etwa die Verbesserung des Sammelverhaltens für bestimmte wertvolle Abfallströme wie Elektrokleingeräte durch die Konsumenten oder veränderte Abfallströme und Entsorgungspfade durch eine alternde Gesellschaft wirken mit gewissem zeitlichen Verzug auf Recyclingstrukturen.

Letztlich wird Recycling unter Umweltgesichtspunkten betrieben, so dass für verschiedene Optionen entlang der Produktions-, Nutzungs- und Verwertungsphase Ökobilanzen erstellt werden, die vor dem Hintergrund von Treibhauspotential, Versauerung, Überdüngung, Sommersmog und anderen Faktoren den besten Pfad weisen sollen und so auch alternative Wege der Verwertung von Abfällen vergleichen. Dazu gehört auch die Berücksichtigung der zusätzlichen Emissionen, die durch die Abfallverarbeitung entstehen.

Vor diesem gesamten Kontext sind die Recyclingtechnologien, denen dieses Lehrbuch gewidmet ist und die in den folgenden Abschnitten ausgeführt werden, zu planen, zu entwickeln und zu bewerten.

Literatur

1.1   Weizsäcker, E., v., Lovins, A., Lovins, L., Faktor vier. Doppelter Wohlstand – halber Verbrauch, Droemersche Verlagsanstalt München 1995

1.2   EU Abfallrahmenrichtlinie 2008/98/EG v. Nov. 2008

1.3   Kreislaufwirtschaftsgesetz (KrWG) v. Febr. 2012

1.4   Hütte, Grundlagen der Ingenieurwissenschaften, Abschn. D Werkstoffe, 32. Aufl., Springer Verlag Berlin/Heidelberg/New York 2004

1.5   Förtsch, G., Meinholz, H., Handbuch Betriebliche Kreislaufwirtschaft, Springer Fachmedien Wiesbaden 2015

1.6   Consultic, Studie Produktion, Verarbeitung und Verwertung von Kunststoffen in Deutschland 2011, Aug. 2012, www.consultic.com

Stufen der Recyclingkette

2

Um sich den technischen Fragestellungen im gesamten Recycling- bzw. Verwertungsprozess zu nähern, ist zunächst der Weg des Abfalls vom jeweiligen Anfallort bis zum finalen Einsatz der Sekundärrohstoffe in geeignete Produktionsprozesse zu charakterisieren. Grundsätzlich lässt sich diese Verwertungsskette in 4 Stufen gliedern, die je nach Abfallart zum Teil oder vollständig durchlaufen werden müssen.

2.1 Sammlung und Vorsortierung

Der erste Schritt in der Verwertungskette besteht in der Sammlung von Abfällen. Diese können je nach Abfallart lokal, regional oder zentral und in stark vermischten, eingeschränkt gemischten Sammelgruppen oder sortenreinen Abfallarten auftreten. Während Post-Production-Abfälle und Post-Industrial-Abfälle (siehe Kap. 1) meist gut organisiert und in Gebinden in einem „B2B" (Business-to-Business) System vom Abfallerzeuger an den Entsorger übergeben werden, gelangen Post-Consumer-Abfälle in einem „C2B" (Consumer-to-Business) System in kleinen Mengeneinheiten vom Letztbesitzer/Konsumenten zum Entsorger. Dies wirkt sich auf die Gestaltung der Sammelsysteme aus. Sammelsysteme für Post-Consumer-Abfälle können

- regional (Letztbesitzer bringt Altprodukt direkt zum Erstbehandler wie z. B. bei Altfahrzeugen üblich),
- lokal als Bringsystem (Letztbesitzer bringt z. B. Altbatterien zum Einzelhandel),
- haushaltsnah als Holsystem (Altpapier, Glas, Textilien etc. in Containern) oder
- haushaltsgebunden als Holsystem (Restabfalltonne, gelber Sack, Biotonne, blaue Tonne für Altpapier)

ausgelegt sein.

© Springer Fachmedien Wiesbaden 2016
H. Martens, D. Goldmann, *Recyclingtechnik*, DOI 10.1007/978-3-658-02786-5_2

Eine sortenreine oder sortenarme Sammlung von Abfällen ist eine erste Sortierstufe, die den nachfolgenden technischen Aufbereitungsprozess vereinfacht, verursacht aber häufig höhere Logistikaufwendungen. Hierbei wird dieser Sortierschritt vom Abfallbesitzer vorgenommen. In welcher Intensität und Effizienz Getrenntsammelsysteme umgesetzt werden können, hängt von verschiedenen Faktoren ab. Zum einen ist eine Sensibilisierung des Konsumenten erforderlich, der bewusst entsprechende Trennaufgaben wahrnehmen muss. Zur Unterstützung werden häufig Pfandsysteme herangezogen, wenn reine Aufklärungsmaßnahmen nicht den gewünschten Erfolg bringen. Zum anderen hängt der Umfang einer möglichen Getrenntsammlung von den urbanen Gegebenheiten an den Anfallstellen ab. In Städten mit extrem hoher Bevölkerungsdichte und großer Ausdehnung ist eine stark ausdifferenzierte Getrenntsammlung aus Mangel an Platz für mehrere Abfalltonnen vor der Haustür oder großen Transportentfernungen für kleinere Abfallmengen nicht realisierbar. In dünn besiedelten Regionen scheitert eine stark ausdifferenzierte Getrenntsammlung an den zu hohen Logistikkosten. Ideale Voraussetzungen ergeben sich dagegen in mittelgroßen, verkehrstechnisch gut verknüpften Siedlungsgebieten, wie sie für Deutschland eher typisch sind.

In jedem Fall wirken sich die Sammelsysteme auf die nachgeschalteten Sortierprozesse aus. Während einige Stoffströme wie Altpapier oder Bioabfall für eine hochwertige Verwertung (Papierproduktion, Kompostierung) unbedingt getrennt gesammelt werden müssen, schaffen neue Aufbereitungsverfahren Möglichkeiten, Restmüll, Verpackungsabfall und/oder Elektrokleingeräte effizient nach Stoffgruppen zu separieren, auch wenn diese gemeinsam gesammelt werden. Was selektiv oder kollektiv zu sammeln ist, bewegt derzeit die Diskussion um die Einführung der Wertstofftonne.

An den Sammelstellen und insbesondere bei den Metallschrotthändlern findet außerdem eine weitere manuelle Vorsortierung statt. Das erfolgt oft auf Basis einer visuellen Identifizierung aber zunehmend auch mittels Hand-Analysatoren (z. B. NIR- und Röntgensysteme). Daran schließt sich dann die manuelle Vorsortierung an.

2.2   Vorbehandlung und Demontage

1. Eine *Vorbehandlung von Abfallströmen* muss immer dann stattfinden, wenn bestimmte Inhaltsstoffe oder Komponenten die weiteren Behandlungsstufen des Verwertungsprozesses empfindlich stören, Sekundärrohstoffe irreversibel kontaminieren oder zu problematischen Emissionen führen können. Bei sortenrein gesammelten Abfällen wie Altfahrzeugen oder Elektroaltgeräten sind z. B. Batterien oder Betriebsflüssigkeiten zu entnehmen, Quecksilber- oder Asbest-haltige Bauteile zu entfernen und explosive Baugruppen wie Airbags zu neutralisieren. Ebenso sind produktfremde Inhalte (z. B. Kanister oder Abfälle in PKWs) zu entnehmen. Diese Behandlungsschritte bezeichnet man als Schadstoffentfrachtung.
2. Für große und sehr komplexe Altprodukte ist außerdem als Vorbehandlung eine *Demontage* notwendig. Das ist besonders für Altfahrzeuge zutreffend. Die Entscheidung zwischen Demontage oder komplettem mechanischen Aufschluss (siehe Stufe 3) ist

vom technischen Stand der Aufschlussverfahren, den möglichen Sortierverfahren und auch ökologischen und ökonomischen Bedingungen abhängig. Für Bauwerke (Brücken, Gebäude, Stahlkonstruktionen) kommt immer eine Demontage (Rückbau) zur Anwendung. Demontage und Vorbehandlung sind in der Regel mit relativ hohem Personalaufwand verbunden, da die entsprechenden Arbeitsschritte zwar mit mechanischen Hilfsmitteln (Werkzeuge, Manipulatoren, Kräne etc.), nicht aber voll mechanisiert durchgeführt werden können. Beispiele hierzu werden in den Abschn. 3.1, 12.1 und 13.2 dargestellt.

3. Letztlich kann auch die *Entnahme von wiederverwendbaren Komponenten* aus Altprodukten mit dem Ziel einer direkten Wiederverwendung (z. B. Gebrauchtersatzteile aus Altfahrzeugen) oder einer Wiederverwendung nach Aufarbeitung (Austauschteileproduktion) der Vorbehandlung zugerechnet werden.

2.3   Mechanische und chemische Aufbereitung

Die Aufbereitung ist der Prozessabschnitt, in welchem durch Aufschluss, Klassierung und Sortierung sowie in Einzelfällen auch mittels chemischer Prozesse aus den ggfs. nach Stufe 2 vorbehandelten Abfällen Sekundärrohstoffe gewonnen werden und die in nachfolgenden Prozessen endgültig zu neuen Grund- und Werkstoffen verarbeitet werden (Stufe 4). Je nach Komplexität des Abfallstroms, von Alterungs- sowie Verschmutzungseffekten einerseits und den Anforderungen der Weiterverarbeitung der Sekundärrohstoffe an deren Qualität andererseits erfolgt die Aufbereitung unterschiedlich tiefgreifend.

Komplette Altprodukte (Kühlschränke, Elektrogeräte usw.) und demontierte Komponenten bestehen aus verschiedenen Werkstoffen und Werkstücken, die durch vielfältige Verbindungstechniken (Schraub-, Niet-, Schweiß-, Klebverbindungen u. a.) miteinander verbunden sind (Abb. 2.1). Dazu kommen oft Beschichtungen der Werkstoffe (Lackierungen, Metallschichten, Kunststoffschichten) und z. T. Verbundwerkstoffe. Unter Verbundwerkstoffen (Abb. 2.1) versteht man Werkstoffe, die aus mehreren Einzelstoffen bestehen, welche zu einem neuen Werkstoff verbunden sind (z. B. Schleifscheiben, Bremsbeläge, glasfaserverstärkte Kunststoffe, Hartmetalle). Unterschieden werden faserverstärkte und partikelverstärkte Verbundwerkstoffe sowie Schichtverbundwerkstoffe (z. B. Sicherheitsglas). Für die spätere Sortierung der Werkstoffe müssen die Werkstoffverbindungen bzw. -verbunde gelöst (aufgeschlossen) werden. *Die Auftrennung (Zerlegung) der vorliegenden Werkstoffverbindungen* kann durch Demontage, Zerschneiden, Brechen, Shreddern, Mahlen, elektrodynamische Fragmentierung oder Trennschweißen erfolgen. Beschichtungen können falls erforderlich chemisch abgelöst, verdampft, abgeschmolzen oder abgebrannt werden. Erst nach dieser Auftrennung – dem sogenannten Aufschluss – ist eine Sortierung der Werkstoffe möglich. Eine unvollständige Auftrennung der Verbindungen bewirkt deshalb zwangsläufig eine entsprechend unvollständige Sortierung. Deshalb ist es erforderlich, den Zerlegungserfolg zu definieren und messtechnisch zu erfassen. Dafür verwendet man den so genannten *Aufschlussgrad*.

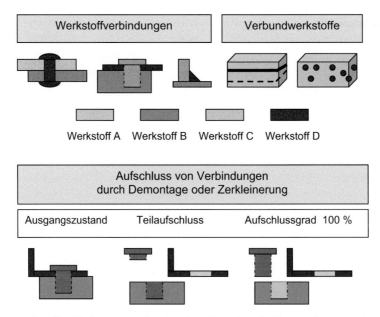

Abb. 2.1 Werkstoffverbindungen, Verbundwerkstoffe und Aufschlussgrad von Werkstoffverbindungen

$$Aufschlussgrad\ (\%) = \frac{Werkstoffmasse\ (vollst.\ aufgeschlossen)}{Gesamtwerkstoffmasse} \times 100$$

Zerlegung und Aufschlussgrad sind in Abb. 2.1 nochmals bildlich erläutert.

Sortierung der Stoffe nach Stoffgruppen

Die Sortierung erfolgt unter Ausnutzung der unterschiedlichen physikalischen und chemischen Eigenschaften der Stoffe. Die wesentlichen Sortierverfahren auf rein physikalischer Basis sind die Dichtesortierung, die Magnetscheidung, die Elektrosortierung einschließlich der Wirbelstromsortierung, die sensorgestützte Sortierung sowie die Sortierung nach der Kornform. Ebenfalls zu den mechanischen Sortierverfahren wird die Flotation gezählt, die aber auf physikalischen und chemischen Eigenschaften und Prozessen basiert. Letztlich sind die Verfahren der chemischen Aufbereitung zu nennen, bei denen z. B. in Lauge- und Aufkonzentrationsprozessen Metallkonzentrate für die abschließende Verwertung in der Metallurgie erzeugt werden. Die physikalischen und physikalisch-chemischen Sortierverfahren setzen nicht nur voneinander getrennt vorliegende Stoffe voraus, sondern vor allem auch bestimmte, für die Sortierverfahren geeignete Stückgrößen und auch Stückformen. Um das zu erreichen, sind die Zerlege- und Zerkleinerungsprozesse für die Verbindungstrennung entsprechend auszuwählen und durch Klassierprozesse (Sieben, Sichten etc.) geeignet zu ergänzen. Neben der Anreicherung der gewünschten Wertstoffe in Konzentraten mit hohem Wertstoffausbringen und möglichst hohen Wertstoffgehalten ist im Hinblick auf die nachgeschalteten Verwertungsprozesse auch der Gehalt an Störstoffen (siehe Abschn. 1.5) in ausreichendem Maße zu reduzieren.

Im Gegensatz zu Primärrohstoffen, die fast immer aus dreidimensional ausgedehnten, intensiv und kompakt miteinander verwachsenen Partikeln bestehen, können in Abfällen zusätzlich ein- oder zweidimensional ausgedehnte Komponenten (z.B. Fasern oder Folien), Hohlkörper (wie Flaschen oder Dosen) oder beschichtete bzw. laminierte Verbünde auftreten. Zudem ist die Spannweite bezüglich Härte, Sprödigkeit/Duktilität oder Elastizität um ein vielfaches höher als bei Primärrohstoffen. Dabei ist die Vielfältigkeit und Komplexität bei Produktionsabfällen in der Regel geringer als bei Altprodukten bzw. Altproduktsammlungen. Produktionsabfälle fallen zum Einen in kompakter Form als Formkörper, Rohre, Bleche, Profile, Gussstücke, Platten, Steine usw. an. Zum Anderen ist mit leicht verformbaren und sehr feinteiligen Abfällen wie Gummipartikeln, Folien, Drähten, Litzen, Papier, Faserstoffen, Leder, Spänen, Schleifschlämmen u.a. Formen umzugehen. Altprodukte/Altgeräte (Fahrzeuge, Maschinen, elektrische Geräte usw.), die aus sehr verschiedenen Bauteilen und Werkstoffen aufgebaut sind, weisen in der Regel eine höhere Komplexität auf.

Die Verfahrensstufen der Zerkleinerung, Klassierung und Sortierung führen zu einer Vermischung der einzelnen Abfallchargen und garantieren dadurch auch die für die Weiterverarbeitung in Stufe 4 erforderliche Homogenisierung.

2.4   Herstellung von Werkstoffen und Grundstoffen

Der letzte Prozessschritt in der Recyclingkette ist das Einbringen und Nutzen von Sekundärrohstoffen in etablierten Produktionsprozessen. Dies können Hüttenprozesse zur Erzeugung von Metallen und Legierungen, Compoundierungsprozesse zur Erzeugung von Kunststoff-Werkstoffen, Prozesse der Glas- oder Papiererzeugung und ähnliches sein. Diese Prozesse zeichnen sich dadurch aus, dass sie Grund- oder Werkstoffe produzieren, die prinzipiell und originär aus Primärrohstoffen hergestellt werden. Werden dabei Sekundärrohstoffe zugesetzt, darf dies nicht zu einer Veränderung der Grund- und Werkstoffqualitäten führen. Können Sekundärrohstoffe in ausreichenden Mengen und Qualitäten bereitgestellt werden, ist es häufig sinnvoll, eine getrennte Verarbeitung der Sekundärrohstoffe einzurichten. Das ist auch dann notwendig, wenn die Sekundärrohstoffe spezielle Verunreinigungen oder Beimengungen (z.B. Legierungskomponenten) enthalten, die zusätzliche Trennverfahren erfordern oder nur spezielle Recyclatqualitäten ermöglichen. Gerade für die Hauptmetalle Stahl/Eisen, Aluminium und Kupfer haben sich deshalb eigene metallurgische Verfahren durchgesetzt. Dies ist auch der Tatsache geschuldet, dass gegenüber Primärrohstoffkonzentraten, die oxidisch, sulfidisch oder anders gebundene Metalle enthalten, hier bereits metallische Phasen vorliegen, für deren Umschmelzen nicht mehr der hohe Energieaufwand für eine Reduktion erforderlich ist. Auch können Legierungselemente, die für die Werkstofferzeugung wie die Veredelung von Roheisen zu Stahl benötigt werden, häufig aus Sekundärrohstoffen mitgebracht werden.

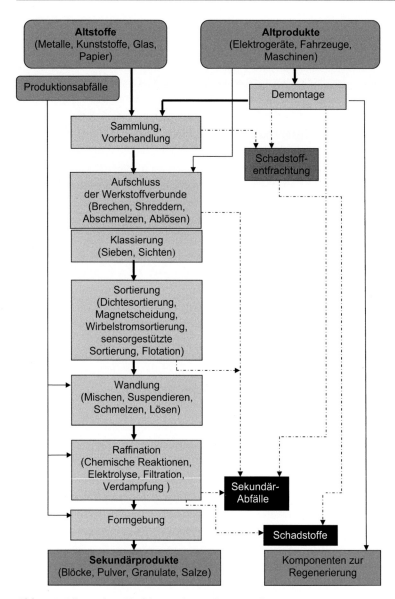

Abb. 2.2 Allgemeines Verfahrensschema des Recyclings

Zwar lassen sich nicht aus allen Sekundärrohstoffen alle Werkstoffqualitäten erzeugen, solange der Markt für die erzeugbaren Qualitäten aber groß genug ist, ist die Basis für eine wirtschaftliche Nutzung gegeben [2.2].

Die beschrieben Stufen der Vorbehandlung, der Aufbereitung und der Herstellung der sekundären Werkstoffe bzw. Grundstoffe stellen den technologischen Kern der Recyclingtechnik dar, sind stark voneinander abhängig und miteinander verschränkt. In den Hauptteilen II und III dieses Buches wird hierauf detailliert eingegangen.

Beispielhaft ist das allgemeine Verfahrensschema des Recyclings in Abb. 2.2 nochmals dargestellt.

Dabei spielen bewährte Verfahren der mechanischen Aufbereitung von Erzen, Kohlen, Steinen und Erden die überragende Rolle, werden aber durch spezielle Neuentwicklungen für den Abfallbereich ergänzt. Das sind vor allem die grundlegenden Verfahren (Unit Operations) der Zerkleinerung, Klassierung und Stoffsortierung. Häufig können erst nach dieser erfolgreichen Aufbereitung die Prozesse zum Schmelzen, Lösen oder Reinigen effektiv angewandt werden.

Literatur

2.1   Moeller, E. (Hrsg.), Handbuch Konstruktionswerkstoffe, Kap. V 3 Recycling, Hanser Verlag München 2014

2.2   Worrell, E., Reuter, M. (ed.), Handbook of recycling, Elsevier Inc., 2014

Manuelle und mechanische Verfahrenstechniken zur Aufbereitung von Abfällen und zur Schadstoffentfrachtung

3

In diesem Kapitel werden die Grundlagen der eingesetzten Prozesse zur Schadstoffentfrachtung, Demontage und Aufbereitung behandelt. Die Verfahren der mechanischen Aufbereitung haben sich weitgehend aus den Verfahren für die Aufbereitung fester mineralischer Primärrohstoffe entwickelt und werden hier gemäß der klassischen Abfolge:

- Zerkleinerung
- Klassierung
- Sortierung
- Kompaktierung sowie
- Feststoff-Fluid-Trennung

beschrieben. Auf eine Beschreibung der begleitenden Grundoperationen Homogenisierung, Probenahme, Qualitätskontrolle und Lagerung wird im Rahmen dieses Buches verzichtet. Eine weitere Vertiefung findet sich in der umfangreichen Spezialliteratur zur *Aufbereitungstechnik* und zur *Mechanischen Verfahrenstechnik* [3.1–3.5, 3.28, 3.29] sowie zu
Aufbereitungsprozessen im Recycling [3.9, 3.30–3.32]. Im vorliegenden Lehrbuch werden
besonders die für den Recyclingbereich relevanten Anwendungen und Neuentwicklungen
dargestellt.

In den einzelnen Abschnitten werden die in der Verfahrenstechnik üblichen Begrifflichkeiten verwendet, unter anderem auch der Begriff *Produkt* als Ergebnis bzw. gezielt erzeug-
ter *Output* eines Prozesses oder Prozessschritts. Dieser Begriff wird nicht deckungsgleich
mit dem rechtlichen Begriff „Produkt" verwendet, der nur vor Eintritt oder nach Verlassen
des Abfallregimes gilt. Viele der im Folgenden in den verfahrenstechnischen Prozessen
benannten Produkte sind rechtlich daher immer noch Bestandteile des Abfallregimes.

Die Aufbereitung von Abfällen zeichnet sich durch einige gravierende Unterschiede im
Vergleich mit der Primärstoffaufbereitung aus. Das sind die folgenden abfallspezifischen
Probleme:

© Springer Fachmedien Wiesbaden 2016
H. Martens, D. Goldmann, *Recyclingtechnik*, DOI 10.1007/978-3-658-02786-5_3

- *Geringere Durchsätze:* Abfallströme fallen nahezu immer in geringeren Mengen pro Zeiteinheit an einer Aufbereitungsanlage an, als dies bei der Primärrohstoffgewinnung der Fall ist. Ein Beispiel ist die Kupferproduktion aus Erzen im Vergleich zum Kupferrecycling aus Elektronikschrott. Während die größten Kupferlagerstätten jährlich Erzmengen von bis 100 Mio. t fördern und aufbereiten, verarbeiten die großen Elektronikschrott-Aufbereitungsanlagen eher etwa 100.000 t pro Jahr. Dies liegt nicht zuletzt daran, dass Abfälle, insbesondere Konsumgüterabfälle, viel stärker über den Markt und die Fläche verstreut anfallen. Dies erzwingt eine deutlich geringere Anlagendimensionierung und erzeugt damit höhere Fixkosten pro durchgesetzter Tonne an Input und damit eine schlechtere „Economy of Scales". Die Dimensionierung von Anlagen wird in der Regel von Logistikkosten für das Heranschaffen von Abfällen und die Ablieferung der Aufbereitungsfraktionen begrenzt.
- *Komplexere Zusammensetzung:* Abfallströme weisen meist eine wesentlich komplexere Zusammensetzung auf, als es Primärrohstoffe tun. Während Primärrohstoffe häufig nur auf einen oder wenige Wertstoffe hin abgebaut werden, können Abfälle wie etwa Elektronikschrott bis zu 60 chemische Elemente enthalten, von denen mehr als die Hälfte als interessante Wertträger angesehen werden können. Die Rückgewinnung einer Vielzahl an Wertträgern erfordert aufwändigere und vielstufige Verwertungsprozesse, von denen einige bislang nur rudimentär entwickelt sind. Die komplexere Zusammensetzung spiegelt sich auch in der Unterschiedlichkeit des Materialverhaltens der Wertträger wieder. Dies wirkt sich z. B. massiv auf die Zerkleinerung aus. Abfallströme, die gleichzeitig Stahlbleche, Gummi, Glas und Textilien enthalten, erfordern mehrstufige Zerkleinerungs-, Klassier- und Sortiersysteme. In der Klassierung und Sortierung hat man es bei Abfällen häufig nicht nur mit Partikeln zu tun, die in alle drei Dimensionen im Wesentlichen gleich ausgelängt sind, sondern zusätzlich mit Folien oder Blechen (zweidimensional ausgelängt) und Drähten oder Fasern (eindimensional ausgelängt). Dies erfordert wiederum neue Herangehensweisen, da die klassischen Trennkriterien der Aufbereitung wie Korngröße, Dichte oder elektrostatische Eigenschaften massiv durch Kornformeffekte überlagert werden können.
- *Änderungen in der Zusammensetzung und temporäre Schwankungen*: Auf Grund immer kürzerer Produktions- und Konsumzyklen ändern sich Aufbau und Zusammensetzung von Abfällen relativ schnell. Zudem kann es im Bereich des Abfallaufkommens erhebliche Schwankungen geben, die z. B. jahreszeitbedingt sind. Dies erfordert in der Abfallaufbereitung im Vergleich zur Primärstoffaufbereitung eine höhere Prozessflexibilität und größere Kapazitäten für die Lagerung. Anlagenschaltungen müssen entsprechend entkoppelbar sein.
- *Fehlende Technologien*: Während in der Primärrohstoffaufbereitung das Portfolio an Technologien weitestgehend ausgereift ist, fehlen im Bereich der Abfallaufbereitung z. T. noch optimale Technologien, so dass weiterhin neue Technologien entstehen.

Die nachfolgenden Abschnitte geben einen Überblick über die wesentlichen Prozessschritte in der Vor- und Aufbereitung von Abfällen.

3.1   Demontage, Schadstoffentfrachtung und Rückbau

Die *Schadstoffentfrachtung* innerhalb eines Verwertungsprozesses von Altprodukten umfasst jene Schritte, die die Verschleppung kritischer Bestandteile in die nachfolgenden Prozessstufen oder eine unkontrollierte Freisetzung in die Umwelt verhindern soll. Die Schadstoffe sind zwar in der Regel nur in geringen Konzentrationen enthalten, können aber im Hinblick auf Umweltbeeinträchtigungen, Arbeitssicherheit und Kontamination der Sekundärrohstoffe erhebliche Probleme bereiten.

Die Schadstoffentfrachtung erfolgt meist als einer der ersten Schritte in der Behandlungskette und wird im Allgemeinen händisch oder unter Einsatz von speziellen Entnahmegeräten durchgeführt. Eine komplett mechanisierte oder gar automatisierte Entfrachtung ist in der Regel nicht möglich.

Die Schadstoffentfrachtung umfasst häufig die Entnahme von

- Betriebsmedien (Flüssigkeiten und Gase),
- Batterien und Akkumulatoren,
- Komponenten, die Quecksilber, Cadmium, Chrom^{VI} oder Blei enthalten,
- Komponenten, die Asbest, PCB oder FCKW enthalten,
- Explosionsfähige Komponenten (z. B. Airbags in Fahrzeugen).

Zur Schadstoffentfrachtung gehört auch die Entnahme von Fehleinträgen (z. B. Dosen mit Lackresten in Altfahrzeugen).

Unter *Demontage* versteht man die manuelle oder mechanisch unterstützte Zerlegung eines Altproduktes in Bauteile und/oder Werkstoffgruppen. Wird die Schadstoffentfrachtung dazu gerechnet, werden vier Aufgabenstellungen verfolgt:

1. Gewinnung von Funktionsbauteilen (Getriebe, Motoren, elektrische oder elektronische Bauteile usw.)
2. Schadstoffentfrachtung (Batterien, Kühlmittel, Öle, Gase etc.)
3. Gewinnung von separat besser recyclingfähigen Komponenten (bestimmte Bauteile aus Stahl, NE-Metalle, Kunststoffe)
4. Minimierung der Restabfallmenge und Konditionierung des Restabfalls zur weiteren Behandlung

Im Allgemeinen werden Demontagemaßnahmen auf Grund des hohen Personal- und damit Kostenaufwands in Industriestaaten auf die Entnahme besonders werthaltiger Komponenten beschränkt. Die verbleibende Hauptmasse des Abfalls wird in mechanischen Aufbereitungsprozessen weiter verarbeitet.

Die Demontagefähigkeit der gefügten Teile und das Demontageergebnis werden durch drei Einflussfaktoren wesentlich bestimmt:

- Die Art der Verbindungstechnik (Fügeverfahren)
- Die räumliche Anordnung und Zugänglichkeit der Verbindungselemente
- Die Kennzeichnung der Werkstoffe bei großvolumigen Bauteilen (evtl. Radio Frequency Identification-Tags (RFID))

Die Verbindungstechniken (Fügeverfahren) und die Verbindungselemente für die Einzelwerkstoffe sind von erheblichem Einfluss für die technischen Möglichkeiten der Demontage und für die Effektivität des Aufschlusses durch eingesetzte Kraftwirkungen (siehe Aufschlusszerkleinerung in Abschn. 3.2).

Bei den Verbindungstechniken sind drei Technologien zu unterscheiden:

- Formschlüssige Verbindungen (Nieten, Stifte, Passfedern, Zahnwellen, Clinchverbindungen, Falzverbindungen)
- Kraftschlüssige Verbindungen (Schraubverbindungen, Kegel, Spannhülsen, Pressverbindungen)
- Stoffschlüssige Verbindungen (Kleben, Löten, Schweißen, Beschichten)

Im Hinblick auf eine Demontage ist es zweckmäßig, die drei Fügeverfahren in zwei Gruppen einzuordnen. Das sind zum einen die *lösbaren* Verbindungen (Schrauben, Stifte, Welle-Nabe-Verbindungen, Pressverbindungen oder Schnappverbindungen) und zum anderen die *nicht-lösbaren* Verbindungen (Kleben, Löten, Schweißen, Nieten) Für die zweite Gruppe müssen zerstörende Zerlegemethoden (Schneiden, Brechen, Trennschweißen u. a.) zur Anwendung kommen, die bei den Verfahren der Aufschlusszerkleinerung (Abschn. 3.2) erläutert werden. Für Klebe- und Lötverbindungen können aber auch thermische Verfahren zur Trennung eingesetzt werden (Aufschmelzen des Lots; thermische Zersetzung des organischen Klebers). Hersteller bestimmter Produkte, wie beispielsweise von Fahrzeugen, liefern deshalb zu den Produkten Demontagerichtlinien und Werkstofflisten an Verwertungsbetriebe und kennzeichnen die Werkstoffe. Bei der Demontage werden die verschiedenen Arbeitsschritte zweckmäßig angeordnet.

Nur selten lassen sich allerdings optimale Demontagelinien umsetzen, da die Abfallmengen, die bei den sogenannten Erstbehandlern anfallen in der Regel nicht so groß sind, dass sich entsprechende Investitionen amortisieren würden. Die einzelnen Arbeitsschritte sind nach Möglichkeit mechanisiert. Bei der Demontage verbleibt aber immer ein erheblicher Anteil an Handarbeit, weil eine Vielzahl unterschiedlicher Altprodukte zu verarbeiten ist. Die Demontage findet vorwiegend an stationären Arbeitsplätzen mit bewegten Objekten statt. Auch stationäre Objekte und bewegte Arbeitsplätze können in bestimmten Fällen sinnvoll sein. Der Grad der Zerlegung des Altproduktes wird als Demontagetiefe bezeichnet. Diese ist bei der Gewinnung von wiederverwendungsfähigen Funktionsteilen am geringsten. Mit zunehmender Demontagetiefe zur Gewinnung von getrennten Werkstoffen steigen natürlich die Demontagekosten – aber dann häufig auch die Erlöse für einwandfrei getrennte Stoffe (marktabhängiges Optimierungsproblem). Die Demontage hat auf Grund der genannten vier Aufgabenstellungen und der wechselnden marktabhängigen Bedingungen eine Sonderstellung innerhalb der Aufbereitungsprozesse und wird deshalb getrennt von anderen Verfahrensstufen in speziellen Demontagebetrieben durchgeführt, die geringere Massendurchsätze als die nachgeschalteten Aufbereitungsprozesse und meist kleinere Einzugsgebiete aufweisen.

Der Begriff *Rückbau* wird für den kontrollierten Abbruch von Gebäuden aus mineralischen Baustoffen verwendet. Den Abriss von Gebäuden aus Stahlträgern bezeichnet man auch als Demontage, weil dabei die typischen Demontagetechnologien (Abschrauben, Trennschweißen, Schneiden) zur Anwendung kommen. Für den Rückbau von Gebäuden aus mineralischen Baustoffen kommen zwei Technologiekonzepte zur Anwendung.

Konzept Ausbau:

1. Ausbau verwertbarer Bauteile/Werkstoffe (Stahltüren, Fenster, Lampen, Heizkörper, Metallrohre, Lüftungskanäle, Kabel, Holzbauteile, Kunststoff-Folien und -rohre usw.) sowie evtl. Ausbau von Schadstoffen
2. Abbruch des Gebäudes (Abrissbirne, Abrissbagger, Sprengung)

Konzept Komplettzerstörung:

1. Zerstörung des Gebäudes (Abrissbirne, Abrissbagger, Sprengung)
2. Gewinnung verwertbarer Werkstoffe aus der Abbruchmasse (siehe Abschn. 10.1)

3.2   Zerkleinerung

Die Zerkleinerungsverfahren haben im Recyclingprozess wichtige Aufgaben zu erfüllen:

- Aufschluss der vorliegenden Werkstoffverbindungen durch eine Zerstörung dieser Verbindungen mit Hilfe einer mechanischen Beanspruchung (sog. *Aufschlusszerkleinerung*)
- Herstellung von bestimmtem Stückgrößen (Stückgrößenverteilungen) oder auch Stückformen, die für die nachfolgende Sortierung erforderlich und optimal sind
- Erzeugung optimaler Stückgrößen bzw. Kornbänder für die direkte Nutzung etwa als Split im Straßenbau oder den Eintrag (Beschickung) in Schmelzöfen u. a. Apparate sowie die technologisch erforderlichen Stückgrößen für den Ablauf der Reaktionen in den Apparaten

Der Aufschluss ist dann optimal (100 % Aufschlussgrad), wenn ein Bruch bzw. eine Trennung der Bauteile an den Verbindungsstellen der einzelnen Werkstoffe (Werkstücke) erfolgt. Diese Voraussetzungen sind bei den lösbaren Verbindungstechniken (Gewinde,

Tab. 3.1 Verformungsverhalten von Altstoffen nach G. Schubert [3.6]

Verformungsver-halten	Festigkeit gering (weich)	Festigkeit mittel (mittelhart)	Festigkeit hoch (hart)
Spröd-elastisch		Duroplaste	Glas, Gusseisen
Gummi-elastisch	Elastomere		
Elastisch-plastisch	Thermoplaste		Stahl, NE-Metall-Knetlegierungen
Elastisch-viskos	Papier, Pappe, Textilfasern, Leder	Holz	

Schrauben, Stifte, Welle-Nabe-Verbindungen, Pressverbindungen, Schnappverbindungen) überwiegend gegeben, da bei ihnen der Bruch (oder die Auftrennung) an den Verbindungsstellen mit Formschluss oder Kraftschluss stattfindet. Dagegen sind die Verbindungsstellen mit Stoffschluss (geklebte, gelötete oder geschweißte nicht-lösbare Verbindungen) oft von höherer Festigkeit als die Werkstoffe, so dass ein Bruch außerhalb der Verbindungsstelle eintritt und damit der Aufschlussgrad < 100 % bleibt. Der Bruch (bzw. die Zerkleinerung) der Verbindungselemente oder der Werkstoffe wird durch mechanische Beanspruchung (Druck, Schlag, Prall, Scheren, Schneiden, Zug, Biegen) derselben bis zur Überwindung der atomaren bzw. molekularen Bindungskräfte erreicht. Erfolgt dieser Bruch makroskopisch verformungslos oder verformungsarm wird das als *Sprödbruch bezeichnet.* Wenn dem Bruchereignis eine plastische Verformung vorausgeht spricht man von *Zähbruch* und entsprechend von sprödem und zähem Stoffverhalten. Der Sprödbruch ist in Hinblick auf den verfahrenstechnischen Aufwand, den Aufschlussgrad und das Zerkleinerungsprodukt erwünscht und kann durch äußere Bedingungen begünstigt werden. Diese günstigen Bedingungen sind niedrige Temperatur (Stoffversprödung durch Tiefkühlen) und hohe Beanspruchungsgeschwindigkeiten – die Zeit für die plastische Verformung reicht dann nicht aus. G. Schubert [3.6] hat zum Verformungsverhalten von Altstoffen eine entsprechende Tabelle entwickelt (Tab. 3.1). Danach ist die Mehrzahl der Altstoffe als nichtspröde Stoffe zu bewerten. Eine geringere Zahl an Altstoffen, die allerdings in großen Massen auftreten können, zeigen ein sprödes Stoffverhalten (Beton, Ziegel, Steine).

Die Zerkleinerungsprozesse werden nach der Stückgröße des Aufgabegutes wie folgt eingeteilt:

- Grobzerkleinerung (Grobbrechen) $d > 100\,mm$
- Mittelzerkleinerung (Feinbrechen) $d = 100\ldots5\,mm$
- Feinzerkleinerung (Mahlen) $d = 5\ldots0,1\,mm$
- Feinstzerkleinerung $d < 0,1\,mm$

Grob- und Mittelzerkleinerung

Die Bandbreite und Komplexität von Stoffströmen, die aufgeschlossen und zerkleinert werden müssen, ist im Abfallbereich wesentlich größer als im Primärrohstoffbereich. Des-

Abb. 3.1 Beanspruchungsarten bei
der Zerkleinerung

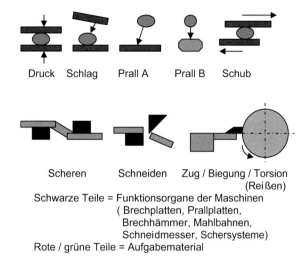

Druck   Schlag   Prall A   Prall B   Schub

Scheren   Schneiden   Zug / Biegung / Torsion
                                      (Reißen)
Schwarze Teile = Funktionsorgane der Maschinen
(Brechplatten, Prallplatten,
Brechhämmer, Mahlbahnen,
Schneidmesser, Schersysteme)
Rote / grüne Teile = Aufgabematerial

halb wurden neue Systeme und Aggregate zur Zerkleinerung verschiedener Abfallströme entwickelt und in den Markt gebracht; sie werden im Folgenden berücksichtigt.

In Recyclingverfahren werden häufig die Grob- und Mittelzerkleinerung für die Aufgabenstellung der Aufschlusszerkleinerung benötigt. Für spröde Stoffe kommen dabei die Beanspruchungsarten Druck (Backenbrecher, Walzenbrecher) oder Schlag/Prall (Hammerbrecher) zur Anwendung. Für die überwiegend vorliegenden nichtspröden Altstoffe sind die Beanspruchungsarten Scheren, Schneiden, Zug, Biegen, Torsion – zum Teil in Kombination mit Schlag- oder Prallbeanspruchung – erforderlich. Für die komplexe Zug-Biege-Torsionsbeanspruchung ist von G. Schubert [3.6] auch der Begriff „Reißbeanspruchung" eingeführt worden (Abb. 3.1). In Abhängigkeit von der hauptsächlichen Aufgabenstellung (Aufschlusszerkleinerung und Stückgrößenreduzierung) sind entsprechende Beanspruchungsarten und geeignete Maschinen für die Grob- und Mittelzerkleinerung zu wählen, wie sie in Tab. 3.2 zusammengefasst sind.

Der prinzipielle Aufbau der wichtigsten Maschinen für die Grob- und Mittelzerkleinerung und ihre Wirkungsweise ist in Abb. 3.2 dargestellt. Als Besonderheit ist bei den Hammerbrechern mit horizontaler Achse auf die beweglich befestigten Schlagleisten (Hämmer) hinzuweisen, die ein Einklemmen des Aufgabegutes in der Maschine verhindern. Diese Hammerbrecher (Shredder) sind in erheblichen Größen und mit hohen Leistungen verfügbar. Die Shredder werden für kleinere Altgeräte (bis zur Kategorie Kühlschrank) auch mit vertikaler Achse gebaut. Diese Rotorshredder sind bezüglich Aufschlussergebnis, Zerkleinerungsgrad und Intensität der Beanspruchung an die Aufgabenstellung der Zerlegung optimal anzupassen [3.7]. Der Rotorshredder besteht aus einem stehenden Kessel, einer senkrechten Welle und daran ebenfalls beweglich angeordneten Schlagelementen. Der Produktaustrag erfolgt über die als Spaltrost ausgebildete Zylinderwand (Abb. 3.3).

Eine andere Bauart der Shredder mit vertikaler Achse kombiniert eine Reißbeanspruchung im oberen Aufgaberaum mit einer darunter angebrachten Mahlbeanspruchung. Die Schneidmühlen (Abb. 3.2, Nr. 4) mit ihrer sehr geringen Spaltbreite und hoher Drehzahl

Tab. 3.2 Aufgabenstellung, Beanspruchungsarten und Maschinen der Grob- und Mittelzerkleinerung nach G. Schubert [3.6]

Aufgabenstellung	Geeignete Beanspruchungsart	Zerkleinerungsmaschine
Stückgrößenreduzierung	a) Scher- und Schneidbeanspruchung b) Zugbeanspruchung incl. Biegung, Torsion (Reißbeanspruchung) und Schlag c) Biegebeanspruchung	a) Guillotinescheren Rotorscheren Rotorschneider Schneidmühlen b) Rotorreißer (langsam laufend) Hammerbrecher (Shredder) Nockenreißer, c) Schienenbrecher
Aufschlusszerkleinerung (Auflösen der Verbindungen von Bauelementen und Werkstoffen) Zerlegung von Elektrogeräten	a) Zugbeanspruchung incl. Biegung, Torsion (Reißbeanspruchung) und Schlag b) Prallbeanspruchung	a) Hammerbrecher div. Ausführungen (Shredder) b) Querstromzerspaner Rotorshredder

sind besonders für leicht verformbare Teile (Drähte, Litzen, Späne, Folien) im Einsatz. Rotorscheren und Schneidmühlen (Abb. 3.2, Nr. 3 und 4) werden in sehr verschiedenen Bauformen und Größen hergestellt (Einwellen-, Zweiwellen- und Vierwellenschneidsysteme). Spezielle Reißgeometrien der Rotorreißer (Hakenform und Gegenkämme) ermöglichen eine optimale Anpassung an verschiedene Produkte und Zerkleinerungsaufgaben (Einziehen, Brechen, Zerreißen, Schneiden).

Die oben unter den Zerkleinerungsaufgaben genannte „Erzeugung optimaler Stückgrößen für den Eintrag in Schmelzöfen u. a. Apparate" wird ebenfalls durch die angeführten Apparate der Grobzerkleinerung realisiert. So werden Eisenbahnschienen und Stahlträger durch Guillotinescheren auf die erforderliche Eintragsabmessung geschnitten. Die Zerkleinerung von spröden, gusseisernen Maschinenteilen erfolgt bevorzugt durch Fallwerke oder große Backenbrecher.

Auch Fässer, Wannen, Hohlkörper u. a. voluminöse oder sperrige Gegenstände erfordern eine Zerkleinerung, die je nach Werkstoff (Metalle, Kunststoffe, Gläser), Festigkeit und Sprödigkeit durch Pressen, Schlag oder Schneiden erfolgt. Häufig kommt bei großen Metallteilen auch das Trennschweißen zum Einsatz. Besonders großvolumige Hüttenabfälle (Metallbrocken, sogen. Bären) müssen gesprengt werden, nachdem mit Sauerstofflanzen geeignete Sprenglöcher eingebrannt wurden.

Speziell für Elektroaltgeräte ist eine schonende Zerlegemaschine entwickelt worden. Die Maschine besteht aus einem Kessel, auf dessen Boden eine rotierende Kette eingebaut ist. Die Kette versetzt die Elektrogeräte in eine intensive Bewegung, die zu einer gegenseitigen Prallbeanspruchung führt (autogene Zerlegetechnik). Dadurch zerlegt dieser Querstromzerspaner (QZ – auch Kettenzerkleinerer genannt) die Geräte in die Bauteile ohne diese selbst zu zerstören (siehe Abschn. 13.5.1; [3.25]). Eine Skizze des Querstromzerspaners ist in Abb. 3.3 zu finden. Der Querstromzerspaner hat sich auch für die Qualitätsverbesserung

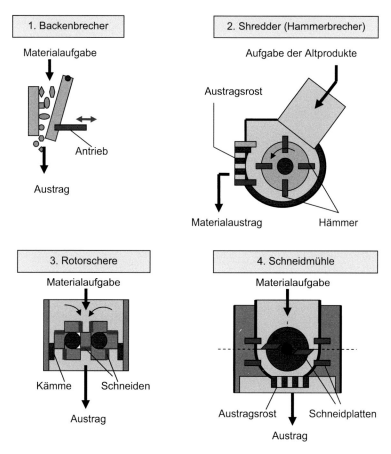

Abb. 3.2 Maschinen der Grob-, Mittel- und Feinzerkleinerung

von „Müllschrott" aus der Aufbereitung von Haus- und Gewerbeabfällen zu Ersatzbrennstoffen bewährt. Der durch Magnete primär abgetrennte Müllschrott enthält 80 % Metalle und noch 20 % Textilien und Kunststoffe. Seine Nachbehandlung im Querstromzerspaner liefert saubere Eisen- und NE-Metall-Fraktionen, die zu einem höheren Preis verkaufbar sind [3.23].

Feinzerkleinerung

Bei sehr kleinen Abmessungen der Werkstoffbestandteile (Elektronikschrott, Litzen) sowie bei Verbundwerkstoffen und Beschichtungen müssen Stückgrößen von 1…2 mm und darunter für den Aufschluss erreicht werden, das heißt, es ist eine Feinzerkleinerung zwingend. Als Beanspruchungsarten kommen die Prallbeanspruchung, die Druck-Schub-Beanspruchung, die Schlagbeanspruchung und die Schneidbeanspruchung zur Anwendung (Tab. 3.3). Sowohl bei Kunststoffen als auch bei Metallen nimmt bei der Beanspruchung im Feinkornbereich der Effekt einer plastischen Verformung zu. In einigen Fällen ist diese plastische Verformung des Zerkleinerungsproduktes in der Maschine (z. B. eine

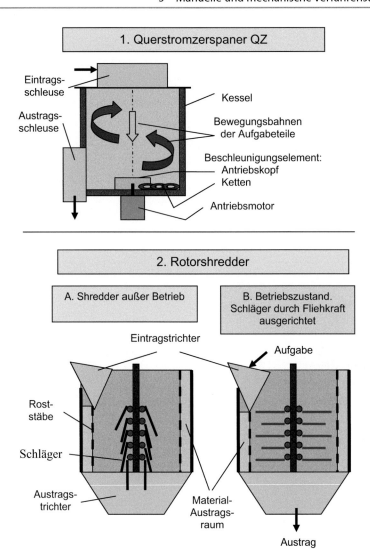

Abb. 3.3 Maschinen zur Zerlegung bzw. Grobzerkleinerung von Altgeräten. *1.* Querstromzerspaner QZ (Kettenzerkleinerer) [3.25], *2.* Rotorshredder [3.7]

Verkugelung von Feindraht oder eine Auswalzung von Metallpartikeln) erwünscht, weil damit die Sortiereffekte verbessert werden können. Die Maschinen der Feinzerkleinerung (Mahlen) werden entsprechend dem Vorgang als Mühlen bezeichnet. Beispiele solcher Mühlen sind in Tab. 3.3 aufgeführt. Eine nasse Feinzerkleinerung wird z. B. für die Papier-Pappe-Aufbereitung in Pulperührwerken angewandt. Neben breitbandig eingesetzten Aufschlussverfahren werden auch selektive, nasse Zerkleinerungverfahren getestet, z. B. für das Recycling von Altteppichböden, wobei eine Zerkleinerung mit einem Hochdruck-

Tab. 3.3 Aufgabenstellung, Beanspruchungsarten und Maschinen der Feinzerkleinerung nach G. Schubert [3.6]

Aufgabenstellung	Beanspruchungsarten	Zerkleinerungsmaschinen
Stückgrößenreduzierung	a) Schneidbeanspruchg b) Schlagbeanspruchg c) Prallbeanspruchung (Biegung, Torsion)	a) Schneidmühlen b) Kugelmühlen, Schwingmühlen c) Prallmühlen, Strahlmühlen
Aufschlusszerkleinerung	a) Schneidbeanspruchg b) Prall-Druck-Schub-Beanspruchung c) Zugbeanspruchung Reißbeanspruchung d) Scherströmung	a) Schneidmühlen b) Prallmühlen Hammermühlen c) Stiftreißer d) Stofflöser (Pulper)

wasserstrahl genutzt wird. Dabei soll die Strahlgeschwindigkeit so dosierbar sein, dass die Kautschukschicht feinstteilig zerstört wird und die freigelegten Fasern als Recyclingfasern verwendbar bleiben.

Ein anderes Beispiel für die Entwicklung neuer Aufschlusstechnologien für Spezialanwendungen ist die Spaltungstechnologie für Schichtverbundwerkstoffe mit einer Mikroemulsion (Tensid-Gemisch), die sich derzeit in der technischen Erprobung befindet. Diese Technologie der Fa. Saperatec besteht in einer ersten Stufe aus einer Zerkleinerung des Verbundwerkstoffes, um möglichst viele Schnittkanten für die Einwirkung der Tenside in die Verbundspalten zu erhalten. Die nachfolgende Behandlung mit der Mikroemulsion in einem Rührwerkskessel bei ca. 40 °C bewirkt die Aufspaltung der Schichtverbunde. Durch eine Filtration gelingt eine Rückführung der Mikroemulsion zum Aufschluss. Anschließend werden die Schichten gewaschen und durch Dichtesortierung getrennt. Mögliche Anwendungsgebiete sind Verbundverpackungen, Photovoltaik-Dünnschichtmodule, Autosicherheitsglas und Lithium-Ionen-Batterien [3.24].

Eine erhebliche Weiterentwicklung hat das Verfahren der elektrodynamischen Fragmentierung erfahren. Herbei wurde ein System zur Marktreife gebracht, bei dem Bauteile oder Stücke aus komplexen Verbunden in einem Wasserbad einem gepulsten Spannungsstoß – ähnlich einem Blitzschlag – ausgesetzt werden [3.36]. Dadurch können Brüche unmittelbar an den Phasengrenzen ausgelöst werden, was besonders gut funktioniert, wenn sich diese Phasen in ihrer elektrischen Leitfähigkeit deutlich unterscheiden. Erfolgreiche Ansätze wurden z. B. für Altbeton, Schlacken von Müllverbrennungsanlagen (MVA-Schlacken) oder kohlefaserverstärkte Kunststoffe entwickelt [3.37]. Eine solche selektive Fragmentierung kann entweder als alleiniger Aufschlussprozess oder als Verfahren zur Vorschwächung von Bindungen vor einer nachfolgenden konventionellen Zerkleinerung angewandt werden.

Abb. 3.4 Wirbelschneckenkühler

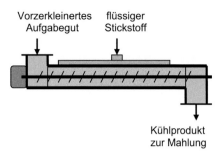

Vorzerkleinertes   flüssiger
Aufgabegut   Stickstoff

Kühlprodukt
zur Mahlung

Kryogene Vorbehandlung

Die kryogene Vorbehandlung von Altstoffen nutzt den Versprödungseffekt (Abnahme der Elastizität und Kerbschlagzähigkeit bei niedrigen Temperaturen) von insbesondere Thermoplasten und Elastomeren. Bei einer nachfolgenden Prallbeanspruchung erfolgt ein Sprödbruch dieser Werkstoffe. Besonders relevant wird dies etwa bei einer Fein- bis Feinstzerkleinerung von Altgummi zu Gummimehlen. Auch für Verbundwerkstoffe aus Kunststoffen mit Faser- oder Partikelverstärkung wird der Aufschlussgrad deutlich verbessert. Außerdem ist durch den Sprödbruch der Kunststoffe ein relativ gleichmäßiges Kornspektrum erzeugbar. Das Verfahren der Kryogenmahlung gestattet die Erzeugung von Altkunststoff-Pulvern mit einer Feinheit von 0,25…0,30 mm. Kunststoffe und Metalle besitzen außerdem einen sehr unterschiedlichen thermischen Ausdehnungskoeffizienten, so dass bei der Tiefkühlung von solchen Werkstoffverbunden erhebliche Schubspannungen an den Grenzflächen Kunststoff/Metall auftreten und damit die Verbindungen gelockert oder gelöst werden (z. B. bei metallbeschichteten Kunststoffteilen, wie sie in der Autoindustrie häufig Anwendung finden). Gummierte Metallteile von Chemieanlagen können nur durch Tiefkühlung und mechanische Beanspruchung entgummiert werden. Als Kühlmedium für die Kryogenbehandlung wird ausschließlich flüssiger Stickstoff eingesetzt. Als Apparate sind Wirbelschneckenkühler, Wirbelrohrkühler oder Kühltunnel in Anwendung (Abb. 3.4).

Ein Nachteil der Kryogenmahlung liegt in dem hohen Bedarf an Kühlmittel, der umso stärker ansteigt, je energieintensiver die Mahlung ist und folglich Wärme freisetzt. Je kleiner die geforderten Korngrößen sind, desto höher ist in der Regel der in Wärme umgesetzte Energieeintrag bei der Mahlung. Daher sind dem praktischen Einsatz wirtschaftliche Grenzen gesetzt.

Stückgrößenverteilung

Eine Zielstellung der Zerkleinerung ist die Erzeugung bestimmter Stückgrößen. Bei den im Zerkleinerungsapparat stattfindenden Bruchvorgängen entstehen aber immer Bruchstücke unterschiedlicher Stückgröße, so dass ein polydisperses Produkt vorliegt. Für die Charakterisierung derartiger *Körnerkollektive* hat die Aufbereitungstechnik geeignete Methoden verfügbar. In der Aufbereitungstechnik und in der Verfahrenstechnik wird für die Abmessungen der Teile der Begriff *Korngröße* verwendet, der in der Recyclingtechnik wegen der vielfältigen und häufig nicht körnigen – also nicht dreidimensional ausgeläng-

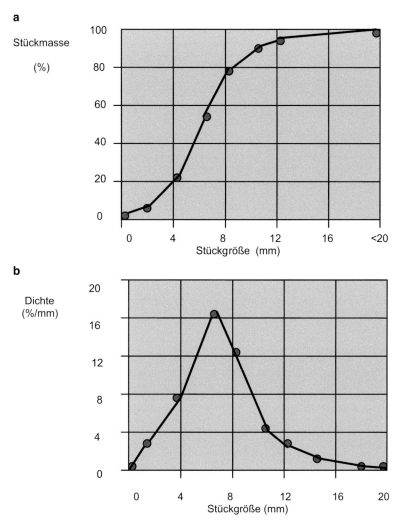

Abb. 3.5 Materialbeispiel einer Stückgrößenverteilung. **a** Stückgrößenverteilungsfunktion F, **b** die abgeleitete Stückgrößenverteilungsdichte D

Tab. 3.4 Übersicht zu den Zerkleinerungsmaschinen für die Aufschlusszerkleinerung und Stückgrößenreduzierung von Altprodukten und Altstoffen nach G. Schubert [3.6]

Altprodukt/Altstoff	Zerkleinerungsmaschine
A) Grob- und Mittelzerkleinerung	
1. Stahl- und NE-Metallschrotte (Schienen, Profile, Bleche, …) 2. Großflächige Fußbodenbeläge	Guillotinescheren, lligatorscheren

Tab. 3.4 (*Fortsetzung*) Übersicht zu den Zerkleinerungsmaschinen für die Aufschlusszerkleinerung und Stückgrößenreduzierung von Altprodukten und Altstoffen nach G. Schubert [3.6]

Altprodukt/Altstoff	Zerkleinerungsmaschine
3. Gusseisen-, Aluminiumguss-Schrott 4. Beton, Bauschutt	Backenbrecher (Fallwerke)
5. Sperrmüll (Möbel, Teppiche, Fahrräder, Fässer, Altreifen, Bretter, Balken, Akten) 6. Blechbehälter, kleine E-Motoren	Rotorscheren
7. Kunststoffabfälle, Kunststoffbehälter, Folien, Schaumstoffe, Holzabfälle	Schneidmühlen
8. PKW- und Aluminium-Schrotte, Metallspäne Sperrmüll, Holzabfälle, Papier, Pappe, Haushaltabfälle 9. Ballen- und Sackaufreißer 10. Asphalt, Bauschutt	Rotorreißer/-shredder
11. PKW, Blechpakete, Haushaltgeräte, Elektrogeräte, Verbrennungsschrott, Bleiakkuschrott, E-Motoren, Blechschrott, Metallspäne, Hausmüll, Pappe	Hammerbrecher (Shredder) versch. Ausführungsformen
B) Feinzerkleinerung	
1. Kabel, Steckverbinder, Elektrokleinschrott	Schneidmühlen, Hammermühlen (evtl. Kryogenvorbehandlung)
2. Faser- und Schichtverbunde	Prallmühlen (evtl. Kryogenvorbehandlung)
3. Beschichtungen	Strahlmühlen
4. Elastomere, Kunststoffe	Prallmühlen (evtl. Kryogenvorbehandlung), Druckwalzen (Kollergänge), Matrizenpressen
5. Alttextilien	Stiftreißer
6. Altpapier, Altpappe	Stofflöser (Pulper)

ten – Formen nicht zweckmäßig erscheint. In manchen Ausnahmefällen ist aber wegen in der Verfahrenstechnik eingeführter Begriffe die Bezeichnung *Korn* nicht zu umgehen. Da bei der Feinzerkleinerung eher körnige Mahlprodukte entstehen, ist dort der Begriff Korn vorherrschend. Die Definition einer Stückgröße ist allerdings bei Altstoffen und deren Zerkleinerungsprodukten durch die große Vielgestaltigkeit der Formen (Drähte, Bleche, Fasern, Späne, Folien usw.) außerordentlich schwierig. Als Stückgröße definiert man eine gemittelte Abmessung d oder nutzt zur Charakterisierung folgende physikalische Merkmale:

- die Kantenlänge L quadratischer Öffnungen (Prüfsiebe), durch die die Stücke noch hindurch fallen
- die Oberfläche A oder die Projektionsfläche B der Stücke
- die Masse M oder das Volumen V der Stücke
- die Sinkgeschwindigkeit v der Stücke in einem Fluid unter Wirkung eines Kraftfeldes

Für die Beurteilung des Zerkleinerungsproduktes und seine weitere Verwertung/Bearbeitung sind Aussagen über den Anteil der verschiedenen Stückgrößen (Stückgrößenklassen) im Produkt entscheidend. Diese Aussagen liefert die *Stückgrößenverteilung*. In Abb. 3.5 ist für ein Beispiel die grafische Darstellung einer *Stückgrößenverteilungsfunktion F* und der zugehörigen *Stückgrößenverteilungsdichte D* angegeben. Besonders aus der Verteilungsdichte D sind die z. B. aus einer Siebanalyse gewonnenen Stückgrößenklassen deutlich erkennbar. Im Beispiel (Abb. 3.5) ist bei der Verteilungsdichte D neben dem Hauptstückgrößenbereich 4…10 mm auch sehr deutlich der Überkornbereich > 10 mm (unzureichende Aufmahlung) und der Unterkornbereich < 4 mm (Übermahlung) zu erkennen.

In Tab. 3.4 sind für die sehr unterschiedlichen Altprodukte und Altstoffe nochmals die derzeit am häufigsten eingesetzten Zerkleinerungsmaschinen als Übersicht zusammengestellt.

3.3 Klassierung

Unter Klassierung versteht man die Aufteilung eines Körnerkollektivs in dessen verschiedene Korngrößenklassen (Stückgrößenklassen). Auf Grund der z. T. unvollständigen Zerkleinerung (unaufgeschlossenes Grobgut) und der anteiligen Entstehung von übermahlenem Feingut ist ein für nachfolgende Prozesse oft notwendiges *enges „Kornspektrum"* (Stückgrößenspektrum) nicht direkt in einer Zerkleinerungsstufe zu erzielen. Vor einer zweiten Zerkleinerungsstufe ist die Abtrennung des ausreichend aufgeschlossenen Feingutes aus dem Haufwerk zweckmäßig, um eine unerwünschte weitere Zerkleinerung (Übermahlung) zu vermeiden. Andererseits muss das unvollständig zerkleinerte Material ebenfalls abgetrennt und der primären Zerkleinerung erneut zugeführt werden. Diese zwangsläufige Verknüpfung von mehreren Zerkleinerungsstufen mit zwischengeschalteter Klassierung führt zu einer typischen Kreislaufschaltung des technologischen Ablaufs (ein sog. Mahlkreislauf).

Zwei verschiedene Ansätze zur Klassierung können gewählt werden. Das ist zum einen die Siebklassierung, die eine Trennung nach dem Prinzip der „Gleichkörnigkeit" verfolgt; zum anderen ist die Stromklassierung zu nennen, die dem Prinzip der *Gleichfälligkeit* folgt. Eine besondere Herausforderung bei der Abfallklassierung sind die eindimensional (z. B. Drähte) oder zweidimensional (z. B. Folien, Bleche) ausgelängten Partikel.

Siebklassierung

Die Klassierung mittels Siebung ist das Hauptverfahren für große und mittlere Stückgrößen und in der Regel bis zu einer *Trennkorngröße* >1 mm einsetzbar. Die Trennung erfolgt durch Bewegung des Materials (Siebgut) auf einer perforierten Trennfläche (Siebboden). Die Lochabmessungen des Siebbodens entsprechen der Trennkorngröße. Im Siebdurchlauf sammelt sich das Feingut, im Siebüberlauf das Grobgut. Feingut und Grobgut fallen ebenfalls in einer bestimmten Stückgrößenverteilung an. Die Siebung erfordert eine freie Beweglichkeit der Einzelstücke, eine ständige Durchmischung des Siebgutes und eine Relativbewegung zwischen Siebgut und Siebboden. Die Siebung kann trocken oder nass erfolgen. Bei der *Trockensiebung* ist eine gewisse Anhaftung von Feingut am Grobgut unvermeidlich. Zudem ist die Staubentwicklung ein relativer Nachteil. Die *Nasssiebung* verbessert im Feinkornbereich die Beweglichkeit der Partikel erheblich und vermindert deutlich die Anhaftung von Feingut am Grobgut, so dass sogar ein Entschlämmen oder Waschen erreichbar ist. Dagegen führt feuchtes Siebgut zur Agglomeratbildung und ist bei der Siebtrennung zu vermeiden. Die Gestaltung der Siebböden ist vielfältig: Spaltroste, gelochte Platten, Drahtgewebe, Siebmatten. Die erforderliche Relativbewegung des Siebgutes zum Siebboden wird mit verschiedenen Methoden erreicht:

1. Abrollen des Siebgutes auf einem geneigten Siebboden (ca. 40°) durch die Schwerkraft (Grobkornklassierung auf geneigten, festen Rosten oder Sieben)
2. Wälzen des Siebgutes in einer drehenden Siebtrommel (Wälzsiebe, Trommelsiebe)
3. Schwingungen des Siebbodens (Wurfsiebe, Schwingsiebe)
4. Ausblasen des Feingutes mit einem Luftstrahl durch ein Siebelement (Luftstrahlsieb)

Bei der Siebung von Altstoffgemischen treten häufig auch Sortiereffekte (Auftrennung nach Materialarten) auf, wenn z. B. im Feingut eine bestimmte Stoffart vorliegt oder bei der Zerkleinerung eine bestimmte Stoffart infolge Sprödbruch bevorzugt zerkleinert wurde. Andererseits entziehen sich elastische Stoffe häufig der Zerkleinerung und werden überwiegend im Grobgut ausgetragen. Diese Sortiereffekte bei der Siebung werden für die sogenannte sortierende Klassierung gezielt angewendet. Beispiele für Siebmaschinen, die in der Abfallaufbereitung häufig im Einsatz sind zeigt Abb. 3.6.

Die Siebklassierung in der Recyclingtechnik stellt besondere Anforderungen an Maschinen und deren Fahrweise [3.26]. Bei siebschwierigen Gütern wie Verpackungs- und Restabfällen, aber auch drahthaltigen Fraktionen, sind besondere Vorkehrungen zu treffen, die ein Zusetzen der Siebflächen verhindern. Hierzu zählen die Gestaltung der Siebschlitze, das Anbringen von Klopf- oder Ausblasvorrichtungen sowie der Einsatz von sogenannten Spannwellensieben, die durch getaktete Spannung und Entspannung Klemmkorn auswerfen können.

Neue Entwicklungen in der Siebtechnik erlauben es zunehmend auch in feineren Kornbereichen industriell eine effektive Siebklassierung durchzuführen, mit Trennschnitten im Primärrohstoffbereich bis zu 32 µm [3.26]. Für den Einsatz im Recycling laufen Bestrebungen wenigstens bis in den Bereich weniger hundert µm effektiv klassieren zu können.

Abb. 3.6 Siebmaschinen

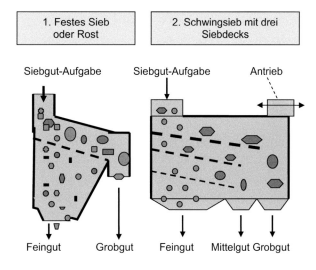

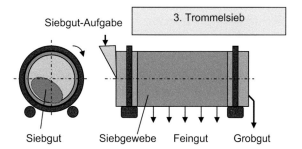

Stromklassierung

Die Stromklassierung nutzt zur Trennung unterschiedlicher Korngrößen die Sinkgeschwindigkeit der Körner in einem Fluid aus. Als Fluid werden Flüssigkeiten oder Luft eingesetzt.
Für den einfachsten Fall der Bewegung eines kugelförmigen Einzelkorns in einem Fluid
gilt folgende Gleichung:

$$w = \sqrt{\frac{4 \cdot d \cdot \Lambda\rho \cdot g}{3 \cdot \xi \cdot \rho_F}}$$

w: Absetzgeschwindigkeit (m/s)

g: Fallbeschleunigung (9,81 m/s)

$\Delta\rho$: Dichtedifferenz zwischen den Feststoffteilchen ρ_T und dem Fluid ρ_F (kg/m^3)

d: Korngröße (m)

ξ: Widerstandszahl (dimensionslos)

ρ_F: Dichte des Fluids (kg/m^3)

Die Widerstandszahl ξ ist von der Art der Umströmung der Körner, d. h. von der Reynoldszahl Re, abhängig. Bei vorliegender laminarer Umströmung (Re < 0,5) geht obige Gleichung in das Gesetz von Stokes über:

$$w = \frac{d^2 \cdot \Lambda\rho \cdot g}{18 \cdot \eta}$$

η: Dynamische Viskosität (kg/ms)

Durch Anwendung der Ähnlichkeitstheorie sind auch die Absetzgeschwindigkeiten bei turbulenter Umströmung berechenbar. Als weitere Einflussfaktoren sind die großen Abweichungen von der Kugelform (Einführung eines Formfaktors) und die gegenseitige Behinderung der Körner bei höherer Feststoffkonzentration (Konzentrationsbeiwert) zu berücksichtigen.

▶ *Die wesentlichen Einflussgrößen auf die Absetzgeschwindigkeit w sind also die Korngröße der Teilchen, die Dichte der Teilchen und die Kornform sowie das gewählte Fluid (Dichte, dynamische Viskosität).*

Daraus ergibt sich für die Stromklassierung die Schlussfolgerung, dass Korngrößenklassen nur hergestellt werden können, wenn Körner gleicher Dichte (d. h. gleicher Stoffart) und ähnlicher Kornform vorliegen. Ist das nicht der Fall, dann entstehen sog. *Gleichfälligkeitsklassen*. Insbesondere bei Dichteunterschieden der Teilchen entstehen dann neben der Klassierung zusätzliche Sortiereffekte nach der Dichte, d. h. nach der Stoffart. Im Unterschied zu Klassierprozessen bei Kohlen, Gesteinen und Erzen bestehen die Vorlaufmaterialien für Recyclingprozesse fast immer aus Stoffmischungen unterschiedlicher Feststoffdichte und zusätzlich sehr unterschiedlicher Kornformen (Stücke, Bleche, Folien), so dass die Stromklassierung nur selten einsetzbar ist. Die wichtigsten technischen Apparate für die Stromklassierung sind Schwerkraftklassierer (Spitzkästen, Rechenklassierer), Zentrifugalkraftklassierer (Hydrozyklon) und Windsichter, die auch bei der Dichtesortierung im Einsatz sind und deshalb dort näher erläutert werden.

3.4   Sortierung von Feststoffen

▶ *Die Sortierung der aufgeschlossenen und – wenn erforderlich – zerkleinerten und klassierten festen Abfälle in recyclingverträgliche Werkstoffgruppen oder sortenreine Werkstofftypen ist die entscheidende Prozessstufe für die meisten Verfahren des Werkstoffrecyclings.*

Die Sortierung wird außerordentlich entlastet, wenn die primären Sammelprozesse und Zwischenlagerungen bereits werkstoffspezifisch erfolgen. Die Sortierprozesse leisten die

für die nachfolgenden Prozesse erforderliche Anreicherung der Wertstoffe und eine Abrei-
cherung der Störstoffe

▶ *Unter Sortierung im engeren Sinne versteht man in der Verfahrenstechnik das Sortieren
makroskopischer Feststoffteilchen unter Ausnutzung der unterschiedlichen physikalischen
Eigenschaften der Stoffe* [3.2].

Hierzu zählen die *Massenstrom-Sortierverfahren:*

- Dichtetrennung,
- Sortierung im Magnetfeld,
- Sortieren im elektrischen Feld,
- Flotation und die
- Sortierung nach anderen mechanischen Eigenschaften.

Die Flotation wird prinzipiell dieser Kategorie zugerechnet, obwohl der Sortiereffekt
wesentlich auf den oberflächenchemischen Eigenschaften und deren Beeinflussbarkeit
durch Zusatz spezieller Reagenzien beruht. Insofern ist die Flotation ein physikochemi-
sches Sortierverfahren, welches allerdings die Partikel im Sortierprozess im Wesentlichen
unverändert lässt. Das unterscheidet die Flotation von den chemischen Verfahren der Aufbereitung, die in Kap. 4 beschrieben werden.

Neben den Massenstrom-Sortierverfahren hat gerade der Bereich der *Einzelkorn*-Sor-
tierverfahren in den letzten Jahrzehnten erheblich an Bedeutung gewonnen. Diese werden
unter *Manuelle Klaubung und sensorgestützte Sortierung* zusammengefasst.

Ein grundlegendes Fachbuch der Feststoffsortierprozesse hat H. Schubert (Aufbereitung fester mineralischer Rohstoffe, Bd. II Sortierprozesse [3.2]) vorgelegt. Die folgenden
Ausführungen folgen der dort verwendeten Einteilung.

3.4.1 Dichtesortierung

Eine reine Dichtesortierung beruht auf der Ausnutzung der Dichteunterschiede zwischen
verschiedenen Feststoffen (Tab. 3.5) und einem Fluid ausgewählter Dichte (Flüssigkeit oder
Luft), so dass eine Trennung in ein Leichtgut und ein Schwergut möglich wird. Wenn dieses
Fluid aber in den Apparaten strömt, dann gewinnen auch Stückgröße und Stückform einen
Einfluss. Unter solchen Bedingungen eines strömenden Fluids gelten die in Abschn. 3.3 für
die Stromklassierung angegebenen Gleichungen (siehe oben). Eine trennscharfe Dichtesortierung im strömenden Fluid ist also nur bei vorausgehender Klassierung des vorlaufenden
Materials in enge Kornklassen möglich. Das kann wegen der wirkenden Gesetzmäßigkeiten
nur durch Siebklassierung und nicht durch Stromklassierung erfolgen.

Für die Dichtesortierung von Kunststoffen sind in Kap. 7, Tab. 7.7 genauere Angaben
über die Dichtebereiche der Kunststoffarten zu finden.

Tab. 3.5 Dichte ausgewählter Werkstoffe [3.21, 2.1]

Werkstoff	Dichte g/cm^3	Werkstoff	Dichte g/cm^3
Platin	21,5	Quarzglas	2,2
Gold	19,3	**Polytetrafluorethylen, PTFE**	2,1…2,3
Tantal	16,6	Magnesiumlegierungen	1,4…1,8
Wolframkarbid	15,8	Graphit	1,8
Blei	11,3	**Magnesium**	1,7
Silber	10,5	Kunststoff, glasfaserverstärkt	1,3…1,7
Nickel	8,9	Kunststoff, kohlefaserverstärkt	1,5…1,6
Nickellegierungen	7,2…8,9	**Polyvinylchlorid, PVC**	1,2…1,7
Kupfer	8,9	Harnstoffharz	1,5
Messing	8,3…8,7	Melaminharz	1,5
Stahl	7,8…7,9	**Polyethylenterephthalat, PET**	1,4
Gusseisen	7,1…7,4	Polyesterharz	1,1…1,4
Zinn	7,3	Phenolharz	1,3
Zink	7,1	Epoxidharz	1,2…1,3
Zinklegierungen	5,0…7,2	Silikonkautschuk	1,25
Glas	2,2…6,3	**Polyurethan**	1,25
Titanlegierungen	4,4…5,1	**Polykarbonat**	1,20
Titan	4,5	Polyamid	1,0…1,14
Aluminiumoxid	3,9	Polystyrol	1,05
Aluminiumlegierungen	2,6…2,9	**Polyethylen, PE**	0,91…0,97
Aluminium	2,7	Styrol-Butadien-Kautschuk	0,93
Kalkstein	2,6…2,7	**Polypropylen, PP**	0,89…0,91
Siliziumdioxid	2,6	**Sperrholz**	0,80…0,90
Porzellan	2,2…2,5	Laubholz	0,70
Beton	2,0…2,8	Nadelholz	0,5…0,6
Kohlefasern	1,7…2,2		

Schwimm-Sink-Sortierung

Beim Verfahren der Schwimm-Sink-Sortierung werden die Feststoffe in eine ruhende oder nur schwach strömende Flüssigkeit eingebracht, deren Dichte zwischen den Dichten der zu trennenden Feststoffe liegt. Der Feststoff mit der gegenüber der Flüssigkeits-dichte geringeren Dichte schwimmt (Schwimmgut), der schwere Feststoffanteil sinkt im Trennmedium ab (Sinkgut). Die Trennflüssigkeit ist überwiegend Wasser. Andere Dichten des Trennmediums erreicht man mit Salzlösungen, Wasser-Alkohol-Gemischen oder Schwertrüben. Generell muss für eine vollständige Benetzung der Feststoffe Sorge getragen werden, da Partikel mit anhaftenden Luftblasen andere, sogenannte *scheinbare* Dichten der Feststoff-Gasblasen-Koagulate annehmen. Schwertrüben sind quasistabile Suspensionen, die durch Aufschwemmung feinster Schwerstoffteilchen <100 µm in Wasser hergestellt werden und wie eine homogene Flüssigkeit hoher Dichte wirken. Als Schwerstoffe werden Baryt, Ferrosilizium, Magnetit u. a. eingesetzt, mit denen Trübe-dichten von 1,7 bis 3,8 g/cm^3 erreichbar sind. Die Stabilität der Schwertrübe erfordert eine gewisse Strömung dieses Trennmediums (z. B. durch Einsatz drehender Trommeln) und kann damit einen geringen Stückgrößeneinfluss bewirken. Bei der Schwertrübesortierung müssen die Stückgrößen in der Regel mit >5 mm deutlich größer als die Schwerstoff-korngrößen sein, um die anschließende Abtrennung der Schwertrübe auf einem Sieb zu ermöglichen (siehe Abb. 3.7). Die einfachsten Apparate sind Schwerkraftscheider in Kas-ten- und Konusform oder Trommelscheider. Durch die Anwendung von Zentrifugalkraft (Sortierzyklone, Sortierzentrifuge) lassen sich die Trenneffekte verbessern und kleinere Stückgrößen sortieren. In Abb. 3.7 sind einige Apparateprinzipien dargestellt und erläutert. Die maschinentechnische Ausführung einer Sortierzentrifuge ist in Kap. 7, Abb. 7.2 zu finden.

Setzprozess, Herdsortierung

Ein weiteres Dichtesortierverfahren ist der Setzprozess. Dabei wird die Auflockerung einer Kornschicht durch einen aufwärtsgerichteten pulsierenden Wasser- oder Luftstrom erreicht, in der Folge stellt sich eine Schichtung der Körner nach ihrer Dichte ein. Korngrößen und Kornformen sind unter diesen Bedingungen ebenfalls von Einfluss. Für die Dichtesortie-rung hat sich auch die Anwendung eines fließenden Wasserfilms (Filmströmung) auf einer schwach geneigten Platte bewährt (Herdsortierung). Diese Herde haben eine gerillte [3.1] oder mit Leisten besetzte Oberfläche und werden meist mit einer Schwingung beaufschlagt (Stoßherd, Rütteltisch). Unter der Wirkung von Strömungs- und Masseträgheitskräften wandern Körner unterschiedlicher Dichten auf der geneigten Platte mit dem Wasserfilm zu unterschiedlichen Plattenenden (Abb. 3.8). Während Setzmaschinen in der Regel im Grob-kornbereich eingesetzt werden, werden Nasstrennherde für Körnungen unter 1 mm genutzt. Neue leistungsfähige Nassherde sind in der Lage, gute Trennergebnisse im Abfallbereich bis herunter zu wenigen Dutzend µm mit ausreichender Durchsatzleistung zu erreichen. Nach einem ähnlichen Trennprinzip arbeiten die Lufttrennherde, die eine Luftströmung auf einem analog geneigten Lochblech mit Unterluft verwenden. Konventionelle Lufttrenn-herde sind für Korngrößen von 2…10 mm geeignet. Sie sind in einem Apparategehäuse

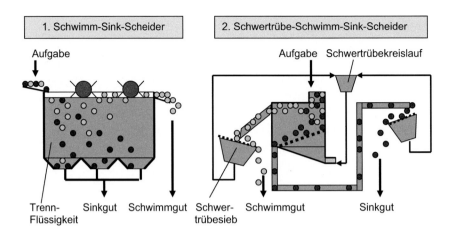

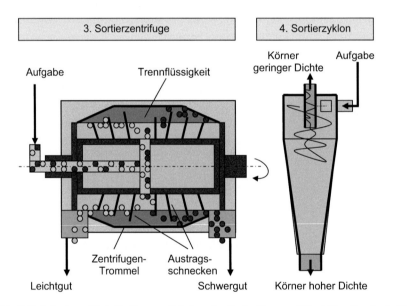

Abb. 3.7 Schwimm-Sink-Sortieren mit Schwerkraftscheidern und Zentrifugalkraftscheidern

Abb. 3.8 Nasstrennherd (Ansicht von oben) [3.1]

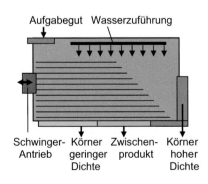

Abb. 3.9 Windsichter

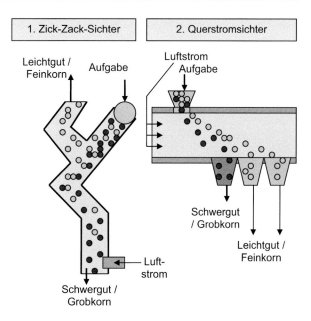

angeordnet. Bestimmte Geräte lassen aber neben einer Trennung von Grob- und Leichtgut auch die Abscheidung einer Feinfraktion in einem dritten Auslass zu.

Stromsortierung

Das Wirkprinzip der Stromsortierung beruht auf den Gesetzmäßigkeiten für die Sinkgeschwindigkeit von Teilchen in einem Fluid, wie diese in Abschn. 3.3 bereits für die Stromklassierung dargestellt sind. Unterschieden werden *Aerostromsortierer (Sichter)* und *Hydrostromsortierer.* In der Recyclingtechnik kommen überwiegend Sichter zur Anwendung, die sehr günstig zur Abtrennung von Feingut oder Material geringer Dichte aus Metallen, Glas u. a. Stückgut geeignet sind. Die Apparate arbeiten mit Luftgegenstrom oder Luftquerstrom. Auch die Sichtung mit einem zusätzlichen Zentrifugalfeld ist technisch realisiert. Prinzipielle Arbeitsweisen sind in Abb. 3.9 dargestellt.

3.4.2 Sortieren im Magnetfeld (Magnetsortieren)

Bei der Magnetscheidung werden aus einem Gemengestrom die magnetisierbaren Stücke herausgezogen. Die Magnetscheidung besitzt in der Recyclingtechnik eine weite Anwendung für die Abtrennung oder Reinigung ferromagnetischer Metalle und Legierungen (Eisenwerkstoffe, Nickelwerkstoffe). Die magnetischen Eigenschaften wichtiger Metalle und Legierungen sind in Tab. 3.6 zusammengestellt. Durch eine sehr intensive Prallbeanspruchung in Prallmühlen können auch mittelhoch legierte Cr-Ni-Stähle über einen gewissen Zeitraum magnetisiert werden. Günstige Stückgrößen für die Magnetscheidung sind 1…10 mm, in Ausnahmefällen bis 100 mm.

Tab. 3.6 Magnetische Eigenschaften metallischer Werkstoffe nach H. Schubert [3.2, 3.21]

Starkmagnetische Werkstoffe	**Eisenwerkstoffe** Kohlenstoffstahl, niedrig- und mittellegierte Stähle Cr-hochlegierte Stähle Hitze- und zunderbeständige Cr-Al- sowie Cr-Si-Stähle Eisengusswerkstoffe **Nickel, Ni-Cu-Legierungen > 65 % Ni**
Schwachmagnetische Werkstoffe	**Cu-Mehrstoff-Gusslegierungen (Bronzen)**
Nichtmagnetische Werkstoffe	**Hochlegierte Stähle** Manganstähle (11…21 % Mn) Rost- und säurebeständige Stähle (7…18 % Ni, 15…23 % Cr) Hitze- und zunderbeständige Stähle (11…21 % Ni, 22…27 % Cr) Hochwarmfeste Stähle **NE-Metalle**, Al, Mg, Cu, Zn und deren Legierungen **Edelmetalle**

Die Magnetscheider arbeiten mit Elektromagneten oder Permanentmagneten. In der Recyclingtechnik sind ganz überwiegend Trockenmagnetscheider in Anwendung, die ein trockenes, nicht klumpendes Gut und frei bewegliche Teilchen erfordern. Der Stoffstrom wird mit Schurren auf eine bewegte Transportfläche (Trommel oder Band) aufgegeben und durch über oder unter dieser Fläche angeordnete Magnetsegmente das magnetisierbare Material ausgehoben oder abgelenkt. Die zwei häufigsten Apparatetypen sind in Abb. 3.10 dargestellt.

Mit der Zunahme der Aufbereitung in immer feineren Kornbändern werden auch Nassmagnetscheider zum Einsatz kommen; der Trenneffekt bei feinen Körnungen in einer Suspension ist besser als in trockenen Pulvern und zusätzlich können Probleme durch Verklumpung auf Grund von höherer Restfeuchte oder Verstaubung bei geringer Restfeuchte vermieden werden.

Wirbelstromsortierung

Eine Spezialentwicklung für die Recyclingtechnik ist die Wirbelstromsortierung. Sie wurde speziell für die Trennung von Leitern gegen Nichtleiter konzipiert. Die Wirbelstromscheidung bildet in gewisser Hinsicht den Übergang zwischen Magnetsortierung und Elektrosortierung und kann daher eher als Sortierung im elektromagnetischen Feld bezeichnet werden. Durch ein rotierendes Magnetfeld werden in elektrisch leitenden Teilchen (Metallteile) Wirbelströme induziert, deren Magnetfeld dem induzierenden entgegengerichtet ist. Daraus resultiert eine abstoßende Kraftwirkung auf die Metallteilchen. Der Abstoßungseffekt wird dabei durch das Verhältnis Leitfähigkeit/Dichte der Teilchen bestimmt. Für wichtige Metalle ist das Verhältnis in Tab. 6.7 angegeben. Gut erkennbar ist, dass die Wirbelstromsortierung besonders für die Trennung von Aluminium-Werkstoffen aus Gemi-

Abb. 3.10 Magnetscheider

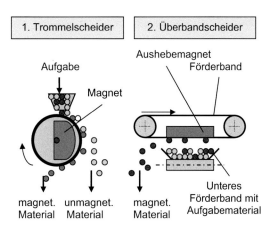

Tab. 3.7 Trenneffekt der Wirbelstromsortierung (Verhältnis Leitfähigkeit / Dichte) [3.21]

Werkstoff	Leitfähigkeit / Dichte $(\mathbf{m^2\,10^3/\Omega\,kg})$
Aluminium	13
Magnesium	12
Kupfer	7
Al-Legierungen	5…12
Zink	2,4
Gold	2,3
Messing	1,8
Nickel	1,3
Zinn	1,2
Blei	1,0
Eisen, Stahl, legierte Stähle	1,0…1,3

schen mit nicht oder schwächer leitfähigen Materialien einsetzbar ist. Aber auch die anderen NE-Metalle aus einem Materialgemisch sind gut abzutrennen. Der Sortiereffekt wird von der Stückform und Stückgröße beeinflusst. In kleinen Teilchen (<5 mm) und sehr langgestreckten Drahtstücken kann sich kein hinreichend großes Wirbelstromfeld ausbilden. Das Aufgabegut sollte möglichst keine ferromagnetischen Teilchen mehr enthalten, da diese am Magneten bzw. dem über den Magneten geführten Förderband haften bleiben können. Jeder Wirbelstromsortierung ist daher eine Magnetscheidung zur Abtrennung ferromagnetischer Partikel vorgeschaltet. Den prinzipiellen Aufbau eines konventionellen Wirbelstromscheiders zeigt Abb. 3.11. Der Trenneffekt wird durch das Zusammenspiel von magnetischer Abstoßung, Schwerkraft und ballistischer Effekte beim Abwurf vom Förderband erreicht. Die Drehzahl der Fördertrommel muss dabei höher sein als die Drehzahl der Poltrommel

Abb. 3.11 Wirbelstromscheider

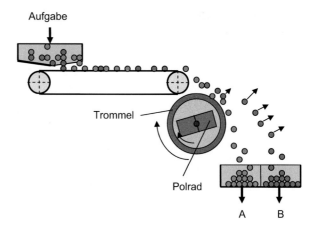

A: Leitfähigkeit / Dichte gering
B: Leitfähigkeit / Dichte hoch

(Magnetsystem). Die Poltrommel ist exzentrisch zur Fördertrommel angeordnet. Durch stufenlose Verstellung der Poltrommel zur Achse der Fördertrommel können erhebliche Vorteile bei der Separation von feineren Teilen < 10 mm erreicht werden. Eine sichere Sortierung ist heute allgemein oberhalb einer Korngröße von 6 mm möglich. Weiterentwicklungen in der klassischen Wirbelstromscheidertechnik ermöglichen mittlerweile effektive Trennungen bis herunter zu 2 mm. Völlig neu konzipierte Ansätze wie die Barrieren-Wirbelstromscheidertechnik eröffnen Potentiale, im Bereich zwischen 0,5 und 2 mm effizient zu sortieren (Exner-Technologie). Für Elektronikschrott, Müllverbrennungs-Schlacken und feinkörnige Shredderfraktionen besitzt dieser Feinkornbereich eine große Bedeutung.

3.4.3   Sortieren im elektrischen Feld

Die Sortierung im elektrischen Feld wird zur Trennung von Leitern gegen Nichtleiter und zur Trennung zweier Nichtleiter untereinander eingesetzt. Der Ansatz beruht darauf, dass Nichtleiter oberflächlich aufgeladen werden können und im Nachgang in einem elektrischen Feld gezielt abzulenken sind.

Die erste Verfahrensstufe der Elektrosortierung besteht in der Erzeugung elektrischer Ladungen verschiedener Größe und Polarität auf den Stücken des Aufgabegutes. Die elektrische Ladung kann nach drei Verfahren erzeugt werden (durch Polarisation im elektrischen Feld, durch Triboaufladung (Reibungselektrizität) oder durch Aufladung im Koronafeld). Die Triboaufladung wird durch intensive Reibung zwischen Teilchen (beide Nichtleiter oder schlechte Leiter) und dadurch hervorgerufene Ladungstrennung erreicht. Die Reibung wird technisch in Mischtrommeln oder in Wirbelschichten erzeugt. Für den Trenneffekt sind verschiedene elektrische Leitfähigkeit und Dielektrizitätskonstante der Teilchen – und besonders deren Oberfläche – verantwortlich. Bei der Ablenkung im elektrischen Feld wirkt eine aus Coulombkraft, Schwerkraft und evtl. Zentrifugalkraft resultierende Ablenkkraft.

Abb. 3.12 Apparateprinzipien
der Elektrosortierung

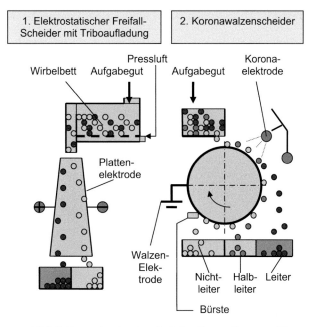

Die Trennung von Leitern gegen Nichtleiter, wie sie etwa bei der Separation von Kupferlitzen gegen Kabelummantelungen im Kabelrecycling vorkommen, wird in der Regel auf Walzenscheidern durchgeführt. Leiter geben aufgebrachte oberflächliche Ladung sofort wieder ab und verlassen die Walze ausschließlich der ballistischen Wurffunktion folgend. Nichtleiter können oberflächlich aufgebrachte Ladung nicht so schnell abgeben und haften an der elektrisch entgegengesetzt aufgeladenen Walze, werden mitgeführt und an anderer Stelle abgeworfen oder abgestreift (Abb. 3.12, Beispiel 2). Die Trennung von zwei Nichtleitern erfolgt dagegen häufig in Freifallscheidern, in denen zuvor unterschiedlich aufgeladene Partikel zu den jeweils entgegengesetzt aufgeladenen Elektroden ausgelenkt werden (Abb. 3.12, Beispiel 1).

Der prinzipielle Aufbau sowohl eines Korona-Walzenscheiders als auch eines elektrostatischen Kammerscheiders mit vorgeschalteter Triboaufladung ist in Abb. 3.12 skizziert.

Da Kunststoffe Nichtleiter sind und außerdem unterschiedliche triboelektrische Eigenschaften besitzen, ist deren Trennung von Metallen (Leiter) wie auch untereinander besonders effektiv. Eine triboelektrische Aufladungsreihe ist in Tab. 3.8 angegeben.

Die technischen Anwendungsgebiete der Elektrosortierung sind die Kunststoff-Kunststoff-Sortierung, die Metall-Kunststoff-Sortierung und die Elektronikschrott-Aufbereitung. Anwendungsbeispiele:

1. Kunststoff-Kunststoff: Separierung der Mischungen HDPE/PP, PET/PVC, PVC/Gummi, PP/PS, ABS/PMMA, PVC/PE
2. Metall-Kunststoff: Abtrennung von Metallpartikeln im Bereich weniger hundert µm bis weniger mm aus Kunststoffen und Kunststoffe aus Metallen z.B. in feinkörnigen Shredderfraktionen und zerkleinerten Leiterplatten. Damit ergänzt die Elektrosortierung die Wirbelstromsortierung im Feinkornbereich.

Tab. 3.8 Triboelektrische Aufladungsreihe von Kunststoffen nach Brück [3.21]

Ladungstendenz	Kunststoff	Kurzzeichen	polare Gruppe
+++	Polyethylenimin	PEI	$-NH-$
++	Polyethylenoxid	PEO	$-O-$
+	Polyurethan	PUR	$-N-CO_2$
	Polymethylmethacrylat	PMMA	$-O-CO$
	Polycarbonat	PC	$-O-CO_2$
	Celluloseacetat	CA	
	Polyamid	PA	$-N-CO$
	Polyacrylnitril	PAN	$-CN$
	Polystyrol	PS	
	Polyethylen	PE	
	Polypropylen	PP	
	Polyethyleneteraphthalat	PET	
	Chlorkautschuk	RUC	$-Cl$
-	Polyvinylidenchlorid	PVDC	$-Cl$
- -	Polyvinylchlorid	PVC	$-Cl$
- - -	Polytetrafluorethylen	PTFE	$-F$

3.4.4   Flotation

Da die Flotation das wohl komplexeste Aufbereitungsverfahren ist, bei welchem eine sehr hohe Zahl an Einflussfaktoren wirkt, wird in diesem Buch nur mit diesem kurzen Abschnitt auf die wichtigsten Prinzipien und Anwendungsfelder im Abfallbereich eingegangen und ansonsten auf die einschlägige Fachliteratur verwiesen (H. Schubert [3.2], B. A. Wills et al. [3.29]).

Die Flotation ist eine Sortiermethode für sehr kleine Teilchen. Optimale Ergebnisse werden in der Regel im Korngrößenbereich zwischen 20 und 300 μm erreicht. Je nach Material sind aber auch effektive Trennungen bis < 5 μm einerseits oder > 500 μm andererseits möglich. Die Trennung erfolgt unter Ausnutzung der Grenzflächeneigenschaften dieser Teilchen. In wässrigen Suspensionen können sich hydrophobe bzw. hydrophobierte Partikel nach Einblasen von Luft an die Luftblasen anlagern und in einem Dreiphasenschaum fest/flüssig/gasförmig aufschwimmen. Dieser Flotationsschaum wird abgezogen und die Feststoffpartikel daraus gewonnen. Hydrophile Partikel verbleiben in der Suspension und werden im Unterlauf des Trennaggregates abgezogen. Die Flotation wird daher auch als Trennung nach der Dichte auf Basis eines Heterokoagulationsverfahrens beschrieben.

Die wenigsten Stoffe, die über eine Flotation getrennt werden sollen, sind von Natur aus hydrophob. Im Gegensatz zum Primärrohstoffbereich fanden im Abfallbereich, gerade am Anfang der Nutzung der Flotationstechniken, Trennungen natürlich-hydrophober gegen natürlich-hydrophiler Bestandteile Anwendung. Erste Ansätze gehen auf die Bereiche der Fett- und Ölabscheidung sowie auf die Flotation von Kunststoffpartikeln zurück. Heute stellt die Entfernung feiner Farbpartikel aus Altpapierpulpen (Deinking) eine besonders wichtige Anwendung dar (siehe Kap. 8). Noch im Anfangsstadium steht der Bereich der Flotation synthetischer Metall- und Mineralphasen, die etwa in vorgeschalteten thermischen Prozessen entstehen. Dieses Segment, das sowohl Rückstände von Müllverbrennungsanlagen und Kraftwerken wie auch den Bereich der Aufbereitung von Schlacken der Metallurgie betreffen kann, wird in den nächsten Jahren ganz sicher an Bedeutung gewinnen.

Die Trennung verschiedener Komponenten geschieht in der Flotation in der Regel durch gezielte Beeinflussung der Partikeloberflächen mittels zugesetzter Reagenzien. Sogenannte *Sammler* sind Moleküle, deren aktive Gruppe so gestaltet ist, dass sie sich spezifisch an bestimmte Komponenten anlagert. Die aktive Gruppe bildet in der Regel den Kopf einer unpolaren Kohlenwasserstoffkette, welche hydrophob ist und den Mittler zwischen Partikel und Luftblase darstellt. Partikel, die nicht hydrophobiert werden und am aufschwimmen gehindert werden sollen, werden durch sogenannte *Drücker* beeinflusst. *Regler*, die z. B. den pH-Wert einstellen, *Beleber*, die einmal gedrückte und damit hydrophile/hydrophilierte Partikel für eine zweite Trennstufe hydrophobieren und *Schäumer*, die die Stabilität des aufschwimmenden Schaums bis zu dessen Abnahme verbessern, sind die wichtigsten weiteren Reagenziengruppen, die in der Flotation eingesetzt werden.

Im Flotationsprozess werden gegenüber den chemischen Verfahren der Aufbereitung (siehe Kap. 4) weitaus geringere Mengen an Reagenzien benötigt, da für die gewünschte Oberflächenbeeinflussung häufig nur monomolekulare oder oligomolekulare Schichtdicken der beeinflussenden Chemikalien erforderlich sind. In der Erzaufbereitung, in der die Flotation eines der wichtigsten Aufbereitungsverfahren weltweit ist, genügen oft wenige hundert Gramm solcher Substanzen pro Tonne durchgesetzten Erzes.

Der Flotationsprozess wird in sogenannten Flotationszellen durchgeführt (siehe auch Kap. 8, Abb. 8.3), in denen die notwendige Bewegung zur Stabilisierung der Trübe während der Durchgasung mechanisch oder pneumatisch erreicht werden kann.

3.4.5 Sortieren nach anderen mechanischen Eigenschaften

Während das klassische Portfolio der in den Abschn. 3.4.1 bis 3.4.4 beschrieben Verfahren für die mechanische Primärrohstoffaufbereitung im Allgemeinen ausreicht, erfordern die z. T. extremen Partikelformen von Abfällen (Drähte, Blechstücke, Folien, Fasern) alternative Ansätze. Für den Bereich der Sortierung nach Partikelform seien zwei Ansätze beispielhaft aufgeführt.

Der *Siebbandscheider* ermöglicht, durch einen Saugluftstrom eine spezielle Folienabtrennung aus einem Gemenge (Abb. 3.13).

Abb. 3.13 Siebbandscheider

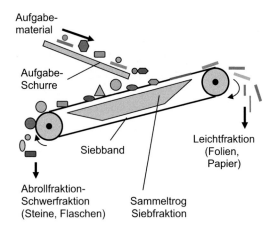

Noch in frühem Stadium stehen die Entwicklungen von Kornformseparatoren für den Abfallbereich, in denen eindimensional ausgelängte Teile von dreidimensional eher einheitlichen Körpern getrennt werden sollen. Eine gute Einführung in das Thema geben Steuer und Folgner [3.17].

Einen anderen Ansatz bieten Verfahren, die unterschiedliche Elastizität und Sprödigkeit zu trennender Partikel ausnutzen. Unterschiedliche elastische Eigenschaften der Stoffe sind zur Sortierung verwendbar, wenn z. B. die unterschiedlichen Rückpralleigenschaften von einer Prallfläche ausgenutzt werden.

Die ballistische Sortiertechnik [3.10, 3.22] beruht auf dem unterschiedlichen Bewegungsverhalten von Stoffen auf einem geneigten und bewegten Siebkasten, wobei die Stoffeigenschaften Gewicht, Form, Größe und Elastizität von Einfluss sind. Der Siebkasten (z. B. 4 m × 2,4 m) hat eine Neigung von 5…10 Grad, wird über Exzenter mit einer Rüttelbewegung beaufschlagt und in der Mitte mit dem Stoffgemisch beschickt. Das Stoffgemisch muss in Form frei beweglicher Einzelstücke vorliegen, was evtl. durch Vorbehandlung (Trocknen, Klassieren) zu realisieren ist. Durch die Rüttelbewegung und die Neigung wandern leichte, flächige und elastische Einzelteilchen (Papier, Kunststoffe, Textilien) in Bewegungsrichtung aufwärts, die schweren, harten und runden Teilchen (Steine, Metalle, Glas, Gummi, Holz) dagegen abwärts. Durch die Lochung des Siebkastens erfolgt zusätzliche eine Abtrennung von Feinkorn.

Eine gezielt erzeugte spezifische Sprödigkeit kann z. B. für die Separation von Guss- und Knetlegierungen des Aluminiums verwendet werden (Hot Crush Verfahren). Dieser thermo-mechanische Separationsansatz beruht darauf, dass Si-reichere Gusslegierungen bei Erhitzung auf Werte kurz unterhalb des jeweiligen Legierungseutektikums von ca. 540–600 °C so verspröden, dass sie bei einer geeigneten mechanischen Beanspruchung (Schlag, Prall) zerkleinert werden, während die Knetlegierungen sich nur verformen. Auf diese Weise ist über eine nachgeschaltete Siebung eine weitgehende Trennung von Guss- und Knetlegierungen erreichbar [3.33, 3.34].

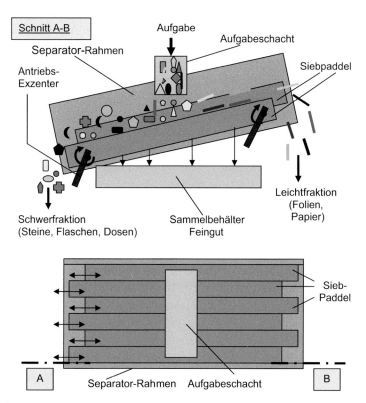

Abb. 3.14 Ballistikseparator

3.4.6   Manuelle Klaubung und sensorgestützte Sortierung

Den bisher aufgeführten Massenstromsortierverfahren ist gemein, dass sie Kollektive von Teilchen separieren, ohne konkret jedes einzelne Partikel adressieren zu müssen.

Im Gegensatz dazu steht die Klaubung, bei der jedes einzelne Partikel betrachtet und auf Basis eindeutig identifizierbarer Eigenschaften abzutrennen ist. Ursprung dieses Ansatzes ist die manuelle Klaubung, die das erste Aufbereitungsverfahren für Erze in der Geschichte überhaupt war.

Heutzutage ist die Handklaubung in verschiedenen Abfallaufbereitungsanlagen – auch in Deutschland – noch im Einsatz und zwar überall dort, wo zu kleine Massenströme oder zu teure technologische Alternativen einen automatisierten Prozess nicht zulassen. Dieses findet z. B. bei der Sortierung von Gerätebatterien statt oder für die Ausklaubung von mitgerissenen Eisen-Kupfer-Verbunden (kleine Elektromotoren) aus der Stahlschrottfraktion, die bei der mechanischen Aufbereitung von eisenhaltigen Schrotten in Shreddern entsteht. Ziel ist hier, den Kupfergehalt der Stahlschrottfraktion gesichert unter bestimmten kritischen Grenzwerten zu halten.

Die manuelle Klaubung ist jedoch in Industriestaaten auf ein sehr enges Anwendungsfenster beschränkt, da die aussortierbaren Mengen pro Zeiteinheit eines Sortierers verhältnismäßig klein sind und damit relativ hohe Kosten verursachen.

Mit der Entwicklung der sensorgestützten Sortierung, einer automatisierten Klaubung, bei der Sensoren und Maschinen Identifikation und Trennung vornehmen, änderten sich die technischen und wirtschaftlichen Verhältnisse.

Die sensorgestützte Sortierung hat ihre Wurzeln im Bereich der Qualitätssicherung bestimmter Lebensmittel z. B. der Auslese von Steinchen aus Reis- oder Kaffeebohnen-Schüttgütern. Eine erste Übertragung in den Abfallbereich gelang bei der Sortierung von Altglas (Hohlglas) nach Farben. Durch die Entwicklung neuer Sensorsysteme in Verbindung mit schnellen Prozessoren erfolgte eine bemerkenswerte Verbreitung dieses Verfahrens.

Die Basis der sensorgestützten Sortierung ist die Verwendung von spezifischen Identifikationsmethoden für die Stoffe eines Gutstromes. Dabei kommen zunächst visuelle Erkennungsmerkmale (Farbe, Form, Helligkeit, Fluoreszenz) zur Anwendung. Die visuelle Erkennung wurde durch optoelektronische, spektroskopische, elektromagnetische, röntgentechnische u. a. Analysenverfahren ergänzt oder substituiert.

Ein weiteres Erfordernis ist die präzise Ortsbestimmung der Stücke und eine Verarbeitung der Messwerte mit schneller Prozessortechnik. Die identifizierten Teile werden anschließend mittels Blasdüsen oder mechanischen Vorrichtungen spezifisch ausgestoßen. Alle diese Messverfahren und die Auswurfvorrichtungen müssen mit extrem hoher Geschwindigkeit arbeiten, um die wirtschaftlich erforderlichen Durchsatzleistungen zu erreichen. Bei mehreren Identifikationsmethoden werden nur die Oberflächen der Stücke analysiert, was bedeutet, dass beschichtete Werkstoffe Fehlanzeigen liefern bzw. dass evtl. eine Säuberung der Oberflächen vorzuschalten ist. Eine gute Einführung in die Sensortechnologie geben Nienhaus et al. [3.35].

Die Technologie erfordert ausreichende Stückgrößen. Je nach Verfahren werden Minimalpartikelgrößen von 2…10 mm angegeben [3.11]. Das Suppixx-Verfahren ermöglicht durch höhere Auflösung der Sensorsignale eine besonders genaue Positionsbestimmung von sehr feinen Partikeln [3.11].

Die Verfahrenstechnik erfordert sechs Arbeitsstufen:

1. Evtl. Säuberung der Oberflächen durch Entstauben oder Waschen
2. Vereinzelung der Stücke oder Erzeugung einer Monoschicht auf einem Förderband, einer Förderrinne oder durch freien Fall
3. Präzise Erfassung der Einzelstückpositionen
4. Analytische Identifizierung der Materialart
5. Signalauswertung und Ansteuerung der Auswurfvorrichtungen
6. Materialspezifischer Auswurf von Einzelstücken durch genaue Druckluftimpulse, mechanische Stößel oder Klappen

Im technischen Einsatz sind folgende Identifikationsverfahren [3.11–3.15, 3.17–3.19]

- Nahinfrarot-Spektroskopie (NIR, 800…2.500 nm). Bestimmung der molekularen Zusammensetzung durch Messung der Reflexionsstrahlung angeregter Moleküle. Einsatz für die Unterscheidung der Kunststoffarten (PET, PE, PP, PS, PVC usw.), Abtrennung von Papier. Visuelle Spektrometrie (VIS) inkl. Fluoreszenzmessung (UV VIS). Erkennung von Farben. Einsatz für farbige Kunststoffe und Papiere.
- Farbzeilenkamera (CCD-Kamera). Messung von Reflexion und Transmission, Auswertung nach Farben (RGB) [3.11], Form, Größe, Oberflächenstruktur. Einsatz für Altglas, Kunststoffe, Metallfarben (Kupfer, Messing, Graumetalle), Platinen, Papiere.
- Elektromagnetische Induktion (Bestimmung der Leitfähigkeit der Partikel und dadurch die Identifikation von Metallen). Eine spezielle Ausführung ist die Magnet-Induktions-Tomographie (PMIT) [3.14]. Für diese Sensoren werden verschiedene Bezeichnungen verwendet (Metalldetektoren, Elektromagnetische Sensoren (EM), Induktionssensoren (IND)).
- Röntgentransmissions-Messung (XRT) mit spektraler Auflösung (RSA). Mit Hilfe harter Röntgenstrahlung können Materialien auf Grundlage der atomaren Dichte ihrer Elemente identifiziert werden. Die Verwendung von zwei Energiebereichen ermöglicht die Eliminierung des Einflusses der Materialdicke. Eine breite Anwendung findet derzeit noch nicht statt. Auf Grund des hohen Potentials der Methode ist der künftige Einsatz für noch nicht optimal gelöste Trennaufgaben zu erwarten (Unterscheidung von verschiedenen Metalllegierungen). Eine erste industrielle Anwendung ist für die Abtrennung der AlCu- und AlZn-Legierungen von anderen Aluminium-Legierungen realisiert (siehe Abschn. 6.3.3).
- Röntgenfluoreszenz-Spektrometrie (XRF). Messung einer elementspezifischen Fluoreszenzstrahlung (nur für Partikel mit Zentimeterabmessungen). Einsatz für Bleiglas und Glaskeramik [3.13].
- Laserinduzierte Breakdown-Spektroskopie (LIBS). Punktförmige Materialverdampfung und Spektroskopie (Elementanalyse). Einsatz für Metalle und Metalllegierungen (Unterscheidung Aluminiumguss und -knetlegierungen [3.16], legierte Stähle), schwarze Kunststoffe, Feuerfestmaterialien [3.20]. Im Gegensatz zur Röntgentransmissions-Messung ist der LIBS-Ansatz aber beschränkt auf zu trennende Stoffe, die durch oberflächliche oder oberflächennahe Charakterisierungen vollständig beschreibbar sind.

Deutliche Verbesserungen der Identifikation werden durch die Hyperspektral-Sensorik (engl. hyperspectral imaging, HIS) erwartet. Diese Sensorik unterteilt das Spektrum in mehrere hundert Wellenlängenkanäle und erfasst damit den Bereich vom sichtbaren Licht über NIR bis zum thermalen Infrarot. Sie nutzt reflektiertes, durchscheinendes oder emittiertes Licht und erfasst es über die ganze Breite des Förderbandes.

Außerdem wurden folgende Identifikationsmethoden geprüft: Infrarotspektroskopie im mittleren Bereich (MIR, 2.500…5.000 nm) für schwarze bzw. gefärbte Kunststoffe; Infrarot-Laserimpuls-Thermographie mit Hilfe einer Wärmebildkamera für dunkle Kunststoffe incl. Erkennung der Füllstoffe und Verstärkungsstoffe.

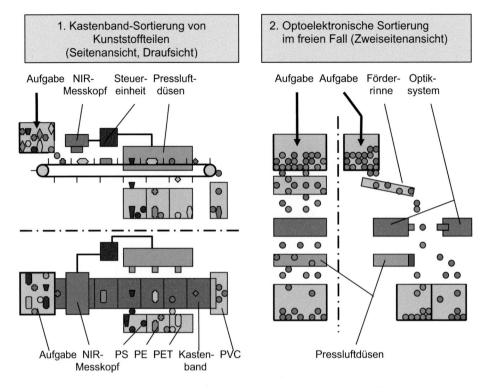

Abb. 3.15a,b Sensorgestützte Sortierung [3.21]. **a** Sortierung von Kunststoffteilen (Flaschen, Becher) durch Vereinzelung mit einem Kastenband und NIR-Identifikation, **b** Optoelektronische Sortierung von kleinen Korngrößen (z. B. Glasbruch) im freien Fall

Die im technischen Einsatz befindlichen Verfahren verwenden Förderbänder, Sensoren und Ausblaseinheiten mit Arbeitsbreiten von 800…1.600 mm (für Papier bis 2.400 mm), erreichen hohe Selektivität und vor allem beeindruckende Durchsatzleistungen von 1…10 t/h,m (m = Arbeitsbreite) sowie höchste Auflösungen von z. B. 4 × 4 mm bei 160.000 Scanpunkten/Sekunde.

Beispiele: NIR-Identifikation (bis 4 t/h; 20…40 Stücke/s; 10…50 m/s); Optoelektronische Verfahren (2 bis 10 t/h, Stückgröße 3…250 mm). Für die XRT-Sortierung wird folgendes angegeben: Durchsatz 5…20 m^3/h, Stückgröße 10…40 mm oder 30…100 mm. Die besten Sortierergebnisse (Selektivität) werden bei Verwendung enger Stückgrößenbereiche z. B. durch eine vorgeschaltete Klassierung in die Kornklassen 2…10 mm, 10…60 mm und 20…80 mm [3.11] erreicht. Der prinzipielle Apparateaufbau ist für einige Varianten in Abb. 3.15 und 3.16 dargestellt.

Eine spezielle Entwicklung zur Erkennung der vier Grundfarben auf bedrucktem Altpapier mit CMYK-Sensor (Cyan, Magenta, Yellow, Black) dient der effektiven Gewinnung der sog. Deinking-Altpapiersorte und kann auch verschiedene PET-Einfärbungen (farblos, grün, blau) unterscheiden. Durch die Verwendung mehrerer Sensoren in einem Sortierapparat (2- und 3-Weg-Sortiermaschinen, Multisensorik) wurde eine wesentliche Verbesse-

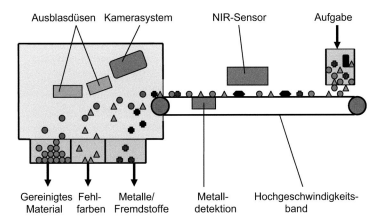

Ausblasdüsen Kamerasystem   NIR-Sensor   Aufgabe

Gereinigtes Fehl-   Metalle/   Metall-   Hochgeschwindigkeits-
Material   farben   Fremdstoffe   detektion   band

Abb. 3.16 Sensorgestützte Sortieranlage mit Multisensorik (NIR, IND, Farbzeilenkamera) [3.21, 3.11]

rung des Sortierverfahrens erzielt. 3-Weg-Sortiermaschinen sind seit 2014 auch für den Feinkornbereich 2…12 mm verfügbar. Es kommen z. B. folgende Sensorkombinationen zur Anwendung [3.11]:

- Farbzeilenkamera + EM-Sensor: Sortierung von Mischmetallen in Einzelfraktionen (Kupfer, Messing, graue Metalle; Rückgewinnung von legiertem Stahl; Sortierung von Elektroschrott, z. B. Leiterplatten).
- EM-Sensor + NIR-Sensor: Kunststoffsortierung; Metallabtrennung; Gewinnung isolierter Kupfer-Kabel.
- NIR-Sensor + VIS-Sensor: Getränkekartons; Kunststoffsorten (PE, PP, PS, PET, ABS); Reinigung Kunststoff-Flakes, Entfernung von Papier; Papiersortierung; Entfernung von Metallen; Holzreinigung.
- Zwei NIR-Sensoren (verschiedene Spektralbereiche): Chlor, Feuchte, Heizwert in EBS.
- XRF-Sensor + EM-Sensor: Abtrennung Cu-Reste aus Stahl (kleiner 0,25 % Cu).

3.4.7 Einsatzgebiete der Feststoffsortierung

Die behandelten Sortierverfahren für Altstoffe und einige bevorzugte Einsatzgebiete sind in Tab. 3.9 nochmals in einer Übersicht zusammengefasst.

3.5 Kompaktieren

Das Kompaktieren wird den Aufbereitungsverfahren von Stoffen zugerechnet und soll deshalb an dieser Stelle mit aufgeführt werden, obwohl es nicht der Zielstellung Werkstofftrennung und Sortierung dient. Die Aufgabenstellung des Kompaktierens von Abfällen ergibt sich aus den Anforderungen verschiedener, der Aufbereitung nachgeschalteter Verarbei-

Tab. 3.9 Ausgewählte Anwendungsgebiete der Verfahren der Feststoff-Sortierung [3.21]

Sortierverfahren	Apparate	Anwendungsgebiet, Sortieraufgabe
Dichtesortieren		
1. Schwimm-Sink-Verfahren		
1.1. Schwerkraft	Schwimm-Sink-Scheider Schwertrübe-Scheider	Kunststoffe verschiedener Dichte, Kunststoffe von Metallen, Metalle, Legierungen versch. Dichte
1.2. Zentrifugalkraft	Sortierzentrifuge Sortierzyklon	Kunststoffe von Metallen, Kunststoffe verschiedener Dichte
2. Setzprozesse		NE-Metall-Schrott
3. Herdsortierung	Stoßherd	Kunststoffe von Metallen, Papier
4. Windsichten	Zick-Zack-Sichter Querstromsichter	Kabelisolierung von Kupferdraht
Magnetsortieren	Trommelmagnetscheider Überbandmagnetscheider	Ferromagnet. Metalle, Legierungen (Eisenwerkstoffe, Nickelwerkstoffe) von Metallen, Kunststoff, Papier u. a.
Wirbelstromsortieren	Wirbelstromscheider	Aluminium, Magnesium von Papier, Folien, Kunststoffen, nichtmagnet. Metallen
Elektrosortieren	Elektrostat. Scheider Korona-Walzen-Scheider	Kunststoffarten gegeneinander und Kunststoff gegen Metall
Sortieren nach mechanischen Eigenschaften	Siebbandscheider Ballistischer Separator	Folien von Kompaktmaterial Verpackungen, Bau-/Gewerbeabfälle, Sperrmüll
Flotation	Flotationszelle	Deinking von Papierpulpen
Sensorgestützte Sortierung	Förderband mit NIR-Sensor Optoelektron. Sensor Metalldetektor, Röntgen-Sensor, Multisensorik	Kunststoffarten, Glassorten, Kunststoffe von Metallen, Metallmonofraktionen, Leiterplatten, PVC, Papier, Papiersorten, Holz, Baumischabfälle

tungsstufen an die Stückgröße des Vorlaufmaterials. Das sind vor allem die Verfahren des Schmelzens, des Auflösens und des Vergasens. An die Stückgröße von Vorlaufmaterialien sind allgemein folgende Anforderungen gestellt:

1. Geeignete Stückgrößen für Lagern, Fördern, Dosieren und Mischen der Altstoffe sowie für die Beschickung der Apparate
2. Anpassung der Stückgröße an die Verfahrens- und Reaktionstechnik innerhalb der Apparate

Die Kompaktierung ist z. B. für sperrige, verhakende und voluminöse Metallabfälle erforderlich. Das sind Stanzabfälle, wollige Metallspäne, Blechabschnitte, Altbleche und auch Autokarosserien. Für diese Materialien werden verschiedene Ausführungsformen und Größen von hydraulischen Pressen eingesetzt. Die Pressprodukte sind dann beispielsweise Blechpakete, Spänepakete oder gepresste Autokarosserien. Feinteilige Metallspäne (entölt) und Schleifpulver (aus entölten Schleifschlämmen) sind durch eine sehr große Metalloberfläche charakterisiert. Beim Eintrag dieses Materials in einen heißen Schmelzofen (oder beim Hochheizen eines Ofens) würde eine schlagartige Oxidation der feinteiligen Metalle erfolgen. Diese würden praktisch vollständig in Oxide umgewandelt und wären damit für das Metallrecycling meist verloren. Außerdem wird bei der raschen Oxidation in kürzester Zeit die hohe Oxidationswärme freigesetzt, was zu erheblichen Störungen und Gefahren im Prozess führt (Verpuffungen, Gasaustritt, Schmelzauswurf). Solche explosionsartigen Oxidationsreaktionen kann man wirksam durch Verminderung der reagierenden Oberflächen verhindern, indem feinteiliges Material zu Presslingen verarbeitet wird. Eine ausreichende Haltbarkeit der Presslinge wird durch eine geeignete Mischung von Spänen und Schleifpulver sowie hohe Pressdrücke erreicht. Die Presslinge verhalten sich dann in den Öfen wie kompakter Schrott. Einige Reaktionsapparate wie Schachtöfen oder Vergasungsreaktoren erfordern eine gut gasdurchlässige Schüttschicht, die eine relativ gleichmäßige Stückgröße und Festigkeit der beschickten Stücke sowie Staubfreiheit als Voraussetzung hat. Deshalb werden z. B. Kunststoffabfälle aus der Sortierung (Stückgröße ca. 5…30 mm) vor dem Eintrag in einen Vergasungsreaktor auf Strangpressen zu Presslingen von etwa 100 mm Durchmesser kompaktiert.

3.6   Feststoff-Fluid-Trennung

Innerhalb der Recyclingtechnologien sind auch Verfahren im Einsatz, bei denen Feststoffe aus Schlämmen oder Suspensionen abzutrennen oder aus wertvollen Flüssigkeiten störende Feststoffe zu entfernen sind. Bei den hydrometallurgischen Technologien ist das besonders wichtig.

In seltenen Fällen ist auch die Abscheidung wertvoller Feststoffe aus Gasen durchzuführen. Für die Anwendung dieser Verfahren sind einige technologische und apparative Grundkenntnisse nützlich.

3.6.1   Feststoff-Flüssigkeits-Trennung

Das Haupteinsatzgebiet ist die Gewinnung des Feststoffes nach chemischen Fällprozessen (siehe Abschn. 4.2.2) oder mechanischen Separationsverfahren (siehe Dichtesortierung, Abschn. 3.4.1). Aber auch Laugungstrüben (siehe Abschn. 4.2.1) und Trüben der Nassgasreinigung bedürfen einer Fest-Flüssig-Trennung. Je feinkörniger die Feststoffpartikel sind, desto aufwendiger gestaltet sich in der Regel dieser Prozess.

Die Flüssigkeiten sind in vielen Fällen Salzlösungen und die Fest-Flüssig-Trennung muss einen möglichst geringen Restsalzgehalt im abgetrennten Feststoff erreichen. Dieses Ziel ist nur durch einen zusätzlichen Waschprozess der Feststoffe zu garantieren. Die genannten Aufgaben löst man mit Hilfe von drei Verfahrensschritten:

1. Sedimentation – 2. Filtration – 3. Waschprozess.

Sedimentation

Aus Trüben oder Suspensionen kann sich unter Einwirkung der Schwerkraft oder einer Zentrifugalkraft der suspendierte, feinkörnige Feststoff absetzen (sedimentieren) und in einem Dickschlamm konzentriert werden. Das Einsatzgebiet der Sedimentation sind vor allem Suspensionen mit geringeren Feststoffgehalten (kleiner 300 g/l). Der gewonnene Dickschlamm enthält – je nach den spezifischen Eigenschaften des Feststoffes – noch bis 80 % Restfeuchte. Dieser Dickschlamm ist ein optimales Vorlaufmaterial für eine Filtration. Die Absetzgeschwindigkeit der Feststoffteilchen wird vor allem durch die Korngröße der Teilchen und die Differenz zwischen Feststoffdichte und Fluiddichte (siehe Abschn. 3.3 Stromklassierung) bestimmt.

Kostengünstige Sedimentationsapparate sind die Schwerkraft-Eindicker mit Krählwerk. Unter Ausnutzung einer Zentrifugalkraft arbeiten die Hydrozyklone (siehe Abschn. 3.4.1, Abb. 3.7) und die vielfältigen Bauarten der Flüssigkeits-Zentrifugen.

Filtration

Bei der Filtration wird zur Fest-Flüssig-Trennung einer Suspension ein poröses *Filtermittel* (z. B. Gewebe) verwendet, auf dem der Feststoff einen *Filterkuchen* ausbildet. Die Flüssigkeit strömt als *Filtrat* durch das Filtermittel. Als Triebkraft ist ein Druckgefälle ΔP zwischen der Suspensionsseite und der Filtratseite erforderlich (Abb. 3.17).

Nach Ausbildung einer Filterkuchenschicht wirkt diese selbst als Filtermittel und hält in ihren Poren auch *sehr* feinkörnigen Feststoff zurück. Das Filtermittel, vor allem aber der Filterkuchen, bildet für die Suspension einen erheblichen Strömungswiderstand [3.3].

Wichtige Kennziffern der Filtration sind die Filtrationsleistung (kg Feststoff / m^2,h bzw. m^3 Suspension / m^2,h) und die Restfeuchte des Filterkuchens. Diese Kennziffern werden vor allem von der Kornstruktur des Feststoffes bestimmt. Körniges Material (Metallspäne, Gesteinskörnungen, Kunststoffschnitzel, Salzkristalle) besitzt einen geringen Durchflusswiderstand und ist mit geringen Restfeuchten (z. B. 5 %) zu gewinnen. Sehr feine Teilchen und besonders amorphe Fällungs-Suspensionen bilden einen Kuchen mit großem Strömungswiderstand (geringe Filtrationsleistung) und führen zu hohen Restfeuchten (z. B. 50...70 %).

Abb. 3.17 Funktionsschema der Filtration

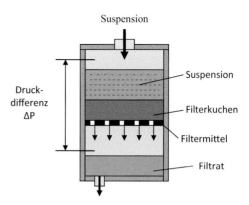

Als Filtrationsapparate stehen Saugfilter (Filternutschen, Vakuum-Bandfilter, Vakuum-Trommelzellenfilter), Druckfilter (Filterpressen) und Filtrierzentrifugen zur Verfügung. Die Druckfilter sind für sehr feinkörniges Material mit hohem Durchflusswiderstand notwendig. Die Anwendung von Filtrierzentrifugen ist nur bei geringem Durchflusswiderstand (kristalline Massen) zweckmäßig [3.5].

Waschprozess

Die Notwendigkeit einer Waschstufe ergibt sich z. B. dann, wenn das Filtrat eine Salzlösung oder eine Säure oder Base ist. Unter diesen Umständen besitzt die Restfeuchte des Kuchens eine entsprechende Salz- bzw. Laugefracht. Die effektivste Waschtechnologie ist die *Verdrängungswäsche*, d. h., das Durchsaugen oder Durchdrücken von Waschwasser durch den Filterkuchen (Abb. 3.18). Bei körnigem Material mit stabilen Poren wird ein sehr guter Wascheffekt erzielt. Bei feinen oder amorphen Teilchen aber bildet sich ein kompakter Filterkuchen, in dem am Filtrationsende Risse entstehen, durch die das Waschwasser weitgehend ungehindert abfließt. Große Teile des Kuchens erfahren dann keinerlei Waschbehandlung. Bei diesen Verhältnissen muss ein größerer Aufwand in Form einer *Verdünnungswäsche* betrieben werden, was bedeutet, der Filterkuchen muss in geringen Mengen Waschwasser nochmals suspendiert und erneut filtriert werden.

Der Vorteil einer Verdünnungswäsche ist allerdings, dass man aus Restfeuchte, Salzkonzentration und Waschwasservolumen sehr genau den Restsalzgehalt im Kuchen berechnen kann. Bei diesem Verfahren kann auch eine mehrstufige Gegenstromwäsche Anwendung finden.

Aus dem entscheidenden Einfluss der Kornstrukturen der Feststoffe für die Fest-Flüssig-Trennung leitet sich die große Bedeutung der Herstellungsverfahren dieser Feststoffe unmittelbar ab. Das betrifft die Kristallisation von Salzen (Abschn. 4.1.3) und besonders die chemischen Fällprozesse. Die entsprechenden verfahrenstechnischen Möglichkeiten der Fällungskristallisation sind in Abschn. 4.2.2 (Abb. 4.6) näher beschrieben.

Für bestimmte Anwendungen im feinen und feinsten Kornbereich stehen zusätzliche Prozesse der Fest-Flüssig-Trennung zur Verfügung Hierzu zählen die Flockung feinster Teilchen zu leichter filtrierbaren Koagulaten, die Elektroflotation oder die Membranfiltration.

Für vertiefende Informationen sei auf die Fachliteratur zur Entwässerungstechnik, etwa das Handbuch der mechanischen Fest-Flüssig-Trennung [3.27] verwiesen.

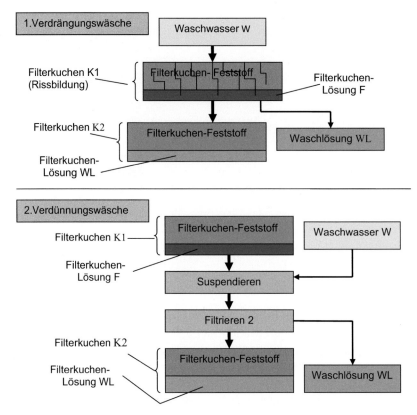

Abb. 3.18 Waschverfahren für Filterkuchen

3.6.2   Abscheidung von Feststoffen aus Gasen

Diese Technologien sind vor allem für die Reinigung von Abgasen im Einsatz (siehe Abschn. 5.2 und 15.2). Bei Recyclingprozessen sind sie bislang nur in wenigen Fällen gefragt. Ein klassisches Recycling-Beispiel ist die Gewinnung von Zinkoxid oder Mischoxid aus Zinkverflüchtigungsprozessen (Verarbeitung verzinkter Stahlschrotte, Stahlwerksstäube oder Kupferlegierungsschrotte) (siehe Abschn. 6.4.3 und 6.6.4). Die Gewinnung solcher wertvollen Stäube erfolgt durch trockene Abgasfiltration mit Gewebefiltern. Ein weiteres Beispiel ist die Gewinnung des Feinkorns bei Windsichtprozessen, die häufig mit Hilfe von Gaszyklonen stattfindet (Abb. 3.9).

Literatur

3.1   Schubert, H. (Hrsg.), Handbuch der Mechanischen Verfahrenstechnik, 2 Bände, Vlg. Wiley-VCH 2003, 2008

3.2   Schubert, H., Aufbereitung fester Stoffe, Bd. II Sortierprozesse, 4. Aufl., Deutscher Verlag für Grundstoffindustrie, Leipzig 1996

3.3   Schubert, H., Aufbereitung fester mineralischer Rohstoffe, Bd. I Zerkleinern, Klassieren, Bd III Flüssigkeitsabtrennung, Entstaubung, Deutscher Verlag für Grundstoffindustrie, Leipzig 1987

3.4   Stieß, M., Mechanische Verfahrenstechnik, 2 Bände, 2. Aufl., Springer Vlg. Berlin, Heidelberg 1995

3.5   Vauck, W.; Müller, H., Grundoperationen Chemischer Verfahrenstechnik, 7.Auflg., Deutscher Verlag für Grundstoffindustrie, Stuttgart 2000

3.6   Schubert, G., Zerkleinerungstechnik für nicht-spröde Abfälle und Schrotte, Aufbereitungstechnik 43(2002)9, S. 6…23

3.7   Drechsel, Chr., Mechanische Verfahren zum Recycling von Elektronikschrott mit Rotorshredder und Prallmühle, Aufbereitungstechnik 47 (2006), NR.3, S. 4…13

3.8   KHD Humboldt Wedag GmbH, Köln, Firmenprospekt

3.9   Nickel, W. (Hrsg.), Recycling-Handbuch, VDI-Verlag Düsseldorf 1996

3.10 Eckert, U., Sortiertechnik nagt am Gewerbeabfallberg, UmweltMagazin 2006 7/8, S. 29, 30. www.amb-group.de: Mehrfraktionen-Separator, Ballistische Trenntechnik

3.11 TOMRA Sorting GmbH (TITECH), Sortierverfahren – Prospekte 2012 www.tomrasorting.com; www.titech.com

3.12 Erdmann, Th., Rehrmann, V., Automatische Sortierung, In: Thomé-Kozmiensky, K.J.; Goldmann, D. (Hrsg.): Recycling und Rohstoffe, Band 3, Neuruppin, TK Verlag, 2010, S. 327…338

3.13 BT-Wolfgang Binder GmbH (2009): Gleisdorf Österreich, Prospekt Redwave, www.redwave.at, www.btw-binder.com

3.14 ADEME, Etat de l'art des technologies d'identification et de tri des dechets, Rapport révisé, Sept. 2012, « Rapport-AJI-Europe-technologies-de-tri.pdf » von « www.2.ademe.fr »

3.15 Habisch, U (Steinert GmbH), Sensor-based sorting systems in waste processing. Intern. Symposium MBT 2007, www.wasteconsult.de

3.16 Pretz, Th., Sensorgestützte Sortierung; Aufbereitung von geogenen und anthropogenen Rohstoffen, acatech Akademietag „Ressourcen und Ressourcentechnologien", Mainz 20.04.2012, www.acatech.de/fileadmin/user

3.17 Steuer, M., Folgner, Th., Betrachtungen zur Sortierung von Partikelsystemen nach der Kornform. In: Thomé-Kozmiensky, K.J.; Goldmann, D. (Hrsg.): Recycling und Rohstoffe, Band 2, Neuruppin, TK Verlag, 2009, S. 363..380

3.18 Feierabend, A., Sensorbasierte Nahinfrarot-Sortiertechnik für Recycling und mineralische Rohstoffaufbereitung. In: Thomé-Kozmiensky, K.J.; Goldmann, D. (Hrsg.): Recycling und Rohstoffe, Band 4, Neuruppin, TK Verlag, 2011, S. 521…527

3.19 Uepping, R., Sensorgestützte Sortiertechnik (TOMRA). In: Thomé-Kozmiensky, K.J.; Goldmann, D. (Hrsg.): Recycling und Rohstoffe, Band 6, Neuruppin, TK Verlag, 2013, S. 371…383

3.20 SECOPTA GmbH, Wertstoffrückgewinnung – Identifikation von Recyclingmaterialien, Fiber-LIBS-Elementanalyse, Applikationsschrift 2011, www.secopta.de

3.21 Moeller, E. (Hrsg.), Handbuch Konstruktionswerkstoffe, 2. Aufl., Kap.V 3. Recyclingtechnik (Martens, H.), S. 881…910, Hanser Verlag München 2014

3.22 Hartner Ballistik Separator, www.hartner-maschinenbau.de

3.23 Hörrman, M. (Andritz MeWa GmbH), Profitabler durch zusätzliche Metallreinigung, Umwelt-Magazin 2013 10/11, S. 48…49

3.24   Saperatec GmbH, www.saperatec.de

3.25   Schäfer, S., Schäfer, A., Neue Möglichkeiten für die Aufschlusszerkleinerung beim Recycling durch den Universal-Querstromzerspaner. In: Thomé-Kozmiensky, K.J., Goldmann, D., Recycling und Rohstoffe, Bd. 3, TK Verlag Neuruppin 2010, S. 287…299

3.26   Thomé-Kozmiensky, K.J., Siebklassierung in der Recyclingtechnik, In: Thomé-Kozmiensky, K.J.; Goldmann, D. (Hrsg.): Recycling und Rohstoffe, Band 4, Neuruppin, TK Verlag, 2011, S. 419…..449

3.27   Luckert, K. (Hrsg.), Handbuch der mechanischen Fest-Flüssig-Trennung, Vulkan-Verlag Essen, 2004

3.28   Gock, E., Vogt, V., Kähler, J., Rohstoffaufbereitung, Winnacker Küchler Chemische Technik, Band 6a Metalle, Abschnitt 2, 5. Auflage, Wiley-VCH Verlag, Weinheim, 2006

3.29   Wills, B.A., Napier-Munn, T.J., Wills' Mineral Processing Technology, 7th edition, Elsevier Ltd., 2006

3.30   Schubert, G. Aufbereitung metallischer Sekundärrohstoffe, VEB Deutscher Verlag für Grundstoffindustrie, Leipzig, 1983

3.31   Bunge, R., Mechanische Aufbereitung Primär- und Sekundärrohstoffe, Wiley-VCH-Verlag, 2012

3.32   UNEP 2013, Metal Recycling – Opportunities, Limits, Infrastructure, April 2013. www.unep.org/resourcepanel/Portals/24102/PDF

3.33   Ambrose, F. et al.: Hot-crush Technique for Separation of Cast- and Wrought-Aluminum Alloy Scrap, Conservation and Recycling, Vol. 6 No. 1/2, pp. 63–69 Pergamon Press, UK, 1983

3.34   Gaustad, G. et al.: Improving Aluminum Recycling – A survey of sorting and impurity removal technologies, Resources, Conservation and Recycling 58, pp 79–87, Elsevier Verlag, 2012

3.35   Nienhaus, K., Pretz, T., Wotruba, H. (eds.): Sensor Technologies: Impulses fort the Raw Materials Industry, RWTH Aachen, Schriftenreihe zur Aufbereitung und Veredelung Nr. 50, Shaker Verlag, Aachen, 2014

3.36   Weh, A., Monti die Sopra, F, Zerkleinerung und Aufschluss von Abfallströmen mittels gepulster Hochspannungstechnologie. In: Thomé-Kozmiensky, K.J.; Goldmann, D. (Hrsg.): Recycling und Rohstoffe, Band 4, Neuruppin, TK Verlag, 2011, S. 471…484

3.37   Seifert, S., Thome, V., Karlstetter, C., Elektrodynamische Fragmentierung – Eine Technologie zur effektiven Aufbereitung von Abfallströmen. In: Thomé-Kozmiensky, K.J.; Goldmann, D. (Hrsg.): Recycling und Rohstoffe, Band 7, Neuruppin, TK Verlag, 2014, S. 431–438

Thermische Verfahrenstechniken und Chemische Verfahren

4

Parallel zu den in Kap. 3 vorgestellten mechanischen Verfahren für den Aufschluss und die Sortierung von Werkstoffen sowie für die Abtrennung von Feststoffen aus Flüssigkeiten oder Gasen stehen noch zahlreiche thermische Verfahrenstechniken (z. B. Löseverfahren, Destillation, Absorption, Membranverfahren) und chemische Verfahren zur Trennung und Reinigung von festen und flüssigen Abfällen zur Verfügung. Diese werden auch zur Abtrennung von Beimengungen, Beschichtungen, Fetten u. a. von der Hauptmasse fester Abfälle eingesetzt und haben in einem solchen Fall den Charakter von *Vorbehandlungsprozessen* für die mechanischen Verfahren. Die thermischen Verfahrenstechniken und chemischen Verfahren sind vor allem als wesentliche Verarbeitungsstufe im Anschluss an die mechanischen Aufbereitungsstufen erforderlich. Dazu gehört beim Recycling von metallischen Werkstoffen und Glaswerkstoffen an erster Stelle der Schmelzprozess. Schlacken und Aschen aus solchen thermischen Prozessen können wiederum durch nachgeschaltete mechanische Aufbereitungsprozesse weiterbehandelt werden. Zudem sind verschiedene *physikalische, chemische und elektrochemische Löseprozesse* für metallische Werkstoffe, Kunststoffe und feste Abfälle im Einsatz. Beswondere Bedeutung haben physikalische und chemische Prozesse für die erforderliche *Stofftrennung und Stoffreinigung in Schmelzen und Lösungen* sowie für die danach erforderliche Abscheidung der reinen festen Stoffe aus Lösungen. Für die weniger häufigen flüssigen und gasförmigen Abfälle sind praktisch nur thermische und chemische Verfahrenstechniken einsetzbar.

Neben den Werkstoffabfällen entstehen bei der Produktion und Weiterverarbeitung von Stoffen auch weitere verschiedenartige Abfälle in geringen Mengen. Dazu gehören feste Abfälle wie Flugstäube, Metallsalze, Oxide und Schlämme sowie flüssige Abfälle (Metallsalzlösungen, Beizlösungen, organische Lösemittel, Farben, Öle). Schließlich bilden sich z. T. auch gasförmige Stoffe (Lösemitteldämpfe, Reaktionsgase), die ein Recycling erforderlich machen.

Die eingesetzten Verfahren werden in Kap. 4 in allgemeiner Form oder mit charakteristischen Stoffbeispielen vorgestellt. Auf diese Besprechungen wird dann in den folgenden stoffspezifischen Abschnitten entsprechend zurückgegriffen. Die Hochtemperaturverfahren

© Springer Fachmedien Wiesbaden 2016
H. Martens, D. Goldmann, *Recyclingtechnik*, DOI 10.1007/978-3-658-02786-5_4

(Schmelzen, Glühen, Verflüchtigen, Reduktion inkl. der Abgasprobleme) werden im Kap. 5 behandelt. Die Schmelzprozesse werden allerdings ausführlich erst im Kap. 6 „Recycling von metallischen Werkstoffen", insbesondere Abschn. 6.1, diskutiert, weil sie für das Metallrecycling von besonderer Bedeutung sind.

Im Unterschied zu den mechanischen Verfahren des Aufschlusses, der Sortierung und Abtrennung von Feststoffen, die die physikalischen Eigenschaften makroskopischer Feststoffteilchen ausnutzen,

▸ *basieren die in Kap. 4 zu besprechenden Verfahren auf den Eigenschaften molekularer Teilchen, wofür in der Verfahrenstechnik die Bezeichnung Stofftrennung üblich ist. Die Stofftrennung kann auf physikalischem Weg z. B. durch Lösen, Schmelzen, Verdampfen, Destillieren, Extrahieren oder Kristallisieren erfolgen. Häufig erfolgt die Stofftrennung aber durch chemische, elektrochemische oder Hochtemperatur-Prozesse, wobei der größte Teil der Stoffe eine Stoffumwandlung erfährt.*

4.1 Thermische Verfahrenstechniken

In der Verfahrenstechnik werden die physikalischen Verfahren der Verdampfung, Destillation, Kristallisation, Sorption, Membrantrennung und Solventextraktion als *thermische Verfahren der Stofftrennung* bezeichnet, da sie auf thermodynamischen und kinetischen Gesetzmäßigkeiten von Mehrstoffsystemen basieren. Die Solventextraktion wird in diesem Buch allerdings bei den chemischen Prozessen behandelt, da viele ihrer Anwendungen grundlegende chemische Reaktionen zur Voraussetzung haben.

4.1.1 Physikalische Löseprozesse

Für physikalische Löseprozesse können Wasser und organische Lösemittel Anwendung finden. Dabei kann die Zielstellung eine vollständige Auflösung des Abfalls (z. B. wasserlösliche Salze) für die weitere Verarbeitung oder ein *selektives Lösen (Extrahieren)* eines Stoffanteils sein. Durch ein selektives Lösen lassen sich wasserlösliche Salze bzw. Fette, Öle u. a. Verunreinigungen von unlöslichen Stoffen trennen und damit die Recyclingmöglichkeit der gereinigten, ungelösten Hauptmasse der Altstoffe wesentlich verbessern. Bei kleinen Stückgrößen der Altstoffe muss zur Realisierung der angestrebten Stofftrennung die selektive Auflösung immer durch einen mechanischen Prozess der Fest-Flüssig-Trennung und einen Waschprozess des verbleibenden Feststoffes komplettiert werden (siehe dazu Abschn. 3.6). Eine besondere Bedeutung kann künftig auch das selektive Extrahieren von Kunststoffen mittels organischer Lösemittel erlangen. Dabei erreicht man die Auflösung eines oder mehrerer Störstoffe oder Wertstoffe (PVC, PET usw.) oder die Abtrennung von unlöslichen Störstoffen (Metalle, unlösliche Kunststoffarten, Flammschutzmittel). Zusätzlich ist es möglich, durch spezifische Fällungen die gelösten Kunststoffsorten voneinander zu trennen. Das selektive Lösen kann also ein Vorbehandlungsverfahren oder ein Hauptprozess sein. Über Löslichkeit von Kunststoffen wird ausführlich im Kap. 7 (Recycling von Kunststoffen) berichtet. Die wirtschaftliche Anwendung dieses Verfahrens ist bislang nur in wenigen Fällen realisiert. Die Apparatetechnik für solche Löseprozesse muss für die Realisierung des gewünschten Stoffüberganges in das Lösemittel eine intensive Relativbewegung zwischen Feststoff und Lösemittel garantieren. Dafür sind technisch ausgereifte Verfahren verfügbar. Man kann grobstückige Feststoffe (ca. 10…100 mm) in Schüttungen mit Lösemitteln berieseln oder in Lösemittel tauchen und feinstückiges Material (ca. 0,1…30 mm) in Rührwerksbehältern mit dem Lösemittel mischen. Die Löslichkeit kann häufig durch höhere Temperaturen verbessert oder erst ermöglicht werden. Bei Temperaturen oberhalb des Siedepunktes des Lösemittels sind geschlossene Druckgefäße (Autoklaven) notwendig. Diese Autoklaventechnik ist bei Einsatz organischer Lösemittel wegen der höheren Dampfdrücke auch bei Raumtemperatur günstig (Minimierung der Lösemittelverluste, Reduzierung der Explosionsgefahr, Verbesserung des Arbeitsschutzes). Die Apparatetechnik entspricht derjenigen von chemischen Löseprozessen und ist gemeinsam in Abb. 4.5 dargestellt. Bei Anwendung organischer Lösemittel ist ein solcher Prozess nur dann wirtschaftlich und ökologisch vertretbar, wenn das organische Lösemittel praktisch vollständig regeneriert werden kann und nur Spuren zerstört werden müssen. Ein besonderes Lösemittel steht mit superkritischem CO_2 zur Verfügung, das z. B. seit Jahren erfolgreich für die Koffein-Extraktion aus Kaffee und in der Pharmaindustrie eingesetzt wird. Mit superkritischem CO_2 lassen sich bei 200…400 bar und ca. 50 ^{0}C auch Metallschleifschlämme sehr effektiv entölen. Nach Entspannung verbleibt ein hochwertiges Recycling-Schleiföl. Das CO_2 wird verlustarm im Kreislauf geführt und ist im Unterschied zu organischen Lösemitteln nur gering umweltschädlich. Weitere Verfahrensentwicklungen basieren auf dem Einsatz von superkritischem H_2O.

Löseprozesse für Abfälle unter Verwendung von Chemikalien oder elektrochemischen Reaktionen haben eine erheblich größere Bedeutung. Sie sind im Abschn. 4.2.1 erläutert.

4.1.2 Destillations- und Verdampfungsverfahren

Von Bedeutung ist auch die Möglichkeit einer Stofftrennung über die Gasphase durch *Verdampfen* einer Komponente des Altstoffgemenges. Dazu gehören allerdings im strengen Sinn auch die Trocknungsverfahren (Abtrennung von Wasser/Feuchtigkeit), die vielfach vor Sortierprozessen oder Einschmelzprozessen erforderlich sind. Auf die Behandlung der Trocknungsmethoden wird hier verzichtet und auf die entsprechende Literatur [4.1] verwiesen. Eine effektive Stofftrennung durch Verdampfen ist z. B. für Amalgamabfälle der Dentaltechnik gegeben. Aus diesen Legierungen lässt sich das Quecksilber in hoher Reinheit selektiv verdampfen. Die Edelmetalle verbleiben in verwertbarer Form im Verdampfungsrückstand. Als Stofftrennung durch Verdampfen hat die Abtrennung von Ölen aus verölten Metallspänen oder Schleifschlämmen Bedeutung. Durch den Einsatz von Unterdruck ist eine niedrige Verdampfungstemperatur ausreichend, so dass keine thermischen

Abb. 4.1 Siedediagramm (**a**) und Gleichgewichts-diagramm (**b**) eines idealen Zweistoffgemisches. Y: Molanteil der leichter siedenden Komponente im Dampf. X: Molanteil der leichter siedenden Komponente in der Flüssigkeit

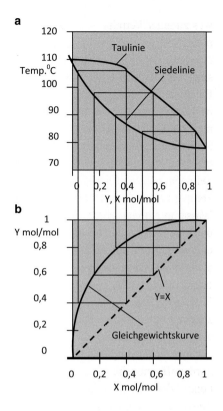

Zersetzungserscheinungen (Qualitätsminderungen) an der Ölkomponente auftreten und das abgetrennte Öl marktfähig bleibt. Metallspäne oder Schleifschlämme müssen vor dem Recycling der Metalle durch Einschmelzen unbedingt effektiv entölt werden, da Ölreste eine erhebliche Explosionsgefahr darstellen. Durch Verdampfung lassen sich auch alle an Altstoffen evtl. anhaftenden organischen Lösemittel vollständig abtrennen und durch geeignete Kondensationstechnik auch zurückgewinnen.

Von großer Bedeutung sind auch die *Destillationsverfahren*. Unter Destillation versteht man die Trennung eines Flüssigkeitsgemisches durch Teilverdampfung und nachfolgende Kondensation des Dampfes (Destillat). Die Destillation ist das effektivste Trenn- und Reinigungsverfahren für Mischungen organischer Flüssigkeiten und Gemischen von organischen Flüssigkeiten mit Wasser. In wenigen Fällen ist die Destillation auch ein wichtiges Verfahren zur Aufkonzentrierung von wässrigen Lösungen, z. B. von verdünnten Abfallsäuren (Salzsäure u. a. Säuren).

Grundlagen der Destillation: Das Funktionsprinzip der Destillation kann am Verhalten eines idealen Zweistoffgemisches erläutert werden. Dazu sind das Siedediagramm (t,x-Diagramm) und das Gleichgewichtsdiagramm (y,x-Diagramm) erforderlich (Abb. 4.1).

Das Siedediagramm gibt auf der Siedelinie den Siedepunkt einer bestimmten Flüssigkeitszusammensetzung an und auf der Taulinie die Zusammensetzung des dazugehörigen Dampfes. Der Dampf enthält einen höheren Molanteil der leichter siedenden Komponente, was zu einer Verminderung dieser Komponente in der Flüssigkeit führt und damit zu einer Erhöhung des Siedepunktes. Bei diesem höheren Siedepunkt entsteht dann ein anders zusammengesetzter Dampf. Die Verhältnisse zwischen der Zusammensetzung von Flüssigkeit und Dampf sind im Gleichgewichtsdiagramm dargestellt. Eine Besonderheit sind Flüssigkeitsgemische, deren Gleichgewichtskurve die 45°-Linie schneidet. Am Schnittpunkt besitzen Flüssigkeit und Dampf die gleiche Zusammensetzung. Solche Gemische bezeichnet man als azeotrope Gemische. Im Siedediagramm ist der Azeotroppunkt häufig ein Minimum (seltener ein Maximum) der hier zusammenfallenden Siede- und Taulinie (d. h. ein konstanter Siedepunkt liegt vor). Der Azeotroppunkt zerlegt das Siedediagramm in zwei Teilgebiete, die jedes für sich ein eigenes Siedediagramm für Azeotrop und Überschusskomponente bilden [4.1]. Bekanntestes Beispiel eines azeotropen Gemisches ist Ethanol-Wasser mit einem Siedepunktsminimum für das Azeotrop (96 % Ethanol, 4 % Wasser). Bei der destillativen Trennung eines unterazeotropen Ethanol-Wasser-Gemisches entsteht ein ethanolreicher Dampf bis zur maximalen Konzentration von 96 % Ethanol. Als Flüssigkeit bleibt reines Wasser zurück. Unter Recyclingaspekten ist das Gemisch Salzsäure-Wasser von Interesse, das ein Siedepunktsmaximum bei 110 °C mit einem Azeotrop von 20,2 % HCl und 79,8 % H_2O besitzt. Das heißt., aus einer verbrauchten verdünnten Salzsäure (unterazeotrop) kann Wasser abdestilliert und die Säure bis zur azeotropen Konzentration von 20,2 % HCl aufkonzentriert werden.

Destillationsverfahren: Beim Verfahren der *einfachen Destillation* für vorwiegend Zweistoffgemische erfolgt die Verdampfung aus einer Destillationsblase. Der Dampf kondensiert in einem Kühler zu einem Destillatgemisch. Bei einem Mehrkomponentensystem mit einem größeren Siedebereich ist eine effektivere Trennung möglich, wenn das Destillat nach anfallenden Fraktionen getrennt wird (*Verfahren der fraktionierten Destillation*). Eine deutlich günstigere apparative Lösung für die Fraktionierung ist durch Verwendung einer Fraktionierkolonne zu erreichen. Diese Fraktionierkolonne ist oberhalb des Verdampferteils angeordnet und mit Glockenböden ausgestattet. Auf den Glockenböden sammeln sich einzelne Siedefraktionen an, die als Seitenströme abgezogen werden. Außerdem wird ein Kopfprodukt der Kolonne und ein Sumpfprodukt gewonnen. Dieses Verfahren ist typisch für die Rohöldestillation (mit den Siedefraktionen Benzin, Diesel, Schweröl) und für entsprechende Abfallkohlenwasserstoffe wie Altöl modifiziert verwendbar (siehe Abschn. 11.2). Eine andersartige Verbesserung der Trennung gewährleistet ein Rückflusskühler oberhalb der Destillierblase, in dem die schwerer siedende Komponente im Dampf kondensiert und zurückläuft (Abb. 4.2). Weitere Verfahrensvarianten sind die Vakuumdestillation für hochsiedende oder zersetzungsgefährdete Stoffe sowie die Trägerdampfdestillation [4.1].

Rektifikation: Sehr hohe Trennleistungen gestattet schließlich die Anordnung einer Gegenstromkolonne oberhalb der Blase. In dieser Kolonne erfolgt zwischen aufsteigendem Dampfstrom und einem definierten Kondensatrücklauf ein ständiger Wärme- und Stoffaustausch durch in die Kolonne eingebrachte Austauschflächen (Füllkörper oder Glockenböden; siehe Abb. 4.2; [4.1]). Für Mehrstoffgemische sind mehrere hintereinander geschaltete Rektifikationskolonnen erforderlich.

Abb. 4.2 Verfahren und Anlagen
der Destillation und Rektifikation

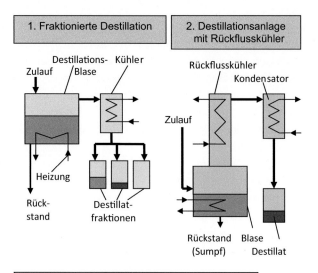

4.1.3   Kristallisation

Aus wässrigen Salz-Lösungen können durch Einstellung einer Übersättigung kristalline
Feststoffe ausgeschieden und durch Zentrifugieren oder Filtrieren von der sog. Mutterlauge
abgetrennt werden. Die erforderliche Übersättigung erfolgt durch Kühlung der Lösung
infolge temperaturabhängiger Löslichkeit der Salze oder durch Verdampfung des Lösungs-
mittels Wasser sowie durch gleichionige Zusätze. Die quantitativen Zusammenhänge der
temperaturabhängigen Löslichkeit sind für die meisten Salze als Lösungsgleichgewichte

verfügbar [4.1]. Das Kristallisationsverfahren ist für die Regenerierung oder Aufarbeitung von Beizen besonders geeignet, da diese überwiegend aus Säuren (z. B. Schwefelsäure) mit zunehmenden Gehalten eines Metallsalzes (z. B. Eisensulfat) bestehen. Die Löslichkeit dieser Metallsalze nimmt sehr häufig mit sinkender Temperatur ab, d. h. eine Kühlungskristallisation ist möglich. Da der Säureverbrauch beim Beizen kompensiert werden muss, ergibt sich durch Nachsetzen von Säure (z. B. Schwefelsäure) der zusätzliche löslichkeitsmindernde Effekt des gleichionigen Zusatzes (SO_4^{2-}). Der Kristallisationsprozess besteht aus zwei Stufen:

1. Erzeugung einer Übersättigung (Kühlung oder Wasserverdampfung)
2. Abbau der Übersättigung durch Kristallkeimbildung und anschließendes Kristallwachstum

Die technische Zielstellung ist überwiegend die Erzeugung gröberer Kristalle, da diese einfacher von der Mutterlauge zu separieren sind und reiner anfallen als feinkörnige Kristallisate. Sehr feinkörnige Kristallisate entstehen bei starker Keimbildung. Deshalb wird eine kontrollierte Kristallisation mit geringer Keimbildung und optimalem Kristallwachstum angestrebt. Die Keimbildung kann auch durch Impfen mit Kristallen weitgehend unterdrückt werden. Die erzeugten gröberen Kristalle bestehen aus dem reinen Metallsalz (z. B. Eisensulfat), enthalten nach dem Zentrifugieren nur geringe Anhaftungen der Mutterlauge und sind als Handelsprodukt verkäuflich. Die verwendeten Verfahrenstechniken sind die Kühlungskristallisation und die Verdampfungskristallisation (auch als Vakuumverdampfung betrieben). Eine kontrollierte Kristallisation wird durch folgende Maßnahmen erreicht: 1. geeignete Strömungsbedingungen im Kristallisator (geringe Konzentrationsunterschiede, Schwebezustand der Kristallite, günstige Stoffübergangsbedingungen), 2. erhöhte Temperatur (Verbesserung des Kristallwachstums) und 3. Vermeidung zu hoher Übersättigung, die die Keimbildung stark begünstigt. Geeignete Kristallisationsapparate für die kontrollierte Kristallisation (Fließbett- oder Umlaufkristallisatoren) bietet der chemische Apparatebau an. Beim Vorliegen von mehreren Salzen in einer Lösung ist entsprechend den unterschiedlichen Löslichkeiten der Salze eine fraktionierte Kristallisation möglich. In jedem Fall erzeugt der Kristallisationsprozess aber einen zusätzlichen Reinigungseffekt durch den Verbleib von Verunreinigungen in der Mutterlauge.

4.1.4 Membranverfahren

Membranen stellen flächige, teildurchlässige, selektiv wirkende Strukturen dar, die die Trennung von fluiden Mehrstoffgemischen ermöglichen. Membranen sind mechanisch zur Abtrennung feinster Partikel (Ultrafiltration) aber auch zur Trennung von Molekülen und Ionen (z. B. Umkehrosmose und Dialyse) einsetzbar. Die zu trennenden Mehrstoffgemische können demzufolge Suspensionen, Emulsionen, Kolloide, Lösungen oder auch

Gasgemische sein. Den durch die Membran hindurchtretenden Stoffstrom bezeichnet man als Permeat und den zurückgehaltenen aufkonzentrierten Stoffstrom als Konzentrat oder Retentat. Für die verschiedenen Membranprozesse sind unterschiedliche Triebkräfte verantwortlich:

- Ultrafiltration: hydrostatische Druckdifferenz
- Umkehrosmose: hydrostatische Druckdifferenz
- Dialyse: Konzentrationsdifferenz
- Elektrodialyse: elektrisches Feld

Membranwerkstoffe sind überwiegend Kunststoffe (Celluloseacetat, Polyamid, PTFE usw.). Eine spezielle Art von Membranen sind die Ionenaustauschermembranen, bei denen durch chemische Modifikation eine Ionenaustauschfähigkeit vorhanden ist. Die Verfahrenstechnik der Membranverfahren ist so konzipiert, dass ein Stoffstrom parallel zur Membran auf der Retentatseite eingestellt ist, um einer Konzentrationspolarisation an der Membranoberfläche auf der Retentatseite entgegenzuwirken. Die grundlegende Verfahrenstechnik und einige Anwendungsbeispiele mit Ionenaustauschermembranen [4.1], [4.2], [4.3] sind in Abb. 4.3 dargestellt.

Für das Recycling von Metallsalzlösungen und Beizlösungen mit ihren hohen Elektrolytkonzentrationen eignen sich die Membranverfahren Dialyse, Elektrodialyse und Membranelektrolyse. Die Umkehrosmose ist nur zur Aufkonzentrierung verdünnter Spülwässer geeignet, weil höhere Elektrolytkonzentrationen eine hohe Druckdifferenz erfordern und geringe Konzentrierungseffekte ergeben [4.2]. Als Beispiel für die Umkehrosmose ist deshalb nur die Entwässerung fotografischer Spülwässer zur Silber-Rückgewinnung beschrieben [4.3].

Säurerückgewinnung durch Säuredialyse
Für dieses Verfahren werden Anionenaustauschermembranen verwendet. Ausgangslösungen sind meist verbrauchte Beizlösungen, die höhere Metallsalzgehalte und Restsäuren enthalten. Als aufnehmende Phase dient Wasser, so dass eine hohe Konzentrationsdifferenz als Triebkraft für die Diffusion durch die Membran vorliegt. Die Anionenaustauschermembran lässt nur Anionen permeieren. Die Säureanionen schleppen aber die kleinen H^+-Ionen mit, so dass die Elektroneutralität erhalten bleibt. Im Retentat verbleiben die Metallionen und die entsprechende Menge Anionen [4.3]. Es entstehen also als Permeat eine metallsalzfreie Säure zur Wiederverwendung und als Retentat eine säurearme Metallsalzlösung, die für das Metallsalzrecycling gut geeignet ist (siehe Abb. 4.3).

Elektrodialyse
Das Funktionsprinzip der Elektrodialyse zeigt Abb. 4.3. In einer Metallsalzlösung wird durch ein elektrisches Feld eine Wanderung der Kationen und Anionen zu den jeweiligen Elektroden bewirkt. Zwischen den Elektroden sind aber abwechselnd Anionen- und Kationenaustauschermembranen angeordnet, so dass immer nur eine Ionenart diffundieren

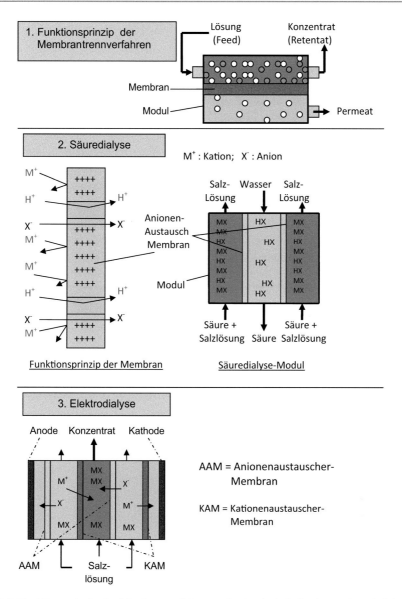

Abb. 4.3 Funktionsprinzip der Membranverfahren und seine technische Anwendung bei der Säuredialyse und Elektrodialyse

kann. Im Ergebnis kommt es zwischen den Membranen in abwechselnder Folge einmal zu einer Salzkonzentrierung und in der Nachbarkammer zu einer Entsalzung der Lösung. Die Elektrodialyse ist deshalb für die Konzentrierung salzhaltiger Spülwässer und verdünnter Säuren sowie die Entsalzung von Mutterlaugen geeignet.

4.1.5   Adsorptions- und Absorptionsverfahren

Adsorptionsverfahren für Gase

Unter Gasadsorption versteht man die Anlagerung (Anreicherung) von Gasen oder Dämpfen an der Oberfläche poriger Feststoffe. Dieser Effekt entsteht vorwiegend durch die Wirkung der physikalischen Oberflächenkräfte von Feststoffen mit extrem großen spezifischen Oberflächen auf die Gasmoleküle (physikalische Adsorption), wobei eine monomolekulare Bedeckung der Feststoffoberfläche entsteht. Daneben besteht zusätzlich die Möglichkeit der chemischen Bindung (Chemisorption). Eine weitere Erscheinung ist die Kondensation der Gase in den Poren (Kapillarkondensation). Die Adsorptionswirkung ist selektiv, d. h. auch für die Trennung von Gasgemischen und vor allem zur spezifischen Abtrennung eines schwerflüchtigeren Gases aus einem Trägergas geeignet. Aus Gasgemischen werden die leichter kondensierbaren Gaskomponenten (höhere Siedetemperatur) bevorzugt adsorbiert. Zwischen der Adsorptivkonzentration in der Gasphase und der Gaskonzentration an der Oberfläche der Adsorbentien stellt sich ein Gleichgewicht ein bis zum Erreichen der Sättigungskonzentration des Feststoffes (Adsorptionsisotherme). Die Adsorption führt zur Freisetzung einer Adsorptionswärme. Die Desorption gelingt durch Zuführung von Wärme und Druckerniedrigung oder durch Verdrängungsdesorption mit einem anderen Gas.

Als Adsorptionsmittel kommen vor allem Aktivkohle ($100\ldots1.500\,\mathrm{m}^2/\mathrm{g}$ spezifische Oberfläche), Kieselgel, Tonerdegel und Molekularsiebe (synthetische Na-Al-Silikate) zum Einsatz. Ein verbreitetes Einsatzgebiet der Aktivkohle ist die Lösemittelrückgewinnung aus Abgasen oder Abluft. Bei den Bauarten der Apparate werden ruhende Adsorbensschichten (Festbettadsorber und Festbett-Wanderschichten) und bewegte Adsorbensschichten (Wirbelschichtkolonnen) unterschieden. Die Funktionsweise einer Adsorptionsanlage einschließlich Desorption zur Rückgewinnung von Lösemitteln aus Abluft geht aus Abb. 4.4 hervor.

Absorptionsverfahren für Gase

Unter Gasabsorption versteht man die Aufnahme eines Gases oder Dampfes in einer Flüssigkeit (Waschmittel) durch physikalische Auflösung (physikalische Gaswäsche) oder Auflösung mit chemischer Reaktion (chemische Gaswäsche). Im Fall der physikalischen Gaswäsche sind höhere Gasdrücke und niedrige Temperaturen günstig für die Absorption (Henry-Verteilungsgesetz) und erhöhen die Aufnahmekapazität des Waschmittels. Deshalb erfolgt eine Regenerierung des Waschmittels und eine Gewinnung des absorbierten Stoffes sehr einfach durch Erwärmen des beladenen Waschmittels (Exsorption) oder häufig durch „Strippen" mit Wasserdampf als Trägergas (mit nachfolgender Kondensation des Wasserdampfes und Phasentrennung). In seltenen Fällen ist auch das beladene Waschmittel das marktfähige Produkt (Ammoniakwasser, Salzsäure). Bei der chemischen Gaswäsche ist eine Exsorption unmöglich und das beladene Waschmittel muss direkt verwendet werden. Entscheidend für die Wirksamkeit der Absorptionsstufe ist der Stoffübergang Gas-

Abb. 4.4 Festbett-Adsorptions-Desorptions-Anlage zur Lösemittelrückgewinnung mit Heißdampf als Desorptionsmittel

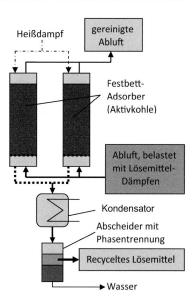

Waschmittel. Die Absorptionsapparate müssen deshalb große, sich ständig erneuernde Grenzflächen für Absorptionsmittel und Gas schaffen. Das wird z. B. durch Versprühen des Absorptionsmittels in den Gasstrom oder das Perlen von Gas durch die Flüssigkeit realisiert. Gasstrom und Flüssigkeitsstrom werden dabei im Gegenstrom geführt. Apparatebeispiele sind Sprühtürme oder Rieseltürme, Füllkörperkolonnen und Rotationswäscher. Stoffbeispiele für die Rückgewinnung von Gaskomponenten aus Abgasen oder Abluft durch Absorption sind das Auswaschen von NH_3, SO_2 oder HCl mit Wasser, die CO_2-Absorption mit Methanol (Rektisol-Verfahren) oder die Absorption von Dämpfen organischer Lösemittel mit Mineralölen.

Adsorptionsverfahren in flüssiger Phase
Gemische organischer Flüssigkeiten bzw. Lösungen oder Dispersionen organischer Stoffe in Wasser sind ebenfalls durch Adsorption an porigen Feststoffen mit großer spezifischer Oberfläche zu trennen. Solche Adsorptionsmittel (Adsorbentien) sind Aktivkohle, Kieselgel oder Tonerdegel. Das *Adsorptionsverfahren in flüssiger Phase* findet z. B. für die Entfärbung von wässrigen Lösungen Anwendung. Die Methode ist aber auch zur Abtrennung und Gewinnung von Phenol aus Gaswaschwasser oder zur Trennung eines Aromaten-Aliphaten-Gemisches in der Erdölindustrie einsetzbar.

Die Adsorptionswirkung beruht auf den analogen physikalischen Wechselwirkungen wie oben für Gasadsorption beschrieben. Zwischen der Adsorptivkonzentration in der flüssigen Phase und den an der Adsorbensoberfläche adsorbierten Molekülen stellt sich ebenfalls ein Gleichgewichtszustand ein. Nach Filtration der beladenen Adsorbentien erfolgt die Gewinnung des Adsorptivs durch Erwärmen (thermische Desorption) oder Behandlung mit einem Verdrängungsstoff, z. B. Wasserdampf (Verdrängungsdesorption). Die Verfahrenstechnik verwendet z. B. das Einrührverfahren der Adsorbentien in die flüssige Phase oder Festbettadsorber.

4.2   Chemische und Elektrochemische Verfahren (Hydrometallurgie)

Die darunter fallenden Verfahren verwenden in der Regel wässrige Lösungen und kommen überwiegend für das Recycling von metallischen Abfällen (Schrotten) und Metallverbindungen zum Einsatz. Diese Verfahren sind vor allem für die Gewinnung von Metallen entwickelt worden und werden aus diesen Gründen unter der Bezeichnung *Hydrometallurgie* zusammengefasst. Nichtwässrige Lösungen kommen etwa bei der „Laugung in ionischen Flüssigkeiten" zum Einsatz. Ionische Flüssigkeiten sind organische Salze, die auf Grund sterischer Effekte kein stabiles Kristallgitter bilden und bereits unter 100 °C in wasserfreiem Zustand flüssig sind.

4.2.1   Chemische Auflösung fester Abfälle

Die für das Recycling von festen Abfällen häufig erforderliche Stofftrennung und Reinigung ist im Zustand eines Feststoffes (Stücke, Körner, Pulver, Salz, Schlamm) nur ausnahmsweise möglich (z. B. bei Anwendung von Verflüchtigungsverfahren). In den meisten Fällen ist eine Auflösung dieser festen Abfälle in Wasser oder in einer Schmelze notwendig. Dabei entstehen als Zusatzeffekt eine Vermischung und eine erwünschte Homogenisierung der häufig sehr unterschiedlichen Abfall-Chargen. Die Schmelzprozesse sind die Hauptverfahren für das Recycling von Metallen und werden deshalb ausführlich im Kap. 6 „Recycling von metallischen Werkstoffen" beschrieben. Die Laugung in ionischen Flüssigkeiten spielt im Abfallbereich bislang noch keine größere Rolle, birgt aber ein interessantes Entwicklungspotential.

An dieser Stelle fokussiert sich die weitere Beschreibung daher auf Prozesse in wässrigen Lösungen. Dabei ist die Herstellung der wässrigen Lösung in allen Fällen nur eine erste Stufe des Recyclingverfahrens, die immer durch die Methoden der Lösungsaufarbeitung (Abschn. 4.2.2 bis 4.2.4) komplettiert werden muss. Bei der Auflösung fester Stoffe in Wasser (in der Hydrometallurgie als *Laugung* bezeichnet) sind meist Zusätze von Säuren, Basen oder Oxidationsmitteln erforderlich. Diese Zusätze bilden durch chemische Reaktionen wasserlösliche Verbindungen oder verhindern hydrolytische Prozesse. In bestimmten Fällen muss auf den Einsatz von Komplexbildnern zurückgegriffen werden, etwa bei der Laugung von Gold unter Einsatz von Cyaniden oder Kupfer unter Einsatz von Ammonium-Ionen. Wo möglich, sollte der Einsatz von Komplexbildern aber vermieden werden, da diese bei der Aufarbeitung der Lösungen häufig Schwierigkeiten oder Entsorgungsprobleme bereiten. Die Anwendung erhöhter Temperaturen verbessert im Allgemeinen die

Abb. 4.5 Apparatetechnik für selektive Löse- und Laugeprozesse

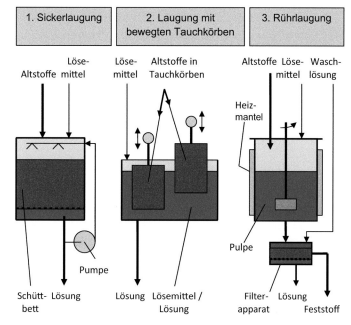

Löslichkeit oder die Auflösungsgeschwindigkeit der festen Abfälle. Durch den Einsatz von Druckgefäßen kann die Laugungstemperatur über den Siedepunkt der Lösung gesteigert werden. Man spricht dann von Drucklaugung. Ein Spezialverfahren der Drucklaugung ist die Sauerstoff-Drucklaugung, mit der eine effektive Oxidation und Auflösung feinkörniger Feststoffe (Metallpulver, Schrotte, Sulfide) möglich ist. Als Apparatetechnik für die Löseprozesse wird in den meisten Fällen eine Rührlaugung verwendet (siehe Abb. 4.5), die fast immer durch eine Filtration zur Abtrennung ungelöster Anteile zu ergänzen ist.

Durch spezielle Auswahl der Zusätze an Säuren oder Basen bzw. Einstellung bestimmter pH-Werte oder Temperaturen kann die Laugungsstufe bereits eine Stofftrennung in lösliche und unlösliche Komponenten erreichen, d. h. es erfolgt eine selektive Auflösung. Als Beispiel soll an dieser Stelle das *Ablösen von Kupfer- oder Messingplattierungen von Stahlblech* genannt werden. Die selektive Auflösung gelingt mit ammoniakalischer Ammoniumkarbonatlösung unter Zusatz von Luft oder anderer Oxidationsmittel. Es bildet sich der charakteristische dunkelblaue Kupfertetramminkomplex, der durch Erhitzen zu spalten ist. Dabei entsteht ein verwertbares Kupferoxid – sowie NH_3 und CO_2 – für die erneute Verwendung. Das Verfahren eignet sich besonders für saubere Produktionsabfälle.

Ein spezielles Löseverfahren ist die anodische Auflösung in einer Elektrolysezelle. Diese Methode ist nur auf metallische Abfälle anwendbar, da eine elektrische Leitfähigkeit des Abfalls vorhanden sein muss. Dieses Verfahren wird in Abschn. 4.2.3 „Elektrochemische Verfahren" vorgestellt.

Neben den erzeugten wässrigen Aufschluss-Lösungen aus festen Abfällen fallen auch direkt flüssige Abfälle an. Wässrige Lösungen finden außerdem als Prozesslösungen eine vielfältige Anwendung für Verfahren der Oberflächenbehandlung (Beizen, Beschichten). Wenn diese Prozesslösungen durch Verbrauch der wirksamen Inhaltsstoffe oder Anreicherung von Reaktionsprodukten unbrauchbar werden, dann ist zuerst eine Regenerierung angezeigt. Bei dieser Regenerierung entstehen wieder Abfälle oder recycelbare Stoffe. Die Regenerierungsverfahren sind nicht Thema dieses Buches und werden deshalb nur kurz skizziert. Wenn eine Regenerierung allerdings nicht zweckmäßig ist, dann müssen die hier beschriebenen Aufarbeitungsverfahren zum Einsatz kommen.

4.2.2 Chemische Fällung und Fällungskristallisation

Unter chemischer Fällung versteht man die Bildung schwerlöslicher Stoffe in einer Lösung durch eine chemische Reaktion. Dies wird durch Zugabe eines geeigneten Fällreagenzes erreicht. Nach dem Überschreiten der Löslichkeit des schwerlöslichen Stoffes (Übersättigung) kommt es zur Ausscheidung der festen Phase (Fällprodukt). Als zweite Verfahrensstufe muss sich immer die mechanische Abtrennung des Fällproduktes (auch Niederschlag oder Präzipitat) von der Restlösung durch Fest-Flüssig-Trennung (Sedimentation, Filtration, Zentrifugieren, Auswaschen des Niederschlages) anschließen (siehe Abschn. 3.6.1). Bei den Recyclingprozessen handelt es sich meist um die chemische Ausfällung von Metallionen durch Bildung schwerlöslicher Hydroxide, basischer Salze, Carbonate, Oxalate oder Sulfide. Auch die Fällung von Anionen kann eine Zielstellung der Lösungsverarbeitung sein. Die entscheidende Eigenschaft für die Anwendung von chemischen Fällverfahren ist das Maß der Schwerlöslichkeit der auszufällenden Verbindung. Dieses Maß bildet das Löslichkeitsprodukt L. Wenn für die Konzentration eines Stoffes in der Lösung der Klammerausdruck […] verwendet wird, ist L für ein schwerlösliches Metallhydroxid wie folgt definiert:

$$L_H = K_D \cdot [Me(OH)_z] = [Me^{z+}] \cdot [OH^-]^z$$

Dabei ist K_D die Dissoziationskonstante für die Dissoziation der gelösten Anteile eines Metallhydroxides ($Me(OH)_z \leftrightarrow Me^{z+} + z\,OH^-$). Für nichtideale konzentrierte Lösungen muss die Konzentration der Komponenten durch die Aktivität ersetzt werden. Je kleiner der Wert des Löslichkeitsproduktes L ist, umso geringer ist die Löslichkeit der Verbindung [4.2]. Die Fällung von schwerlöslichen Metallhydroxiden erfolgt nach der Reaktion

$$Me^{z+} + z\,OH^- \rightarrow Me(OH)_z.$$

Diese Reaktion erfordert eine bestimmte OH^--Konzentration zur Bildung des Metallhydroxids, d. h. also einen bestimmten pH-Wert. Einige Metallhydroxide (z. B. $Al(OH)_3$) bilden aber beim Überschuss von OH^- lösliche Hydroxokomplexe, die zu einer Rücklösung des Hydroxidniederschlages führen. Auch die Fällung von basischen Salzen, Metallcarbonaten, Metalloxalaten oder Metallsulfiden ist nur in bestimmten pH-Bereichen möglich, da diese

Tab. 4.1 Fällungs-pH-Werte und Löslichkeitsprodukte von Metallhydroxiden, Metallcarbonaten und Metallsulfiden [4.2]

Hydroxid-Fällung				Carbonat-Fällung		Sulfid-Fällung	
Hydro-xid	pH-Bereich der Fällung	Wieder-auflö-sung pH	Löslich-keitspro-dukt L_H	Carbo-nat	Löslich-keitspro-dukt L_K	Sulfid	Löslich-keitspro-dukt L_S
Fe(OH)$_3$	2,8...4,0	–	$8,7 \cdot 10^{-38}$				
Al(OH)$_3$	4,3...5,0	>8,7	$2,0 \cdot 10^{-32}$				
Sn(OH)$_2$	3,8...4,3	>9,2	$6,0 \cdot 10^{-25}$			SnS	ca. 10^{-20}
Cu(OH)$_2$	5,8...8,0	–	$2,0 \cdot 10^{-19}$	CuCO$_3$	$2,5 \cdot 10^{-10}$	CuS	$8,0 \cdot 10^{-37}$
Zn(OH)$_2$	7,6...8,3	>10,8	$4,0 \cdot 10^{-17}$	ZnCO$_3$	$1,6 \cdot 10^{-11}$	ZnS	$1,6 \cdot 10^{-24}$
Co(OH)$_2$	7,0...9,0	–	$2,0 \cdot 10^{-16}$	CoCO$_3$	$1,6 \cdot 10^{-13}$	CoS	$2,0 \cdot 10^{-25}$
Fe(OH)$_2$	7,0...8,9	–	$2,0 \cdot 10^{-15}$	FeCO$_3$	$2,5 \cdot 10^{-11}$	FeS	$3,7 \cdot 10^{-19}$
Ni(OH)$_2$	7,8...9,3	–	$5,8 \cdot 10^{-15}$	NiCO$_3$	$1,3 \cdot 10^{-7}$	NiS	$2,0 \cdot 10^{-26}$
Cd(OH)$_2$	9,1...10	–	$1,3 \cdot 10^{-14}$	CdCO$_3$	$5,0 \cdot 10^{-12}$	CdS	$1,6 \cdot 10^{-28}$

Verbindungen in Säuren löslich sind. In Tab. 4.1 sind Fällungs-pH-Werte und Löslichkeits-produkte wichtiger schwerlöslicher Verbindungen zusammengestellt.

Neben der Schwerlöslichkeit der Verbindung ist die erreichbare Struktur (Morphologie) des Niederschlages von Bedeutung. Die Struktur kann kolloidal, amorph, feinkristallin oder grobkristallin sein. Die erreichbare Struktur ist bestimmend für die Selektivität der Fällung und die Reinheit des Niederschlages sowie die wichtige Eigenschaft der Abscheidbarkeit in der Fest-Flüssig-Trennung. Optimale Trenneffekte sind nur mit kristallinen Niederschlägen zu erhalten. Bei amorphen Niederschlägen treten erhebliche Effekte der Mitfällung und der Adsorption auf, die bei Recyclingprozessen überwiegend nicht erwünscht sind. Die Gewin-nung kristalliner Niederschläge schwerlöslicher Verbindungen gelingt nur bei Anwendung einer kontrollierten Fälltechnik, die als Fällungskristallisation oder Reaktionskristallisation bezeichnet wird [4.4]. Zum tieferen Verständnis ist eine Betrachtung der einzelnen Prozess-stufen der Fällungskristallisation und der Einflüsse der Übersättigung (S), der Temperatur (T) und der Fälltechnik erforderlich.

Modellvorstellungen zur Fällungskristallisation [4.4]

1. *Erzeugung einer Übersättigung S* in der Salzlösung durch eine chemische Reaktion mit den wichtigen Einflussfaktoren Löslichkeit c_s der schwerlöslichen Verbindung, Zugabe-geschwindigkeit des Fällreagenz v_z und Übersättigungskonzentration c (Übersättigung $S = \ln c/c_s$)

Abb. 4.6 Rührwerksbehälter für die Fällungskristallisation. Vermeidung lokaler Übersättigungen durch apparative Maßnahmen zur effektiven Vermischung des Fällreagenzes

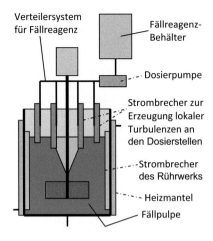

2. *Abbau der Übersättigung* S durch die Prozessschritte Keimbildung oder Keimzusätze und Kristallwachstum (Kristallwachstumsgeschwindigkeit $v_w = f(T^2, S)$)
3. *Reifung und/oder Agglomeration der Kristallite*

Die geringe Löslichkeit c_s (kleines Löslichkeitsprodukt L) der zu fällenden Verbindungen verursacht bei Zugabe des Fällreagenzes sehr schnell eine hohe Übersättigung S, die eine starke Keimbildung bewirkt (Keimbildungsgeschwindigkeit $v_k = f(S, T)$). Infolge häufig unzureichend intensiver Vermischung des Fällreagenzes mit der Lösung kann es außerdem zu erheblichen lokalen Übersättigungen kommen, die örtliche Keimbildungslawinen auslösen. Das Wachstum der Kristallite auf Basis der Keime wird durch eine erhöhte Temperatur und optimale Stoffübergangsbedingungen (Konzentrationsausgleich, Strömungsbedingungen) gefördert. Die Gewinnung kristalliner Niederschläge ist also offenbar an folgende Bedingungen geknüpft [4.4]:

- *Geringe und kontrollierte Keimbildung durch 1. Auswahl schwerlöslicher Verbindungen mit nicht extrem geringer Löslichkeit (z. B. Carbonate oder basische Salze anstelle von Hydroxiden oder Sulfiden; siehe dazu Tab. 4.1), 2. effektive apparative Maßnahmen zur intensiven Vermischung des Fällreagenz mit der Lösung (Vermeidung lokaler Übersättigungen) und 3. Anpassung der Zugabegeschwindigkeit v_z des Fällreagenz (Dosierung) an die Kristallwachstumsgeschwindigkeit v_w.*
- *Förderung des Kristallwachstums durch erhöhte Temperatur und intensive Rührung.*

Die apparativen Maßnahmen zur Vermeidung lokaler Übersättigungen durch Dosierung und effektive Vermischung des Fällreagenzes sind in Abb. 4.6 skizziert.

Das Problem lokaler Übersättigungen ist vollständig ausschaltbar, wenn eine Substanz gewählt wird, die das Fällreagenz erst in der Lösung durch Erhöhung der Temperatur freisetzt. Eine solche Substanz ist z. B. Harnstoff, der der Lösung zugemischt wird und dann durch Erhöhung der Temperatur der Lösung dessen Hydrolyse bewirkt, wodurch die Freisetzung des Fällreagenzes NH_3 erfolgt.

$$\text{Harnstoffhydrolyse: } CO(NH_2)_2 + H_2O \rightarrow 2\,NH_3 + CO_2$$

Diese Methodik bezeichnet man als Fällung aus homogener Lösung.

Ein weiterer wichtiger Steuerungsmechanismus für die Fällung gut entwässerbarer Feststoffe liegt in der gezielten Auswahl geeigneter pH-Temperaturbereiche. So ist z.B. die Fällung von Eisen-Ionen in einem weiten pH-Bereich als gut filtrierbarer Hämatit möglich, allerdings erst bei Temperaturen oberhalb von 100 °C, was hinsichtlich des Energieaufwandes problematisch sein kann. Bei einem pH-Wert von 3 fallen Eisen-Ionen oberhalb von 40 °C als einigermaßen gut filtrierbarer Goethit oder Akaganeit aus, unterhalb dieser Temperatur aber als kaum filtrierbares Eisen(III)-Hydroxid. Steigt der pH-Wert auf über 10, fallen auch bei Raumtemperatur die Eisen-Ionen als Goethit oder Akaganeit aus. Auch die Fällung von Eisen-Ionen bei höheren Temperaturen als Jarosit liefert einen gut filtrierbaren, kristallinen Niederschlag.

Metallkomplexverbindungen

In der Oberflächentechnik kommen häufig Prozesslösungen zum Einsatz, in denen die Metallionen komplex gebunden sind, so dass nur sehr geringe Konzentrationen an nicht komplexierten Metallionen in den Lösungen vorliegen. Geringe Probleme bereiten die Hydroxo- und Ammin-Komplexe, die durch Zugabe von Säure leicht zu zerstören sind. Weitere häufig angewandte Komplexbildner sind aber Cyanid und Phosphat sowie vielfältige organische Komplexbildner (Triethanolamin – TEA, Ethylendiamintetraessigsäure – EDTA, Weinsäure u.a.), die eine Ausfällung sehr erschweren. Die Ausfällung gelingt grundsätzlich nur dann, wenn die Dissoziation des Metallkomplexes eine Konzentration freier Metallionen zulässt, die größer ist als die Metallionenkonzentration der Dissoziation der zu fällenden schwerlöslichen Verbindung. Das heißt, es müssen schwerlösliche Verbindungen mit besonders geringem Löslichkeitsprodukt ausgewählt werden. Solche Verbindungen sind besonders die Sulfide (siehe Tab. 4.1) und noch günstiger sind die Organosulfide (z.B. Dimethyldithiocarbamat – DMDTC). Ein zweiter Weg ist die Zerstörung der Komplexbildner durch Oxidation (z.B. auch bei Cyanid-Komplexen einsetzbar) und ein dritter Weg die elektrochemische Reduktion der Metallionen, die in Abschn. 4.2.3 besprochen wird.

4.2.3 Elektrochemische Verfahren

Die theoretische Grundlage der elektrochemischen Abscheidung von Metallen aus Lösungen bilden die Normalpotentiale der Metalle gegenüber der Normalwasserstoffelektrode (Normalpotential = 0 V). Die Auflistung der Normalpotentiale nach ihren Werten ergibt dann die *Elektrochemische Spannungsreihe der Metalle* (Tab. 4.2).

Tab. 4.2 Elektrochemische Spannungsreihe der Metalle [4.2]

Reaktion	Normalpotential $E^0(V)$
$Na \leftrightarrow Na^+ + e$	−2,71
$Mg \leftrightarrow Mg^{++} + 2\,e$	−2,38
$Al \leftrightarrow Al^{+++} + 3\,e$	−1,66
$Zn \leftrightarrow Zn^{++} + 2\,e$	−0,76
$Fe \leftrightarrow Fe^{++} + 2\,e$	−0,44
$Cd \leftrightarrow Cd^{++} + 2\,e$	−0,40
$Ni \leftrightarrow Ni^{++} + 2\,e$	−0,23
$Sn \leftrightarrow Sn^{++} + 2\,e$	−0,14
$Pb \leftrightarrow Pb^{++} + 2\,e$	−0,13
$Fe \leftrightarrow Fe^{+++} + 3\,e$	−0,04
$\mathbf{H_2 \leftrightarrow 2\,H^+ + 2\,e}$	**0,00**
$Cu \leftrightarrow Cu^{++} + 2\,e$	+0,34
$Cu \leftrightarrow Cu^+ + e$	+0,52
$Ag \leftrightarrow Ag^+ + e$	+0,80
$Pb \leftrightarrow Pb^{++++} + 4\,e$	+0,80
$Pt \leftrightarrow Pt^{++} + 2\,e$	+1,20
$Au \leftrightarrow Au^{+++} + 3\,e$	+1,42
$Au \leftrightarrow Au^+ + e$	+1,70

Zementation unedler Metallionen

Metallionen mit positiverem Normalpotential (Tab. 4.2) können durch Metalle mit negativerem Normalpotential in der Lösung reduziert und als Metallpulver ausgeschieden werden. Diese elektrochemische Reduktion bezeichnet man als Zementation. Der häufigste Anwendungsfall ist die Cu^{2+}-Zementation aus Lösungen mit Eisenschrott nach der folgenden Reaktion:

$$Cu^{2+} + Fe^0 \rightarrow Cu^0 + Fe^{2+}$$

In analoger Weise ist z. B. die Zementation von Ag^+ mit Kupferblech durchführbar. Die Zementate enthalten aber immer Restmengen des Zementationsmittels. Die Potentiale der Metallionen sind allerdings von der Konzentration und der Temperatur abhängig und erreichen z. B. mit abnehmender Konzentration immer negativere Werte. Diese Einflüsse sind aber durch die Nernst'sche Gleichung zu berechnen.

$$\text{Nernst'sche Gleichung: } E_{Me} = E_{Me}^0 + 0,058 \log c_{Me}/z$$

E_{Me}^0: Normalpotential (V); c: Konzentration (Mol/l); z: Wertigkeit des Metallions.

Elektrolyseverfahren mit unlöslichen Anoden

Beim Elektrolyseverfahren erreicht man die Ausfällung der Metallionen aus der Lösung durch deren elektrochemische Reduktion an einer Kathode. Zu diesem Zweck werden in der Lösung zwei Elektroden installiert (Kathode und Anode), an die eine Gleichspannung angelegt ist. Parallel zur Reduktionsreaktion an der einen Elektrode (Kathode) erfolgt eine äquivalente Oxidationsreaktion an der anderen Elektrode (Anode). Diese Reaktionen demonstrieren die folgenden Beispiele:

$$\text{Kathodische Reduktionen: } Cu^{2+} + 2\,e \rightarrow Cu^0; \; Ag^+ + e \rightarrow Ag^0; \; 2\,H^+ + 2\,e \rightarrow H_2$$

$$\text{Anodische Oxidationen: } 2\,Cl^- \rightarrow Cl_2 + 2\,e; \; 2\,H_2O \rightarrow 4\,H^+ + O_2 + 4\,e;$$
$$2\,SO_4^{2-} + 2\,H_2O \rightarrow 2\,H_2SO_4 + O_2 + 4\,e$$

Die gebräuchlichste Form der Elektroden sind senkrecht angeordnete Plattenelektroden (Abb. 4.7). Bei dieser Form scheidet sich das reduzierte Metall als Blech oder Pulver auf der Kathode ab und ist von dieser abnehmbar. In einer Grenzschicht an der Kathodenoberfläche kommt es dabei zu einer Verarmung an Metallionen, die so stark sein kann, dass schließlich H^+-Ionen entladen werden und damit Wasserstoff entsteht. Dieser Bereich der Wasserstoffbildung, der parallel auch zum starken Absinken der Stromausbeute für die Metallabscheidung führt, sollte weitgehend vermieden bzw. eingeschränkt werden. Von entscheidendem Einfluss auf diesen Verarmungseffekt sind hohe Stromdichten (A/m^2) an der Plattenoberfläche, geringe Metallionenkonzentrationen in der Lösung und ungenügender Konzentrationsausgleich an der Plattenoberfläche (Grenzschicht). So wurde bei der Elektrolyse einer schwefelsauren Abfalllösung (40 g H_2SO_4/l; 6,8 g Cu/l) mit Plattenelektroden die in Tab. 4.3 aufgeführte charakteristische Abhängigkeit der Grenzstromdichte I_{Gr} von der Cu^{2+}-Konzentration gefunden [4.5].

Bei dem Recycling von Metallen aus häufig sehr gering konzentrierten Lösungen durch Elektrolyse muss deshalb mit einem effektiven Konzentrationsausgleich und geringerer Stromdichte gearbeitet werden. Das gelingt durch eine hohe Relativgeschwindigkeit zwischen Lösung und Kathodenoberfläche und eine starke Vergrößerung der Kathodenoberfläche. Einige apparative Varianten dazu sind in Abb. 4.7 zusammengestellt. In den Apparaten können große Kathodenoberflächen durch Verwendung von Metallgranalien bzw. Graphitkörnern (Partikelkathoden) oder Wickelmodulen aus Kathoden- und Anodenfolien mit einem Textilgewebe als Abstandshalter realisiert werden. Ein effektiver Konzentrationsausgleich ist mit einem Wirbelbett der Granalien oder mit einer Rollbewegung der Granalien und zusätzlich intensiver Elektrolytströmung [4.5] zu erzielen.

Die kathodische Reduktion von Metallionen aus Lösungen erfolgt nach den Gesetzmäßigkeiten der elektrochemischen Spannungsreihe (Tab. 4.2) und der Nernst'schen Gleichung. Das heißt, es werden immer zuerst die Metallionen mit dem positiveren Potential

Tab. 4.3 Grenzstromdichte in Kupfersulfatlösungen [4.5]

Konzentration Cu^{2+} (g/l)	Grenzstromdichte I_{Gr} (A/m^2)
8	180
4	95
1	22
0,5	15
0,15	< 10

reduziert. Dadurch entsteht eine selektive Abscheidung der verschiedenen Metallionen einer aufzuarbeitenden Lösung. Als Beispiel kann so aus einer Lösungsmischung von Kupfer-Nickel-Salzen das relativ edlere Cu^{2+} in reiner Form reduziert werden und Ni^{2+} bleibt quantitativ in Lösung. Mit Hilfe der Nernst'schen Gleichung (siehe oben „Zementation") ist zu berechnen, bei welcher geringen Cu^{2+}-Konzentration dann das Cu^{2+}-Potential den Potentialwert des Ni^{2+} erreicht. Außerdem ergibt sich in diesem Beispielfall noch ein Trenneffekt durch den Einfluss des pH-Wertes, denn Ni^{2+} kann im Unterschied zu Cu^{2+} nur aus sehr schwach saurer Lösung abgeschieden werden. Die Betriebsfähigkeit der Elektrolysezellen muss außerdem durch geeignete Anodenwerkstoffe abgesichert sein, die die erforderliche Unlöslichkeit der Anodenwerkstoffe gewährleisten. Da an den Anoden ein erhebliches Oxidationspotential vorliegt, müssen die Anodenwerkstoffe chemisch und elektrochemisch unlöslich und beständig gegenüber gebildeten Gasen (O_2, Cl_2 u. a.) sein. Es kommen deshalb Platten- oder Gitteranoden aus Graphit, Blei-Silber-Legierungen oder platinbeschichtetem Titan zum Einsatz.

Membranelektrolyse

Dieses Verfahren ist eine Kombination einer Reduktionselektrolyse zur Metallabscheidung mit einer Elektrodialyse. In einer Elektrolysezelle mit Plattenelektroden trennt man Kathoden- und Anodenbereich durch eine Kationenaustauschermembran und erhält damit einen separaten Kationenraum bzw. Anionenraum. Durch diese Trennung, die für Anionen nicht durchlässig ist, gelingt es, unerwünschte Anodenreaktionen wie z. B. die Entladung von Cl^--Ionen mit Bildung von Chlorgas zu verhindern. Als Beispiel soll das Recycling einer $NiCl_2$-Lösung dienen. In den Kathodenraum wird die $NiCl_2$-Lösung geleitet, im Anodenraum dient eine 8 %-ige NaOH-Lösung als Anolyt. Bei der Elektrolyse erfolgt kathodisch eine Nickel-Abscheidung und an der Anode eine Sauerstoffentwicklung. Die Na^+-Ionen wandern durch die Kationenaustauschermembran in den Kathodenraum, so dass Elektroneutralität gewährleistet ist und der Katholyt sich mit NaCl anreichert. Der Anolyt verarmt dabei an NaOH (Abb. 4.8).

$$\text{Kathode: } 2\,Ni^{2+} + 4\,Cl^- + 4\,e \rightarrow 2\,Ni^0 + 4\,Cl^-$$

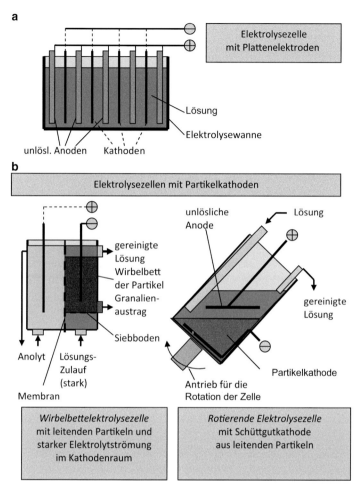

Abb. 4.7 Apparative Gestaltung von Elektrolysezellen für die Reduktion von Metallionen. **a** Elektrolysezelle mit Plattenelektroden für konzentrierte Lösungen; **b** Bauarten von Elektrolysezellen für verdünnte Lösungen mit Partikelkathoden und effektivem Konzentrationsausgleich [4.2, 4.5]

$$\text{Anode: } 4\,Na^+ + 4\,OH^- \rightarrow 2\,H_2O + O_2 + 4\,e + 4\,Na^+$$

$$\text{Stoffbilanz: } 2\,NiCl_2 + 4\,NaOH \rightarrow 2\,Ni^0 + O_2 + 2\,H_2O + 4\,NaCl$$

Da im Katholyten die H^+-Ionenkonzentration nicht ansteigt, ist eine Reduktion der Ni^+-Ionen bis auf sehr geringe Gehalte ohne Wasserstoffentwicklung möglich [4.6].

Neben diesem *Elektrolyseverfahren mit unlöslichen Anoden* zur Reduktion von Metallionen (*Reduktionselektrolyse*) ist ein Elektrolyseverfahren mit löslichen Anoden in Anwendung.

Abb. 4.8 Membranelektrolyse von Nickelchloridlösung [4.6]

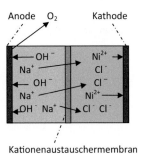

Kationenaustauschermembran

Elektrolyseverfahren mit löslichen Anoden

Dieses Verfahren ist für die elektrolytische Feinreinigung (Raffination) von relativ edlen Metallen als sog. *Raffinationselektrolyse* geeignet. Vom Rohmetall, z. B. Rohkupfer (Anodenkupfer) werden Anodenplatten hergestellt. Als Elektrolyt wird eine Salzlösung des Anodenmetalls (z. B. $CuSO_4$-Lösung) verwendet. Als Kathode kann ein Blech aus Reinmetall (z. B. Kupfer) oder häufiger aus säurefestem Stahl dienen. Beim Elektrolyseprozess findet dann eine elektrochemische Auflösung (Oxidation) der Rohmetallanode (z. B. $Cu^0 \rightarrow Cu^{2+} + 2\,e$) und gleichzeitig die Reduktion der äquivalenten Menge Metallionen (z. B. Cu^{2+}) aus dem Elektrolyt an der Kathode statt. Der Raffinationseffekt entsteht durch die Gesetzmäßigkeiten der elektrochemischen Spannungsreihe der Metalle (Tab. 4.2) wie folgt:

1. Anodisch lösen sich, solange vorhanden, nur das Hauptmetall (z. B. Kupfer) und die gegenüber dem Hauptmetall unedleren Metalle auf. Die gegenüber dem Hauptmetall edleren Metalle bleiben ungelöst als Anodenschlamm zurück.
2. Kathodisch scheidet sich nur das edelste Metallion aus der Lösung ab (im Beispiel das Kupfer).
3. Die Zusammensetzung des Elektrolyten bleibt theoretisch unverändert bis auf eine Anreicherung der im Rohmetall enthaltenen unedleren Metalle.

Die Raffinationselektrolyse besitzt bei der Kupfergewinnung eine überragende Bedeutung und ist deshalb dort näher beschrieben (Abschn. 6.4.3) und in Abb. 6.22 dargestellt. Eine spezielle Anwendung des Elektrolyseverfahrens mit löslichen Anoden ist die selektive anodische Ablösung der Zinnschicht von zinnbeschichteten Stahlschrotten. Dieses Verfahren dient dem Recycling des Zinns und zusätzlich der Vermeidung von Zinneinträgen in das Stahlrecycling (siehe Abschn. 6.2). Es ist aber nur bei relativ dicken Zinnschichten ökonomisch darstellbar.

Mit der wesentlichen Reduzierung der Zinnauflagestärken auf heute 4 kg Zinn/t Stahlblech ist auch bei erheblicher Zunahme der Weißblechmengen für Getränkedosen derzeit kein wirtschaftlicher Betrieb möglich. Schwierigkeiten bereiten auch die auf das Weißblech aufgebrachten Lackschichten wegen ihrer elektrisch isolierenden Wirkung. Deshalb muss vor der Elektrolyse eine effektive Entlackung erfolgen. Die Wirtschaftlichkeitsgrenze wird heute bei einer Verarbeitungs-Kapazität von etwa 30.000 t/a Neuschrott gesehen. Die elektrolytische Ablösung des Zinns erfolgt mit einem NaOH-Elektrolyt bei ca. 85 °C. Der

Abb. 4.9 Elektrolysezelle mit löslichen Anoden zur Entzinnung von Weißblech

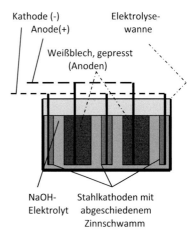

Weißblechschrott wird vorher zu Platten gepresst, die als Anoden in die Elektrolysezelle eingehängt werden. Als Kathode dient ein Stahlblech. Durch Anlegen einer Gleichspannung erfolgt an der Anode eine selektive Oxidation des Zinns zu Zinn(IV), das als Hydroxostannation in den Elektrolyt übergeht. Kathodisch wird dieser Komplex dann reduziert und das Zinn als Metallschwamm auf dem Stahlblech abgeschieden. Der Grundwerkstoff Stahl ist in dem NaOH-Elektrolyt anodisch nicht löslich. Für diesen *Elektrolyseprozess* sind folgende Hauptreaktionen anzunehmen

$$\text{Anodenreaktion: } Sn - 4\,e + 6\,(OH)^- \rightarrow [Sn(OH)_6]^{2-}$$

$$\text{Kathodenreaktion: } [Sn(OH)_6]^{2-} + 4\,e \rightarrow Sn^0 + 6\,(OH)^-$$

Der Metallschwamm wird von der Kathode abgenommen, zu Pillen verpresst und zu Zinnmetall umgeschmolzen. Das entzinnte Stahlblech enthält nach einem Waschprozess noch einen Rest von unter 0,02 % Sn. Der NaOH-Elektrolyt wird theoretisch nicht verbraucht aber durch CO_2-Absorption aus der Umgebungsluft langsam carbonisiert. Im Weißblechschrott dürfen keine Aluminiumdosen oder -deckel enthalten sein, da Aluminiumblech mit dem NaOH des Elektrolyten chemisch reagiert. Dabei entstehen lösliches Natriumhydroxoaluminat und Wasserstoff (Explosionsgefahr!). Die erforderliche Badspannung ist relativ gering, da keine Zersetzungsspannung aufgewendet werden muss.

4.2.4 Anreicherungsverfahren über Ionenaustausch

Die unmittelbare Verarbeitung von verdünnten Lösungen durch die oben beschriebenen Verfahren der Kristallisation, der chemische Ausfällung von schwerlöslichen Verbindungen, der Zementation oder der Reduktionselektrolyse hat häufig erhebliche Nachteile. Es sind z. B. große Lösungsmengen zu behandeln (Chemikalienbedarf, Apparatevolumina,

Pumpen, Energiebedarf für Erhitzung und Rührung usw.) und spezielle Elektrolysemethoden (Partikelkathoden) mit geringerer Stromausbeute anzuwenden. Außerdem entstehen unreine Produkte mit ungünstigen Produktstrukturen (amorphe Abscheidungen). Deshalb ist es oft günstig, die anfallenden verdünnten Lösungen aufzukonzentrieren und dabei gleichzeitig zu reinigen. Für solche Konzentrierungs- und Reinigungsprozesse haben sich die Verfahren des *Festbett-Ionenaustausches* und der *Solventextraktion* von Lösungen außerordentlich bewährt. Durch die Entwicklung leistungsfähiger Membranen kommen auch *Membranverfahren* (Abschn. 4.1.4) immer mehr zum Einsatz. Eine Konzentrierung von Lösungen wird allerdings auch durch das Verdampfen von Wasser oder flüchtiger Bestandteile erreicht. Dafür ist jedoch ein sehr hoher Energiebedarf notwendig und es erfolgt keine Stofftrennung oder Reinigung.

4.2.4.1   Ionenaustauschverfahren mit Kunstharz-Ionenaustauschern

Der Festbett-Ionenaustausch mit Kunstharz-Ionenaustauschern (Austauscherharze) ist das technisch weniger komplizierte Verfahren und sehr vorteilhaft für die Behandlung stark verdünnter Lösungen ($<0,5\,g/l$), da sehr hohe Konzentrierungseffekte erzielbar sind. Die Austauscherharze liegen meist als Kugeln von ca. 1 mm Durchmesser vor. Die Verfahrenstechnik verwendet überwiegend Schüttbetten dieser Kugeln in Kolonnen oder Patronen, durch die die Lösungen gepumpt werden. Eine wenig genutzte Verfahrenstechnik mit Austauscherharzen ist das Schwebebettverfahren, bei dem die Harze in die Lösung eingerührt und danach wieder abfiltriert werden. Die Kunstharz-Ionenaustauscher sind Festelektrolyte, die aus einem unlöslichen, quellfähigen Kunstharz-Gerüst bestehen, in das austauschaktive Gruppen verankert sind. Diese austauschaktiven Gruppen können Ionen dieser Gruppen gegen gleichsinnig geladene Ionen einer in Kontakt gebrachten Elektrolytlösung austauschen. Die Kationenaustauscherharze können z. B. H^+ oder Na^+ an der Gruppe gegen z. B. Cu^{2+} oder Ni^{2+} aus der Lösung austauschen (Beladung des Harzes). Dabei werden bestimmte Ionensorten bevorzugt aufgenommen, d. h. es besteht eine Selektivität des Harzes. Das adsorbierte Cu^{2+} oder Ni^{2+} ist anschließend z. B. durch geringe Volumen Schwefelsäure vom Harz wieder abzulösen (Elution oder Strippen des Harzes), wobei die angestrebte konzentriertere Kupfer- oder Nickel-Sulfatlösung (Eluat) entsteht. Gleichzeitig erfolgt die Regenerierung des Austauschers mit H^+-Ionen. Für den Ablauf der Beladung und der Elution sind jeweils konzentrationsabhängige Austauschgleichgewichte verantwortlich, d. h. die Cu^{2+}- oder Ni^{2+}- Konzentration bzw. die H^+-Konzentration sind von entscheidender Bedeutung. Wenn Metalle in Form von Anionenkomplexen in Lösungen vorliegen (Molybdate, Wolframate, Perrhenat usw.), dann sind auch Anionenaustauscherharze zur Metallkonzentrierung geeignet. Ein weiterer Austauschertyp sind die Chelatharze. Die aufkonzentrierten Eluate werden durch chemische Fällung, Zementation oder elektrolytische Abscheidung weiter verarbeitet. Zwischen den Verfahrensstufen der Beladung und der Elution (Stripping) sind zusätzliche Waschstufen des Ionenaustauscherbettes zur Verdrängung der Zwischenkornflüssigkeit erforderlich, was zum Anfall größerer Volumina verschiedener verdünnter Lösungen führt. In Abb. 4.10 ist ein Beispiel für die Aufkonzentrierung einer verdünnten Kupferlösung am Kationenaustauscher und die übliche Verfahrenstechnik des Festbettionenaustauschs dargestellt.

Abb. 4.10 Verfahrensprinzip des Kunstharz-Ionenaustausches im Festbett am Beispiel einer Kupfersalzlösung

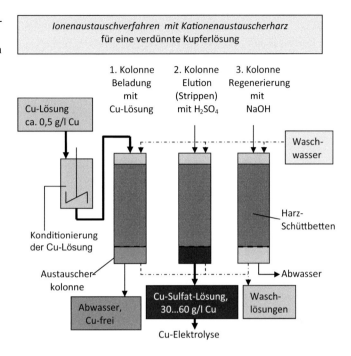

Ein spezielles Verfahren der Säureregenerierung von Beizlösungen gelingt mittels Anionenaustauscherharzen *(sog. Retardationsverfahren).* Dabei nutzt man die Adsorptionswirkung für freie undissoziierte Säuren am Harz aus, während die Metallkationen und Säureanionen den Austauscher passieren und als säurearme Metallsalzlösung gewonnen werden. Diese Metallsalzlösung wird dem Recycling zugeführt. Nach Sättigung der Adsorptionskapazität des Harzes wird die adsorbierte Säure mit Wasser eluiert. Es entsteht dabei eine regenerierte, metallarme Beizsäure [4.2]. Ausführliche Informationen zum Einsatz des Festbett-Ionenaustausches für Abfalllösungen enthält das „Handbuch der Abwasser- und Recyclingtechnik" von L. Hartinger [4.2].

4.2.4.2 Solventextraktion

Die Solventextraktion (auch Flüssig-Flüssig-Extraktion) ist für das Recycling von Metallen aus Metallsalzlösungen nicht zu geringer Konzentration von erheblicher Bedeutung. Bei diesem Verfahren wird die Me-Salzlösung (Me = Metall) mit einem wasserunlöslichen organischen Lösemittel in Kontakt gebracht und gemischt. Dabei findet ein Übergang des Me^{z+} in das organische Lösemittel statt. Die wässrige Lösung und das organische Lösemittel sind nicht (oder nur sehr gering) ineinander löslich und von unterschiedlicher Dichte. Dadurch entstehen nach der Vermischung wieder zwei getrennte Phasen (wässrige Phase und organische Phase). Anschließend ist dadurch eine mechanische Separierung der Phasen (Phasentrennung) in die jetzt Me-beladene organische Phase (Extrakt) und in die weitgehend von Me^{z+} befreite wässrige Phase (Raffinat) möglich. In einer dritten Stufe bringt man die beladene organische Phase mit einer reinen wässrigen

Lösung in Kontakt, die z. B. auf Grund eines geringen pH-Wertes die Me^{z+} wieder aus der organischen Phase herauslöst (Rückextraktion, Stripping). Das organische Lösemittel ist meist Kerosin (hochsiedendes aliphatisches Kohlenwasserstoffgemisch), in dem ein wirksames Extraktionsmittel gelöst ist. Es kommen verschiedene Gruppen von Extraktionsmitteln zum Einsatz:

1. Flüssige Kationenaustauscher (Organophosphorsäuren, z. B. Di-2-ethylhexylphosphorsäure)
2. Flüssige Anionenaustauscher (aliphatische Amine und quarternäre Ammoniumverbindungen)
3. Chelatbildende Extrationsmittel (z. B. Oxime)
4. Solvatisierende Extraktionsmittel (Tributylphosphat, aliphatische Amine)

Der Extraktionsprozess ist selektiv und gewährleistet damit einen guten Trenneffekt. Der wichtige Konzentrationseffekt entsteht durch Anwendung unterschiedlicher Volumenverhältnisse der beteiligten Phasen (Ausgangslösung, organische Phase, Rückextraktionslösung). Der Prozess soll am Beispiel einer ammoniakalischen Kupfer-Lösung verdeutlicht werden. Für ammoniakalische Kupfer-Lösungen ist das Extraktionsmittel z. B. ein Hydroxyoxim (Chelatextraktion). Die Bindung des Cu^{2+} im Oxim ist reversibel. Bei der anschließenden Vermischung des kupferbeladenen Extraktes mit verdünnter Schwefelsäure gehen die Cu^{2+}-Ionen in die wässrige Phase über (Rückextraktion). Die organische Phase mit dem Extraktionsmittel ist dadurch regeneriert und steht nach Trennung der Phasen erneut für die Extraktion zur Verfügung.

$$\text{Extraktion: } [Cu(NH_3)_4]^{2+}_{(w)} + 2\,RH_{(o)} \rightarrow CuR_{2(o)} + 2\,NH_{3(w)} + 2\,NH^+_{4(w)}$$
(RH = Hydroxyoxim; Index w = wässrige Phase; Index o = Organische Phase)

$$\text{Rückextraktion: } CuR_2 + H_2SO_4 \rightarrow CuSO_4 + 2\,RH$$

Die Verteilung der Cu^{2+}-Ionen zwischen der Cu^{2+}-Salzlösung und der organischen Phase wird durch ein Verteilungsgleichgewicht bestimmt. Eine vollständige Extraktion erreicht man durch mehrmalige Einstellung dieses Gleichgewichts, d. h. durch mehrere Extraktionsstufen. Der Konzentrationseffekt entsteht wie folgt. Werden z. B. $1\,m^3$ verdünnte Cu^{2+}-Salzlösung mit $0{,}2\,m^3$ organischer Phase vermischt (Extraktionsstufe) und anschließend mit $0{,}1\,m^3$ wässriger Lösung rückextrahiert, dann erfolgt eine Konzentrierung der Cu^{2+}-Ionen um den Faktor 10. Die Extraktion ist außerdem kupferspezifisch und damit entsteht ein erheblicher Reinigungseffekt. Die so erzeugten aufkonzentrierten und gereinigten Cu^{2+}-Salzlösungen sind hervorragend zur Kupferabscheidung durch Reduktionselektrolyse geeignet. Die verfahrenstechnischen Verhältnisse der Stoffverteilung und Konzentrierung bei vier Extraktionsstufen und einer Rückextraktionsstufe sind in Abb. 4.11 für eine angenommene Me-Lösung bei einem Verteilungskoeffizienten N = 5 und einem Trägerstoffverhältnis von K = 0,5 prinzipiell behandelt (Berechnung der Stufen bzw. grafische Lösung mit dem Beladungsdiagramm).

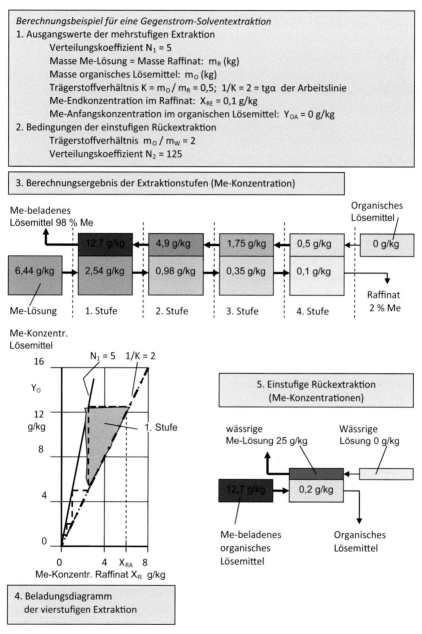

Berechnungsbeispiel für eine Gegenstrom-Solventextraktion
1. Ausgangswerte der mehrstufigen Extraktion
        Verteilungskoeffizient $N_1 = 5$
        Masse Me-Lösung = Masse Raffinat: m_R (kg)
        Masse organisches Lösemittel: m_O (kg)
        Trägerstoffverhältnis $K = m_O / m_R = 0,5$; $1/K = 2 = tg\alpha$ der Arbeitslinie
        Me-Endkonzentration im Raffinat: $X_{RE} = 0,1$ g/kg
        Me-Anfangskonzentration im organischen Lösemittel: $Y_{OA} = 0$ g/kg
2. Bedingungen der einstufigen Rückextraktion
        Trägerstoffverhältnis $m_O / m_W = 2$
        Verteilungskoeffizient $N_2 = 125$

3. Berechnungsergebnis der Extraktionsstufen (Me-Konzentration)

Me-beladenes Lösemittel 98 % Me

Organisches Lösemittel

| 12,7 g/kg | 4,9 g/kg | 1,75 g/kg | 0,5 g/kg | 0 g/kg |

| 6,44 g/kg | 2,54 g/kg | 0,98 g/kg | 0,35 g/kg | 0,1 g/kg |

Me-Lösung   1. Stufe   2. Stufe   3. Stufe   4. Stufe

Raffinat 2 % Me

Me-Konzentr. Lösemittel

$N_1 = 5$ $1/K = 2$

1. Stufe

Y_O

Me-Konzentr. Raffinat X_R g/kg

4. Beladungsdiagramm der vierstufigen Extraktion

5. Einstufige Rückextraktion (Me-Konzentrationen)

wässrige Me-Lösung 25 g/kg

Wässrige Lösung 0 g/kg

| 12,7 g/kg | 0,2 g/kg |

Me-beladenes organisches Lösemittel

Organisches Lösemittel

Abb. 4.11 Metallverteilung und Konzentrierung bei mehrstufiger Gegenstrom-Solventextraktion einer Metall-Lösung (Me = Metall)

Ein weiterer wichtiger Anwendungsfall ist das Recycling von Wolframschrotten. Diese werden alkalisch-oxidierend zu einer Natriumwolframatlösung aufgeschlossen. Daran schließt sich eine Solventextraktion der Polywolframat-Anionen mit flüssigen Anionenaustauschern (aliphatische Amine in Kerosin mit Zusatz von höheren Alkoholen) an [4.7]. Die Rückextraktion erfolgt mit Ammoniakwasser. Der Chemismus lässt sich wie folgt vereinfacht darstellen [4.8]:

- Überführung des Amins in die Alkylammoniumform

$$2\,R_2NH_{(o)} + H_2SO_{4(w)} \rightarrow [R_2HNH]_2SO_{4(o)}$$

- Extraktion

$$6\,[R_2HNH]_2SO_{4(o)} + [W_6O_{24}]^{12-}{}_{(w)} \rightarrow [R_2HNH]_{12}W_6O_{24(o)} + 6\,SO_4^{2-}{}_{(w)}$$

- Rückextraktion

$$2\,[R_2HNH]_{12}W_6O_{24(o)} + 24\,NH_4OH_{(w)} \rightarrow 24\,R_2NH_{(o)} + 12\,(NH_4)_2WO_{4(w)} + 24\,H_2O_{(w)}$$

(o) Organische Phase,
(w) wässrige Phase

Aus der entstehenden Ammoniumwolframatlösung wird das Ammoniumparawolframat auskristallisiert und nach thermischer Zersetzung und Reduktion mit Wasserstoff daraus ein recyceltes Wolframpulver gewonnen.

Auch beim Recycling von Tantalschrotten wird die Solventextraktion eingesetzt. Der Schrott wird zunächst mit Flusssäure zu einer Fluorotantalsäure gelöst, aus der das Tantal extrahiert wird [4.7]. Extraktionsmittel ist reines Methylisobutylketon oder Diisopropylketon.

Vereinfachtes Reaktionsschema [4.9]:

$$TaF_7^{2-} + 2\,H^+ + 4\,H_2O + 3\,R_2CO_{(o)} \rightarrow [H_3O(H_2O)_3 \cdot 3\,R_2CO]HTaF_{7(o)}$$

R = aliphatische Gruppe

Die Rückextraktion erfolgt mit Wasser. Aus dem Rückextrakt kann wahlweise mit Ammoniak Tantaloxidhydrat gefällt oder Kaliumtantalfluorid kristallisiert werden.

Für das Recycling von NdFeB-Magneten ist nach einem Aufschluss die Solventextraktion und Trennung der Seltenerdmetalle (SEM) ebenfalls eine günstige Variante. Das Extraktionsmittel ist z. B. ein flüssiger Kationenaustauscher (Di-2-ethylhexylphosphorsäure in Kerosin mit Zusatz von Isodecanol) [4.10].

$$SEM^{3+}{}_{(w)} + 3\,(HA)_{2(o)} \rightarrow (HA_2)_3SEM_{(o)} + 3\,H^+{}_{(w)}$$

Für die technische Solventextraktion sind mehrstufig arbeitende Mixer-Settler-Anlagen oder Extraktionskolonnen im Einsatz. Die Extraktionskolonnen realisieren im Gegenstrom-

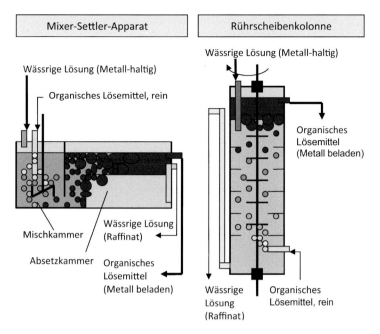

Abb. 4.12 Apparate der Solventextraktion

betrieb mehrere Trennstufen. Den prinzipiellen Apparateaufbau und die Wirkungsweise zeigt Abb. 4.12.

Die Solventextraktion wird gegenüber dem Ionenaustausch mit Kunstharz-Ionenaustauschern bevorzugt eingesetzt, wenn die zu extrahierenden Ionen nicht ganz so niedrig konzentriert sind oder wenn die chemische Ähnlichkeit der zu trennenden Ionen sehr hoch ist, etwa im Bereich der Trennung von Verbindungen der Seltenerdmetalle. Mit geeigneten Solventextraktionsmitteln lassen sich auch bei den SEM hervorragende Trennfaktoren realisieren – allerdings häufig zu dem Preis hochverschalteter vielstufiger Mixer-Settler-Anlagen. Dies erfordert einen nicht unerheblichen Anlagenaufwand und eine ausgefeilte Prozesssteuerung, was sich entsprechend auf die Kosten des Prozesses auswirkt.

Literatur

4.1   Vauck, W.; Müller, H., Grundoperationen Chemischer Verfahrenstechnik, 7.Auflg., Deutscher Verlag für Grundstoffindustrie, Stuttgart, 2000

4.2   Hartinger, L., Handbuch der Abwasser- und Recyclingtechnik für die metallverarbeitende Industrie, 2. Aufl., Hanser Verlag, München, 1995. 2000

4.3   Melin, Th.; Rautenbach, R., Membranverfahren, 2. Aufl., Springer-Verlag, Berlin, Heidelberg, 2004

4.4   Martens, H.; Hoffmann, H., Anwendung der Reaktionskristallisation in der Naßmetallurgie und der anorganisch-chemischen Technik, Kristall und Technik 9, (1974), S. 789–798

4.5   Lange, H.; Schab, D.; Hein, K., Reinigung und Aufarbeitung von Elektrolytlösungen durch
       Elektrolyse mit bewegter Schüttgutkathode, Erzmetall 28 (1975), Nr. 10, S. 435–484

4.6   Hurschmann, H., Metallrückgewinnung aus Prozesswasser durch Membranelektrolyse mit
       Hilfe des METAL MASTER® - Verfahrens, Galvanotechnik 84 (1993), Nr. 10, S. 3429

4.7   Gille, G., Meier, A., Recycling von Refraktärmetallen. In: Thomé-Kozmiensky/Goldmann,
       Recycling und Rohstoffe, Bd. 5, S. 537–560, TK Verlag 2012

4.8   Gerich, S., Ziegenbalg, S., Die Anwendung der Flüssig-Flüssig-Extraktion zur Gewinnung
       der Elemente Vanadin, Molybdän, Wolfram und Rhenium, Freiberger Forschungshefte B 128,
       S. 67–89, VEB Deutscher Verlag für Grundstoffindustrie, Leipzig 1968

4.9   Gerisch, S., Ziegenbalg, S., Martens, H., Gruner, M., Thiel, W., Gewinnung von Niobium- und
       Tantalverbindungen aus Erzkonzentraten, Neue Hütte, 34 (1989), Heft 2, Febr., S. 49–54

4.10   Elwert, T., Goldmann, D., Schmidt, F., Stollmaier, R., Hydrometallurgical recycling of sintered
       NdFeB magnets, World of Metallurgy-Erzmetall 66 (2013), No. 4, S. 209–219

Hochtemperatur-Verfahren 5

Durch Anwendung höherer Temperaturen ($> 200\,°C$) sind weitere chemische Reaktionen (Feststoff-Gas-Reaktionen und Reaktionen in Schmelzen) möglich. Sie verlaufen mit großer Geschwindigkeit, so dass nur kleine Reaktionsräume erforderlich sind (hohe Raum-Zeit-Ausbeute). Zu diesen Reaktionen gehören die thermische Zersetzung, die Oxidation und die Reduktion anorganischer Stoffe (Salze, Schrotte, Oxide) sowie durch eine Stoffumwandlung (Spaltung, Vergasung, Verbrennung) die Zerstörung organischer Stoffe in Abfällen (Kunststoffe, Textilien, Lösemittel, Öle, Holz). Die Schmelztechnologien sind die bevorzugten Verfahren für die Gewinnung von Metallen und für das Recycling metallischer Abfälle. Die Gründe dafür sind die Schmelzbarkeit der Metalle, ihre gegenseitige Löslichkeit in den Schmelzen, die Entstehung von Schmelzphasen bei Hochtemperatur-Reduktionsreaktionen und die Raffinationsmöglichkeiten der Schmelzen mit Gasen und Salzen. Wegen der überragenden Rolle der Schmelztechnik für das Recycling metallischer Werkstoffe und die dabei sehr stoffspezifischen Verfahren, ist die „Schmelzmetallurgische Recyclingtechnik" am Anfang des Kap. 6 „Recycling von metallischen Werkstoffen und metallhaltigen Abfällen" in Abschn. 6.1 besprochen.

5.1 Hochtemperaturreaktionen

Kalzination
Das Glühen anorganischer Stoffe ist ein unkompliziertes Verfahren mit dem Ziel der thermischen Zersetzung von Carbonaten, Hydroxiden, Oxalaten, Ammoniumsalzen und weiteren thermisch instabilen Verbindungen. Die Kalzination erfordert meist Temperaturen über $400\,°C$.

Verbrennung und oxidierende Röstung
Die Verbrennung (*thermische Oxidation mit Luftsauerstoff oder Sauerstoff*) ist ein sehr wichtiges Verfahren zur Inertisierung, Homogenisierung und Massen- sowie Volumenre-

© Springer Fachmedien Wiesbaden 2016
H. Martens, D. Goldmann, *Recyclingtechnik*, DOI 10.1007/978-3-658-02786-5_5

duzierung organik- bzw. brennstoffreicher Abfälle (Bioabfälle, Kunststoffe, Lösemittel, Öle, Altholz und vor allem Siedlungsabfälle). Dabei werden die Energieträger möglichst vollständig zu CO_2 und H_2O oxidiert und in das Abgas überführt. Oft entstehen auch Schadgase (SO_2, NO_x), die gemeinsam mit weiteren bei höheren Temperaturen flüchtigen emissionskritischen Stoffen wie z. B. Quecksilber und Flugstäuben ebenfalls ins Abgas ausgetragen werden (zu Flugstäuben siehe Abschn. 5.2).

Die Verbrennung ist in der Regel ein stark exothermer Prozess. Die entstehende Wärmemenge kann über Wärmetauscher und Turbinen in Elektroenergie und nutzbare Wärme (Dampf) umgesetzt werden. Auf Grund der großen Bedeutung ist der energetischen Verwertung von organischen Abfällen ein gesonderter Abschnitt, das Kap. 15, gewidmet. Je nach Abfall- und Anlagentyp sowie Prozessführung bleiben bei der Verbrennung unterschiedliche Mengen an Ausbrand zurück. Dieser Ausbrand enthält häufig sowohl gröbere Metallanteile, Steine, Keramik, unverbrannte Komponenten wie z. B. Papier oder Gummi als auch Anteile von Aschen und Schlackepartikeln. Die meisten Verbrennungsprozesse sind auf einen maximalen Durchsatz mit optimaler Energieausbeute und weitgehender Volumenreduzierung der Rückstände ausgelegt. Selten erfolgt dabei eine wirklich vollständige Verbrennung aller Energieträger. In den besonders weit verbreiteten und robusten Anlagen vom Typ Rostfeuerung sind Temperaturen über 700 °C (optimal 800…1.000 °C) für eine effiziente und stabile Prozessführung erforderlich. Nur in gut geregelten Wirbelschicht-Reaktoren kann dagegen eine so gleichmäßige Temperaturverteilung im Wirbelbett eingehalten werden, dass eine vollständige Verbrennung schon bei 600 °C möglich ist.

Im Nachgang eines Verbrennungsprozesses von Abfällen – der zum Zwecke der Nutzung der Energieinhalte und zur Reduzierung von Masse und Volumen durchgeführt wird – wird der Ausbrand in der Regel für eine Weile abgelagert, um bestimmte Reaktionsprozesse abzuwarten und danach aufbereitet. Hierbei erfolgt im Allgemeinen die Abtrennung und Rückführung der unverbrannten Anteile in eine Müllverbrennungsanlage, die Rückgewinnung von Metallen und teilweise die Weiteraufbereitung der Schlacke- und Aschekomponenten. Häufig wird für den gesamten Ausbrand aus Müllverbrennungsanlagen bzw. Müllheizkraftwerken der Begriff „Müllverbrennungs-Schlacke" verwendet, obwohl dies technisch und materialspezifisch nicht ganz korrekt ist. Offensichtlich ist, dass weder die im Verbrennungsprozess unveränderten Mineralik-Komponenten (Steine, Keramik, Glas, Beton, Sand etc.) noch unverbrannte Reste (Papier, Gummi, Kunststoff etc.) oder Metalle unter den Begriff Schlacke fallen. Es ist aber auch bei dem feineren mineralischen Rückstand, der im Verbrennungsprozess selbst entstanden ist, zwischen den Kategorien Asche und Schlacke zu unterscheiden. Aschepartikel sind durch den Verbrennungsprozess entstanden, sind aber nicht aufgeschmolzen worden. Dort, wo es zu einem Aufschmelzen mineralischer Bestandteile kommt, entstehen nach Abkühlung Schlackepartikel, die sich in ihren Eigenschaften deutlich von Aschepartikeln unterscheiden können.

Verbrennungsprozesse für ganz spezifische Abfallströme können anders ausgeführt werden, wobei auch auf die verbleibenden Wertträger im Verbrennungsrückstand zu achten ist. Bei der Verbrennung besteht z. B. immer die Gefahr der ungewollten anteiligen Oxidation der Metallinhalte der Abfälle. Der Oxidationsgrad der Metallinhalte hängt dabei vor allem von der Korngröße der Metalle und erst in zweiter Linie von deren Sauerstoffaffinität ab. Die Entölung von Stahlspänen kann z. B. durch Abbrennen des Öls erfolgen. Dieses Abbrennen ist für Stahl-Schleifschlämme beispielsweise aber nicht möglich, da durch die starke Erhitzung auch die feinen Metallpartikel durch Oxidation vollständig zu Oxid verglühen und damit ein direktes Metallrecycling nicht mehr erfolgen kann. Wegen der hohen Sauerstoffaffinität von Aluminium sind dagegen auch *gröbere* Aluminium-Späne durch Abbrennen nicht zu entölen. Ein Abschwelen (siehe Pyrolyse) ist jedoch sehr gut möglich. Das Abbrennverfahren wird heute noch in weniger entwickelten Ländern beim Recycling von Kupfer-Kabeln eingesetzt (Abbrennen der Gummi/ Textil- oder Kunststoff/Textil-Isolation von den Metallseelen). Dabei entstehen allerdings als Folge unvollständiger und nicht steuerbarer Zersetzungs- und Verbrennungsvorgänge der Kunststoffe sehr giftige Prozessgase (Ruß, Kohlenwasserstoffe, Dioxine, Chlorwasserstoff). In den Industrieländern ist dieses Verfahren für das Kabel-Recycling deshalb nicht mehr zugelassen.

Eine oxidierende Röstung kann beim Recycling von Altmetallen notwendig sein, um z. B. eine nachfolgende Auflösung in Säuren zu gewährleisten. Das trifft beispielsweise für Tantal- und Wolfram-Schrotte zu.

Als Reaktoren für die Kalzination, Verbrennung und oxidierende Röstung kommen bei großen Tonnagen Drehrohröfen, Verbrennungsroste und Wirbelschichtreaktoren zur Anwendung, während kleinere Mengen in Etagenöfen, Tunnelöfen oder auch Muffeln verarbeitet werden.

Pyrolyse
Die thermische Zersetzung unter Luftausschluss bezeichnet man als Pyrolyse oder Schwelen. Sie beruht auf der Instabilität organischer Stoffe beim Erhitzen (Depolymerisation, Aufbrechen der Bindungen, Cracken). Die Zersetzung beginnt bei 250 °C mit der Abspaltung von Konstitutionswasser und setzt sich mit dem Bindungsaufbruch aliphatischer Bindungen ab 350 °C fort. Zwischen 400 °C und 600 °C wird meist die vollständige Zersetzung in Kohlenstoff (Koks), Öle und Gase erreicht. Durch noch höhere Temperaturen können die Mengenverhältnisse zwischen den genannten Pyrolyseprodukten stark verändert werden. Der relativ niedrige Temperaturbereich der Pyrolyse von 450…550 °C liegt unterhalb der Schmelztemperatur vieler Metalle bzw. Legierungen (Magnesium, Aluminium, Silber, Kupfer, Messing, Bronzen, Eisen/Stahl, Nickel) und ermöglicht damit eine Zerstörung und Abtrennung organischer Stoffe aus Schrotten ohne Aufschmelzen und damit Vermischung dieser Metalle. Störende organische Stoffe in Schrotten sind vor allem Lack- und Kunststoffbeschichtungen, Drahtisolierungen, Epoxidharz-Leiterplatten, Isoliermaterial, Gummi sowie evtl. Textilfasern und Holz. Solche Stoffmischungen liegen vorwiegend bei Elektro- und Elektronikschrotten vor. Die technische Pyrolyse wird vorwiegend in Drehrohrreaktoren mit einem äußeren Heizmantel (Abb. 5.1) durchgeführt. Der Schrotteintrag in die Trommel und der Feststoffaustrag müssen über gasdichte Schleusen erfolgen. Für die Trommelbeheizung werden häufig die eigenen Pyrolysegase verwendet.

Abb. 5.1 Apparateschema eines Drehrohrreaktors für die Pyrolyse

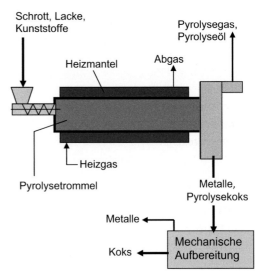

An die Pyrolysestufe schließt sich eine mechanische Aufbereitung zur Abtrennung des Kokses von den Metallen an. Dies wird meist durch einen Zerkleinerungsprozess erreicht, wobei der spröde Koks zu Pulver zerfällt und dadurch mittels Windsichtung von den Metallen trennbar ist. Das Pyrolysegas besteht nach Abtrennung von Wasserdampf und Pyrolyseöl überwiegend aus CH_4, C_xH_y, H_2, CO, CO_2, N_2 und kann Heizwerte (H_u) bis 30.000 kJ/ m^3 i. N. aufweisen.

Ein Vorteil der Pyrolyse gegenüber einer Verbrennung ist auch die Vermeidung der Bildung von Dioxinen (siehe Abschn. 5.2).

Vergasung

Die Vergasung ist ein stoffliches Verwertungsverfahren für organische Abfälle mit der Gewinnung eines Gasgemisches aus CO, H_2 und CH_4. Dieses Gasgemisch kann als Brenngas zur energetischen Verwertung dienen oder als Synthesegas für die Herstellung von Methanol Verwendung finden. Die Vergasungsreaktion ist eine Umsetzung von festem Kohlenstoff mit den Vergasungsmitteln Sauerstoff, Wasserdampf oder Kohlendioxid bei Temperaturen bis 1.200 °C und einem Gasdruck von 25 bar. Der feste Kohlenstoff entsteht bei organischen Abfällen durch Pyrolyseprozesse im Vergasungsreaktor. In der Abfallbehandlung spielt vor allem die Vergasung von Altkunststoffen eine Rolle. Deshalb sind die technischen Einzelheiten und die Reaktoren in Kap. 7 „Recycling von Kunststoffen" ausführlicher beschrieben.

Reduktionsprozesse

Bei der chemischen Aufarbeitung von Abfällen der Refraktärmetalle, der Seltenerdmetalle und anderer seltener Metalle werden als Zwischenprodukte häufig Metalloxide, Ammoniumsalze, Carbonate oder Oxalate erzeugt. Zur Gewinnung der Metalle sind eine thermische Zersetzung der Salze und eine Reduktion der Oxide erforderlich. Das ist in vielen Fällen durch Reaktion mit Wasserstoff zu realisieren (Wolframoxid, Molybdänoxid). Ein zweiter Weg ist die metallothermische Reduktion mit Natrium, Calcium oder Magnesium (Kaliumtantalfluorid, Tantaloxid, Oxide der Seltenerdmetalle). Diese Reaktionen laufen nur bei hohen Temperaturen ab.

Aus den vorangegangen Beschreibungen ist erkennbar, dass viele der beschriebenen Hochtemperaturreaktionen in den jeweiligen Reaktoren auch gestuft oder parallel ablaufen können, insbesondere, wenn bestimmte Temperaturprofile durchfahren werden. Es ist daher von herausragender Bedeutung, die Gesamtprozesssteuerung optimal zu gestalten.

5.2   Abgasproblematik

Bei allen Hochtemperaturverfahren entstehen zwangsläufig Abgase und Flugstäube, die aus Gründen des Umweltschutzes, des Energieinhaltes und evtl. wegen Wertstoffinhalten der Flugstäube eine Abgasbehandlung bzw. Staubabscheidung erfordern. Die Abgase bestehen aus den Verbrennungsprodukten CO_2, NO_x und Wasserdampf sowie möglichen Reaktionsprodukten oder Ausdampfungen des Einsatzmaterials (CO, HCl, SO_2, Dioxine u. a.). Für die Entstehung der Abgase und Stäube bei den Hochtemperaturprozessen ist eine Reihe von verschiedenen Ursachen verantwortlich:

1. Die Erhitzung der Altstoffe bewirkt eine Verdampfung von Komponenten mit höherem Dampfdruck (Feuchtigkeit, Lösungsmittel, Säuren, …) und eine thermische Zersetzung von thermisch instabilen Beimengungen (Kunststoffe, Holz, organische Stoffe, Chloride).
2. Bei Luftzutritt erfolgt eine vollständige oder unvollständige Verbrennung (Oxidation) brennbarer Stoffe (Kunststoffe, Holz, Fette, …) und anderer Beschickungskomponenten zu einem Abgasgemisch (CO_2, H_2O, CO, SO_2).
3. Die für die Erhitzung eingesetzten Brennstoffe (Erdgas, Öl, Koks) und Reaktionsgase (Luft, Sauerstoff) bilden ebenfalls einen Abgasbestandteil aus CO_2, H_2O, N_2 und teiloxidierten Gasen (CO, C_nH_m).
4. Auch Komponenten der Beschickung mit höherem Dampfdruck (Metalle, Oxide, Sulfide, Chloride) verdampfen teilweise oder vollständig und werden im heißen Abgasstrom durch Restsauerstoff überwiegend oxidiert. Für diese Verdampfung ist vor allem die Trägergasverdampfung infolge der herrschenden Abgasströmung verantwortlich (siehe Abschn. 6.1.1.1). Durch Abkühlung des Abgasstromes oder Oxidbildung bilden sich daraus sehr feine Feststoffe – die sogenannten Sekundärflugstäube.
5. Die teilweise erheblichen Gasströmungen führen zu einer starken Aufwirbelung und Mitführung von feinteiligen Beschickungsbestandteilen – die sogenannten Primärflugstäube.

Für die Behandlung dieser staubbeladenen Abgase werden eine Reihe von Standardverfahren und Standardapparaten in geeigneten Kombinationen verwendet [5.1]:

Abb. 5.2 Molekülstruktur von Dioxinen und Furanen

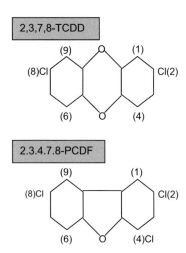

- Abscheidung des Grobstaubes (Primärflugstaub) in Zyklonen
- Feinentstaubung mit elektrischer Gasreinigung (EGR), Gewebefilter oder Nasswäscher
- Auswaschen löslicher Gasbestandteile mit Wasser, Kalksteinsuspension oder Alkalien
- Abscheidung spezieller Schadgase durch Adsorptionsverfahren (Aktivkohle)

Einige dieser Verfahren sind in den stoffspezifischen Abschnitten näher beschrieben; das trifft besonders für die Abgasreinigung bei der energetischen Verwertung von Abfällen zu. In Abschn. 15.2 sind ausführliche Angaben zu kompletten Abgasreinigungssystemen dargestellt.

Entstehung von Dioxinen und Furanen bei Hochtemperatur-Prozessen
Dioxine und Furane sind eine Stoffgruppe sehr giftiger Gase, die bei thermischen Prozessen entstehen können. Die in Abb. 5.2 angegebene molekulare Struktur zeigt, dass es sich um chlorierte aromatische Kohlenwasserstoffe handelt (polychlorierte Dibenzodioxine bzw. Dibenzofurane, abgekürzt: PCDD bzw. PCDF).

Je nach Art der Chlorierung ist die Toxizität sehr unterschiedlich und wird deshalb in Toxizitätsäquivalenten (TE) angegeben. Das in Abb. 5.2 dargestellte 2,3,7,8-TetraCDD besitzt die höchste Toxizität (TE 1). Dioxine und Furane sind sehr stabil und durch Organismen in der Umwelt schwer abbaubar (Persistenz, hohe Halbwertszeit).

Bildungsmechanismen
Bei der Verbrennung von organischen Stoffen in Gegenwart organischer und/oder anorganischer Chlorverbindungen bilden sich in geringen Mengen PCDD und PCDF (In den weiteren Erörterungen wird auf PCDF verzichtet und nur noch von PCDD gesprochen.) Das ist darin begründet, dass die Dioxine kinetisch stabile Zwischenprodukte der Oxidation organischer Verbindungen zu den thermodynamisch stabilen Endprodukten CO_2, H_2O und HCl sind. Es sind mehrere Bildungsmechanismen zu berücksichtigen.

1. Bildungsreaktion in Gasphasen bei 800…1.200 °C (Verbrennungsgase): Dabei reagieren aliphatische Kohlenwasserstoffe mit Chlorlieferanten und Restsauerstoff zu aromatischen Organochlorverbindungen und Dioxinen.
2. Bildung auf der Oberfläche von Stäuben in abkühlenden Rauchgasen:
   - De-novo-Synthese im Bereich 250…350 °C aus Rußkohlenstoff, Metallchloriden (Kupfer-, Eisen-, Aluminiumchloride) und Restsauerstoff, wobei die Metallchloride auch als Katalysator wirken.
   - Oberflächenkatalyse aus Chloraromaten mit Cu-Verbindungen als Katalysatoren. Die Chloraromaten bilden sich vorwiegend in Elektrofiltern um 300 °C. Dioxine bilden sich nicht nur an den Stäuben, sondern werden von diesen auch sehr stark adsorbiert.

Aus den skizzierten Bildungsmechanismen sind die Bildungsmöglichkeiten für Dioxine bei thermischen Recyclingprozessen leicht abzuleiten. In erster Linie sind Verbrennungsprozesse von Kunststoffen, Anstrichen, Beschichtungen und Ölen zu nennen; wobei der Kunststoff PVC und Chlorkautschukanstriche als organische Chlorträger eine besonders negative Rolle spielen. Bei Schmelzverfahren von Metallen entstehen immer staubhaltige Abgase, die bei Abkühlung eine De-novo-Synthese ermöglichen. Die in den Abgasreinigungen von Verbrennungs- und Schmelzprozessen abgeschiedenen Flugstäube können deshalb gefährliche Konzentrationen von PCDD infolge Adsorption enthalten.

Maßnahmen zur Dioxinverringerung bei thermischen Prozessen:

A) *Einschränkung der PCDD-Bildung*

1. Vollständige Oxidation der organischen Stoffe und des Rußkohlenstoffs in den Reaktoren durch hohe Temperaturen (> 1.200 °C), O_2-Anreicherung der Verbrennungsluft oder durch eine zusätzliche Nachverbrennungsstufe (Luft, 1.200 °C, Verweilzeit 2 s)
2. Geringe Staubbildung in den Reaktoren
3. Entstaubung oberhalb 400 °C, d. h. vor der Abkühlung in den De-novo-Synthese-Bereich (Heißgasentstaubung mit Zyklonen).
4. Vermeidung einer längeren Verweilzeit im De-novo-Synthese-Bereich von 250…350 °C durch Verzicht auf Elektrofilter und Schnellabkühlung des Abgasstromes durch Eindüsen von Wasser (Quenchen)
5. Einblasen von Inhibitoren (Kalk, Amine)
6. Durchführung thermischer Verfahren in reduzierender Gasphase (CO, H_2, SO_2)
7. Thermische Nachbehandlung dioxinhaltiger Flugstäube und Aschen

B) *PCDD-Entfernung aus Rauchgasen*

1. Adsorption an Aktivkohle/Aktivkoks z. B. durch Filsorption (Eindüsen von Kalkhydrat-Aktivkohle-Mischungen in den Abgasstrom, Filtration mittels Gewebefilter, Verbrennung des abgeschiedenen Staubes)

2. Katalytische Oxidation an SCR-Katalysatoren auf der Gasaustrittsseite
3. Katalytische Oxidation an Edelmetallkatalysatoren (Zusatz von Wasserstoffperoxid)

Eine Nassabscheidung von Dioxinen ist wegen der geringen Wasserlöslichkeit prinzipiell nicht möglich.

Verwertung von Abgasen

Für eine Verwertung kommen praktisch nur Abgase technischer Prozesse in Betracht, da nur diese in größeren Volumina und verwertbaren Konzentrationen anfallen. Bei der Behandlung von Abgasen stand Jahrzehnte fast ausschließlich deren Beseitigung (Vermeidung der Schadwirkungen) im Vordergrund. Ausnahmen bilden das SO_2-Abgas der NE-Metallhütten, das bereits vor über hundert Jahren zur Erzeugung von Schwefelsäure genutzt wurde, und die Verwertung der Hochofengichtgase (CO) als Brennstoff. Am Beispiel der Erzeugung und dem Absatz von Schwefelsäure aus SO_2-Abgasen wird aber auch sehr deutlich, dass für das erzeugte Produkt ein ausreichender Markt in geringen Entfernungen vorhanden sein muss. Das ist bei Schwefelsäure (vor allem für verdünnte Abfall-Schwefelsäuren) oft nicht gegeben. Die Nutzung der in vielen Unternehmen anfallenden verschiedenen Abgase bleibt aber fast immer mit der Minimierung der Schadwirkung (Einhaltung der Emissionsgrenzwerte) eng verbunden und die erzeugten verwertbaren Produkte erbringen auch überwiegend nur einen Deckungsbeitrag zu den Kosten der aus Emissionsgründen erforderlichen Abgasbehandlung. Deshalb verwendet man für diese Verfahren auch nicht den Begriff Recycling, sondern spricht von Abgasbehandlung mit Wertstoffrückgewinnung (z.B. Behandlung von Lösemitteldämpfen mit Lösemittelrückgewinnung). Für die Nutzbarmachung von Abgasen technischer Prozesse kommen vier Verfahren zur Anwendung:

- Absorption in flüssigen Absorptionsmitten und Exsorption
- Adsorption an festen Adsorptionsmitteln und Desorption
- Kondensation
- Direkte Nutzung (CO-Gichtgas)

Literatur

5.1   Schubert, H. (Hrsg.): Handbuch der Mechanischen Verfahrenstechnik, 2 Bände, Verlag. Wiley-VCH 2003, 2008

Recycling von metallischen Werkstoffen und metallhaltigen Abfällen

Die metallischen Werkstoffe sind auf Grund ihrer herausragenden technischen Eigenschaften (mechanische Festigkeit und Elastizität bei hohen und niedrigen Temperaturen, elektrische sowie thermische Leitfähigkeit u. a.) nach Qualitäten und Masse die größte Werkstoffgruppe. Dementsprechend ist der Anfall an nicht mehr verwendungsfähigen metallischen Werkstoffen in Form von Neuschrotten sowie Alt- oder Sammelschrotten und metallhaltigen Altprodukten außerordentlich umfangreich.

Bereits im Vorwort wurde auf die jahrtausendalte Tradition des Recyclings von Altmetallen verwiesen, die aus ihrem geringen Wertverlust am Ende der Nutzungszeit und den z. T. relativ unkomplizierten Recyclingverfahren resultieren. Deshalb kann heute ein bedeutender Anteil des Metallbedarfs weltweit durch Recycling abgedeckt werden. In Deutschland konnten nach Angaben von 2004 (Quelle: Umweltbundesamt) folgende Anteile von recyceltem Metall am Gesamtbedarf erreicht werden:

- über 50%:Pb,
- 30…50%:Al, Cu, Stahl, W, Au, Ag, Pt, Pd,
- 10…30%:Zn, Cr, Co, Mn, Mo, Ni,
- 5…10%:Sn, Ti, Ta.

Die große Anzahl der technisch verwendeten Metalle (die sog. *Gebrauchsmetalle*) und die Vielfalt ihrer Gemische machen es erforderlich, dass für die Ausarbeitung von Recyclingtechnologien grundlegende Kenntnisse über die verschiedenen Werkstoffarten und Werkstoffqualitäten vorhanden sein müssen. Deshalb wird den metallspezifischen Abschnitten immer eine Werkstoffübersicht vorangestellt. Auf Grund sehr verwandter Eigenschaften werden die Metalle zweckmäßig in einige charakteristische Metallgruppen eingeteilt, die auch für das Recycling und sogar das evtl. gemeinsame Recycling von Bedeutung sind.

- Eisen (Fe) und die Eisenlegierungsmetalle (Mn, Si, Cr, Ni, W, Mo, V),
- Nichteisenmetalle (NE-Metalle) (Cu, Ni, Zn, Pb, Sn),

© Springer Fachmedien Wiesbaden 2016
H. Martens, D. Goldmann, *Recyclingtechnik*, DOI 10.1007/978-3-658-02786-5_6

- Leichtmetalle (Al, Mg, Ti),
- Edelmetalle (Ag, Au, Pt, Pd, Ru, Rh, Os, Ir),
- Refraktärmetalle (Cr, W, Mo, V, Nb, Ta, Re),
- Hochtechnologiemetalle (Li, Ga, In, Ge, Se, Te, Si, Sb, As, Bi),
- Seltenerdmetalle (Sc, Y, La, Ce, Pr, Nd, Pm, Sm, Eu, Gd, Tb, Dy, Ho, Erb, Tm, Yb, Lu).

Die überwiegend ähnlichen chemischen und physikalischen Eigenschaften in den Metallgruppen sind deutlich aus dem Periodensystem der Elemente abzulesen (Abb. 6.1).

Die besonderen *physikalischen Eigenschaften* der festen Metalle resultieren aus der metallischen Bindung im Kristallgitter. Besonders charakteristisch ist die *Schmelzbarkeit der Metalle*, die für ihre Herstellung aus den Erzen und ebenso für das Recycling von außerordentlicher Bedeutung ist. Nur wenige hochschmelzende Metalle (Mo, W, Re …) werden nicht schmelzmetallurgisch hergestellt und verarbeitet, sondern durch das Verfahren der Pulvermetallurgie. Für diese Metalle können auch bei den Recyclingprozessen keine Schmelzverfahren eingesetzt werden. Sehr wertvoll ist die Eigenschaft der flüssigen Metalle zur Bildung homogener Mischungen (Lösungen) verschiedener Metallarten in beliebigen nichtstöchiometrischen Mischungsverhältnissen. Diese homogenen Mischungen werden im festen Zustand als *Legierungen* bezeichnet und sind die Grundlage für die große Vielfalt der Werkstofftypen. Die Löslichkeit der geschmolzenen Metalle ineinander führt andererseits dazu, dass sich viele nicht erwünschte Verunreinigungen in den Metallen auflösen und u. U. auch beim Recycling besonders entfernt werden müssen. Die *chemischen Eigenschaften* der Metalle werden durch die positive Ladung der Metallionen (Kationen) charakterisiert, die durch chemische oder elektrochemische Oxidation gebildet werden.

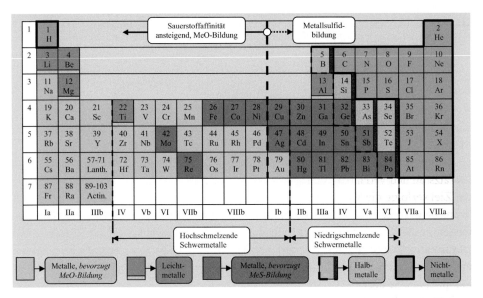

Abb. 6.1 Periodensystem der Elemente mit Angaben zu charakteristischen Metallgruppen und deren Eigenschaften [2.1]

Charakteristisch ist die chemische Reaktion mit anorganischen Säuren unter Bildung von meist wasserlöslichen Salzen und Wasserstoff. Für die Recyclingprozesse ist von großer Bedeutung, dass es sich bei den Metallen um chemische Elemente handelt, die bei üblichen physikalisch-technischen Verfahren bei hohen Temperaturen, unter Druck oder Vakuum sowie bei elektrischen Potentialen (Schmelzen, Verdampfen, Elektrothermie) vollkommen beständig sind. Das ist ein wesentlicher Unterschied zu organisch-chemischen Verbindungen (Kunststoffe, Papier, Öle, Lösemittel), die z. T. schon bei mechanischer Beanspruchung, bei höheren Temperaturen aber immer, Zersetzungserscheinungen aufweisen.

Bei der Herstellung von einigen Werkstoffen und Werkstoffverbindungen ist die schmelzmetallurgische Technik nicht anwendbar oder nicht optimal. Das ist der Fall, wenn beim Schmelzen und Erstarren unbrauchbare Metallstrukturen entstehen (z. B. bei Wolfram-, Molybdän- und Rhenium-Werkstoffen) oder eine ungünstige Vermischung von Werkstoffen stattfindet (z. B. Auflösung von Edelmetall- oder Kupferbeschichtungen in der Schmelzphase der Basiswerkstoffe), letztlich aber auch bei verlustreichen und zeitlich langen Schmelzprozessen (wichtig bei teuren Edelmetallen). Schließlich kann auch das gewünschte Zielprodukt eine Metallverbindung sein (z. B. ein Edelmetallsalz oder ein Nickelsalz für die Galvanik). Unter solchen Bedingungen werden verschiedene chemische Verfahren wie die chemische Auflösung der Metalle oder die thermische Oxidation und die Umwandlung in verkaufsfähige Metallverbindungen angewandt. Diese Verfahren sind vollständig identisch mit den in Abschn. 4.2 behandelten „Chemischen und elektrochemischen Verfahren". Weitere Anwendungsfälle sind in den stoffspezifischen Abschnitten aufgeführt. An dieser Stelle sollte vor allem vermerkt sein, dass alternative Verfahren zur Schmelzmetallurgie verfügbar sind und gegebenenfalls Vorteile bieten können.

6.1   Allgemeine Verfahrenstechniken für das Recycling von Metallen

6.1.1   Schmelzmetallurgische Recyclingtechnik

Nach qualitätsgerechter Sortierung ist der optimale Weg des Metallrecyclings für viele Metalle ein *Schmelzprozess*. Dieser Schmelzprozess ermöglicht primär die intensive Vermischung und Homogenisierung der verschiedenen verträglichen Altmetall-Lose. Je nach Einsatzstoff und Verfahren wird in einem schmelzmetallurgischen Prozess als Grundprinzip das Ziel verfolgt, die Metalle oder Legierungen aus Schrotten oder anderen Einsatzstoffen in einer geschmolzenen Metallphase zu sammeln. Parallel dazu gelingt die Abtrennung störender Bestandteile in einer Schlackenphase bzw. einer Krätzephase und/oder einer Staub/Gasphase, so dass eine gezielte Auftrennung in einem metallurgischen Aggregat in bis zu drei Teilströmen erfolgen kann. Ziel ist es, bestimmte Elemente/Bestandteile möglichst komplett in eine dieser 3 Phasen zu überführen.

Eine einfache *Umschmelztechnik* ist beim Einsatz sauberer und sortenreiner Schrotte möglich und wird häufig für die eigenen Produktionsschrotte (new scrap) in Verarbeitungsbetrieben eingesetzt. Das trifft vor allem für Gussabfälle in Gießereien zu (Gusseisen, Messing, Bronze, Aluminiumguss, Zinkguss, Edelmetalle u. a.) und für Schrotte der Halbzeugwerke. Beim Umschmelzen entstehen neben der homogenen flüssigen Metallphase nur geringe Mengen auf dem Metallbad schwimmende ungeschmolzene Oxide, die von der Oberfläche abgezogen oder „abgekratzt" werden (sog. Krätzen). Für unreinere Produktionsschrotte muss dem Schmelzprozess eine Reinigung der Schmelze (Raffination) nachgeschaltet werden. Das Einschmelzen kann unter besonders günstigen Voraussetzungen bereits mit einer Verfahrensstufe der Metallgewinnung aus Erzen kombiniert werden. Das trifft z. B. für das Stahlrecycling zu, bei dem die Raffination des Roheisens mit dem Einschmelzen von Schrott eine optimale Kombination ergeben kann. Ähnliches gilt für das Recycling von Altblei, bei dem der Schrott mit dem Rohmetall aus Erzkonzentraten vor der Raffination vermischt werden kann. Auch in die primäre Kupfergewinnung ist Kupferschrott günstig einzuschleusen. Relativ sauberer, unlegierter Kupfer-Schrott wird dabei direkt in die Raffinationsöfen eingetragen, während unreinere und Legierungsschrotte zunächst einem separatem Aufschmelzen in besonderen Altmetallschmelzapparaten unterworfen werden müssen. Eine solche Kombination von Recyclingprozess und Primärmetallgewinnung hat erhebliche wirtschaftliche Vorteile und erzeugt eine einheitliche Metallqualität.

Für eine Reihe von Metallschrotten (Stahl, Aluminium, Kupfer, Blei u. a.) existieren außerdem spezifisch ausgelegte und optimierte schmelzmetallurgische Prozesse die in reinen Sekundärhütten umgesetzt sind.

Für die separaten Recyclingprozesse und ebenso für die oben beschriebenen Kombinationsprozesse muss die Zusammenstellung der einzuschmelzenden Schrotte derart erfolgen, dass aus den Schmelzen anschließend mit dem geringsten Aufwand qualitätsgerechte Werkstoffzusammensetzungen (Legierungen) gewonnen werden können. Das heißt, nach Möglichkeit wird der Aufwand für eine Abtrennung von beigemengten Legierungsmetallen vermieden, wenn die Hauptkomponente mit diesen einen marktfähigen Werkstoff ergibt. Ist das nicht möglich, dann muss die Schmelze einem Trennprozess zur Abtrennung unerwünschter Legierungsmetalle unterzogen werden. In jedem Fall ist die Schmelze von den verschiedensten Verunreinigungen zu befreien.

Bei Schmelzprozessen von reinen Einsatzstoffen, aus denen Verunreinigungen nicht über Schlackephasen (siehe unten) ausgetrieben werden müssen, findet an der Badoberfläche durch die erhöhte Temperatur immer eine Reaktion mit der Gasatmosphäre des Schmelzofens statt. Dabei entstehen Metalloxide, die als schwerschmelzbare Krätzen auf der Badoberfläche schwimmen. Primäre Krätzen formieren sich auch aus den verschiedensten ungeschmolzenen Verunreinigungen der Schrotte (Schutt, Keramik) und aus den Oxidhäuten, die auf allen festen Metallen vorzufinden sind. Unter Krätzen versteht man also ganz allgemein ungeschmolzene Massen, die auf Grund geringerer Dichte auf einer Metallschmelze schwimmen. Sie werden mechanisch mittels Kratzen aus Holz oder Stahl von der Schmelze abgezogen. Die krümeligen bis pulverförmigen Krätzen enthalten nach dem Abziehen fast immer erhebliche Anteile an erstarrter Metallschmelze und müssen durch besondere Prozesse verarbeitet werden.

Bei stark verunreinigten Schrotten (Sammelschrotte), bei Mischschrotten und vor allem beim Einschmelzen von Bauteilen ist mit größeren Massen an Oxiden zu rechnen. Die bereits vorhandenen oder neu entstehenden Oxide müssen dann in einer flüssigen Schlacke gesammelt werden. Zu diesem Zweck werden dem Schmelzprozess Schlackenbildner (Sand, Kalk, Eisenoxid) oder die eigene Schlacke (sogenannte Rückschlacke) zugesetzt. Die flüssige Schlacke ist in der Metallschmelze unlöslich und bildet eine eigene Schmelzphase, die infolge ihrer geringeren Dichte auf der Metallschmelze schwimmt. Sie ist deshalb unkompliziert von der Metallschmelze zu separieren (ausführliche Erläuterungen zu Schlacken und deren Zusammensetzung siehe Abschn. 6.1.1.2). Die Bildung von Metalloxiden durch die Einwirkung der oxidierenden Gasatmosphäre in den Schmelzöfen wird durch die jeweiligen Sauerstoffaffinitäten der Metalle bestimmt (siehe dazu Abschn. 6.1.1.1 und Abb. 6.2). Hohe Sauerstoffaffinitäten besitzen z. B. Ca und Mg und auch die wertvollen Metalle Li und die Seltenerdmetalle (Ce, La, Y, Nd usw.), die deshalb bei Schmelzprozessen meist verschlackt werden.

Die Metallschmelze kann beim Schmelzprozess neben Sauerstoff auch Stickstoff und andere Gase aus den Verbrennungsprozessen aufnehmen. Die Teiloxidation von Metallschmelzen und die Gaslöslichkeit sind starke Motivationen für ein Schmelzen unter kontrollierter Gasatmosphäre durch Anwendung einer indirekten Beheizung (Induktionsöfen), einer Schutzgasatmosphäre oder Vakuum. Als Endreinigung muss häufig eine Entgasung durchgeführt werden.

Die *Konstruktion und Arbeitsweise der Schmelzöfen* müssen den notwendigen *Schmelztemperaturen* und Arbeitstemperaturen sowie den erforderlichen oxidierenden oder reduzierenden Reaktionsbedingungen angepasst sein. Einen Überblick über die Schmelztemperaturen der wichtigsten Metalle und Legierungen gibt Tab. 6.1. Die für den Schmelzprozess erforderlichen höheren Temperaturen werden heute durch direkte Beheizung mit Koks, Brenngasen, Heizöl oder elektrothermisch realisiert. Auch indirekte Beheizungen durch elektrische Widerstandsbeheizung, induktive Erhitzung oder nach dem Muffelprinzip sind in Anwendung. Es existiert eine vielfältige Schmelzofentechnik, die sehr stoffspezifisch konstruiert und angewendet werden muss und deshalb zweckmäßig in den einzelnen Metallabschnitten vorgestellt wird.

Tab. 6.1 Schmelztemperaturen von metallischen Werkstoffen und wichtige Siedepunkte

Werkstoff	Schmelztemperatur (°C)	Siedepunkt (°C)
Wolfram	3.380[a]	
Tantal	2.996[b]	
Molybdän	2.620[a]	
Niob	2.470	

[a]Pulvermetallurgische Verarbeitung
[b]Schmelzmetallurgische und pulvermetallurgische Verarbeitung

Tab. 6.1 (*Fortsetzung*)

Werkstoff	Schmelztemperatur (°C)	Siedepunkt (°C)
Platin	1.770	
Titan	1.668	
Stahl	1.300…1.520	
Cobalt	1.492	
Nickel	1.458	
Nickellegierungen	1.260…1.440	
Gusseisen	1.100…1.360	
Kupfer	1.083	
Gold	1.063	
Bronze (Cu-Sn-Legier.)	880…1.040	
Messing (Cu-Zn-Leg.)	880…1.020	
Silber	961	
Aluminium	660	
Magnesium	650	1.090
Al-Si-Gusslegierungen	570…580	
Zink	420	907
Zinklegierungen	380…420	
Blei	327	1.750
Cadmium	321	765
Zinn	232	
Quecksilber	−39	357

[a]Pulvermetallurgische Verarbeitung
[b]Schmelzmetallurgische und pulvermetallurgische Verarbeitung

Verunreinigungen der Schrotte durch Öle, Fette, brennbare Stoffe, Sprengstoffe, Wasser, Feuchtigkeit und allgemeine Gefahrstoffe

Bei allen Schmelzoperationen oder anderen Erwärmungsprozessen (Schrottvorwärmung) gehen von den eingangs erwähnten Stoffen erhebliche Gefährdungen aus, da diese zu schlagartiger Verdampfung, Verbrennung, Explosion, Bildung explosiver Gasgemische und Verpuffung führen oder als Gefahrstoffe in die Abgase übergehen können. Öle und Fette in gefährlichen Mengen befinden sich auf den großen Oberflächen von Metallspänen und besonders von Schleifschlämmen. Schleifschlämme sind deshalb ohne vollständige Entölung nicht verwendbar. Auch nach der Entölung sind die dann trockenen Schleifpulver auf Grund der hohen spezifischen Oberfläche als gefährliche Stoffe (pyrophores Pulver) einzuordnen, da diese bei Erhitzung explosionsartig abbrennen (oxidieren). Sie können erst nach einer Kompaktierung eingeschmolzen werden. Ähnliches Verhalten ist von wolligen Metallspänen zu befürchten (siehe Abschn. 3.5 „Kompaktieren"). Wasser – besonders verstecktes Wasser in Hohlräumen – und Feuchtigkeit führen besonders bei schneller Erhitzung und vor allem beim Nachsetzen von Schrotten in bereits vorhandene Schmelzen zur explosionsartigen Freisetzung von Wasserdampf sowie zum Auswurf von Schmelze oder auch zur Wasserzersetzung (Bildung von Wasserstoff!). Besondere Gefährdung geht von diesen Stoffen aus, wenn diese sich in Hohlkörpern oder in geschlossenen Gefäßen befinden. Deshalb sind Metallflaschen, auch solche mit Luftfüllung nicht einsatzfähig und müssen vor dem Eintragen zerkleinert werden. Von Schuttanteilen (Bauschutt, Beton u. a.) geht in den Schmelzöfen im Prinzip keine Gefahr aus, aber sie verringern den Metallgehalt. Außerdem erhöhen sie die Mengen an Schlacken und Krätzen und damit die Metallverluste sowie den Energiebedarf.

Physikalische Anforderungen an die Einsatzschrotte
Die Schmelzverfahren zur Schrottverarbeitung stellen nicht nur an die Verunreinigungen, Beimengungen und Gefahrstoffe bestimmte Forderungen, sondern auch Anforderungen an die Größe und Struktur der Schrottteile. Diese Schrottteile müssen problemlos in die Schmelzöfen einbringbar sein (Chargierfähigkeit). Das heißt es wird eine dem Schmelzofen, der Eintragsöffnung und dem Chargierapparat (Korb mit Bodenöffnung, Löffel, Rutsche u. a.) angepasste Größe (Abmessungen) gefordert. Durch eine notwendige Zerkleinerung werden außerdem Hohlkörper, Flaschen u. ä. zerstört und Inhaltsstoffe freigesetzt. Ebenso ist ein höheres Schüttgewicht erwünscht (Kompaktierung, Blechpakete). Die genannten Anforderungen an die Schrotte sind von den Schmelzbetrieben in Schrottsortenlisten festgehalten (z. B. Europäische Stahlschrottsortenliste).

6.1.1.1   Reinigung von Metallschmelzen
Eine Reinigung der Schmelzen (Raffination) ist bei hohen Verunreinigungsgehalten der Schrotte oder bei der Notwendigkeit einer Abtrennung von enthaltenen Legierungs-Komponenten erforderlich.

Physikalische Raffinationsverfahren für Metallschmelzen
Es stehen Verfahren der Verdampfung und der Destillation zur Verfügung. Dafür eignen sich auf den ersten Blick nur die Metalle mit beherrschbaren Siedetemperaturen. Das sind nach Tab. 6.1 die Metalle Cadmium und Zink. Der entscheidende Parameter ist aber der Dampfdruck der abzutrennenden Komponente im Verhältnis zum möglichst geringen Dampfdruck des Hauptmetalls. Die Dampfdrücke aller Stoffe können zunächst durch Steigerung der Arbeitstemperatur erheblich erhöht werden. Aber auch bei hohen Temperaturen erreichen die Dampfdrücke selten Atmosphärendruck. Deshalb wird Vakuumtechnik eingesetzt, um bei wesentlich niedrigeren Temperaturen im Vakuumapparat einen Druck zu erzeugen, der dem Dampfdruck der abzutrennenden Komponente entspricht und so deren

Verdampfung aus der Legierung gestattet. Das Zink kann z. B. durch Vakuumentzinkung aus Bleischmelzen abgetrennt und gewonnen werden. Die Trennung von Blei, Zink und Cadmium kann durch Rektifikation (d. h. mehrfache fraktionierte Destillation und Kondensation) erreicht werden, was sich vor allem für verunreinigte Zink-Schrotte bewährt hat. Die theoretischen Grundlagen der Destillation sind in Abschn. 4.1.2 näher erläutert. Neben der direkten Verdampfung unter Normaldruck oder im Vakuum sowie der Destillation existiert ein weiteres Verfahren der Verdampfung von Komponenten durch Anwendung eines durchgeleiteten oder übergeleiteten Gasstromes (sogenannte Trägergasverdampfung oder Schleppgasverdampfung). Die theoretische Grundlage dieses sog. *Verflüchtigungsverfahrens* ist folgende: In einer ruhenden Gasphase über einer Legierung (oder allgemeiner einer kondensierten Mischphase) stellen sich die Dampfdrücke der Komponenten der Mischphase ein. Der Dampfdruck (p_k) einer Komponente in der Gasphase entspricht bei einem bestimmten Volumen V_m der ruhenden Gasphase einer bestimmtem Stoffmenge (Molzahl n_k) der ausgedampften Komponente in der Gasphase nach der allgemeinen Gasgleichung ($p_k \cdot V_m = n_k \cdot RT$). Dabei existiert ein temperaturabhängiger Gleichgewichtszustand zwischen dem Dampfdruck (p_k) der Komponente und der Konzentration (Aktivität) dieser Komponente in der kondensierten Mischphase. Die Gasphase ist in diesem Gleichgewichtszustand an Dampf der Komponente gesättigt. Wenn nun durch die Verfahrenstechnik die ruhende, dampfgesättigte Gasphase ständig durch neue Gasphase ersetzt wird, dann muss immer wieder aus der Mischphase die Komponente ausdampfen. Auf diese Weise wird durch einen überströmenden oder durchgeleiteten Gasstrom bei einem höheren Dampfdruck einer Komponente (aber bei Temperaturen weit unter dem Siedepunkt der Komponente) diese Komponente mit diesem Trägergasstrom (V_{gas}) abgeführt (verflüchtigt). Dafür gilt dann wieder auf Grund der allgemeinen Gasgleichung für ein 2-Komponentensystem die folgende Beziehung für die verflüchtigte Stoffmenge:

$$n_k = p_k(n_k + n_{gas})/p$$

n_{gas} = Molzahl des Gasstromes
p = Gasgesamtdruck

Chemische Raffinationsverfahren für Metallschmelzen

Für die Mehrzahl der Schrottschmelzen sind chemische Reinigungsprozesse unverzichtbar. Dabei wird vorwiegend die selektive Oxidation der Verunreinigungen und die Überführung der erzeugten Verunreinigungsoxide in eine Schlackenphase bzw. eine Krätze angewendet oder ein Austrag mit der Gas/Staubphase erreicht. Die selektive Oxidation erfolgt durch das Einblasen oder Aufblasen von Luft oder Sauerstoff in oder auf die Schrottschmelze. Die thermodynamische Grundlage der selektiven Oxidation ist eine höhere Sauerstoffaffinität der Verunreinigungsmetalle (ausgedrückt durch einen stärker negativen Wert der freien Bildungsenthalpie ΔG^0) gegenüber derjenigen des Hauptmetalls. In Abb. 6.2 sind die freien Bildungsenthalpien von Oxidationsreaktionen wichtiger Metalle in ihrer Temperaturabhängigkeit angeführt. Die Vergleichbarkeit der Werte wird durch den Bezug auf jeweils ein Mol O_2 erreicht. Dadurch entstehen z. T. gebrochene Molzahlen für die Oxide (z. B. 2/3 Al_2O_3).

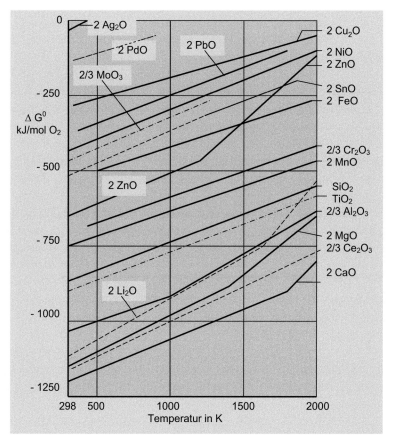

Abb. 6.2 *Richardson-Ellingham* Diagramm. Freie Bildungsenthalpie (ΔG^0 in kJ/mol O_2) für die Oxidationsreaktionen von Metallen nach Werten von Barin (vereinfacht) [2.1, 6.1]. Für die Seltenerdmetalle La, Nd und Y liegen die $\Delta G°$-Werte der Oxidationsreaktionen sehr nahe bei dem Wert für Ce [2.2]

Die Werte in Abb. 6.2 gelten für reine Metalle. Unter praktischen Bedingungen aber beträgt die Konzentration der im Hauptmetall gelösten Verunreinigungen meist nur einige Prozent und nur die Aktivität des Hauptmetalls ist etwa = 1. Dadurch verschieben sich die Verhältnisse gegenüber dem angegebenen Diagramm. Bei der Raffination durch selektive Oxidation erfolgt parallel, wegen des großen Überschusses des Hauptmetalls, auch eine gewisse Oxidation desselben. Dieses Hauptmetalloxid wirkt direkt in der Schmelze ebenfalls als Oxidationsmittel auf die metallischen Verunreinigungen. Beim Beispiel der selektiven Oxidation von Verunreinigungen in Kupfer-Schmelzen wird also auch das Cu_2O gebildet ($4\,Cu + O_2 \rightarrow 2\,Cu_2O$). Durch eine Austauschreaktion oxidiert das im Kupfer-Metall z. T. lösliche Cu_2O die gelöste Verunreinigung Fe zu FeO, das in die Schlackenphase übergeht ($Cu_2O + Fe \rightarrow FeO + 2\,Cu$). Dabei wird das metallische Kupfer wieder zurückgebildet. Aus dem Diagramm kann man für die technische Anwendung der selektiven Oxidation grundlegende Zusammenhänge ableiten.

Die in Abb. 6.2 angeführten Bildungsenthalpien für Oxidationsreaktionen sind auch bei reinen Umschmelzprozessen für die Einschätzung der Entstehung der Oxidkrätzen von großer Bedeutung.

Beispiel 1: Selektive Oxidation von Verunreinigungen in Kupfer-Schmelzen. Das Cu hat im Vergleich zu anderen Metallen einen hohen ΔG^0-Wert (d. h. eine geringe Sauerstoffaffinität) und deshalb können die im Kupfer gelösten Verunreinigungsmetalle Fe, Pb, Zn und Al mit niedrigerem ΔG^0-Wert selektiv oxidiert und verschlackt werden. Dagegen liegt der Wert für Ni sehr nahe bei Cu und ist deshalb nur parallel mit gleichzeitig hoher anteiliger Cu_2O-Bildung zu oxidieren, was technisch und wirtschaftlich offensichtlich nicht zweckmäßig ist.

Beispiel 2: Selektive Oxidation von Eisenschmelzen. Die Sauerstoffaffinität des Fe ist höher als die von Cu, Ni und Sn, d. h., diese Verunreinigungen sind bei der Raffination von Stahlschmelzen durch selektive Oxidation nicht zu entfernen. Das ist gerade für das Stahlrecycling von außerordentlicher Bedeutung, da nur über Eisen-Schrotte kupfer-, nickel- und zinnhaltige Werkstoffe in die Stahlgewinnung eingeschleppt werden. Die primären Eisenrohstoffe (Eisenerze) enthalten praktisch kein Kupfer, Nickel oder Zinn. Aus diesem Grund sind die Maximalgehalte an den genannten Elementen im einsetzbaren Stahlschrott limitiert (siehe Abschn. 6.2).

Mit Hilfe der Graphen in Abb. 6.2 erhält man die Möglichkeit einer ersten Einschätzung der selektiven Oxidation gerade für die häufig wechselnden Verunreinigungen in Schrotten. Die oben angesprochene parallele Teiloxidation der Hauptmetalle zwingt nach Abschluss der Oxidationsperiode zu der zusätzlichen Prozessstufe der Desoxidation, um den erforderlichen niedrigen Oxidgehalt (ausgedrückt als Sauerstoffgehalt) im raffinierten Metall zu garantieren. Die Desoxidation der Metallschmelze muss mit geeigneten Reduktionsmitteln erfolgen. Das sind bei Kupfer-Schmelzen Holzkohle und bei Stahlschmelzen sauerstoffaffinere Metalle (Aluminium, Mangan, Silizium), die z. T. gleichzeitig als Legierungskomponenten dienen. Die anfallenden Oxide bilden eine Schlacke.

6.1.1.2 Bildung und Funktion von Schlacken

Schlacken sind ein typisches Nebenprodukt von Hochtemperaturprozessen (Schmelzen und Verbrennen), das einer näheren Betrachtung bedarf [2.1]. Hierbei ist zunächst zwischen der flüssigen (geschmolzenen) Schlacke und der festen Schlacke zu unterscheiden. Die *flüssige Schlacke* ist eine weitgehend homogene Schmelze von freien und gebundenen Oxiden, die in der Metallschmelze unlöslich ist und deshalb eine getrennte Schmelzphase ausbildet. Infolge der fast immer geringeren Dichte der flüssigen Schlacken ($2,5\ldots4,0\,g/cm^3$) – gegenüber den Dichten von Metallschmelzen – sammeln sich die flüssigen Schlacken in der Regel auf der Oberfläche eines Metallbades an und werden vorwiegend im flüssigen Zustand von der Metallschmelze separiert. Eine der wenigen Ausnahmen, bei denen Schlackenkomponenten schwerer sind als die Metallschmelze, bildet die Magnesium-Metallurgie. Abweichend von dieser allgemeinen Darstellung werden in bestimmten Prozessen auch

Sauerstofffreie Schlackensysteme eingesetzt, so etwa Alkali-Halogenid-basierte Schlacken (Salzschlacken) in der Sekundär-Aluminium-Metallurgie (Abschn. 6.3.2). Eine spezielle Schlacke ist auch die NaOH-Schlacke der Bleiraffination (Abschn. 6.5.2.4).

Als wesentliche *schlackenbildende Oxide* sind SiO_2, CaO, FeO und Al_2O_3 zu nennen. Diese Oxide bilden sich aus den stark sauerstoffaffinen Elementen Si, Ca und Al durch die oben beschriebene selektive Oxidation, wenn diese in der Schrottschmelze vorliegen oder als Desoxidationsmittel zugegeben werden. Außerdem setzt man dem Schmelzprozess Sand (SiO_2) und Kalkstein ($CaCO_3$) oder sog. Rückschlacke als Zuschläge zu, um immer eine Schlackenphase für die Auflösung der gebildeten Oxide zu gewährleisten. Die Struktur der flüssigen Schlacke wird heute ausschließlich auf Basis der Ionentheorie diskutiert. Diese Theorie betrachtet die flüssige Schlacke als eine Lösung, die vorwiegend aus Ionen (Fe^{2+}, Ca^{2+}, SiO_4^{4-}, AlO_3^{3-}) besteht. Daneben wird die Existenz von Oxiden und deren Verbindungen angenommen. Die schlackenbildenden Oxide werden nach ihren chemischen Eigenschaften bei hohen Temperaturen in basische (CaO, MgO, FeO), saure (SiO_2, P_2O_5) und amphotere (Al_2O_3) Komponenten eingeteilt. Entsprechend erfolgt nach den jeweiligen Mengenanteilen eine Zuordnung zu basischen und sauren Schlacken. Die Begrifflichkeiten *sauer*, *basisch* oder *amphoter* haben in diesem Zusammenhang nichts mit der chemischen Definition dieser Begriffe zu tun. In der Metallurgie, wie auch in den Geowissenschaften bei der Beschreibung von Magmen, werden die Begriffe in einem anderen Kontext verwendet. Grundsätzlich sind saure Schlacken oder Magmen in einem bestimmten Temperaturbereich zähflüssiger als basische Schlacken. Saure Schlacken bergen für den Metallurgen immer das Risiko eines schlechteren Fließverhaltens und damit ungünstigerer Bedingungen bei der Trennung der Schmelzen von Metall und Schlacke.

Die Schmelzpunkte der Schlacken sind infolge der Bildung binärer und ternärer Eutektika wesentlich niedriger als die Schmelztemperaturen der genannten reinen Oxide. Aus technischen und ökonomischen Gründen sind möglichst niedrige Schlackenschmelzpunkte erwünscht ($1.100\ldots1.400\,°C$), die durch geeignete Zusammensetzung erreicht werden. Dazu ist die Kenntnis der zwei wichtigsten ternären Phasendiagramme CaO–FeO–SiO_2 und CaO–Al_2O_3–SiO_2 erforderlich. Eine wesentliche Eigenschaft der Schlacken ist deren Lösevermögen für andere Oxide. Daraus resultiert die metallurgische Funktion der Schlacke als Sammelbecken für die oxidierten Verunreinigungen (z. B. ZnO, SnO, PbO, FeO). Da bei dem selektiven Oxidationsprozess auch Teile des Hauptmetalls oxidiert werden, ist die Auflösung dieser Hauptmetalloxide (z. B. Cu_2O, NiO, PbO, SnO) in der Schlacke in geringem Umfang (und FeO in stärkerem Maße) nicht vermeidbar, was zu einigen Verlusten führt. In manchen Fällen muss eine zusätzliche Schlackenbehandlung zur Rückgewinnung dieser Wertmetalloxide durchgeführt werden. Die Oxide bzw. Silikate der keramischen Ausmauerung der Schmelzöfen sind der Lösewirkung der Schlacke ebenfalls unterworfen. Deshalb ist die Art der keramischen Ausmauerung (basische oder saure Feuerfeststeine) dem eingesetzten Schlackentyp unbedingt anzupassen.

Typische *Schlackenzusammensetzungen* lassen sich für einige Prozesse angeben: Beim Stahlschmelzen aus Eisenschrotten werden Calciumsilikatschlacken mit z. B. 48 % CaO, 15…20 % SiO_2, 10…14 % FeO, 5…10 % MnO verwendet. Beim Schmelzen von NE-

Metallen kann mit den niedriger schmelzenden Eisensilikatschlacken mit z. B. 30…50 % SiO_2, 35…50 % FeO, 4…15 % CaO, 4…15 % Al_2O_3 gearbeitet werden. Die Zusammensetzung von Schlacken wird auf Grund ihres oben erläuterten Aufbaus immer als Mischung von Oxiden angegeben. Eine Ausnahme bilden die Sauerstofffreien Salzschlacken der Sekundär-Aluminium-Metallurgie. Diese Salzschlacken besitzen nur ganz spezifische Bedeutung und werden bei den jeweiligen Prozessen näher erläutert.

Aus den flüssigen Schlacken entstehen beim Abkühlen die *festen Schlacken*, die beim sauren Schlackentyp, bedingt durch die Zähigkeit bei kurzen Abkühlungszeiträumen, eine glasige bis mikrokristalline Struktur aufweisen. Dagegen erfolgt bei der Erstarrung basischer Schlacken eine partielle Kristallisation (Verstärkung durch Tempern) zu bekannten Mineralien (Calciumsilikate, Eisensilikate, Spinelle etc.). In diesen sind auch einige Schwermetalloxide (ZnO, Cu_2O, PbO, NiO) vollständig als unlösliche Silikate gebunden, wenn die Separierung von der Metallschmelze sorgfältig durchgeführt wurde. Die kristallinen Schlacken sind deshalb häufig wie natürliche Gesteine als Baustoffe einsetzbar. Die Eignung als Baustoff wird immer durch spezielle Prüfmethoden (Elutionstest, hydrolytische Klasse u. a.) getestet und erst dann freigegeben. Um das unbegründet schlechte ökologische Image von Schlacken aus Produktionsprozessen zu vermeiden, bezeichnet eine Kupferhütte seine Endschlacken z. B. als Eisensilikatgestein. Aus den Beschreibungen geht eindeutig hervor, dass die bei verschiedenen Hochtemperaturprozessen anfallenden Oxidgemische nur dann als Schlacken bezeichnet werden sollten, wenn sie durch ein Aufschmelzen zu einer homogenen Masse mit evtl. Reaktion der Komponenten erhalten wurden.

Leider wird der Begriff Schlacken aber immer wieder für ungeschmolzene oder nur gesinterte oder teilgeschmolzene und dadurch inhomogene Oxidgemische verwendet, die bei den verschiedenen Verbrennungsprozessen entstehen (siehe auch Abschn. 5.1 und Kap. 10). Unaufgeschmolzene Komponenten in Verbrennungsrückstanden sollten als *Aschen* bezeichnet und damit ihr unvollständig geschmolzener und inhomogener Zustand charakterisiert werden. Das ist keine Wortklauberei sondern vor allem für die Deponieklasse oder Nachnutzung der Aschen entscheidend, weil diese Aschen immer erhebliche Anteile ungebundener, leichter löslicher Stoffe enthalten können und sich dadurch gravierend von den homogenen Schlacken unterscheiden (Kap. 10).

6.1.1.3   Abgase und Flugstäube

Bei allen schmelzmetallurgischen Prozessen entstehen zwangsläufig Abgase und Flugstäube, die aus Gründen des Umweltschutzes, des Energieinhaltes und evtl. wegen ihrer Wertstoffinhalte eine Abgasbehandlung bzw. Staubabscheidung erfordern. Dieses Thema wurde bereits in Kap. 5 in Zusammenhang mit den analogen Abgas- und Staubproblemen von Hochtemperaturprozessen ausführlich behandelt. An dieser Stelle sei daher nochmals auf diese Ausführungen verwiesen. Wie ebenfalls weiter vorne ausgeführt, kann die Abgas- und Flugstaubableitung in schmelzmetallurgischen Prozessen auch gezielt so eingestellt werden, dass bestimmte Elemente aus Metallschmelze und Schlacke austreibbar sind. Beim Recycling von Batterien oder Elektronikschrottkomponenten (siehe auch Kap. 13 und 14) können in schmelzmetallurgischen Prozessen etwa Elemente wie Quecksilber, Cadmium, Brom, Chlor oder Fluor gezielt in die Gas/Staubphase überführt und dort abgefangen sowie gegebenenfalls wieder aufkonzentriert und nutzbar gemacht werden.

Einige dieser Verfahren werden in den stoffspezifischen Abschnitten näher beschrieben. Zur Abgasreinigung bei der energetischen Verwertung von Abfällen finden sich Erläuterungen in Abschn. 15.2 einschließlich ausführlicher Angaben zu kompletten Abgasreinigungssystemen.

6.1.2 Verwertung von metallhaltigen Abfällen und Lösungen

Die bisher abgehandelten Recyclingverfahren bezogen sich im Wesentlichen auf metallische Schrotte, also solche Materialien, in denen Wertstoffe tatsächlich elementar oder als Legierung vorliegen und ganz überwiegend wieder in metallischer Form ausgebracht werden. In wesentlich geringerem Umfang fallen aber auch verschiedene Metallverbindungen in festen Abfällen der Produktion und in Altprodukten an. Derartige Metallverbindungen in konzentrierter oder verdünnter Form werden als *metallhaltige Abfälle* bezeichnet. Diese können ebenfalls durch Recyclingverfahren verwertet werden, wenn der Gehalt und der Preis des Metalls sowie die erforderlichen Verfahrensaufwendungen eine Aufarbeitung erlauben oder diese aus Gründen der Vermeidung von Umweltbelastungen (Beseitigung) angezeigt ist. Im Falle von Edelmetallsalzen können solche Abfälle sehr hochwertig sein, während Abfälle mit Gehalten an Eisen- oder Aluminiumverbindungen nur sehr selten ein kostendeckendes Verwertungsverfahren erlauben. Infolge der sehr unterschiedlichen chemischen Eigenschaften der Metallverbindungen und der verschiedenen Anfallarten (Krätzen, Schlacken, Flugstäube, Oxidpulver, Salze, Schlämme u. a.) sind keine allgemeingültigen Aufarbeitungsmethoden anzugeben. In einigen Fällen können diese Metallverbindungen ohne Probleme gemeinsam mit den Altmetallen verarbeitet werden (z. B. beim Kupfer- und Bleirecycling), während andere metallhaltige Abfälle eine spezielle Technologie erfordern wie z. B. das Zinkrecycling aus Stahlwerksstäuben. Bei den metallhaltigen Abfällen mit Gehalten an Edelmetallen und NE-Metallen ist das Verwertungsprodukt häufig das entsprechende Metall und selten eine Metallverbindung. Dagegen sind Abfälle aus Eisen- und Aluminiumverbindungen fast ausschließlich nur in Form von Metallverbindungen verwertbar.

Neben den festen (oder schlammförmigen) metallhaltigen Abfällen entstehen bei den Produktionsprozessen und vor allem bei den Weiterverarbeitungsprozessen eine Vielzahl *metallhaltiger Lösungen*. Diese resultieren überwiegend aus Verfahren der Oberflächenbehandlung von Metallen (Beizprozesse und Beschichtungsprozesse). Die Behandlung solcher Lösungen ist aus Umweltschutzgründen unbedingt erforderlich, oft aber sind auch die Restwerte erheblich (z. B. Edelmetall-Lösungen oder Kupferlösungen) und gestatten ein gewinnbringendes Recycling. Die allgemeinen *Verwertungsverfahren für metallhaltige Abfälle und Lösungen* sind in Abschn. 4.2 bereits als Prinzip vorgestellt. Die konkrete Behandlung erfolgt in den stoffspezifischen Abschnitten.

6.1.3   Metallpreise und Schrottpreise

Die Wirtschaftlichkeit des Metall-Recyclings wird selbstverständlich primär von den Aufwendungen für das Recyclingverfahren, von der Qualität des erzeugten Produktes und den beim Recycling auftretenden Metallverlusten bestimmt. Daneben sind die aktuellen und häufig sehr stark schwankenden Metallpreise auf den internationalen Metallmärkten (Notierungen an der *London Metal Exchange*, LME) und die davon weitgehend abhängigen Schrottpreise von großer Bedeutung. Die Schrotte werden infolge ihres hohen Materialwertes wie *Produkte am Markt* gehandelt. Entsprechend existieren ganz konkrete marktübliche Schrottqualitäten wie z. B. Aluminium-Gussschrott, Kupferdraht, Stahlschrottsorten usw. Eine Auswahl von Metallpreisen und Schrottpreisen sowie deren Schwankungen sind in der Tab. 6.2 zusammengestellt. Damit soll dem Leser ein grob orientierendes Zahlenmaterial für die Einschätzung der unterschiedlichen Metallwerte, die möglichen Recyclingaufwendungen, die Bedeutung von Metallverlusten im Recyclingprozess, die Zinsaufwendungen sowie die möglichen Erlöse zur Verfügung gestellt werden.

Die genaue Kenntnis der sehr unterschiedlichen Metallpreise ermöglicht den Unternehmen der Schrottaufbereitung und den Schmelzhütten die Auswahl von Prozessvarianten unter dem Gesichtspunkt eines optimalen Ausbringens vor allem der hochwertigen Metalle (z. B. Ni, Sn, Cu, Edelmetalle). Die Tab. 6.2 zeigt deutlich die Steigerung der Metallproduktion im 21. Jahrhundert und andererseits den Verfall der Metallpreise in der Wirtschaftskrise 2008/2009. Neben Wirtschaftskrisen sind seit Jahren auch Spekulationen mit Sekundärrohstoffen, Handelsbeschränkungen, Subventionen etc. für erhebliche Schwankungen der Metallpreise und damit verbunden der Ankaufpreise für Schrotte verantwortlich. Insofern erhält neben den rein prozesstechnischen Kosten der Handelsaspekt bei der Entscheidung über geeignete Zeiträume für Ankauf von Vorstoffen, Lagerhaltung und Verkauf von Produkten eine große Bedeutung.

6.2   Recycling von Eisenwerkstoffen und eisenhaltigen Abfällen

6.2.1   Zusammensetzung der häufigsten Eisenwerkstoffe

Die Zusammensetzung der in den verschiedenen Schrotten vorlaufenden Eisenwerkstoffe mit ihren unterschiedlichen Legierungselementen [6.2, 6.3] ist sowohl für das zu wählende Recyclingverfahren als auch für das optimale Recyclingprodukt von großer Bedeutung. Einige Legierungselemente wie Ni und Cr können außerdem den Schrottpreis wesentlich erhöhen (Tab. 6.2), während andere wegen ihrer Schädlichkeit in bestimmten Prozessen (z. B. Sn, Cu) limitiert werden müssen. Deshalb müssen einleitend zunächst die häufigsten Eisenwerkstoffe aufgeführt werden. Bei den Eisenwerkstoffen sind die zwei Hauptgruppen Stahl und Gusseisen zu unterscheiden.

Tab. 6.2 Metallproduktion (inkl. Anteil aus Schrott), Metallpreise und Schrottpreise von ausgewählten metallischen Werkstoffen (gerundete Zahlen nach Metal Statistics, Vol. 101 (2014), World of metallurgy – Erzmetall (2014), Wirtschaftsvereinigung Stahl)

	Weltproduktion			Metallpreise			Schrott-preise
	2001	2013	aus Schrott	2008 Max.	2009 Min.	2014 Durch-schn.	2014
	in 10^6 t		%	in € / t			in € / t
Stahl	850	1.607	44		370	443	250
	in 10^3 t		%	in USD / t			in € / t
Al	24.200	47.600	41…46	3.100	1.400	1.800	800…1.300
Cu	11.800	14.800	50…56	8.400	3.200	7.000	4.400
Zn	9.200	13.100	25	2.500	1.190	2.000	1.000
Pb	3.700	7.800	50…80	3.000	1.130	2.000	1.200
Ni	1.150	2.000	k.A.	31.200	11.160	16.000	
Mg	470	950	k.A.	5.800	2.670	2.600	
Sn	250	350	8…12	24.100	11.300	22.000	
	in t			in USD / troy ounce			
Au	2.550	2.800		971	858	1.300	
Pt	180	187		2.050	953	1.400	

- *Stahl ist ein Werkstoff aus überwiegend Eisen mit i. allg. < 2 % C und Legierungselementen.*
- *Gusseisen ist ein Eisenwerkstoff mit > 2 % C und Legierungselementen.*

Neben dem Gusseisen sind noch als weitere Eisen-Gusslegierungen, Stahlguss und Temperguss in Anwendung. Der Kohlenstoffgehalt ist entscheidend für die Schmelztemperatur der Eisenwerkstoffe, die bei 3 % C etwa 1.300 °C und bei 0,2 % C etwa 1.550 °C beträgt (siehe dazu das Zustandsdiagramm Eisen-Kohlenstoff in der Fachliteratur [6.2]). Von entscheidender wirtschaftlicher und verfahrenstechnischer Bedeutung für das Recycling sind die Hauptlegierungselemente. *Die Hauptlegierungselemente für Stahl sind Mn, Si, Cr, Ni, Mo, W, V, Ti, Nb und für Gusseisen sind es Si, Cr, Ni.*

Einteilung der Stähle nach der europäischen Norm (DIN EN 10020)
Drei Stahlklassen werden unterschieden: unlegierte, nichtrostende und andere legierte Stähle.

1. Unlegierte Qualitäts- und Edelstähle: Der Masseanteil der folgenden Elemente darf die angegeben Werte nicht überschreiten. Mn < 1,65…1,8 %; Si < 0,6 %; Cu, Pb < 0,4 %; Al, Co, Cr, Ni, W < 0,3 %; Bi, Lanthanide, Se, Te, V < 0,1 %; Mo < 0,08 %; Nb < 0,06 % …
2. Nichtrostende korrosionsbeständige Stähle: Stahlsorten mit > 10,5 % Cr und häufig Ni-Gehalten.
3. Andere legierte Stähle: Die Gehalte der Legierungselemente können bis 30 % betragen, z. B. für Cr.

Im Unterschied zum allgemeinen Sprachgebrauch gilt nach DIN EN 10020 die Bezeichnung *„Edelstahl"* für legierte und unlegierte Stähle mit besonderem Reinheitsgrad (Schwefel, Phosphor < 0,025 %) und ist damit nicht generell eine Aussage zur Korrosionsbeständigkeit. In Anlehnung an den Konsumgüterbereich haben sich aber jetzt die Hersteller, Händler und Verarbeiter von nichtrostenden Stählen auf den Sammelbegriff *„Edelstahl Rostfrei"* für nichtrostende korrosionsbeständige Stähle festgelegt [6.4]. Damit wird auch eine Angleichung an den englischen Begriff „stainless steel" erreicht. Weil für die Recyclingtechnik die Legierungselemente dieser Stähle von entscheidender Bedeutung sind, verwenden die Autoren in diesem Buch für diese Stähle immer die Bezeichnung CrNi-Stähle.

Zur Charakterisierung von Stählen wird auch der Phasenbestand (Ferrit, Martensit, Austenit) herangezogen. Das ist für das Recycling insofern von Wichtigkeit, da nur ferritische und martensitische Stähle ferromagnetisch sind und deshalb mit Magnetverfahren aussortiert werden können. Die austenitischen CrNi-Stähle sind dagegen unmagnetisch. Der Austenit der CrNi-Stähle kann aber im Zuge einer Kaltverformung in Martensit umgewandelt werden (Verformungsmartensit) und damit ein Ferromagnetismus erzeugt werden [6.4].

Die Kennzeichnung der Stähle erfolgt mittels Werkstoffnummern oder Kurzzeichen.

Beispiel 1: Werkstoffnummer 1.7380 bedeutet folgendes. 1. = Stahl, Gusseisen; 73 = warmfester, legierter Edelstahl; 80 = chem. Zusammensetzung (10CrMo9–10)

Beispiel 2: Kurzzeichen bei *unlegierten Baustählen* durch Verwendungssymbole. P = Stahl für Druckbehälter, S = Stahlbaustähle, L = Stähle für Rohrleitungen. Diesen Symbolen wird der Wert der Streckgrenze in N/mm^2 nachgestellt (z. B. S 355).

Besonders die *legierten Stähle* werden auch nach der *chemischen Zusammensetzung* gekennzeichnet. Dabei existieren drei Gruppen.

1. Unlegierte Stähle: z. B. C45 (d. h. 0,45 % C).
2. Niedrig legierte Stähle mit Legierungselementen < 5 %. Dabei werden für die Legierungsgehalte Umrechnungsfaktoren verwendet. Faktor 4 für Cr, Mn, Ni, Si, W, Co. Faktor 10 für Al, Cu, Mo, Ti, Nb. Faktor 100 für C, N. Beispiel: 32CrMo12–4 enthält 0,32 % C, 3 % Cr, 0,4 % Mo.
3. Hochlegierte Stähle mit > 5 % Legierungselementen. Das Kurzzeichen setzt sich dafür zusammen aus dem Kennbuchstaben X, dem 100-fachen Wert des C-Gehaltes, den

chem. Symbolen der Legierungselemente und den Zahlen ihrer tatsächlichen Gehalte. Beispiel: X2CrNiMo18–14–3 (d. h. 0,02 % C, 18 % Cr, 14 % Ni, 3 % Mo).

Einteilung von Eisen-Gusslegierungen

Gusseisen und Gusslegierungen werden vorwiegend mit Kurzzeichen, seltener mit Werkstoffnummer bezeichnet. Das Kurzzeichen beginnt immer mit dem Kennbuchstaben G. Dazu sollen auch einige Beispiele angegeben werden.

Unlegierter Stahlguss (DIN 1681): z. B. GS-38 (Zugfestigkeit $38 \times 9,81 = 372,8$ MPa).

Nichtrostender Stahlguss (DIN 10213): z. B. GX5CrNi19-10

Gusseisen (DIN EN 1561): z. B. EN-GJL-350 (d. h. Gusseisen mit Lamellengraphit, Zugfestigkeit 350 MPa). Die chemische Zusammensetzung eines solchen Gusseisens ist ca. 2,7...3,8 % C; 0,8...3 % Si; 0,4...0,8 % Mn; 0,1...1 % P; 0,05...0,12 % S.

Preisrelationen für legierte Stähle

Auf Grund der erheblich über dem Rohstahl liegenden Preise einiger Legierungsmetalle (besonders Ni) ergeben sich wesentliche Preisfaktoren für legierte Stähle. Bei einer relativen Preisbasis 1 für den Stahl S355 ergeben sich für legierte Stähle folgende mittlere Preisfaktoren: X12Cr13 Faktor 3,5; X10CrNi18–8 Faktor 5; X2CrNiMo17–12–3 Faktor 9. Diese Preisfaktoren sind auf Basis der mittleren Metallpreise in Tab. 6.2 (z. B. für Ni) gut nachvollziehbar.

Beschichtung von Stahl

Neben den Legierungselementen ist für das Recycling der Eisenwerkstoffe auch die vorhandene Beschichtung der Eisenwerkstoffe von Bedeutung. Die Beschichtungen können im Recyclingprozess evtl. zusätzliche Kosten verursachen, die Qualität des Schrottes mindern oder auch ohne Auswirkungen sein. Die üblichen Beschichtungswerkstoffe und die Schichtdicken sind in Tab. 6.3 zusammengestellt.

Tab. 6.3 Beschichtungen auf Stahl

Beschichtungsverfahren	Schichtwerkstoff	Masseanteil oder Dicke der Schicht
Walzplattieren	Edelstähle Rostfrei Nickel, Messing, Tantal, Blei	1...3 mm
Schmelztauchen	Zink Zinn Blei	$200...400 \, g/m^2$ $20...40 \, g/m^2$
Galvanisieren	Zinn, Zink Chrom, Nickel Kupfer Cadmium	$6...20 \, g/m^2$ $100...2.000 \, g/m^2$
Bedampfen	Aluminium	$5...30 \, g/m^2$

Tab. 6.3 (*Fortsetzung*)

Beschichtungsverfahren	Schichtwerkstoff	Masseanteil oder Dicke der Schicht
Emaillieren	Na-K-Silikate (SnO$_2$, NiO)	200...1.000 µm
Kunststoffbeschichten	PE, PP, PVC, PUR	20...400 µm
Gummieren	Hartgummi, Weichgummi	bis 10 mm
Lackieren	Alkydharz, Epoxidharz, Chlorkautschuk, Öllack (ZnO, Fe-Oxide, Pb$_3$O$_4$)	100...300 µm
Wachsen, Fetten	Wachse, Rostschutzfette	bis 10 µm

6.2.2 Verfahren der Stahlerzeugung

Das Recycling von Eisenwerkstoffen ist mit den primären Herstellungsverfahren von Stahl und Gusslegierungen außerordentlich eng verflochten und verwendet auch keine eigene Verfahrenstechnik. Deshalb ist die Kenntnis der Verfahrenstechnik der Stahlerzeugung und der Erzeugung der Gusslegierungen eine notwendige Voraussetzung für die weitere Erörterung des Recyclings von Eisenwerkstoffen. Insbesondere sind grundlegende Kenntnisse über das Verhalten von Legierungselementen, Beschichtungswerkstoffen und vielfältigen Beimengungen im Stahlgewinnungsprozess bzw. bei der Herstellung von Gusslegierungen erforderlich, um die notwendigen Aufbereitungs- und Sortieraufwendungen für den Schrott und die geforderten Schrottqualitäten verständlich zu machen. Zunächst wird in Abschn. 6.2.2 die Stahlerzeugung behandelt und nachfolgend in Abschn. 6.2.3 die Herstellung der Gusslegierungen.

6.2.2.1 Entfernung von Verunreinigungen / Beimengungen und deren zulässige Gehalte bei der Stahlherstellung und im Einsatzschrott

Die Ausgangsstoffe der Stahlherstellung sind Roheisen, Eisenschwamm, Eisenschrotte, nichtmetallische Zuschläge und evtl. Legierungsmittel. In die Schmelzöfen werden zuerst die festen Materialien aufgegeben (Schrott, Eisenschwamm) und danach das flüssige Roheisen und Zuschläge. Bei reinen Schrottverhüttungsverfahren entfällt die Zugabe des flüssigen Roheisens. Durch Aufblasen von Sauerstoff oder Luft auf die Schmelze werden die Verunreinigungen, die mit den Zuschlägen aus Kalk (CaO) und Flussspat (CaF$_2$) eine flüssige Schlacke entstehen lassen, oxidiert. *Die selektive Oxidation der Verunreinigungen mit Sauerstoff und die Auflösung der Verunreinigungsoxide in einer Schlacke bzw. die Verdampfung von Verunreinigungen und deren Abführung im Abgasstrom ist der metallurgische Hauptprozess der Stahlerzeugung. Man bezeichnet diesen Prozess auch als „Frischen" [6.3].* Die Prozesstemperaturen beim Frischen müssen über dem Schmelzpunkt der Stähle bei etwa 1.600 °C liegen. Die thermodynamischen Grundlagen der selektiven Oxidation wurden bereits für alle schmelzmetallurgischen Prozesse in Abschn. 6.1.1.1 an

Hand von Abb. 6.2 erläutert. Zur Beurteilung des Verhaltens der einzelnen Verunreinigung in den Stahlerzeugungsprozessen muss der in Abb. 6.2 dargestellte Verlauf der Eisenoxidationskurve $2\,Fe + O_2 = 2\,FeO$ bei ungefähr 1.600 °C aufgesucht und mit den Oxidationskurven der Beimengungen in diesem Temperaturbereich verglichen werden. Daraus lassen sich zwei Gruppen von Beimengungen ableiten [6.3].

1. Gruppe: Die Elemente Cu, (Pb), Ni, Co, Sn (Reihenfolge zunehmender Sauerstoffaffinität) besitzen eine geringere Sauerstoffaffinität als Fe und lassen sich deshalb unter oxidierenden Bedingungen nicht aus Eisenschmelzen entfernen. Zusätzlich ist Mo zu nennen, das eine dem Fe analoge Sauerstoffaffinität besitzt. Auch die Oxidation von S ist theoretisch nicht realisierbar, doch ergibt sich die Möglichkeit, durch zusätzlichen Kalkeinsatz den Schwefel als CaS zu verschlacken. Für die genannten Elemente existieren gegenwärtig auch keine anderen kommerziellen Raffinationstechnologien. Sie werden im internationalen Sprachgebrauch als *„tramp elements"* bezeichnet.
2. Gruppe: Die Beimengungen C, W, P, Cr, Mn, V, Si, Ti, Al, Mg, Ca haben in dieser Reihenfolge eine zunehmende und höhere Sauerstoffaffinität als Fe und können nach ihrer Oxidation verschlackt bzw. verflüchtigt (CO) werden. Wegen der hohen Dampfdrücke von Zink und Cadmium (Siedepunkte 907 bzw. 765 °C) werden diese als Metalldampf ebenfalls verflüchtigt. Für Cr und Mn kann durch Anwendung reduzierender Bedingungen in der Gasphase oder der Schlacke die Verschlackung eingeschränkt oder eine Rückführung in die Stahlschmelze bewirkt werden. Die Elemente Al, Mg, Ca bereiten keinerlei Probleme, da diese unter allen Bedingungen vollständig oxidiert und verschlackt werden.

Außerdem sind noch folgende spezielle Erläuterungen zu einzelnen Beimengungen erforderlich [6.3]:

Schwefel hat im festen Stahl eine sehr schädliche Wirkung und ist auf < 0,025 % zu begrenzen. Über den Schrott kann Schwefel durch Gummi, Autoreifen oder Öle eingetragen werden und beim Schmelzprozess auch durch den Kalkzuschlag.

Kupfer- und Zinngehalte im Stahl verschlechtern die Verformungseigenschaften merklich. Beide Metalle können über die Schrotte (Elektrokomponenten, Messing, Bronze, Weißblech, Zinnlote) in größeren Mengen vorlaufen, so dass die Gefahr eines Anstiegs des Kupfer- und Zinnspiegels besteht. Dem kann im Stahlwerk nur durch gezielte Verdünnung mit Roheisen gegengesteuert werden.

Blei ist im Stahl praktisch unlöslich, sammelt sich aber wegen der höheren Dichte gegenüber Stahl als getrennte Schmelzphase am Boden des Schmelzgefäßes an und schädigt die Ausmauerung. Wegen des hohen Dampfdruckes (Siedepunkt von Blei 1.750 °C) wird ein großer Teil des Bleis auch verflüchtigt. Die Eisenschrotte bringen Blei über Mennigeanstriche (Pb_3O_4-Pigment), Dichtungen und Zinklegierungen ein.

Zink wird zunehmend durch verzinktes Stahlblech (Altautos) und verzinkten Baustahl eingetragen.

Nickel, Chrom, Mangan, Molybdän sind wertvolle Legierungsmetalle für bestimmte Stahlqualitäten. Das heißt, solche Beimengungen in Schrotten sind für legierte Stähle ein-

Tab. 6.4 Maximal zulässige Begleitelemente in unlegierten Stählen (gekürzt nach [6.3]) [2.1]

Element	max. Gehalt (%)
C	0,02…0,40
Si	0,02…0,30
Mn	0,15…1,5
P	0,01…0,025
S	0,012…0,030
Al	0,02…0,045
Cu	0,04…0,25
Cr	0,04…0,20
Ni	0,04…0,25
Mo	0,01…0,10
Cu, Cr, Ni, Mo	ca. 0,13

zusetzen, während sie in unlegierten Stählen limitiert werden müssen. Diese Metalle finden sich im Schrott in Form legierter Stähle. Auch Kupfer kann in wenigen speziellen Fällen als Legierungsmetall erwünscht sein.

Tramp elements: Wegen des zunehmenden Anteils der Stahlerzeugung aus Schrott gewinnen diese Elemente eine größere Bedeutung. Zur Minimierung ihres schädlichen Einflusses stehen folgende Maßnahmen zur Verfügung [6.47]:

- Recyclinggerechte Konstruktion (Design for Recycling, DfR) durch geeignete Materialauswahl, Fügetechniken und Demontagefreundlichkeit,
- Verbesserung der Sortierprozesse, besonders der Vorsortierung legierter Schrotte,
- Entwicklung neuer Legierungen mit Kupfer,
- Verdünnung mit Primäreisen (Roheisen, Eisenschwamm),
- Verbesserung der Kenntnisse über den Stahlkreislauf in der Gesellschaft.

Wegen der gemeinsamen Verarbeitung von Schrott und Roheisen bei der Stahlerzeugung sind die Beimengungen des Roheisens für den Stahlprozess ebenfalls von großer Bedeutung. *Roheisen* weist bei P-armen Erzen etwa folgende Analysenergebnisse auf [6.3]: C 4,0…4,5 %; P 0,07…0,08 %; S 0,012…0,020 %; Si 0,45…0,50 %; Mn 0,27…0,30 %; Cr ca. 0,03 %; Cu ca. 0,01 %; Ni, Mo 0 %.

Die zulässigen Gehalte an Beimengungen/Verunreinigungen in den Stahlqualitäten sind maßgebend für die Beurteilung der im Schrott vorhandenen Verunreinigungen und die Möglichkeiten/Notwendigkeiten ihrer Entfernung. Deshalb wird zunächst in Tab. 6.4 eine Zusammenstellung der maximalen Begleitelement-Gehalte für unlegierten Stahl angegeben.

Tab. 6.5 Zulässige und geforderte Beimengungen im Schrott für das Erschmelzen von zwei Qualitäten hochlegierten Stahls nach [6.3] ([2.1])

Element	CrNi18–8 (%)	CrNiMo18–10–2 (%)
Cr	16...16,5	15...17
Ni	8...9,5	9...12
Mo	max. 0,5	1,7...2,2
Cu		max. 0,40
P		max. 0,035
S		max. 0,035
Mn		max. 1,20
W		max. 0,10
Co		max. 0,30
As		max. 0,05
B		max. 0,001
Nb		max. 0,05
Pb		max. 0,0005
Sb		max. 0,003
Bi		max. 0,0001
Se		max. 0,003
Sn		max. 0,05
V		max. 0,20
Zr		max. 0,05

Beim Recycling von hochlegiertem Stahlschrott wird ein Schmelzprozess praktisch ohne Roheisenzusatz durchgeführt, um die wertvollen Legierungsmetalle nicht zu verdünnen. Das heißt aber, der Verdünnungseffekt für Verunreinigungen im Schrott entfällt ebenfalls und deshalb ist es möglich, bereits für solchen legierten Schrott zulässige bzw. erwünschte Gehalte anzugeben. In Tab. 6.5 sind für zwei hochlegierte Stähle die zulässigen und geforderten Beimengungen angeführt.

Aus den Angaben in Tab. 6.5 ist zu erkennen, dass auch relativ selten auftretende Beimengungen wie As, B, Nb, Sb, Bi, Se, Zr zu beachten sind. Diese Elemente können über spezielle Blei-Legierungen (As, Sb, Bi), elektronische Werkstoffe (Se, As), Speziallegierungen (Nb, Zr) u. a. in den Schrott gelangen.

Stückgröße und physikalischer Zustand der Einsatzschrotte

Neben der primären Bedeutung der stofflichen Zusammensetzung der Schrotte sind für das Handling, die Beschickung und die Prozesssicherheit zusätzliche Forderungen an die Stückgröße und den physikalischen Zustand zu stellen. Die Stückgrößen-Forderungen ergeben sich unmittelbar aus den Abmessungen der Chargierkörbe u. a. Chargiereinrichtungen sowie den Chargieröffnungen der Schmelzöfen. Weiterhin sind Hohlkörper sehr gefährlich wegen der explosionsartigen Ausdehnung der enthaltenen Gase und Flüssigkeiten. Genauso ist auch eine extreme Feinkörnigkeit des Eisens (Schleifschlämme) wegen der Verpuffungsgefahr auszuschließen. Der Gehalt an Ölen, Fetten u. a. brennbaren Stoffen ist ebenfalls stark zu begrenzen. Weitere ausführliche Erläuterungen zu Stahlschrottsorten und Qualitäten sind in Abschn. 6.2.3 (Verfahren zur Herstellung von Eisenguss und Stahlguss) eingefügt. Insbesondere findet sich dort in Tab. 6.6 die *„Europäische Stahlschrottsortenliste"*.

6.2.2.2   Sauerstoffblasverfahren

Als Schmelztechnik werden heute überwiegend die Methoden Sauerstoffblasstahlverfahren und Elektrostahlverfahren eingesetzt [6.3]. Das ältere SM-Verfahren findet nur noch in einigen Entwicklungsländern und Osteuropa geringe Anwendung. Das Sauerstoffblasverfahren (LD-Verfahren; Abb. 6.3) wurde für das Frischen von großen Mengen flüssigen Roheisens bei geringem Schrotteinsatz und hoher Prozesskinetik entwickelt. In die kippbaren Konvertoren (100…400 t Fassungsvermögen) wird zunächst bis 20 % fester Schrott eingesetzt und dann flüssiges Roheisen zugegeben. Danach wird über eine Lanze von oben ein Sauerstoffstrahl auf das Metallbad geblasen und Kalk zugeschlagen. Dabei kommt es zu einer heftigen Oxidationsreaktion unter Bildung von CO und FeO. Am Brennfleck herrschen Temperaturen von 2.500…3.000 °C. Durch die hohe örtliche Reaktionswärme und das gebildete CO-Gas kommt es zu einer starken Badbewegung und Durchmischung. Dabei oxidiert das gebildete FeO sofort die oxidierbaren Beimengungen (C, P, Mn, Si) und geht wieder in Fe über.

Die Oxide bilden mit dem zugegebenen Kalk (CaO) und geringen Teilen der feuerfesten Ausmauerung eine Konverterschlacke (etwa 50 % CaO, 8 % MgO, 15 % SiO_2, 3 % Al_2O_3, 15 % FeO). Diese basische Schlacke bindet auch Phosphor und Schwefel aus dem Roheisen und erfordert deshalb eine basische Ausmauerung mit MgO (Basic Oxygen Steelmaking Process, BOS; im Basic Oxygen Furnace, BOF).

Die Blaszeit liegt zwischen 10 und 20 Minuten. Die Reaktionswärme der Oxidationsreaktionen (vor allem die C-Oxidation des Roheisens, die teilweise Fe-Oxidation usw.), die in der sehr kurzen Blaszeit entsteht, ermöglicht die erforderliche Aufheizung des flüssigen Roheisens von etwa 1.300 °C auf die Stahlschmelztemperatur von etwa 1.600 °C und zusätzlich das Aufschmelzen des Schrottes, so dass dieser Prozess autotherm (ohne zusätzliche Wärmezufuhr oder Brennstoffe) abläuft. Im Prozessverlauf wird zur Temperaturregulierung häufig sogar gut dosierfähiger Shredderschrott als Kühlschrott nachgesetzt. Eine verfahrenstechnische Variante ist das Einblasen von Sauerstoff über den Konverterboden (kombiniert mit der Aufblastechnik oder als reines Bodenblasen). Werden zusätzliche Energieträger in den Konverter eingeblasen (Kohle, Leichtöle, Erdgas) kann

Abb. 6.3 Sauerstoffblaskonverter

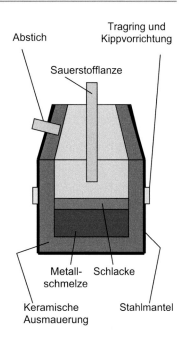

der Einsatz von festem, kalten (evtl. vorgewärmten) Schrott auf 65 % und auch bis 100 % gesteigert werden (KVA-Verfahren). Damit kann das Konverterverfahren zur Konkurrenz für das Elektroofenverfahren entwickelt werden. Durch die starke Reaktion, die örtliche Überhitzung, die intensive Badbewegung und die CO-Gasbildung werden Zn, Cd, und Pb intensiv verdampft und größere Mengen FeO-Rauch sowie Schmelzauswurf gebildet. Die Zink-Cadmium-Blei-Dämpfe werden in der Gasphase zu den festen Oxiden oxidiert und so entsteht zusammen mit dem FeO-Rauch ein stark staubhaltiges Abgas (10…50 g Staub/m^3). Dieses Abgas wird trocken oder nass entstaubt. Dabei entstehen als Abfälle die Stahlwerkstäube oder -schlämme. Der trockene Feinstaub enthält etwa 20 % Fe $_{metallisch}$, 50 % Fe $_{oxidisch}$, 1…5 % ZnO. Zur Verwertung von Stahlwerkstäuben siehe Abschn. 6.2.5 und 6.6.5. Das entstaubte Abgas enthält bis 70 % CO und wird energetisch genutzt. Die Eisenverluste im Staub und in der Schlacke betragen etwa 6…8 %.

6.2.2.3   Elektrostahlverfahren

Bei diesen Verfahren wird mit festen Einsätzen gearbeitet und die Wärmeenergie aus Elektroenergie gewonnen. Die überragende Bedeutung hat dabei der Elektrolichtbogenofen (bis 200 t Schmelzgewicht) [6.3]. Das Schmelzen im Induktionsofen und das Umschmelzverfahren (abschmelzende Stahlelektroden) werden nur begrenzt verwendet. Der Elektrolichtbogenofen (Electric Arc Furnace, EAF) ist das ideale Aggregat für das Recycling, da mit 100 % Schrotteinsatz gearbeitet werden kann und kein flüssiges Roheisen am Standort verfügbar sein muss. Diese Standortunabhängigkeit macht das Verfahren auch für Entwicklungsländer interessant. Der Drehstromlichtbogenofen (Abb. 6.4) ist mit drei Graphitelektroden ausgestattet, die durch ein Gewölbe in das kippbare Ofengefäß eingeführt

Abb. 6.4 Elektrolichtbogenofen

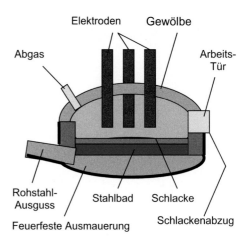

sind. Das Ofengefäß ist kreisrund, keramisch ausgemauert und der Deckel abhebbar. Die Beschickung erfolgt von oben bei geöffnetem Deckel.

Nach dem Einschmelzen des Schrottes werden Zuschläge (Kalk, Flussspat) chargiert. Dann erfolgt der Frischprozess (Verschlackung oxidierbarer Verunreinigungen) mit Sauerstoff und nachfolgend eine Reduktionsphase zum Sauerstoff- und Schwefelabbau sowie evtl. der Zusatz der Legierungselemente in Form von Ferrolegierungen. Im EAF kann durch reduzierende Arbeitsweise eine Verschlackung wertvoller Legierungsmetalle stark eingeschränkt werden. Deshalb ist dieser ein bevorzugtes Aggregat zum Schmelzen von legierten Schrotten und zur Erzeugung bestimmter legierter Stähle. Außerdem sind die Abgasmengen und die Gasströmungsgeschwindigkeiten deutlich geringer und damit wird die Staubzusammensetzung gegenüber dem Blasstahlverfahren deutlich eisenärmer.

Beim Schmelzen von Schrotten mit Grundstahlerzeugung enthält der abgeschiedene Feinstaub 20…40 % Zn (als ZnO), 1,5…4 % Pb, 20…35 % Fe $_{gesamt}$. Dieser zinkreiche Stahlwerkstaub aus dem E-Ofen wird international als EAF-Dust bezeichnet. Das Zink stammt vor allem aus verzinkten Schrotten, und bei Gehalten >25 % Zn ist dieser Staub für das Zn-Recycling gut geeignet (siehe Abschn. 6.6.5). Bei der Erzeugung hochlegierter Stähle können Staubzusammensetzungen von z. B. 25…50 % Fe, 1 % Cr, 4 % Ni und 1 % Zn entstehen.

6.2.2.4 Sekundärmetallurgie

Unter Sekundärmetallurgie versteht man alle Nachbehandlungsprozesse für die im Konverter oder Elektrolichtbogenofen erzeugten Stahlschmelzen [6.3]. In erster Linie ist das die notwendige Reduktion des im Stahl gelösten FeO, die sog. Desoxidation. Diese Behandlung erfolgt in den für den Transport zum Gießprozess verwendeten großen Pfannen. Seit mehreren Jahren werden im Konverter nur noch das Frischen und im Lichtbogenofen praktisch nur noch das Schmelzen durchgeführt und alle anderen metallurgischen Prozesse in die Pfanne verlegt. Dadurch erfolgt eine Entlastung/Produktionssteigerung der Frisch- und Schmelzaggregate sowie eine Verbesserung der Stahlqualität (genauere Einstellung der Legierung sowie der Gießtemperatur u. a.). Diese Pfannenbehandlung umfasst folgende Prozessstufen:

- Legierungseinstellung (Zugabe von Ferrolegierungen),
- Mischen und Homogenisieren (Einblasen von Ar, N_2),
- Entfernung von S, P, Spurenelementen,
- Desoxidation (Reduktionsmittel SiMn, Al),
- Entgasung mit inerten Spülgasen und Vakuumbehandlung,
- Tiefentkohlung.

Für diese vielfältigen Maßnahmen sind die Gießpfannen zu speziellen Pfannenöfen mit elektrothermischer Heizung aufgerüstet worden oder auch spezielle AOD-Konverter (Argon-Oxygen-Decarburization) im Einsatz. Einen Überblick der Gesamttechnologie des Schrotteinsatzes bei der Stahlherstellung gibt Abb. 6.5.

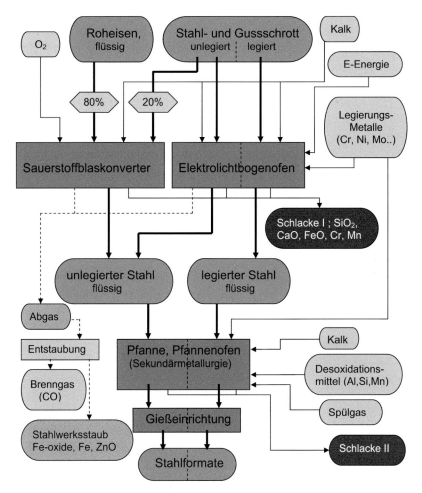

Abb. 6.5 Schrotteinsatzmöglichkeiten bei der Stahlerzeugung (Stammbaum)

6.2.3   Verfahren zur Herstellung von Eisenguss und Stahlguss

Die Ausgangsstoffe für Gusslegierungen sind heute vor allem Guss- und Stahlschrotte, eigenes Kreislaufmaterial und nur noch etwa 20 % Roheisen. Die Qualitätsanforderungen an die Gusslegierungen nehmen ständig zu, so dass gerade der abnehmende Massenanteil des sehr homogenen Roheisens mit bekannter Zusammensetzung gegen die verschiedenen inhomogenen Schrotte ein hohes metallurgisches Können erfordert. Die mögliche und zulässige Zusammensetzung der Schrotte wird sehr stark vom verwendeten *Schmelzapparat* und den darin möglichen Prozessen (*Schmelzverfahren*) bestimmt [6.3].

Kupolofentechnologie
Dieser Ofen ist der Standard-Apparat für die Verarbeitung von Gussbruch, Maschinengussbruch und Gießereistahlschrott in Gießereien (Abb. 6.6). Der Kupolofen ist ein Schachtofen, der aus einem Stahlblechzylinder (0,5…3 m Durchmesser, Höhe sechsfacher Durchmesser) besteht. Im unteren Schmelzbereich ist der Stahlzylinder feuerfest ausgemauert und im oberen Teil wassergekühlt. Die Beschickung erfolgt von oben und besteht aus Schrottstücken, Blechpaketen, Gussbruch, Roheisenmasseln und evtl. Legierungselementen sowie dem Brennstoff Koks und Kalkstein zur Schlackenbildung. Alle Materialien müssen grobstückig sein, um die Bildung einer gasdurchlässigen Schüttschicht zu gewährleisten (und auch die Verstäubung zu minimieren). Durch die Winddüsen wird im unteren Teil die Verbrennungsluft eingeblasen. Vor den Düsen entsteht durch die Koksverbrennung die höchste Temperatur, die zum Schmelzen des Eisens und zu dessen Vermischung (Homogenisierung) führen sowie zur Bildung der flüssigen Schlacke. Die heißen Verbrennungsgase steigen durch die Schüttschicht nach oben, wärmen die Beschickung vor und werden durch das Abgassystem abgesaugt.

Die spezifisch leichtere Schlacke sammelt sich über der Eisenschmelze an und wird durch den Schlackenstich entnommen. Die Gusseisenschmelze (ca. 1.500 °C) fließt in einen Vorherd (feuerfest zugestellter Sammelbehälter) und wird von dort in die Gießpfannen übernommen. Das Abgas (Gichtgas) enthält hohe CO-Gehalte, die in einer Brennkammer nachverbrannt werden (Nutzung der Wärme zur Luftvorwärmung im Rekuperator und/oder zur Dampferzeugung). Außerdem muss das Abgas intensiv entstaubt werden. Die abgeschiedenen Stäube werden gelegentlich über die Winddüsen wieder in den Ofen eingeblasen. Eine Intensivierung der Schmelzleistung (im Mittel 10 t/h) wird durch die erwähnte Luftvorwärmung (600 °C) und/oder Sauerstoffanreicherung des Windes (sog. Heißwindkupolofen) erreicht. Im Kupolofen herrschen stark reduzierende Bedingungen (CO-Gehalt der Abgase), so dass eine Entfernung von Legierungselementen oder metallischen Verunreinigungen durch oxidierende Verschlackung nicht stattfindet. Eine Ausnahme bildet Zink (aus verzinkten Stahlblechen), das unter den reduzierenden Bedingungen zunächst als Metall verdampft und danach im Abgasstrom zu ZnO oxidiert und feinkörnigen ZnO-Staub bildet. Erforderliche Legierungselemente können also im Prinzip der Beschickung zugegeben werden. Die notwendige Aufkohlung des Stahlschrottes auf 2…4 % C erfolgt durch den Koks. Auf Grund der dargestellten Bedingungen im Kupolofen ist dieser

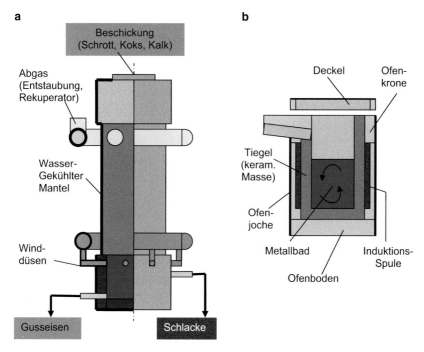

a

b

Abb. 6.6 Heißwind-Kupolofen z. T. geschnitten (**a**) und Induktionstiegelofen (**b**) [6.3]

häufig nur als *Umschmelzaggregat* zu betrachten. In diesem wird deshalb vorzugsweise ein *Basiseisen* erzeugt, das in einem nachgeschalteten Induktionsofen auf genaue Legierungszusammensetzung eingestellt wird. Diese Kombination von zwei Schmelzverfahren wird als Duplex-Verfahren bezeichnet.

Schmelztechnologie im Induktionstiegelofen
Dieser Prozess wird in den Eisengießereien heute vermehrt eingesetzt und ist auch in NE-Metall-Gießereien verbreitet. Der Induktionstiegelofen besteht aus einem keramischen Tiegel (keramische Stampfmassen), der von der Induktionsspule umschlossen ist, die mit Wechselstrom (Netzfrequenz oder Mittelfrequenz) betrieben wird. Die Ofenkonstruktion wird durch Ofenjoche, das Ofenfundament und die Ofenkrone komplettiert (Abb. 6.6). In dem metallischen Einsatzmaterial im Tiegel werden Wirbelströme induziert, deren elektrische Energie sofort in die erforderliche Schmelzwärme umgewandelt wird. Ein besonderer Vorteil des Induktionstiegelofens ist die durch die Wirbelströme hervorgerufene starke Badbewegung. Dadurch ist eine sehr schnelle Homogenisierung der Schmelze garantiert, und durch Zugabe von Ferrolegierungen oder unlegiertem Schrott ist eine sehr exakte Einstellung der gewünschten Legierungszusammensetzung zu erreichen. Der Induktionsofen ermöglicht – wie der Kupolofen – keine Entfernung von unerwünschten Beimengungen und arbeitet deshalb auch im Prinzip als *Umschmelzaggregat*. Es existiert aber wegen des ungehinderten Luftzutritts zur Badoberfläche eine gewisse Oxidationswirkung, so dass aus

einem geringen Metallabbrand und aus nichtmetallischen Verunreinigungen eine oxidische Krätzeschicht auf der Badoberfläche entsteht, die vor dem Gießvorgang abgehoben wird. Netzfrequenzöfen gestatten Tiegelinhalte bis 100 t Eisen, Mittelfrequenzöfen zwischen 0,25 und 8 t.

Schmelztechnologie im Lichtbogenofen

Der Ofen in kleinerer Ausführung (30 t) als bei der Stahlherstellung wird ausschließlich für die Herstellung von Stahlguss eingesetzt. Durch entsprechende Schlackenarbeit mit oxidierender oder reduzierender Arbeitsweise lassen sich die Begleit- und Legierungselemente sehr gut einstellen. Als Einsatzmaterial kommen hier nur Stahlschrotte zur Anwendung. Ein besonderer Vorteil des Lichtbogenofens ist die genannte Möglichkeit der Schlackenarbeit (evtl. selektive Oxidation von Verunreinigungen/Beimengungen oder Reduktion von Legierungselementen aus der Schlacke). Dadurch wird die Verarbeitung stark verunreinigter, preisgünstigerer Schrotte möglich, die Verschlackungsverluste teurer Legierungselemente werden minimiert und die Einstellung der Legierungsgehalte wird garantiert.

Weniger häufig verwendete *Schmelzapparate* sind der kokslose Kupolofen mit Gas- oder Ölfeuerung sowie öl- oder gasbeheizte Drehtrommelöfen.

Zusammenfassende Erläuterung zum Verhalten der Beimengungen/ Verunreinigungen und zur Einstellung der Legierungsgehalte

Wegen der stark reduzierenden Arbeitsweise im *Kupolofen* und den extrem geringen Oxidationsbedingungen im *Induktionsofen* ist die Verschlackung oder Verflüchtigung von Beimengungen/Legierungselementen mit Ausnahme von Zink in diesen Schmelzöfen praktisch nicht möglich. Für diese Schmelzöfen müssen deshalb durch sehr sorgfältige Zusammensetzung der Beschickung (Gattierung) die gewünschten Gehalte für die Gusslegierungen eingestellt werden. *Kohlenstoff und Silizium* sind die wesentlichen Begleitelemente bei unlegierten Gusswerkstoffen. Ihre Zielgehalte (2,2…3,8 % C, bis 3 % Si) werden im Schmelzprozess direkt erreicht oder können durch Aufkohlungsmittel bzw. Ferro-Silizium oder Zusatz reiner Eisenschrotte vom Gießer entsprechend nachreguliert werden. Die *Mangangehalte* von 0,3…0,8 % sind meist unproblematisch einzustellen. *Chrom und Molybdän* sind die wichtigsten Legierungselemente für legierte Gusswerkstoffe. Dagegen ist bei der Herstellung von Temperguss der Cr-Gehalt auf < 0,2 % begrenzt, so dass eine sorgfältige Schrottauswahl bei der Gattierung erforderlich ist. *Kupfer und Zinn* werden in Gehalten von 0,1…0,3 % als Legierungselemente verwendet, doch nur in Form von Rein-Zinn und E-Kupfer; da evtl. Gehalte dieser Metalle im Schrott niemals mit der erforderlichen Genauigkeit beprobt werden können und diese häufig mit sehr schädlichen Metallen (Blei, Zink, Cadmium) gemeinsam auftreten. *Blei* bereitet trotz seiner extrem geringen Löslichkeit in Gusslegierungen bereits ab 0,005 % erhebliche Schwierigkeiten bei Kugelgraphit- und Lamellengraphit-Werkstoffen und ist unbedingt zu vermeiden. *Cadmium* hat die gleiche negative Wirkung wie Blei. Blei und Cadmium können in Form von Beschichtungen (Farben, galvanische Überzüge) eingetragen werden. *Zink* ist im Induktionsofen sehr gefürchtet, da die feuerfeste Auskleidung stark angegriffen wird. Der Zinkeintrag kann über Zink-

Druckgussteile oder verzinkten Stahlschrott erfolgen. *Phosphor* und *Schwefel* sind in der Regel ebenfalls unerwünschte Begleiter (Schwefeleintrag z. B. über den Koks), so dass evtl. eine spezielle Entschwefelung erfolgen muss. Im *Lichtbogenofen* lassen sich durch Verschlackung oder Verflüchtigung die Elemente C, Si, S, P, Mn, Cr, Zn, Pb, Cd abtrennen aber nicht Cu, Ni, Mo und Sn (siehe dazu die Erläuterungen unter Abschn. 6.2.2.1).

6.2.4   Schrottsorten und Schrottaufbereitung

6.2.4.1 Schrottsorten

Die Erläuterungen zu den drei Schmelzverfahren für die Gusswerkstoffe und zum Verhalten von Beimengungen lassen klar erkennen, dass eine sehr genaue Definition der Schrotte nach Sorten hinsichtlich ihrer stofflichen Zusammensetzung, ihrer Stückgröße und weiterer Eigenschaften erforderlich ist. Darauf wurde bereits bei den Stahlschmelzverfahren nachdrücklich hingewiesen. Deshalb können an dieser Stelle gemeinsam für die Gusswerkstoffe und die Stahlerzeugung die Anforderungen an die Schrotte und die daraus abgeleiteten Schrottsorten nochmals zusammengefasst werden. Zunächst sind folgende *allgemeine Forderungen* zu erheben:

- Homogenität der Sorten. Trennung in Gusseisen unlegiert, Stahl unlegiert, legierter Stahl bzw. Gusseisen (Legierungsart), Beschichtungen, Stückgröße, Aufbereitungsprodukt,
- Begrenzte Gehalte der schädlichen Beimengungen Kupfer, Zinn und Blei,
- Öl- und Fettfreiheit,
- Vermeidung von stark verrostetem Schrott (Sauerstoffaufnahme im Eisen),
- Ausschluss von Hohlkörpern (Explosionsgefahr, Verunreinigungen),
- Abwesenheit von Feuchtigkeit (Verspritzen, Explosionen),
- Ausschluss von Verunreinigungen in gepressten Blechpaketen und Spänen,
- Ausschluss von feinkörnigen Metallpulvern (Verpuffungsgefahr),
- Vermeidung von radioaktiven Bestandteilen und Dioxin-Verunreinigungen.

Die Anforderungen an die *stoffliche Zusammensetzung* ergeben sich eindeutig aus den obigen Erläuterungen zum Verhalten der Beimengungen und sind vor allem auf die Einhaltung sehr geringer Restgehalte an NE-Metallen konzentriert. Weitere Angaben zu den Schrottsorten bei Stahl mit den angestrebten Analysenwerten sowie zu den Stückgrößen finden sich in der *Europäischen Stahlschrottsortenliste* (Tab. 6.6). Die Stückgröße muss den Schmelzaggregaten angepasst sein. Hohlkörper sind zu zerkleinern. Feinteiliges und sperriges Material ist nicht verwendbar. Bleche, Späne und Schleifpulver werden deshalb zu Paketen oder Presslingen verdichtet. Schleifschlämme müssen in einer Vorstufe entölt sein. Aus Gründen der stofflichen Zusammensetzung und der erforderlichen Stückgrößen werden weiterhin die zwei Schrottsorten Gussbruch bzw. Gießereistahlschrott unterschieden.

1. *Gussbruch:* Gussbruch besteht aus zerkleinerten gusseisernen Maschinen, Apparaten u. a. Bauteilen. Dazu gehören Maschinengussbruch, Kokillenbruch, Motorblöcke, Kesselbruch, starkwandige Röhren, Gussspäne usw.
2. *Gießereistahlschrott*: Dazu zählen vor allem geschnittene Stücke (Schrottscheren) von Baustahl und Eisenbahnschienen, Schmiedeabfälle, Stanzabfälle und auch Stahlspäne.

Eine besondere Bedeutung besitzt der eigene *Kreislaufschrott der Gießereien*, da seine stoffliche Zusammensetzung genau bekannt ist und keine unbekannten Verunreinigungen vorliegen.

6.2.4.2   Schrottaufbereitung

Aus den Anforderungen an Schrottsorten und der daraus resultierenden Einteilung (Europäische Stahlsortenliste, Tab. 6.6 und 6.7) ergeben sich für die Schrotte der Eisenwerkstoffe folgende spezifische Aufbereitungserfordernisse:

- Getrennte Sammlung der Schrotte nach unlegierten und legierten Sorten sowie nach Stückgrößen (Kompaktschrott, dünne Bleche, Späne) und evtl. nach Guss- oder Stahlschrott.
- Einstellung der erforderlichen Stückgrößen für das Chargieren durch Zerkleinerung bzw. durch Kompaktieren von Spänen und Blechabschnitten.
- Aufschlusszerkleinerung (Shreddern) als vorbereitender Schritt für evtl. erforderliche Aussortierung von schädlichen Beimengungen (Kupfer).
- Abtrennung organischer Stoffe (Kunststoffe, Textilien), Glas und mineralischer Stoffe durch Windsichten (Anfall einer Shredderleichtfraktion, SLF).
- Gewinnung der Eisenwerkstoffe durch Magnetsortierung und evtl. zusätzliche Abtrennung von Störstoffen (Kupfer, Messing, Blei) durch manuelle oder sensorgestützte Sortierung.

Tab. 6.6 Europäische Stahlschrottsortenliste (stark gekürzt)

Kategorie	Sorte Nr.	Sortenbeschreibung	Maße	Schütt- gewicht t/m3	Anteil Schutt %
Altschrott	E3	Schwerer Stahlaltschrott, frei von sichtbarem Cu, Sn, Pb, kein Karosserieschrott	Stärke >6 mm <0,5 × 5 m	>0,6	<1
Altschrott	E1	Leichter Stahlaltschrott, frei von sichtbarem Cu, Sn, Pb, kein Haushaltgeräte- schrott	Stärke <6 mm <0,5 × 1,5 m	>0,5	<1,5
Neuschrott	E2	Schwerer Stahlneuschrott, frei von Beschichtungen und sichtbarem Cu, Sn, Pb	Stärke >3 mm <0,5 × 5 m	>0,6	<0,3

Tab. 6.6 (*Fortsetzung*)

Kategorie	Sorte Nr.	Sortenbeschreibung	Maße	Schütt-gewicht t/m3	Anteil Schutt %
Neuschrott	E8	Leichter Stahlneuschrott, frei von Beschichtungen, Cu, Sn, Pb, losen Bändern	Stärke <3 mm <0,5 × 5 m	>0,4	<0,3
Neuschrott	E6	Leichter Stahlneuschrott unter 3 mm Stärke, ver-dichtet oder Pakete, frei von Beschichtungen an Cu, Sn, Pb		>1	<0,3
Shredder-schrott	E4	Stahlaltschrott in Stücke zerkleinert (<200 mm), frei von Nässe, Guss, Weißblech, Cu, Sn, Pb		>0,9	<0,4
Stahlspäne	E5H	Homogene Lose von C-Stahlspänen, frei von Verunreinigungen, NE-Metallen, Zunder, Schleifstaub			
Stahlspäne	E5 M	Gemischte Lose von C-Stahlspänen, frei von Verunreinigungen, NE-Metallen, Zunder, Schleif-staub			
Leicht legierter Schrott	EHRB	Alter u. neuer Stahl-schrott, vor allem Be-tonschrott und Stabstahl, frei von höheren Anteilen Schutt, frei von Cu, Sn, Pb	max. 1,5 × 0,5 × 0,5 m	>0,5	<1,5
Schrott mit hohem Reststoff-anteil	EHRM	Alte und neue Maschinen-teile, kein Guss, frei von Cu, Sn, Pb, Bronze	max. 1,5 × 0,5 × 0,5 m	>0 6	<0,7
Schrott aus Müllver-brennung, geshredd.	E46	Geshredderter Schrott (<200 mm) aus Müllver-brennung, magnet. sortiert, z. T. Weißblechdosen, frei von Nässe, Rost, Cu, Sn, Pb		>0,8	Fe-Gehalt >92 %

Tab. 6.7 Angestrebte Analysenwerte zur Stahlschrottsortenliste

Kategorie	Sorten Nr.	Cr + Ni + Mo %	Cu %	Sn %	S %
Altschrott	E3	<0,25	<0,25	<0,01	
	E1	<0,30	<0,40	<0,02	
Neuschrott mit niedrigem Gehalt an Begleitelementen, frei von Beschichtung	E2			<0,30	
	E8			<0,30	
	E6			<0,30	
Shredderschrott	E40		<0,25	<0,02	
Stahlspäne	E5H				
	E5M	<1,0	<0,40	<0,03	<0,10
Leicht legierter Schrott	EHRB	<0,35	<0,45	<0,03	
Schrott mit hohem Reststoff-anteil	EHRM	<1,0	<0,40	<0,03	
Geshredderter Schrott aus Müllverbrennung	E46		<0,50	<0,07	

6.2.5 Verwertung eisenhaltiger Abfälle (Eisenverbindungen)

Bei der Stahlproduktion aus Schrotten und Roheisen fallen die oben beschriebenen *Stahl-werkstäube bzw. -schlämme* an, die erhebliche Gehalte an metallischem und oxidischem Eisen enthalten. Der zinkreiche EAF-Dust wird auf Grund des hohen Zn-Gehaltes dem Zink-Recycling zugeführt (siehe Abschn. 6.6.5).

Zinkarme Stahlwerksstäube
Zinkarme Stahlwerkstäube und -schlämme des Konverterprozesses, die z.T. als Sonder-abfall zu deponieren waren, werden seit 2004 bei ThyssenKrupp Stahl, Duisburg, erstmals zu Roheisen für die eigene Stahlerzeugung recycelt. Das konnte durch die Entwicklung eines besonderen Agglomerationsverfahrens für das feindisperse Material realisiert wer-den. Die Kompaktierung der Stäube zu sog. Agglomeratsteinen ist unerlässlich, da der angewandte Reduktionsprozess im Schachtofen eine gasdurchlässige Feststoffschüttung, eine gewisse Druckfestigkeit dieser Schüttung von 10 m Höhe und geringe Verstäubung des Materials beim Gasdurchgang erfordert. Zudem muss eine bestimmte Restporosität der Agglomeratsteine für die Gas-Feststoffreaktionen gewährleistet sein. Zusammen mit den Stahlwerksstäuben sind auch andere Eisenabfälle (Hochofengichtstaub, Walzzunder, Schla-cken) einsetzbar. Diese Abfälle mit hohem Eisengehalt werden mit dem Reduktionsmittel Koksgrus, mineralischen Bindemitteln und Wasser intensiv gemischt, auf einer Rüttelpresse verdichtet, zu Steinen geformt und dann durch Auslagerung verfestigt. Die Schachtofen-

Abb. 6.7 DK-Verfahren der
Verarbeitung eisenhaltiger
Abfälle

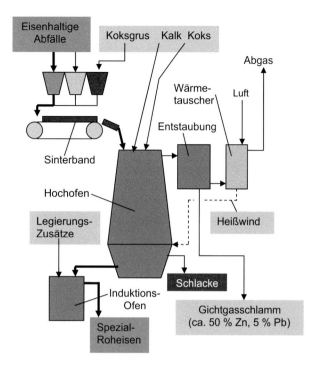

beschickung besteht aus 70 % Agglomeratsteinen und 30 % eisenoxidhaltiger Schlacke. Die erforderlichen Reduktions- und Schmelztemperaturen werden durch Teilverbrennung des Kokses mit sauerstoffangereichertem Heißwind erreicht. In den Steinen verläuft neben der Koksverbrennung die Eisenoxidreduktion durch den beigemischten Koks und CO zunächst zu Eisenschwamm, das nachfolgend zu Roheisen aufschmilzt. Weitere verwertbare Produkte sind ein zinkreicher Schachtofenstaub, ein CO-haltiges Gichtgas und eine Schlacke, die in Wasserbauten einsetzbar ist.

Eisenoxide
Eine langjährig bewährte Technologie zur Verarbeitung eisenoxidhaltiger Abfälle ist das DK-Verfahren (DK Recycling und Roheisen GmbH, Duisburg). Es besteht aus fünf Prozessstufen (Abb. 6.7)

1. Mischen der eisenhaltigen Abfälle mit Koksgrus zu einer Sintermischung,
2. Agglomerieren der Sintermischung auf dem Sinterband,
3. Reduktionsschmelzen des Sinters mit Kalk und Koks im Hochofen zu Roheisen,
4. Legierungseinstellung des Roheisens im Induktionsofen,
5. Gichtgasentstaubung und Nutzung des CO-Gehaltes zur Heißwinderzeugung.

Mit diesem Verfahren sind sehr unterschiedliche eisenhaltige Abfälle zu verarbeiten (Walzzunder, Filterstäube, grober und feiner Konverterstaub, Abbrände der Eisenkiesröstung, Fällschlämme u. a.), die auch Gehalte an Zink und Blei aufweisen können. Alkali-anteile sind limitiert. Der Eisengehalt soll möglichst hoch sein (mindestens 30 %), um die Entsorgungskosten zu minimieren. Hohe Verarbeitungskosten entstehen durch die auf-wendige Vorbereitung der Abfälle (Bemusterung, Mischung, Sintern) und die Verwendung von teurem Hochofenkoks sowie dem Einsatz eines zusätzlichen Induktionsofens. Dieser Induktionsofen gestattet es aber, bei den stark schwankenden Einsatzstoffen, nach genauer Schnellanalytik des primären flüssigen Roheisens durch Legierungszusätze und Sekundär-behandlung ein Qualitätsprodukt nach Kundenwunsch zu erzeugen. Das Spezial-Roheisen wird zu Masseln vergossen und vorwiegend zur Verwendung als Gusseisen vermarktet.

Für Elektroofenstäube vom Erschmelzen hochlegierter Stähle mit wertvollen Gehalten an z. B. 4 % Ni und 10 % Cr steht ebenfalls ein Schachtofenverfahren zur Verfügung, bei dem eine Mischung der Elektroofenstäube mit dem Brenngas über einen Plasmagenerator in den Schachtofen eingedüst wird (Plasmadust-Verfahren).

Verschiedene Eisenverbindungen
In unterschiedlichen Produktionsprozessen fallen Eisenverbindungen an, z. B. als Fe_2O_3-Rückstände der Schwefelsäuregewinnung und der Al_2O_3-Erzeugung (Rotschlamm beim Bayer-Prozess), als Eisenchlorid oder Eisensulfat aus Beizprozessen und der Titanoxidher-stellung oder als FeO-Schlacken und in anderer Form. Die Verwertung dieser eisenhaltigen Abfälle (Eisenverbindungen) zu Eisenwerkstoffen ist sehr problematisch und wie oben beim DK-Verfahren beschrieben mit hohen Aufwendungen verbunden. Hohe Gehalte an Halogenen und Schwefel bei den Salzen sowie die beträchtlichen Rest-Alkalien im Rot-schlamm und höhere NE-Metall-Gehalte sind technologisch auch im DK-Hochofen schwer oder nicht zu beherrschen. Die als Abfälle auftretenden FeO-Schlacken haben nicht die erforderlich hohen Eisenoxid-Gehalte. Als Verwertungsmöglichkeit verbleibt deshalb der Einsatz dieser Abfälle als Eisenverbindungen (z. B. Eisenoxid-Zusatz bei der Zementher-stellung, Verarbeitung zu Eisenoxidpigmenten) oder die Verwendung der Schlacken als Baustoff. Im Rahmen dieses Buches soll zu diesen Verwertungsvarianten als Eisenverbin-dungen nur ein kurzer Einblick gegeben werden.

Eisenoxid-Zuschläge bei der Zementherstellung Die verschiedenen Zementsorten enthalten neben den Hauptbestandteilen CaO und SiO_2 sowie Al_2O_3 auch Gehalte von $1\ldots6\%$ Fe_2O_3, die durch Eisenoxidzuschläge bei der Rohstoffvermahlung genau eingestellt werden.

Eisenoxidschlacken als Baustoffe Bei der Verarbeitung von Kupferkonzentraten und Kupferschrotten entstehen FeO-Silikatschlacken, die als künstliches Gestein im Wasserbau Verwendung finden. Andere FeO-Schlacken sind im Straßenbau einsetzbar. Weitere Informationen zur Verwertung von Schlacken enthält das Kap. 10.

Verarbeitung von Eisensalzen zu Eisenoxidpigmenten Pigmente aus Eisenoxiden bzw. Eisenhydroxiden ermöglichen eine breite Farbskala von gelb über braun bis rot und schwarz. Sie sind nicht toxisch und in großer Tonnage in Anwendung.

Abb. 6.8 Regenerierung salzsaurer Stahlbeizen nach dem Sprühröstverfahren von *Ruthner*

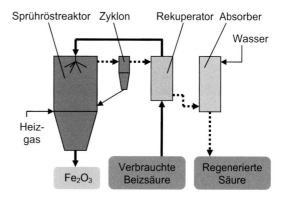

Solche Pigmente lassen sich z. B. aus $FeCl_3$-Lösungen durch Alkalihydroxide ausfällen (gelbes α-FeOOH) und durch Glühen weiter in rotes Fe_2O_3 oder schwarzes Fe_3O_4 umwandeln. Die Grundlagen chemischer Fällverfahren sind in Abschn. 4.2.2 ausführlich beschrieben. $FeCl_3$-Lösungen werden durch Oxidation der $FeCl_2$-haltigen salzsauren Stahlbeizen erzeugt. Eisensulfat-Abfälle (Titanoxidherstellung, schwefelsaure Beizlösungen) können direkt durch Kalzinieren zu Eisenoxidpigmenten verarbeitet werden. Das Eisenoxid Fe_2O_3 fällt auch unmittelbar bei der Regenerierung salzsaurer Stahlbeizen durch thermische Spaltung nach verschiedenen technischen Verfahren an (Sprühröstverfahren nach *Ruthner*; Wirbelschichtverfahren der *Lurgi*). Beim Sprühröstverfahren (Abb. 6.8) wird die verbrauchte Beize (Mischung aus HCl und $FeCl_2$) in einem Waschrekuperator durch die Reaktorabgase vorgewärmt und danach im Reaktor im Gegenstrom zu den Heizgasen versprüht. Bei Temperaturen von ca. 800 °C erfolgt die Pyrohydrolyse nach folgender Reaktion:

$$4\,FeCl_2 + 4\,H_2O + O_2 \rightarrow 2\,Fe_2O_3 + 8\,HCl$$

Im Absorber entsteht aus dem gebildeten HCl-Gas und dem aus dem Vorlauf verdampften HCl durch Wasserabsorption zusätzlich eine wertvolle regenerierte Salzsäure mit einer HCl-Konzentration von ca. 20 %.

Verarbeitung schwefelsaurer Eisenbeizen zu Wasserreinigungsreagenzien Die verbrauchten Beizen (Mischung aus $FeSO_4$ und H_2SO_4) werden durch Auskristallisation von Eisensulfaten mittels Verdampfung und Kühlung regeneriert. Dabei entsteht je nach Kristallisationstemperatur das Heptahydrat ($FeSO_4 \cdot 7\,H_2O$) oder das Monohydrat ($FeSO_4 \cdot H_2O$). Beide Salze sind in der Frischwasser- und Abwasserreinigung als Flockungsmittel im Einsatz. Die Grundlagen von Kristallisationsverfahren sind in Abschn. 4.1.3 beschrieben.

6.3   Recycling der Leichtmetalle Aluminium, Magnesium und Titan sowie aluminiumhaltiger Abfälle

Die Aluminiumwerkstoffe sind nach dem Stahl zu den zweitwichtigsten Werkstoffen aufgestiegen und bereits heute wird in Deutschland etwa die Hälfte des Aluminiums aus Schrotten produziert. Dabei gestaltet sich das Recycling von Aluminium-Schrotten durchaus kompliziert, da das Aluminium zu den unedleren Metallen gehört (z. B. hohe Sauerstoffaffinität) und deshalb eine Raffination durch selektive Oxidation von den überwiegend edleren Verunreinigungen bzw. eine Abtrennung von Legierungselementen nicht möglich ist. Deshalb bestehen nur beschränkte Reinigungsmöglichkeiten von Aluminium-Schmelzen durch physikalische und chemisch-reaktive Verfahren. Kenntnisse über die Legierungszusammensetzungen der Schrotte sowie deren Verunreinigungen für den Verarbeitungsprozess sind daher sehr wichtig und der vorgelagerten Schrottaufbereitung zur Abtrennung von Verunreinigungen kommt eine große Bedeutung zu. Aluminiumhaltige Abfälle stammen vorwiegend aus der Herstellung der Werkstoffe und Halbzeuge sowie aus der Schrottverarbeitung einschließlich Material aus dem Verpackungsbereich. Dabei kann nur der Inhalt an metallischem Aluminium recycelt werden. Die Al-Gehalte in oxidischer Bindungsform sind prinzipiell nicht als Metall regenerierbar.

Zum Aluminium-Recycling liegen zwei umfangreiche Monographien vor [6.5, 6.6], die unter anderen bei der Arbeit zu diesem Buch als nützliche Quellen dienten.

6.3.1   Zusammensetzung von Aluminiumwerkstoffen, Schrotten und aluminiumhaltigen Abfällen

6.3.1.1 Aluminiumwerkstoffe
Unlegiertes Aluminium wird in Hüttenaluminiumqualität (99,0…99,9 % Al) in der Elektrotechnik und für Folien eingesetzt. Für Spezialzwecke ist die Qualität Reinstaluminium (99,98 % Al) verfügbar. Die *Aluminiumlegierungen* werden in die Gusslegierungen, die höhere Gehalte an Si, Cu, Mg und Zn aufweisen und die Knetlegierungen mit den geringeren Gehalten an Mn, Mg, Si, Li, Cu und Zn unterteilt. Nach der Europäischen Norm (EN) kann die Legierungsbezeichnung sowohl durch eine Werkstoffnummer als auch – wie bisher üblich – durch chemische Symbole erfolgen. Außerdem wird eine Buchstaben-Zahlen-Kombination verwendet, in der für Aluminium (A), für Blockmetall (B), für Gussstücke (C), für Vorlegierungen (M) und für Knetlegierungen/Halbzeug (W) stehen. Beispiel einer Knetlegierung: EN AW–3104 entspricht EN AW-AlMn1Mg1Cu. Bei Gusslegierungen werden die noch nicht umgestellten bisherigen Bezeichnungen wie G-AlSi10Mg (G steht für Guss) verwendet. Gerade für den Schrotthandel und die Schrottverarbeitung müssen alle Bezeichnungsformen bekannt sein.

Gusslegierungen
AlMg-Gusslegierungen enthalten bis 10,5 % Mg und ca. 1 % Si (Haushaltgeräte, Bauwesen). *AlSi-Gusslegierungen* sind mit bis zu 13,5 % Si legiert. Als ternäre Legierungen

betragen die Si-Gehalte 7…10 % sowie zusätzlich 1…4 % Cu, ca. 0,5 % Mg und bis 1,3 % Fe. Sie finden vor allem für Motorblöcke, Getriebegehäuse oder Pumpengehäuse Anwendung und sind in dieser Form ein hochwertiger Kompaktschrott. Als Kolbenlegierung sind Legierungen mit etwa 11…23 % Si, 1…3 % Cu, 1…2 % Ni und 1 % Mg im Einsatz.

AlZn-Legierungen enthalten z. B. 4,5…6 % Zn bei 0,4…0,7 % Mg. *Partikel- oder faserverstärkte Werkstoffe (Metal Matrix Composite, MMC)* sind eine Spezialität vor allem bei Gusslegierungen. Dabei werden zur Festigkeitserhöhung 15…25 % an Partikeln (SiC, Al_2O_3, …) oder Fasern (C, Al_2O_3,….) zugegeben, was zu erheblichen Problemen beim Recycling führt.

Knetlegierungen

Verwendet werden die Legierungsgruppe AlCuMg (z. B. EN AW-AlCu4Mg1), die auch mit Mn, Li oder Ni legiert sein kann (z. B. EN AW-AlCu2Li2Mg1,5) sowie die Legierungsgruppe AlMg (z. B. EN AW-AlMg3), die Legierungsgruppe AlSiMg (z. B. EN AW-AlSi1Mg0,5Mn) und die Gruppe AlZnMgCu (z. B. EN AW-AlZn6MgCu).

Die Legierungsgruppe AlLi (z. B. AlLi4Cu4; AlLi4Mg8; AlLi2,5Mg4) erfordert eine spezielle Herangehensweise, da das Legierungsmetall Li einerseits einen hohen Wert hat, andererseits zu Unverträglichkeit in anderen Al-Legierungen führt. Knetlegierungen sind vor allem als Halbzeuge (Bleche, Profile, Rohre im Fahrzeug-, Flugzeug- und Maschinenbau sowie in der Bauindustrie) aber auch als Schmiedestücke in Anwendung.

Weitere Angaben zu Aluminium-Werkstoffen sind in [6.2] und [6.6] zu finden.

Neben den angegebenen Legierungsgehalten sind für die Schrottverarbeitung die weiteren zulässigen metallischen Beimengungen von entscheidender Bedeutung, da das Einbringen solcher Beimengungen wie Cu, Fe, Zn, Mg, Pb u. a. durch die verschieden legierten Werkstoffe und durch beigemengte Verunreinigungen (Eisen-, Kupfer-, Zink-Schrotte) nicht zu vermeiden ist. Beispielhaft werden einige zulässige Beimengungen für Aluminium-Gusslegierungen genannt:

- G-AlSi7Mg: 0,55 % Fe; 0,20 % Cu; 0,15 % Zn; 0,15 % Ni; 0,35 % Mn; 0,15 % Pb.
- G-AlSi11: 0,19 % Fe; 0,05 % Cu; 0,45 % Mg; 0,10 % Mn; 0,07 % Zn.

6.3.1.2   Aluminiumschrotte

Produktionsabfälle in Gießereien und Halbzeugbetrieben fallen sehr rein und als definierte Legierungen an. Diese *Neuschrotte* verarbeiten die eigenen Unternehmen ohne Vorbehandlung in ihren Einschmelzöfen. Der betriebsinterne Kreislaufschrott erscheint nicht in den Schrottbilanzen. Die *Neuschrotte* der Metallverarbeitung (Stanzabfälle, Schnittreste) werden dagegen speziellen Umschmelzwerken (Remelter) zugeführt. Die in dieser Verarbeitungsstufe anfallenden *Späne* sind im Prinzip ebenfalls Neuschrotte, sie sind aber mit Kühlschmierstoffen (Öl-Wasser-Emulsion) stark verunreinigt. Bei mangelhafter Spänesammlung können andere Metallspäne (Eisen-Späne) untergemischt sein. Die große Oberfläche der Späne verursacht einen gewissen Oxidgehalt, der besonders beim Einschmelzprozess zunimmt. Die Späne müssen zunächst entölt und getrocknet werden und sind danach meist wie verunreinigte Altschrotte zu verarbeiten. Der Massenanfall hochwertiger Späne hat in der Flugzeugindustrie durch Einführung der „Integralbauweise" enorm zugenommen. Bei dieser Technologie können vom Rohbauteil 97,6…99 % als Späne anfallen (nach EADS Deutschland GmbH, 2006).

Als *Altschrotte* werden dagegen Materialien bezeichnet, die in Produkten, Anlagen oder Bauwerken in Verwendung waren und danach zu Abfall wurden. Die Altschrotte sind an den Sammelstellen häufig in Gussschrott und Knetlegierungen vorsortiert, wobei auch Verunreinigungen (Eisenwerkstoffe, Kupfer) abgetrennt sind. Eine spezielle Qualität stellt Shredderschrott dar, der nach der Zerkleinerung bereits einen Sortierprozess durchlaufen hat. Der Altschrott aus Hausmüll enthält Aluminium-Verpackungen (Dosen, Deckel, Tuben, Assietten) und Aluminium-Werkstoffverbunde. Neben den beigemengten Verunreinigungen spielen festhaftende Beschichtungen (Lackierung, Aufdruck, Pigmente, Kunststoffe) eine Rolle. Schließlich sind die Abmessungen der Schrotte von Bedeutung, die einerseits eine gute Ofenbeschickung gewährleisten müssen und andererseits nicht zu feinteilig sein sollten. Die Feinteiligkeit und damit die große Oberfläche der Stücke spielt beim Aluminium eine besondere Rolle. Solche feinteilige Materialien (Späne, Folien) erfahren beim Einschmelzen an der gesamten Oberfläche eine Oxidation und diese Oxidhaut blockiert das Zusammenfließen der Schmelztröpfchen. Dadurch entstehen geringe Schmelzausbeuten.

Wegen der Schwierigkeiten bei der Reinigung von Aluminium-Schmelzen und der Unmöglichkeit der Reduktion des oxidierten Al-Anteils kommt den Schrottqualitäten eine große Bedeutung zu. Zwischen dem Schrotthandel und den Schmelzhütten haben sich daher spezielle Übereinkünfte (Handelsusancen) und eine Schrott-Klassifizierung herausgebildet.

Die *Schrott-Klassifizierung* umfasst nach der *Aluminium-Schrott-Norm* 15 Schrottsorten, die nach Knet- und Gusslegierungen, Herkunft, Stückgrößen, Verunreinigungen u. a. unterschieden werden. Die wichtigsten Schrottarten sind folgende [6.6, 6.7]:

• unlegiertes Aluminium inkl. Drähte und Kabel,
• Aluminiumknetlegierungen (Produktionsschrott und sortierter Altschrott),
• Gussschrott (Produktionsschrott, kompakter Altschrott),
• Aluminium-Shreddermaterial bzw. sortiertes Shreddermaterial,
• Aluminiumgetränkedosen UBC (Used Beverage Cans),
• Aluminium-Kupfer-Kühler,
• Aluminiumspäne aus einer oder aus mehreren Legierungstypen,
• Aluminiumverpackungen (auch mit Papier und Kunststoff beschichtet),
• entschichtete Aluminiumverpackungen,
• Krätzen, Ausläufer und Gröben.

Die Notwendigkeit dieser Unterscheidungen ergibt sich aus den Darlegungen zu den Schmelzverfahren und den Raffinationsmöglichkeiten, dargestellt in dem folgenden Abschn. 6.3.2.

In der Norm werden ferner Vorgaben für die *Bewertung und Bemusterung von Schrott-losen* gemacht. Die Bemusterung besteht zunächst aus der Probenahme, d. h. der Gewinnung einer repräsentativen Teilmenge. Die übliche Teilmenge (Muster) liegt bei 20 kg, die bei erkennbaren starken Inhomogenitäten bis auf 100 kg erhöht werden muss. In diesem Muster werden die Feuchtigkeit und der Ölgehalt durch Trocknung bei 110 bzw. 360 °C bestimmt sowie das magnetische Eisen und evtl. auch unmagnetische Stähle (Wirbelstromverfahren) abgetrennt. Danach erfolgt ein *Probeschmelzen* des vorbereiteten Schrott-Musters unter praxisnahen Bedingungen (Temperatur 800 °C; Zugabe von Schmelzsalz). Die Schmelzausbeute an Metall wird ermittelt und eine chemische Analyse des Metalls durchgeführt. Die Ergebnisse des Probeschmelzens und der Metallanalyse dienen zunächst der Überprüfung bzw. Korrektur des Einkaufvertrages (Ausbeute, Qualität, Abzüge, Preis) und sind weiterhin die Basis für die betriebliche Berechnung der Gattierung.

6.3.1.3   Aluminiumhaltige Abfälle

Für das Recycling von Al-Metall sind nur Abfälle nutzbar, die Aluminium in metallischer Form enthalten. Aluminium haltige Abfälle entstehen beim Schmelzen und Erstarren von Al und Al-Legierungen infolge der erhöhten Sauerstoffaffinität des flüssigen Metalls in Form von Krätzen (Skimmings). Alle festen Aluminiummetall-Oberflächen sind mit einer sehr dünnen, dichten, durchsichtigen Oxidschicht bedeckt, die für die Korrosionsbeständigkeit des Aluminiummetalls verantwortlich ist. Diese Oxidschicht kann durch anodische Oxidation (Eloxieren) verstärkt werden (und ist zusätzlich einzufärben). Diese Oxidschichten auf dem festen Metall bilden auch einen geringen Teil der Krätzen. Die Hauptmenge der Krätzen entsteht bei Schmelzprozessen an der Oberfläche des Metallbades und sie bestehen aus einem inhomogenen Gemisch von Aluminiumoxid mit etwa 40…80 % Aluminiummetall-Tröpfchen (sowie geringe Gehalte an Aluminaten, Aluminiunitrid, Spinellen und evtl. Chloriden/Fluoriden). Anfallstellen finden sich z. B. beim Vergießen von Primäraluminium, Stranggießen in Halbzeugwerken, Legieren, Reinigen der Schmelzen, Umschmelzen, Formgießereien und vor allem Einschmelzen von Schrotten. Die Krätzen schwimmen auf der Aluminium-Schmelze und werden von der Oberfläche abgezogen oder mit kleinen Wehren zurückgehalten. Wichtig ist eine schnelle Abkühlung der Krätzen, um die fortschreitende Oxidation der Aluminium-Tröpfchen zu stoppen. Krätzen reagieren auch nach dem Abkühlen mit Feuchtigkeit unter weiterer Oxidbildung und z. T. unter Bildung von gefährlichen Gasen (Wasserstoff, Ammoniak). Die Lagerung von Krätzen muss deshalb in geschlossenen, trockenen Räumen mit ausreichend Belüftung erfolgen.

Weitere aluminiumhaltige Abfälle entstehen beim Schrottschmelzen. Abfallarten des Schrottschmelzens sind die verbrauchten Schmelzsalze, die geringe Gehalte an metallischem Aluminium aufweisen und die Filterstäube aus der Abgasbehandlung der Schmelzöfen. Eine vollständig andere Art von Abfällen sind Aluminumsalz-Lösungen, die insbesondere beim Ätzen und Eloxieren von Aluminium-Halbzeug und Fertigwaren anfallen (siehe dazu die Ausführungen in Abschn. 6.3.5).

6.3.2   Grundlegende Eigenschaften von Aluminiumschmelzen und Möglichkeiten ihrer Behandlung

Das Recycling von Aluminium-Schrotten erfolgt ausschließlich schmelzmetallurgisch. Die Beschreibung der eingesetzten Technologien und der entwickelten Apparatetechnik sowie die Notwendigkeit spezieller Schrottaufbereitung setzen grundlegende Kenntnisse über das Verhalten von Aluminium-Schmelzen voraus.

6.3.2.1   Verhalten von Aluminiumschmelzen gegen Feststoffe

Reines Aluminium hat eine Schmelztemperatur von 660 °C und dabei eine Dichte von 2,9 g/cm^3. Die Erzeugung von Aluminium-Schmelzen sowie deren Behandlung und Legierung erfolgt technisch im Temperaturbereich zwischen 700 und 900 °C. Im geschmolzenen Aluminium sind bei diesen Temperaturen die meisten Metalle mit höheren Konzentrationen löslich. Sehr viele Metalle bilden mit Aluminium-Schmelzen intermetallische Verbindungen wie Al$_2$Cu (siehe die Legierungssysteme in der Fachliteratur). Es besteht also die erhebliche Gefahr, dass sich metallische Verunreinigungen von Schrotten im aufgeschmolzenen Aluminium bzw. der Aluminium-Legierung auflösen. Daraus ergibt sich die Forderung nach einer dem Schmelzen vorgeschalteten weitgehenden Abtrennung metallischer Verunreinigungen durch Sortierprozesse (siehe Abschn. 6.3.3). Die nach den Sortierprozessen verbleibenden Restinhalte an Fremdmetallen (z. B. Eisen, Kupfer) liegen beim Schmelzen als getrennte Partikel oder mechanisch verbundene Teile am Aluminium oder der Aluminium-Legierung vor und besitzen meist eine höhere Dichte und höhere Schmelztemperatur als das Aluminium oder die Legierung. Das heißt, die verunreinigenden Fremdmetalle werden nicht gemeinsam mit dem Aluminium schmelzen und sich nicht sofort in einer Aluminium-Schmelze auflösen. Entscheidend dafür ist die *Auflösekinetik,* die von der Temperatur im Schmelzapparat und der spezifischen Oberfläche der festen Fremdmetall-Partikel wesentlich bestimmt wird. Auf Grund der wesentlich höheren Schmelztemperatur von Eisenwerkstoffen gegenüber Aluminium und der Auflösekinetik des Eisens ist es technisch möglich, aus kompakten Aluminium-Eisen-Mischschrotten (z. B. Motorenschrott) die Aluminium-Legierung auszuschmelzen und einen festen Eisenschrott-Rückstand abzutrennen. Diese Abschmelzmethode wurde in der Vergangenheit häufig angewandt, ist aber heute durch effektive Sortierprozesse verdrängt. Neben diesem Verhalten zu Fremdmetallen sind die Reaktionen mit anderen festen Verunreinigungen (organ. Stoffe und Kunststoffe, keramische Materialien, Pigmente) von Bedeutung. *Kunststoffe und organische Stoffe* verbrennen nur teilweise beim Aufschmelzen des Schrottes. Es kommt in großem Umfang zum Verschwelen (Pyrolyse), wobei der entstehende Kohlenstoff eine Bildung von Aluminiumkarbid bewirken kann. Restgehalte an feinkörnigen *keramischen Materialien* können von Aluminium-Schmelzen reduziert werden – unter Bildung von Al$_2$O$_3$ und Auflösung des reduzierten Metalls/Halbmetalls in der Al-Schmelze.

Reaktionsbeispiel: $3\,SiO_2 + 4\,Al \rightarrow 3\,Si + 2\,Al_2O_3$.

Aus dem *Richardson-Ellingham*-Diagramm (Abb. 6.2) können die thermochemischen Reduktionsmöglichkeiten des Aluminiums abgelesen werden. Danach sind nur die Oxide CaO und MgO gegenüber Aluminium-Schmelzen bei etwa 750 °C beständig. Kompakte keramische Werkstoffe sind aber für die feuerfesten Ausmauerungen der Schmelzöfen unverzichtbar. Zu deren Oxid-Zusammensetzung und Korrosionsbeständigkeit sind die erforderlichen Angaben bei den Schmelzapparaten zu finden. Die *Pigmente* (TiO_2, ZnO, Pb_3O_4, Fe_2O_3, Cr_2O_3 u. a.) in den Lackschichten von Schrotten können ebenfalls die Aluminium-Schmelze verunreinigen und bei mehrfachem Kreislauf die geringen zulässigen Grenzgehalte in Knetlegierungen gefährden.

Das setzt aber eine mögliche Reduktion der oxidischen Pigmente voraus. Diese Reduktion ist nach den thermochemischen Daten in Abb. 6.2 realistisch. Experimentelle Untersuchungen zeigten jedoch, dass auch nach einer Reduktion dieser Oxide nur die niedrig schmelzenden Metalle Blei, Zink und Antimon praktisch in die Aluminium-Schmelze übergehen, während die hochschmelzenden Metalle als feste Partikel in der Krätze oder in der Salzschmelze aufgenommen werden.

6.3.2.2   Verhalten von Aluminiumschmelzen gegen Sauerstoff, Stickstoff und Wasserstoff

Sauerstoff und Stickstoff sind im flüssigen Aluminium praktisch unlöslich. Infolge einer hohen Affinität des Aluminium zu Sauerstoff und einer geringen Affinität zu Stickstoff bilden sich auf flüssigen wie auf festen Aluminium-Oberflächen Schichten vorwiegend aus Aluminiumoxid und nur z. T. aus Aluminiumnitrid aus. Diese Schichten sind dicht und schützen das Metall vor weiterer Reaktion mit diesen Gasen. Die Oxidation von flüssigen Aluminium-Oberflächen kann auch durch H_2O, CO_2 und Fremdoxide erfolgen, d. h. durch feuchte Luft, Verbrennungsgase und z. B. Eisenoxid. Die Oxidationsgeschwindigkeit von flüssigem Aluminium nimmt mit steigender Temperatur zu (ab 780 °C stark). Die Legierungselemente beeinflussen die Oxidation und die Zusammensetzung der Oxidschicht erheblich. Für das Schrottschmelzen ist der Hinweis wichtig, dass Mg-Gehalte selektiv bevorzugt oxidieren (Magnesiumverluste) und die Aluminium-Oxidation verstärken, während hohe Si-Gehalte die Aluminiumoxidation bremsen [6.6]. Die Oxidbildung aus Aluminiummetall führt zu einem unwiederbringlichen Metallverlust beim Recycling, wie überhaupt bei allen Aluminium-Verarbeitungsprozessen (Schmelzen, Gießen), da das Aluminiumoxid bei den Schmelzverfahren und aus den verschiedenen Abfällen nicht wieder reduziert werden kann. Die Reduktion von Aluminiumoxid ist wirtschaftlich nur durch Schmelzflusselektrolyse von reinem Aluminiumoxid zu realisieren.

Wasserstoff ist in Aluminium-Schmelzen merklich löslich, aber er reagiert nicht mit dem Aluminium. Die Löslichkeit steigt mit der Temperatur und dem Wasserstoffpartialdruck (Gehalt bei 660 °C und 1 bar H_2 ist 0,43 cm^3 H_2/100 g Al). Wegen der sprunghaft geringeren Wasserstofflöslichkeit im festen Zustand wird Wasserstoff beim Erstarren von Aluminium frei und ist verantwortlich für die Blasen- und Porenbildung in Aluminium-Werkstoffen (Materialdefekte). Bei den hohen Erstarrungsgeschwindigkeiten des Stranggusses kann die Ausscheidung des Wasserstoffs beim Erstarren zunächst unterdrückt sein. Der Wasserstoff wird aber in den nachfolgenden Bearbeitungsstufen (Glühen) unter Bildung von Glühblasen und Korngrenzenporosität freigesetzt. Die Hauptursache für die Wasserstoffaufnahme ist die Anwesenheit von Wasserdampf, der mit Aluminium-Schmelzen atomaren Wasserstoff bildet, welcher rasch in der Aluminium-Schmelze aufgelöst wird [6.6]. Das Reduktionsmittel Al wird dabei zu Oxid umgewandelt.

$$\text{Wasserdampfreaktion: } 2\,Al + 3\,H_2O \rightarrow Al_2O_3 + 3\,H_2.$$

Quellen für Feuchtigkeit und Wasserdampf beim Schmelzen sind die Umgebungsluft, die Ofenatmosphäre, Verbrennungsgase, feuchte und oxidierte Schrotte, feuchte Schmelzsalze, neue Ofenausmauerungen, unzureichend getrocknete Gießrinnen, Pfannen und Werkzeuge. Dabei ist besonders auf den Feuchtigkeitsgehalt der porösen Oxidschichten auf den Schrotten hinzuweisen, der bei kleinstückigem Material (Späne) wegen des ungünstigen Verhältnisses Volumen / Oberfläche erheblich sein kann. Unzureichend getrocknete Gießrinnen, Werkzeuge usw. sind auch aus Arbeitsschutzgründen unbedingt zu vermeiden, da durch Wasserdampfblasen flüssiges Metall gefährlich verspritzt.

6.3.2.3 Anwendung von Schmelzsalzen

Die gravierenden negativen Auswirkungen der hohen Sauerstoffaffinität der Aluminium-Schmelzen und der bereits vorhandenen Oxidschichten der Schrotte auf den Schmelzprozess und die Schmelzausbeute haben zur Anwendung von Schmelzsalzen geführt. Diese Salzgemische entfalten im geschmolzenen Zustand mehrere positive Wirkungen:

- Aufbrechen und Ablösen der vorliegenden Oxidschicht und deren Suspendieren im Schmelzsalz.
- Koagulation von Metalltröpfchen infolge Ablösung der Oxidschicht.
- Abdeckung der Aluminiummetall-Schmelze mit der Salzschmelze und damit Realisierung einer Schutzschicht gegen oxidierende Gase und Wasserdampf.
- Auflösung oder Suspendieren von verschiedenen Verunreinigungen.

Der Ablösemechanismus der Oxidschicht von den Metalltröpfchen ist dabei wesentlich durch die Oberflächenspannungen von Aluminium und Salzgemisch und die Benetzungseigenschaften des Salzgemisches gegeben. Um die genannten Wirkungen zu erfüllen, muss eine Salzschmelze folgende Eigenschaften aufweisen:

- Schmelzbereich von 660…700 °C (Aluminium-Schmelzpunkt 660 °C),
- Gewährleistung einer schwimmenden Deckschicht, d. h. eine Salzdichte $< 1,8\,g/cm^3$ (deutlich geringer als flüssiges Aluminium),
- geringe Viskosität,
- optimale Grenzflächenspannung gegen Aluminiumoxid und Aluminium-Schmelze,
- keine chemische Reaktion mit der Aluminium-Schmelze und der Ofenausmauerung,
- thermische Stabilität und geringer Dampfdruck,
- hohes Aufnahmevermögen für Aluminiumoxid, Aluminiumnitrid u. a. Verunreinigungen.

Diese vielseitigen Anforderungen können Salzgemische aus NaCl und KCl mit geringen Gehalten an Fluoriden erfüllen (65...75 % NaCl, 25...30 % KCl, 2...5 % CaF$_2$ oder bis 5 % Kryolith (Na$_3$AlF$_6$) bzw. Alkalifluorid). Für das Umschmelzen von AlLi-Knetlegierung sind diese Salzmischungen aber nicht optimal, da das wertvolle Li vollständig chloriert wird und als LiCl in die Salzschlacke übergeht. Deshalb sollte für solche Legierungen als Schmelzsalz reines LiCl eingesetzt werden, das nach Lösen und Umkristallisation verlustarm im Kreislauf geführt werden kann. Das heißt, die wertvollen Neuschrotte von AlLi-Knetlegierungen erfordern eine getrennte Verarbeitung und übrigens auch eine getrennte Lagerung. Der Grund ist eine mögliche Wasserstoffbildung bei Kontakt mit Feuchtigkeit. Wegen der hohen Konzentration an Chloriden und daneben gewissen Mengen organischer Stoffe in verunreinigten Al-Schrotten, besteht die Gefahr der Bildung von Dioxinen.

6.3.2.4   Spülgasbehandlung mit inerten und reaktiven Gasen

Unter Spülgasbehandlung versteht man das Einblasen von Gasen in die Aluminium-Schmelze. Das Einblasen der *inerten Gase Argon und Stickstoff* erfolgt zur Entfernung des gelösten Wasserstoffs. Dabei diffundiert der gelöste Wasserstoff aus der Schmelze in die Gasblase und wird mit dieser ausgetragen. Diese Blasenentgasung erfolgt nur dann mit ausreichender Geschwindigkeit, wenn die durch Gasblasen oder durch einen Rührer ausgelöste Bewegung den konvektiven Stofftransport des Wasserstoffs zur Phasengrenze Schmelze-Blase und eine optimale Blasengröße gewährleistet. Diese Anforderung wird besonders effektiv durch die Gaszuführung über poröse Steine oder die Verwendung eines Impellerrührers erreicht, durch dessen hohle Achse das Gas in die Schmelze eingetragen und verteilt wird [6.5]. Als *reaktives Gas* wird Chlor verwendet und zwar in einem *Chlor-Argon-Gemisch* mit bis 15 % Chlor. Damit können die gelösten Beimengungen an Sr, Na, Ca, Li und Mg auf Grund der negativeren freien Reaktionsenthalpien gegenüber Aluminium bei 700...800 °C in Chloride umgewandelt und in die Krätze überführt werden. In den Abgasen sind Reste an Cl$_2$ und HCl enthalten. Fluorhaltige Spülgase könnten noch effektiver reinigen. Sie werden aber aus Gründen der Korrosion und Toxizität nicht eingesetzt. Durch die Spülgasbehandlung erfolgt parallel eine Verminderung des Gehaltes an feindispergierten Feststoffen durch die *Flotationswirkung der Gasblasen*. Die Abtrennung der feinen Feststoffpartikel erfolgt bei Knetlegierungen z. T. auch durch *Filtration der Metallschmelze* über ein keramisches Filterelement.

An die Spülgasbehandlung schließt sich als wichtiger Reinigungsschritt immer eine definierte *Abstehzeit* an, die für das vollständige Aufsteigen der Gasblasen und das Aufschwimmen der Krätzepartikel unverzichtbar ist. Erst danach erfolgt das Abkrätzen der Schmelze.

Neuere Untersuchungen zeigten, dass auch durch eine Ultraschallbehandlung der Schmelzen der Wasserstoffgehalt ausreichend abgesenkt wird. Bei 720 °C konnte z. B. in wenigen Minuten die Wasserstoffkonzentration von 0,31 auf 0,03 cm^3/100 g gesenkt werden. Die technische Einführung dieser Ultraschallentgasung würde Energie einsparen und zu einem geringeren Anfall von Krätze führen.

6.3.2.5 Alternative Raffinationsverfahren für Aluminium-Schmelzen

Für die Raffination von Aluminium-Schmelzen kommen prinzipiell auch weitere physikalische und elektrochemische Verfahren in Betracht (Intermetallische Fällung, Seigern, Destillation, Schmelzflusselektrolyse) [6.6]. Der industrielle Einsatz dieser Verfahren ist aber z. Zt. technisch nicht zwingend, weil die zulässigen Fremdmetallgehalte noch durch Verschneiden mit Reinaluminium (Primäraluminium oder reine Schrotte) zu garantieren sind. Diese Bedingungen können sich mit zunehmendem Anteil von Recyclingaluminium an der Gesamtproduktion oder durch neuartige Legierungen (z. B. AlLi) ändern. Deshalb werden auch weitere Überlegungen zur Beherrschung der Legierungs- und Verunreinigungsmetalle angestellt. Hierzu gehört erstens die Entwicklung von Legierungen mit höheren Fe-Gehalten, denn Eisen ist eine typische Schrottverunreinigung. Zweitens wäre auch eine Beschränkung auf deutlich weniger Legierungselemente ohne Verlust von Anwendungseigenschaften möglich. Die oben genannten Verfahren – Seigern, Destillation und Schmelzflusselektrolyse – wurden unter den besonderen wirtschaftlichen Bedingungen des 2. Weltkrieges für Flugzeugschrott technisch genutzt.

Der *Seigerprozess* ermöglicht eine selektive Kristallisation von Verunreinigungen aus der Aluminium-Schmelze. Durch dieses Verfahren lässt sich aus geschmolzenen AlMg-Legierungen beim definierten Abkühlen das Fe als festes $FeAl_3$ abscheiden und Si in Form von festem Mg_2Si. Die Effektivität des Verfahrens wird dabei wesentlich durch die nachfolgend notwendige Trennung der festen Phase von der Aluminium-Schmelze durch Filtration oder Zentrifugieren bestimmt. Dieses Verfahren kann bei AlSi-Gusslegierungen durch Zusatz von Mangan deutlich verbessert werden. Durch *intermetallische Fällung* scheidet sich eine feste AlSiFeMn-Phase aus, die durch keramische Schaumfilter oder Zentrifugieren abtrennbar ist. Bei Pilotversuchen wurden eine Ausbeute von 86 % gereinigter Aluminium-Schmelze (0,6 % Fe, 0,4 % Mn) und 14 % Filterrest (9,2 % Fe, 9,7 % Mn) erreicht [6.8]. Über weitere Untersuchungen zur *intermetallischen Fällung von Fe* wird in [6.9] berichtet.

Die *Vakuumdestillation* ist ein verfahrenstechnisch sowie apparativ erprobtes und einige Jahre für die Abtrennung von Mg und Zn angewandtes Verfahren (Beck-Prozess) [6.10]. Gegenüber dem Basismetall Aluminium sind bei Temperaturen von 700…1.200 °C die Dampfdrücke von Zink, Cadmium, Magnesium, Lithium und Blei z. T. deutlich höher. Die Dampfdrücke erreichen bei 1.000 °C und einer Konzentration von 2 % des Legierungsmetalls etwa folgende Werte: Zink 30 hPa, Magnesium 5 hPa, Lithium 3 hPa. Der Vorteil der Vakuumdestillation ist die Gewinnung dieser Legierungsmetalle in reiner metallischer Form, d. h., sie sind unmittelbar als Legierungsmetalle wieder verwendbar.

Dreischichten-Schmelzflusselektrolyse

Als weiteres technisch erprobtes Verfahren wäre die Schmelzflusselektrolyse von Aluminium in Form der Dreischichten-Elektrolyse einsetzbar, die allerdings hohe Kosten verursacht. Das Prinzip beruht auf der Anwendung eines geschmolzenen Elektrolyten mit einer höheren Dichte (Kryolith + Bariumfluorid) als das geschmolzene reine Al sowie einer unreinen Al-Legierung, der ebenfalls zur Erhöhung der Dichte 30 % Cu zulegiert sind. Dadurch kann in einer Elektrolysewanne (Kohlenstoffmasse) als unterste Schicht die unreine Aluminium-Schmelze mit 30 % Cu als Anode, darüber die Elektrolytschmelze und als oberste Schicht die abgeschiedene reine Aluminium-Schmelze (Kathode) erzeugt werden.

6.3.2.6 Zusammenfassung der Eigenschaften und Möglichkeiten der Behandlung von Aluminium-Schmelzen

Die vorhandene Löslichkeit fast aller Metalle in Aluminium-Schmelzen und die Reduktionswirkung des geschmolzenen Aluminiums auf Oxide kann zu erheblicher Auflösung von Fremdmetallen führen. Die große Affinität des Aluminiums zu reaktiven Gasen (Sauerstoff, Chlor u. a.) begrenzen die Möglichkeit einer selektiven Reaktion dieser Gase mit Verunreinigungen auf wenige Beimengungen (Sr, Na, Ca, Li, Mg). Die Vakuumdestillation könnte die Abtrennung von Zn, Mg, Li und Pb ermöglichen.

Die fest haftenden Oxidhäute auf den Schrottoberflächen und die starke Oxidationstendenz von Aluminium-Schmelzen und feinteiligen Schrotten stellen besonders hohe Anforderungen an die Schmelztechnik (schnelles Chargieren oder Eintränken), erzeugen eine große Krätzemenge, zwingen zur Verwendung von Schmelzsalzen und verringern die Schmelzausbeute. Infolge dieser Stoffeigenschaften sind die Raffinationsmöglichkeiten von Aluminium-Schmelzen außerordentlich beschränkt und es ergibt sich die Forderung nach Einsatz möglichst reiner Schrotte. Das erfordert eine getrennte Erfassung der Schrottsorten (siehe Abschn. 6.3.1.2) sowie eine weitgehende Abtrennung der Verunreinigungen des Schrottes vor dem Einschmelzen durch Schrottaufbereitung.

Diese Schrottaufbereitung durch Reinigung und Kompaktierung kann gleichzeitig auch eine verbesserte Schmelzausbeute gewährleisten.

6.3.3 Aufbereitungsverfahren für Aluminium-Schrotte

Die wichtigste Aufgabenstellung der Aufbereitung der Aluminium-Schrotte ist auf Grund der weiter vorne erläuterten geringen Raffinationsmöglichkeiten die Aushaltung und Abtrennung von Verunreinigungen. Deshalb muss der ersten Aufbereitungsstufe der Aufschlusszerkleinerung die allergrößte Beachtung geschenkt werden, da diese die Trennung der Werkstoffverbindungen bewirken muss. Das ist die grundlegende Voraussetzung für die nachfolgende Sortierung. Bei den Anwendungsfeldern der Aluminium-Werkstoffe ist eine Kombination mit anderen Werkstoffen (Motorblöcke, Fahrzeugkarosserien, Kleingeräte) bzw. eine Beschichtung (Lacke, Kunststoffe) sehr häufig anzutreffen. Es sind aber auch sehr dünnwandige Aluminium-Werkstoffe wie Folien, Dosen u. a. in Verwendung und erfordern besonders wegen der starken Oxidationsgefahr beim Schmelzen geeignete Kompaktierungsverfahren. Aus Gründen der großen Legierungsunterschiede zwischen den Si-haltigen Gusslegierungen und den MgCu-haltigen Knetlegierungen ist die Getrennthaltung dieser beiden Schrotte von großer Bedeutung. Die früher übliche Praxis des Recyclings aller Aluminium-Schrotte zu den höherlegierten Gusslegierungen ist durch verbesserte Sammel- und Sortiersysteme bei Produktionsschrotten und einigen Bau- und Konsumgüterabfällen nicht mehr Stand der Technik. Reine Knetlegierungsschrotte werden heute wieder zu qualitätsgerechten Knetlegierungen recycelt. Die Aushaltung von Verunreinigungen und die Vorsortierung nach Legierungstypen beginnt mit entsprechend strukturierten Sammelsystemen z. B. für Motorenschrott, Aluminium-Bauprofilen, Aluminium-Getränkedosen (sog. UBC-Schrott), Aluminium-Blechschrott, Menüschalen u. a. Dabei kommt heute immer mehr das sehr effektive „Leasing" in Gebrauch, bei dem z. B. die Menüschalen bei Großverbrauchern (Krankenhäuser, Kantinen usw.) von dem Lieferanten wieder eingesammelt werden und so als saubere und definierte Knetlegierung direkt umgeschmolzen werden können. Die Sammelsysteme sind durch entsprechend definierte Transport- und Lagersysteme beim Schrotthandel und beim Schrottverarbeiter zu komplettieren. Feinteilige Schrotte sind ausnahmslos unter Dach zu lagern (Vermeidung der Oxidation durch Feuchtigkeit und Gefahr der Selbstentzündung durch Wasserstoffbildung und Reaktionswärme), stückige Schrotte auch bevorzugt unter Dach. Dennoch gibt es eine Reihe gemischter Abfallströme, aus denen ggfs. mit weiterführenden Aufbereitungsverfahren wie dem Hot-Crush-Verfahren oder der sensorgestützten Sortierung auf Basis von LIBS-Systemen (Laser Induced Breakdown System) oder Transmissionsröntgenanalytik einzelne Legierungsgruppen separiert werden können.

Aufschlusszerkleinerung
Vorzugsweise werden folgende Apparate und Verfahren verwendet:

- Hammerbrecher und Backenbrecher für den Sprödbruch von Guss-Schrotten,
- Hammerreißer (Shredder) für die elastisch-plastischen Knetlegierungen aber z. T. auch für Guss-Schrotte (Abb. 3.2, 6.9, 12.3),
- Rotorscheren für dünnwandige Knetlegierungen und Späne,
- Kryotechnische Vorbehandlung für Drähte mit Kunststoffisolierungen (Kunststoffversprödung),
- Selektive Versprödung bei erhöhter Temperatur (Hot Crush).

Diese Apparate und Verfahren sind im Abschn. 3.2 näher beschrieben. Sie gewährleisten einzeln oder in Kombination einen weitgehenden Aufschluss.

Sortierverfahren
Die *Sortierverfahren* werden zweckmäßig nach bestimmten Zielstellungen eingeteilt.

- Nichtmetallabtrennung gegen Metalle,
- Schwermetall- und Eisenabtrennung von Leichtmetallen,
- Abtrennung der Magnesium-Werkstoffe von Aluminium,
- Sortierung der Aluminium-Legierungen nach Legierungstyp.

Die eingesetzten Verfahren und Apparate sowie die Grundlagen der Trenneffekte sind in Abschn. 3.4 bereits vorgestellt. An dieser Stelle wird der spezifische Einsatz bei Aluminium-Schrotten ergänzt.

Abtrennung der Nichtmetalle von den Metallen

Diese Aufgabe ist relativ unproblematisch zu lösen, da ausreichende Unterschiede in der Dichte und den magnetischen und elektrischen Eigenschaften existieren. Bereits durch *Siebklassierung* ist die häufig feinteilige Fraktion von Kunststoffisolationen, Lacken u. a. nach dem Shreddern auszusortieren. Die *Dichtesortierung* in ihren verschiedenen Varianten ist vielfältig anwendbar. Ein wichtiges Verfahren ist die *Windsichtung* (Zick-Zack-Sichter) für die Abtrennung der leichten Stoffe (Kunststoffe, Gummi, Holz, Glas, Fasern) von den Metallen (Abb. 6.9). Die Stromsortierung wirkt nicht nur auf Grund von Dichteunterschieden, sondern beruht auch auf den Gesetzmäßigkeiten der Sinkgeschwindigkeit von Teilchen im Fluid. Das heißt, dass auch Feinkorn und flächige Partikel (Al-Folie) höherer Dichte mit ausgetragen werden. Der Stromsortierung ist also ein Material mit möglichst ähnlicher Stückgröße zuzuführen, d. h. eine Siebklassierung sollte vorgeschaltet werden. Die Windsichtung wird allerdings häufig mit dem Shredder kombiniert und das Leichtgut direkt aus dem Shredderraum ausgeblasen (Aluminium-Verluste). Die *Schwimm-Sink-Scheider* haben für die Nichtmetallabtrennung als erste Sortierstufe seit der breitflächigen Einführung von Wirbelstromscheidern nur noch geringere Bedeutung. Das mit Abstand wichtigste Verfahren zur Abtrennung von Nichtmetallen (Nichtleitern) von Aluminium im Kornbereich >6 bzw. >2 mm ist die in Abschn. 3.4.2 dargestellte Wirbelstromscheidung. Die *Elektrosortierung* ist dagegen für die Abtrennung von Kunststoffen im Feinkornbereich besonders effektiv, da diese triboelektrisch gut aufzuladen sind.

Die bei der spanenden Bearbeitung von vorwiegend Gussteilen in großen Mengen anfallenden *Aluminium-Späne* enthalten fast immer Reste an Kühlschmierstoffen, sog. KSS (Öl-Wasser-Emulsionen). Meist erfolgt bereits am Anfallort eine KSS-Rückgewinnung durch Zentrifugieren. In den Recyclinghütten muss dann eine vollständige Entölung nachgeschaltet werden. Dafür steht nach einer notwendigen Nachzerkleinerung folgendes Verfahren zur Verfügung:

- Waschen mit alkalischen Lösungen in Waschtrommeln und Trocknen,
- Magnetscheidung zur Abtrennung von Eisenspänen.

Alternativ wird eine Brikettierung der Aluminium-Späne empfohlen, wodurch der KSS-Gehalt auf <3,5 % verringert wird. Solche Späne-Briketts erreichen eine Dichte von 2 g/cm^3 und zeigen ein gutes Einschmelzverhalten. Als weitere Alternative kann eine thermische Behandlung (Abschwelen, Pyrolyse) zur Anwendung kommen, wie sie besonders für lackierte Schrotte üblich ist. Diese thermische Behandlung lackierter Schrotte (Entschichtung) und die Restentölung können in speziellen Schweltrommeln oder in einer Wirbelschicht bei ca. 400…500 °C unter Sauerstoffabschluss oder Sauerstoffmangel erfolgen. Dabei werden die organischen Stoffe thermisch zersetzt und es entsteht ein brennbares Schwelgas und/oder Pyrolysekoks. Als maximal beherrschbarer Organikanteil im Schrottmix wird 7 % angegeben. Bei Verbundmaterial können aber bis 30 % Organik auftreten [6.12, 6.13]. Ein weiteres Verfahren ist die hydrothermische Behandlung mit Heißdampf in einem Druckbehälter. Es entsteht dabei ein blanker Schrott. Das organische Material

Abb. 6.9 Aufschlusszerkleinerung von
Aluminium-Stückschrott mit integrierter Windsichtung und Eisenabtrennung
durch Magnetscheidung

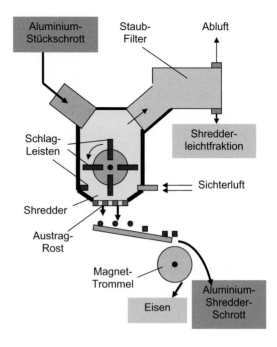

kann nach Filtration und Trocknung als Ersatzbrennstoff genutzt werden [6.13]. Geringere Kosten entstehen, wenn die Abschwelung in der ersten Kammer eines Mehrkammer-
Schmelzofens durchgeführt wird (siehe Schmelzöfen).

Abtrennung des Eisens und der Schwermetalle von Aluminium-Werkstoffen
Diese Aufgabe hat eine besondere Bedeutung wegen der Legierbarkeit des Eisens mit
Aluminium-Schmelzen. Als erste Stufe wird in der Aufbereitung immer die *Magnetsortierung* zur Abtrennung der ferromagnetischen Eisen- und Nickelwerkstoffe (siehe Tab. 3.6)
mit Trommelmagnetscheidern oder anderen Bauarten eingesetzt (Abb. 3.9 und 6.9). Da
hochlegierte Stähle aber unmagnetisch sind, verbleiben sie bei dieser Sortierung bei den
NE-Metallen. Bei einer intensiven Kaltverformung in Prallmühlen können einige hochlegierten Stähle jedoch schwach magnetisch werden und sind dann auch abtrennbar. Andererseits gelingt die Abtrennung dieser hochlegierten Stähle zusammen mit Kupfer-, Zink- und
Blei-Werkstoffen durch *Dichtesortierung* in Schwertrübe-Trommelscheidern sehr effektiv,
da ein großer Dichteunterschied vorliegt (siehe Tab. 3.5). Dabei wird als Trennmedium
eine Schwertrübe eingesetzt, die aus einer Suspension von fein verdüstem Ferrosilizium
($<100\,\mu$m) in Wasser hergestellt wird. Zur Abtrennung des Aluminiums von schwereren
Metallen werden Trübedichten zwischen 2,8 und 3,0 g/cm^3 eingestellt. Eine aktuell kaum
noch angewandte Methode ist die *Abschmelztechnik* der Aluminium-Legierungen auf geneigten Ofensohlen. Dabei läuft die Aluminium-Schmelze durch die Schwerkraft in einen
Vorherd ab und es bleiben die wesentlich höher schmelzenden Eisenwerkstoffe in fester
Form zurück. Eine geringe Eisenauflösung in der Schmelze ist dabei nicht vermeidbar.
Beim Schrotthandel findet bei grobstückigem Material noch eine direkte *Handsortierung*

(Klauben) statt. Halbmechanisiert erfolgt das *Klauben* auf Lesebändern. Nach erfolgter Zerkleinerung (> 10 mm) sind heute *Sortierbänder mit sensorgestützter Sortiertechnik* verfügbar (Röntgenfluoreszenz, LIBS, Induktion u. a.).

Sortierung der Magnesium-Werkstoffe von den Aluminium-Werkstoffen und der Aluminium-Legierungsgruppen untereinander
Einsetzbare Apparate sind auch hier Schwertrübe-Trommelscheider. Die vorhandenen Dichteunterschiede zwischen Mg-Legierungen $(1,7…1,9 \text{ g/cm}^3)$ und Al-Legierungen $(2,6…2,9 \text{ g/cm}^3)$ lassen eine wirksame Sortierung zu. Als Feststoff in der Trübe wird für diese Trennung überwiegend fein gemahlener Magnetit eingesetzt.

Die Trennung von Al-Legierungen durch sensorgestützte Sortierung mit Röntgentransmissionssensorik ist industriell eingeführt [6.11]. Diese Methode ermöglicht die Abtrennung unerwünschter AlZn- und AlCu-Legierungen von anderen Al-Legierungen sowie außerdem die Ausscheidung von Schwermetallverunreinigungen (Kupfer, Zink, Blei, Messing, Edelstahl). Das Verfahren wird vor allem für das Recycling von Aluminium-Fensterrahmen verwendet und liefert direkt eine DIN-gerechte Al-Legierungen. Es erfordert für die Sensorsortierung allerdings eine Vorbehandlung durch zweistufiges Shreddern und Sieben, um Stückgrößen von 4…6 cm in einheitlicher Geometrie zu gewinnen. Folgende Verfahrensstufen kommen zum Einsatz:

1. Shredderstufe I.
2. Magnetscheidung zur Eisen-Abtrennung; Wirbelstromsortierung zur Gewinnung des Aluminium-Schrottes.
3. Shredderstufe II mit einem Scherenshredder zur Herstellung der geometrisch einheitlichen Aluminium-Stückgrößen von 4…6 cm und Absiebung des Unterkorns.
5. Sensorsortierung (1.000 Teile/s).

Die wünschenswerte Trennung der Al-Gusslegierungen von den Al-Knetlegierungen mit der Hot-Crush-Technologie befindet sich in der technologischen Vorbereitung.

Besondere Bedeutung hat die Eisen-Aluminium-Magnesium-Separierung für die Aufbereitung von Altfahrzeugen mit Aluminium-Karossen. Dafür ist in Abb. 6.10 ein Verfahrensfließbild angegeben. Weitere Angaben zur Altfahrzeug-Aufbereitung (Vorbehandlung, Demontagen, Verwertung der Shredderleichtfraktion) werden in Kap. 12 besprochen (Abb. 12.1, 12.2, 12.3).

Spezielle Aufbereitung von Verpackungsmitteln
Die Aluminium-Verpackungsmittel sind sehr dünne Bleche oder Folien mit Lackierungen o. a. Kunststoffbeschichtungen und Verbunde (Folien, Getränkedosen, Flaschenverschlüsse, Verbundverpackungen). Bei diesen Sammelschrotten besteht beim Einschmelzen die Gefahr einer starken Oxidation (große Krätzemenge, geringe Schmelzausbeute) sowie der Bildung von Schwelgasen und toxischen Gaskomponenten (Dioxine). Sie bedürfen deshalb einer besonderen Behandlung zur Entfernung der organischen Stoffe und evtl. zur Kompaktierung.

Abb. 6.10 Aufbereitung von Altfahrzeugen mit Karosseriebauteilen aus Aluminium- und Magnesium-Werkstoffen

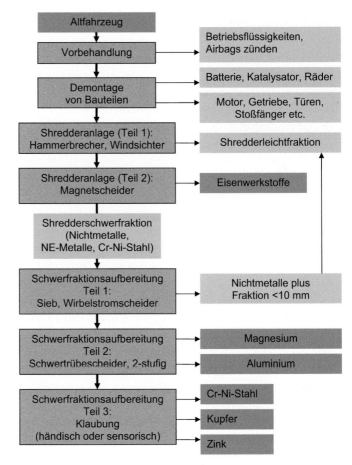

Gesammeltes *Folienmaterial* wird als Ballen angeliefert. Die NE-Metall reiche Mischfraktion aus DSD-Sortieranlagen läuft dagegen zunächst einem Shredder vor und wird dort nach erneuter Zerkleinerung soweit separiert, dass eine ebenfalls einsetzbare Aluminium-Fraktion entsteht. Bei einer nachfolgenden *mechanischen Verfahrensvariante* erfolgt nach einer Ballenauflösung häufig eine Handsortierung oder eine optische Sortierung zur Abtrennung von hochwertigem Geschirraluminium (Assietten) und Verbundverpackungen. Darauf folgen – je nach Vorlaufmaterial und Behandlungstiefe – Zerkleinerung, Magnetscheidung, Windsichtung und evtl. weitere Sortierprozesse, die als Produkte einen verwendbaren Aluminium-Gries und eine Al-arme Fraktion für die Pyrolyse liefern. Alternativ oder ergänzend kommt nach einer Zerkleinerung und Magnetscheidung eine Pyrolyse (600 °C) zum Einsatz, die alle organischen Bestandteile in Koks und Pyrolysegas umwandelt. Das Gas wird verbrannt und gereinigt. Die Abtrennung des Kokses erfolgt durch mechanische Beanspruchung in einer Mühle und Windsichtung. Auf diese Weise entsteht ebenfalls ein Aluminium-Gries. Die *Getränkedosen (UBC)* können in getrennten Prozessen entlackt werden. Dabei ist gleichzeitig die Trennung der Deckel vom Dosenkörper möglich, weil bei ca. 580 °C die Deckellegierung

(AlMg5) Warmbrüchigkeit aufweist, während der Dosenkörper (AlMg1) noch stabil bleibt. Nach Erwärmung der Dosen auf diese Temperatur und mechanischer Beanspruchung kann die AlMg5-Legierung als Feingut abgesiebt werden. Die so vorbehandelten, noch heißen Schrotte werden oft direkt in die Schmelzöfen eingetragen. Bei *Verbundverpackungen* (Karton, PE-Folie, Al-Folie) wird wegen des geringen Al-Anteils (6 %) und der geringen Stärke der Al-Folie (ca. 6 μm) häufig auf ein Recycling von metallischem Aluminium verzichtet. Die Besprechung erfolgt deshalb unter Aluminium-Abfällen (Abschn. 6.3.5).

6.3.4 Schmelzverfahren und Schmelzapparate für Aluminium-Schrotte

Bis nach dem 2. Weltkrieg wurden alle Schrotte in Umschmelzwerken verarbeitet und das Sekundäraluminium als Umschmelz-Aluminium bezeichnet (z. B. UG AlSi). Das U-Aluminium wurde ausschließlich für die höher legierten Gusslegierungen und nicht für Knetlegierungen (geringe Legierungsgehalte in engen Toleranzen) eingesetzt.

Heute unterscheidet man zwischen der Verarbeitung von sauberen Knetlegierungsschrotten in *Umschmelzwerken (sog. Remelter)* zu neuwertigen Knetlegierungen (Walz- und Pressbarren) einerseits und der Verarbeitung von Gussschrotten und stärker verunreinigten Schrotten zu Gusslegierungen in *Schmelzhütten (sog. Refiner)* andererseits. Die grundlegende Aufgabe des Schmelzprozesses ist die Herstellung von marktfähigen Legierungen. Dabei steht zur Korrektur der Legierungszusammensetzung bzw. der zulässigen Verunreinigungsmetalle neben dem Zulegieren von Metallen auch die Verdünnung mit reinem Primäraluminium zu Verfügung.

An die Schmelzverfahren sind eine Reihe technisch-ökonomische Anforderungen zu stellen:

- Erzielung einer hohen Schmelzausbeute an Metall, d. h. geringe Krätzebildung und wenige sonstige Abfälle.
- Vermeidung erhöhter Aluminium-Oxidation, d. h. geringer Abbrand.
- Eingeschränkte Emissionen (Abgase, Stäube).
- Geringer Energieverbrauch.

Für die Minimierung des Abbrandes durch Oxidbildung sind folgende Maßnahmen geeignet:

- Einsatz getrockneter Schrotte (Vermeidung von zusätzlichem Wasserdampf).
- Eintränken des trockenen, festen Schrottes in vorgelegte Schmelze (keine Berührung mit den Verbrennungsgasen und der Falschluft).
- Verwendung von Abdecksalzen.
- Evtl. reduzierende Ofenatmosphäre in der Einschmelzperiode (Verschwel-Sektion).
- Wärmeübertragung auf den Einsatz vorwiegend durch heiße Ofenwände und Schmelze, weniger durch heiße Verbrennungsgase (Wasserdampfgehalt).

- Laminare Strömungsbedingungen der Verbrennungsgase.
- Geringes Verhältnis Schmelzbadoberfläche zu Badvolumen.
- Geringe Einschmelzdauer bei allerdings nicht zu hohen Temperaturen.
- Einsatz von Induktionsöfen (keine Verbrennungsgase mit H_2O und O_2-Überschuss).

Die eingesetzten Schmelzverfahren und Apparate werden wesentlich von der Art der vorlaufenden Schrotte und den daraus erzeugten Produkten bestimmt. Diese Verfahren werden in drei getrennten Betriebsformen durchgeführt: 1. *Gießereien und Halbzeugwerke* 2. *Umschmelzwerke (Remelter)* 3. *Schmelzwerke (Refiner).* Es ist günstig, die weiteren Erläuterungen nach diesen drei Betriebsformen einzuteilen.

Gießereien und Halbzeugwerke
Diese Unternehmen sind keine Recyclingwerke. Sie erzeugen ihre Produkte im Wesentlichen aus Primäraluminium (Elektrolysemetall als Masseln, Blöcke, Flüssigmetall) und eigenem Kreislaufschrott. Die Gießereien stellen die Gusslegierungen her und produzieren daraus vielfältige Gussstücke (Motorblöcke, Gehäuse, Kleinteile usw.). Die Halbzeugwerke vergießen Knetlegierungen zu Walzbarren und Pressbarren und produzieren daraus Profile, Bleche, Drähte und Folien. In diesen Werken entstehen blanke, sehr saubere, legierungsmäßig eindeutig definierte Abfälle (Steiger und andere Abschnitte an Gussstücken, Verschnitte von Blechen, Draht, Späne), die sog. Produktionsschrotte. Diese *firmeneigenen Produktionsschrotte* können meist ohne Vorbehandlung direkt wieder in die eigenen Schmelzöfen zurückgeführt werden. Die internen Kreislaufschrotte erscheinen auch in keinen volkswirtschaftlichen Schrottbilanzen und werden ausschließlich von den jeweiligen Firmen gesteuert. Die Schmelzöfen in diesen Werken sind meist kippbare oder stationäre Herdöfen (Fassungsvermögen bis 130 t). Für das Einschmelzen blanker, kleinstückiger Produktionsschrotte werden häufig auch Induktionsöfen in der Ausführung als *Induktionstiegelofen* mit Netzfrequenz (Fassungsvermögen 5 bis 25 t) genutzt. Der prinzipielle Aufbau dieser Ofenart ist bereits in Abb. 6.6 dargestellt und im Text dort beschrieben (Abschn. 6.2.3; Herstellung von Eisen- und Stahlguss). Für das Aluminium-Schmelzen sind die feuerfesten Auskleidungen aus keramischen Stampfmassen hergestellt. In kleineren Öfen finden auch vorgefertigte Tiegel Anwendung. Die mineralische Zusammensetzung der keramischen Massen muss berücksichtigen, dass die Aluminium-Schmelzen außer MgO und Al_2O_3 alle Oxide chemisch angreifen (Reduktion). Andererseits müssen diese Massen aber auch eine keramische Bindung und Abdichtung gegen Infiltration gewährleisten. Die Temperaturbeständigkeit bereitet keine Probleme. Die Stampfmassen für Tiegelinduktionsöfen bestehen deshalb üblicherweise aus eisenarmen hochtonerdehaltigen Massen (z. B. 68 % Al_2O_3) auf *Mullitbasis.* Der Einsatz von Induktionstiegelöfen bietet offensichtliche technische Vorteile durch Abwesenheit von Verbrennungsgasen (damit geringer Abbrand und verminderte Gasaufnahme) sowie eine intensive Badbewegung durch das magnetische Wechselfeld, was zu einer schnellen Einrührung von z. B. Spänen in die Schmelze und gleichmäßiger Temperaturverteilung führt. Allerdings ist die Elektroenergie eine teure Form der Wärmeerzeugung.

Abb. 6.11 Kippbarer Einkammer-
herdofen für das Schmelzen sauberer
Aluminium-Schrotte [6.5]

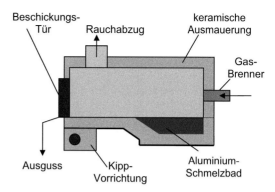

Umschmelzwerke (Remelter) [6.6]

Diese Werke verarbeiten ausschließlich sehr saubere und sortenreine Schrotte aus Knet-
werkstoffen (Produktionsschrotte der 1. und 2. Verarbeitungsstufe), die häufig feinteilig
(Blech- und Folienabfälle, Späne usw.) und mit organischen Stoffen (Lacke) belastet sind.
Das *Einschmelzen sehr gering verunreinigter Schrotte mit geringem Oxidanteil* kann praktisch ohne Schmelzsalz erfolgen und es entsteht nur eine geringe Krätzemenge. Durch
Verzicht auf Schmelzsalz wird auch die Verschlackung von Magnesium verhindert, d. h.
dieses wichtige Legierungsmetall verbleibt in der Metallschmelze. Als Öfen kommen Ein-
kammerherdöfen und Induktionsöfen in Betracht. Der prinzipielle Aufbau eines Herdofens
(Wannenschmelzofen) mit Öl- oder Gasfeuerung ist in Abb. 6.11 gezeigt. Bei den Herdöfen
kann der Einschmelzprozess durch Rührvorrichtungen oder Umpumpen beschleunigt wer-
den. Die seitliche Beschickungstür ist wegen der aufwendigeren Beschickungsmethodik,
erheblichem Falschlufteinzug und Energieverlusten häufig durch Beschickung über die
Ofendecke ersetzt. Die Beheizung erfolgt mit Öl- oder Gasbrennern auf etwa 950 °C im
Ofenraum, neuerdings unter Anwendung von Sauerstoffbrennern. Die Abgase müssen einer
Abgasbehandlung unterzogen werden (Regenerator zur Vorwärmung der Verbrennungsluft,
Entstaubung, Reinigung). Durch Kippen des Ofens kann die Entnahme der Aluminium-
Schmelze erfolgen, durch einen seitlichen Abstich oder auch mittels Metallpumpe.

Für *stärker verunreinigte Schrotte mit vorzugsweise organischen Anhaftungen/Beschich-
tungen* (Folien, Dosenschrott) wurden Mehrkammerschmelzöfen entwickelt. Diese Öfen
bestehen aus drei Funktionsbereichen:

1. Vorwärm- und Abschwelbereich,
2. Einschmelz- und Eintränkkammer (sog. Vorherd),
3. Heizkammer (Hauptherd).

Durch diese apparative Aufteilung der verfahrenstechnischen Aufgaben ist deren optimale Durchführung möglich. Im Abschwelbereich findet mittels heißer Abgase aus der
Heizkammer (Hauptherd) ein Abschwelen der organischen Verunreinigungen statt. Dabei
entsteht eine reduzierende Gasatmosphäre, die die Aluminium-Oxidation weitgehend verhindert. Gleichzeitig erwärmen die heißen Gase den chargierten Schrott. Der vorgewärmte

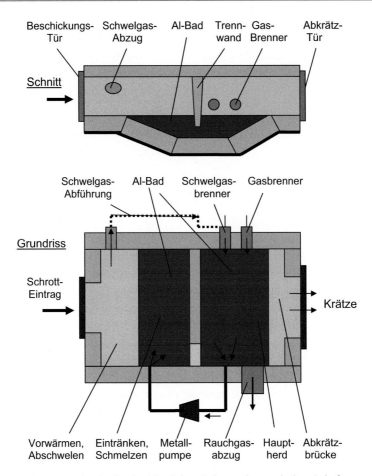

Abb. 6.12 Zweikammerschmelzofen für Aluminium-Schrott mit organischen Anhaftungen [3.21, 6.6]

und abgeschwelte Schrott gelangt anschließend mittels einer Chargiervorrichtung in den Vorherd und schmilzt dort in dem vorhandenen Aluminium-Schmelzbad auf. Im Hauptherd wird die erforderliche Wärmemenge durch Gasbrenner erzeugt, welchen die im Schwelbereich erzeugten Schwelgase zur Verbrennung zugeführt wurden (energetischen Nutzung). Die Aluminium-Schmelzen im Hauptherd und im Vorherd sind unterhalb des Badspiegels miteinander verbunden. Mittels einer Metallpumpe wird die Vermischung der Schmelzen verstärkt, so dass ständig überhitztes flüssiges Metall aus dem Hauptherd in den Vorherd gelangt und die durch das Aufschmelzen von Schrott abkühlende Vorherdschmelze in den Hauptherd zurückfließt. In Abb. 6.12 ist der grundsätzliche Aufbau eines solchen Mehrkammerofens skizziert. Auf Grund geringer Oxidanteile ist nur ein verminderter Zusatz an Schmelzsalz (1…3 %) erforderlich, so dass eine krümelige, salzhaltige Krätze anfällt.

Die *Nachbehandlung der erzeugten Metall-Schmelzen* erfolgt in getrennten Warmhalteoder Vergießöfen. Zur erforderlichen Spülgasbehandlung mit Argon-Chlor-Gasgemischen sind die Warmhalteöfen (kippbare Herdöfen) mit Begasungsvorrichtungen ausgerüstet

Abb. 6.13 Dreh-
trommelofen für das
Salzbadschmelzen von
vermischten, verunreinig-
ten Aluminium-Schrotten
[6.5]

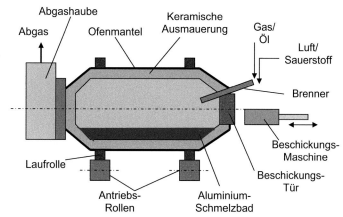

(z. B. Spülsteine). Eine weitere Nachbehandlung ist die evtl. Korrektur der Legierungszusammensetzung und die Filtration. Anschließend kann das Vergießen zu den Produkten
Walz- und Pressbarren sowie Pressbolzen stattfinden.

Schmelzwerke (Refiner) [6.6]

Die Verarbeitung von Gussschrotten, vermischten Schrotten und verunreinigten Knetlegierungsschrotten (Altschrotte) sowie Krätzegröbe (d. h. Metall aus der Krätzeaufbereitung)
übernehmen die Schmelzwerke. Sie erzeugen daraus ausschließlich Gusslegierungen in
Form von Masseln, Blöcken oder Flüssigmetall sowie Granalien (Desoxidationsmittel
in der Stahlerzeugung). Der Standardapparat zum Einschmelzen von diesen unreinen
Schrotten ist der *Drehtrommelofen* (Abb. 6.13) unter Zusatz von bis zu 500 kg Schmelzsalz pro Tonne Schrott. Dabei fällt eine flüssige Salzschlacke an. Die Beheizung erfolgt
über Öl- oder Gasbrenner. Eine besonders effektive Arbeitsweise wird durch den Einsatz
von Sauerstoffbrennern und zusätzlichen Sauerstofflanzen (WASTOX^R-Prozess) erreicht.
Damit können die beim Aufheizen abschwelenden organischen Stoffe vollständig verbrannt und als Wärmequelle genutzt werden. Hierdurch wird zudem eine Steigerung der
Einschmelzleistung, die Senkung des Energieverbrauchs, die vollständige Oxidation der
Abgase sowie ein geringeres Abgasvolumen erreicht. Zudem fallen kleinere Staubmengen
an, die eine Reduktion der Größe der Abgasbehandlungs-Anlagen erlauben. Die Sauer-
stoffmenge muss allerdings durch eine kontinuierliche Abgasanalyse online gesteuert
werden. Sauerstoffbrenner werden auch in Herdöfen eingesetzt. Mit dem Drehtrommelofen sind gegenüber dem stationären Herdofen jedoch einige verfahrenstechnische
Vorteile zu erreichen:

1. Durch die Drehbewegung entsteht ein Misch- und Rühreffekt zwischen Salzschmelze,
   bereits vorhandener Metall-Schmelze und zugeführtem Schrott. Dadurch kommt es zum
   raschen Eintränken des Schrottes (Abschluss gegen Ofengase, Verringerung der Oxidbildung und der Gasaufnahme), verbessertem Wärmeübergang und damit schnellerem
   Aufschmelzen sowie einer Verbesserung der Koagulation der Aluminium-Tropfen.

Abb. 6.14 Kipptrommelofen zum salzarmen
Schmelzen von Alumini-
um-Schrotten

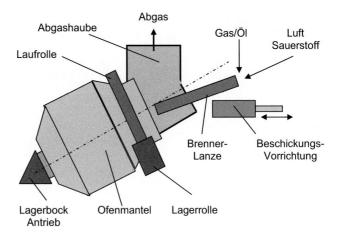

2. Die von dem Brenner hoch erhitzte Ofenwand gelangt durch die Drehbewegung unter die Schmelze und bewirkt dort einen zusätzlichen Wärmeübergang auf die Schmelze, der außerdem unter Ausschluss von Gasen stattfindet.

Eine Variante der Beheizungstechnik ist die Umkehrflamme, d. h. Brenner und Abgas-abführung sind auf einer Seite des Ofens angebracht. Die andere Ofenseite ist geschlossen. Damit kann eine Flammenumkehr im Ofen erreicht werden, die zu einer günstigeren Nachverbrennung und außerdem zu besseren Abdichtungsbedingungen führt (Senkung der Abgasmenge und des Energieverbrauchs).

Eine Weiterentwicklung des Salzbadschmelzens im Drehtrommelofen stellt der *Kipptrommelofen* (URTF, Universal Rotary Tiltable Furnace) dar (Abb. 6.14). Das Apparateprinzip entspricht dem in der Kupferschrottverarbeitung eingesetzten drehbaren und kippbaren Konverter (TBRC).

Durch die Kippeinrichtung ist die Arbeitsweise mit geringen Salzmengen unter Erzeugung eines krümeligen Salzkuchens möglich. Beim Entleeren durch geringes Kippen fließt zunächst die Aluminium-Schmelze ab. Danach wird durch weiteres Kippen unter Rotation der krümelige Salzkuchen ausgetragen. Der Kipptrommelofen arbeitet mit Umkehrflamme (Gas, Öl, Sauerstoff) und evtl. Sauerstofflanzen wie oben beim Drehtrommelofen beschrieben. Die für den Drehtrommelofen angeführten verfahrenstechnischen Vorteile gelten auch für den Kipptrommelofen.

Die *Behandlung der Abgase* erfordert bei den Einschmelzverfahren mit Salzen besondere Maßnahmen. Die Abgase enthalten nicht nur die Komponenten von Verbrennungsgasen (CO_2, H_2O und Reste an Kohlenwasserstoffen, CO und evtl. SO_2), sondern als wesentliche *Schadstoffe* auch Schwelprodukte, Dioxine, verdampftes Salz (NaCl, KCl), mitgerissene Metallpartikel (meist oxidiert), verdampftes $MgCl_2$, $AlCl_3$ und AlF_3 (woraus durch Pyrohydrolyse MgO, Al_2O_3 und HCl sowie H_2F_2 entstehen). Durch Zusammenführen mit Abgasen der Warmhalteöfen können auch Chlorgasgehalte auftreten. Die Abgase werden zur Neutralisation mit Kalkhydratpulver vermischt und danach in Gewebefiltern der Gesamtstaub abfiltriert. Dabei entsteht ein Filterstaub als Abfall, der zu beseitigen ist.

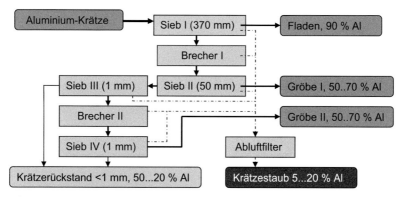

Abb. 6.15 Standardverfahren zur Aufbereitung von erkalteten Aluminium-Krätzen [6.6]

An den Einschmelzprozess in den Trommelöfen schließt sich die bereits bekannte *Nachbehandlung der Metallschmelze* in den Warmhalte- und Vergießöfen an. Dazu gehören die Legierungseinstellung der Gusslegierungen (mit reinen Legierungsmetallen oder Vorlegierungen) und die Spülgasbehandlung mit Argon-Chlor-Gemischen sowie weitere Maßnahmen zur Metallfiltration, Kornfeinung und Veredlung. Ein spezielles Handelsprodukt der Gusslegierungen ist das *Flüssigmetall.* Für dessen Beförderung verwendet man kippbare Flüssigtransportbehälter aus Stahlblech mit Schamotteausmauerung, die ein Fassungsvermögen von ca. 5 t Aluminium-Schmelze besitzen. Die Behälter werden vor dem Befüllen auf ca. 850 °C vorgeheizt und unter Schutzgasatmosphäre befüllt. Der Vorteil dieses Handelsproduktes ist die Einsparung des Vergießens zu Masseln und des erneuten Aufschmelzens.

Aufbereitung von Krätzen
Auf die Entstehung und den Anfall von Krätzen beim Schmelzen und Vergießen von Aluminium und Al-Legierungen infolge der Bildung von Oxid-Häutchen und auf deren Zusammensetzung aus Al_2O_3 mit bis 80 % Al-Metall-Tröpfchen wurde bereits im Abschn. 6.3.1.3 unter „Aluminiumhaltigen Abfällen" hingewiesen. Zur Rückgewinnung des hohen Gehaltes an metallischem Aluminium ist eine Aufbereitung der Krätzen erforderlich. Wegen der fortschreitenden Oxidation der anfallenden Krätzen ist die sofortige Behandlung der heißen Krätzen von großem Vorteil. Das kann sehr effektiv durch Auspressen des noch flüssigen Metalls erfolgen und/oder durch schnelle Abkühlung in wassergekühlten Drehtrommeln (evtl. unter Schutzgas). Die verpresste Krätze ist ein veredeltes Produkt, bei dessen Verarbeitung eine 5…12 % höhere Metallausbeute erreicht wird. Die kalten Krätzen können durch Brechen/Mahlen und mehrere Siebstufen in ihre Bestandteile sortiert werden. In Abb. 6.15 sind die üblichen Aufbereitungsschritte für kalte Krätzen und die Aufbereitungsprodukte dargestellt. Die Aufbereitungsprodukte mit hohen Metall-Gehalten (Krätzegröbe) werden in Salzbadschmelzen in Trommelöfen verarbeitet, wobei Schmelzausbeuten von 80 % erreichbar sind. Die Krätzerückstände sind in der Stahlindustrie als Gießpulver verwendbar. Der Krätzestaub aber ist direkt nicht nutzbar. Er kann der Salzschlackenaufberei-

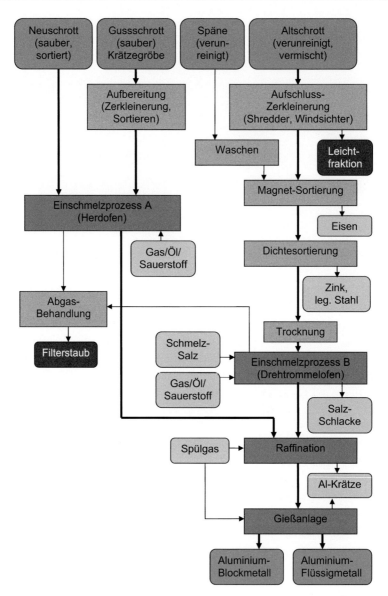

Abb. 6.16 Traditionelles Standardverfahren der Verarbeitung verunreinigter Aluminium-Schrotte zu Gusslegierungen durch Salzbadschmelzen

tung zugesetzt werden. Alternativ ist auch eine direkte schmelzmetallurgische Verarbeitung von Krätzen möglich.

In Abb. 6.16 ist das traditionelle Standardverfahren der Verarbeitung verunreinigter Aluminium-Schrotte und Krätzegröbe zu Gusslegierungen nochmals zusammenfassend dargestellt.

6.3.5   Verarbeitung von aluminiumhaltigen Abfällen

Filterstäube der Schmelzöfen

Die Filterstäube bestehen aus dem primären Staubaustrag infolge der vorhandenen Abgasströmung und den sekundären Stäuben, die sich durch Kondensation von Dämpfen bilden sowie den Reaktionsprodukten der Abgasbehandlung mit Kalkhydrat.

Hauptbestandteile der Filterstäube sind 4…9 % Al-Metall, 14…24 % $Ca(OH)_2$, 15…18 % NaCl, 9…13 % Al_2O_3, 9…10 % KCl, 8…10 % $CaSO_4$, 5…10 % $CaCl_2$, 5 % CaF_2, 5.000…40.000 ng TE/kg Dioxin. Prinzipiell besteht die Möglichkeit, den Inhalt an Alkalichloriden durch Laugung und Kristallisation wieder als Schmelzsalz zurückzugewinnen. Aber der Gehalt an Dioxinen erfordert möglichst vorher deren oxidative Zerstörung. Auch eine Calciumfällung ist erforderlich. Außerdem entsteht bei der Wasserlaugung durch das vorhandene feindisperse metallische Aluminium Wasserstoff. Verschiedene Verfahren sind ausgearbeitet. Derzeit ist in der Regel jedoch nur die Untertagedeponierung in alten Salzbergwerken wirtschaftlich vertretbar.

Salzschlacke

Die Salzschlacke fällt in großen Mengen beim Salzbadschmelzen in Trommelöfen an. Sie enthält hohe Gehalte an Schmelzsalz und es besteht Deponieverbot, so dass eine Motivation und ein Zwang zur Aufarbeitung vorliegt. Als Hauptbestandteile der Salzschlacke sind zu berücksichtigen 60 % NaCl, KCl, ca. 7 % Al-Metall, 2 % CaF_2, 25 % Oxide von Al, Mg, Si, und 20 ng TE/kg Dioxin. Die Aufarbeitung erfolgt durch Wasserlaugung und anschließende Kristallisation der Salze. Dabei entstehen durch die Gehalte an feindispersem Al-Metall sowie Nitriden und Phosphiden gefährliche Gasgemische aus H_2, CH_4, NH_3 und PH_3, so dass geschlossene Laugegefäße und eine Abgasbehandlung vorzusehen sind.

Verfahrensstufen der Salzschlackebehandlung:

1. Trockenes Brechen, Mahlen und Sieben zur Gewinnung des grobkörnigen Metalls (sog. Schlackengröbe, die in die Trommelöfen zurückgeführt wird).
2. Wasserlaugung zur Auflösung der Alkalichloride (Abgasbehandlung!).
3. Fest-Flüssig-Trennung mit Ausschleusung eines Oxidrückstandes.
4. Eindampfen der Lauge und Kristallisation der Alkalichloride (Recyclingsalz).

Der Oxidrückstand (ca. 30 % der Schlackenmenge) findet als Aluminiumoxid-Rohstoff in der Zementherstellung Verwendung.

Verbundverpackungen

Die Verbundverpackungen (z. B. Getränkekartons) bestehen aus einem Verbund von Karton und PE-Folie sowie einem sehr geringen Anteil (ca. 6 %) Aluminiumfolie (ca. 6 µm Stärke). Die deutschen Recyclingunternehmen orientieren überwiegend auf das *Recycling der Zellulosefasern* und vernachlässigen die Aluminiumfolie. Die Gewinnung der Papierfasern erfolgt nach der für Altpapier erprobten Technologie. Zunächst werden in einem Shredder die Getränkekartons zerkleinert und durch die Vielzahl von entstehenden Schnittkanten das Papier für die Einwirkung von Wasser aufgeschlossen. In der folgenden Arbeitsstufe vermischt man das Material mit Wasser und erzeugt in einem Trommelpulper intensive Scherkräfte, die zu einer Auftrennung des Verbundes und zur Auflösung des Papiers führen. Das Papier bildet einen Faserbrei, der durch die Wandlöcher der Trommel herausgeschwemmt wird. Die Schnitzel aus PE- und Al-Folie verbleiben in der Trommel, werden durch deren Umdrehung zum Trommelende befördert und dort ausgetragen. Damit ist ein verwertbarer Zellulosefaserbrei abgetrennt, der auf übliche Weise zu Recyclingpapier verarbeitet wird (siehe Kap. 8, Recycling von Papier) und als Abfall ein PE-Al-Gemisch. Dieses PE-Al-Gemisch (mit Zelluloseresten) wird als Ersatzbrennstoff in der Zementindustrie eingesetzt, wobei der Al-Anteil in Oxid umgewandelt wird und in dieser Form einen Zementrohstoff ergibt.

In einer finnischen Papierfabrik wird das PE-Al-Gemisch durch Vergasung des PE bei 400 °C behandelt. Es entsteht dabei ein energetisch nutzbares Brenngas sowie die *separierte Aluminiumfolie*, die als Aluminium-Schrott verwertet wird.

Als weiteres Recyclingverfahren wird in Deutschland die Pyrolyse eingesetzt. Zusammen mit anderen Aluminium-Kunststoff-Verbunden werden in einem indirekt beheizten Drehtrommelofen bei ca. 500 °C der Karton und die PE-Folie thermisch zu Koks und Gas zersetzt (siehe Abschn. 5.1, Abb. 5.1). Die verbleibende Aluminiumfolie ist ebenfalls als Schrott zu verwenden.

Lösungen von Aluminium-Salzen

Prozesslösungen mit höheren Gehalten an Aluminium-Salzen entstehen beim Ätzen und Eloxieren von Halbzeugen und Fertigwaren. Die anfallenden Lösungen enthalten neben den Aluminium-Salzen hohe Konzentrationen an Salzsäure oder Schwefelsäure. Die Aufarbeitung zielt primär auf die Regenerierung der Säuren. Als Nebenprodukt fallen Salzlösungen mit geringen Restkonzentrationen an Säure an. Ein geeignetes Aufarbeitungsverfahren ist aus diesen Gründen die Säuredialyse mit Anionenaustauschermembranen, deren Funktionsprinzip in Abschn. 4.1.4 (Membranverfahren) und Abb. 4.10 ausführlich erläutert ist. An dieser Stelle werden nur zwei Anwendungsfälle vorgestellt.

1. *Aufarbeitung eines Eloxalbades:* Die Abfalllösung enthält z. B. 150 g/l H_2SO_4 sowie 18 g/l Al in Form von $Al_2(SO_4)_3$ und ist mit dieser Zusammensetzung nicht weiter verwendbar. In einer Säuredialyseanlage wird daraus mit Wasser als Aufnahmeflüssigkeit eine regenerierte Säure mit 127 g/l H_2SO_4 und nur 1 g/l Al erzeugt. Das Retentat enthält noch 36 g/l H_2SO_4 und 16,3 g/l Al. Diese Aluminium-Salzlösung ist z. B. als Flockungsmittel (Bildung von $Al(OH)_3$) in der Wasseraufbereitung verwendbar.
2. *Aufarbeitung einer Ätzlösung von Aluminiumfolie:* Nach dem Ätzprozess mit Salzsäure entsteht eine Abfalllösung mit z. B. 148 g/l HCl und 203 g/l $AlCl_3$ (= 32 g/l Al). Die Säuredialyse liefert daraus eine regenerierte Säure mit 214 g/l HCl und 0,7 g/l Al. Im Retentat verbleiben 5 g/l HCl und 23,5 g/l Al. Auch diese $AlCl_3$-Lösung ist als Flockungsmittel in der Wasseraufbereitung begehrt.

6.3.6   Recycling von Magnesiumwerkstoffen

Magnesiumwerkstoffe, Magnesiumverwendung
Die technische Bedeutung der Magnesiumwerkstoffe beruht auf der geringen Dichte des Magnesiums ($1,74\,g/cm^3$). Im Verhältnis zur weltweiten Aluminiumproduktion von ca. 47 Mio. t/a (2013) beträgt allerdings die Magnesiumproduktion nur ca. 950.000 t/a (2013), von denen wiederum nur ca. 39 % in Form von Magnesium-Werkstoffen zum Einsatz kommen (siehe Tab. 6.2). Circa weitere 45 % dienen als Legierungsmetall für Aluminium-Werkstoffe und ca. 13 % finden zur Stahlentschwefelung Verwendung. Das heißt, dass hier zu betrachtende Magnesium-Recycling findet zur Hälfte als Recycling von AlMg-Legierungen statt und ist bereits beim Aluminium-Recycling erläutert. Magnesium-Werkstoffe werden überwiegend als *Druckgusswerkstoff* eingesetzt, wobei die Gewichtseinsparung vor allem für den Fahrzeugbau von Bedeutung ist (Getriebegehäuse, Motorblöcke, Felgen, Lenkräder, Sitzschalen u. a.). Weitere Anwendungen sind Gehäuse für Computer, Kameras und Mobiltelefone. Für Motorblöcke wurden auch Verbundkonstruktionen entwickelt, die aus einem Kern einer AlSi-Legierung bestehen, der mit einer Mg-Legierung umgossen ist [6.8]. Die wichtigste *Druckgusslegierung* ist AZ91 (d. h. 9 % Al, 1 % Zn), wobei aus Gründen der korrosionsverstärkenden Wirkung von elektrochemisch edleren Verunreinigungen die zulässigen Gehalte an Fe, Cu und Ni sehr niedrig sein müssen. Weitere Magnesium-Gusswerkstoffe sind mit Al und Mn (Bezeichnung AM), mit Al und Seltenerdmetallen (Bezeichnung AE) sowie mit Al und Si (Bezeichnung AS) legiert. Knetlegierungen sind wegen der schwierigen Kaltverformungseigenschaften noch wenig im Einsatz aber für Front- und Heckklappen von PKW in Erprobung (Legierungstyp AZ; 2...8 % Al, 1 % Zn). Für beide Werkstofftypen gewinnen Beschichtungen mit Polymeren und Lacken an Bedeutung [6.14, 6.17].

Recyclingeigenschaften von Magnesium-Werkstoffen
Das Schmelzen von Magnesium wird vor allem durch die sehr hohe Sauerstoffaffinität des Metalls beeinflusst. In Abb. 6.2 ist die Freie Bildungsenthalpie ΔG^0 von MgO im Vergleich zu anderen Metalloxiden angegeben. Deutlich erkennbar ist die Neigung zur Oxidation noch größer als die von Al und wird und nur von Ca übertroffen. Das Schmelzen (Schmelzpunkt 650 °C) muss deshalb unter Schutzgas und einer Schutzschicht von geschmolzenem Schmelzsalz erfolgen. Als Schutzgase kommen folgende zur Anwendung: SO_2 (oder Schwefel), $C_2H_2F_4$ und SF_6 in Mischungen mit CO_2, N_2, Ar. Der SF_6-Einsatz ist in der EU beschränkt. Zusätze von Beryllium (BeAl-Legierung) setzen die Oxidbildung ebenfalls herab. Außerdem werden inerte Spülgase zur Entfernung gelöster Gase aus der Metallschmelze (Wasserstoff) verwendet (siehe dazu Aluminiumrecycling Abschn. 6.3.2).

Die Schmelzsalzmischungen aus $MgCl_2$, NaCl und KCl besitzen einen niedrigeren Schmelzpunkt und eine geringere Dichte als Magnesium und optimale Benetzungseigenschaften.

Geschmolzenes Magnesium legiert sich mit der Mehrzahl der Metalle, allerdings nur sehr gering mit Eisen (beim Schmelzpunkt 0,03 % Fe löslich), so dass ein Schmelzen in Stahltiegeln üblich ist. Die Abtrennung von Fremdmetallen aus Magnesium-Schmelzen

(Legierungsmetalle oder Verunreinigungen) z. B. durch selektive Chlorierung ist wegen der starken Chloraffinität des Magnesiums praktisch nicht möglich. Als Raffinationsmöglichkeit existiert nur die Behandlung mit $MgCl_2$, die eine Entfernung von Li, Na, K, Ca und Ba als Chloride gestattet. Durch Zusatz von Raffinationssalzen höherer Dichte (MgO, Chloride, Fluoride) sollen feste Partikel (u. a. intermetallische Phasen [6.15]) abgebunden werden und auf den Tiegelboden absinken (sogenannter Schlamm). Einige Verunreinigungen könnten so durch intermetallische Fällung abgetrennt werden [6.14].

Eine alternatives Recyclingverfahren ist die *Magnesiumdestillation* [6.16], da Magnesiumschmelzen einen hohen Dampfdruck besitzen (Siedepunkt 1.090 °C). Dazu liegen Erfahrungen einer technischen *Vakuumdestillation* nach *Beck* für Al-Mg-Legierungen mit ca. 25 % Mg vor (siehe dazu Abschn. 6.3.2 unter „Alternative Raffinationsverfahren für Al-Schmelzen"). Allerdings besitzen Zink und Cadmium noch höhere Dampfdrücke und sind deshalb durch ein solches Verfahren nicht vom Magnesium abzutrennen.

Schrottsammlung und Aufbereitung
Auf Grund der beschriebenen starken Oxidationsneigung des Metalls und der sehr beschränkten Reinigungsmöglichkeiten bei den angewandten Schmelzverfahren ergeben sich einige grundsätzliche Vorbedingungen für ein erfolgreiches Magnesium-Recycling.

1. Sorgfältige Sortierung und Sammlung der Schrotte nach Legierungsart, Reinheit und Kompaktheit (Verhältnis oxidierbarer Oberfläche zu Volumen der Teile). Nach diesen Kriterien werden 4 Schrottsorten unterschieden.
   – Typ 1 Schrott:Kompakter, sauberer, sortenreiner Schrott (keine Kupfer- oder Nickelverunreinigungen).
   – Typ 2 Schrott:Ausschussteile, lackiert, z. T. Eisen- und Aluminium-Eingüsse (kein Kupfer oder Nickel).
   – Typ 3 Schrott:Kompakter *Altschrott*, verschmutzt, lackiert, Shredder- und Demontageschrott z. T. mit Kupfer, Nickel, Ferrosilicium.
   – Typ 4 Schrott:Späne, Grate, verölt.

   Erhebliche Anteile wertvoller Typ1-Schrotte (41 % vom Einsatz) fallen bereits bei der Produktion der Gussteile an (siehe Abb. 6.17).

   Nur die zwei hochwertigen Sorten (Neuschrott in Gießereien, Kompaktschrott) sind derzeit zu Sekundärmetall verarbeitbar. Die anderen Schrottsorten können als Legierungsmetall für Aluminium und zur Stahlentschwefelung Verwendung finden [6.18]. Neue Entwicklungen, die allerdings noch im Forschungsstadium sind, gehen dahin, dass auch tiefergehend aufbereitete Schrotte des Typs 3 zu Sekundärmetall verarbeitet werden können. Dabei wird unter Zusatz bestimmter Elemente wie Zr in die Schmelze eine gezielte Passivierung kritischer Bestandteile wie Ni durch Bildung nichtreaktiver intermetallischer Phasen angestrebt.

2. Anwendungen verschiedener Aufbereitungsverfahren zur Vorabtrennung von Verunreinigungen (Magnetsortierung, Windsichten) sind wie die vorne für Aluminium-

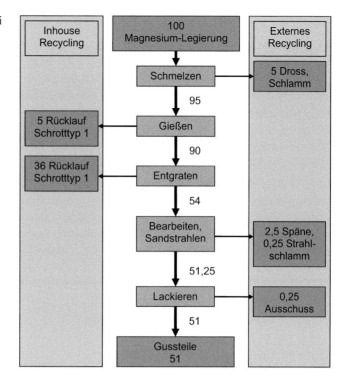

Abb. 6.17 Schrottanfall bei der Produktion von Druckgussteilen aus Magnesium-Legierungen nach [6.14] S. 220

Schrotte im Abschn. 6.3.3 bereits beschriebenen (darunter auch die Pyrolyse zur Entfernung von Lacken und Polymeren). Besondere Aufbereitungstechniken erfordern die früher bereits erwähnten Verbundmotorblöcke, die mehrstufiges Shreddern, Magnetsortierung und Schwertrübesortierung notwendig machen [6.19].

Schmelzverfahren

Für die Schmelzprozesse werden Tiegel- oder Herdöfen mit vorwiegend elektrischer Beheizung (Induktion, Widerstand) sowie Schutzgas und Schmelzsalz (siehe vorne) verwendet. Das Tiegelmaterial ist Stahl. Die Herdöfen sind oft als Mehrkammeröfen ausgebildet (Trennwände mit Durchlässen am Boden oder Pumpen, siehe *Aluminiumrecycling* Abb. 6.12), die eine spezialisierte Durchführung von Salzschmelzen, Schrottschmelzen, Raffination und Legieren gestatten. Die Arbeitstemperaturen liegen bei 660…700 °C. Bei allen Schmelzprozessen bildet sich an der Metalloberfläche aus Magnesiumoxid mit Metalleinschluss ein Gekrätz (Dross, bis 97 % metallisch) und auf dem Tiegelboden ein Schlamm aus Salzen und Metall (ca. 85 % Metall).

Salzfreies Schmelzen kommt nur für Neuschrott in Betracht. Dabei entsteht der Vorteil, dass die wertvollen chloraffinen Seltenerdmetalle in der Magnesiumschmelze verbleiben. Es entstehen nur geringe Metallverluste in Dross und Schlamm.

Bei geringeren Schrottqualitäten (Typ 2, 3, 4) muss mit zunehmend größeren Salzzusätzen gearbeitet werden, die zu erheblichen Mengen an Dross und Schlamm führen.

Schmelzsalze sind z. B. Mischungen aus 10 % MgCl$_2$, 40 % CaCl$_2$, 30 % NaCl und 20 % KCl. Dabei wird das Salz zuerst im Tiegel aufgeschmolzen und das Metall nachgesetzt (z. B. durch ein Tauchrohr in die Salzschmelze). Eine spezielle Technik ist das Chargieren des Schrottes in einem Stahlkorb, über den die Salzschmelze gepumpt wird. Das Magnesium wird dadurch aufgeschmolzen und die Schrottbestandteile an Nickel, Kupfer und Eisen verbleiben ungeschmolzen im Korb [6.14].

Die Verwertung von Dross und Schlamm ist kompliziert. Der Dross kann durch Auslaugung der Salze oder mechanische Aufbereitung verarbeitet und dann mit Schmelzsalz eingeschmolzen werden. Eine effektive Alternative ist die Vakuumdestillation von Dross bei ca. 1.100 °C. Dabei entsteht ein reines Magnesium-Kondensat und ein Oxidrückstand [6.15].

Die Endbehandlung der Schmelzen besteht aus Abstehen (Sedimentation von festen Partikeln) und Entgasen sowie Vergießen unter Schutzgas.

Auf Grund der geringen Raffinationsmöglichkeiten für Sekundär-Magnesium sind spezielle Sekundärlegierungen entwickelt worden, die höhere Gehalte an Cu, Fe u. a. zulassen als die Standardlegierungen [6.14].

6.3.7 Recycling von Titanwerkstoffen

Titan-Werkstoffe und Titan-Abfälle
Reintitan und Titan-Legierungen zeichnen sich durch ausgezeichnete Korrosionsbeständigkeit, Biokompatibilität und geringe Dichte (4,5 g/cm^3) aus und kommen als übliche Halbzeuge (Bleche, Drähte, Profile) und Schmiedestücke zum Einsatz. Bei der Verarbeitung entstehen die entsprechenden Abfälle an Neuschrott. Neben dem Reintitan sind eine Reihe von Legierungen von Bedeutung: z. B. TiAl6V6Sn2, TiAl6Sn2Zr4Mo2, TiPd2 [6.20]. Altschrotte entstehen vor allem aus der Verschrottung von Flugzeugkomponenten.

Recyclingeigenschaften von Titan
Bei der Primärerzeugung von Titanmetall entstehen als Zwischenprodukte zunächst Metallpulver oder Metallschwamm. In einem nachfolgenden Arbeitsschritt werden daraus Presslinge hergestellt, die in Elektroöfen eingeschmolzen werden. Die Schmelzen erstarren dann außerhalb des Elektroofens zu kompakten Metallen. Beim Vorliegen reiner Titan-Schrotte können diese nach geeigneter Kompaktierung ebenfalls in Elektroöfen getrennt oder z. T. gemeinsam mit Primärmetall eingeschmolzen werden. Wegen des hohen Schmelzpunktes (1.670 °C) und der bei hohen Temperaturen intensiven Reaktionen mit Sauerstoff und Stickstoff muss die Schmelzwärme durch Elektroenergie erzeugt werden. Im Ofenraum muss durch ein Vakuum oder mittels Argon-Schutzgas die Abwesenheit von Sauerstoff bzw. Stickstoff gewährleistet sein. Als Schmelzaggregate kommen deshalb Vakuumlichtbogenöfen oder Elektronenstrahlöfen zum Einsatz. Die Anwendung von Vakuum im Schmelzraum führt zusätzlich zu einer Verdampfung einiger Verunreinigungen aus den Schmelzen. Dieser Reinigungseffekt betrifft aber nicht alle Verunreinigungselemente und ermöglicht insbesondere nicht die Abtrennung aller Legierungsmetalle. Auf Grund dieser Bedingun-

gen können generell nur sehr reine Schrotte und einheitliche Legierungstypen durch das Schmelzverfahren recycelt werden. *Titan-Schrotte* müssen konsequent getrennt nach Sorten (Reintitan und Legierungen) und Reinheit gesammelt und eingeschmolzen werden. Reine Schrotte können als Mischung mit bis zu 50 % Titan-Schwamm zu Elektroden gepresst und im Vakuumlichtbogenofen abgeschmolzen werden. Zur vollständigen Homogenisierung des Metalls ist ein zweiter Schmelzprozess erforderlich. Im Elektronenstrahlofen ist die Titan-Schmelze über längere Zeit flüssig zu halten, so dass eine weitgehende Verdampfung von N und O erfolgt. An den Herdwänden sich ausscheidende Titan-Legierungen (Cold-Hearth-Melting) ergeben einen zusätzlichen Raffinationseffekt [6.20]. Zur Raffination von Titan-Schrotten wird auch das Elektroschlacke-Umschmelzverfahren mit einem aktiven Schlackensystem aus CaF_2-Basis empfohlen [6.21]. Für verunreinigte Schrotte stehen weitere Recyclingvarianten zur Auswahl [3.21]:

• Einsatz als Legierungselement geringer Konzentration in Stahl, Zink und Aluminium,
• Herstellung von Ferrotitan,
• Verwendung für Titan-Gussteile,
• Chemische Umsetzung zu Titantetrachlorid ($TiCl_4$), das durch magnesiothermische Reduktion wieder zur Erzeugung von Titan-Schwamm dient.

6.4 Recycling von Kupfer- und Nickelwerkstoffen und kupferhaltigen bzw. nickelhaltigen Abfällen

Beim Kupferrecycling ist eine Reihe von Besonderheiten zu erwähnen. Neben den Neuschrotten und kompakten Gussschrotten fallen große Mengen kleinteilige und stark vermischte Altschrotte (Litzen, Drähte, Bänder, Kontakte) an. Eine wesentliche Vermischung stellen dabei die Isolationsmaterialien an Kupferdrähten dar sowie die extremen Werkstoffkombinationen im Elektro- und Elektronikschrott (Metalle, Legierungen, Kunststoffe, Keramik). Besondere Berücksichtigung erfordern auch die verbreiteten Kupfer-Legierungen (Messing, Bronze) mit ihren hohen Gehalten an wertvollen Metallen (Zn, Sn, Al und Ni).

Die günstigen chemischen und elektrochemischen Eigenschaften des Kupfers ermöglichen die Gewinnung von Kupfermetall auch aus Kupferverbindungen und Lösungen von Kupfersalzen. Die Gründe dafür sind die geringe Sauerstoffaffinität des Kupfers (siehe Abb. 6.2) und das positive Normalpotential von +0,345 V für Cu/Cu^{2+}. Der hohe Metallpreis des Kupfers erlaubt ein wirtschaftliches Kupferrecycling auch aus Abfällen mit sehr geringen Cu-Gehalten. Außerdem können die Kupferschrotte und verschiedenartige oxidische kupferhaltige Abfälle gemeinsam verarbeitet werden. Für die Verarbeitung kommt eine Kombination aus mechanischer Aufbereitung, Schmelzmetallurgie und elektrolytischer Raffination zur Anwendung. Der Schmelzprozess kann je nach Vorstoff mit mehreren Stufen der Primärkupfergewinnung aus Erzkonzentraten kombiniert werden.

Die Kupferschmelzen besitzen ein großes Lösevermögen für alle anderen Metalle und wirken auf diese Weise als Sammlermetall. Diese Sammlereigenschaft ist insbesondere für geringe Edelmetallgehalte in Abfällen von Bedeutung. Die niedrige Sauerstoffaffinität des Kupfers gibt andererseits die Möglichkeit der effektiven Abtrennung von Verunreinigungen (Fe, Al) durch selektive Oxidation der unedleren Elemente. Auch die häufigen Legierungs-metalle (Zn, Pb, Sn) sind durch selektive Oxidation und Verdampfung als Zinkdampf bzw. SnO und PbO aus Kupferschmelzen zu entfernen und nachfolgend zu recyceln. Schließlich ist auf Grund des positiven Normalpotentials Cu/Cu^{2+} eine finale elektrolytische Raffina-tion des erstarrten Kupfers realisierbar. Dabei sammeln sich die Edelmetalle und Selen quantitativ in einem weiterverarbeitbaren Anodenschlamm an und die unedleren Kompo-nenten (Ni, Sb, As) im Elektrolyten. Diese vollständige Abtrennung der Edelmetalle bei der Kupfer-Elektrolyse und deren Konzentrierung in einem Anodenschlamm in Verbindung mit der oben angeführten sehr guten Löslichkeit von Metallen, d. h. auch den Edelmetal-len, in Kupfer-Schmelzen eröffnet eine hervorragende technologische Möglichkeit für das Recycling unreiner und armer Edelmetallschrotte und Edelmetallabfälle durch Eintränken in Kupfer-Schmelzen (Sammlerfunktion).

Viele dieser allgemeinen Aussagen zum Kupferrecycling gelten gleichermaßen für das Ni-ckelrecycling (schmelzmetallurgische Aufarbeitung, geringe Sauerstoffaffinität, Nickelreduk-tion aus Nickel-Verbindungen, Abtrennung von Beimengungen durch selektive Oxidation). Das trifft allerdings nur auf Reinnickel, Nickellegierungen (ca. 12 % der Nickel-Verwendung) und Nickelsalze bzw. Nickeloxide zu, die aus der Galvanik (8 % des Nickel-Einsatzes), den Batterien (< 5 % des Nickel-Einsatzes) und den Nickelkatalysatoren stammen. Die Hauptver-wendung von Nickel erfolgt als Legierungsmetall in Stählen und Stahlguss (75 % der Nickel-Verwendung). Dieser Anteil wird als Eisenlegierung recycelt (siehe dazu Abschn. 6.2). Die insgesamt sehr verwandten chemischen, elektrochemischen und metallurgischen Eigenschaf-ten von Kupfer und Nickel und auch das vermischte Auftreten bei der jeweiligen Primär-erzeugung bzw. in Schrotten und Abfällen sind deshalb Veranlassung für die gemeinsame Abhandlung des Kupfer- und Nickelrecycling in diesem Abschn. 6.4.

6.4.1   Zusammensetzung von Kupferwerkstoffen, Kupferschrotten und kupferhaltigen Abfällen

6.4.1.1 Kupferwerkstoffe

In der Elektrotechnik (ca. 50 % der Kupfer-Anwendungen in Form von Kabeln, Drähten, Kontakten, Stromschienen) sowie für Wärmetauscher und Kollektoren der Solarthermie werden in großem Umfang *reines Kupfer* (99,98…99,99 % Cu) oder *niedriglegierte Kupfer-Knetlegierungen* eingesetzt. Die geringen Legierungszusätze an Ag (0,1 %), P (0,03 %), Be (0,2…2 %), Co (2 %), Cr (0,3…1,2 %), Fe (2 %), Mg (0,3…0,8 %), Ni (1…4 %), Pb (1 %), Te (0,4…0,7 %), Zn (1 %), Zr (0,3 %), S (0,4 %) oder Si (1 %) liegen im Bereich üblicher Verunreinigungen von Altkupfer oder sind beim Kupferschmelzprozess grundsätzlich keine Störelemente bzw. gewinnbar (siehe dazu weiter unten die Ausführungen zum Verhalten von Beimengungen). Dieses niedriglegierte Kupfer kann deshalb zusammen mit dem reinen Kupfer gesammelt und verarbeitet werden.

Die *hochlegierten Kupferlegierungen* (besonders Legierungen mit Zink, Nickel, Aluminium und Zinn) haben auch eine umfangreiche technische Anwendung. Dabei sind für die Recyclingverfahren die Gehalte dieser Legierungselemente von erheblicher Bedeutung, da sie einerseits die Prozesse technologisch aufwendiger machen und andererseits evtl. zusätzliche Erlöse aus den Legierungskomponenten ermöglichen.

CuZn-Legierungen (Messing) Knetlegierungen für Bänder, Bleche und Rohre enthalten 10…40 % Zn (z. B. CuZn15; CuZn33) und in wenigen Fällen zusätzlich 1…2 % an Al, Mn, Ni oder Sn. Die Gusslegierungen (Armaturen) sind häufig zusätzlich mit Pb oder Mn legiert (z. B. G-CuZn39Pb2; G-CuZn37Mn3Al1Fe1).

Zwei- und Mehrstoffbronzen Die Legierungselemente der Bronzen sind Sn, Al, Mn, Pb, Si, Ag oder Be. Die Sn-Bronzen enthalten bis 11 % Sn, die Al-Bronzen bis 11 % Al (häufig zusätzlich 3…5 % Fe, Ni oder Mn). Häufige Mehrstoffbronzen (vorwiegend Lagerwerkstoffe) sind G-CuPb10Sn10, G-CuMn10Zn9Al6Fe und G-CuSi3Zn5 sowie G-CuSn5Zn5Pb5 (Rotguss).

CuNi-Legierungen In Wärmetauschern finden die Legierungen CuNi10Fe1Mn oder CuNi30Mn1Fe Verwendung. Als Kontaktwerkstoff ist CuNi9Sn2 zu erwähnen. Für Widerstandsdraht ist eine Legierung mit hohem Ni-Gehalt (CuNi44) im Einsatz. Für Münzen werden auch CuNi-Legierungen (CuNi25) verwendet.

CuNiZn-Legierungen (Neusilber) Als Tafelgerät und auch Federwerkstoff sind Legierungen mit 44…66 % Cu, 6…19 % Ni und 18…40 % Zn üblich.

Ergänzend zu den Legierungen kommt die Beschichtung von Kupfer-Knetlegierungen mit Zinn vor allem für den Anwendungsbereich Steckverbinder.

Der Massenanteil der Knetwerkstoffe (Kupfer- und Messinghalbzeug) ist der absolut überwiegende gegenüber den Gusswerkstoffen [6.2].

Bei den Legierungen stellt sich die Frage, ob sie in den Recyclingweg des Kupfers oder denjenigen der Legierungskomponenten einzuschleusen sind. Die Antwort ergibt sich unter Berücksichtigung der bereits in Tab. 6.2 angeführten sehr unterschiedlichen Metallpreise (d. h. dem Wertanteil der Legierungskomponente) sowie der technologisch günstigen Verfahrenswege für das Recycling der Legierungskomponenten. Auf Grund der Kenntnis der Metallpreise (der Nickelpreis beträgt etwa das Vier- bis Fünffache des Kupferpreises) ist bereits an dieser Stelle die Aussage möglich, dass hochnickelhaltige Kupferlegierungen in das Nickel-Recycling einzubringen sind, während der niedrige Zinkpreis (ca. 25 % des Kupferpreises) die Messinglegierungen eindeutig dem Kupfer-Recycling zuordnet. Die jeweiligen Entscheidungen zum günstigsten Verfahrensweg werden aber erst nach der ausführlichen Erläuterung der Kupfer- und Nickel-Recycling-Technologien inklusive der Reaktionen der Metalle Kupfer und Nickel verständlich.

6.4.1.2 Kupferschrotte

Die *Produktionsabfälle (Neuschrotte)* der verschiedenen Verarbeitungsstufen (Gießen, Walzen, Drahtziehen, Stanzen, spanende Bearbeitung) fallen bei sorgfältiger Arbeitsweise sortenrein und ohne Verunreinigungen in Form von Gießereiabfällen, Blechabschnitten, Stanzabfällen, Drahtresten und verölten Spänen an.

Die *Altschrotte* aus dem Rücklauf verbrauchter Wirtschaftsgüter sind bei Kupfer von außerordentlich unterschiedlicher Qualität in Bezug auf den Kupfergehalt (bzw. Legierungsgehalt), den Grad der Beimengungen und die Materialabmessungen. Auch in der Nutzungsdauer bestehen erhebliche Zeitunterschiede. Eine Zusammenstellung wurde in Tab. 6.8 versucht, wobei ein Teil dieser Altschrotte Produkte einer mechanischen Aufbereitung darstellen. Der Verein Deutscher Metallhändler (VDM) unterscheidet in der „Klassifizierung für NE-Metall-Schrott" (Fassung 1988) für Kupfer und Kupferlegierungen (Messing, Bronze) 30 verschiedene Schrottsorten. Bei den Beimengungen muss zwischen Wertstoffen und Störstoffen unterschieden werden. Diese Unterscheidung kann aber erst bei der Beschreibung der Verarbeitungsverfahren näher erklärt werden. Aus der Art der aufgeführten Altschrotte ist erkennbar, dass eine genaue Ermittlung („Bemusterung") der Gehalte an Kupfer und Wertstoffen sowie an Störstoffen wegen der häufig uneinheitlichen physikalischen Struktur der Stoffe außerordentlich schwierig ist. Diese Gehalte wirken sich auf die Preisbildung der Schrotte in erheblichem Umfang aus. Weitgehend zuverlässige Probenahmen und Gehaltsbestimmungen sind dagegen bei Shreddermaterial und Kupfer-Granulat zu erhalten.

Tab. 6.8 Zusammenstellung typischer Kupfer-Recyclingmaterialien und Aufbereitungsprodukte (Neuschrotte, Altschrotte, kupferhaltige Abfälle) [6.22, 6.23, 6.47]

Recyclingmaterial (Neuschrott, Altschrott, Cu-haltige Abfälle)	Cu-Gehalt (%)	Sonstige Wertstoffe	Stör-stoffe	Quelle des Recyclingmaterials	Lebens-dauer der Produkte (Jahre)
Neuschrotte					
Kupfer, z. T. legiert	98...99	–	–	Gießereien, Halbzeugwerke	0,1
Messing/ Bronze/Neusilber	45...90	Zn, Sn, Ni	–	Gießereien, Halbzeugwerke	0,1
CuNi-Leg.	55...90	Ni	–	Halbzeugwerke	0,1
Altschrotte					
Cu-Schwerschrotte	90...95	–	–	Stromschienen, Rohre	30...45
Cu-Leichtschrotte	88...92	Sn	–	Bleche, Rohre, Wärmetauscher	25...40

Bemerkungen: Iso. = Isolationsmaterialien (versch. Kunststoffe, z. B. PVC, PTFE), Sch. = Bauschutt (Sand, keramisches Material, Holz, Kunststoffe)

Tab. 6.8 (*Fortsetzung*)

Recyclingmaterial (Neuschrott, Altschrott, Cu-haltige Abfälle)	Cu-Gehalt (%)	Sonstige Wertstoffe	Stör-stoffe	Quelle des Recyclingmaterials	Lebens-dauer der Produkte (Jahre)
Cu-Granulate	95	–	–	Kabelauf-bereitung	10…45
Cu-Spulen/Draht	80	–	Fe	Transformatoren	40…50
Cu-Kabel			Iso.	Bausektor	30…40
Cu-Fe-Material	20	–	Fe	Motor, Generator	10…40
	5	–	Fe	Kühlschränke	15
	5	–	Fe	Haushaltgeräte	10
	4	–	Fe, Sch.	Gebäudeabbruch	40…50
Shreddermaterial					
– Relais-Schrott	50	Sn, Pb	Iso.,Fe	Kommunika-tions-Technik (Telefon, PC, TV, Radio) Altauto	
– Elektronik	5…30	Sn, Pb	Iso.,Fe		6…15
– Kontakte	60…80	Sn,Au,Ag			
– Altautos	60…65	Sn	Fe,Iso.		8…10
Messing / Bronze – Altschrott	30…80	Zn, Sn, Pb, Ni	Fe	Armaturen, Küh-ler, Lagerschalen, Maschinenteile	10…45
Cu-haltige Abfälle					
Krätzen, Aschen,	20…50	Zn, Sn, Pb	Sch.	Gießereien, Halbzeugwerke Schmelzprozesse	0,5
Schlacken	1…8				
Fällschlämme	2…10	Zn, Ni, Pb	Fe, S	Galvanik, Ätz-verfahren	0,5
Cu-Salze	20	–	S, Cl	div. Industrien	–
Zementkupfer	80	–	Fe	Cu-Fällung mit Fe-Schrott aus div. Lösungen	–
Lösungen von Cu-Salzen	1…50 g/l	Fe, Ni, Zn, NH_3 u. a.	Cl, S	Ätzverfahren, Laugeverfahren	–

Bemerkungen: Iso. = Isolationsmaterialien (versch. Kunststoffe, z. B. PVC, PTFE), Sch. = Bau-schutt (Sand, keramisches Material, Holz, Kunststoffe)

6.4.1.3   Kupferhaltige Abfälle

Wie bereits oben erläutert können solche Abfälle häufig zusammen mit den Schrotten verarbeitet werden. Sie entstehen beim Schmelzen von Kupfer und dessen Legierungen infolge Oxidation an der Schmelzbadoberfläche in Form von Krätzen (Metall-Metalloxid-Gemische), bei Ätz- und Galvanikverfahren als Abfalllösungen, Salzabfälle, Neutralisationsschlämme und Zementkupfer sowie in anderen Industriezweigen. Die Probenahmen und Gehaltsbestimmungen sind meist unkompliziert.

6.4.2   Aufbereitung von Kupfer-Schrotten und kupferhaltigen Abfällen

Die Notwendigkeit der Aufbereitung ergibt sich aus dem z. T. geringen Cu-Gehalt der Altprodukte (Elektrogeräte, Maschinen, Altautos) und der Verbindung mit Störstoffen. Die Aufbereitung verfolgt dabei folgende Zielstellungen:

- Anreicherung des Cu-Inhaltes und des Gehaltes evtl. Wertstoffe (Edelmetalle, Ni u. a.),
- Abtrennung von metallischem Eisen (Stahl, Gusseisen),
- Abtrennung von Schadstoffen (PVC u. a. Kunststoffe) und Inertstoffen,
- Zerkleinerung auf erforderliche Stückgrößen oder Kompaktierung von Feingut.

Durch diese Aufbereitung kann eine Optimierung des anschließenden Schmelzprozesses erreicht werden. Dafür ist eine Reihe von günstigen Effekten verantwortlich:

- Verringerung der Schlackenmenge, der Verstäubung, der Flugstaubmenge und der Umweltbelastung (Dioxinbildung u. a.).
- Erhöhung des Kupfer-Ausbringens und Gewinnung der anderen Wertstoffe.
- Senkung der Schmelzkosten (Energieverbrauch, Massenreduzierung).

Diese positiven Auswirkungen müssen natürlich gegen die erforderlichen Kosten der Aufbereitungsverfahren und die auch unvermeidlichen Kupfer-Verluste bei der Aufbereitung aufgerechnet werden. Die erwähnte Dioxinbildung bei den nachfolgenden Schmelzverfahren verursachen vor allem Gehalte an organischen Chlor-Verbindungen. Das sind im Falle der Kupfer-Materialien überwiegend die PVC-Isolierschläuche von Kabeln und Litzen. Ebenfalls problematisch wirken sich die in Leiterplatten (Elektronik) verwendeten Flammschutzmittel (Bromverbindungen) aus. Die Dioxinbildung ist in Abschn. 5.2 näher erläutert. Andererseits sind bei den Schmelzprozessen Gehalte an Kunststoffen im Prinzip energetisch nutzbar. Da stets die Gefahr von PVC- und PTFE-Beimengungen vorhanden ist und in den Abgasen die 100 %ige Oxidation zu CO_2 Probleme bereitet (Restgehalte an Kohlenwasserstoffen), wird meist ein sehr geringer Kunststoffanteil gefordert. Auf Grund hoher Edelmetallgehalte wird bei der Verwertung von Leiterplatten aber ein größerer Anteil an Kunststoffen mit Flammschutzmitteln bei der schmelzmetallurgischen Verarbeitung in Kauf genommen. Steigende Antimon-Einträge beeinträchtigen die Kupfererzeugung ebenfalls negativ. Daher werden derzeit Möglichkeiten untersucht, eine entsprechende Entfrachtung von Halogenen und Antimon im Vorfeld der schmelzmetallurgischen Prozesse durchzuführen.

6.4.2.1 Demontage, Aufschlusszerkleinerung und Sortierung

Wegen der geringen Kupfergehalte und der komplizierten Werkstoffverbunde der Kupfer-Materialien mit anderen Werkstoffen (Kunststoffisolationen, Leiterplatten, Trafobleche, Stahlgehäuse, Wärmedämmstoffe, Kunststoffgehäuse, Eisengussgehäuse u. a.) kommt der Aufschlusszerkleinerung eine überragende Rolle zu. Kabel mit großen Abmessungen müssen in einem entsprechenden Kabelschneider (Aufgabetrichter bis 2,3 m Breite) auf 50…20 mm vorzerkleinert werden. Für Kabel mit mittleren Abmessungen sowie Litzen und für die Nachzerkleinerung sind *Schneidmühlen mit integrierter Windsichtung (Zick-Zack-Sichter)* (Abb. 3.2) geeignete Apparate. Der Aufschluss wird durch eine Kryovorbehandlung (Versprödung der Kunststoffe) verbessert. Häufig ist eine Spezial-Schlägermühle zur Verkugelung der feinen Litzendrähte nachgeschaltet. Die Isolationsmaterialien werden weitgehend abgetrennt und als Produkt ein Kupfer-Granulat (95 % Cu) gewonnen (Abb. 6.18). Für besonders feinteilige isolierte Kupferdrähte steht eine kombinierte Sensortechnik zur Verfügung. Sie arbeitet mit einem hochsensiblen elektromagnetischen Sensor in Kombination mit einem NIR-Sensor für die Kunststoffummantelung. Durch die zeitgleiche Auswertung beider Signale lassen sich Reste isolierter Kupferkabel eindeutig identifizieren und für das Ausblasen orten. Für Kompaktschrott und teildemontierte oder vollständige Altgeräte (Kühlschränke, Waschmaschinen, Altautos u. a.) kommen *Shredder unterschiedlicher Baugrößen* zum Einsatz. Diese sind ebenfalls bereits mit Windsichtung ausgestattet, um Textilien, Gummi, Dämmstoffe u. a. Kunststoffe als Shredderleichtfraktion (SLF) abzutrennen. Der restliche Stoffstrom enthält überwiegend Stahl, der über Magnetscheider abgetrennt wird. Für die verbleibende Schwerfraktion eignet sich dadurch die Sortierverfahrensabfolge *Wirbelstromscheidung, Schwimm-Sink-Prozess* sowie *Sensorgestützte Verfahren* (siehe dazu Abschn. 12.1.4 „Aufbereitung der Shredderschwerfraktion"). Elektrokleingeräte, Kommunikationstechnik, Computer, TV, Radios usw. werden zunächst demontiert, die Schadstoffentfrachteten Geräte geshreddert und nachfolgend sortiert. Für elektrische Großgeräte (Transformatoren, Generatoren, Motoren) ist häufig nur eine *Demontage* erforderlich.

Aus technologischen und vor allem wirtschaftlichen Gründen erfolgt eine Getrennthaltung verschiedener Schrottsorten, Aufbereitungsprodukte und Abfälle, wo dies ohne zu großen Aufwand möglich ist. So können z. B. beim Schmelzen von reinen kupferreichen Schrotten mehrere Verarbeitungsstufen eingespart und das Ausbringen von Legierungsmetallen wesentlich verbessert werden.

Eine getrennte Verarbeitung von folgenden fünf Hauptschrottsorten und Abfällen (Sorten 1…7) ist zu empfehlen:

1. Neuschrotte (Verarbeitungsabfälle bekannter stofflicher Zusammensetzung, getrennt nach Legierungen).

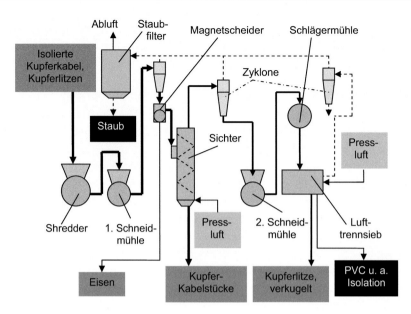

Abb. 6.18 Aufbereitung von Kupfer-Kabelschrott

2. Niedriglegierter Kupferaltschrott >75 % Cu (Legierungsmetalle Ag, Cd, Si, Mn, Ni, Be ...) einschl. aufbereiteter Elektroschrott, Kabelschrott (95 % Cu).
3. Hochlegierte Kupferaltschrotte von Messing, Bronze oder Neusilber, getrennt nach CuZn- und CuSn-Legierungen, gering verunreinigt.
4. Cu-armer Metallschrott <30 % Cu (Cu-Fe-Schrott).
5. Cu-armer Elektro-/Elektronikschrott (3...20 % Cu), evtl. edelmetallhaltig.
6. Oxidische kupferhaltige Abfälle (Krätzen, Aschen, Fällschlämme, Cu-Oxide).
7. Kupfersalze (Sulfate, Chloride, Karbonate, Acetate).

Die Aufbereitung und das gesamte Recycling von Elektro(nik)-Altgeräten werden ausführlich in einem besonderen Abschnitt in Kap. 13 besprochen.

6.4.2.2 Aufbereitung nichtmetallischer Abfälle

Oxidische Abfälle (Krätzen, Aschen) sind häufig feinkörnig oder pulverförmig und müssen zur Einschränkung von Verstäubungen brikettiert oder anderweitig agglomeriert werden. Fällschlämme sind vor einer Aufbereitung zu trocknen. Aus dieser Gruppe sind die Salze einer speziellen Behandlung zu unterziehen. Es handelt sich vor allem um Sulfate und Chloride (z. T. mit Eisensalzen vermischt). Nach Auflösung dieser Salze in Wasser können mit Eisenschrott die Cu-Ionen reduziert und als feinkörniges Zementkupfer gewonnen werden. Das Zementkupfer ist der Schrottsorte 2 oder 4 zuzuordnen. Andere Kupfersalze oder Salzlösungen mit flüchtigen Säuren (Kohlensäure, Essigsäure) oder Ammoniak können einfach thermisch gespalten und dadurch Pulver von Kupferoxiden erzeugt werden. Die Kupferoxide bilden zusammen mit Kupfer-Krätzen, Aschen u. a.

oxidischen Abfällen eine eigene Abfallsorte (6). Weitere Verfahren zu deren Verarbeitung sind im Abschn. 6.4.4 (Hydrometallurgische Verarbeitung von kupferhaltigen Abfällen) beschrieben.

6.4.3   Schmelzmetallurgische Verarbeitung von Kupferschrotten und kupferhaltigen Abfällen mit abschließender Raffinationselektrolyse

6.4.3.1 Schmelzprozesse

Die sehr reinen Neuschrotte und vor allem auch die Legierungsneuschrotte können mit geringem Aufwand an den Anfallstellen (Halbzeugwerke, Gießereien) durch einfaches Umschmelzen recycelt werden. Dafür werden vorwiegend Induktionstiegelöfen (siehe Abb. 6.6) eingesetzt, die eine weitgehende Erhaltung der Legierungszusammensetzung gewährleisten und nur geringe Mengen Krätze entstehen lassen. Im Unterschied dazu müssen die kupferarmen und verunreinigten Schrotte sowie das Zementkupfer einer schmelzmetallurgischen Konzentrierung und Reinigung unterzogen werden. Diese Konzentrationsschmelzen erfüllen folgende technologische Aufgaben [6.24]:

* Homogenisierung des sehr inhomogenen Recyclingmaterials durch die Bildung einer Metallschmelze.
* Konzentrierung und Sammlung der wichtigsten Wertmetalle in der Metallschmelze.
* Bildung einer Schlackenphase (FeO-Silikat) aus oxidischen und silikatischen Beimengungen und Zuschlägen (Kalk, Sand, Rückschlacke).
* Gewinnung eines Flugstaubes aus flüchtigen Stoffen (ZnO, PbO).
* Ableitung eines Abgases aus Zersetzungs- und Verbrennungsprodukten von Kunststoffen Lacken und Salzen (CO_2, C_mH_n, SO_2, HCl).

Auch die oxidischen Abfälle (Kupferoxide, Krätzen, Aschen, Hydroxidschlämme) können in dieses Konzentrationsschmelzen eingebracht werden, da bei den hohen Temperaturen Kupferoxide und evtl. andere Wertstoffoxide (NiO, ZnO, SnO_2, PbO) durch Reduktionsmittel (Koks, Kohle, Öl, CO) leicht zu den Metallen zu reduzieren sind, wie aus den thermodynamischen Eigenschaften dieser Oxide (Abb. 6.2) abzuleiten ist. Die Mehrzahl der reduzierten Metalle wie auch eingebrachtes metallisches Eisen lösen sich in der Metallschmelze auf. Daraus resultiert die Forderung nach vorheriger Abtrennung von metallischem Eisen. Dagegen werden Eisenoxide bei den eingestellten Reaktionsbedingungen und Temperaturen im Ofen nicht reduziert und vollständig verschlackt. Infolge des hohen Dampfdruckes von Zink bei den Temperaturen des Schmelzprozesses verdampft diese Metallkomponente überwiegend, wird im Abgasstrom zu ZnO reoxidiert und bildet einen wertvollen ZnO-Flugstaub. Geringe Anteile von Zinn und Blei (ca. 15 % des Vorlaufens) werden in Form von SnO bzw. PbO ebenfalls verflüchtigt und im Flugstaub abgeschieden. Die Hauptmenge der Sn- und Pb-Gehalte verbleibt im Rohkupfer.

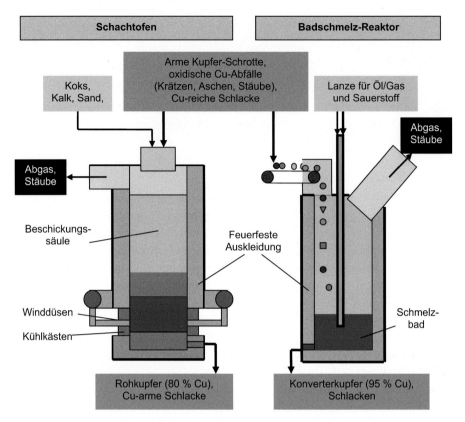

Abb. 6.19 Schmelzöfen für das Konzentrationsschmelzen beim Kupferrecycling: 1. Schachtofen 2. Badschmelzofen (ISASMELT-Reaktor; TSL-Reaktor) [6.23, 6.25, 6.47]

Das Konzentrationsschmelzen erfolgt klassisch im Schachtofen mit Koks als Brennstoff und Reduktionsmittel (Abb. 6.19). Dabei entstehen kupferarme Schlacken (1..2 % Cu), Rohkupfer (75…80 % Cu mit 97…98 % Kupfer-Ausbringen) und die erwähnten Flug-stäube. Das Rohkupfer (Schwarzkupfer) hat z. B. eine Zusammensetzung von 75 % Cu, 6 % Sn, 5 % Fe, 3 % Ni, 5 % Zn, 4 % Pb. Auf Grund der unterschiedlichen Dichte der zwei Schmelzphasen (Rohkupfer und arme Schlacke) erfolgt eine Separierung direkt im Unter-teil des Ofens oder in einem getrennten Vorherd.

Wegen der vorliegenden Reduktionsbedingungen im Schachtofen ist dieser auch beson-ders zur Rückgewinnung des Kupfers aus den kupferreichen Schlacken der nachfolgenden Technologiestufen (Konverterschlacke, Raffinationsschlacken) geeignet (sog. Schlacken-verarmung). Beim Schachtofenschmelzen sammeln sich von den begleitenden Wertme-tallen das Nickel vollständig, das Blei und Zinn zu 80 % und das Zink nur zu 15 % im Rohkupfer. Auf den Flugstaub verteilen sich ca. 15 % vom Blei und Zinn und 42 % vom Zink. Weitere 42 % des Zinks befinden sich in der armen Schlacke.

Seit mehreren Jahren kommen für das Konzentrationsschmelzen immer mehr die sehr leistungsintensiven Badschmelzöfen (Isasmelt Reaktor, TSL-Reaktor) [6.25] zum Einsatz,

Abb. 6.20 Elektro-
reduktionsofen
(Submerged Arc
Furnace, SAF) für
das reduzierende
Schmelzen von Kup-
fer-Sekundärmaterial
und zur Schlacken-
verarmung

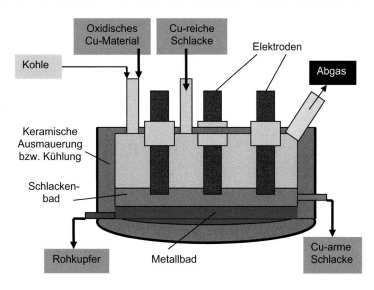

die mit einer Brennerlanze und ohne Koks arbeiten (Abb. 6.19). Die Brennerlanze taucht
in die Schmelze ein (Top Submerged Lance, TSL [6.47]).

Speziell für das Schlackenverarmen – aber auch für das Schmelzen armer Kupferab-
fälle – sind die Elektroreduktionsöfen (Submerged Arc Furnace, SAF) geeignet, bei denen
die Elektroden in das Schlackenbad eintauchen und dadurch über Widerstandserwärmung
den Schmelzprozess realisieren (Abb. 6.20). Damit können in den verarmten Schlacken
Cu-Gehalte bis herab auf 0,6…0,9 % Cu erzielt werden.

Das erzeugte flüssige Rohkupfer muss anschließend durch selektive Oxidation in einem
Konverterprozess (Einblasen von Luft) weiter konzentriert und gereinigt werden. Der Chemismus dieses Verfahrens ist in Abschn. 6.1.1 bereits am Beispiel von Kupfer-Schmelzen
ausführlich beschrieben. Dort wurde dargestellt, dass die typischen Legierungskomponenten
bzw. Verunreinigungen Fe, Pb, Zn, Al selektiv vor dem Kupfer oxidierbar sind. Gleiches gilt
für die weiteren Legierungskomponenten Sn, Mn und Si. Zur Bindung dieser Oxide in einer
flüssigen Silikatschlacke muss bei diesem Prozess Sand (SiO_2) zugesetzt werden. Der hohe
Dampfdruck von Zink führt in dieser Stufe auch zu einer weiteren starken Verflüchtigung
dieses Metalls und zur Entstehung eines ZnO-Flugstaubes. Während des Verblaseprozesses
findet zuerst sehr schnell die Verschlackung des Eisens und die Verdampfung von Zink statt.
Erst nach längerer Blaszeit (60…80 Minuten) und gestiegener Temperatur (1.200…1.400 °C)
gelingt auch die Sn-Pb-Verschlackung. Dabei ist es möglich, eine spezielle Sn-Pb-Schlacke
zu gewinnen, aus der im nachgeschalteten Mischzinnofen eine Sn-Pb-Legierung hergestellt
wird. Nickel hat besonders bei höheren Temperaturen eine gegenüber dem Kupfer nur geringfügig stärkere Oxidationsneigung und ist deshalb durch selektive Oxidation nur bei starker paralleler Kupferoxid-Bildung zu verschlacken. Das ist technisch und wirtschaftlich
allerdings nicht effektiv. Das Nickel geht deshalb nur z. T. in die reiche Schlacke (Kreislauf)
über und die endgültige Abtrennung findet erst in der Elektrolysestufe statt. Die Edelmetalle
verbleiben vollständig beim Kupfer (günstige Sammlereigenschaft des Kupfers!).

Abb. 6.21 Kippbarer Trommelkonverter und kippbarer
Rotationskonverter (TBRC)
zur Verarbeitung von flüssigem
Rohkupfer sowie reichen
Kupfer-, Messing- und Bronze-
schrotten

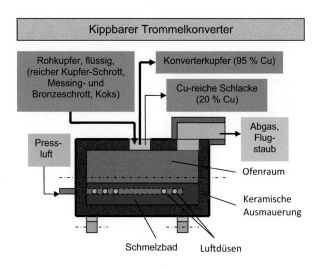

Der Konverterprozess erfolgt häufig im Trommelkonverter (Abb. 6.21) mit Einsatz von flüssigem Rohkupfer, wobei reiner, reicher Kupfer-Schrott direkt mit zugesetzt werden kann. Die Konverterprodukte sind das Konverterkupfer mit 95…98 % Cu-Gehalt und eine reiche Schlacke (z. B. 20…30 % Cu, 18 % Fe, 9 % Sn, 5 % Ni, 5 % Pb, 2 % Zn), die in den Schachtofen oder Elektroofen zurückgeführt und dort verarmt wird.

Für den Konverterprozess kommt u. a. der TBRC (Top-Blown Rotary Converter) zum Einsatz (mit einer Sauerstofflanze für die selektive Oxidation; Abb. 6.21). In diesem Reaktor ist die Erzeugung einer Sn-Pb-Schlacke gut durchzuführen und damit die Trennung des Zinn und Blei vom Kupfer zu optimieren.

Der Konverterprozess kann auch im Badschmelzofen (Abb. 6.19) unmittelbar nach dem Konzentrationsschmelzen vollzogen werden (Kayser Recycling System, KRS).

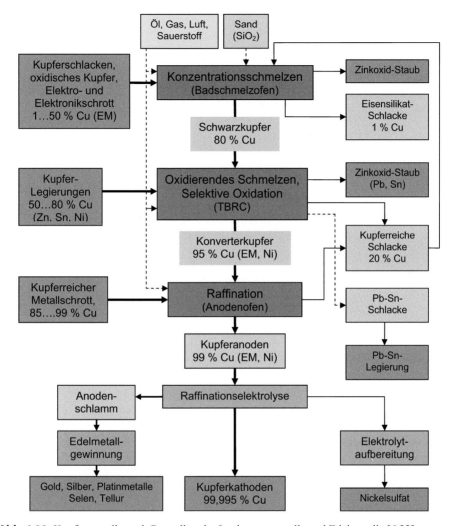

Abb. 6.22 Kupferrecycling mit Recycling der Legierungsmetalle und Edelmetalle [6.22]

Eine spezielle Variante des Konverterprozesses ist der direkte Einsatz von reichen Messingschrotten in einen besonderen Altmetallkonverter, der durch Koksverbrennung vorgeheizt wurde. Dabei entstehen ein besonders reiner ZnO-Flugstaub und das normale Konverterkupfer. Analog ist ein gesonderter Konverterprozess für reine Bronzeschrotte mit Erzeugung einer zinnreichen Schlacke von Vorteil.

Die bereits bis zu dieser zweiten Verarbeitungsstufe relativ komplizierten technologischen Abläufe sind im Verfahrensfließbild Abb. 6.22 nochmals dargestellt.

Der abschließende Elektrolyseprozess erfordert eine noch weitergehende Raffination des Konverterkupfers auf ca. 99…99,5 % Cu-Gehalt (0,1 % Ni, Edelmetalle) ebenfalls durch selektive Oxidation in einem Flammofen (z. B. kippbarer Trommelofen,

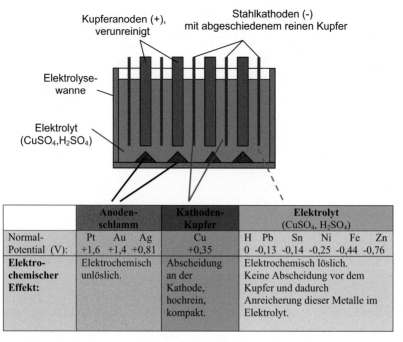

	Anoden-schlamm	Kathoden-Kupfer	Elektrolyt (CuSO$_4$, H$_2$SO$_4$)					
Normal-Potential (V):	Pt +1,6 Au +1,4 Ag +0,81	Cu +0,35	H 0 Pb -0,13 Sn -0,14 Ni -0,25 Fe -0,44 Zn -0,76					
Elektro-chemischer Effekt:	Elektrochemisch unlöslich.	Abscheidung an der Kathode, hochrein, kompakt.	Elektrochemisch löslich. Keine Abscheidung vor dem Kupfer und dadurch Anreicherung dieser Metalle im Elektrolyt.					

Abb. 6.23 Funktionsprinzip der Kupferraffinationselektrolyse [3.21]

Abb. 6.21). Die raffinierte Kupfer-Schmelze wird zu Kupfer-Plattenanoden für die Elektrolyse vergossen. In diesem, auch Anodenofen genannten, Aggregat, können noch reine Kupfer-Schrotte direkt zugesetzt werden. Die reiche Schlacke des Anodenofens kann bis 35 % Cu und nochmals 7 % Fe, 5 % Pb, 3 % Sn und 2 % Ni bei 20 % SiO$_2$ enthalten. Andere Recyclinghütten erreichen im kippbaren Anodenofen Schlackenzu-sammensetzungen von z. B. 14 % Cu, 13 % Sn, 8 % Pb, 5 % Zn, 3 % Ni und 29 % SiO$_2$, 10 % FeO, 11 % CaO. Diese reichen Schlacken werden in das Konzentrationsschmelzen zurückgeführt.

6.4.3.2 Raffinationselektrolyse

Als Verfahrensstufe der Hochreinigung kommt die elektrolytische Raffination in einem Schwefelsäure-Kupfersulfat-Elektrolyt zum Einsatz. Sie gestattet es, aus den Kupfer-anoden von ca. 99 % Cu ein hochreines Kupfer mit 99,98 % Cu auf den Stahlkathoden abzuscheiden. Dieses Kathodenkupfer hat die Qualität des Primärkupfers aus Kupfer-Konzentraten. Das Kathodenkupfer fällt in Form von dünnen Kupfer-Blechen an. Diese Bleche werden umgeschmolzen (z. B. in gasbeheizten Schachtöfen) und zur Erzeugung von Gießdraht, Bolzen u. a. Formaten verwendet.

Das Funktionsprinzip der Elektrolyse mit löslichen Rohkupferanoden und die für das Verständnis des Raffinationseffekts relevanten Normalpotentiale der Metalle sind in Abb. 6.23 aufgeführt. Gemäß diesem vereinfachten theoretischen Ansatz sind die Edelmetalle unlöslich und sammeln sich vollständig in einem Anodenschlamm, während das Kupfer und alle anderen Metalle (auch Sb und As) in Lösung gehen und sich im Elektrolyten anreichern (siehe auch Abschn. 4.2.3 Elektrochemische Verfahren).

Tatsächlich sind die Verhältnisse aber wesentlich komplizierter, da die Verunreinigungen in den Anoden z. T. als einfache oder komplexe Oxide (NiO, Cu_2O, Pb-Cu-As-Oxid) oder Selenide (Cu-Ag-Selenid) vorliegen und bei der anodischen Auflösung teilweise weitere schwerlösliche Verbindungen ($PbSO_4$, $SbAsO_4$, SnO_2, Ni-Arsenat-Antimonat, Cu-Pb-As-Sb-Oxide u. a.) bilden. Daraus folgt, dass bei der Elektrolyse erhebliche anodische Passivierungsschichten (vor allem durch NiO bedingt) auftreten, treibende Schlämme durch Sb-Verbindungen entstehen und der Elektrolyt schnell an Cu-Ionen verarmt. In dem Anodenschlamm finden sich deshalb neben den Edelmetallen die genannten schwerlöslichen Verbindungen. Entsprechend kann dieser bis 15 % Ni, bis 40 % Pb, bis 14 % Sn, und bis 9 % Sb enthalten. Das dargestellte Verhalten der restlichen Beimengungen der Anoden und deren nachteilige Auswirkung auf den Elektrolyseprozess unterstreichen nachdrücklich die Notwendigkeit der mehrstufigen thermischen Raffination des Rohkupfers. Die Anodenschlämme des Recyclingprozesses (Sekundär-Anodenschlämme) unterscheiden sich erheblich von den Anodenschlämmen der Primärkupfergewinnung aus Kupfer-Konzentraten (Primär-Anodenschlämme) und erfordern besondere Verfahrensvarianten zur Edelmetallgewinnung [6.26]. Diese Varianten sind im Abschn. 6.7 (Edelmetallrecycling) vorgestellt. Im Elektrolyten reichern sich vorwiegend Ni^{2+} und einige andere Restverunreinigungen (As^{3+}) an und machen seine Aufarbeitung notwendig. Nach einer elektrolytischen Entkupferung wird aus dem Elektrolyten durch Verdampfungskristallisation ein Rohnickelsulfat abgeschieden.

Eine Gesamtübersicht zum Kupferrecycling gibt Abb. 6.22. Dieses Verfahrensfließbild entspricht ab der Verfahrensstufe *„Selektive Oxidation im Konverter"* im Prinzip auch weitgehend den Verfahrensstufen der primären Kupfergewinnung aus Erzkonzentraten. Nur das Konzentrationsschmelzen erfolgt bei der Primärgewinnung über die Bildung einer Cu-Fe-Sulfidphase (sog. Kupferstein). Deshalb kann relativ reines Kupfer-Recyclingmaterial auch in den Primärhütten ab den Prozessstufen Konvertierung und Raffination sehr effektiv mit verarbeitet werden.

Für die Verwertung der anfallenden Nebenprodukte existieren mehrere Verfahren. Die ZnO-reichen Stäube sind zu Farboxiden (ZnO) oder Zinksulfat zu verarbeiten (siehe Abschn. 6.6.5). Aus den Sn-Pb-Schlacken wird durch Reduktion eine Sn-Pb-Legierung hergestellt. Aus den Anodenschlämmen werden die Edelmetalle, Selen und Tellur gewonnen (siehe Abschn. 6.7). Daraus folgt, dass die Kupferrecyclingtechnologie, neben der weitgehenden Kupfer-Rückgewinnung in Primärqualität, auch die vollständige Rückgewinnung von Edelmetallen vorbereitet und die Legierungsmetalle Zink, Zinn und Blei in gut verwertbaren Zwischenprodukten konzentriert. Die Flugstäube aus dem ersten schmelzmetallurgischen Prozess (Konzentrationsschmelzen) können, je nach Einsatzmaterial, allerdings deutlich komplexer sein (Aufkonzentrierung von Halogeniden) und bedürfen dann weiterer Separationsschritte, um wieder nutzbar gemacht zu werden.

6.4.4   Hydrometallurgische Verarbeitung von kupferhaltigen Abfällen

Die hydrometallurgische Rückgewinnung arbeitet nach dem Prinzip der selektiven Auflösung des Kupfers (selektive Laugung). Dabei wird ein unlöslicher Rückstand abgetrennt. Aus der gewonnen Kupferlösung wird das Kupfer in metallischer Form als Elektrolytkupfer abgeschieden oder ein handelsfähiges reines Kupfersalz hergestellt. Diese Verfahrensweise wurde allgemein und mit einigen Materialbeispielen bereits in Abschn. 4.2 (chemische und elektrochemische Verfahren) vorgestellt. Hydrometallurgische Aufbereitungsverfahren sind nur dann wirtschaftlich einzusetzen, wenn die selektive Abtrennung geringer Kupfer-Mengen von einer großen Masse an Fremdmaterial erfolgen muss; oder besonders dann, wenn der Werkstoffverbund Kupfer-Fremdmaterial durch die Aufschlusszerkleinerung oder thermische Verfahren (Pyrolyse, Oxidation) nicht aufzutrennen ist. Das trifft vor allem für Kupfer- und Messing-Beschichtungen auf verschiedenen Basiswerkstoffen zu und evtl. für andere elektrische oder elektronische Bauteile mit geringen Cu-Gehalten, bei z. B. gleichzeitig hohen Eisen-Anteilen. Die Aufarbeitung der Kupfer-Lösungen lässt sich sinnvoll mit der Verwertung von Kupfersalzen kombinieren, die bereits im Abschn. 6.4.2 (Aufbereitung von Kupfer-Schrotten und kupferhaltigen Abfällen) skizziert wurde.

6.4.4.1   Selektive Laugung von metallischem Kupfer

Für eine selektive Laugung sind mehrere Reagenzien und die elektrolytische Auflösung geeignet [6.24].

Laugung mit ammoniakalischer Ammoniumkarbonatlösung und Luft

$$Cu + 0.5\,O_2 + 2\,NH_3 + (NH_4)_2CO_3 \rightarrow [Cu(NH_3)_4]CO_3 + H_2O$$

Zusammen mit dem Kupfer geht auch Nickel als Amminkomplex in Lösung. Dagegen sind Eisen und die meisten anderen Metalle und die Kunststoffe sowie keramische Massen unlöslich. Das Lösemittel NH_3 ist regenerierbar.

Laugung mit Fe(III)-Sulfat-Lösung

$$Cu + Fe_2(SO_4)_3 \rightarrow CuSO_4 + 2\,FeSO_4$$

Mit Fe(III)-Sulfat werden viele andere Metalle auch aufgelöst (z. B. Zink, Zinn). Allerdings darf metallisches Eisen nicht anwesend sein, denn es würde das Fe^{3+} zu Fe^{2+} reduzieren und damit für den Löseprozess unwirksam machen. Dagegen bleiben die Edelmetalle ungelöst und sind aus dem Löserückstand zu gewinnen. Ebenfalls unlöslich sind die Kunststoffe und keramische Massen. Das Lösemittel Fe(III)-Sulfat ist regenerierbar.

Laugung mit Schwefelsäure und Luft

$$Cu + H_2SO_4 + 0.5\,O_2 \rightarrow CuSO_4 + H_2O$$

Die Selektivität dieser Reaktion ist allerdings gering, da dabei außer den Edelmetallen alle Metalle mit in Lösung gehen und nur Kunststoffe und Keramik unlöslich bleiben.

Elektrolytische Auflösung

Dazu liegen Vorschläge mit Cyanidelektrolyt und ammoniakalischem Elektrolyten vor. Das Verfahren wäre für kupfer- oder messingbeschichteten Stahl einsetzbar. Diese Abfälle müssten in unlöslichen Körben anodisch polarisiert werden analog der elektrolytischen Weißblech-Entzinnung (siehe Abschn. 4.2.3, Abb. 4.2). Bei dieser Elektrolyse würde das Kupfer kathodisch abgeschieden und wäre so in einem Verfahrensschritt gewinnbar.

Die chemischen Laugungen werden in Rührwerksbehältern, in Berieselungstürmen (Perkolatoren) u. ä. Apparaten durchgeführt. Alle Laugeverfahren erfordern als weitere Prozessstufen eine Fest-Flüssig-Trennung und einen Waschprozess des Rückstandes zur vollständigen Gewinnung der Kupfer-Lösungen (siehe Abschn. 3.6.1).

6.4.4.2   Rückgewinnung von Kupfer aus Lösungen

Es sind folgende häufige Typen von Kupfer-Lösungen zu betrachten:

- Kupfer-Lösungen der Selektivlaugung (Cu-Sulfat, Cu-Tetramminkomplex, Cu-Sulfat/Fe-Sulfat).
- Kupfer-Lösungen von der Auflösung von Abfallsalzen in Wasser (Cu-Sulfat, Cu-Chlorid u. a.).
- Ätzlösungen und Galvanikbäder sowie zugehörige Waschwässer (Cu-Sulfat/Fe-Sulfat, Cu-Sulfat/Schwefelsäure, Cu-Chlorid/Salzsäure, Cu-Tetramminkomplex/NH_4Cl u. a.).

Elektrolytische Kupferabscheidung

Die effektivste Methode der Verarbeitung der Lösungen ist die Reduktionselektrolyse mit unlöslichen Anoden, da damit verkaufsfähiges reines Elektrolytkupfer zu gewinnen ist. Die Grundlagen der Elektrolyseverfahren sind bereits in Abschn. 4.2.3. beschrieben und mit Abb. 4.6 erläutert. Dort ist die Plattenelektrolyse mit relativ konzentrierten und reinen Lösungen als günstigste Methode begründet. Für die Kupferabscheidung sind reine Cu-Sulfat-Lösungen als Elektrolyt mit Cu-Konzentrationen von möglichst über 15 g/l besonders geeignet. Insbesondere die Konzentration an Fe^{3+}-Ionen muss sehr gering sein, da dieses Ion wie oben erläutert Kupfermetall wieder auflöst und seine Reduktionsreaktion an der Kathode ($Fe^{3+} + e \rightarrow Fe^{2+}$) einen zusätzlichen Energieverbrauch veranlasst. Als Ausweg kann in einer Vorstufe das Fe^{3+} zu Fe^{2+} reduziert werden. Alternativ käme eine Anwendung von Diaphragmen mit getrennten Anoden- und Kathodenräumen in Frage (siehe dazu unter Abschn. 4.1.4, Membranverfahren). Zur evtl. notwendigen Aufkonzentrierung und Vorreinigung von Kupfer-Lösungen werden der Festbett-Ionenaustausch oder die Solventextraktion eingesetzt (siehe Abschn. 4.2.4). Bei der Reduktionselektrolyse von $CuSO_4$-Lösungen entsteht anodisch Sauerstoff und Schwefelsäure wird frei, so dass eine vollständige Entkupferung wegen der zunehmenden Schwefelsäurekonzentration und dann eintretender kathodischer Wasserstoffabscheidung mit Bildung schwammiger Kupfer-Abscheidungen nicht möglich ist.

$$CuSO_4 + H_2O \rightarrow Cu + H_2SO_4 + 0{,}5\,O_2$$

Es sollte also ein effektiver Kreislauf der teilentkupferten Lösung eingerichtet werden.

In den Elektrolysezellen werden unlösliche Hartbleianoden oder Titananoden und Stahlblechkathoden verwendet, auf denen sich eine Kupferschicht abscheidet. Die Hartbleianoden sind aber gegen anodisch gebildetes Chlor nicht beständig, weshalb Cl^--Ionen im Elektrolyten unbedingt zu vermeiden sind. Der Energieverbrauch der Reduktionselektrolyse (2.000…2.500 kWh/t Cu) ist relativ hoch, da im Unterschied zur Raffinationselektrolyse (200…300 kWh/t Cu) die Zersetzungsspannung aufgebracht werden muss.

Zementation mit metallischem Eisen
Durch das unedlere Metall Eisen können Cu-Ionen reduziert und als Metallpulver ausgefällt (zementiert) werden.

$$Cu^{2+} + Fe \rightarrow Cu + Fe^{2+}$$

Die elektrochemischen Grundlagen sind in Abschn. 4.2.3 und Tab. 4.2 (elektrochemische Spannungsreihe der Metalle) erläutert. Das gebildete Kupfer-Pulver bezeichnet man als Zementkupfer. Die Zementation ist aus allen Arten Kupfersalz-Lösungen (auch aus Chloridlösungen) möglich. Neben den Cu-Ionen werden auch vorhandene Edelmetalle und ebenfalls Arsen-Verbindungen reduziert und abgeschieden. Das Zementkupfer enthält erhebliche Restmengen an Eisen, ist relativ unrein (60…90 % Cu, 10…30 % Fe) und muss wie Rohkupfer schmelztechnisch raffiniert werden (siehe Abschn. 6.4.3). Als Eisenmetall-Träger wird häufig Blechschrott verwendet. Der Prozess kann z. B. in Drehtrommeln durchgeführt werden.

Thermische Zersetzung des Kupfer-Tetramminkomplexes
Durch Erhitzen der $[Cu(NH_3)_4]CO_3$-Lösung wird diese Verbindung zerstört. Kupfer fällt als Mischung von $Cu(OH)_2$ und CuO aus. Dabei destilliert NH_3 ab und wird als Laugungsmittel regeneriert. Das abfiltrierte und getrocknete Fällprodukt eignet sich sehr gut als Oxidationszuschlag im Kupfer-Raffinierofen.

Kupferfällung als Hydroxid oder Sulfid
Beide Methoden sind wenig in Anwendung, denn sie weisen erhebliche Nachteile auf. Das Hydroxid lässt sich z. B. mit Kalkmilch fällen. Dabei entsteht aber ein schwierig filtrierbarer Niederschlag, der bei Sulfatlösungen viel Gips enthält. Das Sulfid (CuS) ist ebenfalls schwer filtrierbar und ist nach einer Trocknung nur zusammen mit sulfidischen Kupferkonzentraten zu verarbeiten. Wegen der extrem schweren Löslichkeit des CuS hat die Sulfidfällung eine gewisse Bedeutung zur Entfernung letzter Cu-Spuren aus Abwasser. Grundlegende Ausführungen zu chemischen Fällungsverfahren (Fällungs-pH-

Wert; Löslichkeitsprodukt; Struktur der Niederschläge; Fällungstechnik) finden sich in Abschn. 4.2.2.

Konzentrierung und Reinigung von verdünnten Kupfer-Lösungen durch Festbett-Ionenaustausch oder Solventextraktion

Da die vorteilhafte elektrolytische Abscheidung von verkaufsfähigem Kupfer aus Lösungen höhere Cu-Konzentrationen und eine gewisse Reinheit der Lösungen erfordert, besitzen die genannten Verfahren der Konzentrierung für das Kupfer-Recycling (oder die Regenerierung von Lösungen) eine erhebliche Bedeutung.

Der Ionenaustausch mit Kunstharz-Ionenaustauschern (Austauscherharze) ist in Abschn. 4.2.4.1 ausführlich erläutert. Für Kupfer-Lösungen kommen überwiegend Kationenaustauscherharze zur Anwendung und die Elution (Strippen) erfolgt mit Schwefelsäure. Dadurch kann eine aufkonzentrierte $CuSO_4$-Lösung hergestellt werden, die sehr gut mit der Reduktionselektrolyse zu verarbeiten ist. In Abb. 4.10 ist der Verfahrensablauf der Konzentrierung einer verdünnten Kupfer-Lösung mit einem Ionenaustauscherharz bereits erläutert.

Die Solventextraktion oder Flüssig-Flüssig-Extraktion [6.24] ist in Abschn. 4.2.4.2 bereits allgemein erläutert. In Abb. 4.11 sind die theoretischen Verteilungsverhältnisse dargestellt. Als stoffliches Beispiel wurde dort die Kupfer-Extraktion aus ammoniakalischer Lösung behandelt. An dieser Stelle sollen deshalb nur die wesentlichen Kennziffern nochmals angeführt werden.

- Extraktionsmittel Hydroxyoxim,
- Rückextraktion mit verdünnter Schwefelsäure,
- Konzentrierungsgrad durch die Phasenverhältnisse in der Extraktionsstufe und in der Rückextraktionsstufe einstellbar,
- Hoher Reinigungseffekt durch die kupferspezifische Wirkung des Extraktionsmittels.

Die so erzeugte, aufkonzentrierte und gereinigte $CuSO_4$-Lösung ist hervorragend zur Kupferabscheidung durch Reduktionselektrolyse geeignet. Diese Technologie ist im Industriemaßstab für die Verarbeitung oxidischer Kupfererze in Anwendung. Die Apparatetechnik für die Solventextraktion ist in Abb. 4.12 dargestellt.

Kupfer-Recycling aus Ätzlösungen der Leiterplattenherstellung

Die häufig verwendete Ätzlösung auf Basis NH_3/NH_4Cl enthält das aufgelöste Kupfer in Form des Komplexes $[Cu(NH_3)_4]^{2+}$. Diese Lösung ist über die oben beschriebene Solventextraktion mit Oxim zu entkupfern – mit gleichzeitiger Regenerierung der Ätzchemikalien. Für die Rückextraktion wird Schwefelsäure verwendet. Aus der schwach sauren, konzentrierten $CuSO_4$-Lösung lässt sich durch Reduktionselektrolyse reines Kathodenkupfer abscheiden.

Ätzlösungen auf Basis Na-Persulfat/Schwefelsäure lassen sich direkt elektrolytisch entkupfern, wobei zur Erzielung eines geringen Restkupfergehaltes mit einer Rollschichtkathoden-Zelle gearbeitet wird. In der Zelle erfolgt aber auch eine Reduktion des Persulfats zum Sulfat, das anschließend wieder aufoxidiert werden muss.

Weniger häufig finden HCl-Ätzlösungen (mit verschiedenen Oxidationsmitteln) Verwendung. Die verbrauchten Lösungen müssen durch Zementation oder Fällung von Kupferoxid bzw. Kupferoxychlorid (Pflanzenschutzmittel) aufgearbeitet werden.

6.4.5   Zusammensetzung von Nickelwerkstoffen, Nickelverbindungen, Nickelschrotten und nickelhaltigen Abfällen

Nickel-Werkstoffe kommen vorwiegend als Nickellegierung für korrosionsbeständige und hitzebeständige Konstruktionen und z. T. als Funktionswerkstoffe zum Einsatz. Dabei überwiegen die Knetwerkstoffe deutlich. Die meist hohen Legierungsgehalte komplizieren naturgemäß das Recycling erheblich und genauere Angaben zur Art der Legierungsmetalle und zu deren chemisch-metallurgischem Eigenschaften sind deshalb unbedingt erforderlich. Der hohe Wert des Nickelmetalls aber ist eine starke Motivation für eine weitgehend vollständige Nickel-Rückgewinnung in hoher Qualität.

Neben den Nickel-Werkstoffen (ca. 12 % des Nickel-Verbrauchs) sind mehrere Nickel-Verbindungen von technischer Bedeutung (8 % des Nickel-Verbrauchs für die Galvanik und 5 % für Batterien), die dem Recycling zugeführt werden.

Zusammen mit dem Recycling von Nickel kann man sehr vorteilhaft auch cobalthaltige Abfälle anreichern und verarbeiten, weil die chemischen Eigenschaften von Cobalt denen des Nickel sehr ähnlich sind. Deshalb sind einige Angaben zu cobalthaltigen Abfällen beigefügt.

Nickelwerkstoffe [3.21, 6.2]
Unlegiertes Nickel (Reinnickel) und niedrig legiertes Nickel kommt mit Ni-Gehalten von 99,99 % bis 99,2 % (Mn, Mg, u. a.) für Galvanikanoden, Werkstoffe der Hochvakuumtechnik und Elektrotechnik sowie als alkalibeständiger Konstruktionswerkstoff zum Einsatz.

Nickellegierungen mit hohen Gehalten an Cu, Mo, Cr und Fe finden als Konstruktionswerkstoffe unter Bedingungen der Nasskorrosion Anwendung.

Legierungsbeispiele:

1. NiCu30Fe, NiCu30Al, Ni67Cu (Monel),
2. NiMo28, NiMo29Cr, NiCr22Mo7Cu, NiCr22Mo9Nb,
3. NiCr15Fe, NiCr29Fe.

In dieser Gruppe sind weitere Handelsnamen (Inconel, Hastelloy, Nicrofer u. a.) gebräuchlich. Bei korrosiver Beanspruchung durch heiße Gase verwendet man beispielsweise die Legierungen NiCr70/30, NiCr20Ti.

Für hochwarmfeste Legierungen sind folgende Zusammensetzungen bekannt: NiCr23Fe, NiCr26MoW, NiCr23Co12Mo. Diese Nickel-Superlegierungen erfüllen Anforderungen für höchste Korrosions- und Temperaturbeständigkeit (Gasturbinen, Flugzeugturbinen, Brennkammern). Die Nickel-Superlegierungen für Flugzeugturbinen enthalten zusätzlich 2…6 % Re. Zu den hochlegierten Nickelwerkstoffen gehören auch die magnetischen Nickel-Legierungen wie Permalloy (75,5 % Ni, 20,7 % Fe, 3,8 % Cr), Nifemax (ca. 50 % Ni, 50 % Fe) sowie die Ausdehnungs- und Einschmelzlegierungen (z. B. FeNi36, FeNi28Co18, NiFe45 u. a.). An dieser Stelle sollen nochmals die Münzlegierungen CuNi25 und das Neusilber, eine CuNiZn-Legierung (siehe Kupfer-Legierungen) erwähnt werden. Noch geringe Anwendung haben die Form-Gedächtnis-Legierungen auf der Basis NiTi.

Chrom-Nickel-Stähle
Die Hauptmenge des produzierten Nickels findet als Legierungsmetall in Stählen Verwendung (75 % des Nickel-Verbrauchs). Das Recycling findet in Verbindung mit dem Recycling der Cr-Ni-Stähle statt (siehe Abschn. 6.2).

Nickelverbindungen
Wegen des relativ großen Anteils von Nickel-Verbindungen in den Rücklaufmaterialien und bei den möglichen Endprodukten des Recyclings, ist eine Berücksichtigung der Nickel-Verbindungen unerlässlich. Schätzungsweise bis 25 % des primär erzeugten Nickels kommen als Nickel-Verbindungen in den Handel. Nickelhydroxid dient zur Herstellung von Sinteranoden für NiCd-Akkumulatoren. Für die NiMH-Akkumulatoren werden Nickelnitrat und Nickelhydroxid eingesetzt. Die Nickel-Katalysatoren werden auf Basis von Nickelnitrat, Nickelsulfat oder Nickelformiat hergestellt. Dabei wird aus diesen Verbindungen auf keramischen Trägern durch Reduktion fein verteiltes metallisches Nickel abgeschieden. Daneben besitzen Katalysatoren auf Basis NiMo, NiW und NiV eine technische Bedeutung. In der Galvanotechnik verwendet man Nickelchlorid, Nickelsulfat, Nickelcyanid u. a. Salze als Elektrolyten.

Nickelschrotte
Die Nickel-Schrotte umfassen alle oben angeführten Nickel-Werkstoffe in den üblichen Formen als Kompaktschrott, Blech und Späne sowie in den Qualitäten Neuschrott und Altschrott. Der erhebliche Restwert des Nickel und die hohen Gehalte der meist auch wertvollen Legierungsmetalle sowie die schwierige metallurgische Trennung des Nickel vom Kupfer machen eine weitgehend getrennte Erfassung und Verarbeitung der Nickel-Werkstoffe notwendig. Dabei wird nach Möglichkeit das Ziel verfolgt, den vorliegenden Legierungstyp genau zu bestimmen, um das Recycling nur durch Umschmelzen zu realisieren. Der Verein Deutscher Metallhändler e. V. (VDM) hat deshalb 13 Sorten Nickel-Schrott festgelegt. Der VDM unterscheidet dabei vor allem folgende Qualitäten:

• Unlegierter Nickel-Schrott einschließlich Nickel-Anoden- und Nickel-Kathodenreste mit 98…99 % Ni + Co, max. 1 % Co, max. 0,5 % Cu.

- Nickel/Kupfer-Schrott mit 10...30% Cu und zugehörige Späne.
- Neusilberschrott mit mindestens 70% Cu+Ni (Rest Zn).

Der VDM hat die Schrotte der wichtigen NiCr- und NiMo-Konstruktionswerkstoffe sowie die Nickel-Magnetwerkstoffe in seine Sortenliste nicht aufgenommen. Diese Schrotte sind aber unbedingt zu berücksichtigen, wobei eine Unterteilung in die folgenden 4 Gruppen notwendig ist:

- NiCrFe-Schrotte,
- NiCrMo-Schrotte,
- NiMo-Schrotte,
- NiCo-Schrotte.

Nickelhaltige Abfälle

Nickelhaltige Abfälle lassen sich grob drei Gruppen zuordnen. Eine *erste Gruppe* stellen metallische Abfälle dar, die auf Grund der Feinteiligkeit, der starken Verunreinigung und auch undefinierter Zusammensetzung eine mehrstufige metallurgische Verarbeitung notwendig machen. Dazu zählen stark verunreinigte, feinteilige Schrotte und Späne sowie Schleifschlämme und Altkatalysatoren der Typen Ni (mit ca. 5...10% Ni, 3% Cu) und NiMo, NiW, NiV. Als Trägermaterial der Katalysatoren sind Al-Oxid, Kieselgur oder Mg-Oxid in Anwendung. Die Altkatalysatoren sind mit Fetten u. a. organischen Stoffen belastet. Die *zweite Gruppe* umfasst nickelhaltige Industrieabfälle, in denen Nickel in Form von – häufig schwerlöslichen – Nickel-Verbindungen vorliegt; darunter sind besonders Hydroxid- und Sulfid-Fällschlämme, Zunder (NiO), Flugstäube (NiO), Schlacken (Silikate). Eine *dritte Gruppe* umfasst die wasserlöslichen Abfallsalze (Sulfat, Chlorid, Nitrat) aus Galvanikverfahren und das Rohnickelsulfat aus der Kupferraffinationselektrolyse [6.27].

Cobalthaltige Abfälle

Für die gemeinsame Verarbeitung mit den Nickel-Abfällen kommen cobalthaltige Abfälle mit geringen Co-Gehalten in Betracht. Dies sind cobalthaltige Altkatalysatoren, Kupfer/Nickel/Eisen-Schrotte (bis 5% Co), Fällschlämme und Salze.

6.4.6   Schmelzmetallurgische Verarbeitung von Nickelschrotten und nickelhaltigen Abfällen

6.4.6.1 Umschmelzen und Raffination reiner Schrotte

Das Umschmelzen reiner Schrottsorten ist von erheblicher Bedeutung, da dieses Verfahren die weitgehende Erhaltung der Legierung und damit die erneute Nutzung gewährleistet, auch der Legierungsmetalle. Dieses Recycling von Legierungen setzt unbedingt die sehr sorgfältige, getrennte Erfassung der Schrotte und deren Sortierung nach Legierungsgruppen (physikalische Analysentechnik für Schrottproben) sowie die Aushaltung erkennbarer Beimengungen (z. B. Stahl) voraus.

Die häufigen Legierungsmetalle Cr, Mo und Fe haben eine höhere Sauerstoffaffinität als Nickel (siehe Abb. 6.2), so dass beim Umschmelzen durch Zutritt von Sauerstoff eine geringe selektive Oxidation stattfindet (Abbrandverluste). Kupfer hat dagegen eine ähnliche Sauerstoffaffinität wie Nickel und Cobalt und verhält sich praktisch analog dem Nickel. Das Nickel selbst kann durch Aufnahme von Schwefel z. B. aus Feuerungsgasen verunreinigt werden.

Wegen der hohen Schmelztemperatur des Nickels (Schmelzpunkt 1.455 °C) und der Notwendigkeit einer Vermeidung der Berührung mit Luft und Feuerungsgasen, kommen als Umschmelzöfen nur Elektroöfen in Betracht (Induktionsöfen und Lichtbogenöfen). Zur Entfernung von geringen Verunreinigungen aus unlegierten Nickel-Schmelzen bzw. zur Korrektur der Legierungszusammensetzung bezüglich Cr und Fe kann die selektive Oxidation angewendet werden. Hierzu erfolgt z. T. eine Abdeckung des Metalls mit einer künstlichen Schlackenschicht. Zur anschließend erforderlichen Desoxidation wird Magnesium genutzt, das auch eine Entschwefelung bewirkt. Die Raffination der Metallschmelzen kann wesentlich effektiver aber in einem nachgeschalteten Vakuuminduktionsofen ausgeführt werden. Durch das Vakuum kommt es zu einer ausreichenden Entgasung (O, N) und zur Verdampfung solcher Verunreinigungen wie Zn, Pb, Sb, As und Bi. Außerdem ist unter Vakuum eine sehr genaue Einstellung der besonders oxidationsempfindlichen Legierungsmetalle Aluminium, Niob, Titan u. a. gewährleistet. Alternativ lässt sich die Raffination mit dem Elektroschlacke-Umschmelzverfahren durchführen. Auf Grund der ähnlichen Sauerstoffaffinitäten von Nickel und Kupfer und der geringen Dampfdrücke ist eine Veränderung des Verhältnisses von Nickel/Kupfer beim Umschmelzen nicht möglich.

Als Recyclingalternative für die NiCr-Schrotte bietet sich die Verwendung als Legierungszusatz für die Herstellung von CrNi-Stählen an. Dabei sind aber Cu-Gehalte nicht erlaubt und Mo-Gehalte nur bedingt zulässig (siehe Abschn. 6.2.2 und Tab. 6.4 bzw. 6.5). Dieser Recyclingweg in die Stahlherstellung wird auch für minderwertige Abfälle aus dem Maschinenbau (NiCr-haltige Späne, Zunder, Stäube) gewählt. Solche Abfälle werden im Elektroofen unter Zusatz von Reduktionsmitteln und evtl. Eisen zur Erzeugung von Legierungsblöcken mit etwa 18 % Ni und 8 % Cr, die an Stahlwerke abgegeben werden, erschmolzen. Aus den angeführten Gründen ergibt sich die Notwendigkeit zur strikten Trennung der NiCr-Schrotte von den NiCu- bzw. CuNi-Schrotten.

6.4.6.2 Konzentrationsschmelzen verunreinigter Schrotte und oxidischer oder sulfidischer Abfälle

Die Nutzbarmachung feinteiliger, stark verunreinigter Schrotte, Späne und Schleifschlämme sowie Industrieabfälle und Fällschlämme mit Nickel-Verbindungen und Cu-Gehalten erfordert ein robustes Verfahren zur Gewinnung eines einheitlichen Zwischenproduktes, in dem viele Wertmetalle konzentriert sind. Ein solches Verfahren ist das Reaktionsschmelzen mit Erzeugung einer NiCuFe-Sulfid-Schmelzphase als Wertmetallsammler und die Abtrennung der Verunreinigungen in einer silikatischen Schlackenphase (Abb. 6.24) [6.27]. Diese zwei

Schmelzphasen sind ineinander unlöslich, haben ausreichend unterschiedliche Dichte und sind somit nach dem Erstarren mechanisch voneinander zu separieren. Die Sulfidphase bezeichnet man in der Metallurgie als „Stein". Die thermochemische Grundlage dieses Verfahrens sind die unterschiedlichen Affinitäten von Nickel, Kupfer und Eisen zu Schwefel und Sauerstoff, d. h. zur Bildung von Sulfiden oder Oxiden dieser Metalle. Die Sauerstoffaffinitätsreihe ist bereits in Abschn. 6.1.1 (Abb. 6.2) vorgestellt. Für diese Affinitäten sind bei Schmelztemperaturen folgende qualitative Reihungen gültig:

- *Die Sauerstoffaffinität nimmt in der Reihenfolge Fe, Ni, Cu ab.*
- *Die Schwefelaffinität nimmt umgekehrt vom Fe über Ni zum Cu zu.*

Damit ergibt sich die Möglichkeit, durch berechnete Zusätze an Schwefel, das Ni und Cu vollständig und Fe z. T. zu deren Sulfiden umzusetzen und den Hauptteil des Fe als Oxid (FeO) mit Sand (SiO_2) als FeO-Silikat zu verschlacken. Da ein großer Anteil der Abfälle das Ni als Oxid (NiO), Hydroxid ($Ni(OH)_2$) oder Salz ($NiSO_4$) enthält, muss dem Einsatzmaterial auch ein Reduktionsmittel (Koksgrus) zugesetzt werden. Zur Erzeugung einer geeigneten Schlacke sind neben Sand noch Kalkstein und Soda als Zuschläge üblich sowie eigene Retourschlacke. Diese Zuschläge sind besonders wichtig, wenn größere Mengen an Altkatalysatoren mit ihrem schwerschmelzbaren Trägermaterial aus Al_2O_3 und MgO vorliegen. Der Schwefelzusatz kann als Gips (Calciumsulfat) oder Pyrit (Eisensulfid) erfolgen. Der Koksgrus reduziert den Gips zu CaS. Evtl. zugesetzte cobalthaltige Abfälle verhalten sich dem Nickel bzw. den Nickelverbindungen sehr ähnlich und Cobalt sammelt sich deshalb überwiegend auch im Stein.

Das Reaktionsschmelzen verlangt relativ hohe Temperaturen (im Ofenraum 1.600 °C, Temperatur der Schmelze 1.300 °C) und Reaktionszeiten von mehreren Stunden. Als Schmelzapparate sind Drehflammöfen mit Öl-Sauerstoffbrenner und Elektroreduktionsöfen in Anwendung. Der Drehflammofen entspricht im Prinzip der Bauweise des in Abb. 6.13 vorgestellten Drehtrommelofens. Der Elektroreduktionsofen mit eintauchenden Elektroden ist in Abb. 6.20 erläutert.

Die in einer Recyclinghütte erzeugten Schmelzprodukte und die erreichte Metallverteilung sind in Tab. 6.9 wiedergegeben. Die Co-Gehalte des Einsatzes finden sich zu ca. 75 % im Stein. Die Einstellung eines ausreichenden Eisensulfidgehalts im NiCu-Stein ist dabei entscheidend, da dieser Eisensulfid-Gehalt das Ni_3S_2 und Cu_2S vor der Oxidation und damit der Verschlackung schützt. Der Ni-Gehalt der Schlacke und damit die Nickelverluste sind direkt abhängig vom Ni-Gehalt des Steins. Der beim Konzentrationsschmelzen gewonnene NiCu-Rohstein kann durch selektive Oxidation des Eisensulfids im Konverter zu einem Feinstein mit nur noch 1 % Fe, Rest NiCu-Sulfid aufkonzentriert werden. Dabei entsteht eine sehr NiCu-reiche Schlacke, die in das Konzentrationsschmelzen rückzuführen ist. Eine Trennung Ni/Cu durch Verblasen im Konverter ist aber wegen der sehr ähnlichen Sauerstoffaffinität nicht möglich (weitere Informationen zum Verblaseprozess im Konverter siehe oben Abschn. 6.4.3). Im Nickel-Recyclingweg fallen aber im Allgemeinen nicht so große

Tab. 6.9 Sulfidierendes Konzentrationsschmelzen von NiCu-haltigen Abfällen im Drehflammofen nach Stenzel und Carluss [6.27]; Einsatzmaterial und Produkte des Schmelzprozesses

	Einsatz-material	Produkte des Schmelzprozesses			
		Stein	Schlacke	Flugstaub	Retour-schlacke
Menge pro Charge	10 t	0,40 t	2,80 t	0,160 t	0,60 t
Gehalt der Hauptmetalle (%)					
Fe %	5…15	15	10	1,6	10
Cu %	0,1…6	5…15	0,1…1	1	1
Ni %	0,1…10	20…40	0,5…1,5	2	1,5
Masseverteilung der Hauptmetalle (% vom Einsatz)					
Fe % v. E.	100	30	70		
Cu % v. E.	100	90	10		
Ni % v. E.	100	93	7		

Rohsteinmengen an, dass eine schmelzmetallurgische Weiterverarbeitung zum Feinstein und nachfolgende Ni-Cu-Trennung wirtschaftlich sind. Der NiCu-Stein wird deshalb an primäre Nickelhütten weitergegeben. Eine hydrometallurgische Weiterverarbeitung des Rohsteins ist aber auch in Recyclinghütten wirtschaftlich durchführbar und vor allem recht günstig mit anderen hydrometallurgischen Recyclingprozessen zu kombinieren.

Für Altkatalysatoren vom Typ NiV, NiMo und NiW ist ein getrenntes Konzentrationsschmelzen auf Nickelstein zu empfehlen. Dabei wird eine alkalische Schlacke verwendet, die V, Mo und W als Vanadat, Molybdat bzw. Wolframat bindet und zur Rückgewinnung dieser Metalle geeignet ist.

6.4.7 Hydrometallurgische Recyclingverfahren für nickelhaltige Zwischenprodukte und Abfälle

Das hydrometallurgische Recycling bietet sich vor allem für solche Abfälle an, die wasser- oder säurelösliche Nickelverbindungen enthalten. Das sind zunächst alle Nickelsalze (Rohnickelsulfat und Abfallsalze), Nickelhydroxide in Fällschlämmen und Nickeloxid. Aber auch der NiCu-Rohstein, abgeröstete Nickel-Katalysatoren der Fetthydrierung und metallische Abfälle (kleinteiliger Schrott, Schleifschlämme) sowie Schlacken können hydrometallurgisch verarbeitet werden (Abb. 6.24).

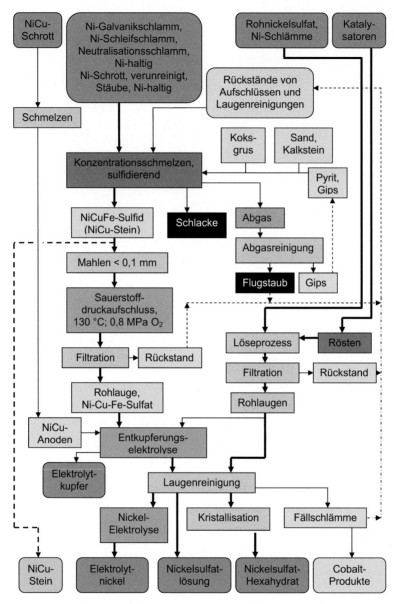

Abb. 6.24 Recycling von nickelhaltigen Abfällen und verunreinigten Nickelschrotten durch sulfidierendes Konzentrationsschmelzen und ausgewählte hydrometallurgische Verfahren

Sauerstoffdruckaufschluss von NiCu-Stein

Der chemische Aufschluss des NiCu-Rohsteines (möglichst $< 10\%$ Fe-Gehalt) gelingt mit
verdünnter Schwefelsäure bei Temperaturen von $100\ldots130\,°C$ und $0,5\ldots1\,MPa$ Sauerstoff-
partialdruck, wenn der Stein vorher auf eine Korngröße $<0,1\,mm$ zerkleinert wird. Dabei

Abb. 6.25 Rührwerksautoklav für den Sauerstoffdruckaufschluss von NiCu-Rohstein

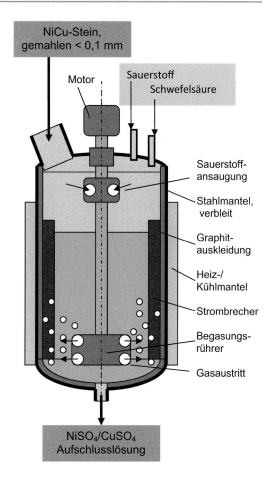

wird parallel der Sulfidschwefel zu Sulfat und Schwefelsäure oxidiert und Eisensulfid überwiegend in unlösliches Fe_2O_3 umgewandelt.

Dabei laufen u. a. folgende chemische Reaktionen ab:

$$Ni_3S_2 + 4,5\,O_2 + H_2SO_4 \rightarrow 3\,NiSO_4 + H_2O$$

$$CuS + 2\,O_2 \rightarrow CuSO_4; \quad Cu_2S + 2,5\,O_2 + H_2SO_4 \rightarrow 2\,CuSO_4 + H_2O$$

$$2\,FeS + 4,5\,O_2 + 2\,H_2O \rightarrow Fe_2O_3 + 2\,H_2SO_4$$

$$2\,FeS + 4,5\,O_2 + H_2SO_4 \rightarrow Fe_2(SO_4)_3 + H_2O$$

Für die Realisierung dieser Aufschlussbedingungen sind säurefeste Druckbehälter (Autoklaven) in Anwendung, die die Zufuhr und feine Verteilung des Sauerstoffs über ein Impellerrührwerk gewährleisten (Abb. 6.25). Der Aufschluss gelingt zu ca. 95 %. Der feste Aufschlussrückstand wird nochmals dem Reaktionsschmelzen zugesetzt. Die Aufschlusslösung besteht aus den gelösten Sulfaten (50…80 g/l Ni, 15 g/l Cu, 2…5 g/l Fe, 2 g/l Co) und restlicher Schwefelsäure (20…30 g/l).

Ammoniak/Luft Drucklaugung von NiCu-Stein
Bei diesem Verfahren lösen sich ebenfalls Ni, Cu und Co, während Eisenoxid einen unlöslichen Rückstand bildet. Aus der Aufschlusslösung wird mittels Wasserstoffdruckreduktion selektiv ein Nickelpulver ausgefällt. Vor dem Einschmelzen des Pulvers erfolgt eine Kompaktierung zu Briketts (> 99 % Ni).

Salzsäure-Sauerstoff-Laugung von NiCu-Stein
Das Verfahren ist neben NiCu-Stein auch für verschiedene nickelhaltige Konzentrate und Zwischenprodukte einsetzbar. Nach einem Mahlprozess findet die Auflösung der Rohstoffe in Salzsäure und Sauerstoff bei Atmosphärendruck statt. Aus der Lösung wird das Fe mit Kalkstein als Goethit gefällt und abgetrennt. Aus der verbleibenden Cu-Ni-Co-Lösung wird durch Solventextraktion zuerst das Cu, dann das Co und schließlich das Ni abgetrennt. Die gewonnen Kupfer- bzw. Nickellösungen werden durch Reduktionselektrolyse zu Kupfer-Kathoden bzw. Nickel-Kathoden aufgearbeitet. Aus der Cobaltlösung wird durch einen Fällprozess ein $CoS/CoCO_3$-Kuchen als Zwischenprodukt hergestellt. Die eingesetzte Salzsäure wird unter Verwendung von Schwefelsäure regeneriert. Hierbei entsteht ein Gipsabfall.

Elektrolytische Ni/Cu-Trennung
Die Möglichkeit der elektrolytischen Trennung von Ni und Cu in schwefelsaurer Lösung ergibt sich aus dem positiven Normalpotential des Cu (+0,35 V) gegenüber einem negativen Normalpotential des Ni (−0,25 V) (siehe dazu Tab. 4.2 Elektrochemische Spannungsreihe der Metalle und den Abschn. 4.2.3 Elektrochemische Verfahren). Die oben angeführte Aufschlusslösung ist direkt für den Einsatz in die elektrolytische Entkupferung geeignet. Die Elektrolysebäder der Entkupferung bestehen aus unlöslichen Hartbleianoden (oder Titananoden) und Stahlblechkathoden, auf denen sich das Elektrolytkupfer abscheidet. An der Anode entsteht Sauerstoff und im Elektrolyt Schwefelsäure. Die Entkupferung kann bis zur beginnenden Wasserstoffabscheidung an der Kathode durchgeführt werden (Cu-Endkonzentration 0,4 g/l).

$$\text{Kathode: } Cu^{2+} + 2e \rightarrow Cu,$$

$$\text{Anode: } SO_4^{2-} + H_2O - 2e \rightarrow H_2SO_4 + \tfrac{1}{2} O_2.$$

Ni, Co und Fe scheiden sich kathodisch nicht ab und verbleiben im Elektrolyten. Eine sehr vorteilhafte Variante der elektrolytischen NiCu-Trennung ist die Verwendung von löslichen Anoden aus NiCu-Legierung, die aus NiCu-Schrotten erschmolzen werden. Zu diesem Zweck werden relativ reine NiCu-, NiCuFe- oder CuNi-Schrotte im Lichtbogenofen eingeschmolzen und zu Plattenanoden vergossen. Als Ausgangsmaterial eignet sich auch Neusilberschrott (CuNiZn), der in einem speziellen Konverter durch selektive Oxidation weitgehend entzinkt wurde. Bei Verwendung dieser Legierungsanoden wird anodisch die Bildung von O_2 durch die elektrochemische Auflösung von Ni und Cu ersetzt.

$$\text{Anodenreaktion: } CuNi - 4e \rightarrow Cu^{2+} + Ni^{2+}.$$

Da äquivalente Mengen Kationen kathodisch entladen werden müssen, ist ein entsprechender Zusatz von $CuSO_4$-haltigen Lösungen (z. B. die oben angegebene Aufschlusslösung des NiCu-Steines) zum Elektrolyten optimal. Es ergibt sich dann folgende Summenreaktion:

$$NiCu + Cu^{2+} + SO_4^{2-} \rightarrow 2\,Cu + Ni^{2+} + SO_4^{2-}$$

Bei unzureichendem Zusatz von $CuSO_4$ zum Elektrolyten bilden sich kathodisch äquivalente Mengen Wasserstoff (Explosionsgefahr!) durch elektrolytische Zersetzung der Schwefelsäure. Das Zwischenprodukt der Entkupferung und Auflösung der NiCu-Anoden ist eine Nickelsulfat-Rohlauge mit z. B. 0,5 g/l Cu, 5 g/l Fe, 2 g/l Co und freier Schwefelsäure.

Verarbeitung von Nickelsulfat-Rohlaugen zu Verkaufsprodukten
Bei größeren Konzentrationen an Schwefelsäure muss die Rohlauge eingedampft und ein Nickel-Rohsulfat auskristallisiert werden. Das Rohsulfat wird wieder in Wasser aufgelöst. Die Verunreinigungen Fe, Cu, Zn werden durch chemische Fällprozesse als Hydroxide, Sulfide oder Phosphate abgetrennt. Die Fällschlämme enthalten dabei immer auch erhebliche Gehalte an Ni, so dass diese in das Konzentrationsschmelzen zurückgeführt werden. In einer abschließenden Reinigungsstufe wird Co abgetrennt. Dies erfolgt vorwiegend durch Solventextraktion, es ist aber auch eine Ausfällung als Co(III)-Hydroxid möglich. Aus den Cobaltlösungen oder Cobalt-Fällschlämmen lassen sich verkaufsfähige Cobaltverbindungen herstellen. Aus der reinen Nickelsulfatlösung wird durch *Kristallisationsverfahren reines Nickelsulfat (NiSO₄ · 6 H₂O)* für die Verwendung in der Galvanik erzeugt. Alternativ ist als Endprodukt auch Elektrolytnickel herstellbar. Dafür wird eine R*eduktionselektrolyse von Nickelsulfatlösung* mit unlöslichen Bleianoden eingesetzt (zu den Grundlagen siehe Abschn. 4.2.3 Elektrochemische Verfahren und Tab. 4.2). Dieser Prozess ist wegen des negativen Normalpotentials des Ni ($-0,25$ V) nur in fast neutralem Elektrolyt ($1\ldots4$ g/l H_2SO_4) möglich. Da aber durch die kathodische Ni-Abscheidung im Elektrolyt ständig der Ni^{2+}-Gehalt abnimmt und andererseits H_2SO_4 entsteht, müssen durch Zusatz von basischem Nickelcarbonat die Ni^{2+}-Kationen ständig ersetzt und die Säure gleichzeitig neutralisiert werden. Bei Anwendung der Nickelsulfat-Elektrolyse muss also aus der reinen Nickelsulfatlösung durch Fällung mit Soda zunächst basisches Nickelcarbonat ($NiCO_3 \cdot Ni(OH)_2$) hergestellt werden.

$$\text{Kathode: } Ni^{2+} + 2e \rightarrow Ni,$$

$$\text{Anode: } SO_4^{2-} + H_2O - 2e \rightarrow 2H^+ + SO_4^{2-} + \tfrac{1}{2}\,O_2,$$

$$\text{Elektrolytaufbereitung: } 2\,H_2SO_4 + NiCO_3 \cdot Ni(OH)_2 \rightarrow 2\,NiSO_4 + CO_2 + 3\,H_2O$$

Membranelektrolyse von Nickelchloridlösungen

Die einfache Plattenelektrolyse würde zu einer sehr problematischen Bildung von Chlorgas an der Anode führen und die „unlösliche" Anode angreifen. Durch den verfahrenstechnischen Trick der Trennung des Elektrolysebades in einen Anodenraum und einen Kathodenraum mit Hilfe einer Kationenaustauschermembran ist die Chlorbildung vermeidbar. In Abschn. 4.1.4 (Membranverfahren) ist das Funktionsprinzip der Membranelektrolyse bereits am Beispiel $NiCl_2$ erläutert, und in Abb. 4.10 ist der Aufbau der Elektrolysezelle skizziert. In den Kathodenraum wird die $NiCl_2$-Lösung und in den Anodenraum eine 8 %-ige NaOH-Lösung gefüllt, so dass anodisch die OH^--Ionen entladen werden und dabei Sauerstoff entsteht. An der Kathode entsteht gut verwertbares metallisches Nickel. Die Kathoden- und Anodenreaktion sowie die Stoffbilanz sind ebenfalls bereits in Abschn. 4.1.4 (Membranverfahren) angegeben.

Weitere hydrometallurgische Recyclingverfahren

Für unterschiedliche Abfälle ist eine Vielzahl weiterer Recyclingverfahren im Einsatz, die nur kurz angedeutet werden können.

1. Altkatalysatoren der Fetthydrierung müssen zunächst durch Oxidation (Abrösten oder mittels Salpetersäure) bzw. mit organischen Lösemitteln entfettet werden. Daran schließt sich z. B. ein Aufschluss mit Schwefelsäure an.
2. Metallische Abfälle sind ebenfalls mit Schwefelsäure und einem Oxidationsmittel auflösbar.
3. Schlacken werden einem alkalischen Aufschluss unterzogen. Danach wird zweckmäßig Nickelcarbonat als Zwischenprodukt ausgefällt.
4. Die Reinigung der Lösungen erfolgt nach einer Fe-Fällung überwiegend durch Solventextraktion von Cu, Zn und Co.

Beim Nickelrecycling werden also überwiegend die folgenden Produkte erzeugt:

- Nickelmetall und Nickellegierungen (durch Umschmelzen reiner Schrotte),
- Nickelsulfatlösung und Nickelsulfat-Hexahydrat (für den Galvanikeinsatz),
- Elektrolytnickel,
- NiCu-Stein (als Zwischenprodukt),
- Cobaltkonzentrat (als Zwischenprodukt),
- Elektrolytkupfer.

6.5   Recycling von Bleiwerkstoffen, Bleiverbindungen und bleihaltigen Abfällen

Bleiwerkstoffe und Bleiverbindungen sind ökologisch umstritten, aber sie besitzen eine erhebliche technische Bedeutung und der Weltverbrauch an Blei nimmt weiterhin zu. Dafür ist in erster Linie das Haupteinsatzgebiet des Bleis im Bleiakkumulator verantwortlich. Die

Bleiverwendung verteilt sich etwa zu 60…70 % auf die Akkumulatoren, zu 20…25 % auf Bleiverbindungen und zu 10…15 % auf Halbzeug und Legierungen [6.24]. Das Bleirecycling ist deshalb überwiegend auf das Akkumulatoren-Recycling ausgerichtet, wobei die Mehrzahl der anderen Bleischrotte, die Bleiverbindungen und auch bleihaltige Abfälle, in dieser Recyclinglinie mit verarbeitet werden können. Die Konzentrierung der Bleiverwendung auf die Akkumulatoren und die einfache Identifikation von Bleischrotten führen zu der sehr hohem Recyclingquote von 70…90 % (bei Akkumulatoren ca. 95 %). Bei den Recyclingprozessen ist die hohe Toxizität des Bleis zu berücksichtigen, indem alle Gefahren der Bleiaufnahme durch den menschlichen Körper genauestens zu beachten sind. Diese Aufnahme kann vor allem durch Inhalation von Stäuben und Dämpfen sowie oral und auch über die Haut erfolgen. Dabei sind die löslichen Bleiverbindungen (vor allem die organischen Bleiverbindungen) naturgemäß besonders gefährlich.

6.5.1 Zusammensetzung von Bleiwerkstoffen, Bleiverbindungen, Bleischrotten und bleihaltigen Abfällen

Die wichtigsten Bleiwerkstoffe, -verbindungen, -schrotte und -abfälle sind nachfolgend aufgeführt [6.2, 6.24].

Bleiwerkstoffe
Unlegiertes Blei (99,9 % Pb), sog. *Weichblei* findet nur geringen Einsatz (Dichtungen, Strahlenabsorption, Auskleidungen, Dacheindeckungen).

PbSb-Legierungen (Hartblei) sind dagegen die Hauptlegierungen für Akku-Gitter (PbSb5As) und Hartbleianoden (PbSb10). PbSb2 und PbSb4 werden für Behälterauskleidungen und Rohrleitungen verwendet.

PbSn-Legierungen mit 20…60 % Sn sind die klassischen Weichlote. Wegen des hohen Wertanteils des Sn sind diese Legierungen aber als Zinn-Sekundärrohstoffe einzuordnen. Das trifft natürlich vor allem für die in der Elektronik/Elektrotechnik zunehmend eingesetzten bleifreien Lote auf SnAg- bzw. SnCu-Basis zu.

PbSnSb-Legierungen kommen für Lagermetalle (z. T. mit Cu, Cd) und z. T. noch für Schriftmetalle (z. B. PbSb12Sn5) zum Einsatz.

Für Akku-Gitter kommen zunehmend PbCa-Legierungen mit 0,2 % Ca oder PbSnCa-Legierungen mit 0,2 % Ca, 0,5…1,5 % Sn und Spurenzusätzen von Al, Sr, Cu, Ag zur Anwendung.

Für Bleianoden von elektrochemischen Verfahren werden neben PbSb-Legierungen (4…11 % Sb) auch Legierungen vom Typ PbSnCa (2 % Sn, 0,5 % Ca), PbAg (bis 2,5 % Ag und z. T. bis 10 % In bzw. bis 9 % Tl) genutzt.

Bleiverbindungen
PbO wird in großen Mengen zur Herstellung der Paste für Akkumulatorengitter benötigt. Außerdem ist das Oxid Ausgangsmaterial für die Produktion anderer Bleiverbindungen

bzw. Anwendungen. Das sind insbesondere Bleistearate (PVC-Stabilisatoren) und Bleigläser (Bildschirmröhren, Bleikristall). Die Verwendung der Bleipigmente Mennige (Pb_3O_4, Rostschutzmittel), Bleiweiß ($2\,PbCO_3 \cdot Pb(OH)_2$) und Bleichromat ($PbCrO_4$) ist dagegen in den Industrieländern durch Umweltschutzauflagen stark rückläufig. Das Antiklopfmittel Bleitetraethyl wird nicht mehr hergestellt.

Bleischrotte und bleihaltige Abfälle

Neuschrotte aus der Akku-Gitterfertigung und der Herstellung und Verarbeitung von Anoden, Rohren und Blechen werden direkt bei den Herstellern legierungsspezifisch gesammelt.

Bei *Altbleischrotten* unterscheidet der Verein Deutscher Metallhändler VDM nach

- Weichbleischrott (Bleche, Rohre, Kabelmäntel), frei von Anhaftungen.
- Altbleischrott verschiedener Herkunft einschließlich Hartblei (PbSb-Legierung), verunreinigt ($<2\,\%$ Fe); z. B. Schriftmetall, Apparateteile, Rohre, Rinnen, Dachverkleidungen u. a..
- Bleiaschen (oxidisches Material als Abzüge von Schmelzprozessen).
- Bleiakkuschrott als ausgebaute Platten ($>72\,\%$ Pb + Sb).
- Bleiakkumulatoren, komplett ohne Säure (max. $32\,\%$ Kastenanteil).

Diese vom VDM aufgeführten Sorten sind durch weitere Sekundärmaterialien zu ergänzen:

- Bleikrätzen (metallisch-oxidische Abzüge aller Schmelz- und Gießprozesse mit bis $80\,\%$ Pb).
- Bleiglasscherben (Silikate mit ca. $24\,\%$ PbO und $14\,\%$ K_2O).
- Bleihaltige Flugstäube verschiedener Industrien und Abfälle der Pigmentherstellung (Pb-Inhalt als Oxide, bis $60\,\%$ Pb).
- Bleihaltige Filterkuchen von Abwasserbehandlungen (Bleicarbonat bzw. Bleihydroxid, bis $10\,\%$ Pb; Hauptbestandteil Calciumsulfat).

6.5.2   Aufbereitung und schmelzmetallurgische Verarbeitung von Bleiakkumulatoren

Die bisher bei der Rücknahme anfallenden Altakkus enthalten Schwefelsäure und sind über einen Verschlussstopfen mit Wasser nachfüllbar – sogenannte „offene Zellen" oder „Nassbatterien". Zunehmende Verbreitung finden die verschlossenen Blei-Gel- und Blei-Vlies-Akkus (absorbent glass mat; AGM), die mit einem Überdruckventil fest verschlossen sind (VRLA-Akku; valve regulated lead acid battery). Bei den VRLA ist die Schwefelsäure in Kieselsäuregel oder Glasfaservlies eingelagert. Sie können in beliebig gekippter Lage Verwendung finden (sogenannte Trockenbatterien).

Zusammensetzung der Blei-Nassakkumulatoren
Der Aufbau der Akkumulatoren unterscheidet sich nach Bauart, Herkunft und Alter. Die mittlere Zusammensetzung kann wie folgt angenommen werden:

- Bleimetall (Sb- oder Ca/Sn-Legierung): 25…34 %,
- Paste (PbO-$PbSO_4$-Gemisch): 40…55 %,
- Separatoren (PE): 3…7 %,
- Gehäusematerial (PP): 5…9 %,
- Schwefelsäure (10…30%ig): 10…20 %.

Bei älteren Akkus bestehen die Separatoren noch aus PVC, Glasfasergewebe oder Zellulose. Die Gehäuse älterer oder spezieller Akkus sind aus Hartgummi (Ebonit) und z. T. aus Glas hergestellt.

6.5.2.1   Aufbereitung von Bleiakkumulatoren

Eine erste Stufe der Aufbereitung ist bei den Nassbatterien immer die Entleerung der Säure, die häufig mit NaOH neutralisiert und danach als verkaufsfähiges Natriumsulfat für die Waschmittelherstellung auskristallisiert wird. Alternativ kann die Säure auch anderen Nutzungsprozessen zugeführt werden. Diese Stufe entfällt bei den Trockenbatterien. Die trockengelegten „Nassbatterien" können komplett eingeschmolzen werden. Dabei werden die Kunststoffe als Brennstoffe und Reduktionsmittel für die Bleioxide und das $PbSO_4$ genutzt. Verfahrenstechnische Probleme entstehen durch die Bildung von SO_2-haltigem Abgas und einer FePbS-Schmelzphase (sog. Bleistein). Auch evtl. verwendete PVC-Separatoren führen infolge der Bildung von flüchtigem $PbCl_2$ und Dioxin zu Abgas- und Flugstaubproblemen. Diese Schwierigkeiten können durch eine mechanisch-chemische Aufbereitung der Altakkumulatoren vermieden werden und außerdem die Gewinnung verwertbarer Kunststofffraktion ermöglichen.

Teilaufbereitung
Die unvollständige Aufbereitung verwendet nur mechanische Verfahren der Zerkleinerung, der Siebung, der Magnetscheidung sowie der Dichtesortierung und liefert als Trennprodukte Bleimetall, Paste, Kunststofffraktionen (PP, PE) und z. T. Eisenschrott.

Komplettaufbereitung mit Entschwefelung der Paste
Durch das Verfahren der Paste-Entschwefelung werden Schwefelprobleme des Schmelzprozesses vermieden. Ein verkaufsfähiges Natriumsulfat und getrennte Rohbleiqualitäten (Sb-legiertes und unlegiertes Rohblei) lassen sich so gewinnen.
Diese Komplettaufbereitung besteht aus sechs Prozessstufen (Abb. 6.26) [6.28]:

1. Zerkleinern im Shredder mit Abtrennung des Säurerestes.
2. Abtrennung von Eisenmetall durch Überbandmagnete.
3. Nasssiebung zur Abtrennung der Paste.

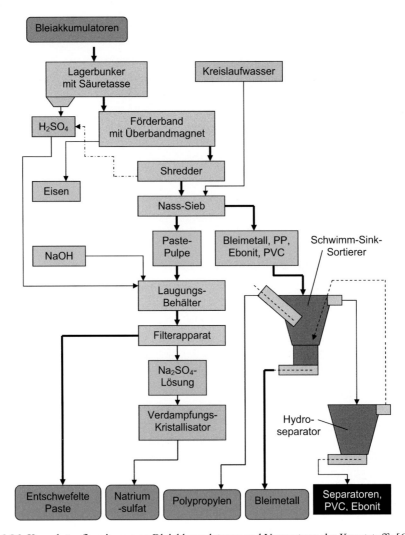

Abb. 6.26 Komplettaufbereitung von Bleiakkumulatoren und Verwertung der Kunststoffe [6.28]

4. Schwimm-Sink-Sortierung in die Fraktionen Bleimetall, PP, Separatoren, Gelkissen, Glasfaservlies und evtl. Ebonit.
5. Entschwefelung der Paste.
6. Verwertung der Kunststofffraktionen.

Die Entschwefelung der Paste wird durch eine Behandlung der Paste mit Natronlauge oder Soda erreicht, wobei folgende Reaktion abläuft:

$$PbSO_4 + 2\,NaOH \rightarrow PbO + Na_2SO_4 + H_2O$$

Nach der chemischen Umsetzung wird filtriert und das unlösliche PbO von der Na_2SO_4-Lösung abgetrennt. Aus der Lösung entsteht nach Eindampfen und Kristallisieren als Verkaufsprodukt Natriumsulfat (<10 ppm Pb) für den Einsatz in der Glas- und Waschmittel-industrie. Das PP (Polypropylen) aus den Akkukästen fällt sehr rein in Form von PP-Chips an und ist ein hochwertiger Recycling-Kunststoff. Die anderen Kunststofffraktionen (Se-paratoren, Ebonit) werden energetisch in einer Abfallverbrennungsanlage verwertet, deren z. T. bleihaltigen Flugstäube in den Bleischmelzprozess rückführbar sind. Die Gelkissen und das Glasfaservlies können ebenfalls in die Verbrennungsanlage eingegeben und dort zu Asche inertisiert werden.

6.5.2.2 Schmelzen von Akkumulatorenblei und entschwefelter Paste

Durch Anwendung von schmelzmetallurgischen Verfahren wird eine Homogenisierung der verschiedenen Altbleilose, die Reduktion der Bleioxide zu Rohblei und die Verschlackung von Verunreinigungen erreicht. Zielprodukte sind am Ende Bleilegierungen oder Weich-blei. Das aus der Akkumulatorenaufbereitung stammende Altblei (Gitter, Pole, Brücken) ist meist eine PbSb-Legierung, die möglichst erhalten bleiben sollte. Diese Bleifraktion wird deshalb getrennt mit wenigen Schlackenbildnern eingeschmolzen. Auf diese Weise entsteht ein Sb-haltiges Rohblei und eine Schlacke als Abfall. Die entschwefelte Paste ent-hält keine Legierungsmetalle und sollte deshalb auch getrennt zu einem unlegierten Rohblei verschmolzen werden. Da es sich bei der Paste um PbO handelt, muss der Schmelzcharge ein Reduktionsmittel (Koks) zugesetzt werden. Deshalb ist es sinnvoll, in den Pastechargen andere oxidische Abfälle (Bleiaschen, Filterkuchen, Bleiglasscherben, Flugstäube) mit zu verarbeiten. Die Schlacken sind in beiden Schmelzchargen FeO/CaO-Silikate (Blei-gehalt ca. 1 %). Als Schmelzapparate sind Kurztrommelöfen und Elektroöfen im Einsatz (Abb. 6.28). Das Akkumulatorenblei und die Paste können alternativ auch in Primärblei-hütten ohne Probleme mit verarbeitet werden [6.24].

6.5.2.3 Schmelztechnologien für teilaufbereitete Bleiakkumulatoren

Wegen des großen Aufwandes für die Separierung von Kunststoffen, Paste und Metall, und besonders für die Entschwefelung der Paste, sind auch Verfahren mit unvollständiger Aufbereitung in Anwendung [6.30].

Schmelzen im Kurztrommelofen mit Soda
Eine erste Variante ist das Schmelzen kompletter trockener Altakkumulatoren im Kurztrom-melofen unter Zusatz von Soda (Na_2CO_3), das den Sulfatschwefel als Na_2SO_4-Schlacke bindet. Das Produkt ist ein Rohblei mit Verunreinigungen und Legierungselementen (Sb). Die entstehende Schlacke wird untertägig deponiert.

Schmelzen im Schachtofen
Die kompletten trockengelegten und zerkleinerten Altbatterien werden zusammen mit Ei-senschrott, prozesseigener Rückschlacke, Kabelblei, Bleikrätzen und prozesseigenem Flug-staub eingeschmolzen [6.47]. Als Brennstoff und Reduktionsmittel ist metallurgischer Koks erforderlich, der auch die notwendige Gasdurchlässigkeit der Schüttung gewährleistet. Über die Ofendüsen wird sauerstoffangereicherte Luft eingeblasen. Die Kunststoffe der Batterien

werden thermisch zersetzt und verdampfen als komplexe organische Verbindungen, die in einer Nachbrennkammer vollständig verbrannt werden. Das verbleibende Abgas muss mit Kalk entschwefelt und entstaubt werden. Der abgeschiedene Flugstaub enthält bei Verwendung von PVC im Akkumulator auch $PbCl_2$. Vor der Rückführung des Staubes in den Schachtofen ist deshalb eine Abtrennung der Chlorionen durch einen Laugungsprozess unumgänglich. Das $PbSO_4$ der Paste reagiert mit dem Eisenschrott zu einem Sulfid (FeS-Stein).

$$Fe + PbSO_4 + 4\,CO \rightarrow FeS + Pb + 4\,CO_2$$

In diesem Stein sind 95 % des Schwefeleintrages gebunden. Der Schwefelrest bildet SO_2. Das erzeugte Rohblei verlässt den Ofen über einen Siphon. Schlacke und Stein werden gemeinsam abgestochen, abgekühlt und im festen Zustand durch mechanische Aufbereitung separiert. Der Stein wird zur Verwertung an geeignete Anlagen abgegeben.

Kombinierte Schmelztechnologie mit Bleikonzentrat
Für dieses Verfahren ist eine Teilaufbereitung der Altakkumulatoren notwendig [6.29]. Diese besteht aus den Stufen

- Zerkleinerung mit Säureabtrennung.
- Nasssiebung zur Gewinnung der feinkörnigen Paste.
- Aufstromklassierung zur Separierung des Bleimetalls von den Kunststoffen.
- Kunststoffaufbereitung zur Gewinnung von PP-Mahlgut.

Siehe dazu Abb. 6.26. Die erzeugten Fraktionen Paste (sulfathaltig) und Bleimetall werden zusammen mit etwa 30 % Bleikonzentrat (PbS) im Badschmelzofen (Top Submerged Lance, TSL) mit einer Sauerstoff-Erdgas-Lanze bei ca. 1.100 °C aufgeschmolzen. Dabei kann eine vollständige Umsetzung des gesamten Schwefels zu SO_2 erreicht werden. Aus diesem SO_2-reichen Abgas wird Schwefelsäure gewonnen. Als Schmelzprodukte fallen ein Rohblei und eine PbO-reiche Schlacke (50 % Pb) an. Aus dieser Bleischlacke wird durch reduktives Schmelzen eine weitere Rohbleifraktion erzeugt. Durch diese Arbeitsweise kann der Aufwand zur Entschwefelung der Paste vermieden werden (Abb. 6.27) [6.30].

Die Fraktionen Paste (sulfathaltig) und Bleimetall sind auch in anderen Schmelzöfen von Primärbleihütten zu verarbeiten.

6.5.2.4   Raffination des Rohbleis

Das Sb-haltige Rohblei und das unlegierte Rohblei enthalten als gelöste Verunreinigungen noch Cu, Sn, (Sb) und As, die durch einen Raffinationsprozess zu entfernen sind. Eisen ist im geschmolzenen Blei nicht löslich und deshalb als Verunreinigung auch nicht vorhanden. Die erste Reinigungsstufe ist die Entkupferung, die zunächst durch Abkühlen der Bleischmelze auf ca. 360 °C und Bildung eines Kupferschlickers erreicht wird. Die vollständige Entkupferung erfordert in einer weiteren Stufe das Einrühren von Schwefel, was zur Bildung eines bleihaltigen Kupfersulfidpuders führt, der auf der Bleischmelze schwimmt. In der zweiten Raffinationsstufe werden die Verunreinigungen Sn, As und Sb durch selektive

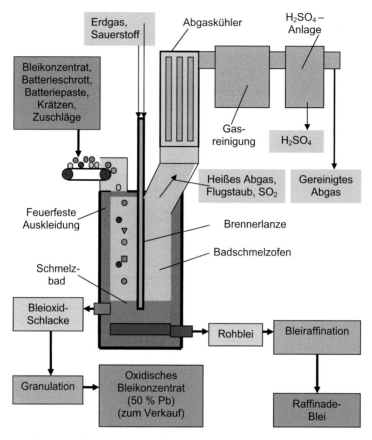

Abb. 6.27 Kombiniertes Blei-Schmelzverfahren von teilaufbereiteten Altakkumulatoren mit Primärrohstoff (Bleikonzentrat) im Badschmelzofen [6.30]

Oxidation in dieser Reihenfolge entfernt. Das Verfahren der selektiven Oxidation ist in Abschn. 6.1.1.1 und Abb. 6.2 ausführlich erläutert. Eine Entzinnung erfolgt bei ca. 600 °C durch Einrühren von Luft in die Bleischmelze. Es entsteht ein Bleistannat-Puder, aus dem durch Reduktion eine PbSn-Legierung gewonnen werden kann. Die selektive Entzinnung ist durch die zunehmende Verwendung von Sn-legierten Akkugittern von Bedeutung. Bei Fortsetzung der Oxidation der Bleischmelze entstehen nacheinander der sog. Arsenabstrich und als letzter der Antimonabstrich. Es besteht also die Möglichkeit, die Oxidation nach der Entarsenierung abzubrechen und eine PbSb-Legierung direkt zu erzeugen. Die Verfahrensstufen der Raffination sind in Abb. 6.28 mit skizziert. Alternativ zur selektiven Oxidation mit Luft sind Raffinationsverfahren von Rohbleischmelzen unter Verwendung von NH_4Cl bzw. $NaOH + NaNO_3$ im Einsatz (Harris-Verfahren).

Als Alternative zum schmelzmetallurgischen Recycling von Akkumulatoren (mit dem Nachteil von CO_2-Emissionen) befinden sich auch elektrochemische Verfahren in der Entwicklung.

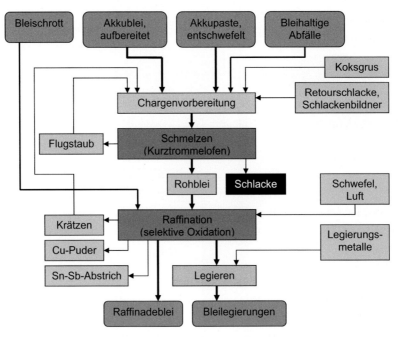

Abb. 6.28 Schmelzmetallurgische Verarbeitung von Akkublei, entschwefelter Paste, Bleischrotten und bleihaltigen Abfällen im Kurztrommelofen mit anschließender Bleiraffination [6.28]

6.5.3   Schmelzmetallurgische Verarbeitung von Bleischrotten und bleihaltigen Abfällen

Alte Bleianoden elektrochemischer Verfahren und die Neuschrottabfälle von ihrer Herstellung enthalten neben den üblichen Legierungsmetallen (Sb, Sn, Ca) weitere sehr spezielle Legierungsmetalle (Ag, In). Deshalb sollte das Recycling dieser Materialien vollkommen getrennt durch Umschmelzen, Abkrätzen, evtl. Nachlegieren und erneutem Vergießen zu Anoden erfolgen. Alle anderen Bleischrotte (Rohre, Bleche, Armaturen, Schriftmetall u. a.) liefert der Schrotthandel infolge der einfachen Identifizierung durch die hohe Dichte des Bleis ($11,3\,g/cm^3$) und der geringen Verwendung in Werkstoffverbunden sehr sortenrein an die Hüttenwerke. Deshalb können Bleischrotte ohne vorgeschaltete Aufbereitung direkt in einen Schmelzprozess eingebracht werden. Für den Eintrag von solchen Bleischrotten sind die Raffinationsstufen der Rohbleischmelzen sowohl in Primärhütten als auch beim Akkuschrottrecycling gut geeignet. Auch alle bleihaltigen Abfälle werden in den Primärbleihütten oder beim Akkurecycling mit verarbeitet. Die überwiegend oxidischen Materialien (Aschen, Pigmente, Bleiglas, Flugstäube, Filterkuchen) müssen mit Reduktionskoks vermischt dem Rohbleischmelzen zugesetzt werden. Die Krätzen mit hohem Gehalt an metallischem Blei sind bei der Rohbleiraffination einzusetzen. In den Primärbleihütten kommen eine Reihe verschiedener Schmelzverfahren und Raffinationstechnologien zum Einsatz, von denen an dieser Stelle die Wichtigsten zu nennen sind:

Schachtofenverfahren, Kivcet-Prozess, Kaldo-Prozess, Isasmelt-Prozess, QSL-Verfahren, Raffinationselektrolyse.

6.6   Recycling von Zinkwerkstoffen und zinkhaltigen Abfällen

Zink legiert sich mit vielen Metallen im schmelzflüssigen Zustand (Schmelzpunkt 419 °C). Von werkstofftechnischer Bedeutung sind meist niedrige Legierungszusätze von Al, Cu, Mg, Pb, Ti und Sn. Als Abfall beim Feuerverzinken entsteht eine ZnFe-Legierung (Hartzink). Zink gehört aber zu den Metallen mit einer hohen Sauerstoffaffinität. Das bedeutet für Schmelzprozesse, dass eine Abdeckschicht auf der Zink-Schmelze oder Vakuum erforderlich sind, und außerdem eine selektive Oxidation der Schmelzen zur Abtrennung von Legierungskomponenten oder Verunreinigungen nicht möglich ist (siehe Abb. 6.2). Zink besitzt einen niedrigen Siedepunkt von 906 °C, der allerdings eine destillative Abtrennung von sehr reinem Zink aus Legierungen technisch ermöglicht. Dabei muss die Oxidation des Zinkdampfes durch eine stark reduzierende Atmosphäre vollständig verhindert werden. In oxidierender Gasatmosphäre erfolgt eine Oxidation des Zinkdampfs zu reinem Zinkoxid. Deshalb kann im Recyclingprozess von metallischem Zink, verzinktem Stahl und Zn-Legierungen dieses häufig in Form von ZnO-Filterstäuben anfallen. Zinkoxid kann bereits ein hochwertiges Recyclingprodukt sein bzw. ein geeignetes Zwischenprodukt zur Herstellung von Zinkmetall durch thermische Reduktion oder durch Elektrolyse von daraus hergestelltem $ZnSO_4$. Diese genannten spezifischen Eigenschaften des Zinks bestimmen die Verfahren des Recyclings. Daneben spielt das Recycling von Zinkverbindungen (z. B. $ZnCl_2$, $ZnSO_4$) eine sehr geringe Rolle.

6.6.1   Zusammensetzung von Zinkwerkstoffen, Zinkschrotten und zinkhaltigen Abfällen

Die wichtigsten Zinkwerkstoffe, -verbindungen, -schrotte und -abfälle sind nachfolgend aufgeführt [6.2].

Zinkwerkstoffe, Zinklegierungen und Zinkbeschichtungen
Zinkdruckgusslegierungen mit 4 % Al, 1…3 % Cu und wenig Mg (0,04…0,06 %) finden umfangreiche Verwendung für Armaturen und Kleinteile hoher Maßbeständigkeit wie Vergasergehäuse, Beschläge u. a. (ca. 16 % der Zinkproduktion). Titanzink mit 0,5 % Cu und 0,15 % Ti (Knetlegierung) wird im Bauwesen als Dachblech und Rohr eingesetzt (7 % der Zinkproduktion). Die genannten Legierungen werden unter Verwendung von hochwertigem Feinzink (99,995 % Zn) hergestellt. Gehandelt wird daneben ein unreineres Hüttenzink für den Einsatz in der Feuerverzinkung (Stückverzinken von Stahl) mit Gehalten von mindestens 98,5 % Zn (Pb 1,4 %). Dagegen kommen für die kontinuierliche Feuerverzinkung von Stahlblech bzw. Stahldraht spezielle Legierungen zum Einsatz, z. B. mit 0,05…0,3 %

Pb und 0,15…0,35 % Al sowie „Galfan" (5 % Al; 0,1 % SEM) oder „Galvalum" (55 % Al; 1 % Si). Außerdem erfolgt die Verzinkung auch elektrolytisch unter Verwendung von Zinksulfat-Elektrolyt und Zinkanoden. Von geringerer Bedeutung sind Zinkbeschichtungen durch thermisches Spritzen, Plattieren oder zinkstaubhaltige Lacke. Zum Feuerverzinken (Schmelztauchverfahren) müssen noch zusätzliche Informationen ergänzt werden. Das Schmelztauchen erfolgt nach intensiver Vorreinigung der Stahlteile (Entfetten, Beizen) durch Eintauchen der Teile in eine Zinkschmelze von 440…460 °C. Dabei kommt es an der Stahloberfläche durch Diffusion zur Bildung verschiedener ZnFe-Legierungen, die durch eine Reinzinkschicht abgedeckt sind. Die Zinkschmelzen sättigen sich bei dieser Badtemperatur mit Eisen auf ca. 0,03 % Fe. Ferner kommen zur Endreinigung der Stahloberfläche und zur Abdeckung der Zinkschmelze Flussmittel zum Einsatz (Mischungen von $ZnCl_2$ und NH_4Cl).

Die Zinkdruckgusserzeugnisse und die Zinkbeschichtungen können eine geringe zusätzliche weitere Oberflächenbeschichtung aufweisen (Kunstharzlack- oder Kunstharzpulverbeschichtung, Chromate, Phosphate), die aber auf die Recyclingeigenschaften nur geringen Einfluss haben.

Große Anteile der Zinkerzeugung finden weiterhin Verwendung für die Legierungen mit Kupfer. Messing enthält neben Cu 10…40 % Zn, Neusilber 18…40 % Zn neben Cu und Ni. Diese CuZnNi-Legierungen werden aus technologischen Gründen des Recyclings und dem deutlich höheren Metallwert der Cu- und Ni-Komponenten dem Kupfer- bzw. Nickel-Recycling (Abschn. 6.4) zugeführt.

Wegen der überwiegenden Verwendung von Zink in metallischer Form (47 % Verzinkung von Stahl, 19 % Messing, 16 % Zinkdruckguss-Legierungen, 7 % Zinkhalbzeug, Zinkstaub) und nur 11 % für Zinkverbindungen (ZnO, $ZnSO_4$, $ZnCl_2$) konzentriert sich das Zinkrecycling hauptsächlich auf die Gewinnung von Zinkmetall und weniger auf Zinkoxid. Nur für spezielle Abfälle wie $ZnCl_2$, $ZnSO_4$ u. a. Zinksalze sowie deren Lösungen kann die Aufarbeitung in der vorliegenden Art der chemischen Zinkverbindung technisch und ökonomisch die günstigere Variante sein.

Zinkschrotte

Der Schrotthandel unterscheidet bis zu 7 Sorten Zink-Schrotte. Neben den Neuschrotten der Blech- und Druckgussproduktion sind die Sorten Altzink (Bleche, Rohre, 2 % Fremdstoffe mit max. 1 % anhaftendem Fe, keine Zn-Legierungen), Zinklegierungsschrott und Hartzink aufgeführt. Hartzink entsteht in Verzinkereien durch die Bildung schwerschmelzbarer ZnFe-Verbindungen (Fe_5Zn_{21} u. a.) und enthält ca. 6 % Fe, etwas Pb und > 92 % Zn.

Verzinkter Stahlschrott und Stahlwerksstäube

Der große Anteil des Zinkverbrauchs von 47 % für den Korrosionsschutz von Stahlblechen und Baustahl fordert ein effektives Recycling diese Zinks. Das erfolgt bislang fast ausschließlich über die zinkhaltigen Stahlwerksstäube, die beim Einschmelzen verzinkter Stahlschrotte als Nebenprodukt anfallen (siehe Abschn. 6.2.2). Die Zusammensetzung dieser Stäube ist in Tab. 6.10 angegeben. Verschiedene Verfahren zur Vorentzinkung der

Schrotte vor dem Einschmelzen sind entwickelt (siehe Abschn. 6.6.4), haben sich groß-technisch aber noch nicht durchgesetzt.

Zinkhaltige Abfälle

Es sind sehr unterschiedliche industrielle Abfälle zu berücksichtigen: Zink-Legierungskrät-zen (ca. 88 % Zn-Metall mit ZnO); Zinkschlacken aus den Bandverzinkereien mit 92…95 % Zn-Metall; Zinkaschen und -krätzen (bis 80 % metallisches Zn, Rest ZnO); Salmiakschla-cken (20 % Zn-Metall, 35 % Chloride, ZnO) vom Schmelztauchen und Feinzinkumschmel-zen; ZnO-Filterstäube aus dem Kupferrecycling und Messingrecycling (40 % Zn, 20 % Pb, 5 % Cl, siehe Abschn. 6.4.3 und Abb. 6.22); ZnO-haltige Stahlwerks- und Kupolofenstäube (20…40 % Zn, Pb, Chloride, Fluoride); Zink-Fraktion des Shredderschrotts; Fällschlämme (Galvanikschlamm, Phosphatschlamm) aus der Aufarbeitung zinkhaltiger Lösungen (Zink-hydroxid oder Carbonat) und flüssige Abfälle der Verzinkereien (zinkhaltige Beizen, Alt-fluxe mit $ZnCl_2$ und NH_4Cl).

Einige spezielle zinkhaltige Mischungen (ZnO-haltige FeO-Silikatschlacken mit 5…12 % Zn) aus der Bleigewinnung und Zinkferrit-Laugungsrückstände der primären Zinkgewinnung aus Erzen (18 % Zn, 33 % FeO, 7 % Pb) sind keine Abfälle aus Konsumtion oder Halbzeugherstellung sondern metallurgische Zwischenprodukte der Primärgewin-nung, deren Verwertung meist direkt in der metallurgischen Industrie erfolgt.

6.6.2   Mechanische Aufbereitung von Zinkschrotten und zinkhaltigen Abfällen

Für Zink-Schrotte wie Rohr- und Blechabfälle besteht meist nur die Notwendigkeit einer Grobzerkleinerung auf die erforderliche Eintragsabmessung in die Schmelzöfen. Allerdings sollte die Identifizierung und Aushaltung von visuell ähnlichen Metallen wie Aluminium und Blei sowie anderen Fremdmetallen (Stahl, Messing, Kupfer, Bronzen usw.) durch Sor-tierprozesse sichergestellt sein. Das wird in vielen Fällen bei größeren Blechen und Roh-ren eine händische Sortierung sein. Für zerkleinerte Zink-Schrotte (Druckguss-Schrotte) sind aber viele der in Abschn. 3.4 beschriebenen mechanisierten Sortierverfahren (z. B. Dichtesortierung oder sensorgestützte Sortierung) einsetzbar und von Vorteil. Unbedingt erforderlich sind diese Sortierverfahren für die NE-Metall-Fraktion von Shredderprozessen der Altautoverwertung. Eine mechanische Aufbereitung ist außerdem für Krätzen, Aschen und Salmiakschlacke sehr vorteilhaft, da diese Abfälle erhebliche Anteile an metallischem Zink (Metallgröbe) enthalten, das direkt ausbringbar ist. Dies erfolgt durch Mahlen in einer Siebkugelmühle, wobei das Zinkoxid – und bei der Salmiakschlacke auch die Chloride – als feine Pulver abgetrennt werden. Die Zinkmetallgröbe (kugelige Metallteilchen) wird in die Zinkschmelzen zurückgegeben oder wie Zink-Schrott verarbeitet. Die nichtmetallischen zinkhaltigen Abfälle (Stahlwerksstäube u. a. Filterstäube, Fällschlämme, zinkhaltige Lösun-gen) sind mechanisch nicht aufbereitbar und müssen den metallurgischen oder chemischen Verfahren direkt zugeführt werden.

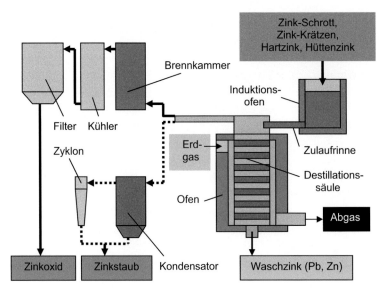

Abb. 6.29 Raffination von Zinkschrotten, Umschmelzzink oder Hüttenzink durch Destillation mit Erzeugung von reinem Zinkoxid oder alternativ von reinem Zinkstaub [6.31]

6.6.3   Umschmelzen von Zinkschrotten und Raffination durch Destillation

Umschmelzprozesse

Saubere Neuschrotte führt man in die Schmelzöfen der Gießereien oder Halbzeugwerke zurück und erreicht nach Abzug einer Krätze oder Salmiakschlacke die erforderliche Qualität der Schmelze. Die Zugabe von Salmiak (NH_4Cl) beim Schmelzen vermindert die oberflächliche Oxidation der Zinkschmelze und verringert damit die Bildung oxidischer Krätzen. Die verschiedenen Altzinksorten werden getrennt nach Legierungen in Schmelzkesseln oder Induktionsöfen eingeschmolzen. Bei niedrigen Temperaturen kann eine befriedigende Abtrennung von Eisen und evtl. Blei durch Ausscheidung des schwerschmelzbaren Hartzinks (ZnFe-Legierung, siehe oben unter Zink-Schrotte) erreicht werden. Die durch Umschmelzen von Altzink erzielbare Zinkqualität entspricht aber maximal dem Hüttenzink (98 % Zn) und ist deshalb nur für das Feuerverzinken nutzbar. Für andere Einsatzzwecke muss eine Feinreinigung durch Destillation erfolgen.

Zinkdestillation

Hüttenzinkqualitäten aus den Umschmelzprozessen von Schrotten, Krätzen und aus dem Imperial-Smelting-Prozess (IS-Prozess, siehe Abschn. 6.6.5) sowie Hartzink können durch Rektifikation (siehe Abschn. 4.1.2, Abb. 4.2) zu Feinzinkqualität raffiniert werden. Die Rektifikation erfolgt in Destillationssäulen aus Siliziumkarbid-Elementen, die von oben mit der verunreinigten Zinkschmelze beschickt werden. Dabei verdampfen ca. 60 % des Zinks und 40 % des Zinks fließen mit den Verunreinigungselementen am Boden der Säule ab (sog. Waschzink). Durch Kondensation des Zinkdampfes in einer Stickstoffatmosphäre kann im Kondensator flüssiges Zink oder Zinkstaub gewonnen werden (Abb. 6.29) [6.31]. Eine Variante des Verfahrens ist die Verbrennung des Zinkdampfes in einer Brennkammer und Gewinnung eines sehr reinen Zinkoxids (Zinkweiß). Zinkstaub und reines Zinkoxid sind in vielen Industriezweigen im Einsatz und deshalb begehrte Produkte.

6.6.4   Entzinkung von Stahlschrott

Das energieintensive und teure Zinkrecycling aus Stahlwerksstäuben war Veranlassung für die Entwicklung von Verfahren zur Entzinkung vor dem Stahlschmelzen [6.33]. Dafür ist eine selektive Auflösung der Zinkschicht erforderlich. Hohe Selektivität ist bei Verwendung von NaOH als Lösereagenz erreichbar. Bei diesem Verfahrensansatz wird eine konzentrierte Natriumzinkat-Lösung erzeugt, Eisen bleibt ungelöst. Aus dieser Zinkatlösung ist durch Elektrolyse aber nur ein Zinkpulver abzuscheiden.

Durch Verwendung einer schwefelsauren Ablösung der Schicht mit Gewinnung einer Zinksulfatlösung ist dagegen ein optimales Elektrolyseprodukt in Form von Zinkplatten zu erhalten. Die dafür notwendige Reduktionselektrolyse von Zinksulfatlösung ist das industrielle Standardverfahren. Die dafür erforderliche, sehr eisenarme Zinksulfatlösung (0,15 g/l Fe, 110 g/l Zn) kann durch eine spezielle Ablaugetechnik mit Schwefelsäure gewonnen werden. Eine besonders ökonomische Verfahrensvariante der schwefelsauren Ablösung wäre die Kombination der Entzinkung mit einer Zinkelektrolyse für Zinkerzkonzentrat, wie sie in Abb. 6.30 dargestellt ist. Offensichtliche Vorteile sind dabei die Verwendung der in der Elektrolyse entstehenden Zellensäure zur Schrottentzinkung, die gemeinsame Eisenfällung und vor allem die gemeinsame Zinkelektrolyse.

Voraussetzung ist die Existenz einer Zinkhütte sowie eine kostengünstige Transportsituation für den Antransport des Schrottes und den Abtransport des entzinkten Schrottes zu einem Stahlwerk. Für beide Verfahrensvarianten gilt, dass keine lackierten Schrotte einsetzbar sind und der Durchlauf von schweren Bauprofilen durch die Entzinkungsbäder schwierig ist. Vorwiegendes Einsatzmaterial sind daher verzinkte Neuschrottbleche mit begrenzten Abmessungen.

6.6.5   Zinkrecycling aus Stahlwerks-, Kupolofen- und Kupferhüttenstäuben sowie aus anderen Zinkoxid- und Zinkmetallhaltigen Abfällen

Die Entstehung dieser ZnO-haltigen Stäube beim Recycling verzinkter Eisenschrotte ist in Abschn. 6.2.2 und 6.2.3 beschrieben. Dabei ist zwischen zinkarmen Stäuben aus den Blasstahlverfahren oder den Kupolöfen mit 1…5 % Zn (als ZnO) und den zinkreichen Stäuben aus dem Elektrostahlverfahren zu unterscheiden. Die zinkarmen Stäube können durch Rückführung in die jeweiligen Öfen oder spezielle Anlagen der Stahl- und Guss-

Abb. 6.30 Saure Bypass-Vorent-
zinkung von Stahlschrott [6.33]

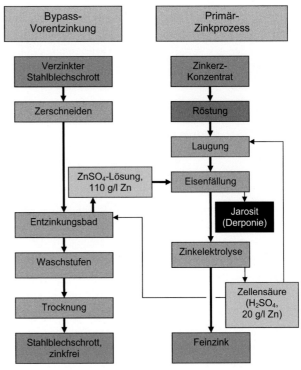

eisenproduktion (Agglomerationsverfahren von ThyssenKrupp oder DK-Verfahren, siehe Abschn. 6.2.5) erheblich angereichert werden und dadurch die Zn-Konzentrationen der primär zinkreichen Stäube erreichen und übertreffen. Dieser Abschn. 6.6.5 behandelt das Recycling der zinkreichen Stäube verschiedener Herkunft. Eine vollständige Zusammensetzung von Stahlwerksstäuben ist in Tab. 6.10 angegeben. Die dort genannten Gehalte an Zn liegen als ZnO vor und die Gehalte an Fe, Si und Erdalkalien sind ebenfalls als Oxide vorhanden. Als Chloride wurden Alkalichloride, Blei- und Zinkchlorid nachgewiesen. Die Umrechnung auf Oxide für einen speziellen Elektrolichtbogenofenstaub ist in Tab. 6.11 angeführt.

Die Gehalte an Pb stammen aus Bleipigmenten und aus den Pb-Gehalten des Zinkmetalls der Feuerverzinkung, während Cl und F aus Kunststoffresten des Stahlschrotts resultieren. Eine chemisch-reaktive Vorbehandlung von Stahlwerks- und Kupolofenstäuben zur Vorabtrennung von Chlorid und Fluorid ist immer wieder versucht worden. Eine Möglichkeit ist die Pyrohydrolyse, die bei 1.050 °C die Stäube mit Wasserdampf behandelt und dadurch Chlorid zu 100 % und Fluorid zu 80 % in Form von HCl bzw. H_2F_2 abtrennt. Auch eine Vorlaugung mit Wasser wurde geprüft.

Wälzverfahren

Das Standardverfahren für das Zinkrecycling aus den zinkreichen Stahlwerksstäuben ist der Wälzprozess [6.32]. Mit dem Wälzprozess kann eine vollständige Konzentrierung

Tab. 6.10 Zusammensetzung von Stahlwerks- und Kupolofenstäuben [3.21]

Kompo-nente	Zn %	Fe %	Pb %	Cl %	F %	ΣSi,Ca,Mg %	ΣNa,K %
Ofen / Ver-fahren							
Elektro-lichtbo-genofen (EAF)	20…40	20…35	1,5…4	1…4	0,1…0,5	4,5…14,5	1…3,5
Blas-stahl-werk (1)	15…20	40…50	1,5…4	1		8	1…2,3
Kupol-ofen (1)	30	20	0,1	0,5			

Bemerkung (1): Zusammensetzungen nach mehrfacher Rückführung in den Ofen

Tab. 6.11 Zusammensetzung eines speziellen Elektrolichtbogenofenstaubes nach Umrechnung auf Oxidkomponenten

Kom-ponente	ZnO	Fe_2O_3	PbO	Cl	F	$ΣNa_2O,K_2O$	SiO_2	ΣCaO,MgO	SO_3
Gehalt (%)	46,3	24,5	5,8	5,5	0,8	5,9	2,3	3,3	1,6

der Zn-Gehalte in einem Zinkoxid und die vollständige Abtrennung des Fe-Inhaltes in einer verbleibenden Wälzschlacke erreicht werden. Dieser Prozess ist ein thermisches Reduktionsverfahren, bei dem das Zinkoxid und Teile des Eisenoxides reduziert werden. Das aus dem Material erzeugte metallische Zink verdampft und wird im Abgasstrom zu ZnO reoxidiert. Der Name „Wälzprozess" leitet sich von dem verwendeten Drehrohrofen ab (Abb. 6.31), bei dem das Aufgabegut durch Neigung des Ofens und die Drehbewegung durch den Apparat „gewälzt" wird. In einer Aufbereitungsstufe werden die Stahlwerkstäube zunächst mit dem festen Reduktionsmittel (Koksgruß) und Schlackenbildnern vermischt und anschließend pelletiert. Die autoreaktiven Pellets werden in den ca. 40 m langen, mit Erdgas vorgeheizten Drehrohrofen eingetragen. Bei etwa 1.100 °C findet im Pellet die ZnO-Reduktion durch C und CO statt und das entstehende Zn verdampft (zusammen mit PbO, PbS, $ZnCl_2$, ZnF_2 und Na-K-Chloriden). Parallel erfolgt eine weitgehende Reduktion der Fe-Oxide zu Fe, das in der teigigen alkalischen Schlacke (CaO-MgO-SiO_2, ca. 0,1 % Zn) verbleibt.

- Hauptreaktionen: $ZnO + C \rightarrow Zn_G + CO$; $ZnO + CO \rightarrow Zn_G + CO_2$

$$FeO + C \rightarrow Fe + CO; \quad CO_2 + C \rightarrow 2\,CO$$

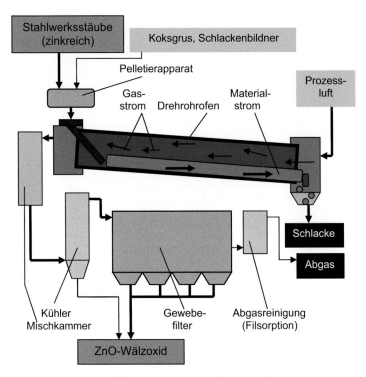

Abb. 6.31 Apparatefließbild des Wälzprozesses für das Zinkrecycling aus zinkreichen Stahlwerksstäuben [6.32]

Am Ofenende wird auf die $1.200\,°C$ heiße Schlacke Luft aufgeblasen und dadurch der
größte Teil des metallischen Eisens reoxidiert. Die dabei entstehende Oxidationswärme
des Fe zu FeO wird für die Aufheizung der Beschickung genutzt und auf diese Weise beim
laufenden Prozess die Zusatzheizung mit Erdgas vollständig eingespart (SDHL-Verfahren,
Senkung der CO_2-Emission um 44 %). Der im Abgasstrom reoxidierende Zinkdampf wird
als ZnO-Pulver im Abgaskühler und im Gewebefilter als Wälzoxid (Zusammensetzung
siehe Tab. 6.12) ausgebracht. Das Zinkausbringen im Wälzoxid erreicht hervorragende
93 %. Die Feinreinigung des Abgases von Schadstoffen (Dioxin, Hg) erfolgt durch Aktivkohleadsorption. Die Schlackenabkühlung erfolgt in einem Wasserbad. Sie kann in speziellen Fällen für den Straßenbau Verwendung finden.

Für die Rückgewinnung des angestrebten Zinkmetalls aus dem Wälzoxid stehen im
Wesentlichen zwei Prozesse zur Verfügung.

1. Laugung mit Schwefelsäure und Reduktions-Elektrolyse der Zinksulfat-Lösung, wobei
   ein sehr reines Feinzink (99,995 % Zn) anfällt.
2. Thermische Reduktion im IS-Schachtofen (Imperial Smelting Furnace) mit Gewinnung
   einer Hüttenzink-Qualität (98,5 % Zn).

Tab. 6.12 Zusammensetzung einer Charge Wälzoxid und des daraus erzeugten gelaugten Zinkoxids

Komponente	Zn	Pb	Fe	Na	K	Cl	F
Material	%	%	%	%	%	%	%
Wälzoxid, Filter	62	7,5	0,2	1,8	3,1	5,8	0,3
Wälzoxid, gelaugt, gewaschen	65	8,5	0,2	0,15	0,05	0,1	0,1

Die Zink-*Elektrolyse* hat sich in etwa seit dem Jahr 2000 in Europa durchgesetzt. Diese Elektrolyse erfordert ein praktisch Cl- und F-freies Oxid, weil diese Komponenten die Bleianoden zerstören (Cl) bzw. das Zink-Abziehen von den Aluminium-Kathodenblechen behindern (F). Andere Beimengungen im Wälzoxid stören nicht, da das Pb beim Laugen als Sulfat und Fe und andere Spuren durch die Feinreinigung der Zinksulfatlösung abtrennbar sind. Die Wälzanlagen haben deshalb den Prozess durch eine Soda-Wasserlaugung des Wälzoxides komplettiert und erreichen damit die erforderliche Abtrennung von Chlorid und Fluorid in Form der Natriumsalze. Das $ZnCl_2$ des Wälzoxides reagiert dabei mit Soda zu schwerlöslichem $ZnCO_3$ und NaCl. In Tab. 6.12 ist die Zusammensetzungen einer Charge von primärem Wälzoxid und des daraus erzeugten gelaugten Zinkoxids angegeben.

Imperial-Smelting-Verfahren im IS-Schachtofen
Der IS-Schachtofenbetrieb ist in Abb. 6.32 dargestellt. Dieses Verfahren erlaubt die thermische Verarbeitung von gemischten zink- und bleihaltigen Abfällen bei gleichzeitig hohen Eisenoxid-Gehalten und verträgt auch Chloride. Entsprechend der Arbeitsweise eines Schachtofens (senkrechter Reaktionsschacht mit einem gasdurchlässigen Aufgabematerial und Stückkoks als Reduktions- und Heizmaterial) muss die Hauptmenge der Rohstoffe kompaktiert werden, was durch Heißbrikettierung oder Sinterung erfolgt. Nur ein Teil der Rohstoffe kann als Pulver über die Winddüsen eingeblasen werden. Im Schachtofen erfolgt eine Reduktion der Zink- und Bleioxide zu Metall. Blei sammelt sich als Schmelze im Ofentiegel, während Zink als Dampf mit den Ofengasen abzieht und im Kondensator als flüssiges Zinkmetall (Hüttenzink-Qualität) anfällt. Die Eisenoxide bilden mit SiO_2, CaO, MgO und Al_2O_3 eine flüssige Silikatschlacke. Das Hüttenzink wird anschließend durch Destillation zu einer Feinzinkqualität (siehe oben Abschn. 6.6.3 „Zinkdestillation") aufgereinigt. Das IS-Verfahren ist sehr unempfindlich gegenüber einer Vielzahl von Begleitstoffen und Verunreinigungen und deshalb für das Zink/Blei-Recycling aus sehr unterschiedlichen Abfallstoffen gut geeignet.
Folgende Abfälle können verarbeitet werden:

• Stäube vom Messing- und Kupfer-Recycling,
• Kupolofenstaub und Stahlwerksstaub,
• Bleistaub,
• Zink/Bleioxide,
• Zinkferrit-Laugungsrückstand der Primärzinkgewinnung.

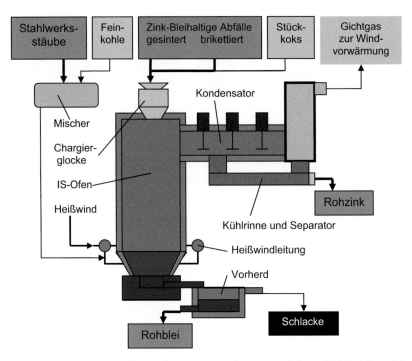

Abb. 6.32 *Imperial-Smelting*-Schachtofen zur Verarbeitung von zink- und bleihaltigen Sekundärrohstoffen

Die stoffliche Zusammensetzung dieser Abfälle ist oben unter Abschn. 6.6.1 „Zinkhaltige Abfälle" angegeben. Die Anwendung des IS-Verfahrens ist etwa seit dem Jahr 2000 aus mehreren Gründen zurückgegangen (hohe Preise für Koks, Aufwand für die Pelletierung, geringere Zinkqualität).

Badschmelzverfahren [6.47, 6.48]
Die verschiedenen ZnO-haltigen Abfälle oder Nebenprodukte sind auch sehr flexibel in Badschmelzreaktoren (Isasmelt-, TSL-Reaktor) mit eintauchender Brenner-Sauerstofflanze zu verarbeiten. Ein Badschmelzreaktor ist in Abb. 6.19 skizziert. Beim Schmelzen der ZnO-Materialien im Badschmelzreaktor wird Reduktionskohle und Flussmittel zugesetzt. Im Schmelzbad reduziert die Kohle das Zinkoxid und die Bleioxide. Das entstehende elementare Zink und Blei verdampfen aus der Schmelze, werden im Oberofen (freeboard) wieder zu den Oxiden nachverbrannt, mit dem Abgas als Staub ausgetragen und im Staubfilter abgeschieden. In diesem Flugstaub reichern sich auch Cd, Ag und In an. Durch verschiedene Prozessbedingungen können auch eine Metallphase oder eine Steinphase (Metallsulfide) erzeugt werden, um darin die Edelmetalle zu sammeln. Die Eisenoxide und die Kieselsäure bilden eine Schlacke, die <3 % Zn und <1 % Pb enthalten. Der Prozess wird kontinuierlich oder als Zweistufenprozess bzw. in zwei getrennten Reaktoren geführt. Es können folgende ZnO-haltige Abfälle verarbeitet werden: Stahlwerksstäube, Kupolofenstäube, Zinkferrit-

Laugerückstände der primären Zinkgewinnung (ca. 20 % Zn, 8 % Pb, 25 % Fe, 1.000 ppm Ag, 8 % SiO_2), Eisenfällschlämme der primären Zinkgewinnung aus Erzkonzentraten (Goethit, Jarosit mit ca. 3…10 % Zn, 2 % Pb, 30 % Fe, 500 ppm Ag), Zinkschlacken des IS-Schachtofens (ca. 8 % Zn, 1 % Pb).

Schmelzreaktorprozess

Dieser Prozess ist ein weiteres erprobtes Verfahren für das Zink-Recycling aus Industrie-abfällen mit geringem Zn-Gehalt. Als Einsatzstoffe kommen Stahlwerks- und Kupolofen-stäube, Galvanikschlämme, Schleifschlamm und zinkhaltige Filterstäube in Betracht, die zusammen mit Sand und Kohle als trockene, feinkörnige Vorstoffmischung dem Reaktor zudosiert werden. Der Schmelzreaktor ist ein vertikaler Zyklon mit Erdgas-Sauerstoff-Brenner. Im Zyklon verbrennt die Kohle zu CO und CO_2. Das CO reduziert ZnO zu Zinkdampf und es bildet sich eine Schlackenschmelze (FeO-CaO-Silikate). Die erzeugte Schlacke gelangt unmittelbar in einen Absetzherd und der Zinkdampf wird in einer Brenn-kammer zu einem angereicherten Zinkoxid verbrannt. Dieses Reaktoroxid enthält bis 58 % Zn, 5 % Pb sowie 4 % Fe und entspricht damit etwa der Qualität eines Wälzoxides.

DK-Schachtofenprozess

Dieser Prozess kommt für das Eisen-Recycling aus vorwiegend oxidischen Eisenabfäl-len zum Einsatz (siehe Abschn. 6.2.5; Abb. 6.7). Infolge zunehmender Zn-Gehalte der Einsatzstoffe und zusätzlichem Eintrag von Zn-Mn-Fe-haltigen Altbatterien enthält das Gichtgas erhebliche Gehalte an Zinkoxid. In der Gichtgasreinigung entsteht dadurch ein DK-Zinkkonzentrat folgender Zusammensetzung: 65 % Zn (als ZnO), 1..2 % Pb, <1,5 % Fe, <1 % F, <1 % Cl, <0,1 % Na/K. Dieses Produkt hat eine bessere Qualität als das Wälz-oxid. Das Eisen der Altbatterien sammelt sich zu 100 % im Roheisen, das auch 80 % des Mangans aufnimmt.

6.6.6   Verwertung zinkhaltiger Abfälle als Zinkverbindungen

Als wichtigste industriell eingesetzte Zinkverbindungen sind die folgenden zu nennen:

1. Zinkoxid, „Zinkweiß" (Pigment in Lacken, Zusatzstoff in Gummi, Kunststoffen, Emaille, Salben),
2. Lithopone (ZnS-$BaSO_4$-Mischung als Pigment),
3. Zinksulfat (Elektrolyt für galvanische Verzinkung, Ausgangsstoff für Lithopone u. a. Zinkverbindungen, Spurenzusatz in Futtermitteln),
4. Zinkchlorid (Katalysator, Abdecksalz für Zink-Schmelzen besonders als NH_4Cl-$ZnCl_2$-Gemische für das Feuerverzinken).

An diese Zinkverbindungen werden hohe Reinheitsanforderungen (besonders bezüglich sehr geringer Gehalte an Pb und Cd) gestellt. Das Recycling von Abfällen erfordert deshalb

Pb- und Cd-freie Einsatzstoffe oder effektive Reinigungsmethoden. Für das Recycling kommen überwiegend hydrometallurgische Prozesse in Betracht.

Abfälle von Zinkoxid und Zinksulfat

ZnO muss mit H_2SO_4 gelöst werden und kann dann gemeinsam mit $ZnSO_4$-Abfällen der Reinigung unterworfen werden. Beim Auflösen verbleibt $PbSO_4$ als Rückstand. Für die $ZnSO_4$-Lösung stehen erprobte Reinigungsverfahren zur Verfügung (Hydroxidfällung von Fe(III), Zementation von Cu und Cd mit Zinkstaub), so dass eine hochreine $ZnSO_4$-Lösung entsteht. Die reine $ZnSO_4$-Lösung ist direkt marktfähig oder dient als Ausgangsstoff für Lithopone (Reaktion mit BaS zu ZnS und $BaSO_4$) bzw. Zinkoxid (Fällung von basischem Carbonat und Kalzination zu Oxid).

Zinkoxid-Filterstäube aus dem Recycling von Kupfer- und Messingschrotten [6.47] Bei der Verarbeitung von Kupferschrotten und kupferhaltigen Abfällen entstehen in den meisten Prozessstufen (Konzentrationsschmelzen, Einschmelzverfahren, Konverterprozesse, Feuerraffination) ZnO-reiche Flugstäube (siehe Abschn. 6.4.3). Deren Bestandteile sind Metalloxide, die in Abhängigkeit von der Prozessstufe unterschiedliche Konzentrationen aufweisen.

- Konzentrationsschmelzen und Einschmelzprozesse: Zn 20…60%; Pb 5….50%; Sn 0,2…5%; Cu 2…12%.
- Konverterprozesse: Zn 25…70%; Pb 5…30%; Sn 1…20%; Cu 2…15%.

Die Verarbeitung erfolgt durch selektive Laugung mit H_2SO_4, wobei ZnO und CuO als Sulfate in Lösung gehen und ein $PbSO_4$/SnO_2-Rückstand verbleibt. Mitgeführte Halogenide müssen ggfs. ausgeschleust werden. Nach Filtration werden aus dem Filtrat die Cu-Ionen u. a. Verunreinigungen durch Zementation mit Zinkstaub abgetrennt. Aus der reinen $ZnSO_4$-Lösung wird mittels Verdampfungskristallisation kristallines Zinksulfat gewonnen.

Alternativ kann für die Laugung auch Ammoniaklösung oder eine Mischung Ammoniak mit Ammoniumkarbonat Verwendung finden. Das finale Produkt ist dann Zinkoxid oder Zinkcarbonat.

Abfälle aus der Feuerverzinkung

Die $ZnCl_2$-haltigen Abfälle (Salmiakschlacke, $ZnCl_2$–NH_4Cl-haltige Altfluxe der Feuerverzinkung, evtl. Filterstäube und Aschen aus der Feuerverzinkung) sind effektiv nur in Form von $ZnCl_2$ zu recyceln. Die Zumischung zu allen anderen zinkhaltigen Abfällen ist unbedingt zu vermeiden, da die Chloridionen in allen anderen Recyclingverfahren nicht verträglich sind. Für diese Abfälle werden folgende Recyclingverfahren eingesetzt:

1. Die unbrauchbar gewordenen Fluxbäder enthalten neben den Wirkstoffen $ZnCl_2$ und NH_4Cl vor allem $FeCl_2$. Die Regenerierung erfolgt durch Oxidation des Fe^{2+} zu Fe^{3+} mit H_2O_2 und Fällung des Eisenhydroxids mit NH_3. Organische Inhaltsstoffe werden

zusätzlich mit $KMnO_4$ oxidiert. Die Abtrennung des Eisenhydroxids und des MnO_2 erfolgt durch eine Filtration. Durch Zusatz von $ZnCl_2$ wird abschließend die gewünschte $ZnCl_2/NH_4Cl$ Mischung wieder eingestellt.

2. Salmiakschlacke und Filterstäube werden mit Wasser gelaugt. $ZnCl_2$ und NH_4Cl sowie die Chloride anderer Metalle gehen dabei in Lösung. Nach Filtration vom unlöslichen Rückstand erfolgen eine Oxidation der Lösung und die Ausfällung von Eisenhydroxid mit Zinkoxid. Eine weitere Reinigung der Lösung von Schwermetallen ist durch Zementation mit Zinkstaub möglich. Danach werden die erforderlichen Mengen an $ZnCl_2$ und NH_4Cl zugesetzt, gefolgt von Eindampfung und Kristallisation der Salzmischung aus $ZnCl_2/NH_4Cl$ (Neuflux).

3. Die Laugerückstände (Zinkoxid, Zinkmetall) der Salmiakschlacke aus 2. zusammen mit Zinkaschen u. a. zinkhaltigen Schlämmen der Behandlung von Abwässern werden mit Salzsäure zu einer $ZnCl_2$-Lösung umgesetzt, oxidiert und mit Zinkoxid neutralisiert. Evtl. vorhandene Verunreinigungen werden an Zinkplatten zementiert. Am Ende verbleibt eine verkaufsfähige Zinkchlorid-Lösung.

6.7 Recycling von Edelmetallen und Edelmetallsalzen

Zu den Edelmetallen gehören Gold, Silber und die Platinmetalle (Ru, Rh, Pd, Os, Ir, Pt). Letztere werden auch als Platingruppenmetalle (PGM) bezeichnet. Von diesen Metallen finden Gold und Silber wegen ihrer Oxidationsbeständigkeit, der Korrosionsbeständigkeit, des dekorativen Metallglanzes und der Seltenheit seit Jahrtausenden als Schmuckmetalle, für repräsentative Gegenstände (Becher, Schnallen, Kultgegenstände) und als Münzmetalle Anwendung. In neuerer Zeit hat auch Platin als Schmuckmetall Bedeutung erlangt. Der technische Einsatz aller Edelmetalle beruht neben der sehr guten Oxidations- und Korrosionsbeständigkeit außerdem auf der hohen elektrischen Leitfähigkeit, dem hohen Schmelzpunkt und den häufig hervorragenden katalytischen und mechanischen Eigenschaften (Duktilität, Herstellung dünner Bleche und Drähte). Deshalb finden diese Metalle vorwiegend für elektrische und elektronische Bauteile, für spezielle Schmelzwannen, für Dentallegierungen und als Katalysatormaterial Anwendung. Auf Grund des hohen Restwertes von Münzen, Schmuck und Abfällen aus Edelmetallen in Verbindung mit der ausgezeichneten Materialbeständigkeit ist deren Wiederverwertung seit ihrer erstmaligen Herstellung in Anwendung – lange bevor in jüngster Zeit der Begriff des Recyclings eingeführt wurde. Dementsprechend existieren neben dem historischen Umschmelzen von unbrauchbaren Gefäßen und Geräten bzw. geraubten Kultgegenständen (z. B. sog. Hacksilber) bemerkenswerte historische Gewinnungs- und Recyclingverfahren wie das Auflösen und Sammeln von Edelmetallen in Quecksilber (Amalgamation) bzw. in Bleischmelzen (Blei als Kollektor-Metall) und die Au-Ag-Scheidung mit Schwefelsäure oder Salpetersäure. Die Edelmetallsalze u. a. Edelmetallverbindungen werden in der Galvanotechnik (Edelmetallbeschichtungen), in der Fotoindustrie, für Batterien sowie für die Herstellung von Katalysatoren benötigt. Die Edelmetallsalze sind außerdem häufige Zwischenprodukte von Gewinnungs- und Recyclingverfahren.

6.7.1   Edelmetall-Materialien, -Schrotte und -Abfälle

Unter dem Gesichtspunkt des Recyclings ist eine Einteilung der Edelmetallmaterialien nach den Anwendungsgebieten günstiger als nach Werkstofftypen, weil neben den Werkstoffen eine Anzahl anderer Materialsorten Bedeutung besitzt. In diesem Abschnitt sind auch Einsatzgebiete und Werkstoffe aufgenommen, die heute weniger Anwendung finden, die aber in Schrotten und Abfällen auftreten [6.2, 6.24].

Schmuck- und Münzlegierungen
Goldmünzen besitzen hohe Au-Gehalte von 90 % mit Ag-Cu-Zusätzen, während Silbermünzen oft nur Gehalte von 50 % aufweisen (Legierungszusatz ist Kupfer). Als Schmuck sind folgende Goldlegierungen in Anwendung: 83…33 % Au mit 17…34 % Ag und 17…55 % Cu sowie z. T. 10 % Zn und 10 % Ni. Die Angabe des Au-Gehaltes (Feingehalt) erfolgt in Tausendstel bzw. Karat. Für Silberschmuck sind AgCu-Legierungen mit 80…92,5 % Ag üblich. Platinschmuck enthält 90…95 % Pt mit Zusätzen an Cu, Pd oder Ir. Für Zwecke des Hartlötens sind vielfältige Edelmetalllegierungen erforderlich. Die Recyclingraten erreichen 90…100 % [6.48].

Dentallegierungen
Die Standardlegierungen bestehen zu 65…85 % aus Au mit Zusätzen an Pt, Pd, Ag, Cu. Legierungen mit vermindertem Au-Gehalt besitzen höhere Ag-Gehalte bis 35 %. Silberbasislegierungen verwenden bis 70 % Ag und 25 % Pd. Für Keramikverblendungen werden ebenfalls verschiedene Au-Pd-Pt-Ag-Legierungen oder Palladiumbasislegierungen mit 28…38 % Ag genutzt. Die Recyclingraten erreichen für diese Materialgruppe 15…20 % [6.48].

Elektronik- und Elektrowerkstoffe
Sehr dünne Drähte (25 µm) aus reinem Gold besitzen eine große Bedeutung als Kontaktdrähte (Bonddraht) für Halbleiterbauelemente. Gold- und Silber-Beschichtungen werden für Kontakte (Steckverbindungen, Messerleisten, Schaltkontakte, Leiterplatten usw.) eingesetzt. Als Kontaktwerkstoffe dienen auch AuAg80/20, AuNi95/5 u. a. Für Schaltkontakte bei höheren Stromstärken haben sich Silber-Verbundwerkstoffe und Silber-Dispersionswerkstoffe bewährt. Dies sind AgNi-Sinterverbund-Kontaktstücke (z. B. AgNi83/17) und Ag-CdO-Dispersionswerkstoffe (z. B. Ag-CdO90/10). Für Hochleistungsschalter werden silberhaltige Tränkwerkstoffe eingesetzt (z. B. WAg90/10, AgWCo45/47/8). Drähte von Schmelzsicherungen bestehen aus einer AgCu-Legierung (50 % Cu). Drähte aus Platinlegierungen dienen als Heizelemente von Widerstandsöfen (PtRh70/30) und als Thermoelemente (PtRh90/10 mit Pt). Reine Platindrähte und Bleche sind bevorzugte Messelektroden. Legierungen der Platinmetalle dienen in der Schwachstromtechnik ebenfalls als Kontaktwerkstoffe (z. B. PtIr; PtRu; PdAg). Außerdem finden für die Herstellung von Elektronikkomponenten Ru-Sputtertargets und Edelmetallpasten Verwendung. Die Pasten sind auf Keramikkörper aufgetragen (Dickschichttechnik). Die Recyclingraten bei Elektronikgeräten erreichen durch

Nichterfassung sowie Verluste bei der mechanischen Aufbereitung und den Schmelzprozessen (Verschlackung und Verdampfung (Ag)) weltweit z. Zt. nur 5…15 % [6.48].

Konstruktionswerkstoffe

Als Konstruktionswerkstoffe haben nur Bleche und Gefäße aus Platin und Platinlegierungen (vorwiegend mit 10…30 % Rh oder Ir) Bedeutung. Das Haupteinsatzgebiet sind Wannen zum Schmelzen von Spezialgläsern und Düsenwannen für die Herstellung von Glasfasern. Geringere Mengen werden für chemische Apparate, Laborgeräte und hochtemperaturstabile Tiegel verwendet.

Katalysatormaterialien

Häufig eingesetzte Chemiekatalysatoren der Heterogen-Katalyse sind Metallnetze aus PtRh-Legierungen und eine Vielzahl von Trägerkatalysatoren. Trägerkatalysatoren sind Formkörper aus Aluminiumoxid, Zeolithen, Aktivkohle oder Kieselsäure, die z. B. mit Pt, Pd, PtPd, PtIr, PtRe, Ag, PdAu oder PdCd beschichtet sind. Die Herstellung der Katalysatorschicht erfolgt dabei häufig durch Tränken mit löslichen Edelmetallverbindungen ($AgNO_3$, H_2PtCl_6) und nachfolgende Kalzination und Reduktion. Folgende Trägerkatalysatoren sind von Bedeutung: $Pt/\gamma\text{-}Al_2O_3$, Pd/Al_2O_3, $Ag/\alpha\text{-}Al_2O_3$, $PtRe/Al_2O_3$, Pt/Zeolith, Pd/Zeolith, NiPd/Zeolith. Die verbrauchten Industriekatalysatoren und die Konstruktionsmaterialien werden vollständig gesammelt und dadurch für Pt, Pd, Rh und Au Recyclingraten von 80…90 % erreicht.

Die größte Verbreitung erfuhr der Autoabgaskatalysator [6.36]. Dies ist ein Trägerkatalysator auf PtPdRh-Basis auf einem keramischen Wabenkörper-Träger (Cordierit = MgAl-Silikat) oder seltener auf einer metallischen Trägerfolie (FeCrAl-Legierung). Als Zwischenschicht ist noch ein „wash coat" aus $\gamma\text{-}Al_2O_3$ (mit CeO_2, ZrO_2) erforderlich, der die Katalysatormetalle aufnimmt. Der Katalysator ist in einem Stahlgehäuse (Mantel) untergebracht. Die Katalysatoren für Dieselfahrzeuge bestehen aus einem Oxidationskatalysator und einem Dieselpartikelfilter. Die Dieselpartikelfilter besitzen vorwiegend einen Siliziumkarbid-Träger mit einer Pt-Beschichtung [6.36]. Für die Autoabgaskatalysatoren kommen etwa 40 % der Weltplatinproduktion, 58 % der Palladiumproduktion und 83 % der Rhodiumproduktion zum Einsatz. Im Jahr 2004 wurden global nur Recyclingquoten von 20 % bei Pt, 14 % bei Pd und 19 % bei Rh erreicht. Im UNEP-Report von 2011 werden Recyclingraten von 45…55 % für Rh, Pd und Pt angegeben [6.48]. Die Verlustursachen sind der direkte Gebrauchsverlust von 10 % als Feinstaub, überwiegend aber indirekte Verluste durch legale und illegale Exporte von Altfahrzeugen (siehe dazu Kap. 12).

Für die Homogenkatalyse (Katalysator und Substrat sind in einer flüssigen Phase gelöst) bei organisch-chemischen Reaktionen (Hydrierung, Hydroformylierung u. a.) sind z. B. lösliche Rh-Komplexverbindungen ($Rh(P\,Ph_3)_3Cl$; Ph = Phenylrest), H_2PtCl_6 und $PdCl_2/CuCl_2$ im Einsatz.

Edelmetallverbindungen

Technisch bedeutende Silberverbindungen sind $AgNO_3$ (Fotoindustrie), Ag_2O (Ag_2O-Zn-Knopfzellen) und $K[Ag(CN)_2]$ (Galvanotechnik). Für die galvanische Vergoldung wird bevorzugt K[Au(CN)$_2$] eingesetzt. Von den PGM ist die galvanische Rh-Beschichtung von Bedeutung, wofür man Rh$_2$(SO$_4$)$_3$ einsetzt. Die erforderlichen löslichen Rh-Komplexverbindungen für die Homogenkatalyse sind bereits oben erwähnt. Die Chloride und Nitrate der Platinmetalle (H$_2$[PtCl$_6$], RhCl$_3$, PdCl$_2$, RuCl$_3$, IrCl$_3$, H$_3$[IrCl$_6$] sowie Rh(NO$_3$)$_3$, Pd(NO$_3$)$_2$) werden zur Beschichtung von Trägerkatalysatoren benötigt.

Edelmetallschrotte und -abfälle

Entsprechend den oben aufgeführten Edelmetallmaterialien und ihren Verwendungsgebieten sowie den einzusetzenden Recyclingverfahren, sind zwei Abfallgruppen zu unterscheiden. Der wertvollste Abfall ist metallisches Material (Schrott), das man als Scheidegut bezeichnet und das man häufig unkompliziert durch Umschmelzen recyceln kann. Dazu gehören folgende Materialien:

- Neuschrotte aus der Verarbeitung von Edelmetallen wie Blech-, Draht- und Gussreste.
- Rückläufe von Dentallegierungen (Au, Pd, Ag).
- Verbrauchte inaktive Katalysatornetze (Pt, Pd).
- Altschmuck und Altmünzen (Au, Ag, Pt, Cu, Ni, Zn).
- Unbrauchbare Platinschmelzwannen und Platindüsenwannen der Glasindustrie (verunreinigt durch Aufnahme von Al, Pb, Cu, Zn, Sb, P u. a. Pt-Schädlingen).
- Unbrauchbare Tiegel, Bleche, Rohre, Netze, Drähte und Elektroden von chemischen Apparaturen und aus Labors.

Eine zweite Gruppe bilden die nichtmetallischen Abfälle bzw. Mischungen metallisch/ nichtmetallisch und die mit Fremdstoffen stark verdünnten Abfälle sowie Lösungen und Salze, die komplizierte Verarbeitungsverfahren erforderlich machen. Zu dieser Gruppe zählen folgende Materialien:

- Elektronische und elektrische Bauteile (z. B. edelmetallbeschichte Kontakte, Leiterplatten usw.).
- Trägerkatalysatoren der Heterogen-Katalyse incl. Autoabgaskatalysatoren.
- Gekrätze, Aschen, Stäube, Schlämme, Pasten.
- Fotopapiere, Röntgenfilme, Fixierlösungen.
- Galvanische Bäder, Salze, Homogenkatalysatoren.
- Verbrauchte ausgebaute Ofenausmauerungen mit Edelmetallinfiltrationen (Ofenbruch).

Anodenschlämme der Kupferraffinationselektrolysen

Im Abschnitt Kupferrecycling (Abschn. 6.4) ist das sehr effektive Verfahren der Einschleusung von armen Edelmetallabfällen in die Prozesse des Kupferrecyclings aber auch ein Zusatz bei der primären Kupfergewinnung aus Kupferkonzentraten angeführt. In beiden Fällen sammeln sich die Edelmetalle in den Anodenschlämmen der Kupferraffinationselektrolyse. Beim Rohstoff Kupfererzkonzentrat sind im Anodenschlamm die Edelmetalle aus den Recyclingmaterialien mit den wesentlich höheren Gehalten an Edelmetallen aus dem Kupferkonzentrat (vorwiegend Ag) verdünnt. Bei der Einschleusung in separate Kupferrecyclingprozesse dagegen resultieren die Edelmetalle im Anodenschlamm sehr weitgehend aus den Edelmetallabfällen. Die Edelmetallgehalte im Schlamm sind dann sehr unterschiedlich (wenig Ag, aber Au und PGM) und die Konzentration an Störelementen (Ni, Pb, Sn) hoch.

6.7.2 Recycling von reichen Edelmetallschrotten

Edelmetallschrotte besitzen sehr hohe Gehalte an Edelmetallen von ca. 50…99 % und damit einen erheblichen Wert. Das Recycling muss deshalb mit geringen Durchlaufzeiten erfolgen, um Zinsaufwendungen zu minimieren und die volatilen Edelmetallkurse ausnutzen zu können. Üblich ist auch eine Lohnumarbeitung, wobei das Edelmetall im Besitz des Lieferanten bleibt und die Recyclinghütte die Umarbeitungskosten und einen Umarbeitungsverlust berechnet. Für die sehr gering verunreinigten Schmelzwannen und Düsenwannen der Glasindustrie aus Pt- und PtRh-Legierungen sowie eine Reihe von Neuschrotten ist eine reine Umschmelztechnologie möglich. Die oben angegebenen typischen Verunreinigungen der Glasschmelzwannen ergeben als Summe oft < 400 ppm und können durch das Vakuum in den Umschmelzöfen und eine selektive Oxidation mit Sauerstoff ausreichend entfernt werden. Für den Fall, dass eine Rücklieferung dieser Platinlegierungen nicht vereinbart ist oder z. Zt. kein Markt für diese Legierungen existiert, müssen diese Legierungen einem Scheideprozess zugeführt werden, um die PGM in getrennter Form auszubringen. Dieser Scheideprozess wird auch für verbrauchte PGM-Katalysatornetze angewandt.

Für die Scheidung ist als erster Verfahrensschritt ein Aufschluss des Metalls zur Erzeugung einer PGM-Lösung erforderlich. Dieser Aufschluss kann für Palladium und Platin (mit Anteilen < 10 % Rh, Ir) mit Königswasser oder Salzsäure/Chlor-Gas erfolgen. Für Palladium und Platin mit höheren Gehalten an Rh und Ir sowie reines Rhodium und Iridium gelingt ein Aufschluss nur mit Salzschmelzen (z. B. NaCl-Schmelze mit Chlorgas). In beiden Fällen muss das Vorlaufmaterial vor dem Aufschluss sehr fein zerkleinert oder pulverisiert werden (Die Herstellung eines PGM-Pulvers gelingt durch Legieren des Schrottes z. B. mit Kupfer und nachfolgendes Herauslösen des Legierungsmetalls mit Säuren). Als Aufschlussprodukte entstehen direkt oder nach Auflösen der Schmelze in Salzsäure lösliche Chlorokomplexe oder Chloride der PGM. Die Weiterverarbeitung dieser Lösungen und die Metallscheidung werden im Abschn. 6.7.3 beschrieben.

Scheidegut (Altschmuck, Dentalmaterial, Altmünzen) mit höheren Gehalten an Legierungsmetallen (Cu, Zn, Ni) oder geringen Verunreinigungen werden häufig in einem TBRC (Top-Blown Rotary Converter) eingeschmolzen. Eine Teiloxidation des Cu und Ni sowie anderer Verunreinigungen erfolgt mittels einer Sauerstofflanze zu einer Cu/Ni-Oxidschmelze (Glätte) (Abb. 6.33). Die Glätte enthält auch gewisse Edelmetallgehalte und muss über den Schmelzprozess für edelmetallarme Abfälle aufgearbeitet werden (siehe dazu Abschn. 6.7.3). Das Zink und evtl. vorhandene Pb- und Cd-Gehalte werden vollstän-

Abb. 6.33 Drehbarer und kipp-
barer Schmelzofen (TBRC) zum
Einschmelzen von Edelmetall-
Schrotten und zur selektiven
Oxidation von edelmetallhaltigen
Kupfer- oder Bleischmelzen

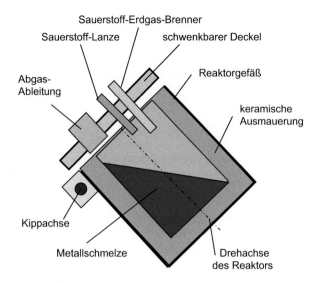

dig verflüchtigt und als Flugstaub abgeschieden. Das Zielprodukt ist eine Metallschmelze
aus Cu-Ag-Au und PGM, die zu Anoden vergossen wird, um eine elektrolytische Weiterverarbeitung anzuschließen. Alternativ zu dem Oxidationsprozess kann die Schmelze
des Scheidegutes auch zu Pulver verdüst werden, das dann einer Laugung (Auflösung)
mit Schwefelsäure zugänglich ist. Die Aufarbeitung der Anoden bzw. einer alternativen
schwefelsauren Lösung wird in Abschn. 6.7.3 erläutert.

Scheidegut aus Goldlegierungen mit $>30\%$ Au kann sehr ökonomisch mit dem Mil-
lerprozess recycelt werden. Nach diesem Verfahren wird die Au-Legierung in einem
Induktionsofen eingeschmolzen und in die Schmelze Chlorgas mittels Quarzrohren ein-
geleitet. Dabei erfolgt zuerst eine selektive Chlorierung von Fe, Zn und Ni, die als Chlo-
ride verdampfen. Nachfolgend bilden sich auch die Chloride von Ag und Cu, die auf der
Goldschmelze eine Schlacke bilden. Die Schlacke wird von der Goldschmelze separiert.
Auf diese Weise entsteht eine verkaufsfähige Goldqualität. Aus der Schlacke erfolgen die
Abtrennung kleinerer Gold-Körnchen und die anschließende Gewinnung des Ag-Inhalts.
Die PGM verbleiben allerdings beim Gold. Für AgCu-Legierungsschrott besteht auch die
Möglichkeit einer anodischen Auflösung mit Gewinnung eines Silber-Zementates und eines
Kathodenkupfers (Dietzel-Elektrolyse).

6.7.3   Recycling von verunreinigten und armen Edelmetallabfällen und Edelmetall-Lösungen

Die Gehalte an Edelmetallen in festen Abfällen sind meist sehr gering [6.47]:

- Chemiekatalysatoren 0,2…5 % Pt, Pd, PtIr, PtRe, Ru; Rh; Ag.
- Autoabgaskatalysatoren 0,1…0,3 % Pt/Pd/Rh.

- Elektronikschrott (Steckverbinder, Leiterplatten, Prozessoren, Mobiltelefone usw.)
  ca. 350 ppm Au, 1.500 ppm Ag, 200 ppm Pd mit ca. 20 % Cu, 2 % Pb, 1 % Ni, 10 % Fe,
  5 % Al, 3 % Sn, 25 % Kunststoffe.

Für diese Abfallgruppe besteht deshalb als erste Verfahrensstufe die Notwendigkeit einer Anreicherung der Edelmetalle bzw. weitgehende Abtrennung der Begleitstoffe. Dabei existiert immer die Gefahr von erheblichen Edelmetallverlusten in den Abgängen. Es besteht deshalb immer das Optimierungsproblem zwischen Anreicherungsverfahren mit Verlusten einerseits und andererseits der aufwendigen Verarbeitung größerer Massen, die ebenfalls durch Abgänge verlustbehaftet sind.

Mechanische und thermische Aufbereitung
Eine mechanische Aufbereitung ist meist nur dann möglich, wenn Edelmetalle mit Kunststoffen oder keramischem Material verbunden sind. Unter diesen Voraussetzungen kann eine Trennung der Materialverbindungen durch Aufschlusszerkleinerung (siehe Abschn. 3.2) z. B. mit einem Shredder und anschließender Dichtesortierung, Magnetscheidung oder elektrostatischer Sortierung (siehe Abschn. 3.4) erfolgen. In der Regel wird eine Trennung in Metallkonzentrate und Kunststoff/Keramik-Abfälle angestrebt. Eine mechanische Aufbereitung wird auch für Platin- und Palladium-Katalysatoren auf Aluminiumoxid-Trägern beschrieben. Durch autogene reibende Behandlung der kugeligen Katalysatoren in einem Betonmischer wird die Pt- bzw. Pd-haltige Oberfläche abgerieben. Durch Absiebung wird ein Edelmetallkonzentrat gewonnen, das durch Auslaugung auf Gehalte bis zu 13 % Pt und 29 % Pd angereichert werden kann. Das Trägermaterial kann wieder neu beschichtet werden. Bei dünnen und fest haftenden Edelmetallbeschichtungen auf Kunststoff oder flächiger Keramik, wie sie z. B. in Elektronikanwendungen vorkommen, gelingt diese Materialtrennung nicht immer. Das Recycling von Elektro(nik)-Altgeräten wird ausführlich in Kap. 13 behandelt. Eine spezielle Aufbereitung ist für die verbrauchten Autoabgaskatalysatoren erforderlich. Diese besteht in der Abtrennung des Stahlmantels. Das erfolgt bei Keramikträgern durch Zerschneiden der Gehäuse und Gewinnung der gebrochenen Keramik. Die Metallträgerkatalysatoren müssen geshreddert werden, wobei der PGM-haltige Washcoat vom Metall abplatzt und durch Siebung und Sichtung zu gewinnen ist [6.36].
    Eine *thermische Aufbereitung* ist bei allen edelmetallhaltigen Abfällen notwendig, die hohe Gehalte an organischen Stoffen enthalten. Dazu zählen die Fotopapiere und Röntgenfilme sowie Kunststoffträger. Solche Abfälle werden in Verbrennungskammern verascht oder in Pyrolysekammern zersetzt. Die edelmetallreichen Aschen oder Pyrolyserückstände sind dann für den Einsatz in Schmelzprozessen gut geeignet. Katalysatoren mit Kohlenstoffträger werden ebenfalls durch Verbrennung aufbereitet. Außerdem müssen praktisch alle verbrauchten Katalysatoren der Chemieindustrie vor einer hydrometallurgischen Behandlung durch oxidierendes Glühen von kohlenstoffhaltigen Ablagerungen befreit werden.

6.7.3.1 Sammlung von Edelmetallen in Blei- oder Kupferschmelzen

Alle Edelmetalle legieren sich hervorragend mit Blei- oder Kupferschmelzen, die deshalb als Sammlermetalle für Edelmetalle zum Einsatz kommen. Parallel zur Auflösung der Edelmetalle in den Blei- oder Kupferschmelzen bilden sich bei diesen Schmelzprozessen Schlacken, die Begleitstoffe und Verunreinigungen aufnehmen. Die Funktion und Bildung von Schlacken bei metallurgischen Schmelzprozessen ist in Abschn. 6.1.1 ausführlich erläutert. Das Bleiverfahren gestattet niedrige Arbeitstemperaturen und ein schnelleres Ausbringen der Edelmetalle. Es ist aber für PGM nicht geeignet. Beim Eintrag von Abfällen mit hohen Gehalten an Aluminiumoxid (häufiges Trägermaterial bei Katalysatoren) stellt sich jedoch keine ausreichend geringe Viskosität der Schlacken ein, die für eine Separierung der Metallschmelze von der flüssigen Schlacke auf Basis unterschiedlicher Dichte unerlässlich ist. Bei gleichzeitiger Anwesenheit von Cu, Ni, S und As in den edelmetallhaltigen Abfällen sammeln sich überdies die Edelmetalle nicht nur in der Bleischmelze, sondern z. T. auch in einer Kupfersulfid-Phase (sog. Kupferstein) und selten auch in einer Arsenid-Phase (sog. Speise).

Das Kupferverfahren kann bei deutlich höheren Temperaturen durch Anwendung von Sauerstoffbrennern oder Elektrowiderstandsöfen arbeiten und damit eine Verringerung der Schlackenviskosität erreichen. Die Verarbeitung des edelmetallhaltigen Kupfers ist allerdings aufwendiger. Die Sammlerwirkung von Kupfer für Edelmetalle beim Kupferrecycling und deren günstiges Ausbringen im Anodenschlamm der Kupferraffinationselektrolyse sind bereits im Abschn. 6.4 (Kupferrecycling) ausführlich beschrieben. Im vorliegenden Abschnitt wird zusätzlich der gezielte Einsatz von Kupferschmelzen für das spezielle Edelmetallrecycling behandelt. Die Entscheidung zwischen der Anwendung eines speziellen Edelmetallrecyclings oder dem Zusatz der Edelmetallabfälle beim Kupferrecycling wird durch vielfältige Faktoren bestimmt. Dabei sind die vorhandene Verfahrens- und Apparatetechnik, die Vermischung mit Kupfer- und Nickelschrotten, die Zeitdauer der Edelmetallrückgewinnung, die Edelmetallverluste der Verfahren, die Verfahrenskosten, die Marktsituation u. a. zu berücksichtigen. Optimale Sammlerbedingungen für alle Edelmetalle und das Ausbringen weiterer Nebenmetalle aus den Abfällen werden durch Anwendung eines Kombinationsverfahren von Kupfer- und Bleischmelzen, das für Elektronikschrott entwickelt wurde, erreicht.

Bleiverfahren zur Edelmetallsammlung

Das Bleiverfahren (Abb. 6.34) findet vor allem für silberreiche, goldhaltige Edelmetallabfälle Verwendung, da wegen der relativ niedrigeren Temperaturen im Bleischachtofen und beim anschließenden Treibeprozess die Silberverdampfung geringer ist. Dagegen wird der Eintrag von PGM vermieden, weil deren Legierbarkeit mit Silber begrenzt ist und Verluste an Rhodium und Iridium in der Schlacke auftreten [6.24]. Die Eintragsmaterialien in den Bleischachtofen sind die genannten edelmetallhaltigen Abfälle, Bleiglätte (PbO) aus dem nachfolgenden Treibeprozess, Koks, Kreislaufschlacke und Schlackenbildner (Sand, Kalk). In dem Reaktionsschacht erfolgen die Reduktion des Bleioxids zu Blei und die Auflösung der Edelmetalle im Blei. Oxidierte Verunreinigungen lösen sich in der Schlacke. Der Koks dient als Brennstoff und als Reduktionsmittel für Bleioxid. Die Kunststoffe verbrennen. Aufbau und Funktionsweise eines Schachtofens sind in Abb. 6.19 und Abschn. 6.4.3 für das Erschmelzen von Rohkupfer erläutert und sind auf das Bleischmelzen weitgehend übertragbar.

Die Hauptprodukte des Schmelzprozesses im Bleischachtofen sind folgende:

- edelmetallhaltiges Werkblei mit ca. 20 % Ag, 1 % Au (evtl. mit Gehalten an Cu, Sn, As, Sb),
- Schlacke (Eisensilikat) und
- Flugstaub.

Daneben entsteht bei höheren Kupfergehalten im Eintrag und vorhandenen Schwefelverbindungen eine Kupfersulfid-Phase (sog. Kupferstein), die auch etwas Edelmetalle (3 % Ag) aufnimmt. Dieser Kupferstein wird zur Verarbeitung an Kupferhütten verkauft, die den geringen Edelmetallinhalt mit ausbringen. Die Weiterverarbeitung des edelmetallhaltigen Werkbleis erfolgt durch den sog. Treibeprozess. Darunter ist die selektive Oxidation der Bleischmelze durch Überleiten von Luft oder Sauerstoff zu verstehen. Als Apparat wird heute der TBRC verwendet, wie bereits oben in Abschn. 6.7.2 (Abb. 6.33) bei der selektiven Oxidation von edelmetallhaltigen Kupferschmelzen beschrieben. Es bildet sich eine sehr dünnflüssige Bleiglätte (PbO, ca. 4 % Ag) auf der Oberfläche der Werkbleischmelze, die abgezogen und direkt in den Schachtofen zurückgeführt wird. Die Bildung eines Flugstaubs (ZnO, PbO) mit geringen Ag-Gehalten ist nicht zu vermeiden. In den Treibekonverter wird zusätzlich noch Edelmetallschrott eingetragen (Verfahrensfließbild siehe Abb. 6.34). Das Hauptprodukt des Treibeprozesses ist eine Silberlegierung (1…15 % Au, 1 % Cu, Rest Ag). Die weitere Verarbeitung dieser Silberlegierung erfolgt elektrolytisch. Dieses Elektrolyseverfahren entspricht vollständig dem Verfahren, das bei der Verarbeitung von Anodenschlämmen der Kupfer-Raffinationselektrolyse in Anwendung ist und wird deshalb in dem entsprechenden Abschn. 6.7.4 abgehandelt.

Kupferverfahren zur Edelmetallsammlung
Das Kupferverfahren ist wegen der guten PGM-Löslichkeit im Kupfer besonders für diese Edelmetalle geeignet (Abb. 6.35). Für die Anwendung von Kupferschmelzen als Edelmetallkollektor können drei sehr verschiedene Schmelzapparate zum Einsatz kommen. Das älteste Verfahren bedient sich des Schachtofens, wobei durch Sauerstoffanreicherung der Verbrennungsluft höhere Temperaturen für den Schmelzvorgang erzielbar sind. Die Konstruktion und Arbeitsweise eines Kupferschachtofens sind in Abschn. 6.4.3 und Abb. 6.19 beschrieben. Hohe Schmelzleistungen werden mit dem Schmelzbadverfahren im ISASMELT-Reaktor erreicht, das bereits in Abschn. 6.4.3 und Abb. 6.19 erläutert ist. Für besonders hochschmelzende Einsatzmaterialien wie Trägerkatalysatoren (u. a. entmantelte Autoabgaskatalysatoren) mit hohen Al_2O_3-Gehalten erfolgt die Verarbeitung in einem Plasmaschmelzofen oder einem Elektro-Schlacken-Widerstandsofen (Submerged Arc Furnace, SAF), der in Abb. 6.20 und Abschn. 6.4.3 vorgestellt wurde. Eine besondere Variante dieses

Abb. 6.34 Verfahrens-
variante der EM-
Anreicherung in
Bleischmelzen für edelme-
tallarmes Material (Gekrätz,
Fotoaschen, Elektronik-
schrott, Katalysatoren u. a.)
in Kombination mit der Verarbeitung von Scheidegut
(Münzen, Schmuck, Dental-
material). (*EM* = Edelmetalle; *PGM* = Platingruppe
Metalle)

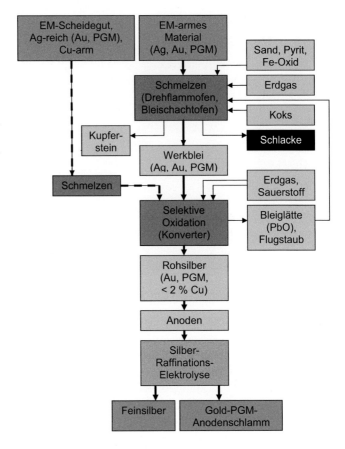

Apparates arbeitet mit Gleichstrom und ist dann mit einer Bodenelektrode ausgestattet
[6.36]. Bei allen drei Schmelzverfahren wird ein edelmetallhaltiges Rohkupfer mit bis
20 % PGM erzeugt. Dieses edelmetallhaltige Rohkupfer wird – wie oben im Abschn. 6.7.2
für eingeschmolzenes Scheidegut (mit hohen Cu/Ni-Legierungsgehalten) ausgeführt – im
TBRC einer Teiloxidation unterzogen und dabei eine Kupferglätte und eine Cu-Ag-Au-
PGM-Legierung erzeugt. Da die PGM unterschiedliche Verschlackungsneigung aufweisen,
werden oft verschiedene Fraktionen der Glätte gewonnen. Die Kupfer-Edelmetalllegierung
wird zu Anoden vergossen und in einer Kupfer-Raffinationselektrolyse verarbeitet. Dabei
entstehen kathodisch abgeschiedenes Elektrolytkupfer und ein Anodenschlamm, in dem
Silber, Gold und die PGM vollständig enthalten sind. Dieses Elektrolyseverfahren ist in
Abschn. 6.4.3 und Abb. 6.23 ausführlich erläutert. Alternativ zur elektrolytischen Verarbeitung der Kupfer-Edelmetalllegierung wird diese auch als Schmelze verdüst, um mit
dem feinkörnigen Material eine schwefelsaure Laugung zu ermöglichen, wobei Gold und
die PGM im Löserückstand verbleiben. Die Weiterverarbeitung der Löserückstände ist
im Abschn. 6.7.3.2 beschrieben, die Verarbeitung der Anodenschlämme im Abschn. 6.7.4
erläutert.

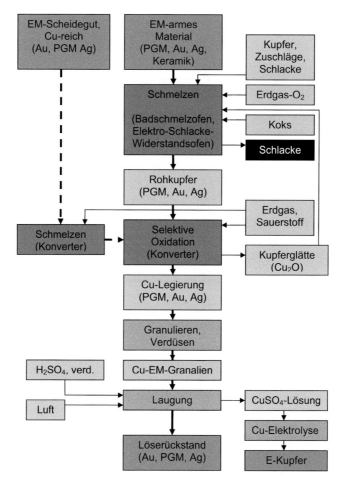

Abb. 6.35 Verfahrensvariante der Edelmetall-Anreicherung in Kupferschmelzen für edelmetallarmes Material (Autoabgaskatalysatoren, Elektronikschrott, Ofenbruch, Batterien u. a,) in Kombination mit der Verarbeitung von kupferreichem Scheidegut (Münzen, Schmuck u. a.) (*EM* = Edelmetalle; *PGM* = Platingruppe-Metalle)

Speziell für Elektro(nik)-Schrott wurde eine „Integrierte Edelmetall-Kupfer-Blei-Nickel-Metallurgie" entwickelt (Abb. 6.36), die eine komplexe Anreicherung der Edelmetalle in Kupfer- und Bleischmelzen sowie in Kupferstein und Nickelspeise benutzt (Umicore, Belgien) [6.34].

6.7.3.2   Hydrometallurgische Verfahren des Edelmetallrecyclings

Für die Durchführung hydrometallurgischer Verfahren sind eine Reihe chemischer Eigenschaften der Edelmetalle in wässrigen Lösungen und vor allem ihre Widerstandsfähigkeit gegenüber chemischen Lösemitteln von entscheidender Bedeutung. Die erste Arbeitsstufe der hydrometallurgischen Verfahren ist naturgemäß immer der Löseprozess (in Ausnahmefällen nach einem vorangehenden Abbrennen von kohlenstoffhaltigen Ablagerungen

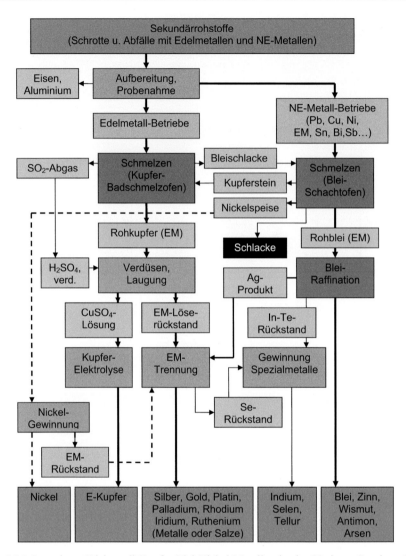

Abb. 6.36 Integrierte Edelmetall-Kupfer-Blei-Nickel-Metallurgie der Umicore Precious Metals Refining, Hoboken, Belgien (*EM* = Edelmetalle; *Kupferstein* = Kupfer-Eisen-Sulfid; *Nickelspeise* = Nickelarsenid) [6.34]

oder Kohlenstoffträgermaterial). In den verunreinigten und armen Edelmetall-Abfällen sowie in den Löserückständen des Kupfer-Anreicherungsverfahren (Abschn. 6.7.3) liegen die Edelmetalle fast ausschließlich als Metalle vor (Ausnahme: Abfälle von Edelmetall-Salzen), so dass die Löslichkeit der Metalle in geeigneten Lösemitteln bekannt sein muss. Dazu werden einige Angaben geliefert.

1. Salzsäure und Flusssäure lösen die EM nicht.
2. Salzsäure plus Cl_2-Gas löst die PGM und Au.
3. Schwefelsäure konz. löst in der Hitze Ag und Pd (geringer Angriff von Pt). Eine Ag-Auflösung gelingt auch mit Schwefelsäure + H_2O_2.
4. Salpetersäure konz. löst Ag und Pd.
5. Königswasser löst Ag, Pd, Pt und Au, während Rh, Ir und Ru nur gering angegriffen werden.
6. Alkalische Schmelzen (NaOH), vor allem Na_2O_2 greifen fast alle EM an.
7. NaCl-Schmelzen plus Chlor-Gas lösen die PGM und Au.

Diese Zusammenstellung unterstreicht, dass stark oxidierende Substanzen eine Voraussetzung für die Auflösung sind. Daneben spielen für die Löslichkeit und die Lösekinetik eine hohe Säurekonzentration sowie erhöhte Temperatur und vor allem die Bildung von Komplexen (vor allem Chlorokomplexe) eine entscheidende Rolle. Unter den PGM ist das Iridium das am schwersten lösliche Metall. Die Löslichkeit aller Edelmetalle wird außerdem sehr stark von der spezifischen Oberfläche (Pulver oder Kompaktmaterial), der Reinheit und der Vorbehandlung (Glühen) bestimmt. Feinste Pulver, Zementate oder Löserückstände sowie mit Unedelmetallen legierte Edelmetalle sind deutlich besser löslich. Der unterschiedlich edle Charakter der Edelmetalle kommt auch in der Spannungsreihe zum Ausdruck und spielt vor allem für die elektrochemischen Verfahren der Edelmetall-Verarbeitung die entscheidende Rolle. Wegen der verschiedenen Wertigkeitsstufen und der Komplexbildung bei höheren Wertigkeiten ist die Angabe der Normalpotentiale allerdings kompliziert:

$$Ag^+: +0,808\,V; Pd^{2+}: +0,82\,V; Pt^{2+}: +0,95\,V; Au^{3+}: +1,30\,V$$

Für die anderen PGM gilt, dass deren Potentiale zwischen Ag und Au liegen und Au in jedem Fall das edelste Metall darstellt. Zum Verständnis der angewandten Verfahren werden noch einige wichtige Edelmetall-Verbindungen und deren Eigenschaften genannt:

- $AgNO_3$: wichtigstes Silbersalz mit hoher Löslichkeit.
- $AgSO_4$: löslich in heißer konz. Schwefelsäure, schwer löslich in Wasser.
- H_2PtCl_6: wichtige gut lösliche Platinverbindung.
- $(NH_4)_2PtCl_6$, K_2PtCl_6, $K_2[PdCl_6]$: schwerlösliche Platin- bzw. Palladiumverbindungen.
- K_2PtCl_4: gut lösliche Platinverbindung.
- $PdCl_2$, $Pd(NO_3)_2$: leicht lösliche Palladiumverbindungen.
- $AuCl_3$ und $HAuCl_4$: wichtige gut lösliche Goldverbindungen.
- OsO_4 und RuO_4: niedriger Siedepunkt, durch Destillation abzutrennen.

Die leichtlöslichen komplexen Cyanide von Ag und Au werden bei den Recyclingverfahren selten eingesetzt.

Verarbeitung von Edelmetalllösungen, die alle Edelmetalle enthalten
Aus erzeugten Edelmetall-Lösungen, die ein Gemisch fast aller Edelmetalle enthalten, trennt man die einzelnen Edelmetalle oder Edelmetall-Gruppen mit Hilfe sehr unterschiedlicher Verfahren ab:

- Ausfällung schwerlöslicher Verbindungen (z. B. auch Hydrolyse; s. Abschn. 4.2.2),
- Selektive Reduktion oder Oxidation einzelner Spezies,
- Solventextraktion (Abschn. 4.2.4.2),
- Festbett-Ionenaustausch mit Kunstharzaustauschern (Abschn. 4.2.4.1),
- Destillation (Abschn. 4.1.2.),
- Elektrolyse (Abschn. 4.2.3).

Die prinzipielle Arbeitsweise dieser genannten Verfahren ist bereits in Kap. 4 beschrieben. Die Verarbeitung der Edelmetall-Lösungen aus aufgelösten festen Abfällen erfolgt im Allgemeinen mit folgenden Verfahrensstufen [6.36]:

1. *Abtrennung von Ru und Os* durch Oxidation der Chlorokomplexe mit H_2O_2 oder Cl_2 zu RuO_4 bzw. OsO_4 und Destillation der Tetroxide aus salzsaurer Lösung.
2. *Abtrennung von Ag, Unedelmetallen und Au*: Beim Aufschluss wird neben dem unlöslichen AgCl eine geringe Menge löslicher $[AgCl_2]^-$-Komplex gebildet. Der Komplex wird durch Absenkung der HCl-Konzentration auf eine 1 molare Lösung zerstört. Das ausgeschiedene AgCl wird abfiltriert. Die Verunreinigungen Fe, Cu und Ni können durch Kationenaustauscherharze abgetrennt werden. Das gelöste Gold fällt mit selektiv wirkenden Reduktionsmitteln als Rohgold aus. Bei geringen Au-Gehalten unter 0,1 g/l wird häufig die Au-Abtrennung mit Ionenaustauscherharzen angewendet. Da die Au-Elution nicht möglich ist, werden die beladenen Harze verascht und das Gold aus der Asche gewonnen.
3. *Abscheidung der Salze von Pt, Pd, Ir und Rh*: Mittels Chlor-Gas werden alle PGM zu den Hexachlorosäuren (Oxidationsstufe IV) oxidiert, an die eine selektive Reduktion zu Pd(II) und Ir(III) anschließt. Durch Zugabe von KCl oder $(NH_4)Cl$ fällt das schwerlösliche Platinsalz aus ($K_2[PtCl_6]$; $(NH_4)_2[PtCl_6]$). Nach Reoxidation des Ir fällt analog ein $(NH_4)_2[IrCl_6]$ aus. Durch weitere Oxidation bildet sich Pd(IV) und kann als $(NH_4)_2[PdCl_6]$ abgeschieden werden. Das Rhodiumsalz fällt danach durch Eindampfen der Restlösung aus. Dieser Salzfällung schließt sich noch eine Feinreinigung der Salze (z. B. durch Umfällung) an. Neben dieser klassischen PGM-Trennung durch Ausfällung von Salzen nach selektiver Reduktion bzw. Oxidation kommt immer häufiger die Solventextraktion für die PGM-Trennung zum Einsatz (z. B. Extraktion von Pt und Ir mit Tributylphosphat als Extraktionsmittel oder Pd mit Alkylsulfid).
4. *Darstellung der Metalle*: Metallisches Platin wird durch thermische Zersetzung von $(NH_4)_2[PtCl_6]$ oder durch Elektrolyse einer wässrigen Lösung von $H_2[PtCl_6]$ erzeugt. Dabei entsteht Platin-Schwamm, der abschließend zu Metall umgeschmolzen wird.

Verarbeitung von speziellen Abfällen mit nur einer Edelmetallkomponente
Die oben beschrieben Arbeitsstufen und die Verarbeitungskosten verringern sich naturgemäß sehr erheblich, wenn der häufige Fall vorliegt, dass nur ein Edelmetall in den Abfällen enthalten ist.

Aufarbeitung von verbrauchten Katalysatoren
Silberhaltige Katalysatoren aus der Ethenoxidproduktion (Alumosilikatträger mit bis 13 % Ag) sind sehr einfach mit Salpetersäure zu behandeln. Aus der entstehenden $AgNO_3$-Lösung ist das schwerlösliche AgCl mit Chloriden fällbar. AgCl wird mit Soda umgeschmolzen. Dabei entsteht Silbermetall. Ein analoges Verfahren ist für *Pd-Trägerkatalysatoren* (Al_2O_3- oder Alumosilkat-Träger) einsetzbar. Nach dem Abbrennen von kohlenstoffhaltigen Ablagerungen muss aber das gebildete PdO zunächst zum Pd reduziert werden. Dann schließt sich die HNO_3-Laugung an, wobei nur geringe Mengen der Träger in Lösung gehen. Durch Abdampfen von Wasser wird die Pd-Konzentration erhöht und eine Fällung als $K_2[PdCl_6]$ (Fällmittel sind KCl und NaClO) durchgeführt. In der Erdölindustrie fallen verbrauchte *Pt/Re-Katalysatoren* an, die als Träger Körner aus γ-Aluminiumoxid verwenden. Da Platin und Rhenium sehr fest am Träger gebunden sind, ist ein hohes Ausbringen nur durch Auflösung des Trägers zu erreichen. Das erfolgt sehr effektiv durch oxidierende alkalische Drucklaugung (Bildung von löslichem Na-Aluminat und $NaReO_4$). Platin verbleibt als Löserückstand, während das ebenfalls wertvolle Rhenium als $NaReO_4$ in Lösung geht und daraus gewinnbar ist. Der Platin-Rückstand wird in Salzsäure/Chlor-Gas gelöst und danach aus dieser Lösung als $K_2[PtCl_6]$ gefällt.

Edelmetallplattierte Schrotte
Beim Recycling edelmetallplattierter Schrotte wird das Ziel verfolgt, die Edelmetallschicht selektiv abzulösen oder in einem Sonderfall auch die Unedelmetallunterlage selektiv aufzulösen.

Von *goldplatierten FeNiCo-Werkstoffen* ist mit NaCN das Gold selektiv ablösbar.

$$4\,Au + 8\,NaCN + O_2 + 2\,H_2O \rightarrow 4\,Na[Au(CN)_2] + 4\,NaOH$$

Die FeNiCo-Werkstoffe sind praktisch unlöslich. Dagegen werden Kupfer-Werkstoffe und kupferreiche Legierungen angegriffen [6.24].

Das Recycling von *Au-, Ag- oder Pd-Schichten von Bauelementen der Elektrotechnik, Elektronik* (Kontaktteile, Trägerstreifen, Transistorsockel usw.) sowie von Uhren, Bestecken u. a. erfolgt durch selektives anodisches Ablösen der Edelmetalle in Galvanisiertrommeln unter Verwendung einer alkalischen Jodlösung als Elektrolyt und gleichzeitiger kathodischer Abscheidung der Edelmetalle. Es bilden sich z. B. mehrere lösliche Komplexe: $[AuJ_2]^-$, $[PdJ_4]^{2-}$, $[AgJ_2]^-$. Die metallischen Trägerkörper aus Kupfer-Werkstoffen, FeNi- oder FeNiCo-Legierungen, Stahl, Nickel, Zinn, Blei, Titan oder Tantal unterliegen keinem Angriff. Ein besonderer Vorteil des Verfahrens ist, dass bis 50 % der Trägerkörper auch aus nichtleitenden Keramiken oder Kunststoffen bestehen können, wenn man in die Galvanisiertrommel zusätzlich metallische Stanz- oder Drahtabfälle als Stromüberträger zusetzt. Der Kathodenniederschlag fällt als Schlamm auf den Zellenboden, wird umgeschmolzen und raffiniert. Die Trägerkörper sind für eine neue Beschichtung einsetzbar.

Recycling von Dickvergoldungen erfolgt durch selektives Auflösen des Trägers aus Kupfer-Werkstoffen (Legierungskomponenten Sn, Zn) unter Verwendung von Fe(III)-Sulfat-Lösung als Oxidationsmittel.

$$2\,Fe^{3+} + 3\,SO_4^{2-} + Cu \rightarrow 2\,Fe^{2+} + Cu^{2+} + 3\,SO_4^{2-}$$

Das Gold fällt als gut verwertbarer Löserückstand an. Die Cu-Sn-Zn-Lösung wird elektrolytisch entkupfert mit gleichzeitiger anodischer Rückoxidation des Fe^{2+} zu Fe^{3+}.

Recycling von Edelmetall-Abfall-Lösungen (Fotografie, Galvanik)

Fotografie: Bei Abfällen aus diesem Bereich handelt es sich überwiegend um Archivbestände und wenige noch produzierte Filme. Die lichtempfindlichen Substanzen der Schwarzweiß- und Farbfotografie sind Silberhalogenide (z. B. AgBr). Nach der Bearbeitungsstufe „Entwicklung" muss das unentwickelt gebliebene Silberhalogenid aus der Emulsionsschicht mit dem Fixierbad (Natriumthiosulfat, $Na_2S_2O_3$) herausgelöst werden. Die Fixierbäder enthalten danach das Silber als lösliches Salz (Natriumthiosulfatoargentat) mit ca. 3…15 g/l Ag. Die Rückgewinnung des Ag aus diesen Lösungen erfolgt häufig durch Elektrolyse (Abscheidung von metallischem Silber) aber auch durch chemische Fällung als Silbersulfid bzw. durch Zementation mit Stahlwolle.
Reaktionsgleichung der Zementation: $2\,Ag^+ + Fe \rightarrow 2\,Ag + Fe^{2+}$.

Die Grundlagen von Elektrolyse und Zementation sind in Abschn. 4.2.3 erläutert.

Galvanik: Galvanisieren bedeutet die elektrolytische Abscheidung von Metallschichten auf Basismetallen oder auch Nichtmetallen. Die dabei eingesetzten Silber- und Gold-Elektrolyte sind häufig Cyanidkomplexe. Die Rückgewinnung von Silber und Gold aus cyanidischen Elektrolyten oder häufiger aus den entsprechenden Spüllösungen erfolgt ausschließlich elektrolytisch. Bei Verwendung von Plattenelektroden werden allerdings nicht die notwendigen geringsten Au-Endkonzentrationen (z. B. 0,5 mg/l Au) erreicht. Dies ist aber mit den Partikelelektroden (große Kathodenoberfläche, hohe Relativgeschwindigkeit zwischen Elektrolyt und Kathodenoberfläche) realisierbar. Die Bauart solcher Rollschichtzellen oder Wälzrohrzellen ist in Abschn. 4.2.3 erläutert. Als Partikel werden z. B. chemisch verkupferte Kunststoffkugeln verwendet, auf denen sich Gold als Schicht abscheidet. Kathodisch abgeschiedenes Silber fällt partikelförmig an und muss von der Elektrode abgestreift werden. In cyanidischen Edelmetall-Lösungen verschieben sich die Normalpotentiale von Ag, Au und Cu, so dass eine Abscheidung in der Reihenfolge Ag–Au–Cu stattfindet [4.2]. Bei stark verdünnten Edelmetall-Lösungen kommen zur Abtrennung Ionenaustauscherharze zum Einsatz.

Tab. 6.13 Gehalte an Edelmetallen und Begleitelementen in Anodenschlämmen der Kupfer-raffinationselektrolysen bei unterschiedlichen Einsatzstoffen [3.21, 6.26]

Element	Primärschlämme %	Sekundärschlämme %
As	3…9	0,5…3
Sb	5…8	2…9
Se	**4…8**	0,1…0,8
Te	1…2	<0,7
Ni	0,4…0,9	**1…15**
Pb	2…17	**20…40**
Sn	–	**7…14**
Cu	**13…43**	1…4
Ag	**9…22**	4…8
Au	0,05…0,5	<0,1
PGM		

6.7.4 Edelmetallgewinnung aus Anodenschlämmen von Kupferelektrolysen

In Abschn. 6.4 wurde ausführlich erläutert, dass beim Recycling von Kupfer-Schrotten recht vorteilhaft auch arme Edelmetallschrotte mit eingeschleust werden können und diese Edelmetalle sich dann mit hohem Ausbringen im Anodenschlamm der Kupfer-Raffinationselektrolyse sammeln. Ähnliche Anodenschlämme sind aus der Kupferelektrolyse des „Kupferverfahrens der Edelmetallsammlung" (siehe oben Abschn. 6.7.3) zu erwarten. Bei der Primärerzeugung von Kupfer aus Erzkonzentraten entstehen dagegen Anodenschlämme mit anderen Komponenten, deren Verarbeitung und Edelmetall-Gewinnung nach langjährig erprobten Verfahren stattfindet. Für die Anodenschlämme aus Recyclingprozessen müssen diese Verfahren aber zweckmäßig modifiziert werden. In Tab. 6.13 sind charakteristische Zusammensetzungen von Anodenschlämmen der Primärgewinnung (Primärschlämme) und des Kupfer-Recyclings (Sekundärschlämme) aufgeführt.

Gut erkennbar ist, dass in den Sekundärschlämmen wesentlich höhere Gehalte an Ni, Pb und Sn aus den Schrotten sowie geringe Gehalte an Edelmetallen vorliegen.

Zum Vergleich wird zunächst kurz die überwiegend *pyrometallurgische und elektrolytische Verarbeitung von Primärschlämmen* skizziert [6.35].

1. Entkupferung durch Laugen mit Schwefelsäure.
2. Oxidation des Selens (Abrösten) und Verdampfung als SeO_2, Abscheidung im Wäscher (Eine günstigere Variante der Se-Abtrennung ist nach der Entkupferung die Sauerstoffdrucklaugung bei 180 °C und 0,6 MPa O_2 mit 70 g/l NaOH).

3. Schmelzen des Röstgutes mit Sand, Soda und Koks im TBRC zu einer Metallschmelze unter Abtrennung einer Schlacke und PbO-Schmelze.
4. Nachraffination der Metallschmelze aus Pos. 3 zu Rohsilber (98 % EM).
5. Elektrolytische Raffination von Rohsilberanoden (HNO$_3$-Elektrolyt) mit kathodischer Abscheidung von reinen Silber-Kristallen und Bildung eines Anodenschlammes aus Au + PGM.
6. Laugung des Au/PGM-Schlammes mit HNO$_3$ zur Auflösung von Ag-Resten und Teilen von Pt, Pd und Rh. Der Rückstand ist ein Gold-Sand.
7. Schmelzen des Gold-Sandes zu Anoden.
8. Elektrolyse der Goldanoden (Salzsäure-Elektrolyt), kathodische Abscheidung von reinem Gold und Auflösung der PGM im Elektrolyt als Chlorokomplexe.
9. Aufarbeitung der PGM-Lösungen.

Im Unterschied dazu entwickelte sich für die *Anodenschlämme aus dem Kupfer-Recycling (Sekundärschlämme)* eine durchgehend hydrometallurgische Verarbeitung mit mehreren Arbeitsstufen (Abb. 6.37) [6.26]:

1. Entkupferung des Anodenschlammes durch Laugen mit Schwefelsäure und Luft (Auflösung von Cu, Cu$_2$O und NiO unter Bildung der Sulfate).
2. Bei bleireichen Schlämmen zusätzliches Herauslösen des Bleis mit NaOH.
3. Auflösung des Laugerückstandes aus Pos. 1 bzw. 2 (Ag, Ag$_2$Se, Au, Pt, Pd) mit Salzsäure/Chlor-Gas unter Bildung der löslichen Au–Pt–Pd-Chloro-komplexe, Selenit und unlöslichem AgCl und PbCl$_2$.
    - Ag$_2$Se + 3 Cl$_2$ + 3 H$_2$O → 2 AgCl + H$_2$SeO$_3$ + 4 HCl
    - 2 Au + 2 HCl + 3 Cl$_2$ → 2 H[AuCl$_4$]
    - Pt + 2 HCl + 2 Cl$_2$ → H$_2$[PtCl$_6$]
    - Pd + 2 HCl + Cl$_2$ → H$_2$[PdCl$_4$]
    - PbSO$_4$ + 2 HCl → PbCl$_2$ + H$_2$SO$_4$.
4. Auflösung des AgCl-Rückstandes aus Pos. 3, Zementation des Ag und Umschmelzen zu Silber-Granalien.
5. In der Lösung aus Pos. 3 (Mischung aus Chlorokomplexen und Selenit) muss das Selenit zu Selenat (SeO$_4^{2-}$) oxidiert werden. Anschließend erfolgt die Zementation der Edelmetalle. Das Selenat wird unter diesen Bedingungen nicht mit reduziert und verbleibt in der Lösung.
6. Das Au-Pt-Pd-Zementat aus Pos. 5 wird erneut gelöst, neutralisiert und selektiv ein Rohgold gefällt.
7. Aus der Selenat-Lösung von Pos. 5 wird durch zweistufige Reduktion ein Rohselen (z. T. mit Te) gewonnen.

Der Vorteil dieses hydrometallurgischen Verfahrens ist das schnelle Ausbringen der Edelmetalle und die bessere Anpassung an erhöhte Gehalte von Ni, Pb und Sn bei meist vorliegenden geringen Silber-Gehalten (siehe Tab. 6.13).

Abb. 6.37 Hydrometallurgisches Verfahren der Edelmetallgewinnung aus Anodenschlämmen von Kupfer-Recyclinghütten [6.26]

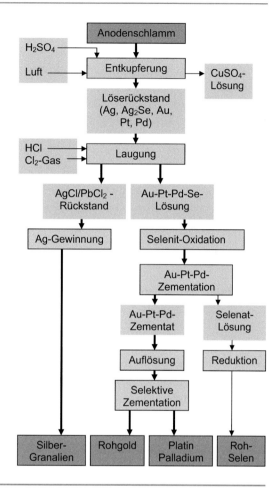

6.8 Recycling von Refraktärmetallen

Eine Gruppe von verwandten Metallen mit besonders hohem Schmelzpunkt, großer Warmfestigkeit und thermischer Beständigkeit bezeichnet man auf Grund dieser Eigenschaften als Refraktärmetalle. Das sind die Metalle Chrom, Wolfram, Molybdän, Vanadium, Niob, Tantal und Rhenium, die überwiegend als Legierungsmetalle Verwendung finden. Außerdem ist eine besonders genutzte Eigenschaft die Bildung sehr verschleißfester Carbide und deren Verwendung in Hartmetallen. Einige dieser Elemente besitzen auch hervorragende katalytische Eigenschaften als Metall oder Oxid (Re, Mo, V).

▶ **Schmelzpunkte** Chrom 1.920 °C, Wolfram 3.415 °C, Molybdän 2.620 °C, Vanadium 1.910 °C, Niob 2.468 °C, Tantal 3.020 °C, Rhenium 3.186 °C

Die Metalle Chrom, Wolfram, Molybdän und Vanadium werden aus den Oxiden oder Oxidverbindungen meist durch carbothermische Reduktion (aber auch aluminothermisch oder silicothermisch) in Form von Ferrolegierungen (FeCr 60…75% Cr; FeW 80% W; FeMo 60…75% Mo; FeV 50…80% V) gewonnen. Diese Ferrolegierungen sind in der Stahlindustrie das wichtigste Legierungsmaterial.

Bei der Herstellung der reinen Metalle Wolfram, Molybdän, Niob, Tantal und Rhenium wird aus den Oxiden primär ein Metallpulver erzeugt. Die kompakten Metalle werden dann in einer zweiten Stufe mittels pulvermetallurgischer Verfahren hergestellt (Pressen der Pulver zu Formkörpern und anschließendes Hochtemperatur-Sintern). Durch Entwicklung der Vakuum-Ofentechnik gelingt heute auch das Schmelzen der verpressten Metallpulver in Spezialöfen (Mo, Ta, Nb). Auf Grund ungünstiger Erstarrungsgefüge ist das Schmelzen für Wolfram und Rhenium aber nicht anwendbar.

Die Recyclingmöglichkeiten (technisch und ökonomisch) werden ganz entscheidend durch die Verwendungsgebiete der Metalle und ihrer Verbindungen bestimmt (Tab. 6.14). In einigen Fällen ist das Recycling mit der Gewinnung aus primären Rohstoffen gekoppelt (Abb. 6.38).

6.8.1   Einsatzgebiete der Refraktärmetalle und entstehende Abfälle

Bei den Stahllegierungsmetallen ist zu vermerken, dass nur die Cr-Gehalte hohe Werte erreichen (in rostfreien Stählen meist ca. 18% Cr), während die Gehalte der Legierungskomponenten W, Mo, V, Nb meist nur einige Prozent betragen. Das Recycling dieser Stahllegierungsmetalle erfolgt fast ausschließlich über die Zugabe der legierten Schrotte beim Erschmelzen neuer legierter Stähle. Das heißt, es ist keine spezielle Recyclingtechnologie zur Rückgewinnung der einzelnen Legierungskomponenten erforderlich. Diese direkte Rückführung der legierten Schrotte in die neuen Schmelzen hat aber als entscheidende Voraussetzung eine getrennte Erfassung legierter Schrotte oder eine effektive Aussortierung derselben aus unlegierten Stahl- und Eisengussschrotten. Diese getrennte Erfassung ist auch für das Erschmelzen von unlegierten Stählen bedeutend, weil in den unlegierten Stählen die zulässigen Gehalte von Legierungselementen stark begrenzt sind. Zu letzterem sind in Abschn. 6.2.2.1 und den Tab. 6.4 und 6.5 ausführliche Angaben gemacht.

Die direkte Rückführung der legierten Schrotte in die Stahlschmelze ermöglicht für die meisten Legierungsmetalle relativ hohe Recyclingraten, z.B. >50% für Cr, Mn und Nb sowie 25…50% für Mo. Für V liegt allerdings die Recyclingrate <1%.

Die Abfälle und Schrotte schmelztechnisch verarbeiteter reiner Refraktärmetalle (Mo, Ta, Nb) können fast immer durch Umschmelzen recycelt werden. Wenn damit keine ausreichenden Qualitäten zu erzielen sind, müssen eine chemische Auflösung und die Gewinnung der reinen Oxide stattfinden. Bei den Sinterwerkstoffen ist für Abfälle und Schrotte die chemische Aufarbeitung der Hauptweg. Gleiches gilt natürlich auch für Chemikalien, Oxide und Katalysatoren.

Auf Grund der angegeben Einsatzgebiete und der Spezifik der schmelztechnischen bzw. pulvermetallurgischen Technologien entstehen folgende wichtige Abfallgruppen [6.39]:

Tab. 6.14 Einsatzgebiete und Weltverbrauch der Refraktärmetalle 2011 [6.37] bzw. für Rhenium 2008 [6.38] und für Vanadium 2012

Weltproduktion/Jahr	Cr 6.000 kt	W 93 kt	Mo 206 kt	V 63 kt	Ta 1,8 kt	Nb 77 kt	Re 68 t
Einsatzgebiete							
Hartmetalle		63 %		8 %			
Legierungsmetall in Stahl / Gusseisen	> 90 %	15 %	75 %	95 %		90 %	
Walzprodukte, Sinterwerkstoffe		13 %	6 %		20 %	4 %	8 %
Nickel-Superlegierungen Flugzeug-Turbinen		4 %	5 %		16 %	3 %	75 %
Kondensatoren					42 % (bis 60 %)	? %	
Chemikalien, Oxide		5 %			14 %	3 %	
Katalysatoren			14 %	5 %			15 %

1. Kompaktschrotte oder Sinterhartschrotte: Dies sind Altschrotte (post consumer scrap) und fertiggesinterte oder geschmolzene Produktionsabfälle, deren geringe Reaktionsoberflächen für die Oxidation und die chemische Auflösung sehr intensive Reaktionen erfordern.
2. Weichschrotte: Dies sind Pressabfälle, Schleifschlämme oder Späne, die auf Grund ihrer größeren spezifischen Oberfläche chemisch einfach aufzuschließen sind. Vergleichbare Eigenschaften besitzen auch die Katalysatoren und Oxide.

Das Recycling konzentriert sich auf folgende Materialien [6.41, 6.42]

- Produktionsabfälle und Halbfabrikate,
- Abfälle von Walzprodukten (Ta, W, Mo, Re),
- Hartmetalle (W),
- Nickel-Superlegierungen (3…6 % Re, 20 % Cr) [6.40],
- Kondensatoren (Ta),
- Katalysatoren (V, Mo, Re),
- Sinterwerkstoffe (W, Mo, Re).

6.8.2   Recyclingtechnologien

1. Umschmelzverfahren [6.37, 6.39]
Die verschrotteten Walzprodukte aus reinen oder niedrig legierten Metallen und deren Produktionsabfälle (Bleche, Rohre, Behälter, Targets, Späne aus Tantal und Niob; Targets

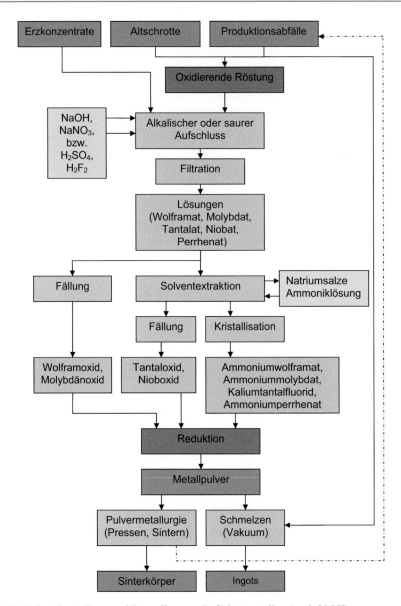

Abb. 6.38 Primärherstellung und Recycling von Refraktärmetallen (nach [6.37])

aus Molybdän) können direkt mit dem Elektronenstrahl-Schmelzverfahren eingeschmolzen werden. Durch das Vakuum im Schmelzofen und die große Oberfläche der abschmelzenden Metalle (drip melting) verdampfen viele Verunreinigungen. Zur Optimierung der Reinigung wird dieses Umschmelzen mehrmals wiederholt. Die Produkte des Umschmelzens sind hochwertige Ingots für die Herstellung neuer Walzprodukte (Abb. 6.38).

Eine weitere Technologie ist das gemeinsame Einschmelzen mit Eisen zu den weniger wertvollen Ferrolegierungen (FeW, FeMo, FeTaNb). Dafür können neben Schrotten auch Oxide der Refraktärmetalle Verwendung finden.

2. Chemisch-hydrometallurgische Verfahren [6.37, 6.39, 6.42]

Hochlegierte Refraktärmetalle, (z. B. Mo-Legierungen, W-FeNi-Verbunde, TaW-Legierungen) und Sinterwerkstoffe (z. B. ReW und ReMo) sowie Katalysatoren müssen oxidiert und alkalisch oder sauer aufgelöst werden. Bei den Weichschrotten geschieht die Oxidation mit Luft bei 650…900 °C in Etagenöfen. Die erhaltenen Oxide sind durch NaOH-Drucklaugung in Lösung zu bringen. Die Hartschrotte benötigen dagegen einen oxidierenden Schmelzaufschluss mit $NaNO_3/Na_2CO_3$ mit nachfolgender Auflösung des Schmelzkuchens. Die in beiden Fällen erzeugten Pulpen werden filtriert und Filtrationslösungen von Natriumwolframat, Natriummolybdat oder Natriumperrhenat gewonnen. Bei allen gewonnen Lösungen muss durch Fällungsreaktionen aber überwiegend durch Solventextraktion eine Trennung von den Na-Ionen erfolgen. Als Extraktionsmittel kommen aliphatische Amine (flüssige Anionenaustauscher) und Ketone zum Einsatz. Aus den gereinigten Lösungen werden geeignete Verbindungen (Ammoniumparawolframat, Ammoniumdimolybdat, Ammoniumperrhenat) auskristallisiert oder Oxide (Wolframtrioxid, Molybdäntrioxid) gefällt.

Tantal- oder Niob-Materialien müssen ebenfalls durch Röstung oxidiert werden. Daran schließt sich eine saure Laugung mit Flusssäure-Schwefelsäure an, die zu löslichen Fluorotantalsäuren und Fluoroniobsäuren führt. Diese Säuren werden ebenfalls durch Solventextraktion gereinigt und aus dem Rückextrakt Kaliumheptafluorotantalat auskristallisiert bzw. Tantalpentoxid oder Niobpentoxid ausgefällt.

Aus diesen Salzen oder Oxiden werden durch Reduktionsprozesse hochreine Refraktärmetallpulver als Ausgangsmaterial für die pulvermetallurgische Verarbeitung oder das Elektronenstrahlschmelzen (Abb. 6.38) dargestellt. Die Reduktion der Wolfram- und Molybdänoxide erfolgt durch Wasserstoff. Tantalpentoxid und die Fluorotantalate werden durch metallothermische Reaktionen mit Magnesium bzw. Natrium zu Metallen reduziert.

6.8.3 Wolframrecycling

Das wichtigste Einsatzgebiet von *Wolfram* (63 % der Gesamtproduktion) ist Wolframcarbid als Hauptbestandteil der Hartmetalle (siehe Abschn. 6.8.5). Als zweitbedeutendste Anwendung sind die *Ferrolegierungen* (FeW) (15 % der Gesamtproduktion) für das Legieren von Stahl und Gusseisen zu nennen sowie der Einsatz als Legierungsmetall in Superlegierungen (4 % der Gesamtproduktion) [6.37]. Ein Recycling von Wolfram aus Eisenlegierungen kann nur über das Eisenrecycling stattfinden. Zum Recycling von Superlegierungen liegen kaum Angaben vor.

Ein dritter Anwendungsbereich (13 % der Gesamtproduktion) sind Wolfram-Schwermetall-Legierungen (W-FeNi- bzw. W-CuAg-Verbunde mit ca. 95 % W) für Ausgleichsgewichte in Flugzeugen und für Strahlungsabschirmungen sowie Röntgen-Anoden (WRe), Kontakte und Elektroden [6.37]. Die Herstellung der Produkte dieser dritten Gruppe erfolgt ausschließlich durch Pulvermetallurgie, so dass die Recyclingverfahren in diesen Fällen qualitätsgerechtes Wolfram-Metallpulver erzeugen müssen. Dies ist nur durch chemisches Recycling mit vollständiger Auflösung der Schrotte möglich.

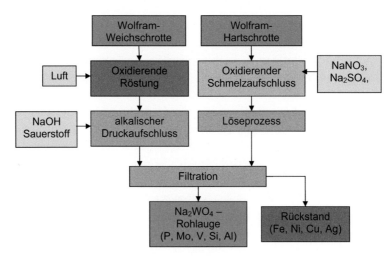

Abb. 6.39 Aufschlussverfahren für Wolframschrotte [6.37, 6.43]

Aufschluss- und Trennverfahren

Technologisch erfolgt eine Unterscheidung in Weichschrotte und Hartschrotte.

Wolfram-Weichschrotte können mit Luft bei 650…900 °C in Etagenöfen oxidiert werden und das gebildete WO_3 danach mittels NaOH-Drucklaugung (bei ca. 150 °C) als Na_2WO_4 aufgelöst werden [6.37]. Bei WRe-Schrotten findet beim Oxidieren eine Verdampfung des Rheniums als Re_2O_7 statt, das quantitativ abzuscheiden ist. Das feste Re_2O_7 ist in Wasser leicht löslich zu Perrheniumsäure ($HReO_4$), aus der mit Ammoniak das marktfähige Salz Ammoniumperrhenat herstellbar ist [6.43]. Eine weitere Aufschlussmöglichkeit besteht nach Zerkleinerung der Weichschrotte (< 0,5 mm) durch NaOH-Sauerstoffdrucklaugung (180 °C, Sauerstoffdruck 0,5 MPa) direkt zu Na_2WO_4/$NaReO_4$ Lösungen [6.43] (Abb. 6.39).

Hartschrotte benötigen einen $NaNO_3$-Schmelzaufschluss mit anschließender Auslaugung des Schmelzkuchens. Nach einer Filtration (Abtrennung der Hydroxide von Eisen, Nickel, Kupfer u. a.) wird eine Na_2WO_4-Rohlösung (evtl. vermischt mit $NaReO_4$) gewonnen. Ein Nachteil des $NaNO_3$-Aufschlusses ist die Entstehung von nitrosen Gasen und $NaNO_2$-Lösungen (Abb. 6.39).

Die weitere Verarbeitung der Na_2WO_4-Rohlaugen ist vor allem auf die Abtrennung der Na-Ionen aber auch auf die Reinigung ausgerichtet. Es stehen drei Technologien zur Verfügung: 1. Fällung von künstlichem Scheelit ($CaWO_4$) und dessen Zersetzung mit Salzsäure zu Wolframsäure. 2. Solventextraktion der Wolframat-Anionen mit aliphatischen Aminen (flüssige Anionenaustauscher) (Abb. 6.40). 3. Sorption der Wolframat-Anionen an festen Ionenaustauschern [6.37].

Für die Solventextraktion kommt eine organische Lösung der Amine in Benzin mit einem Alkoholzusatz zur Anwendung. Diese organische Flüssigkeit wird mit der wässrigen, schwach sauren Wolframatlösung intensiv gemischt und damit ein Übergang der Polywolframate in die organische Phase bewirkt. Nach mechanischer Trennung der beladenen organischen Phase von der wässrigen Phase kann das Polywolframat aus der organischen

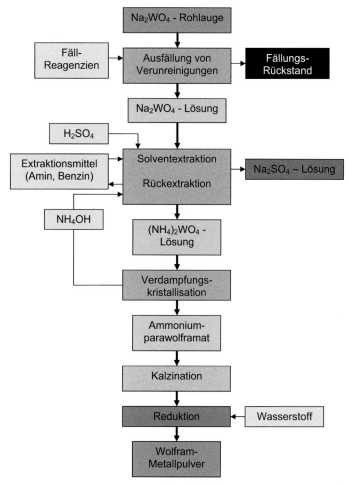

Abb. 6.40 Verarbeitung von Na$_2$WO$_4$-Rohlaugen zu Wolframpulver mit dem Verfahren der Solventextraktion [6.37]

Phase mit Ammoniak rückextrahiert werden. Es entsteht dabei eine reine Ammoniumwolframatlösung, aus der kristallines Ammoniumparawolframat zu gewinnen ist (Abb. 6.40).

Der vereinfachte Chemismus der Solventextraktion von Wolframaten ist bereits in Abschn. 4.2.4.2 (Solventextraktion) beschrieben [6.44]. Dort sind auch die notwendigen Apparate dargestellt (Abb. 4.12). Bei Einsatz von Ionenaustauscherharzen liegt ein analoger Chemismus vor.

Die Kristallisation des Ammoniumparawolframats wirkt als eine zusätzliche Reinigungsstufe. Das Kristallisationsverfahren bestimmt aber vor allem die Mikro- und Makrostruktur dieser Kristalle, die einen entscheidenden Einfluss auf die Eigenschaften der daraus hergestellten Wolfram-Metallpulver ausüben. Das Metallpulver wird durch Kalzination des Ammoniumsalzes zu Wolframoxid und anschließende Reduktion des Oxids mit Wasserstoff gewonnen [6.49] (Abb. 6.40).

6.8.4 Tantalrecycling

Einsatzgebiete von Tantal
Hauptanwendungsgebiet von Tantal sind spezielle Tantalpulver für Klein-Kondensatoren in Elektronik-Geräten (40…60 % des Verbrauchs). Diese sehr kleinen Bauelemente werden bisher praktisch noch nicht recycelt. Allerdings entstehen bei der Pulverherstellung und der Herstellung der Kondensatoren erhebliche interne Abfälle, die in das interne Recycling Eingang finden [6.37]. Ein zweites Einsatzgebiet sind Walzerzeugnisse aus Tantalmetall (20 % des Verbrauchs), die auf Grund der hohen Korrosionsbeständigkeit und Wärmefestigkeit vielfältige Verwendung im Chemieanlagenbau (Reaktoren, Rührwerke, Wärmetauscher, Hochtemperaturöfen) finden bzw. als Sputtertargets in der Elektronikindustrie benötigt werden. Diese kompakten Metallteile können als Altschrotte und Produktionsabfälle (Verschnitt, Späne, Fehlchargen) weitgehend vollständig gesammelt werden und sind durch Umschmelzen effektiv zu recyceln. Auch der Zusatz von Tantalcarbid in Hartmetallen (siehe Abschn. 6.8.5) und als Legierungsmetall in Superlegierungen ist recycelbar. Tantaloxid findet Verwendung in Gläsern und in Form von Lithiumtantalat-Einkristallen in der Elektronik. Letztere erfordern einen aufwendigen chemischen Recyclingprozess [6.37].

Umschmelzverfahren für Tantalschrotte und Tantalpulver
Die übliche Schmelztechnik ist das *Drip-Melting* im Elektronenstrahlofen, das bereits oben unter „Umschmelzverfahren" für die Mehrzahl der Refraktärmetalle erläutert wurde. Die erzeugten Ingots dienen zur Herstellung neuer Walzprodukte.

Chemische Aufarbeitung von Tantalschrotten und -rückständen
Ein großer Anteil der internen Produktions- und Fremdabfälle müssen durch chemische Verfahren gereinigt und zu Tantalpulver umgearbeitet werden. Die metallischen Materialien und Pulver müssen dafür thermisch oxidiert (Röstung) und anschließend mit Flusssäure/Schwefelsäure-Gemischen aufgelöst werden. Daran schließt sich die Reinigung durch Solventextraktion mit Ketonen an (zum Chemismus siehe Abschn. 4.2.4.2). Aus dem Rückextrakt mit Ammoniak wird Tantalpentoxid gefällt oder ein Kaliumfluorotantalat kristallisiert. Beide Produkte sind für die Reduktion zu Tantalpulver einsetzbar (Reduktionsmittel sind Magnesiumdampf bzw. flüssiges Natrium). Aus dem Tantalpulver werden durch Schmelzen oder Pulvermetallurgie die jeweiligen Endprodukte hergestellt (Abb. 6.41).

6.8.5 Hartmetallrecycling

Hartmetalle sind Verbundwerkstoffe aus sehr harten und spröden Stoffen – vorwiegend Wolframcarbid mit Zusätzen von Titan-, Tantal- und Niob-Carbiden. Die Carbide sind mit 3…30 % Bindemetallen (Cobalt, Nickel, Eisen) versetzt [6.45]. Aus diesen Mischungen werden pulvermetallurgisch die verschiedensten Verschleißteile gefertigt. Dies sind ganz überwiegend Zerspanungswerkzeuge (60 % Anteil) sowie Bohrwerkzeuge (15…20 %

Abb. 6.41 Chemische Aufarbeitung von Tantalschrotten und Produktionsrückständen [6.37]

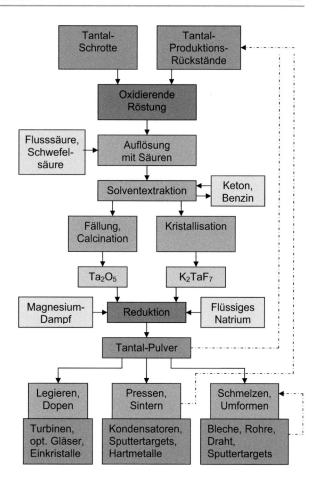

Anteil) und Umformwerkzeuge. Die Hartmetallschrotte bestehen aus diesen Werkzeugen nach Ende der Einsatzzeit und werden als „Hartschrotte" bezeichnet. Zusätzlich entstehen bei der Herstellung Produktionsabfälle (Pressabfälle, Sinterabfälle, Schleifschlämme), die einfacher zu recyceln sind und als Weichschrotte bezeichnet werden [6.45].

Die Recyclingverfahren nutzen vorwiegend eine mechanische und/oder thermische Behandlung des Schrottes, um durch Zerstörung/Zerkleinerung der kompakten Stücke wieder ein feinkörniges Pulver zu gewinnen. Die Pulver können nach Abtrennung von Überkorn wieder in den pulvermetallurgischen Herstellungsprozess eingeschleust werden. Es sind zwei Technologien im Einsatz [6.45, 6.46].

Goldstream-Prozess Sortenreiner und vorzerkleinerter Schrott (3…4 mm) wird mit einem Luftstrahl (Schallgeschwindigkeit) auf eine Hartmetallplatte geblasen (Prallzerkleinerung). Dabei zerbrechen die gesinterten Hartmetallphasen und liefern ein wiedereinsatzfähiges Pulver. Eine bessere Zerkleinerbarkeit erreicht man bei Vorbehandlung der Stücke mit Säuren, die eine teilweise Auflösung der Bindemetalle (Eisen, Cobalt) bewirkt.

Abb. 6.42 Recycling von Hartmetallschrott mit dem Zinkprozess [6.46]

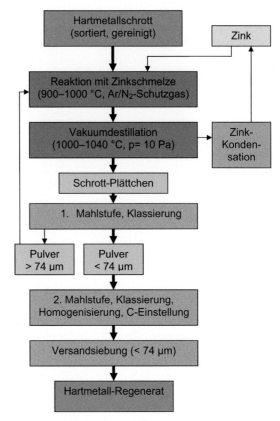

Zinkprozess In einer Zinkschmelze unter Schutzgas wird durch Eindiffusion des Zinks in die kompakten Hartmetall-Stücke eine Legierungsbildung mit den Bindemetallen (Cobalt, Nickel) erreicht. Die entstehenden intermetallischen Phasen (z. B. Co_2Zn_{28}) besitzen größere Volumen und zersprengen die Stücke zu Plättchen. Das Zink wird durch Verdampfung bei ca. 1.000 °C vollständig zurückgewonnen. Der verbleibende Rückstand ist eine feinkörnige Masse aus Wolframcarbid und Cobalt (Zinkgehalt < 40 ppm), die nach einer Mahlbehandlung wieder zu Hartmetallen zu verarbeiten ist (Abb. 6.42).

Weitere Recyclingtechnologien auf chemischer Basis ermöglichen die Gewinnung deutlich hochwertigerer reiner Sekundärrohstoffe wie Wolframoxid, Ammoniumpara-wolframat, Cobaltoxalat, Tantaloxid u. a. Das erfordert allerdings die Auflösung der Bindemetalle und der Carbide. Dafür ist, wie beim Wolframrecycling (Abschn. 6.8.3), vor allem der Schmelzaufschluss mit Natriumnitrit geeignet. Bei dem Hartmetallaufschluss verbleiben nach der Auslaugung des Schmelzkuchens in einem unlöslichen Rückstand die Hydroxide von Cobalt, Nickel und Eisen sowie Natriumtantalat und Natriumtitanat (Abb. 6.43).

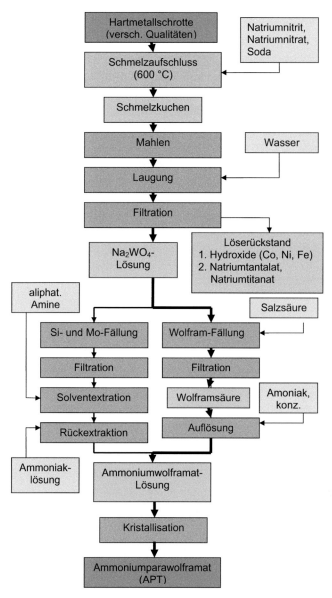

Abb. 6.43 Recycling von Hartmetallschrott durch alkalisch-oxidierenden Schmelzaufschluss [6.46]

Weitere Verfahren verwenden die thermische Oxidation mit Luft, die allerdings wegen geringer Oxidationsgeschwindigkeit nur für Weichschrotte zu empfehlen ist. Danach können die Bindemetalle durch Säuren oder das Wolframoxid durch Alkalien aufgelöst werden. Auch die elektrochemische Auflösung der Bindemetalle im sauren Milieu wurde vorgeschlagen.

6.8.6   Recycling von vanadiumhaltigen Abfällen

In der Erdölraffination kommen Katalysatoren vom Typ Ni/Mo/V zum Einsatz. Die Zusammensetzung der Altkatalysatoren schwankt in einem großem Konzentrationsbereich: 2…10 % Mo; 0…13 % V; 0,5…10 % Ni; 0,5…4 % Co und als Verunreinigungen ca. 10 % S und 10 % C auf einem Aluminiumoxid-Träger [6.48]. Für die Schwefelsäureherstellung bestehen die Katalysatoren aus 2…5 % V und <1 % Ni [6.47, 6.49].

Bei den Erdölkatalysatoren ist als erste Behandlungsstufe eine Entfernung der organischen Reste (Kohlenwasserstoffe, Schwefel) vorzunehmen. Dafür ist eine Röstung optimal, doch auch eine Extraktion mit einem Lösemittel (Benzin) möglich. Die Röstung wird meist mit einem Zusatz an Soda bei 850 °C durchgeführt, um wasserlösliches Natriumvanadat und -molybdat zu bilden. Diese Salze sind mit Wasser auszulaugen und als unlöslicher Rückstand verbleibt ein Gemisch aus Aluminiumoxid und Ni-Co-Oxid. Der Ni-Co-haltige Löserückstand wird dem Nickel-Recycling zugeführt (siehe Abschn. 6.4.6.2). Eine zweite Aufschlussvariante ist die Röstung bei 1.100 °C mit anschließender Schwefelsäurelaugung. Dabei entstehen wasserlösliche Sulfate des V, Mo, Ni und Co. Aus den alkalischen oder den sauren Lösungen sind Vanadium- und Molybdänverbindungen durch Ausfällung zu gewinnen. Wesentlich reinere Produkte lassen sich durch eine Solventextraktion der Vanadat- und Molybdat-Ionen z. B. mittels aliphatischen Aminen in Kerosin erzeugen. Das Prinzip der Solventextraktion ist in Abschn. 4.2.4.2 am Beispiel von Wolframationen ausführlich beschrieben und auch in Abb. 6.40 dargestellt. Die reinen Endprodukte sind Ammoniumvanadat oder Ammoniummolybdat bzw. die durch Glühen daraus zu gewinnenden Oxide.

Die Schwefelsäurekatalysatoren können in ganz analoger Weise verarbeitet werden.

Eine alternative Verwertung der Altkondensatoren ist das Erschmelzen von Ferrolegierungen. Auch das primäre Recycling des Ni-Inhaltes wird angewendet. Dafür kommt das sulfidische Schmelzen auf Nickelstein (siehe Abschn. 6.4.6.2) mit gleichzeitiger Erzeugung einer alkalischen Schlacke zum Einsatz. Diese Schlacke nimmt V, Mo und W als Vanadate, Molybdate bzw. Wolframate auf und ist zum Recycling dieser Refraktärmetalle gut geeignet.

Weitere vanadiumhaltige Abfälle sind die koksartigen Rückstande der Erdölraffination („petroleum coke") sowie Flugstäube und Aschen der Heizölverbrennung (2…10 % V; 4,5 % Ni) [6.47]. Der Koks muss zur Rückgewinnung des Vanadiums in einer Vorstufe abgebrannt werden. Dazu eignet sich eine Sandbettwirbelschicht, die eine gleichmäßige und niedrige Verbrennungstemperatur ermöglicht, um ein Schmelzen des Oxids (V_2O_5) zu vermeiden (zur Wirbelschichtverbrennung siehe Abschn. 15.1.2). Aus dem Glührückstand lassen sich durch alkalische Laugung Natriumvanadat-Lösungen erzeugen, die wie oben beschrieben weiter zu Vanadiumpentoxid zu verarbeiten sind.

Größere V-Gehalte sind auch in einem Nebenprodukt der Tonerdegewinnung (Bayer-Prozess) zu finden. Das aus den Aluminatlaugen durch Kühlung ausgeschiedene V-Rohsalz enthält 5…12 % V_2O_5; 20…30 % Na_2O und hohe Gehalte an Phosphat, Silikat, Fluorid und Arsenat. Aus dem Rohsalz wird reines Vanadiumpentoxid durch Fällung und Kristallisation gewonnen. Die Anwendung der Solventextraktion ist aber ebenfalls möglich.

6.9   Recycling von Hochtechnologiemetallen

Die rasanten technischen Entwicklungen auf den Gebieten der Informationstechnologie, der Unterhaltungselektronik, der Steuer- und Regelungstechnik (Automobile, Maschinen und Anlagen) und in der Energietechnik benötigen immer speziellere Funktionswerkstoffe mit einer Vielzahl von Sondermetallen. Für die dafür benötigten Metalle hat sich die Sammelbezeichnung *Hochtechnologiemetalle* durchgesetzt, zu denen man meist auch die Seltenerdmetalle (SEM) zählt, die aber im Abschn. 6.10 getrennt besprochen werden. Die Verfügbarkeit der Hochtechnologiemetalle ist vor allem für die Industrieländer der europäischen Union begrenzt. Deshalb ist dem Recycling erhöhte Aufmerksamkeit zu widmen [6.55].

6.9.1   Einsatzgebiete der Hochtechnologiemetalle

Die wichtigsten Hochtechnologiemetalle und deren Einsatzgebiete sind in Tab. 6.15 aufgeführt.

Tab. 6.15 Wichtige Hochtechnologiemetalle und deren Einsatzgebiete nach [6.50] (*EM*: Edelmetalle)

Einsatzgebiet	Sb	Bi	Co	Ga	Ge	In	Li	SEM	Re	Se	Te	Si	Ta	EM
Medizintechnik			■						■				■	■
Superlegierung			■					■	■					
Magnete			■					■						
Sonstige Legierungen		■	■	■		■		■	■				■	■
Glas, Keramik	■	■			■			■		■		■		
Photovoltaik				■		■				■	■	■		
Batterien	■		■				■	■						
Brennstoffzellen														■
Katalysatoren	■	■	■					■		■				■
Lote		■												
Elektronik	■	■	■	■	■	■		■		■		■	■	■

Tab. 6.15 (*Fortsetzung*) Wichtige Hochtechnologiemetalle und deren Einsatzgebiete nach [6.50] (*EM*: Edelmetalle)

Einsatz-gebiet	Sb	Bi	Co	Ga	Ge	In	Li	SEM	Re	Se	Te	Si	Ta	EM
Opto-elektronik				▪		▪		▪			▪	▪		
Schmier-stoffe				▪		▪								
Flamm-hemmer (Kunst-stoffe)	▪													

Es ist ersichtlich, dass eine Reihe dieser Metalle auch anderen Metallgruppen zugeordnet sind, die in diesem Buch bereits ausreichend behandelt werden. Das sind die Edelmetalle (Abschn. 6.7), die Refraktärmetalle Rhenium und Tantal (Abschn. 6.8) und die Seltenerdmetalle (Abschn. 6.10). Außerdem werden in weiteren Kapiteln im Zusammenhang mit den Photovoltaikmodulen das Silizium-Recycling (Abschn. 13.7), bei den Li-Ionen-Batterien das Lithium-Recycling (Abschn. 14.4.5) und beim Nickel-Recycling (Abschn. 6.4) das Cobalt-Recycling mit besprochen. Für den Abschn. 6.9 verbleiben also die Elemente Sb, Bi, Ga, Ge, In, Se und Te, die in der Reihenfolge ihrer gegenwärtigen Bedeutung besprochen werden. Mit Ausnahme des Antimons in Bleibatterien ist für diese Metalle charakteristisch, dass ihre Gehalte in den verschiedenen Produkten außerordentlich gering sind. Dadurch ergeben sich für ein Recycling von Postconsumer-Abfällen große Probleme. Im Unterschied dazu sind Produktionsabfälle dieser Metalle meist hochprozentig und deren Recycling ist Stand der Technik.

6.9.2   Indium-Recycling

Zunächst müssen die wichtigsten indiumhaltigen Werkstoffe und Produkte genauer benannt werden.

1. Indium-Zinn-Oxid (ITO) als Glasbeschichtung in Flachbildschirmen (80…300 ppm im Panel) und Touchscreens (ca. 74 % des In-Verbrauchs).
2. Dünnschicht-Photovoltaik (CuInSe- oder CuInGaSe-Schicht).
3. Lötmetalle.
4. LEDs (InGaN-Halbleiter).
5. Aluminiumlegierungen mit Indium.
6. Für die Erzeugung der ITO-Schichten werden ITO-Sputtertargets benötigt. Von diesen sind nur 30 % nutzbar und 70 % Produktionsabfall. Von den 30 % gelangen nur 3 % auf das Glassubstrat, während 27 % durch Abscheidung auf Masken oder in Ätzlösungen verloren gehen.

Recycling von ITO-Sputtertargets

Eine erste Variante ist das Aufmahlen, die Zumischung von frischem ITO und anschließendes Verpressen zu neuen Targets. Eine zweite hydrometallurgische Variante ist die Auflösung in Schwefelsäure oder Salzsäure und die In-Gewinnung durch Elektrolyse. Daran
schließt sich noch eine Raffinationselektrolyse an [6.52].

Recycling der indiumhaltigen End of Life Produkte (EoLs)

In einer ersten Stufe muss mittels mechanischer Aufbereitung ein In-angereichertes Material (Sekundärrohstoff) gewonnen werden. Diese mechanische Aufbereitung der Altprodukte wird im Kap. 13 (Recycling von Elektro- und Elektronikgeräten) für LCD-Bildschirme, LEDs und PV-Dünnschichtmodule ausführlich beschrieben. In diesem Abschnitt
wird die weitere Verarbeitung der Sekundärrohstoffe mit hydrometallurgischen Methoden
bzw. Schmelzmetallurgie vorgestellt.

Hydrometallurgische Aufarbeitung von EoLs

Diese Technologie befindet sich im Stadium der Pilotuntersuchungen und ist industriell
noch nicht eingeführt [6.51]. Bei den Versuchen zur mechanischen Aufbereitung der LCD-
Panels wurde ein Glas-Kunststoffmahlgut ($<2\,mm$) gewonnen, das 90 % des Indium-Vorlaufs enthielt. Von diesem Material gelang das Ablösen des Indiums zu 95 % bei Verwendung von 1 m Schwefelsäure ($70\,°C$) als Indiumsulfat. Da die In-Konzentration der Lösung
auch bei mehrstufiger Laugung im Gegenstromverfahren sehr gering ist (ca. 550 ppm),
muss eine Aufkonzentrierung angeschlossen werden. Diese Konzentrierung ist durch Fällung von Indiumhydroxid oder Indiumphosphat, durch Solventextraktion (z. B. mit dem
Extraktionsmittel D2EHPA) oder mit Ionenaustauscherharzen möglich. Bei diesen geringen
In-Konzentrationen ist der Einsatz von Austauscherharzen besonders vorteilhaft (siehe Abschn. 4.2.4). Ein Kationenaustauscherharz zeigte Selektivität für die Sorption von In- und
Al-Kationen. Das Strippen des Harzes gelang mit Salzsäure und lieferte ein Eluat mit max.
1 g/l In. Zur weiteren Konzentrierung ist die Solventextraktion geeignet. Als Endstufen
kommen die Elektrolyse von Indiumchlorid-Lösung zur Herstellung des Metalls und evtl.
dessen Hochreinigung mittels Zonenschmelzen in Betracht.

Das mögliche Indium-Recycling aus Photovoltaik-Dünnschichtmodulen wird in Verbindung mit dem Recycling von Selen und Tellur diskutiert.

Schmelzmetallurgische Aufarbeitung von EoLs

Das Schmelzen von Indium-Sekundärrohstoffen ist nur in Kombination mit dem Einschmelzen von Elektro-/Elektronikschrotten, Kupferschrotten oder Bleischrotten sinnvoll,
weil dadurch die Auflösung und die Sammlung des Indiums in den jeweiligen Metall-
oder Schlackenschmelzen garantiert ist. Das wird z. B. in einem integrierten industriellen
Schmelzprozess der Fa. Umicore realisiert, die verschiedenste Abfälle und Sekundärrohstoffe mit Gehalten an Kupfer, Blei, Nickel und Edelmetallen gemeinsam in einem Bad-
schmelzprozess einschmilzt. Dabei wird das Indium in einer bleireichen Schlacke angereichert. Daraus ist ein indiumhaltiges Rohblei zu gewinnen, dessen Raffination einen

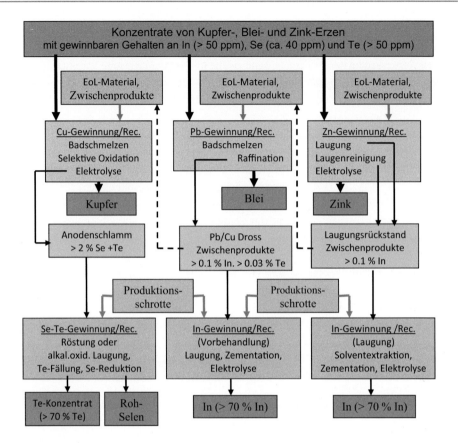

Erläuterungen:
1. EoL (End of Life)-Material: Material aus der mechanischen Aufbereitung von EoL-
   Produkten (LCD-Panels, LEDs, PV-Module, Katalysatoren), d.h. sehr komplexes und
   kontaminiertes Material mit geringen In-, Se- oder Te-Gehalten.
2. Produktionsabfälle: Sortenreines Material (Sputtertargets, Halbfabrikate).

Abb. 6.44 1. Gewinnung von Indium, Selen und Tellur bei der Verarbeitung der Konzentrate von
Kupfer-, Blei- und Zinkerzen, 2. Recycling von Indium-, Selen- und Tellurabfällen (EoL-Material
und Produktionsschrotte) in Verbindung mit der Verarbeitung von In-, Se- und Te-haltigen Erzkonzentraten nach [6.47] (Se ergänzt)

In-Te-Rückstand liefert. Aus diesem wird das Indium ausgelaugt und schließlich mit Zinkstaub ein Indium-Rohmetall zementiert. Dieser Prozess ist in Abb. 6.36 bereits ausführlich dokumentiert (siehe Abschn. 6.7). Bei Schmelzprozessen ist auch mit einer geringen
Verflüchtigung des Indiums als In_2O und dessen Abscheidung im Flugstaub zu rechnen.

Eine zweite schmelzmetallurgische Variante ist die Zugabe der Indium-Sekundärroh-
stoffe zu der Verarbeitung von indiumhaltigen Blei- oder Zinkkonzentraten. Das Indium
sammelt sich dabei zusammen mit dem Primär-Indium in verschiedenen Zwischenprodukten (Pb-Cu-Dross, Zementat der Zinklaugen-Reinigung u. a.) und ist daraus über Laugung,
Zementation und Elektrolyse gewinnbar [6.47]. Die beschriebene Kombination mit der

Konzentratverarbeitung ist in Abb. 6.44 dargestellt. Die Schmelzmetallurgie ist z. B. für LCD-Panels, LED-Leiterplatten (InGaN-Halbleitern, Indium-Lötmetall) denkbar.

Eine dritte, im Pilotmaßstab erprobte Variante, ist das gemeinsame Verschmelzen von LCD-Panels mit Bildschirmglas von Röhrenbildschirmen. Dieses Bildschirmglas enthält bis 22 % PbO. In Kombination mit LCD-Panels kann durch Zugabe von Reduktionskohle ein indiumhaltiges Rohblei erzeugt werden [6.53]. Dessen Aufarbeitung kann dann nach den oben beschriebenen Verfahren erfolgen. Diese Technologie könnte auch für das Recycling von Solarmodulen und LEDs interessant sein.

6.9.3   Recycling von Selen und Tellur

Selen und Tellur sind chemisch und physikalisch sehr verwandte Halbmetalle und haben deshalb ähnliche Einsatzgebiete. Diese Verwandtschaft ermöglicht auch eine weitgehend gemeinsame Recyclingtechnologie, in der erst in der Endphase eine Separierung erfolgt.

Einsatzgebiete von Selen und Tellur [6.55]

Selen	Tellur
1. Metallindustrie (25 % des Verbrauchs) (Legierungen mit 30...200 ppm Se)	1. Metallindustrie (Legierungen mit <1 % Te)
2. Einfärbung von Gläsern (35 % d. V:) (Autoglas bis 500 ppm Se), IR-Linsen	2. Spezialglas
3. Dünnschicht-Solarzellen; $CuInSe_2$ (CIS), $CuInGaSe_2$ (CIGS)	3. Dünnschichtsolarzellen (CdTe)
4. Röntgendetektoren, Fotokopierer	4. Wiederbeschreibbare CDs, DVDs, Halbleiter
5. Spurenelement in Futter. und Dünge- mitteln (15 % d. V.)	5. Gummi- und Kunststoffadditiv
	6. Bismuttellurid (Kühlelement)

Das Recycling ist bisher nur für Produktionsabfälle eingerichtet, die z. B. bei Beschichtungsprozessen (PV-Zellen, Fotokopierer) anfallen.

Für EoL-Produkte besteht grundsätzlich ein geringes Recyclingpotential, weil z. B. die sehr niedrigen Se- und Te-Gehalte in Gläsern beim Glasrecycling in diesen verbleiben und nicht gewinnbar sind. Bei Metallen ergibt sich nur für Kupfer- und Bleischrotte eine Recyclingmöglichkeit, weil bei deren Verarbeitung Selen und Tellur in Zwischenprodukten angereichert wird. Die Forschungsarbeiten konzentrieren sich deshalb auf die künftig nach ca. 20 Jahren Nutzungszeit anfallenden EoL-Module der entsprechenden Dünnschicht-PV-Technologie. Deren Aufbau ist in Kap. 13 erläutert. Die Ergebnisse der Forschung und der Pilotanlagen empfehlen eine Feinzerkleinerung der Module auf 4...5 mm. Anschließend ist eine selektive Auflösung der aktiven Schichten (CdTe, CuInGaSe) durch verschiedene Laugeprozesse – vorwiegend mit Mischungen von Schwefelsäure und Wasserstoffperoxid – vorgesehen [6.55]. Aus den erhaltenen Lösungen werden mittels hydrometallurgischer Technologien die Wertmetalle gewonnen.

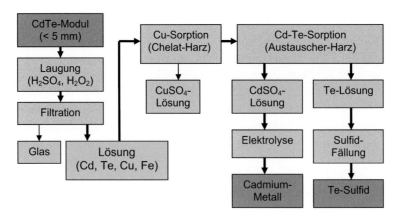

Abb. 6.45 Recyclingvorschlag für CdTe-Module

Die Trennung der Ionen erfolgt durch Fällung der Hydroxide oder durch Festbett-Ionenaustausch bzw. Solventextraktion. Die Variante des Festbett-Ionenaustausches ist in Abb. 6.45 wiedergegeben. Für CIGS-Module wird ein Anlagenkonzept beschrieben, dass vor der Laugung eine zusätzliche Aufbereitung des Mahlgutes durch Magnetsortierung und elektrostatische Sortierung vorsieht. Die einzige bisher beschrieben technische Anlage (Fa. First Solar) verarbeitete überwiegend Produktionsabfälle von der CdTe-Herstellung und verwendete für die Cd/Te-Trennung eine pH-gestufte Hydroxid-Fällung [6.54, 6.55].

Im Prinzip ist auch ein thermisches Recycling-Verfahren denkbar, das durch Erhitzen der CdTe-Module eine Verdampfung der CdTe-Schicht bewirkt und ein Kondensat liefert (Umkehrung des Beschichtungsverfahrens der Modulproduktion). Auch das pyrometallurgische Recycling in Kombination mit Kupferkonzentraten bzw. Bleikonzentraten oder Kupfer- und Bleiabfällen ist eine realisierbare Option. In den jeweiligen Metallschmelzen sammeln sich Indium, Selen und Tellur. Bei der Raffination der Rohmetalle entstehen dann Zwischenprodukte (Anodenschlamm der Kupfer-Raffinationselektrolyse bzw. Abstriche der Bleiraffination), in denen die Hochtechnologiemetalle konzentriert werden. Die Gewinnung von Selen und Tellur aus Anodenschlamm ist langjähriger Stand der Technik. Diese pyrometallurgische Option ist in Abb. 6.44 dargestellt. Eine pyrometallurgische Technologie mit hydrometallurgischen Endstufen ist in einem Prozess der Firma Umicore industriell umgesetzt (Abb. 6.36, Abschn. 6.4). Dieser Prozess verwendet keine Kupfer-Raffinationselektrolyse mit Gewinnung eines Anodenschlammes, sondern eine selektive Laugung des Rohkupfers. Indium, Selen und Tellur konzentrieren sich deshalb in anderen Zwischenprodukten.

6.9.4   Germanium-Recycling

Die Einsatzgebiete von Germanium sind Wafer für besondere Solarzellen, Linsen für Infrarotoptik, Glasfaserkabel und Katalysatoren (Germaniumoxid). Für das Recycling kommen bislang ausschließlich Produktionsrückstände zum Einsatz. Das sind Barrenenden des

Zonenschmelzens, Stäube der Metallbearbeitung und aus Abgasanlagen sowie Glasfasern, Wäscherlösungen u. a.

Diese Produktionsrückstände werden nach der gleichen Technologie wie primäre Germanium-Rohstoffe verarbeitet. Ein erster Schritt ist immer die Lösung in Salzsäure zu $GeCl_4$ und weiter die Destillation des Chlorids und dessen Hydrolyse zu GeO_2. Das Oxid wird mit Wasserstoff zu Metall reduziert. Die Endreinigung übernimmt das Zonenschmelzen [6.55].

6.9.5   Gallium-Recycling

Das Hauptanwendungsgebiet für Gallium sind Verbindungs-Halbleiter (GaAs, GaP, GaN), die in LEDs und Schaltkreisen eingebaut sind. Eine zweite Anwendung sind niedrigschmelzende Legierungen (Lote).

Infolge der starken Dissipation des Galliums in den genannten Produkten erfolgt derzeit nur das Recycling von Produktionsabfällen. Dieses ist allerdings von großer Bedeutung, da bei der Wafer-Herstellung 60 % des Ga in die Abfallströme gelangen (Kristallschrott, Sägesuspensionen, Ätzlösungen, Abwasser). Die Recyclingtechnologie dieser Abfälle erfordert einen oxidierenden sauren oder alkalischen Aufschluss und eine Abtrennung des As durch Fällung als Calciumarsenat. Aus dem gewonnenen Gallium-Filtrat wird ein $Ga(OH)_3$ gefällt und der Niederschlag wieder in NaOH aufgelöst. Aus dieser alkalischen Lösung wird durch Elektrolyse ein Galliummetall abgeschieden [6.55]. Andere Autoren [6.47] beschreiben eine Technologie, die nach dem Aufschluss ein Ansäuern, eine Reinigung mittels Solventextraktion, die Kristallisation von Galliumsulfat und eine abschließende Elektrolyse vorsieht.

6.9.6   Antimon-Recycling

Die gegenwärtige Antimonproduktion wird zu 70 % in Form von Antimontrioxid (Sb_2O_3) als Flammschutzmittel in der Kunststoffverarbeitung eingesetzt. Außerdem besitzen PbSb-Legierungen (5...10 % Sb) große Bedeutung für die Blei-Starterbatterien als Hartblei sowie zusammen mit Zinn als Lagermetall. Sb_2O_3 kommt auch als Läuterungsmittel für Glasschmelzen in Betracht.

Die Produktionsabfälle der Legierungen und der Batterieherstellung werden ohne Probleme innerbetrieblich recycelt. Für die Altbatterien besteht in den Industrieländern eine hohe Erfassungs- und Recyclingquote von über 90 %. Beim Recyclingprozess der Bleibatterien entsteht in der Raffinationsstufe ein oxidischer Antimon-Abstrich (siehe Abschn. 6.5.2.4) mit ca. 30 % Sb_2O_3 (Rest PbO und Pb). Dieses Zwischenprodukt kann zu PbSb-Legierungen aufgearbeitet werden. Die Verarbeitung zu dem stark nachgefragten Sb_2O_3 ist bisher nicht bekannt.

Die Rückgewinnung von Antimon aus Flammschutzmittelanwendungen, d. h. im Wesentlichen aus Leiterplattenmaterial, ist derzeit Gegenstand der Forschung. In Multimaterial-Rückgewinnungsprozessen könnte Antimon direkt hydrometallurgisch oder aus Flugstäuben einer Verbrennung gewonnen werden.

6.10　Recycling von Seltenerdmetallen

Die Seltenerdmetalle (SEM) haben eine erhebliche technologische Bedeutung gewonnen. Ihre Besonderheit besteht in den sehr ähnlichen physikalischen und chemischen Eigenschaften, die eine Folge ihrer Elektronenkonfiguration sind. Zu den SEM gehören Scandium, Yttrium und Lanthan (3. Nebengruppe des Periodensystems) und die Lanthanoide (von $_{58}$Ce...$_{71}$Lu). Die SEM werden in die leichten SEM ($_{21}$Sc und $_{57}$La...$_{63}$Eu) und die schweren SEM ($_{39}$Y und $_{64}$Gd...$_{71}$Lu) unterteilt. Das ist für das Recycling von Bedeutung, weil die beiden Gruppen unterschiedliche Eigenschaften bezüglich der Separierung der Metalle besitzen.

Die wichtigsten Anwendungsgebiete der SEM sind in Tab. 6.16 zusammengestellt.

Bei diesen Anwendungen werden die SEM etwa zu gleichen Teilen in metallischer Form (Nr. 1, 2) und in ionischer Bindung (Nr. 3, 4, 5, 6, 7) eingesetzt. Dementsprechend sind die

Tab. 6.16. Anwendungsgebiete für Seltenerdmetalle nach [6.55, 6.56]

Nr.	Anwendungs-Gebiet	Beispiele	SEM	Mengen-Anteil 2012
1.	Magnete	Elektrogeneratoren für Windräder, E-Motoren für Elektrofahrzeuge und, Hybridfahrzeuge, Festplatten, Lautsprecher	**Nd**, Pr, Sm, **Dy**, Gd, Tb	22 %
2.	Legierungen, Batterien, Brennstoffzellen	Stahlguss, Magnesiumlegierungen Leichtbau, NiMH-Batterien, Brennstoffzellen	Ce, La, Pr, Nd, Sm, Sc	23 %
3.	Katalysatoren	Autokatalysator, Chem. Industrie	La, Ce, Nd, Pr	17 %
4.	Poliermittel	Elektron. Komponenten	**Ce**, La, Nd	11 %
5.	Gläser	Farbstoffe, UV-Filter	**Ce**, La, Nd, Pr, Y	7 %
6.	Leuchtstoffe	Energiesparlampen, LEDs, LCDs, Plasmabildschirme, Kathodenstrahlröhren	Y, Ce La, Eu, Tb, Gd	7 %
7.	Keramik	Stabilisatoren, Kondensatoren	**Y**, La, Ce, Nd, Pr	5 %
8.	Sonstige	Chemikalien u. a.	alle SEM	8 %

Zielprodukte des Recyclings sowohl Oxide als auch Metalle. In den Primärrohstoffen liegen die SEM meist in Form von Phosphaten und Carbonaten vor. Aus der Primärgewinnung sind erprobte Technologien für die Herstellung der Oxide und der Metalle verfügbar und im Recycling zu verwenden. Für die Recyclingverfahren sind folgende wichtige chemische Eigenschaften zu nennen:

- Die Metalle sind in verdünnten Säuren (HCl, H_2SO_4, HNO_3) gut löslich unter Bildung von SEM^{3+}-Ionen. Einige Elemente bilden auch SEM^{4+}-Ionen. Die entstehenden Salze sind gut wasserlöslich.
- Die Oxide $(SEM)_2O_3$ sind ebenfalls säurelöslich. Sie haben einen ausgesprochen basischen Charakter, so dass sie sich bei Schmelzprozessen in einer Schlacke lösen.
- In Wasser schwerlöslich sind Oxide, Hydroxide, Oxalate, Phosphate und Doppelsulfate.
- Die Hydroxide und Oxalate sind durch Erhitzen in die Oxide umzuwandeln.
- Die Trennung der SEM ist wegen der sehr nahen Verwandtschaft extrem schwierig. Heute werden dafür vielstufige Solventextraktionen oder Trennungen über modifizierte Ionenaustauscherharze eingesetzt.
- Für die Herstellung der Metalle kommt bei den leichten SEM die Schmelzflusselektrolyse zur Anwendung. Die schweren SEM lassen sich auf Grund ihrer höheren Schmelztemperaturen in reiner Form nur durch metallothermische Prozesse (Calciothermie, Lanthanothermie) darstellen. Ferrolegierungen einzelner schwerer SEM können auf Grund eutektischer Effekte aber bei niedrigeren Temperaturen durch Schmelzflusselektrolyse hergestellt werden.

Auf Grund der relevanten Mengen und relativ hohen SEM-Gehalte konzentrieren sich die Recyclingbemühungen auf Magnete, NiMH-Batterien, Katalysatoren und Leuchtstoffe. Gegenwärtig werden überwiegend nur die sortenreinen Produktionsabfälle recycelt. Für EoL-Material existiert in Europa derzeit nur eine Industrieanlage in La Rochelle (Rhodia). Weitere Recyclingtechnologien für EoL-Material – besonders für SEM-Magnete – werden z. Zt. untersucht (siehe dazu aktuelle Literaturinformationen).

6.10.1 Gewinnung aus NiMH-Batterien

Das Recycling von NiMH-Batterien wird in Kap. 14 (Abschn. 14.4.3) ausführlich besprochen. Neben den Inhalten an Nickel und Cobalt sind die SEM-Gehalte (La, Ce, Nd, Pr, Sm) mit 7…12 % sehr interessant.

Das Recycling der NiMH-Batterien besteht aus einer mechanischen Aufbereitung, einem pyrometallurgischen Schmelzprozess und der hydrometallurgischen Trennung. Die NiMH-Prozesse sind in den Abb. 14.3 und 14.4 dargestellt [14.7], [14.10]. Bei beiden Verfahrensvarianten sammeln sich die SEM als Oxide in den Schlacken. Nach einer Mahlung der Schlacken gelingt das Herauslösen der SEM-Oxide mit Schwefelsäure oder Salzsäure. Der unlösliche Anteil der Schlacke wird abgetrennt und aus der SEM-Lösung eine schwerlösliche SEM-Verbindung ausgefällt (Doppelsulfat $(SEM)_2(SO_4)_3 \cdot Na_2SO_4 \cdot n\,H_2O$ oder Oxalat $(SEM)_2(C_2O_4)_3$). Das Doppelsulfat ist durch heiße NaOH zu dem Hydroxid $SEM(OH)_3$ zu zersetzen. Das Oxalat und das Hydroxid werden beide in Salzsäure gelöst, das SEM-Chlorid auskristallisiert und sie können, da keine schweren SEM vertreten sind, in einer Schmelzflusselektrolyse zu einem SEM-Mischmetall umgesetzt werden.

Weitere Forschungsarbeiten prüften eine vollständig hydrometallurgische Verarbeitung der NiMH-Einzelzellen [14.8]. Dadurch sollten Verluste beim Schmelzen und die schwierige Laugung der Schlacken vermieden werden. Durch eine Laugung der Zellen mit 2 M Salzsäure bei 60 °C wurde eine Chloridlösung (Ni, Co, Fe. SEM) gewonnen. Mit mehrstufiger Oxalatfällung ist die Trennung in ein SEM-Oxalat und ein Ni-Fe-Co-Oxalat zu erreichen. Durch Glühen des SEM-Oxalats war ein SEM-Mischoxid mit 49 % La_2O_3, 44 % Sm_2O_3, 3 % Nd_2O_3 u. a. SEM-Oxiden sowie 0,1 % NiO zu gewinnen. Weitere Forschungsarbeiten beschäftigen sich derzeit mit der gezielten Aufkonzentration von SEM in einzelnen synthetischen Mineralphasen in den Schlacken durch gezielte Schlackenbeeinflussung im schmelzflüssigen Zustand und nachfolgender aufbereitungstechnischer Anreicherung.

6.10.2 Recycling von Leuchtstoffen

Leuchtstoffe kommen in verschiedenen Zusammensetzungen überwiegend bei der Herstellung von Gasentladungslampen zum Einsatz. Diese Leuchtstoffe sind Gemische aus Phosphatleuchtstoffen (Halophosphat $Ca_5(PO_4)_3(F,Cl)$) und Leuchtstoffen mit Seltenerdmetallen (Certerbiumaluminat (CAT), $Ce_{0,65}Tb_{0,35}MgAl_{11}O_{19}$; Bariummagnesiumaluminat (BAM), $BaMg_2Al_{16}O_{27}:Eu^{2+}$; Yttriumeuropiumoxid (YOE), $Y_2O_3: Eu^{3+}$; Lanthanphosphat (LAP), $LaPO_4: Ce^{3+}Tb^{3+}$). Die Leuchtstoffabfälle bei der Lampenproduktion sind sortenrein und können meist intern rückgeführt werden.

Alt-Leuchtstoffe fallen beim Recycling der Lampen als Pulver an, welches je nach Prozess mit Strahlmittel, Glas und z. T. restlichen Hg-Gehalten behaftet sein kann. Die eingesetzten Recyclingverfahren für die Alt-Lampen sind in Abschn. 13.6.1 beschrieben (Abb. 13.9). Das Hg wird durch Erhitzen abgetrennt und ggf. als Kondensat gewonnen. Für die von Hg befreiten Leuchtstoffe sind mehrere Verwertungsverfahren und Endproduktvarianten beschrieben. Als Vorbehandlung ist immer eine Absiebung gröberer Verunreinigungen (Glassplitter, Metall-, Kunststoff- oder Kittreste) bei 25…50 µm notwendig. Die weiteren Verfahrensschritte beruhen auf der unterschiedlichen Löslichkeit der Komponenten. Leichtlöslich in Säuren sind die Halophosphate und YOE, schwerlöslich in Säuren ist LAP. Die Aluminate CAT und BAM sind nur durch alkalischen Aufschluss gut in Lösung zu bringen. Die folgenden 3 Verfahrensvarianten sind als Patente hinterlegt, aber bisher nicht als industrielles Verfahren veröffentlicht.

Abb. 6.46 Recycling von
Yttriumeuropiumoxid aus
Leuchtstoffen [6.58]

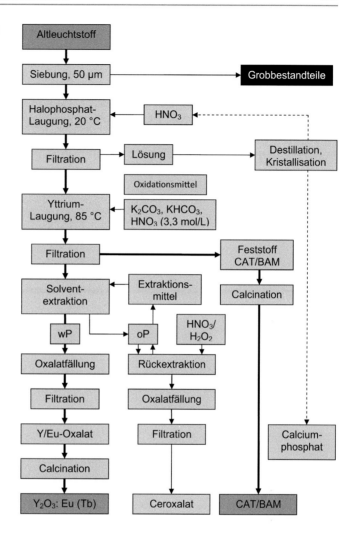

Verfahrensvariante I [6.58, 6.64] Diese Variante konzentriert sich auf die Rückgewinnung
des besonders wertvollen Yttriumeuropiumoxids als Einzelkomponente. In einer ersten
Stufe werden mittels Salpetersäure-Laugung die Halophosphate selektiv herausgelöst.
Danach ist eine selektive Auflösung des YOE mit Kaliumcarbonatlauge möglich. Das YOE
wird nach Trennung von den verbliebenen Feststoffen aus dem Filtrat als Carbonat gefällt,
zu Oxid verglüht und auf diese Weise in hoher Reinheit erhalten (Abb. 6.46).

Verfahrensvariante II [6.59] Die Technologie beinhaltet den vollständigen Aufschluss
aller SEM-Komponenten, deren Ausfällung und die Gewinnung eines SEM-Konzentrates.
Die erste Stufe ist das Abtrennen des Halophosphats durch kalte Laugung ($< 30\,°C$) mit
Salzsäure. Das YOE bleibt unter diesen Bedingungen fast vollständig ungelöst. Nach

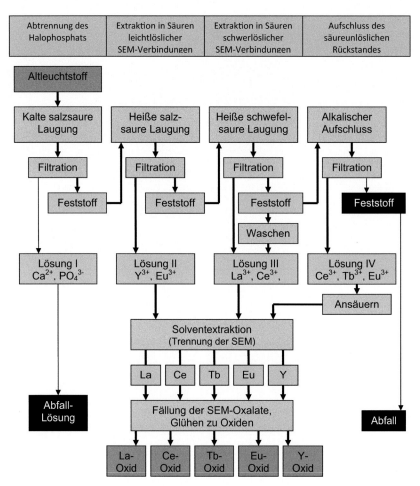

Abb. 6.47 Recycling von Leuchtstoffen durch Aufschluss und mit vollständiger Trennung der Seltenerdmetalle [6.59]

Filtration wird der Rückstand mit Salzsäure oder Schwefelsäure bei 60…90 °C gelaugt und damit die leichtlöslichen Komponenten aufgelöst. Das schwerlösliche La-Phosphat muss nachfolgend alkalisch oder in konz. Schwefelsäure bei 120…230 °C in Lösung überführt werden. Die noch ungelösten Aluminate sind abschließend mittels alkalischer Drucklaugung (NaOH, 150 °C) oder in einer Soda/Pottasche-Schmelze aufzuschließen. Die Schmelze wird danach in Wasser gelöst und als Endstufe werden alle gewonnen Lösungen gemeinsam mit Oxalsäure als schwerlösliche Oxalate ausgefällt.

Verfahrensvariante III [6.59] Das Verfahren realisiert die vollständige Trennung der SEM-Hauptbestandteile. Als erste Stufen kommen die kompletten Aufschlussverfahren nach Verfahrensvariante II zum Einsatz. Die notwendigen Separationsprozesse sind

Abb. 6.48 Industrielles Recyclingverfahren für Seltenerdmetalloxide aus Altlampen bei der Fa. Rhodia (La Rochelle) [6.57]

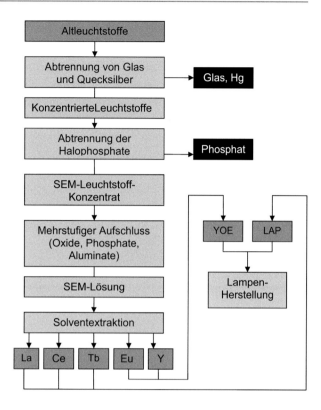

im Vergleich zur Verarbeitung von SEM-Erzen (mit bis 17 SEM) deutlich weniger aufwendig, weil nur die in den Leuchtstoffen enthaltenen SEM (Y, La, Ce, Tb, Eu) getrennt werden müssen. Außerdem sind in den getrennten SEM-Produkten fremde SEM in bestimmten Konzentrationen tolerierbar (z. B. La, Y, Gd bis 500 ppm), wenn sie für die Lampenherstellung verwendet werden. Für die Trennung der SEM aus den Aufschlusslösungen wird als erste Variante die Solventextraktion aus salzsaurer Lösung mit D2EHPA (Di-2-ethylhexylphosphorsäure) oder aus salpetersaurer Lösung mit TBP (Tributylphosphat) eingesetzt (in Mixer-Settler-Anlagen oder gerührten bzw. gepulsten Kolonnen). Eine zweite Variante ist die Separation mit einem Ionenaustauscherharz bei sequentieller Elution mit geeigneten Komplexbildner-Lösungen. Die getrennten SEM werden mit Oxalsäure gefällt und zu den oxidischen Endprodukten verglüht (Abb. 6.47).

Industrielles Verfahren der Fa. Rhodia [6.57] Das veröffentlichte Verfahrensfließbild (Abb. 6.48) entspricht in den wesentlichen Stufen der Verfahrensvariante III.

In diesem Unternehmen sollen auch die SEM-haltigen Schlacken vom Recycling der NiMH-Batterien (siehe Abschn. 6.10.1) u. a. SEM-Sekundärrohstoffe nach einer analogen Technologie aufgearbeitet werden.

6.10.3 Recycling von Magnetwerkstoffen

Die SEM-Permanentmagnete haben eine große Bedeutung für die Verwendung in Elektromotoren (industrielle Synchronmotoren, Hybrid/Elektrofahrzeuge) und Generatoren (getriebelose Windturbinen) erlangt. Auch Trommelmagnetscheider und Lastmagnete werden damit ausgerüstet. Es kommen dafür vor allem gesinterte NdFeB-Magnete (mit Zusätzen von Dy, Pr, Tb) zum Einsatz. In Festplatten und Lautsprechern benötigt man neben Sintermagneten auch polymergebundene NdFeB-Magnete. Einen geringen, sinkenden Marktanteil besitzen auch die SmCo-Magnete. Die NdFeB-Magnete enthalten 60…70 % Eisen, 25…28 % Seltenerdmetalle, 1…2 % Bor und 0…4 % Co. Die SEM-Hauptkomponenten sind Nd (20…25 %) und Dy (5…10 %). Die Zusätze an Tb (z. B. 1 %) und Pr (unter 0,2 %) sind niedrig. Die in Fahrzeug-Elektromotoren verbauten Magnete enthalten etwa 1 kg SEM. Im Unterschied dazu werden für ein Notebook nur ca. 2 g Nd, 0,3 g Pr und 0,06 g Dy (andere Angaben 4…8 g Nd) benötigt.

In Deutschland wurden die Recyclingmöglichkeiten für die SEM in elektrischen Fahrantrieben in einem Verbundprojekt von 2011 bis 2014 intensiv geprüft [6.61]. Es wurden drei verschiedene technische Möglichkeiten untersucht [6.60]:

- Wiederverwendung von Motoren oder deren Komponenten unter Berücksichtigung von recyclinggerechtem Motordesign und erforderlichen zerstörungsfreien Demontagestrategien.
- Werkstoffliche Wiederverwendung des Magnetmaterials nach Aufmahlung und erneuter Formgebung.
- Rohstoffliches Recycling mit Gewinnung der getrennten SEM.

Die Wiederverwendung konnte nicht empfohlen werden, weil unterschiedliche Magnetgeometrien und die ständige Fortentwicklung der Magnetlegierungen (z. B. Dy-Gehalte) dagegen sprechen. Das werkstoffliche Recycling ist durch Wasserstoffversprödung des Magnetmaterials, Aufmahlung und erneute Sinterung technisch darstellbar. Es stellt aber hohe Anforderungen an die Sortenreinheit und Sauberkeit, führte zu einer verringerten Remanenz (minus 3 %) und verursacht hohe Kosten. Die Projektpartner empfehlen deshalb das rohstoffliche Recycling von Motormagneten nach der pyrometallurgischen oder hydrometallurgischen Route.

Pyrometallurgische Untersuchungen
Die bekannte Auflösung von SEM-Oxiden in metallurgischen Schlacken vom Typ CaO–Al_2O_3–SiO_2 sollte für die Anreicherung der SEM-Oxide in bestimmten Schlackenphasen genutzt werden. Diese SEM-reichen Phasen könnten dann in Analogie zur Erzaufbereitung als SEM-Konzentrat gewonnen werden. Die Schlacken wurden durch Vakuumschmelzen der Magnete mit den entsprechenden Schlackenbildner erzeugt. Durch Zusatz von Phosphaten konnte eine SEM-reiche Phosphatphase mit z. B. 6,6 % Nd_2O_3 gewonnen werden. Diese Phase war aber bislang mit den klassischen Erzaufbereitungsverfahren noch nicht

hinreichend aufkonzentrierbar. Es müsste also eine aufwendige direkte Laugung der SEM-armen Schlacke (ca. 2 % Nd_2O_3, 1,1 % Dy_2O_3) durchgeführt werden.

Hydrometallurgisches Verfahren
Die komplexen Untersuchungen führten zur Empfehlung eines hydrometallurgischen Verfahrens. Dieses Verfahren ist außerdem auch für Festplatten und Produktionsabfall (Säge-slurry) geeignet.

Für das Recycling von Motoren wurde die Zerkleinerung mittels Hammermühlen und Querstromzerspaner geprüft. Das Magnetmaterial fällt dabei als Pulver an und ist durch Siebung zu gewinnen. Vor der Zerkleinerung ist eine thermische Entmagnetisierung durch Erhitzen auf 350 °C notwendig. Für die hydrometallurgische Verfahrensentwicklung wurden unbeschichtete Magnetplatten und Produktionsschrotte eingesetzt. In einer ersten Stufe erfolgt die Auflösung in 6 M Salzsäure. Daran schließt sich eine Abtrennung von Fe^{3+}-Ionen durch Fällung in Form des Eisen(III)oxidhydroxid Akaganeit an und ebenso die Ausfällung der Co^{2+}-Ionen als Cobaltsulfid. Für die Gewinnung zunächst der SEM-Oxide sind drei Methoden verfügbar:

- Gemeinsame Fällung aller SEM als Oxalate,
- Grobe Trennung in leichte und schwere SEMs durch Ausfällung der leichten SEMs als Doppelsulfate ($SEM_2 (SO_4)_3 \cdot Na_2SO_4 \cdot n\,H_2O$) unter Zusatz von Na_2SO_4, gefolgt von einer Fällung der verbliebenen schweren SEMs aus dem abgetrennten Filtrat als Oxalat,
- Solventextraktion.

Die Solventextraktion liefert die besten Ergebnisse, weil damit eine Auftrennung der SEM in die zwei Hauptkomponentengruppen der Magnete Nd + Pr gegen Dy + Tb mit sehr hoher Trennschärfe möglich ist. Als Extraktionsmittel kam ein Gemisch aus Di-2-ethylhexylphosphonsäure, Kerosin und Decanol zum Einsatz. Die wässrige Laugungslösung für die Solventextraktion hatte z. B. folgende Zusammensetzung: Nd 20,8 g/l, Dy 5,7 g/l, Pr 0,44 g/l, Tb 0,11 g/l, Fe <2 mg/l, Co <0,5 mg/l. Sie wurde durch die Solventextraktion in ein Nd/Pr-Raffinat und eine Dy/Tb-Stripplösung separiert (siehe Abb. 6.49).

Für die Herstellung von NdFeB-Magneten ist eine weitere Auftrennung der beiden Doppelelementgruppen der SEM nicht erforderlich. Aus den zwei Lösungen können diese als Oxalate gefällt und zu Oxiden geglüht werden. Die Umarbeitung der Oxide in die Metalle ist Stand der Technik bei der Primärgewinnung aus Erzen.

Das Recycling der SEM aus Festplatten ist ebenfalls Gegenstand der Forschung. Ein ausgearbeiteter Vorschlag empfiehlt als erste Stufe eine Pyrolyse der Festplatten bei 700 °C, wobei der Aluminiumrahmen abschmilzt und die Platte zerfällt. Aus dem gewonnen Material konnten die NdFeB-Magnete mit einer optischen Sortierung abgetrennt werden. Durch Laugung mit Salzsäure, Oxalatfällung und Glühen lassen sich die SEM-Oxide gewinnen [6.55]. Weitere Verfahrensansätze sind derzeit in Entwicklung.

Abb. 6.49 Verfahrensvorschlag für das hydrometallurgische Recycling von NdFeB-Magneten [6.62, 6.63]

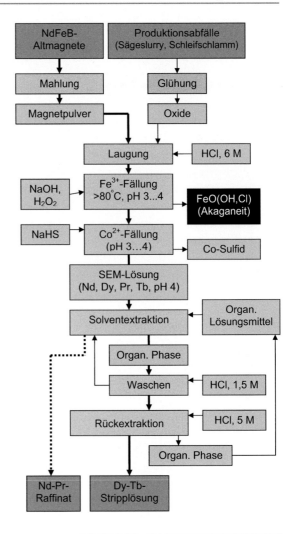

Literatur

6.1   Barin, I., Thermochemical data of pure substances, 3. Aufl., VCH Weinheim 1995

6.2   Merkel, M., Thomas, K.H., Taschenbuch der Werkstoffe, 7. Aufl., Fachbuchverlag Leipzig im Hanser Verlag München, 2008

6.3   Willeke, R., Bundesvereinigung Deutscher Stahlrecycling- und Entsorgungsunternehmen (Hrsg.), Fachbuch Stahlrecycling – vom Rohstoff Schrott zum Stahl, Reed Elsevier Deutschland GmbH, München-Gräfelfing, 1998

6.4   Informationsstelle Edelstahl Rostfrei, Düsseldorf, Merkblatt 821 (5. Aufl. 2014); Merkblatt 827 (2013)

6.5   Schmitz, Chr., Handbook of Aluminium Recycling, 2. Aufl. Vulkan Verlag 2014

6.6   Krone, K., Vereinigung Deutscher Schmelzhütten e.V.(Hrsg), Aluminiumrecycling – vom Vorstoff bis zur fertigen Legierung, Aluminiumverlag, Düsseldorf, 2000

6.7   Aluminium und Aluminiumlegierungen – Schrott, DIN EN 13920-1 bis 13920-16, Aug. 2003

6.8   Antrekowitsch, H. et al., Einsatz minderwertiger Schrotte und Reststoffsituation beim Recycling von Aluminium. In:Thomé. Koschmiensky, K., Goldmann, D., Recycling und Rohstoffe, Bd. 6, TK Verlag Neuruppin, 2013, S. 433–453

6.9   Gnatko, M., Untersuchungen zur Entfernung von Eisen aus verunreinigten Aluminiumgusslegierungen durch intermetallische Fällung, Diss. RWTH Aachen, Shaker Verlag 2008

6.10   Tafel, V., Lehrbuch der Metallhüttenkunde, Bd. 3, S. Hirzel Verlag Leipzig 1954

6.11   VDI Zentrum für Ressourceneffizienz. Perfekter Stoffkreislauf für Aluminium, www.ressource-deutschland.de. World of Metallurgy, Erzmetall 68(2015) No. 4, S. 208.

6.12   Schwalbe, M., Grundlagen und Möglichkeiten der Verarbeitung von höher kontaminierten Aluminiumschrotten, World of metallurgy, Erzmetall 64 (2011), No. 3, S. 157–162

6.13   Jasper, H.-D., Neue Ansätze in der Verarbeitung von kontaminierten Aluminiumschrotten, Tagung FA Leichtmetalle GDMB, World of metallurgy, Erzmetall 64 (2011), No. 3, S. 170, 171

6.14   Scharf, Chr., Ditze, A., Recycling von Magnesium. In: Thomé-Kozmiensky, K., Goldmann, D., Recycling und Rohstoffe, Bd. 4, TK-Verlag, Neuruppin 2011, S. 215–234

6.15   Akbari, S., Friedrich, B., Closing the Mg-cycle by metal and salt distillation from black dross, World of metallurgy, Erzmetall 66 (2013), No. 2, S. 106–114

6.16   Ditze, A., Scharf, C., Destillation processes for winning and recycling of magnesium, World of metallurgy, Erzmetall 57 (2004), No. 5, S. 251–257

6.17   Kainer, K. U.: Magnesiumeigenschaften, Anwendung und Potentiale, Vlg. Wiley-VCH, 2000

6.18   Antrekowitsch, H.; Hanko, G.: Metallurgie des Leichtmetallrecyclings bei Altautos, Erzmetall 55 (2002) Nr. 11, S. 598–605

6.19   Ditze, A.; Scharf, Chr.: Magnesium alloys for use in racing and passenger vehicle engines, World of metallurgy – Erzmetall 59 (2006), No. 5, S. 278–287

6.20   Lütjering, G., Williams, J.C., Titanium, Springer Verl. Berlin/Heidelberg 2003

6.21   Friedrich, B. et al., ESR refining potential for titanium alloys using CaF$_2$-based active slag, Ref. in World of metallurgy – Erzmetall 60 (2007), Nr. 4, S. 245

6.22   Deutsches Kupferinstitut, Düsseldorf, Recycling von Kupferwerkstoffen, www.kupferinstitut.de

6.23   Aurubis, Recyclingtechnologie – Aurubis' Multi-Metal-Recycling, www.aurubis.com/pr/de/geschaeftsfelder/rohstoffe/recycling/technik

6.24   Habashi, F., Handbook of extractive metallurgy, Wiley-VCH, Weinheim, New York, 1997

6.25   xstrata technology, About Isasmelt, 2006, www.xstratatech.com

6.26   Pesl, J., Anzinger, Treatment of anodic slimes, Erzmetall 55 (2002), Nr. 5/6, S. 305–316

6.27   Stenzel, R., Carluß, V., Das neue Schmelzwerk der Nickelhütte Aue GmbH, Erzmetall 53 (2000), Nr. 2, S. 112–122

6.28   Behrendt, H.-P., Technology of processing of lead acid batteries, Erzmetall 54 (2001), Nr. 9, S. 439–445. Alistair, J. et al. The sustainability credentials of lead, World of metallurgy-Erzmetall 68(2015)No. 4 S.233–243

6.29   Hanusch, K., Die Bleihütten der Berzelius Metall GmbH in Braubach und Binsfeldhammer, World of metallurgy – Erzmetall 59 (2006), No. 4, S. 230–234

6.30   Kerney, U., Blei – ein recyclingfreundliches Metall. In: Thomé-Kozmiensky, K., Goldmann, D., Recycling und Rohstoffe, Bd. 2, TK Verlag Neuruppin, 2009, S. 627–645. Queneau, P., Leiby, R., Robinson, R., Recycling lead and zinc in the United States, World of metallurgy – Erzmetall 68(2015) No. 3, S.149–162

6.31   Hanusch, K., Die Unterharzer Metallhüttenstandorte, World of Metallurgy, Erzmetall 59 (2006), No. 2, S. 102–107

6.32   Saage, E., Hasche, U., Optimization of the Waelz process at the B.U.S. Zinkrecycling Freiberg GmbH, World of metallurgy – Erzmetall 57 (2004), No. 3, S. 138–142

6.33   Gock, E. u.a., Entzinkung von Stahlschrotten. In: Thomé-Kozmiensky, K., Goldmann, D., Recycling und Rohstoffe, Bd. 5, TK Verlag Neuruppin 2012, S. 393–411

6.34   Hagelücken, C., Edelmetallrecycling – Status und Entwicklungen, 44. Metallurgisches Seminar GDMB, Hanau 2010, GDMB-Schriftenreihe Heft 121, www.preciousmetals.umicore.com/PMR/Media/sustainability/Edelmetallrecycling.pdf

6.35   Becker, E., Modernisation of precious metals refining at Norddeutsche Affinerie AG, World of Metallurgy – Erzmetall 59 (2006), No. 2, S. 87–94

6.36   Hagelücken, Chr., Autoabgaskatalysatoren, 2. Aufl., expert verlag 2005

6.37   Gille, G., Meier, A., Recycling von Refraktärmetallen. In: Thomé-Kozmiensky / Goldmann, Recycling und Rohstoffe, Bd. 5, TK Verlag Neuruppin, 2012, S. 537–560

6.38   SafePort, Das Metall Rhenium – Verbraucher und Anwendung 2008 – 2028, www.safeport-funds.com

6.39   Gille, G., Meier, A., Refractory metals – materials for key technologies and high tech application, World of metallurgy – Erzmetall 64, 2011, No. 3, S. 123–133

6.40   Heckl, A., Auswirkungen von Rhenium und Ruthenium auf die Mikrostruktur und Hochtemperaturfestigkeit von Nickel-Basis-Superlegierungen unter Berücksichtigung der Phasenstabilität, Promotion Uni Erlangen-Nürnberg 2011, urn:nbn:de:bvb:29-opus-27908

6.41   Heumüller, H., Refraktärmetalle – Schlüsselwerkstoffe für die Hightech-Industrie, World of metallurgy – Erzmetall 61, 2008, No. 6, S. 352–356

6.42   Gille, G. et al.: Die Refraktärmetalle Niob, Tantal, Wolfram, Molybdän und Rhenium – In: Dittmeyer, R. et al. (Ed.); Winnacker/Küchler, Chemische Technik, Bd. 6, Metalle; Wiley-VCH Vlg., Weinheim, 2006, S. 45–88

6.43   Martens, H., Lux, M., Michael, P., Hydrometallurgische Verfahren für das Recycling von Refraktärmetallschrotten, GDMB Schriftenreihe, Heft 63, Recycling metallhaltiger Sekundärrohstoffe in der Metallindustrie, S. 333–345, Clausthal 1992

6.44   Gerisch, S., Ziegenbalg, S., Die Anwendung der Flüssig-Flüssig-Extraktion zur Gewinnung der Elemente Vanadin, Molybdän, Wolfram und Rhenium, Freiberger Forschungshefte B 128, VEB Deutscher Verlag für Grundstoffindustrie, Leipzig 1968, S. 67–89

6.45   Hartmetall Gesellschaft, Wissenswertes über Hartmetall, www.hartmetall.nl

6.46   Angerer, Th., Luidold, St., Antrekowitsch, H., Technologien zum Recycling von Hartmetallschrotten. In: World of metallurgy-Erzmetall 64 (2011); Teil 1, S. 6–15; Teil 2, S. 62–70; Teil 3, S. 328–336

6.47   Worrell, E., Reuter, M., Handbook of Recycling, Elsevier Inc. 2014

6.48 UNEP 2013. Metal recycling – Opportunities, Limits, Infrastructure, April 2013, www.unep. org/resourcepanel/Portals/24102/PDF . UNEP 2011. Recycling Rates of Metals – A Status Report. www.unep.org/resourcepanel/Portals/50244/publications/UNEP_report2 .

6.49 Schaik van, A., Reuter, M.. Material-centric and Product-centric Recycling. In: Worrell, E., Reuter, M., Handbook of Recycling, Elsevier Inc. 2014

6.50 Hagelücken, Chr., Beitrag des Recyclings zur Versorgungssicherheit bei Technologiemetallen. In: Thomé-Kozmiensky, K., Goldmann, D. Recycling und Rohstoffe, Bd. 3, TK-Verlag Neuruppin 2010, S. 539–548

6.51 Rasenack, K., Goldmann, D., Herausforderungen des Indium-Recyclings aus LCD-Bildschirmen und Lösungsansätze. In: Thomé-Kozmiensky, K., Goldmann, D. Recycling und Rohstoffe, Bd. 7, TK-Verlag Neuruppin 2014, S. 205–215

6.52 Niederschlag, E., Stelter, M., 145 Jahre Indium – ein Metall mit Zukunft, World of metallurgy – Erzmetall 62 (2009) No. 1, S. 17–22

6.53 Stelter, M. Neues Verfahren zum Recyceln von Röhren- und LCD-Bildschirmen entwickelt, www.tu-freiberg.de/presse (24.6.2014)

6.54 Reckziegel, C., Recycling in der Photovoltaikindustrie. In: Thomé-Kozmiensky, K., Goldmann, D. Recycling und Rohstoffe, Bd. 3, TK-Verlag Neuruppin 2010, S. 677–689

6.55 Fachausschuss GDMB (Hrsg.), Herstellung und Recycling von Technologiemetallen, GDMB-Schriftenreihe, Heft 133, Clausthal 2013. Reuter, M., Matusewicz, R., Schaik van, A., Lead, zinc and their minor elements: Enablers of a circular economy, World of metallurgy-Erzmetall 68(2015) No. 3, S.134–148

6.56 Adler, B., Müller, R., Seltene Erdmetalle (Gewinnung, Verwendung, Recycling), Universitätsverlag Ilmenau, 2014

6.57 Rollat, A. (Rhodia – Membre du groupe Solvay), How to satisfy the Rare Earths demand, Rhodia Rare Earth Systems initiatives, www.seii.org/seii/documents_seii/archives/2012-09-28_A_Rollat_Terres-rares.pdf

6.58 TU Clausthal, Lehrstuhl Rohstoffaufbereitung und Recycling; Leuchtstoffe aus Entladungslampen, www.ifa.tu-clausthal.de/lehrstuehle

6.59 Hauke, E., Huckenbeck, Th., Otto, R., Verfahren zur Rückgewinnung seltener Erden aus Leuchtstofflampen, DE 102011007669 A1, Okt.2012

6.60 Elwert, T., Goldmann, D., Entwicklung eines hydrometallurgischen Recyclingverfahrens für NdFeB-Magnete, GDMB Schriftenreihe, Heft 133, Clausthal 2013

6.61 Recycling von Komponenten und strategischen Metallen aus elektrischen Fahrantrieben (MORE), Verbundprojekt PTJ Jülich, FKZ 03x4622, Abschlussbericht 2014

6.62 Elwert, T., Goldmann, D. Schmidt, F., Stollmaier, R., Hydrometallurgical Recycling of Sintered NdFeB Magnets, World of metallurgy – Erzmetall 66(2013) No. 4, S.209–219

6.63 Elwert, T., Goldmann, D., Römer, F., Separation of Lanthanides from NdFeB Magnets on a Mixer-Settler Plant with PC-88A, World of metallurgy – Erzmetall 67(2014)No. 5, S.287–296

6.64 Gock, E., Kähler, J., Vogt, V., Numbi Banza, A., Schimrosczyk, B., Wojtalewicz-Kasprzak, A.: Recycling von Seltenerdelementen aus Leuchtstoffen, In: Recycling und Rohstoffe, Bd. 1, (Hrsg.). Karl J. Thomé-Kozmiensky, TK-Verlag Neuruppin,2008, S. 255–271

6.65 Kurth, G., Kurth, B., Röntgentrennung für Aluminiumrecycling, Abschlussbericht BMU-Umweltinnovationsprogramm, Nov.2014.

Recycling von Kunststoffen

7

Die Bezeichnung Kunststoffe wird oft parallel mit der Bezeichnung Polymere verwendet. In diesem Buch soll der Begriff Polymere für alle Stoffe aus hochmolekularen organischen Verbindungen (Makromolekülen) Verwendung finden. Kunststoffe sind dann die Polymere, die chemisch synthetisiert wurden und als Werkstoffe genutzt werden. Die Kunststoffwerkstoffe entstehen erst durch Einmischung verschiedener Zusatzstoffe (Stabilisatoren, Füllstoffe, Farbstoffe u. a.) in die Polymere. Die Polymere werden mit verschiedenen Verfahren aus niedermolekularen Grundbausteinen (Monomere) über chemische Reaktionen hergestellt. Die Polymere bestehen aus den Hauptelementen Kohlenstoff, Wasserstoff und Sauerstoff sowie weiteren Nichtmetallen (N, Cl, F, S) oder dem Halbmetall Silizium (Silikone). Zwischen den Atomen existiert als chemische Hauptvalenzbindung die kovalente Atombindung (Elektronenpaarbindung), die durch physikalische zwischenmolekulare Kräfte (ZMK) ergänzt wird. Aus der Vielfalt der herstellbaren Grundbausteine einerseits und den Varianten ihrer chemischen Reaktionen und Vernetzungen andererseits sowie der Vermischung verschiedener Monomere vor der Polymerisierung (Copolymere) resultiert die Vielzahl an existierenden Kunststoffsorten. Die atomare und strukturelle Zusammensetzung, die ZMK sowie der Grad der Vernetzung der Makromoleküle und die verschiedenen Zusatzstoffe bestimmen die Werkstoffeigenschaften und Recyclingeigenschaften (thermische und mechanische Belastbarkeit, Löslichkeit, Dichte) der Kunststoffe [7.1, 7.2]. Neben den Kunststoffen aus synthetischen Polymeren werden in wesentlich geringerem Umfang auch Kunststoffe durch Modifizierung hochmolekularer Naturstoffe (Eiweiße, Kohlenhydrate) erzeugt. Der stoffliche Aufbau der Kunststoffe aus organischen Makromolekülen ist von entscheidender Auswirkung auf das häufig primär gewünschte *stoffliche Recycling*. Die organischen Makromoleküle unterliegen aber besonders bei Thermoplasten und Elastomeren durch Einwirkung von Wärme, Licht, Verformungen und Alterung einem bemerkbaren Abbau. Außerdem sind die Möglichkeiten zur Abtrennung von Verunreinigungen oder Zusätzen aus Altkunststoffen sehr eingeschränkt. Auch die Trennung/Sortierung der Vielzahl von Kunststoffsorten voneinander ist problematisch. Das Recycling von Altkunststoffen zu qualitätsgerechten Sekundärwerkstoffen (*Werkstoffrecycling*) ist aus diesen Gründen schon

© Springer Fachmedien Wiesbaden 2016
H. Martens, D. Goldmann, *Recyclingtechnik*, DOI 10.1007/978-3-658-02786-5_7

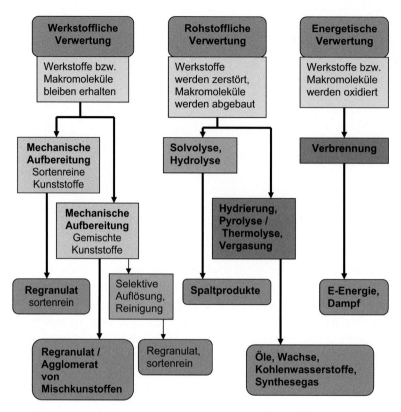

Abb. 7.1 Verfahrenswege des Kunststoffrecyclings

technisch nicht immer möglich. Deshalb spielt der gezielte Abbau der Makromoleküle zu den Monomeren oder zu organischen Zwischenprodukten bzw. Rohstoffen (*Chemisches Recycling* bzw. *Rohstoffrecycling)* eine größere Rolle. Wegen des hohen Heizwertpotentials der Kunststoffe ist auch deren *energetische Verwertung* eine wirtschaftlich und ökologisch sehr sinnvolle Lösung (siehe Abb. 7.1). Die energetische Verwertung wird zusammen mit der energetischen Verwertung von Papier, Holz u. a. organischen Stoffen und mit der Herstellung von Sekundärbrennstoffen in Kap. 15 besprochen.

7.1   Kunststoffgruppen und Kunststoffsorten

Ohne einige grundlegende Kenntnisse über die Kunststoffsorten und deren Eigenschaften [7.1] ist eine Besprechung des Kunststoffrecyclings nicht möglich. Zur Unterscheidung der einzelnen Kunststoffsorten werden internationale Kurzzeichen (z. B. PE = Polyethylen) verwendet. Auf Grund der unterschiedlichen Molekülbeweglichkeit bei Raumtemperatur und den daraus resultierenden thermischen und mechanischen Eigenschaften unterscheidet man die vier Kunststoffgruppen Thermoplaste, Elastomere, Duroplaste und thermoplastische

Elastomere. Die unterschiedlichen thermischen und mechanischen Eigenschaften sind für die Verfahrenstechniken des Recyclings von entscheidender Bedeutung (Zerkleinerungseigenschaften, Erweichung, Schmelzbarkeit, Quellfähigkeit, Löslichkeit).

Thermoplaste sind nicht vernetzte Kunststoffe, die aus linearen oder verzweigten Kettenmolekülen bestehen. Die Ketten können sich bei Belastungen und besonders bei höheren Temperaturen gegeneinander verschieben, so dass eine Erweichung oder ein Schmelzen erreichbar ist. Das Erweichen und Schmelzen ist beliebig oft wiederholbar. Die Thermoplaste sind außerdem in organischen Lösemitteln quellfähig oder auch löslich. Die Schmelztemperaturen liegen bei 130…260 °C. Die viskosen Schmelzen sind filtrierbar, was als Reinigungsmethode beim Recycling von Abfällen von Bedeutung ist. Der Werkstoff besitzt mittlere Zugfestigkeit und Steifigkeit, bei tiefen Temperaturen tritt eine Versprödung ein. Aus mehrphasigen Polymeren mit gummielastischen und thermoplastischen Bereichen werden Thermoplastische Elastomere (TPE) hergestellt, die thermoplastisch verformbar sind [7.1].

Elastomere sind weitmaschig chemisch vernetzte Kunststoffe, die in einem großen Temperaturbereich gummielastisch sind. Eine engmaschigere Vernetzung führt zum Hartgummi (Ebonit). Die chemische Vernetzung erfolgt während der Formgebung durch Vulkanisation (Vernetzungsmittel: Schwefel, Peroxide, Amine) und schließt eine weitere Verformbarkeit aus. Elastomere sind nicht schmelzbar und nicht löslich aber in organischen Lösemitteln quellfähig. Durch Erwärmung (auf ca. 200 °C), oxidativen Abbau und mechanische Beanspruchung erfolgt eine gewisse Teilzerstörung der Vernetzung, was für das Recycling nutzbar ist. Der Werkstoff hat geringe Steifigkeit und Zugfestigkeit.

Duroplaste sind chemisch engmaschig vernetzt. Sie sind nicht schmelzbar, unlöslich, nicht quellfähig und besitzen hohe Steifigkeit und Zugfestigkeit. Sie sind spröde und stärker wärmebeständig (bis 180 °C). Die Vernetzung erfolgt nach der Formgebung der Ausgangsmassen durch Wärmezufuhr (Warmaushärten) oder durch chemische Zusätze (Härter) bzw. katalytische Zusätze (Kaltaushärten). Sie kommen fast immer mit höheren Gehalten an Füllstoffen und Verstärkungsstoffen zur Anwendung.

Ein anderes Einteilungsprinzip unterscheidet die Kunststoffe nach den drei chemischen Herstellungsverfahren: Polymerisation, Polykondensation, Polyaddition. Die mit diesen Verfahren erzeugten Makromoleküle bilden die Kunststoffgruppen der Polymerisate (PE, PP, PS, PVC u. a.), der Polykondensate (PC, PET, PF u. a.) und der Polyaddukte (PUR u. a.).

Wegen der außerordentlich großen Zahl an Kunststoffsorten ist in der folgenden Zusammenstellung und im gesamten Kap. 7 immer die Beschränkung auf die wichtigsten Sorten notwendig, die für das Recycling besondere Bedeutung besitzen. Weitergehende Informationen zu den Kunststoffgruppen und Sorten, zur Zusammensetzung und Struktur, zu spezifischen Eigenschaften usw. sind aus der Spezialliteratur für Kunststoffe [7.1, 7.2] zu entnehmen. Die ausgewählten wichtigsten Sorten sind in den Tab. 7.1, 7.2 und 7.3 zusammengestellt.

Neben den in den Tab. 7.1, 7.2 und 7.3 zusammengestellten Sorten synthetischer Kunststoffe werden außerdem in geringem Umfang Kunststoffe aus modifizierten Naturstoffen (Zellulose, Stärke, Kasein), z. B. Celluloseacetat (CA), erzeugt.

Tab. 7.1 Thermoplaste mit breitem Einsatzspektrum – Eigenschaften und Verwendungsgebiete

Thermoplaste	Dichte g/cm³	Charakteristische Eigenschaften	Verwendungsgebiete
PE, Polyethylen PE-LD, PE-HD	0,92…0,95	Schm.T.: 120…130 °C, Best.: Säuren, Laugen, Benzin	Verpackungs-Folien, Behälter, Kanister, Maschinenteile
PP, Polypropylen	0,84…0,90	Schm.T.: 160 °C, Best.: Säuren, org. Lösemittel	Folien, Haushaltgeräte, PKW-Teile
PVC, Polyvinylchlorid	1,3…1,4	56,7 % Cl, Schm.T.: 120…160 °C, Best.: Säuren, org. Lm.	PVC-U: Rohre, Tafeln, Profile. PVC-P: Bahnen, Blasfolien, Kabelisolation, Schläuche
PTFE, Polytetrafluorethylen	2,1…2,2	Schm.T.: 330 °C Best.: Chemikalien, alle organ. Lösemittel	Elektr. Isolation, Dichtungen, Faltenbälge, Kolben, Gleitlager, Schläuche
PS, Polystyrol, PS-E (EPS)	1,0…1,2	steif, spröde, transparent, PS-Schaumstoffe	Spritzgussteile, Gehäuse, Dämm-/Isoliermaterial
PMMA, Polymethylmethacrylat	1,2	Schm.T.: 200…230 °C, steif, hart, spröde, transparent	Acrylglas: Verglasungen, Brillengläser, Gehäuse, Sanitärartikel. Gießharz
POM, Polyoxymethylen	1,3…1,4	Schm.T.: 170 °C, steif, dimensionsstabil	Präzisionsteile der Feinwerktechnik
PA, Polyamide, PA 6, PA 6.6	1,1	hart, steif Best.: org. Lösemittel Schm.T.: 260 °C	Techn. Teile: Zahnräder, Pumpen, Gehäuse, Dübel, Fasern
PC, Polycarbonat	1,2	Schm.T.: 300 °C, schlagzäh, glasklar	Apparateteile, Verglasungen, Gehäuse, CD, DVD
PET Polyethylenterephtalat	1,35…1,4	Schm.T.: 250…260 °C, zäh, fest, glasklar Best.: organ. Lösemittel, schwache Säuren, gasdicht	Getränkeflaschen, Fasern, Folien, Techn. Kleinteile
PPS, Polyphenylensulfid	1,6	Schm.T.: 300…445 °C, Best.: Chemikalien, höhere Temp.	warmfeste Teile, Mikrospritzguss, Verbundwerkstoffe
PI, Polyimide, PAI	1,4	fest, steif, warmfest Schm.T.: 330 °C	warmfeste Teile, Gleitelemente, Laufräder

(*Schm.T.* = Schmelztemperatur bzw. Verarbeitungstemperatur der Thermoplaste; *Best.* = Beständigkeit; *Lm.* = Lösemittel; *LD* = low density; *HD* = high density; *PVC-U* = unplasticized; *PVC-P* = plasticized; *PS-E* = expanded)

Tab. 7.2 Häufig verwendete Elastomere – Eigenschaften und Verwendungsgebiete

Elastomere	Charakteristische Eigenschaften	Verwendungsgebiete
R-Kautschuke		
1. SBR, Styrol-Butadien-Kautschuk	1. Gebr.T.: −40…+100 °C, nicht ölbeständig	1. Allzweckkautschuk, Reifen, Schläuche, Profile, Schaumgummi
2. NR, Naturkautschuk	2. Gebr.T.: −50…+70 °C, nicht ölbeständig	2. LKW-Reifen, Gummifedern
3. CR, Chloroprenkautschuk	3. schwer brennbar, bedingt ölbeständig	3. Kabelmäntel, Dachbelag
4. NBR, Nitril-Butadien-Kautschuk	4. Gebr.T.: −30…+100 °C, bedingt ölbeständig	4. Dichtungen, Schläuche
T-Kautschuke		
TM, Polysulfid-Kautschuk	wärmebeständig lösemittelbeständig	Behälterauskleidung
Q-(Silikon)-Kautschuke	Gebr.T.: −100…300 °C	Dichtungen, Schläuche, Elektroisolierungen
Thermoplastische Polyurethan-Elastomere (TPE-U)	gummielastisch, Dichte: 1,2 g/cm^3 Best.: schw. Säuren, Öle Gebr.T.: 80…100 °C	Dichtungen, Schläuche, Faltenbälge, Membranen, Kabelmäntel, Schuhsohlen

(*Gebr.T.* = Gebrauchstemperatur; *Best.* = Beständigkeit)

Tab. 7.3 Ausgewählte Duroplaste – Eigenschaften und Einsatzgebiete

Duroplaste	Dichte g/cm^3	Charakteristische Eigenschaften	Verwendungsgebiete
PF, Phenol-Formaldehyd (Phenoplast)	1,8…2,1	hart, spröde, dunkel, Wasseraufnahme, Best.: Öl, organ. Lm. Gebr.T.: 130…150 °C,	Steckdosen, Isolierplatten, Brems-/Kupplungsbeläge, Bindemittel (Spanplatten, Hartpapier)
UF, Harnstoff-Formaldehyd (Aminoplast)	1,45…2,0	hart, spröde, hellfarbig, feuchtebeständig, Best.: Öle, organ. Lm. Gebr.T.: 80 °C	Elektroinstallationsmaterial, Schraubkappen (Kosmetik), Haushaltgeräte
MF, Melamin-Formaldehyd	1,5…2,0	hart, kochfest, hellfarbig, nicht brennbar Best.: Öl, Benzin, Gebr.T.: 130 °C	Elektr./Elektron. Bauteile, Lampensockel, Geschirr, Haushaltsgeräte

Tab. 7.3 *(Fortsetzung)* Ausgewählte Duroplaste – Eigenschaften und Einsatzgebiete

Duroplaste	Dichte g/cm^3	Charakteristische Eigenschaften	Verwendungsgebiete
UP, Ungesättigte Polyesterharze	2,0	steif bis elastisch, Gebr.T.: 160…180 °C	Gehäuse, Spulen
UP-GF, SMC (Glasfaser)	1,9	steif	Harzmatten: Sitzschalen, Heckklappen, Bootskörper
EP, Epoxidharze	1,2…2,1	steif, schlagfest, Gebr.T.: 130 °C	Gießharze, Laminierharze
PUR Polyurethane 1. Gießharze 2. Schaumstoffe (weich/hart)	1,0…1,2 0,03…0,09	1. Best.: Fette, schw. Säure/Lauge 2. elastisch/dämmend Dichte: 0,04 g/cm^3	1. Vergussmasse, Kleber 2. Fahrzeugsitze, Polster, Dämmplatten

(*Gebr.T.* = Gebrauchstemperatur; *Lm* = Lösemittel; *Best.* = Beständigkeit)

Formmassen, Blends, Verbunde

Für die Mehrzahl der Kunststoffe erfolgt die Kunststoffsynthese in der chemischen Industrie zu einem Kunststoffrohstoff, der nachfolgend in dem vollkommen getrennten Industriezweig der „Kunststoff-Verarbeiter" zu Kunststoff-Formmassen aufbereitet wird. Eine wichtige Ausnahme bilden die PUR-Kunststoffe, die beim „Verarbeiter" aus flüssigen Vorstoffen (Polyisocyanat und Polyol) direkt synthetisiert werden. Die *Formmassen* werden im Aufbereitungsprozess durch Vermischung der Polymere mit den erforderlichen Zusatzstoffen (Weichmacher, Haftvermittler, Gleitmittel, Verstärkungsstoffe u. a.) hergestellt. Daraus werden dann geeignete Formen für die Weiterverarbeitung (Granulate, Pulver, Pasten, Lösungen, Dispersionen) erzeugt. Aus diesen Formen lassen sich schließlich durch Urformen Kunststoffteile direkt herstellen oder entsprechende Halbzeuge (Blöcke, Profile, Rohre, Bahnen, Folien, Prepregs) produzieren. Eine weitere Kunststoffmodifizierung erfolgt durch die Verwendung von *Polymermischungen* (Polymerblends, Polymerlegierungen), die häufig heterogene Blends aus einer Matrix und einer dispergierten Phase bilden. Eine weitere wichtige Werkstoffgruppe sind die Kunststoffverbunde. Dazu gehören die Mehrschichtverbunde und die Mischwerkstoffverbunde. *Mehrschichtverbunde* bestehen aus geometrisch abgrenzbaren, stofflich verschiedenen Werkstoffschichten. *Mischwerkstoffverbunde* entstehen durch Einbau verstärkender Partikel oder Fasern in eine Polymermatrix (glasmattenverstärkte Thermoplaste, GFK; verstärkte Duroplaste; kohlefaserverstärkte Kunststoffe, CFK). Solche Kunststoffmischungen und Werkstoffverbunde bereiten naturgemäß bei Recyclingverfahren erhebliche Schwierigkeiten, da der Aufschluss der Komponenten schwierig, häufig unvollständig oder unmöglich ist.

Neben den festen Kunststoff-Werkstoffen werden im großen Umfang aus thermoplastischen oder vernetzten Kunstharzen *Klebstoffe* und *Lacke* (z. B. Alkydharzlacke, Einbrennlacke usw.) hergestellt. Für das Recycling besitzen die in dünnen Schichten verwendeten und ausgehärteten Klebstoffe und Lacke keine Bedeutung. Sie können aber das Recycling der damit beschichteten Altstoffe (besonders Altmetalle und Altkunststoffe) oder Produktionsabfälle erheblich behindern und evtl. durch Pigmente verschlechtern. Ein Recycling von Klebstoffen und Lacken ist allerdings für die Materialreste bei Klebe- und Lackierverfahren (Overspray) und für größere Massen ungebrauchter Altklebstoffe und Altlacke notwendig.

7.2   Zusatzstoffe, Füllstoffe und Verstärkungsmittel für Kunststoffe

Neben den oben aufgeführten Kunststoffsorten und Polymermischungen sind außerdem die notwendigen Zusatzstoffe, Füllstoffe, Verstärkungsmittel u. a. für die Recyclingeigenschaften von großer Bedeutung und müssen deshalb an dieser Stelle relativ ausführlich aufgelistet werden. Die Zusatzstoffe werden für die Verbesserung der *verarbeitungstechnischen Eigenschaften der Formmassen* (Gleitfähigkeit, Trennverhalten usw.) und die Erzielung gewünschter *applikationsgerechter Eigenschaften der Endprodukte* (Farbe, Festigkeit, Flammschutz usw.) eingesetzt.

Gleitmittel, Antiblockmittel, Trennmittel
Diese Gruppe garantiert die Verarbeitbarkeit durch Verbesserung des Gleit- und Haftverhaltens zu den Formwerkzeugen und zwischen den Kunststoffoberflächen. Die „inneren Gleitmittel" erniedrigen auch die Viskosität der Schmelzen. Es kommen Fettsäureester (Butylstearat), Metallseifen (Calciumstearat), Fettsäureamide u. a. zur Anwendung. Die Antiblockmittel (Talkum) verhindern das Verkleben von Folien [7.1].

Stabilisatoren
Stabilisatoren bremsen den oxidativen Abbau von Kunststoffen. Dieser entsteht bei Einwirkung von Wärme, UV-Strahlung und mechanischer Verformung auf die Kunststoffe durch Bildung von freien Radikalen, die nachfolgend einen Abbau des Polymers hervorrufen. Angewandte Antioxidantien (bis 0,3 % Zusatz) sind z. B. aromatische Amine, organische Phosphite und Lactone. Als UV-Absorber (bis 2 % Zusatz) kommen Benzophenone, Triazine u. a. zum Einsatz [7.2]. Wärmestabilisatoren (Schutz vor thermischem Abbau) sind vor allem für PVC erforderlich. Dafür werden organische Verbindungen von Blei, Cadmium, Barium, Zinn und Zink (Maleinate, Carboxylate. Mercaptide) verwendet. Auf Grund der Toxizität von Cadmium und Blei kommen für Neuware nur noch begrenzt Barium/Cadmium- oder Blei-Stabilisatoren für Hart-PVC in Außenanwendung in Betracht.

Antistatika
In die Formmassen werden organische Antistatika direkt eingearbeitet (Fettsäureester, Amine, Sulfonate) oder vermischt mit leitfähigen Zusatzstoffen (Spezialruß, Karbonfasern, Metallfasern). Auch Kunststoffoberflächen werden entsprechend beschichtet (Aluminium-Bedampfung, Leitlacke) [7.2].

Flammschutzmittel

Organische Flammschutzmittel sind Chlor- oder Bromverbindungen, die zunehmend durch halogenfreie und anorganische Verbindungen (Hydroxide, Borate, Phosphate) substituiert werden, aber noch in Altkunststoffen enthalten sind. Als sogenannter Synergist wird zudem häufig Antimonoxid (siehe Abschn. 6.9.6) eingesetzt. Kunststoffe, die in anderen Teilen der Welt hergestellt werden, enthalten nach heutigem Stand auch noch weiterhin diese Bestandteile. Neuere Substitute als Flammschutzmittel sind häufig Aluminiumhydroxid, Magnesiumhydroxid und Zinkborat.

Farbmittel

Zur Einfärbung dienen vor allem anorganische oder organische Pulverpigmente, die im Kunststoff unlöslich sind sowie in geringem Umfang lösliche Farbstoffe (Azo-Farbstoffe). Das wichtigste Pigment ist Titandioxid (Weißpigment).

Weichmacher

An erster Stelle im Verbrauch stehen die Phtalsäureester (z. B. Dioctylphtalat). Für PVC kommen auch Phosphorsäureester zum Einsatz, die gleichzeitig als Flammschutzmittel wirken aber für einen Einsatz im Lebensmittelbereich unzulässig sind.

Haftvermittler

Diese Stoffe (modifiziertes PE u. a.) verbessern die Benetzung zwischen schwer verträglichen Kunststoffkomponenten bei Kunststoffmischungen (Bedeutung beim Recycling) oder Verbundfolien und die Haftung bei Verbundwerkstoffen zwischen Kunststoff und Fasern.

Treibmittel

Zum Schäumen von Kunststoffen werden Natriumhydrogencarbonat ($NaHCO_3$) oder Azo-dicarbonsäurediamid (Zersetzung zu N_2 und CO_2) eingesetzt.

Füllstoffe und Verstärkungsmittel

Diese Stoffe dienen als Streckmittel (Einsparung von Kunststoffmasse) und zur Verbesserung der Steifigkeit, Festigkeit, Wärmebeständigkeit und Maßhaltigkeit.

Als Füllstoffe kommen vorwiegend anorganische Pulver (Kreide, Kaolin, Talk) zur Anwendung. Durch Einarbeitung von Verstärkungsfasern (Länge wenige mm) aus Glas, Baumwolle, Kohlenstoff, Aramid u. a. in Thermoplaste oder härtbare Formmassen kann die Festigkeit erheblich gesteigert werden. Die Faserverstärkung kommt als Kurzfaser, Stapelfaser oder Matte zur Anwendung. An erster Stelle stehen die Glasfasern (GF), gefolgt von Kohlenstoff-Fasern (CF), Hochtemperatur-Kunststoff-Fasern und verstärkt Naturfasern (Hanf, Kokos, Sisal usw.).

7.3 Einsatzgebiete und Produktion der Kunststoffe

Für das Recycling von Kunststoffen sind ausführlichere Kenntnisse über die Anfallstellen der Altkunststoffe erforderlich. Daher sollten auch die Einsatzgebiete der Kunststoffe gut bekannt sein. Bestimmend für die Einsatzgebiete sind die *spezifischen Werkstoffeigenschaften der Kunststoffe*, wie sie für einzelne Kunststoffsorten in den Tab. 7.1, 7.2 und 7.3 mit angegeben sind. Diese Werkstoffeigenschaften lassen sich wie folgt zusammenfassen:

1. Geringe Dichte (0,8…2,2 g/cm^3).
2. Festigkeit, Steifigkeit, Schlagzähigkeit, Lichtdurchlässigkeit (Verwendung als Bauelemente und Kleinteile).
3. Vorteilhafte Formgebungseigenschaften bei niedrigen Temperaturen zwischen 100 und 300 °C (Extrudieren, Spritzgießen, Kalandrieren, Schäumen, Pressen) und einfache mechanische Bearbeitung (Fräsen, Bohren, Beschichten) sowie günstige Fügemöglichkeiten (Schweißen, Kleben).
4. Niedrige elektrische Leitfähigkeit (Verwendung als elektrische Isolatoren).
5. Niedrige Wärmeleitfähigkeit (Verwendung zur Wärmedämmung, besonders als Kunststoffschäume).
6. Elastizität spezieller Sorten (Verwendung für Schläuche, Reifen, elastische Teile, Polster).
7. Beständigkeit gegen Witterungseinflüsse, Chemikalien, Säuren, Alkalien und organische Lösemittel (Verwendung für Behälter, Rohre, Schläuche, Dachbahnen, Beschichtungen, Lacke).

Dabei sind folgende einschränkende Eigenschaften für die Anwendung zu berücksichtigen:

- Begrenzte thermische Beständigkeit, da die thermische Aufspaltung der Elektronenpaarbildung irreversibel ist (Einsatzbereiche unter 70 °C bis unter 300 °C).
- Löse- bzw. Quellverhalten gegenüber bestimmten organischen Lösemitteln.
- Begrenzte Beständigkeit gegen verschiedene Umwelteinwirkungen (UV-Strahlung, Oxidation, Hydrolyse, Mikroorganismen).

Haupteinsatzgebiete
Einen umfassenden Überblick dazu gibt Tab. 7.4.

Verarbeitung von Kunststoffen in Deutschland
Ein wirtschaftlicher Betrieb von Recyclinganlagen ist nur beim Anfall größerer Massen spezieller Kunststoffsorten und bei kostendeckenden Erlösen für die Sekundärkunststoffe möglich. Zur Einschätzung dieser Situation sind deshalb in Tab. 7.5 die in Deutschland verarbeiteten Massen an wichtigen Kunststoffwerkstoffen angegeben.

Tab. 7.4 Haupteinsatzgebiete von Kunststoffen bzw. Anfallstellen von Altkunststoffen [7.1]

Formteile, Halbzeuge, Formmassen	Einsatzgebiet	Kunststoff
Rohre, Rohrleitungen	1. Trinkwasser-, Gasleitungen 2. Fußbodenheizung, Heißwasser 3. Abwasserleitungen (Haus, Kanal, Dränage, Dachrinnen) 4. Kabelschutz-, Elektroisolier-Rohre 5. Kraftstoffleitungen 6. Industrieleitungen	1. PVC, PE, PP 2. PP, ABS 3. PVC, PE 4. PVC, PE, PP 5. PA 6. PVC, GFK, PVDF, PP
Schläuche	1. Wasser, Getränke, Medizin, Verpackung 2. Druckschläuche (Öl, Bremsflüssigkeit)	1. PVC 2. PA
Profile	1. Fenster/Türen 2. Transparentteile 3. Faser-Kunststoff-Verbund	1. PVC, ASA, ABS 2. PMMA, PC 3. Thermoplaste
Platten, Tafeln	1. Apparate, Behälter 2. Verglasungen 3. Karosserieteile	1. PP, PVC, PE 2. PMMA, PET, UP-GF, PC 3. ABS, ASA, PMMA/ABS
Bahnen	1. Bauabdichtung, Fußbodenbeläge 2. Dachbahnen	1. PE, PVC 2. PVC, PIB, EVAC
Folien, Verbundfolien	1. Sichtverpackungen (Textilien, Backwaren, Zigaretten) 2. Vakuumverpackungen 3. Gewächshausfolien 4. Regenkleidung	1. PP, PS, PVC 2. PA 3. PE, EVAC, PVC 4. PTFE
Behälter	1. Getränke 2. Kosmetik 3. Kraftstoffe, Öle 4. Medizintechnik	1. PET, PC 2. PE 3. PA, PE + EVAL 4. PSU, SBS
Kabel	1. Isolierschläuche, Litzen 2. Div. Anlagen	1. PVC 2. PE, EPM, PTFE
Schaumstoffe	1. Polster, Fahrzeugausstattung 2. Verpackungen, Polster, Stoßfänger 3. Wärmedämmung (Eier-/Menüschalen)	1. PUR 2. PE, PP 3. PS
Fasern, Fäden, Gewebe	1. Netze, Filtertücher 2. Teppiche, Planen, Gurte, Textilien	1. PE, PVC, PTFE, PVF 2. PAN, PA, PMPI, PET

Tab. 7.4 *(Fortsetzung)* Haupteinsatzgebiete von Kunststoffen bzw. Anfallstellen von Altkunststoffen [7.1]

Formteile, Halbzeuge, Formmassen	Einsatzgebiet	Kunststoff
Medizinische Ausrüstungen	1 Gelenke 2. Venen, Arterien 3. Linsen 4. Ampullen, Flaschen, Handschuhe 5. Spritzen 6. Katheter	1. PE 2. PTFE 3. PMMA 4. PVC 5. PE, PP, PS, PA 6. PE, PA, PUR, PTFE
Härtbare Formmassen	1. Stecker, Gehäuse, Sockel, Bremsbeläge 2. Haus-/Küchengeräte	1. PF + Füllstoff 2. MF, UF
Prepregs	1. Heckklappen, Fahrerhäuser, Sitzschalen	1. UP-SMC
Elastische Bauteile	1. Reifen, Schläuche, Dichtungen, Profile	1. siehe Tab. 7.2 Kautschuke

Tab. 7.5 Verarbeitung von Kunststoffwerkstoffen in Deutschland 2011 [1.6]

Kunststoff-Sorte	Verarbeitung in Deutschland 2011 (kt)
PE	3.220
PP	2.030
PVC	1.610
PS	700
PET	445
PA	345
ABS	260
PC	
Sonst. Thermoplaste	460
PUR	750
Sonst. Kunststoffe	1.950
Gesamt	**11.860**

Zusätzlich zu diesen 11.860 kt Kunststoffwerkstoffen wurden 2011 in Deutschland 5.340 kt Polymere für Klebstoffe, Lacke, Harze, Textilfasern u. a. eingesetzt. Davon werden nur geringe Mengen an PA-Fasern und Lackresten recycliert.

Wirtschaftliche Anreize für ein Recycling sind vor allem für die teureren Kunststoffsorten PC, PA und ABS vorhanden. Die Massenkunststoffe PVC, PE und PP sind für das Recycling auf Grund des Anfalls großer Massen von Bedeutung. PS und PET sind wegen ihrer guten separaten Sammel- und hervorragenden Recyclingeigenschaften aus bestimmten Altprodukten ebenfalls Gegenstand gut funktionierender Recyclingkreisläufe.

7.4   Werkstoffrecycling von Kunststoffen

Von den Kunststoffen sind besonders die Thermoplaste mit den geringsten Schwierigkeiten als Werkstoffe zu recyceln. Eine ganze Reihe von spezifischen Stoffeigenschaften erschweren allerdings das werkstoffliche Recycling aller Kunststoffe.

Stoffeigenschaften von Kunststoffen, die das Recycling erschweren

1. *Oxidativer Abbau, Verschlechterung der mechanischen Eigenschaften*: Bei der Verarbeitung, Lagerung und beim Gebrauch erfolgt ein oxidativer Abbau der Polymere durch die Einwirkung von Luftsauerstoff in Verbindung mit Wärme (z. B. beim Schmelzen und Extrudieren), durch UV-Strahlung und durch mechanische Scherbeanspruchung bei plastischer Verformung. Metallische Verunreinigungen begünstigen diesen Prozess. Durch diesen Abbau verschlechtern sich die Werkstoffkennwerte. Bei wiederholter Extrusion von PE ist z. B. die Absenkung der Festigkeit (Zeitstand-Innendruckversuch), die Verschlechterung der Verarbeitungseigenschaften (Schmelztemperatur, Viskosität der Schmelze) und der optischen Eigenschaften (Transparenz, Glanz der Oberfläche) dokumentiert. Auch verunreinigende Partikel (Papier, Aluminium) in Thermoplasten können die Reißdehnung erheblich absenken.
2. *Eingeschränkte Verträglichkeit der Kunststoffsorten untereinander* Unverträglichkeit bedeutet keine Mischbarkeit und keine Verarbeitbarkeit der Gemenge. In Tab. 7.6 ist eine Verträglichkeitsmatrix angegeben [7.2]. Zur Verbesserung der Verträglichkeit sind Zusatzstoffe (Verträglichkeitsmacher) entwickelt worden.
3. *Geringe stoffliche Möglichkeiten zur Reinigung:* Am häufigsten finden einfache Waschprozesse auf Wasserbasis Anwendung und nur in Ausnahmefällen kommen organische Lösemittel oder Chemikalien zum Einsatz. Bei Thermoplasten können durch Druckfiltration der Schmelze gröbere Partikel wie Verstärkungsfasern oder Verunreinigungen (Al-Folie, Papier usw.) abgetrennt werden. Eine weitere Reinigungsmöglichkeit ist die Vakuumentgasung der Thermoplast-Schmelzen im Extruder. Elastomere werden nach der Aufschlusszerkleinerung durch Sortierverfahren von den Verstärkungsstoffen (Cord, Stahl) befreit. Gelöste oder feindispergierte Stoffe (Additive, Farbstoffe) sind aber nicht zu eliminieren. Eine sehr effektive aber kostenintensive technische Möglichkeit ist das

Tab. 7.6 Verträglichkeitsmatrix für Thermoplaste [7.2] (*1* = gut mischbar; *6* = schlecht mischbar)

	PS	ABS	PA	PC	PMMA	PVC	PP	PE	PET
PS	1								
ABS	6	1							
PA	5	6	1						
PC	6	2	6	1					
PMMA	4	1	6	1	1				
PVC	6	3	6	5	1	1			
PP	6	6	6	6	6	6	1		
PE	6	6	6	6	6	6	6	1	
PET	5	5	5	1	6	6	6	6	1

selektive Auflösen der Kunststoffgemische mit organischen Lösemitteln und die Abfiltration fester Beimengungen. Reinigungsverfahren mit Hilfe chemischer Reaktionen oder erhöhter Temperatur führen immer zur Werkstoffzerstörung und sind deshalb für das Werkstoffrecycling nicht einsetzbar.

Zusätzliche Probleme des Kunststoffrecyclings sind folgende

a) Die große Vielfalt der angewandten Sorten, Blends, Verstärkungsstoffe, Farbstoffe und Additive.
b) Die technisch komplizierte Identifizierung der Sorten und Zusatzstoffe.
c) Die Vielfalt der Produkte und Formen (kompakte Teile, Hohlkörper, Folien) mit unterschiedlichsten Verunreinigungen und Restinhalten.
d) Die häufig geminderte Qualität der Sekundärwerkstoffe (Recyclate) als Folge der geringen Reinigungsmöglichkeiten, woraus ein besonderer Markt für Sekundärstoffe und geringere Erlöse resultieren.

Schlussfolgerungen für das Werkstoffrecycling
Aus den angeführten Stoffeigenschaften und den weiteren Problemen ergeben sich wichtige Schlussfolgerungen für das Recycling von Kunststoffen.

1. Einsatz effektiver mechanischer Aufschluss- und Sortierverfahren (Shredder, Schneidmühlen, Matritzenpressen, Dichtesortierung, elektrostatische Sortierung, Sensorgestützte Sortierung).
2. Entwicklung kostengünstiger Löseverfahren mit nachfolgenden Trennprozessen.
3. Konzentration des Werkstoffrecyclings auf sortenreine, kompakte Altkunststoffe (Rohre, Platten, Profile, Bahnen, Schläuche, Kanister, Fässer) und auf die Kunststoffabfälle aus den Verarbeitungswerken.

4. Sortenspezifische Sammellogistik (PVC-Fensterprofile, Autokarosserieteile, Dachbahnen, Getränkeflaschen, Altreifen).
5. Kennzeichnung der Sorten mit den Kurzzeichen.
6. Beschränkung der Anzahl der eingesetzten Sorten in einem Produkt.
7. Spezielle technische Maßnahmen bei der Verarbeitung von Recyclaten.

Diese Schlussfolgerungen sind in den meisten Industrieländern für die Punkte 1., 3., 4. und 5. in der Sammellogistik und der Industrie weitgehend umgesetzt. Die Löseverfahren (Pkt. 2) sind aber z. Zt. noch nicht wirtschaftlich und der Sortenbeschränkung (Pkt. 6) steht die optimale Eigenschaftskombination in den Produkten entgegen.

7.4.1 Werkstoffrecycling von Thermoplasten

Die bei der Thermoplastverarbeitung durch Spritzgießen, Extrudieren, Blasen oder Schäumen anfallenden Produktionsabfälle (Angüsse, Kantenbeschnitt usw.) sind sortenrein und sauber, so dass sie direkt im Verarbeitungsbetrieb wieder zur Formmassenaufbereitung in Kneter oder Schneidgranulatoren zurückgeführt werden.

Diese direkte Rückführung von Produktionsabfällen ist allerdings nicht möglich, wenn Verstärkungsmatten eingearbeitet sind (Prepregs), Beschichtungen aufgebracht wurden (CD mit Al-Schicht) oder Schichtverbunde vorliegen.

Die Recyclingbetriebe verarbeiten überwiegend Altkunststoffe, die in folgende Gruppen eingeteilt werden können:

- *Gruppe A:* Sortenreine, gekennzeichnete Kunststoffe, die z. T. mit anderen Werkstoffen (Glas, Metall, Textilien, Beschichtungen) durch Fügeverfahren verbunden sind und denen verschiedene Verunreinigungen aus dem Gebrauch anhaften (Fette, Kraftstoffe, Schmutz usw.).
- *Gruppe B:* Mischkunststoffe (Kleinbehälter, Folien, Beutel u. a.) mit entsprechenden Gebrauchsverunreinigungen.
- *Gruppe C:* Werkstoffverbunde und Verbundwerkstoffe mit Gebrauchsverunreinigungen.

Innerhalb dieser Gruppen sind evtl. dann noch unterschiedliche Einfärbungen und Zusatzstoffe zu berücksichtigen. Die Gebrauchsverunreinigungen und der oxidative Abbau während der Nutzungszeit sind bei dünnwandigen Artikeln (Folien) mit großer Oberfläche besonders hoch. Kompakte Altkunststoffe besitzen dagegen günstigere Recyclingeigenschaften.

7.4.1.1 Sammellogistik und Aufschlusszerkleinerung

Es wurde bereits oben darauf hingewiesen, dass „die geringen Möglichkeiten der Reinigung" und die „Unverträglichkeit der Sorten" zur Anwendung einer sortenspezifischen Sammellogistik und effektiver mechanischer Verfahren der Aufschlusszerkleinerung und

Sortierung zwingen. Eine ausführliche *Beschreibung der Grundlagen, Wirkprinzipien und der Apparate der Zerkleinerung und Sortierung* findet sich in Kap. 3. Im vorliegenden Abschn. 7.4.1.1 sind die für das Thermoplastrecycling vorwiegend eingesetzten Verfahren und Apparate nochmals aufgeführt.

Sortenspezifische Sammellogistik
In den Industrieländern sind sortenspezifische Sammelsysteme für PET-Getränkeflaschen, komplette Fenster mit PVC Profilen, PVC-Dachbahnen, Verbundverpackungen und Altreifen eingerichtet. Damit werden die anschließenden Aufschluss- und Sortierverfahren stark entlastet, eine bessere Qualität der Sekundärstoffe gesichert und die Erlöse erhöht.

Manuelle und mechanische Vorsortierung
Die manuelle Sortierung an Lesebändern hat als erste Sortierstufe weiterhin Bedeutung. Sie wird vor allem zur Auslese von Fehlwürfen aus Sammelsystemen eingesetzt und erfolgt grundsätzlich an unzerkleinertem Material, bei dem die auszulesenden Objekte gut erkennbar sind. Zur mechanischen Vorsortierung kommen vor allem Trennsiebe, Folienabscheider und ballistische Sortierer zum Einsatz. Die Folienabscheider arbeiten mit einem perforierten Förderband oder einer perforierten Rutsche, die auf der Rückseite mit Unterdruck beaufschlagt sind und die Folien (und evtl. Papier) ansaugen (Abb. 3.13). Die ballistischen Sortierer nutzen die unterschiedlichen Rückpralleigenschaften von Kompaktmaterial, Hohlkörpern und Folien (Abb. 3.14).

Aufschlusszerkleinerung
Mit dieser Arbeitsstufe sollen zwei Ziele erreicht werden.

1. Die Zerkleinerung der Abfälle auf die Stückgrößen, die für die nachfolgenden mechanisierten Sortierverfahren erforderlich sind.
2. Das Auftrennen der mechanischen Verbindungen zwischen verschiedenen Werkstoffen oder auch der stofflichen Verbunde (der sog. Aufschluss).

Die Zerkleinerungseigenschaften der Thermoplaste sind durch das elastisch-plastische Verformungsverhalten und die geringe Festigkeit (weiches Material) definiert. Deshalb kommen für die Grob- und Mittelzerkleinerung auf Endfeinheiten um 10 mm vorwiegend Shredder und Schneidmühlen zum Einsatz (Abb. 3.2). Ein Sonderverfahren ist die kryogene Vorbehandlung von weichem Material mit flüssigem Stickstoff, womit man eine starke Versprödung erzielt und in Prallmühlen dann einen sehr effektiven Aufschluss erreicht (siehe Abschn. 3.2, Abb. 3.4). Die kryogene Vorbehandlung ist besonders für Verbundwerkstoffe geeignet. Die Zerkleinerung muss häufig durch einen Klassierprozess ergänzt werden, um ein notwendiges engeres Stückgrößenspektrum zu garantieren und evtl. Stäube bzw. Feinkorn auszuhalten. Die Klassierung kann als Trockensiebung oder Nasssiebung sowie durch Stromklassierung (Hydrozyklon, Windsichter) erfolgen (siehe Abschn. 3.3 und 3.4.1).

Waschprozesse

Waschprozesse dienen der Entfernung von Gebrauchsverunreinigungen (Öle, Fette, Lebensmittel, Kosmetika, Farben, Kraftstoffe, Schmutzpartikel) und verwenden überwiegend Waschwässer, die mit Waschmitteln versetzt sind. Für wasserunlösliche Verunreinigungen kommen vereinzelt auch organische Lösemittel zur Anwendung, die danach aber einer Aufarbeitung (meist durch Destillation) bedürfen. Im Spezialfall des PET-Recyclings kann durch einen Waschprozess mit Natronlauge zusätzlich ein geringer Materialabtrag von der PET-Oberfläche und dadurch ein besonders reines Vormaterial erreicht werden.

7.4.1.2 Sortierverfahren

Nach dem Klassierprozess und der Waschstufe liegt ein kleinstückiges Haufwerk mit relativ engem Stückgrößenspektrum vor. Feine Stäube und Anhaftungen sind weitgehend abgetrennt. Die Sortierverfahren müssen beim Recycling von Thermoplasten zwei Aufgaben erfüllen und zwar erstens die Abtrennung von fremden Werkstoffen (Metalle, Glas, Keramik, Textilien, Holz, Steine) und zweitens die Sortierung der Kunststoffe nach verträglichen Werkstoffgruppen oder nach sortenreinen Fraktionen. Die Sortiermethoden arbeiten mit physikalischen oder optischen Wirkprinzipien.

Dichtesortierung: Dieses Verfahren spielt für Thermoplaste eine große Rolle, da einerseits erhebliche Dichteunterschiede zu Verunreinigungen (Metalle, Gläser, Steine) vorliegen und andererseits auch zwischen den Kunststoffen häufig ausreichende Dichtedifferenzen bestehen. Die Dichtewerte für Metalle und Nichtmetalle sind in Tab. 3.5 in Kap. 3 zusammengestellt. Für die Kunststoffe sind die wichtigen Dichtebereiche nochmals in Tab. 7.7 angegeben.

Zur Schwimm-Sink-Sortierung wird eine praktisch ruhende Trennflüssigkeit (Wasser, Salzlösung, Wasser-Alkohol-Gemisch) verwendet, deren Dichte zwischen den Dichten der zu trennenden Stoffe liegen muss. Als besondere Möglichkeit existiert noch der Einsatz von Schwertrüben (Ferrosilizium-Pulver, Bariumsulfatpulver). Die zu trennenden Stücke sollten Stückgrößen zwischen 5 und 10 mm besitzen und müssen benetzbar sein (keine Luftblasen-Anhaftung). Durch Wirkung der Schwerkraft trennt die Flüssigkeit die aufgegebene Stoffmischung in ein Sinkgut und ein Schwimmgut. Der Apparat ist der Schwimm-Sink-Scheider (Abb. 3.7). Die Trennwirkung kann durch Anwendung von Zentrifugalkraft verbessert werden (Sortierzentrifuge, Abb. 7.2). Das Aufgabematerial für die Zentrifuge wird auf 2…16 mm zerkleinert und dann in Homogenisierungstanks mit der Trennflüssigkeit vermischt. Die zentrifugale Sortierung besitzt eine Reihe von Vorteilen:

- Trennung von Partikeln auch < 1 mm,
- Keine zusätzliche Nachentwässerung notwendig,
- Kein störender Einfluss von Luftblasen,
- Verbesserte Sortenreinheit.

Abb. 7.2 Flottweg-
Sorticanter® für die
Sortierung von Kunst-
stoffen [7.3]

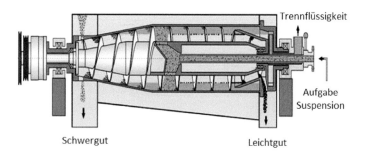

Durch Verwendung einer strömenden Trennflüssigkeit werden ebenfalls gute Sortiereffekte
(sog. Stromsortierung mit Windsichter, Hydrostromsortierer oder Hydrozyklon; Abb. 3.7
und 3.9 in Kap. 3) erreicht. Für die Stromsortierung ist allerdings die Voraussetzung, dass
gleiche Stückgrößen vorliegen, weil bei unterschiedlichen Stückgrößen ein paralleler Klas-
siereffekt eintritt (siehe Abschn. 3.3 und 3.4.1). Ein weiteres Verfahren für Kunststoffe
ist die Herdsortierung (siehe auch Abschn. 3.4.1 und Abb. 3.8). Dabei kommen immer
häufiger Lufttrennherde für feinkörniges Material zum Einsatz. Die Dichtesortierung wird
bei den Kunststoffen vor allem für die Reinigung oder Abtrennung des PVC von PP und
PE eingesetzt. Außerdem besteht eine ausgezeichnete Möglichkeit der Abtrennung von
Verunreinigungen mit Dichten größer $2\,g/cm^3$ (Metalle, Glas, Keramik, Steine) von fast
allen Kunststoffsorten.

Elektrostatische Sortierung: Dieses Verfahren ist speziell für die Trennung von
Kunststoffsorten gegeneinander bei hinreichend unterschiedlichen tribolelektrischen
Aufladungseigenschaften geeignet. Diese Nichtleiter können relativ einfach durch Reibung
aneinander mit elektrischen Oberflächenladungen verschiedener Stärke und Polarität
versehen werden (triboelektrische Aufladung). Nachfolgend kann in einem elektrischen
Feld eine Trennung realisiert werden. Die Triboaufladung wird technisch in Mischtrommeln
oder Wirbelschichten realisiert. Die unterschiedlichen triboelektrischen Eigenschaften
der Kunststoffe sind in Tab. 3.8 in Kap. 3 angegeben und die Apparateprinzipien in
Abb. 3.12 skizziert. Wichtigstes Einsatzgebiet ist die Trennung PET/PVC (z. B. bei PET-
Getränkeflaschen) sowie die Trennung PVC/Gummi (z. B. bei PVC-Fenstern). Auch die
Trennungen HDPE/PP, PS/ABS und PVC/PE sind möglich. Besonders geeignet ist die
elektrostatische Sortierung für schwarze Kunststoffe (Armaturentafeln, Toner-Kartuschen,
Elektronik-Kunststoffe), da hier die sensorgestützte Sortierung z. T. noch unzureichende
Ergebnisse liefert [7.6].

Sensorgestützte Sortierung: Diese Methode beruht auf der vollautomatischen Identifizierung
von Einzelstücken mit hoher Geschwindigkeit (bis 3.000 Stücke/s) und dem Ausblasen oder
Ausstoßen der Einzelstücke in die stoffspezifischen Aufnahmebehälter. Voraussetzungen
für das Verfahren sind optimale Stückgrößen (10…100 mm), Vereinzelung der Stücke auf
einem Förderband oder im freien Fall und meist saubere Oberflächen der Stücke. Es werden
auch mögliche Stückgrößen von 3…250 mm genannt. Die sensorgestützte Sortierung

Tab. 7.7 Dichtebereiche für Kunststoffe [7.3]

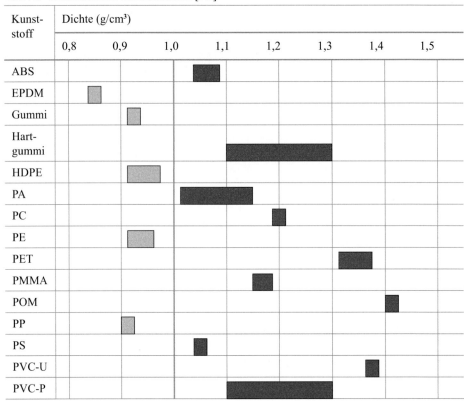

hat besonders für die Kunststoffsortierung einen hohen Entwicklungsstand erreicht unter Nutzung mehrerer Identifikationsmethoden und einer ausgereiften Apparate- und Prozessortechnik (siehe auch Abschn. 3.4.6 und Abb. 3.15 und 3.16). Zur Sortierung von Kunststoffen sind drei Verfahren technisch im Einsatz:

1. Nahinfrarotspektroskopie (NIR 800…2.500 nm, Reflexions- und Transmissionsmessung). Erkennbare Kunststoffsorten sind PE, PP, PS, PA, PET, PVC, PC, ABS, PMMA, PUR.
2. Optoelektronische Sensoren, die nach vielfältigen optischen Merkmalen eingestellt und kombiniert werden können. Solche Merkmale sind Stückgröße, Stückform, Farbe, Helligkeit (Reflexionsverhalten der Oberfläche), Graustufen, Transparenz.
3. Röntgenfluoreszenz-Sensoren zur Erkennung Cl-haltiger Polymere (PVC) und damit von besonderer Bedeutung für die Abtrennung von PVC aus PET.

Für die häufig verwendeten schwarzen Kunststoffe sind die optischen Verfahren bislang nicht gut anwendbar. In diesem Bereich finden aber weiterführende Entwicklungen statt.

Eine Reihe weiterer Identifikationsmethoden für Kunststoffe sind bisher untersucht
worden:

1. MIR-Spektroskopie (mittleres Infrarot) zur Identifizierung schwarz gefärbter Kunststoffe (z. B. ABS, PA, PBT, PE, PP), die häufig im Automobilbau und in der Elektronik
   in Anwendung sind.
2. Thermographische Detektion eines Wärmeimpulses mit Laser (Unterschiede in Abkühl-
   verhalten, Wärmekapazität und Wärmeleitfähigkeit der Kunststoffe).
3. Laser-Pyrolyse-Massenspektrometrie bzw. Pyrolyse-Gaschromatographie. Diese Methoden ermöglichen die Detektion der häufigsten Kunststoffe sowie halogenierter Zusatzstoffe (Flammhemmer).

Im Zusammenhang mit der Kunststoffsortierung sind häufig auch verschiedene Ver-
unreinigungen zu identifizieren und gezielt auszuhalten. Das betrifft vor allem metalli-
sche Verunreinigungen (z. B. Aluminiumfolie oder metallbeschichtete Kunststoffe). Diese
Aufgabe kann im Rahmen einer Multisensorik mit gelöst werden. Dazu sind neben der
Röntgensensorik (Detektion von Schwer- und Leichtmetallen) vor allem die Induktions-
Sensoren (sog. Metalldetektoren) geeignet.

Wirbelstromsortieren und Magnetscheidung: Diese Methoden haben im Rahmen des
Kunststoffrecyclings die Aufgabe der Abtrennung und Gewinnung von größeren Anteilen
metallischer Beimengungen (Aluminiumfolie) oder der Aushaltung von metallischen
Verunreinigungen (siehe Abschn. 3.4.2 und 3.4.3).

7.4.1.3 Selektive Löseverfahren

Verschiedene organische Lösemittel (Tetrahydrofuran (THF), Xylol, Methylethylketon
(MEK), oder Dichlormethan) besitzen die Fähigkeit zur Auflösung einiger Kunststoffsorten. Dabei ist die Löslichkeit sortenspezifisch und stark temperaturabhängig. Zum Beispiel
ist PS schon bei Raumtemperatur in Xylol löslich aber PP erst bei 120 °C. Auf Basis dieser
Eigenschaften kann ein Prozess zur selektiven Auflösung von Kunststoffen aus Gemischen konzipiert werden. Nach Abtrennung der Lösung vom Löserückstand (ungelöste
Kunststoffsorte, Füllstoffe, Verstärkungsstoffe, Metalle und Verunreinigungen) wird aus
der Lösung das Lösemittel verdampft und ein reines Kunststoffpulver hergestellt. Eine
andere Methodik ist die *Ausfällung* des Kunststoffes aus der Lösung. Die Pulver gelangen in einen Extruder zum Verdichten und vollständigen Entgasen und liefern ein reines
Recyclat. Das verdampfte Lösemittel wird kondensiert und wieder eingesetzt. Die Nachteile dieses effektiven Verfahrens sind der hohe Dampfdruck sowie die Brennbarkeit und
die Toxizität der Lösemittel, die hohen Kosten für die Apparatetechnik (Druckbehälter,
Druckpumpen, Sicherheitstechnik) und Lösemittelverluste. Die Auflösegeschwindigkeit
wird vor allem von der anwendbaren Temperatur bestimmt, aber über die erforderliche
Lösedauer entscheidet auch die Stückgröße der Kunststoffteile. Für die Löseverfahren ist

deshalb immer eine weitgehende Zerkleinerung der Altkunststoffe (ca. 10 mm) mit Shreddern oder Schneidmühlen zu empfehlen. Angaben zur Zerkleinerung von Kunststoffen und zu geeigneten Apparaten finden sich in Abschn. 3.2. Folgende Angaben zu selektiven Löslichkeiten sind bekannt:

- PVC löst sich in THF und MEK bei 25 °C und in Xylol bei 138 °C.
- PS löst sich in Xylol bei 25 °C.
- LDPE löst sich in Xylol bei 75 °C, HDPE in Xylol bei 105 °C.
- PP löst sich in Xylol bei 120 °C.
- PET ist in Xylol und THF unlöslich.

Auf Basis der PVC-Löslichkeit in MEK arbeitet der *Vinyloop-Prozess*, der industriell eingeführt ist (siehe Abschn. 7.4.1.5). Technisch erprobt ist auch ein Löseverfahren für ABS-Altprodukte (Autorückleuchten, Kühlergrill, Sanitärteile), das zunächst ein ABS-Pulver und nachfolgend ein ABS-Regranulat liefert. Das Verfahren ist auch für PMMA oder ABS/PMMA-Gemische einsetzbar. Die Lösemittel sind nicht benannt. Eine weitere technische Entwicklung ist das *CreaSolv*®-*Verfahren* [7.4], das mit unproblematischen organischen Lösemitteln (hoher Flammpunkt, biologisch abbaubar) arbeitet, die bisher nicht bekannt gegeben wurden. Die dazu publizierten Anwendungen und deren Ergebnisse sind jedoch bemerkenswert. Die speziellen Lösemittel lösen folgende Kunststoffe: PS, EPS (expandiertes PS), HIPS (hochschlagzähes PS), ABS, PC, PVC, PET, PMMA, PVB. Für die Auflösung werden spezielle Mischungen organischer Lösemittel eingesetzt, die eine hohe Selektivität für den Haupt-Kunststoff besitzen und beigemengte andere Polymersorten nicht lösen. Dabei gehen auch bromierte Flammschutzmittel in die Lösung über. Nach erfolgter Auflösung wird der unlösliche Rückstand abfiltriert. Zur Ausfällung des reinen Kunststoffes wird nicht die Erwärmung zur Abdampfung der Lösemittel (Schädigung des Polymers, Energiekosten) eingesetzt, sondern der Zusatz bestimmter Lösemittel, die die Löslichkeit herabsetzen und ein kristallines Fällprodukt garantieren. Die Flammschutzmittel verbleiben in der Lösung, werden aus dieser abgetrennt und entsorgt (siehe Abb. 7.3). Für die Anwendung des CreaSolv-Prozesses liegen einige Verfahrensvorschläge vor.

a) Recycling von EPS-Abfall zu reexpandierbarem PS: EPS kann bereits am Sammelort im Lösemittel CreaSolv gelöst werden (Einsparung von Transportvolumen) und gelangt dann zur Verarbeitung (Reinigung, Fällung, Nachbehandlung).
b) Recycling von Elektronikschrott: Der Kunststoffanteil besteht überwiegend aus HIPS und ABS unter Zusatz von bromierten Flammschutzmitteln. Der Prozess ermöglicht die Gewinnung der reinen Kunststoffe und die Ausschleusung der Flammschutzmittel.
c) Recycling von Mobiltelefonen: Das Gehäuse besteht aus den Kunststoffen ABS und PC. Durch das selektive Auflösen der Kunststoffe gelingt eine gute Trennung der Kunststoffe von den anderen Bauteilen ohne Demontage und vereinfacht dadurch das Recycling der Metallbauteile erheblich.

Abb. 7.3 Kunststoffrecycling nach dem
CreaSolv®-Prozess [7.4]

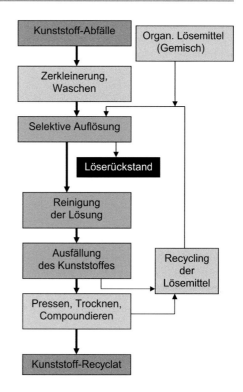

d) Recycling von Sicherheitsglas-Folien aus PVB.
e) Aufbereitung von PET-Mischabfällen.

Die Entwicklung von Löseverfahren wird auch für PA 6.6 beschrieben (PA-Teile und GF-verstärkte Behälter aus Altfahrzeugen). Das gemahlene Material wird in einem Reaktor bei erhöhtem Druck und erhöhter Temperatur gelöst, die ungelösten Bestandteile abgetrennt und danach reines PA aus der Lösung ausgefällt. Bei der nachfolgenden Trocknung erfolgt eine Festphasen-Polymerisation, die PA in Neuwarequalität liefert.

7.4.1.4 Verarbeitung der Recyclate zu Regranulaten, Formteilen und Halbzeugen

Die Produkte der Recyclingverfahren (Recyclate) sind vorwiegend körnige Schüttgüter (Mahlgut, Flakes) mit Ausnahme von Pulvern aus Löseverfahren. Zur Herstellung hochwertiger Regranulate oder Produkte ist es unbedingt erforderlich, die Recyclate zu homogenisieren, zu verdichten und Additive einzumischen (Verträglichmacher, Stabilisatoren, evtl. Füllstoffe und Farbstoffe). Dieser Prozessschritt erfolgt durch das Mischen, Plastifizieren und Aufschmelzen in verschiedenen Mischapparaten (Schneckenmischer, Schneckenkneter, Extruder). Bei der Verdichtung und Erwärmung ist für eine effektive Entgasung der Zwischenräume und das Absaugen gebildeter Gase (Monomere, Lösemittel) zu sorgen. Der Extruder besteht aus einer Förderschnecke, die das Recyclat einzieht und dann durch

Abb. 7.4 Extruder mit Filtersegment
zur Aufbereitung oder Verarbeitung von
reinen Kunststoffabfällen und Recyclaten
[7.1]

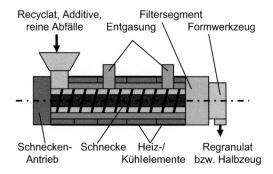

den Druckaufbau verdichtet und plastifiziert. Reibungswärme und Zusatzheizung bewirken das Aufschmelzen. Am Ausstoß- oder Pumpenende des Extruders wird ein schüttfähiges Granulat erzeugt. Dazu wird die Schmelze durch eine Lochplatte gepresst, hinter der ein rotierendes Messer in einem Wasserstrom kurze Stränge – das Granulat – abschneidet. Beim Anbau eines Formwerkzeuges kann der Extruder auch unterschiedlich geformte Produktstränge (Profile, Rohre, Platten) herstellen. Durch die Bildung der Schmelze und den Druckaufbau durch die Schnecke ergibt sich zusätzlich die verfahrenstechnische Möglichkeit zur Abtrennung fester Verunreinigungen (Al-Folienreste, Metallteilchen, Sand, Fasern, Papier) durch Druckfiltration. Das Filtersegment (Platte, Filterkerzen) ist zwischen Schnecke und Lochplatte bzw. Formwerkzeug angeordnet (Abb. 7.4). Die Filterelemente sind während des Betriebes auswechselbar.

Der Extruder arbeitet kontinuierlich. Die Mischwirkung des Extruders ist auch für die Zumischung von Recyclat oder Regranulat zu Neuware nutzbar (Compoundieren). Neuwertgleiche Oberflächen können durch Mehrschichtextrusion (Coextrusion) hergestellt werden. Dabei wird ein Recyclatkern mit einem Neuwaremantel umhüllt (Anwendung bei Rohren und Fensterprofilen). Zur Herstellung von Formteilen dient das Spritzgießverfahren, das von homogenen Regranulaten ausgeht und in diskontinuierlicher Arbeitsweise die Herstellung vielfältigster Formteile ermöglicht [7.1].

7.4.1.5 Industrielle Verfahren des Werkstoffrecyclings von Thermoplasten

Für das Recycling spezieller Abfälle werden aus den verfügbaren Zerkleinerungsverfahren, Sortiermethoden und evtl. Waschstufen oder Löseprozessen optimale Recyclingverfahren zusammengestellt. Nachfolgend sind einige Fallbeispiele für industriell genutzte Recyclingverfahren beschrieben.

Recycling- und Compoundierverfahren für saubere und sortierte Kompaktabfälle
Saubere und sortenreine Kompaktabfälle gestatten eine einfache Recyclingtechnologie, die häufig zur Anwendung kommt. Sie ist in Abb. 7.5 beispielhaft skizziert und besteht aus Vorzerkleinerung, Metallabscheidung (magnetisch und induktiv), Feinzerkleinerung und Windsichtung bzw. Hydrozyklon sowie Homogenisierung und Plastifizierung im Extruder. Diese prinzipielle Recyclingtechnologie wird entsprechend der Reinheit der Abfälle modifiziert und besteht im einfachsten Fall nur aus den Zerkleinerungsstufen

Abb. 7.5 Recycling- und Compoundierverfahren für saubere und sortierte Kunststoff-Kompaktabfälle

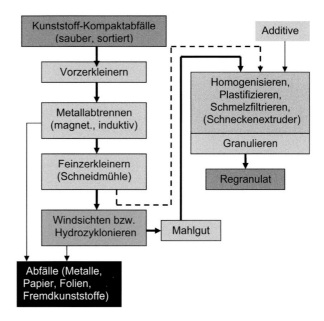

und der Extrusion mit Zusatz von Additiven (z. B. bei der Aufarbeitung von PP-Batteriekästen). Die Technologie nach Abb. 7.5 kommt vor allem für PE, PP, PVC und PS zur Anwendung.

Verarbeitung von Mischkunststoffen

Die Sammelsysteme für Leichtverpackungen (Grüner-Punkt-Material) liefern eine Materialmischung, die in Sortieranlagen zunächst in die Fraktionen Verbundkartons, Metall und Kunststoffe getrennt werden. Aus der Kunststofffraktion werden meist die Anteile von Flaschen (PET-Flaschen lassen sich z. B. sehr gut werkstofflich hochwertig verwerten), Bechern, Folien und EPS abgetrennt. Etwa 2/3 der Kunststofffraktion verbleiben dann als Mischkunststoffe (10 % Störstoffe). Dieses Material kann nach Zerkleinerung, Abtrennung von Störstoffen, Mischung und Verdichtung z. T. als minderwertiger Sekundärwerkstoff Verwendung finden. Überwiegend kommt dieses Material aber bei der rohstofflichen Verwertung (Reduktionsmittel im Hochofen, Synthesegas, Öl) zum Einsatz (siehe Abschn. 7.5.4 und 7.5.5). Für diese Einsatzzwecke ist ein rieselfähiges Material mit guten Transport- und Dosiereigenschaften erforderlich. Das ist durch Verwendung einer Kompaktiermethode mit dem Topfagglomerator, dem Matrizenagglomerator oder dem Trommelagglomerator möglich. In diesen Apparaten wird durch rotierende Einbauten (Messer, Walzen) Reibungswärme erzeugt und damit eine Agglomeration bewirkt. Der Matrizenagglomerator (Abb. 7.6) verwendet in einem Behälter rotierende Walzen und drückt das plastifizierte Material durch den gelochten Boden des Behälters. Dabei entstehen Agglomerate (oder Pellets) mit einer Korngröße bis zu 10 mm. Für die rohstoffliche Verwertung sind z. B. Agglomeratqualitäten mit <4,5 % Aschegehalt, <2 % Chlorgehalt und einer Schüttdichte >300 kg/m^3 erwünscht. Zur Sicherung dieser Qualität muss der

Abb. 7.6 Verarbeitung von Mischkunst-
stoffen durch Matrizenagglomeration zu
Agglomerat oder mittels Sintertechnik zu
Platten

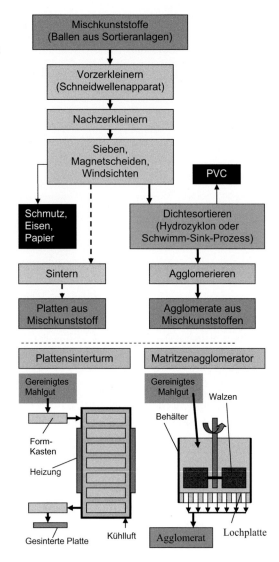

Agglomeration eine Entfernung von Störstoffen vorausgehen. Es ergibt sich deshalb häufig folgender Verfahrensablauf:

1. Zerkleinerung der Mischkunststoffballen aus den vorgeschalteten Sortieranlagen in Schneidwellenapparaten auf ca. 50 mm.
2. Nachzerkleinerung auf ca. 10 mm.
3. Trockene Störstoffabtrennung durch Siebung, Magnetscheidung (Eisen), und Windsichtung (Papier, Schmutz). Damit ist allerdings keine Abtrennung von PVC möglich.

4. Nasse Dichtesortierung (Hydrozyklon, Schwimm-Sink-Verfahren), die eine gute Abtrennung von PVC garantiert (Einhaltung geforderter Chlorgehalte).
5. Agglomeration im Matrizenagglomerator.

Für die Verwendung als Sekundärwerkstoff hat sich die Umformung des zerkleinerten,
gewaschenen und störstofffreien Mischkunststoffmahlgutes (Verfahrensstufen 1 bis 4) zu
Platten bewährt. Für diese Umformung wird ein Sinterprozess eingesetzt. Das Mahlgut
wird in offene Formkästen eingefüllt, in einem Platten-Sinterturm im kontinuierlichen
Durchlauf in den Formkästen gesintert und nach Kühlung als Platte (ca. $1{,}2 \times 1{,}2$ m, Dicke
$10\ldots60$ mm) ausgetragen (Abb. 7.6). Diese Platten sind nicht homogen und häufig bunt,
aber als Halbzeuge wie Neukunststoffe bearbeitbar (Sägen, Bohren) oder direkt als Platten
verwendbar (Schalungsplatten im Bau, Platten für Müllbehälter, Trennwände usw.).

Vorsortierung von Kunststoffflaschen
Kunststoffflaschen oder Hohlkörper fallen in Sammelsystemen oft als gepresste Ballen
an. Nach Auflösung der Ballen können die gequetschten Flaschen ohne Zerkleinerung
direkt dem Vereinzelungsmechanismus zugeführt werden. Danach führt ein Förderband
die einzelnen Objekte an mehreren Sensoren (Röntgensensor, NIR-Sensor, Farbsensor,
Formerkennungssensor) vorbei zur Austragsstation. Durch gesteuerte Luftstöße gelangen
die identifizierten Plastikobjekte in die sortenspezifischen Auffangbehälter. Mit diesem
Sensorsortiersystem können Flaschen nach den Sorten PVC, PET und HDPE verschiedener
Einfärbung getrennt werden (Leistung ca. $20\ldots80$ Teile/s). Diese effektive Vorsortierung
unzerkleinerter Flaschen muss nachfolgend durch eine Feinsortierung ergänzt werden,
um z. B. Schraubverschlüsse aus anderen Kunststoffsorten oder Metall sowie Restfüllun-
gen abzutrennen. Die Feinsortierung würde dann aus einer Aufschlusszerkleinerung, einer
Waschstufe und einem geeigneten Sensorsortiersystem bestehen. Durch sortenspezifische
Sammelsysteme (z. B. für PET-Flaschen) können Aufwand und Kosten der Vorsortierung
weitgehend eingespart werden.

Recycling von PVC-Fenstern
Vorlaufmaterialien sind PVC-Profile, Profilabschnitte und zerkleinerte Altfenster. Für
den Wiedereinsatz des Recyclats ist unabdingbar, dass sämtliche Stoffe, die nicht aus
Hart-PVC bestehen, abgetrennt sind. Neben Glasresten, Metall und Holz sind das vor
allem die Dichtlippen aus Gummi und eingefärbtem Weich-PVC. Der Gummi mischt
sich im Extruder nicht mit dem PVC und führt zu einem inhomogenen Regranulat. Das
Weich-PVC ist mit dem Hart-PVC gut verträglich bewirkt aber unerwünschte Farbän-
derungen des Regranulats. Bei Verarbeitung kompletter Altfenster erfolgt zunächst eine
Vorzerkleinerung im Shredder auf ca. 20 mm Stückgröße. Aus diesem Shreddergut werden alle Metallteile (magnetisch oder induktiv) und das Glas (Dichtesortierung) abgetrennt. Nach weiterer Aufmahlung ist eine Farbsortierung zur Abtrennung von Gummi
und Glasresten möglich. Durch abschließende Extrusion mit Schmelzfiltration entsteht
ein verwendungsfähiges Regranulat, das als Innenkern für Fensterprofile eingesetzt wird.

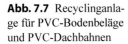

Abb. 7.7 Recyclinganlage für PVC-Bodenbeläge und PVC-Dachbahnen

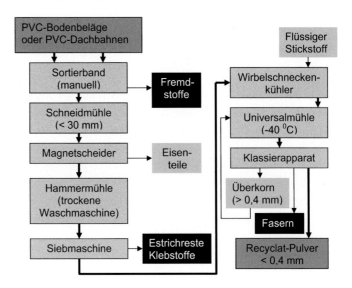

Die Innenkerne erhalten dann durch Co-Extrusion mit Neu-PVC eine neuwertgleiche, einwandfreie weiße Oberfläche.

Eine sehr hochwertige Qualität des Regranulats kann durch ein weiterentwickeltes Recyclingverfahren mit elektrostatischer Sortierung erreicht werden. Es setzt sich aus einer Aufschlusszerkleinerung im Shredder, einer Abtrennung von Stahl, NE-Metallen und Glas durch Dichtesortierung, der elektrostatischen Sortierung (Abtrennung von Gummi und Weich-PVC) und einer optoelektronischen Farbsortierung (Abtrennung restlicher Farbverunreinigungen) zusammen. Das Verfahren liefert nach der elektrostatischen Sortierung eine Reinheit von 99,5 % Hart-PVC und nach der Farbsortierung schließlich ein Mahlgut mit einer Reinheit von 99,99 %, was einer hochwertigen Weißqualität entspricht [7.6].

Recycling von PVC-Bodenbelägen und PVC-Dachbahnen

An eine händische Aussortierung von Nicht-PVC-Material schließt eine Grobzerkleinerung auf ca. 30 mm Stückgröße (Chips) und eine Abtrennung von Eisenteilen über Magnete an. Die nachgeschaltete Hammermühle befreit die Chips von anhaftenden Estrich- und Klebstoffresten (Abtrennung durch Siebung oder Windsichtung). In einer Endstufe wird durch Kryomahlung bei −40 °C (flüssiger Stickstoff) die erforderliche Feinheit von < 0,4 mm erzeugt (Abb. 7.7). Das Recyclatpulver wird in Mischung mit Neu-PVC zu neuen hochwertigen Bodenbelägen oder Dachbahnen verarbeitet.

PVC-Recycling mit dem Vinyloop-Prozess (Löseverfahren)

Als Lösemittel kommt Methylethylketon (MEK) (mit geringen Zusätzen anderer Lösemittel) zum Einsatz. Vorzerkleinerte PVC-Kabelabfälle und andere PVC-haltige Stoffströme lösen sich unter Druck (3 bar, 140 °C) im MEK auf. Die unlöslichen Verunreinigungen (Metalle, Fasern, Schmutz) werden durch Zentrifugieren abgetrennt. Aus dem Zentrifugat wird das PVC durch Einleiten von Dampf ausgefällt. Auf diese Weise können feinteilige

Abb. 7.8 Vinyloop-Löseprozess für das Recycling von PVC-Abfällen

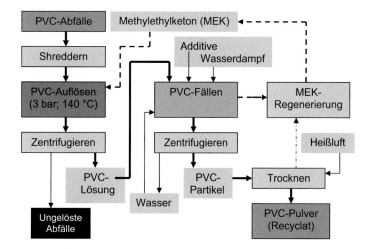

Zuschlagstoffe im Größenbereich 10 µm (Farbstoffe, Füllstoffe) im PVC gehalten werden. Die PVC-Partikel (ca. 0,4 mm) ergeben nach der Trocknung ein schwarzes Recyclat. Aus dem Gemisch Wasserdampf/Lösemitteldampf ist das MEK weitgehend verlustfrei regenerierbar (Abb. 7.8). Das Verfahren ist für Kabel, Dachbahnen, Schwimmbadfolien u. a. aus PVC geeignet.

Recycling von PET-Getränkeflaschen

Der ökologische optimale Weg ist die Kreislaufführung der Flaschen durch ein Pfandrücknahmesystem. Die starke Verbreitung der PET-Getränkeflaschen garantiert aber auch ein wirtschaftliches Recycling aus vermischten Flaschen- oder Kunststoffsammlungen (Pressballen) und der PET-Fraktion der DSD-Sortierverfahren. Für die Qualität des PET-Recyclats ist dabei die Abtrennung von PVC von entscheidender Bedeutung.

Bei getrennten Sammelsystemen für PET-Flaschen werden diese zu Ballen gepresst und in dieser Form an die Recyclinganlagen geliefert. Der erste Verfahrensabschnitt ist dann die Flaschenvorsortierung zur Abtrennung von Metall und Fremdkunststoffen sowie die Sortierung in klare und Farbige PET-Flaschen (siehe Abb. 7.9). Ein zweiter Verfahrensabschnitt umfasst dann die Zerkleinerung in Schneidmühlen zu Flakes (10…30 mm), die Magnetsortierung, die Schwimm-Sink-Sortierung, einen Waschprozess, die Trocknung und das Extrudieren zu Regranulat. Damit wird eine „Non-Food-Qualität" erreicht, die für Textilfasern, Folien und Kernmaterial von Multilayerflaschen geeignet ist.

Eine verbesserte Qualität des PET wird durch zusätzlichen Einsatz von Nahinfrarotsortierung und Farbsortierung (Abb. 7.10) erzielt. Die Gewinnung einer Food-Qualität für neue Getränkeflaschen ist nur erreichbar, wenn mit heißer Natronlauge eine dünne PET-Schicht von der Oberfläche der Flakes abgelöst und damit restliche Verunreinigungen und eindiffundierte Stoffe entfernt werden (URRC-Verfahren). Die Sortenreinheit beträgt dann ca. 99,99 % [7.7].

Abb. 7.9 Sortierprozess für PET-Flaschen [7.7]

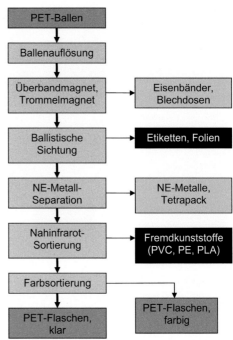

Recycling von EPS

Expandiertes PS (EPS, Styropor$^{®}$) spielt als Schaumstoff für Verpackungen und als Dämmplatten im Bauwesen eine große Rolle. Die Verpackungen fallen praktisch 100 % als verwertbarer Abfall an und im Bauwesen entstehen etwa 7 % als sauberer Verschnitt. Durch sortenreine Sammlung würde sich eine erhebliche Menge gut recyclierbaren Abfalls auch im Post-Consumer-Bereich ergeben. In Deutschland wird aktuell jedoch nur eine Sammelquote von ca. 50 % erzielt. Ungefähr 50 % enden im Restmüll. EPS ist ein Thermoplast, der durch Erwärmen unterhalb des Schmelzpunktes unter Druck bereits vorverdichtet werden kann. Durch Aufschmelzen entsteht kompaktes PS. Für Alt-EPS bestehen nach einer Zerkleinerung mehrere Verwertungsmöglichkeiten:

- Zusatz von sauberen Abfällen zu Neuware bei der Herstellung von Block- und Formteilen.
- Zusatz zu Baustoffen (Leichtsteine, Leichtbeton, Dämmputz).
- Bodenhilfsstoff (Pflanzerdesubstrat, Dränage).
- Aufschmelzen im Extruder zu kompaktem PS mit Schmelzfiltration (Verarbeitung zu Spritzguss-Artikeln).

Eine Reinigungsmöglichkeit besteht für die zerkleinerten Abfälle praktisch nicht. Die wesentliche Verbesserung der Recyclingqualität sollte durch Einsatz eines Löseverfahrens erreichbar sein.

Abb. 7.10 Hochwertiges PET-Recycling
von PET-Flakes [7.7]

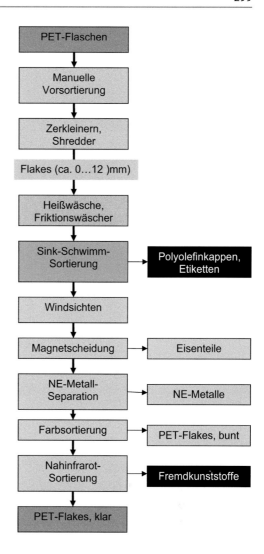

Kunststoffrecycling aus Leichtverpackungen

Am Beispiel der *Sortechnology* [7.8] wird das Recycling von Leichtstoffverpackungen in Abb. 7.11 vorgestellt. Neben den in Sortieranlagen üblichen Verfahrensstufen Sieben, Windsichten und Magnetscheiden sind weitere effektive Sortierverfahren (NIR-Sensorik zur PET-Erkennung, Wirbelstromscheider für die Al-Abtrennung, Pulper zur Aufspaltung von Verbundverpackungen und Dichtesortierung mit Sortierzentrifugen) installiert. Auf eine spezielle PVC-Abtrennung wurde verzichtet, da PVC für Leichtverpackungen praktisch nicht mehr im Einsatz ist.

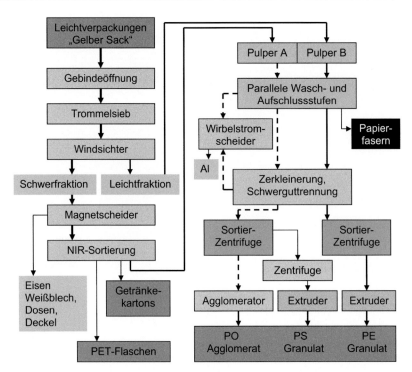

Abb. 7.11 Kunststoffrecycling von Leichtverpackungen aus dem „Gelben Sack" (*Sortechnolgy* nach [7.8])

Halbtechnisch und technisch erprobte Verfahren des Werkstoffrecyclings von Thermoplasten

Auf Grund intensiver ökologischer Bemühungen (Ressourcenschonung und Schadstoffminimierung) sowie der Festlegungen des KrWG, der Altfahrzeugverordnung und des Elektrogerätegesetzes hat eine Vielzahl technologischer Entwicklungen zum Werkstoffrecycling von Kunststoffen stattgefunden und ist weiterhin in Erarbeitung. Die erzeugten Qualitäten der Sekundärwerkstoffe erreichen aber nur bei wenigen Verfahren die Qualität der Neuware. Die ökonomischen und ökologischen Bewertungen erlauben für komplexere Gemische oft noch keine industrielle Einführung. Die noch zu hohen Recyclingkosten ergeben sich vorwiegend aus den geringen Tonnagen der gesammelten Altkunststoffe. Nachfolgend sollen aber einige bereits technisch erprobte Verfahren vorgestellt werden, um weitere Wege zum Werkstoffrecycling aufzuzeigen.

Recycling von Polyamid Hauptabfallmengen sind Altteppichböden (PA-Fasern). Außerdem fallen technische Altteile (Ansaugrohre, Behälter) an. Die Recyclingtechnologie zur Extrusion sauberer Fasern bzw. sauberem Mahlgut aus Kompaktabfall verwendet folgende Maschinenkette: Förderband mit Metallabscheider, Faserverdichter, Extruder mit

Entgasung und Schmelzfiltration, Stranggranulator. Bei der Realisierung der Technologie sind allerdings mehrere Unternehmen gescheitert, weil die Sammellogistik und der Mengenanfall nicht ausreichten und auch technische Schwierigkeiten auftraten. Eine ähnliche Problematik besteht für das rohstoffliche Recycling, obwohl PA im Prinzip sehr gut für eine chemische Depolymerisation geeignet ist.

Große Kunststoffteile aus Altfahrzeugen Durch eine Demontage von Altfahrzeugen sind prinzipiell die getrennte Erfassung größerer Kunststoffteile möglich und nachfolgend deren getrenntes werkstoffspezifisches Recycling durchführbar. Auf Grund hoher Demontageaufwendungen ist dies in Ländern mit relativ hohem Lohnniveau wie Deutschland nicht durchführbar, da die deutsche Autoverwerterbranche in massivem Wettbewerb um ältere Fahrzeuge mit Wettbewerbern aus Schwellen- und Entwicklungsländern steht (siehe auch Kap. 12). Aus den Abfällen der Reparaturbetriebe (Werkstattentsorgung) sind jedoch bestimmte Stoffströme gewinn- und verarbeitbar. Dies betrifft insbesondere Stoßfänger, Leuchten und Verkleidungen.

Die wirtschaftliche Realisierung dieser Anwendungen ist in erster Linie an die Verfügbarkeit ausreichender Mengen dieser speziellen Teile gebunden.

Kunststoffrecycling aus Elektro(nik)-Altgeräten und Datenträgern [7.5] Umfangreiche Projekte befassen sich mit dem Kunststoffrecycling aus Elektro(nik)-Altgeräten. Die in den Altgeräten verwendeten Kunststoffe sind vor allem ABS (33 %), PS (19 %) und PP (18 %), denen in Gehäusen, Leiterplatten u. a. bromierte Flammenschutzmittel zugesetzt sind. Für das Recycling ist die Trennung der flammschutzfreien Kunststoffe von denen mit Flammenschutzmitteln notwendig. Teilerfolge wurden mit der elektrostatischen Sortierung und der Kombination NIR-Sensorik/Dichtesortierung erzielt. Zum Beispiel beträgt die Dichte von ABS 1,05 g/cm^3 und diejenige von ABS-FR 1,25 g/cm^3 (FR, d. h. „flame retardent"). ABS-FR ist eine Mischung von ABS und PVC. Die Anwendung des CreaSolv®-Verfahrens wurde ebenfalls erprobt.

Für das Recycling von CDs und DVDs existieren zwei Verfahren. Die Datenträgerrohlinge bestehen aus reinem PC, Al-Schicht und Lackierung. Das Al und der Lack sind mit NaOH abzulösen, das reine PC bleibt zurück. Eine weitere Verfahrensvariante ist das mechanische Abschälen der Al-Schicht. Verpackte DVDs verarbeitet eine automatische Linie mit Sortierung in die Fraktionen PS-Gehäuse, PC-Datenträger und Papier.

7.4.2 Werkstoffrecycling von Elastomeren (Altgummi und PUR)

Zu den Elastomeren gehören die verschiedenen Kautschuksorten sowie die Silikonkautschuke. Auch die PUR-Elastomere sollen an dieser Stelle mit eingeordnet werden (Tab. 7.3). Die Elastomere sind weitmaschig vernetzt, nicht schmelzbar und nicht löslich. Das Werkstoffrecycling unter Erhaltung des Polymers ist deshalb ebenso wie bei den Duroplasten

Tab. 7.8 Durchschnittliche stoffliche Zusammensetzung der Altreifen von PKW und LKW [2.2]

Reifenbestandteil	PKW Gew.-%	LKW Gew.-%
Naturkautschuk	21	31
Synthesekautschuk	24	14
Füllstoffe (Ruß, SiO_2)	28	21
Textilgewebe	4	1
Stahldraht	12	24
Zinkoxid	1	1
Öle, Fettsäuren, Wachs, Additive	10	8

überwiegend nur durch Herstellung eines Mahlgutes möglich, das dann als Zusatzstoff für Neuware oder durch Zumischung von besonderen Bindestoffen (Teer, Thermoplaste) zur Herstellung von Sonderprodukten dienen kann.

Recycling von Altgummi und Altreifen

Die Altreifen stellen den Hauptanteil an Altgummi. Sie sind ein Verbundwerkstoff aus Gummimaterial, Stahldraht, Textilfasern und Füllstoffen (Tab. 7.8).

Das Werkstoffrecyclingverfahren muss also eine effektive Abtrennung von Stahldraht und Fasern gestatten. Das Zielprodukt sollte ein verwendungsfähiges Mahlgut (Gummigranulat 1...10 mm oder Gummimehl < 1 mm) sein. Die Zerkleinerung muss deshalb sowohl die ausreichende Aufmahlung als auch den vollständigen Aufschluss des Verbundmaterials gewährleisten, um die nachfolgende Abtrennung von Stahldraht und Fasern durch Sortierung zu ermöglichen. Da je nach Verwendungszweck (PKW, LKW, Sommer- oder Winterreifen) und Hersteller unterschiedliche Kautschukmischungen Verwendung finden, ist das erzeugte Mahlgut aus gesammelten Altreifen immer ein unbekanntes Gemisch verschiedener Kautschuksorten. Das wirkt sich nachteilig auf eine Verwertung aus. Für die Zerkleinerung stehen zwei Verfahren zur Verfügung, die Warmvermahlung oder die Kaltvermahlung. Die Warmvermahlung erfolgt bei Umgebungstemperatur. Die Kaltvermahlung (Kryomahlung) arbeitet unter Verwendung von flüssigem Stickstoff bei ca. −100 °C und nutzt damit den Effekt der Gummiversprödung (siehe Abschn. 3.2, Abb. 3.4). Der höhere Aufwand der Kryomahlung ist nur bei der Herstellung bestimmter Gummimehle vertretbar (Verbrauch von 1,5...3 kg Stickstoff pro kg Gummimehl). Dabei schützt die Stickstoffatmosphäre zusätzlich vor Bränden und Staubexplosionen des Gummimehls. Die Kaltvermahlung erfordert eine Vorzerkleinerung mit Rotorscheren, der die eigentliche Kryomahlung in Hammermühlen nachfolgt. Dabei entsteht ein ausreichender Aufschluss des Werkstoffverbundes. Durch den glasartigen Bruch des Gummis bei der Kaltvermahlung haben Granulat oder Mehl eine geringe spezifische Oberfläche und sind damit für eine

Tab. 7.9 Zerkleinerungsstufen eines vierstufigen Altreifenaufschlusses

Altreifen-Zerkleinerungsstufe	Zerkleinerungsmaschine	Input Stückgröße (mm)	Input Stahlanteil (%)	Output Stückgröße (mm)
1	Rotorschere	1.500	100	0…50
2	Messerschneidmühle	<50	100	0…25
3	Granulator[a]	<25	5…10	0…12
4	Granulator[a]	<12	1…2	0…2

[a]Granulatoren sind modifizierte Schneidmühlen, die durch Verwendung stumpfer Messer eine überwiegende Reißbeanspruchung realisieren

erneute Gummibindung weniger aktiv. Die Warmvermahlung benötigt meist vier Zerkleinerungsstufen für den Aufschluss. Die Zerkleinerung verursacht damit einen hohen Energieaufwand und erhebliche Verschleißkosten (Tab. 7.9). Allerdings entstehen dabei raue Granulatoberflächen mit günstigen Bindungseigenschaften. Zwischen den Zerkleinerungsstufen wird der jeweils aufgeschlossene Stahlanteil durch Magnetscheidung abgetrennt. Während der Zerkleinerung wird durch einen Luftstrom auch ein Anteil der Textilfasern ausgeblasen. Die endgültige Freilegung der Textil- und Stahlanteile findet in der 4. Stufe statt. In dieser Stufe kommen zur Gewinnung von Gummimehl Stiftmühlen und Zweiwalzenmühlen zum Einsatz (Tab. 7.9).

Durch Einsatz von Flachmatrizenpressen ist die Warmvermahlung auf zwei Stufen zu beschränken. In einer Vorzerkleinerung werden mit Rotorscheren Stückgrößen von 50…100 mm erzeugt. Die nachfolgende Flachmatrizenpresse arbeitet nach dem Kollergangprinzip (siehe Abb. 7.6). Beim Rollen der Walzen auf der kreisförmigen, gelochten Matrize findet der Aufschluss und die Zerkleinerung durch die Scherkräfte und den Pressdruck (120 bar) der Walzen auf 0,4…20 mm statt. Für die weitere Aufbereitung der Mahlgüter werden die Magnetscheidung, eine Zwischenklassierung mit Sieben, die Windsichtung (Textilfasern) und Rütteltische bzw. Luftherde eingesetzt [7.11]. Ein typisches Trennergebnis mit Flachmatrizenpresse und anschließender Sortierung ist folgendes: 15…20 % Stahl; 60 % Gummigranulat (4…6 mm 15 %, 2…4 mm 15 %, 0…2 mm 30 %); 15…20 % Textil-Gummi-Gemisch.

Einige erforderliche Zerkleinerungsfraktionen für die Einsatzgebiete von Gummigranulat und Gummimehl sind in Tab. 7.10 zusammengestellt [7.9].

Tabelle 7.10 gibt einen Überblick über die wesentlichen Einsatzgebiete von Gummigranulat und Gummimehl. Von entscheidender Bedeutung für die Verarbeitung der Granulate und Mehle zu Formteilen sowie für die Qualität der neuen Produkte ist die Gewährleistung einer ausreichenden neuen Bindung der Gummiteilchen untereinander oder mittels zugesetzter Bindestoffe. Diese Bindungsaktivität der Gummiteilchen wird in erster Linie durch den Mahlprozess (Warmvermahlung oder Kryomahlung) beein-

Tab. 7.10 Zerkleinerungsfraktionen und Zerkleinerungsverfahren für die Einsatzgebiete von Gummigranulat und Gummimehl [7.9]

Einsatzgebiet Gummigranulat/-mehl	Stückgröße (mm)	Zerkleinerungsverfahren
Laufbahnen, Sportplätze, Spielplätze	2…7	warm
Automatten, Teppiche	0…2	warm
Asphaltzusatz	0…0,8	warm/kryogen
Bautenschutzmatten	0,8…2,5	warm
Kautschukmischungen für Reifen, Schuhsohlen, Gummimatten	0,2…0,8	warm/kryogen
Ölbindemittel	0,8…3	warm

flusst. Durch verschiedene Nachbehandlungsmethoden der Granulate, die zum Bruch der chemischen Vernetzungen (Devulkanisation) an den Partikeloberflächen führen, kann die Bindungsfähigkeit (Möglichkeit der Neuvernetzung) wesentlich verbessert werden. Ein erstes Verfahren dafür ist eine starke Erhitzung. Durch Erwärmung auf ca. 300 °C (Hochdruckdampf) und unter Zusatz von Chemikalien (organische Sulfide, aromatische Amine) entstehen sog. regenerierte Kautschuke. Ein solches Verfahren kommt vor allem für sortenreine Produktionsabfälle zur Anwendung. Die Continental AG hat 2013 einen Devulkanisationsprozess technisch realisiert, der aus Altreifen ein hochwertiges Gummipulver erzeugt. Dieses kann je nach Reifenbauteil in Anteilen von 5 bis 30 % der neuen Gummimischung für Reifen zugesetzt werden (ohne Qualitätsverlust der Reifen). Das Verfahren verwendet spezielle Devulkanisationsagentien, die nur moderate Temperaturen und Scherkräfte notwendig machen. Es wird ein selektives Aufbrechen der Schwefelbrücken (Devulkanisation) erreicht [7.12].

Eine andere Methode ist die mechanische Aktivierung in einer Mühle bei etwa 30 °C. Ein weiterer Prozess ist die Behandlung der Granulate mit Chemikalien (aliphatische und aromatische Amine, Alkohole, organische Sulfide, flüssige Polymere) über wenige Minuten bei 105…135 °C. Auch die Beschichtung der Granulate mit einem Polymer unter Zusatz von Paraffinöl bei Temperaturen von 80…100 °C ist beschrieben. Die behandelten Granulate können als Zumischungen zu Neugummi Verwendung finden. Je nach Qualitätsansprüchen liegen die Altgummianteile zwischen 5 und 70 %. Dabei ist auf gleiche Gummiarten (NR, SBR, EPDM) zu achten. Für Sport- und Spielplätze finden ausschließlich Altgummigranulate (<8 mm) mit einigen Prozent PUR- oder Latex-Binder Anwendung. Unbehandeltes Granulat kommt als Füller in Straßendecken zum Einsatz. Ein wichtiges Recyclingverfahren ist die Herstellung von Blends aus Kunststoffen und Altgummigranulaten. Die Kunststoffanteile liegen bei etwa 20…50 %. Als Kunststoffe werden PE, PP und PVC genutzt. Aus solchen Mischungen lassen sich Elastomer-

Compounds extrudieren, die z. B. für Schuhsohlen und Dachmembranen verwendbar sind.

Die überwiegende Masse der Altreifen (bis 45 %) wird jedoch einer energetischen Verwertung zugeführt. Die energetische Verwertung organischer Materialien (Kunststoffe, Papier, Textilien, Altholz) wird gebündelt in Kap. 15 behandelt. In diesem Abschn. 7.4.2 sind aber einige Angaben zu den erforderlichen Aufbereitungsmethoden (Zerkleinerung, Sortierung) der Altreifen für den Einsatz als Ersatzbrennstoff zweckmäßig, da diese Verfahren mit den Verfahren für das Werkstoffrecycling weitgehend identisch sind. Eine wesentliche Ausnahme ist die Verwendung als Ersatzbrennstoff in Zementdrehrohröfen. Wegen der extrem großen Dimensionen dieser Öfen ist der Einsatz unzerkleinerter kompletter Altreifen technisch möglich und wird überwiegend angewendet. Auch die anorganischen Bestandteile der Altreifen (Stahldraht, Zinkoxid) bereiten keine Schwierigkeiten, da das aus dem Eisen gebildete Eisenoxid immer Bestandteil von Zementen ist. Für andere Verbrennungsöfen (Rostöfen, Wirbelschichtöfen) mit kleineren Brennräumen, spezifischen Chargierverfahren und geringeren Verweilzeiten sind nur stark zerkleinerte Altreifen und häufig auch vom Stahldraht befreite Qualitäten verwendbar. In den USA werden z. B. zwei Sorten unterschieden:

1. Chips mit 100 mm Stückgröße, bei denen kein Stahldraht abgetrennt ist (Tire-derived-chips, TDC).
2. Tire-derived-fuel (TDF) mit ca. 50 mm Stückgröße, bei denen ca. 90 % des Stahlanteils abgetrennt ist.

Mit abnehmender Stückgröße der Chips und abnehmendem Gehalt an Draht verbessern sich die notwendigen Fördereigenschaften und die Dosierfähigkeit.

Die technischen und wirtschaftlichen Möglichkeiten eines Rohstoffrecyclings von Altreifen werden noch in Pilotanlagen getestet [7.10]. Dabei wird die pyrolytische Spaltung des Gummis bei ca. 500 °C untersucht. Ziel ist die Gewinnung von Öl, Gas, Ruß und Stahldraht in vermarktungsfähiger Qualität. Auch die Vergasung zu Synthesegas wird geprüft. Neben Werkstoffrecycling und energetischer Verwertung sowie Erprobung der Pyrolyse und Vergasung muss auch auf weitere Nutzungsvarianten von kompletten Altreifen hingewiesen werden: Hierbei sind im Wesentlichen die Wiederverwendung nach Runderneuerung und die Nachnutzung in der Landwirtschaft und für Crashbarrieren zu nennen (Tab. 7.11).

Recycling von PUR
PUR-Abfälle können mechanisch durch Zerkleinerung granuliert werden und das Mahlgut dann als Zusatz für Neuprodukte Verwendung finden. Dazu muss das Mahlgut in die Polyolkomponente eingemischt werden. Bei hohem Druck und erhöhter Temperatur verhält sich PUR außerdem wie ein Thermoplast. Diese Eigenschaft ist für einen weiteren Recyclingprozess – das Fließpressen – nutzbar. Dieses Verfahren setzt granuliertes PUR-Altmaterial ein und kann durch Erhitzen auf 190 °C und bei 750 bar Druck eine Umformung zu PUR-Recyclingprodukten erreichen. Ein drittes Verfahren ist das Klebepressen, das

Tab. 7.11 Verwertung von Altreifen in der EU

Jahr		2004	2010
Reifenproduktion	kt	2.488	2.699
Verwertung	**kt**	**1.863**	**2.563**
Export	%	9	10
Weiterverwendung und Runderneuerung	%	12	8
Werkstoff-Recycling	%	28	40
Energetische Verwertung Zementwerke Kraftwerke, MVA	%	31	38 35 3
Deponie %	%	20	4

vorwiegend für Weichschaumflocken Anwendung findet. Duroplastisches PUR wird zu feinem Mahlgut verarbeitet, das als Zusatzmaterial für neue Formteile dient (Partikelrecycling). Für PUR-Altabfälle liefern aber die Alkoholyse-Verfahren eine deutlich bessere Qualität des Recyclingwerkstoffes (siehe dazu Abschn. 7.5.1).

7.4.3 Recycling von Duroplasten und faserverstärkten Kunststoffen (GFK, CFK)

Die Werkstoffeigenschaften der Duroplaste (engmaschige Vernetzung, nicht schmelzbar, Unlöslichkeit, Sprödigkeit, siehe Abschn. 7.1) machen ein Werkstoffrecycling durch Umformen, Umschmelzen oder Lösen unmöglich. Es verbleibt zur Zeit nur das Verfahren der Zerkleinerung und Zumischung als Füllstoff zu Neuware. Verfahren für eine effiziente chemische Spaltung der Kunststoffe sind Gegenstand der Forschung. Da bei der Primärherstellung von Duroplasten immer große Mengen an Füllstoffen und Verstärkungsstoffen (bis 80 % Anteil) zugesetzt werden, ergibt sich ein größerer Einsatzbereich. Für die Zumischung als Füllstoff ist dabei eine Feinvermahlung erforderlich. Diese Recyclingmethode bezeichnet man deshalb als Partikelrecycling. Der Mengenanteil der Altduroplaste in Neuware kann bis 30 % betragen.

Die Duroplaste sind auch für die faserverstärkten Kunststoffe (glasfaserverstärkter Kunststoff GFK; Kohlefaserverstärkter Kunststoff CFK; Aramidfaserverstärkter Kunststoff AFK) das dominierende Matrix-Material. Für GFK werden für die Umhüllung der Glaslangfasern oder der Glasgewebe ausschließlich Duroplaste (ungesättigte Polyesterharze, Epoxidharze, Phenolharze) eingesetzt. Bei CFK ist der Anteil der Duroplastmatrix ebenfalls 90 %. Nur 10 % der CFK verwenden Thermoplaste (PA, PP, PES) als Einbettungsmaterial. Thermoplastmatrix wird auch für Naturfaser-Kunststoff-Composite verwendet (natural fibre plastic composites, NFPC). Die Kohlefasern besitzen eine extreme Festigkeit, wobei die Einzelfaser einen Durchmesser von 5...10 µm hat. Sie wird zu Rovings (mehrere tausend Einzelfasern) vereinigt und daraus z. B. Gewebe hergestellt. Der gesamte Herstellungsprozess ist aufwendig, deshalb ist der Preis der Kohlefasern hoch (für bestimmte Qualitäten derzeit z. B. rund 20 €/kg) und damit eine große Motivation für das Recycling. Die Einsatzgebiete von GFK sind z. B. Rotorblätter (Windkraft), Bootsbau und Behälterbau. Die Einsatzgebiete von CFK sind Flugzeugbau, Automobilbau, Hybridrotorblätter (GFK, CFK) und Fahrräder. Aus diesen Bereichen werden künftig größere Massen an Post-Consumer-Abfällen erwartet. Außerdem fallen hochwertige Produktionsabfälle an (Fasern, Gewebe, Verschnitt, Prepregs).

Die Zielstellung für ein Recycling ist die Rückgewinnung wiedereinsetzbarer Fasern, besonders der wertvollen Kohlefasern. Für die wenig eingesetzten thermoplastischen Faserverbunde (10 %) ist das Recycling unkompliziert. Die Abfälle werden granuliert, im Extruder eingeschmolzen und zu neuen Formteilen verarbeitet. Zum schonenden Recycling der Langfasern besteht auch die technologische Möglichkeit der Auflösung der Thermoplaste in einem geeigneten organischen Lösemittel.

Bei der überwiegend angewandten Duroplastmatrix ist nach dem Aushärten eine Verformung oder eine Auflösung nicht mehr möglich. Deshalb kommt überwiegend das Partikelrecycling zur Anwendung. Das heißt, die Abfälle werden in einer Hammermühle bei weitgehender Schonung der Fasern zerkleinert. Das Harz fällt als feines Pulver an und wird abgesiebt. Im Siebüberlauf verbleiben die Kurzfaserschnitzel. Beide Produkte sind als Füll- und Verstärkungsstoffe in neuen Compositen (SMC, BMC) verwendbar. Der Bedarf ist allerdings nicht so hoch, dass künftige größere Mengen verwertbar wären.

Eine zweite Alternative ist die thermische Zersetzung oder Verbrennung der Kunststoffmatrix und damit die Gewinnung von weitgehend erhaltenen Langfasern oder Geweben. Für GFK kommt auch der Einsatz im Zementklinkerprozess in Betracht. Rotorblätter werden z. B. in einem Querstromzerspaner auf 50 mm zerkleinert, die Metalle aussortiert und die Mischung Matrix/Glasfasern in den Zementofen eingebracht. Der Kunststoff wird energetisch genutzt und das Glas als Zementrohstoff verwertet. Für CFK verwenden Recyclinganlagen das Pyrolyseverfahren. Hierbei erfolgt die thermische Zersetzung organischer Stoffe unter Abwesenheit von Sauerstoff zu Ruß, Gas und Öl im Temperaturbereich von 400...600 °C. Die Kohlenstofffasern zersetzen sich erst ab 3.600 °C, während die Zersetzung der Kunststoffe bei unter 600 °C stattfindet. Das feste Pyrolyseprodukt ist eine Mischung aus Kohlefasern und Ruß, das durch mechanische Verfahren (Kap. 3) trennbar ist. Nähere Ausführungen zum Pyrolyseverfahren und den eingesetzten Apparaten (Drehrohr, Wirbelschicht) sind in Abschn. 7.5.3 und Abb. 7.18 sowie 7.19 zu finden.

In Wirbelschichtapparaten mit einem Sandfremdbett sind von CFK-Abfällen bei 550 °C die Matrixkunststoffe vollständig von den Kohlefasern abzubrennen ohne große Schädigung der Fasern. Allerdings wird die Oberflächenbeschichtung der Fasern, die sogenannte Schlichte, mit entfernt. Eine Oxidationsneigung der Kohlefasern beginnt erst oberhalb 600 °C. In Wirbelschichten sind wegen des intensiven Wärme- und Stoffaustausches die Temperaturen unter 600 °C exakt einzuhalten. Die Fasern werden mit dem Abgasstrom ausgetragen und aus diesem ausgefiltert, während evtl. Metallelemente des CFK-Bauteils im Sandbett verbleiben. Eine gleichartige Verbrennungstechnologie der Verbundkunststoffe wurde auch in einem gut geregelten Drehrohrofen bei 600 °C praktiziert.

Weitere Untersuchungen beschäftigen sich mit der Solvolyse des Kunststoffanteils in überkritischen Flüssigkeiten (z. B. Propanol). Auch durch eine solvolytische Auflösung in Wasser bei Temperaturen von 200…350 °C gelingt die Spaltung der Harze in niedermole-kulare, lösliche Alkohole [7.13]. Die Fasern bleiben dabei in ihrer ursprünglichen Länge und Form inkl. der Beschichtung zurück und können deshalb für Bauteile gleicher Form Verwendung finden [2.2].

In der technischen Erprobung befindet sich die Anwendung der gepulsten Hochspan-nungstechnologie. Dieses Verfahren beruht auf Hochspannungsdurchschlägen in das Ver-bundmaterial. Bei Versuchen mit CFK wurde eine sortenreine Zerlegung der Verbundstoff-komponenten erreicht, wobei die Faserlänge der Kohlefasern erhalten blieb [7.13, 7.14].

7.5   Chemisches Recycling und Rohstoffrecycling von Altkunststoffen

Die beschriebenen Probleme des Werkstoffrecyclings, insbesondere die meist geringere Qua-lität der gewonnen Sekundärkunststoffe sind Veranlassung für die gesteuerte Zerlegung der Polymere in Zwischenprodukte oder die Monomere bzw. bis zur Überführung in Kohlen-wasserstoffe und Synthesegas. Dabei lassen sich flüssige oder gasförmige Zwischenprodukte bzw. Rohstoffe, die effektiv zu reinigen sind und für vielfältige organische Synthesen einsetz-bar sind, erzeugen. Für die gewählte Zielstellung der Depolymerisation bzw. Überführung in Kohlenwasserstoffe oder Synthesegas stehen vier chemische Verfahren zur Verfügung:

- Polymerzerlegung durch Hydrolyse, Alkoholyse oder katalytische Depolymerisation zu organischen Verbindungen.
- Hydrierung zu vorwiegend flüssigen Kohlenwasserstoffen.
- Thermische Zersetzung unter Sauerstoffausschluss zu Ölen und Gasen (Pyrolysever-fahren, Crackprozess).
- Vergasung im Hochofen oder zu Synthesegas (Gemisch aus CO und H_2).

Die entsprechenden technischen Prozesse sind allerdings nur als Massenproduktion ökonomisch zu betreiben, so dass für das Chemische- bzw. Rohstoff-Recycling sehr große Mengen an Kunststoffabfällen am Recyclingstandort zur Verfügung stehen müssen. Eine Ausnahme ist das Einblasen in Hochöfen, das auch mit vergleichsweise geringen Mengen technisch durchführbar ist.

▶   Der entscheidende technische Vorteil des chemischen Recyclings ist die sehr gute Reinigungsmöglichkeit der Reaktionsprodukte durch Filtration, Destil-lation, Gaswäsche oder Umkristallisation, die bei den nachfolgenden Stufen der erneuten Polymerherstellung oder verschiedener organischer Synthesen eine hohe Produktqualität garantiert. Beim rohstofflichen Recycling können entsprechend aufbereitete Kunststofffraktionen auch direkt als Reaktanden in den Erzeugungsprozess anderer Grundstoffe eingesetzt werden.

Bei den Verfahren der Hydrolyse und Alkoholyse handelt es sich um heterogene Reaktionen zwischen Feststoffen und Flüssigkeiten. Diese Reaktionen laufen an der Oberfläche der Feststoffe ab. Deshalb bestimmen die spezifische Oberfläche bzw. die Stückgröße der Kunststoffteile die Reaktionsgeschwindigkeit und die notwendige Reaktionsdauer. Geringe und gleichmäßige Stückgrößen sind also für die technische Reaktionsführung gefordert. Es ist je nach Ausgangsmaterial deshalb sinnvoll oder erforderlich, einen entsprechenden Aufbereitungsschritt vorzuschalten, der aus einer Grob- und Mittelzerkleinerung auf ca. 10 mm und einer Homogenisierung besteht. Entsprechende Angaben zur Zerkleinerung von Kunststoffen und den geeigneten Apparaten finden sich in Abschn. 3.2. Die Homogenisierung des Eintragmaterials sichert eine gleichmäßige Reaktion in den Reaktoren und gewährleistet damit eine sichere Prozessführung und die Erzeugung eines gleichmäßigen Produktspektrums. Die Vergasung verlangt für die speziellen Reaktionsbedingungen Feststoff/Gas ebenfalls ein aufbereitetes und homogenisiertes Material. Bei der Variante der Flugstromvergasung muss das Material sehr feinkörnig sein (ca. 0,2 mm), während bei der Festbettvergasung das homogenisierte Material nochmals auf Stückgrößen von 15…80 mm kompaktiert werden muss (Brikettieren, Pelletieren), um die Gasdurchströmung des Feststoffbettes zu realisieren. Im Stückkalk-Schachtofen ist ein Shreddermaterial von < 300 mm ausreichend. Ähnliche Zusammenhänge sind auch für die Prozessführung in Pyrolysereaktoren von Bedeutung. Von den oben angeführten vier Verfahren sind vor allem das Einblasen in Hochöfen und die Alkoholyse von PUR und PET industriell eingeführt. Die deutsche Industrieanlage zur Vergasung (in Kombination mit einer Methanolsynthese) musste aus wirtschaftlichen Gründen stillgelegt werden. Im Folgenden sollen aber alle vier Verfahren in ihren Grundprinzipien vorgestellt werden.

7.5.1   Alkoholyse, Hydrolyse und katalytische Depolymerisation

Eine chemische Abbaureaktion gelingt bei der kleineren Gruppe von Kunststoffen, die in den Polymerketten nicht nur Kohlenstoffgruppen, sondern auch Ester-, Amid-, Urethan-Karbonat- oder Acetalstrukturen enthalten. Dazu gehören vor allem PUR, PA und PET. Als Spaltungsreagenzien kommen überwiegend Alkohole (Alkoholyse) oder Wasser (Hydrolyse) unter Zusatz von Katalysatoren zur Anwendung.

Recycling von PA
Das *Hydrolyseverfahren* ist für PA-Abfälle gut geeignet. Hierbei entsteht das entsprechende Monomer. Die zerkleinerten PA-Abfälle werden in Anwesenheit von Wasser, Katalysatoren, Säuren oder Basen bei erhöhter Temperatur und erhöhtem Druck gespalten. Durch

Abb. 7.12 PA-6-Recycling aus Teppichböden zu Caprolactam

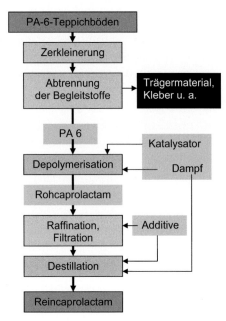

Filtration und Destillation erfolgt eine Reinigung. Anschließend lässt sich das Monomer erneut polymerisieren.

Für PUR-Abfälle spielt das Hydrolyseverfahren dagegen keine Rolle, da neben dem Polyol ein nicht direkt verwertbares Reaktionsprodukt entsteht (Amine). Ein chemisches Recycling von PA 6 ist auch durch eine *katalytische Depolymerisation* zu Caprolactam realisierbar. Dieses Verfahren ist an PA 6-Teppichböden erprobt. Die Altteppichböden oder Produktionsabfälle werden durch Shreddern und Sichten zerkleinert und von Verunreinigungen (Kleber, Bodenrückstände) befreit. Die erhaltenen Fasern gelangen über einen Extruder in den Spaltreaktor. Das erzeugte Spaltprodukt Caprolactam wird in weiteren Verfahrensstufen (Oxidation, Filtration, Destillation) zu Rein-Caprolactam umgearbeitet, aus dem erneut PA 6 herstellbar ist (Abb. 7.12).

Alkoholyse von PUR

PUR wird durch die Reaktion von Polyol mit Isocyanat erzeugt. Bei der Alkoholyse von PUR entsteht wieder das ursprüngliche Polyol, das erneut für eine PUR-Herstellung eingesetzt werden kann. Werden für die Umesterung Glykole eingesetzt, entstehen neben dem Polyol niedermolekulare Urethane und als unerwünschte Nebenprodukte auch aromatische Amine. Das Verfahren erfordert zunächst die Zerkleinerung der PUR-Produktionsabfälle in einer Schneidmühle auf ca. 5 mm Stückgröße. Der PUR-Abbau findet in einem Reaktionsgefäß bei ca. 200 °C unter Zusatz von Katalysatoren und Deaminierungsmitteln zu dem flüssigen Reaktionsprodukt statt. Nach Abkühlung auf 80 °C ist es möglich, evtl. vorhandene feste Verunreinigungen durch Filtration abzutrennen. Aus dem gewonnenen Recycling-Polyol ist allein oder unter Zusatz von Neupolyol die erneute Herstellung von

Abb. 7.13 Kreislauf von PUR-
Produktionsabfällen

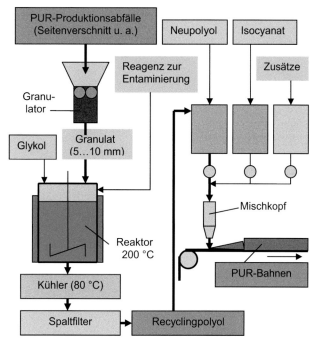

PUR möglich (Abb. 7.13). Das Verfahren kam zunächst für reine Produktionsabfälle aus PUR-Hartschaum und PUR-Weichschaum zur Anwendung und wurde anschließend für die Verarbeitung von Post-Consumer-Abfällen weiterentwickelt. Bei bestimmten Reinheitskriterien können beispielsweise gebrauchte Matratzen und auch glasfaserverstärkte Autoteile (Instrumententafel) recycelt werden. So ist auch aus glasfaserverstärktem Material ein hochwertiges Glykolyse-Polyol mit <0,5 % Glasgehalt herstellbar (Abb. 7.14).

Alkoholyse von PET
Sortenreine PET-Getränkeflaschen und PET-Produktionsabfälle werden industriell auch über die chemische Route zu hochwertigem PET-Material recycelt. Das Altmaterial wird zerkleinert (Flocken) und dann dem chemischen Prozess zugeführt. Bei einstufiger Glykolyse fällt das Diglykolterephtalat (DGT) an, das durch Filtration von unlöslichen Verunreinigungen befreit wird. Durch erneute Polykondensation entsteht aus dem DGT wieder PET. Dieses PET ist für den Kontakt mit Lebensmitteln nicht zugelassen, sondern findet z. B. Verwendung für Fasern. Für den Einsatz in der Lebensmittelverpackung ist ein PET höchster Reinheit erforderlich. Dies ist durch ein zweistufiges Verfahren möglich. In der 1. Stufe erfolgt die Glykolyse zu DGT und in einer 2. Stufe eine Methanolyse zu Dimethylterephtalat (DMT). Das DMT wird durch Destillation und Umkristallisation gereinigt und dann einer erneuten Umesterung und Polykondensation zugeführt (Abb. 7.15). Für beide Recyclingverfahren müssen hohe Anforderungen an die Sortenreinheit des Altmaterials gestellt werden. Besonders limitiert ist der PVC-Gehalt (2…10 ppm) wegen einer möglichen HCl-Abspaltung und Versprödung des PET. Es sind aber auch Gehalte an PE (10 ppm) und

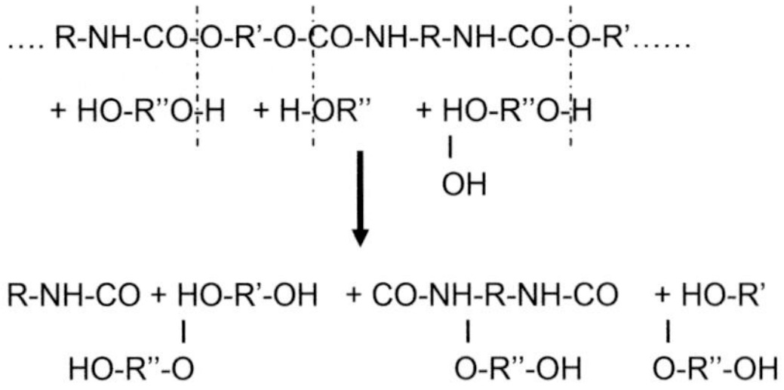

Abb. 7.14 Reaktionschema der Glykolyse von PUR

$$.... \text{R-NH-CO} \mid \text{O-R'-O-} \mid \text{CO-NH-R-NH-CO-} \mid \text{O-R'} ......$$

$$+ \text{HO-R''O} \mid \text{H} \quad + \text{H-} \mid \text{OR''} \quad + \text{HO-R''O} \mid \text{H}$$
$$| $$
$$\text{OH}$$

$$\downarrow$$

$$\text{R-NH-CO} + \text{HO-R'-OH} \quad + \text{CO-NH-R-NH-CO} \quad + \text{HO-R'}$$
$$| \qquad\qquad\qquad\qquad\qquad | \qquad\qquad\qquad\qquad |$$
$$\text{HO-R''-O} \qquad\qquad\qquad \text{O-R''-OH} \qquad \text{O-R''-OH}$$

Etikettenkleber stark eingeschränkt (Verwendung ungeklebter Etiketten!). Diese Qualitätsanforderungen sind zunächst durch sensorgestützte Aussonderung von PVC- und PE-
Flaschen und nach der Zerkleinerung durch Windsichten (Etiketten), Dichtesortieren (PE)
und Waschprozesse realisierbar. Das Alkoholyse-Verfahren konkurriert auf dem Markt
für PET-Altflaschen mit dem oben beschriebenen Verfahren des PET-Werkstoffrecyclings
[3.9].

Glykolyse von verunreinigtem PET zu Polyolen
Verpackungen aus eingefärbtem PET, die zusätzlich Füllreste (Öle, Seifen, Haushalts-
reiniger usw.) aufweisen oder wenige fehlsortierte PVC-Flaschen enthalten sowie Röntgenfilme sind werkstofflich schwierig zu recyceln und führen zu minderen Qualitäten der
Sekundärwerkstoffe. Diese PET-Fraktionen sind günstiger durch chemisches Recycling
verwertbar. Durch ein spezielles Glykolyseverfahren kann aus dem PET-Abfall ein Polyol
erzeugt werden, das mit Diisocyanaten zu PUR umgesetzt werden kann. An der technischen
Realisierung dieses Verfahrens wird gearbeitet.

Katalytische Spaltung von Polyolefinen zu Kraftstoffen oder Ölen
Die direkte Verarbeitung von Abfällen aus Polyolefinen (PE, PP) zu Kraftstoffen hätte
erhebliche Vorteile (weniger Verfahrensstufen) gegenüber den später zu beschreibenden
Verfahren der Pyrolyse oder Hydrierung. Dieser Verarbeitungsweg wird deshalb intensiv
untersucht. Es ist eine Pilotanlage für 400 kg Abfälle beschrieben, die in einem Reaktor
bei 370…400 °C (Normaldruck, Stickstoffatmosphäre) in Anwesenheit eines Katalysators
die Spaltung realisiert. Zur Aufarbeitung der Spaltprodukte dient eine Rektifikationsko-
lonne (Abb. 7.16 [7.15]). Die Kraftstoffausbeute an Diesel und Benzin erreicht 95 %. In
einer Variante des Verfahrens ist alternativ auch die Erzeugung von Paraffin möglich. Die
Anforderungen an die Sortenreinheit und Sauberkeit der Abfälle ist gering. Neben den
Polyolefinen können geringe Gehalte an PET und PS toleriert werden. Dagegen sollte PVC
weitgehend abgetrennt sein (Anlagenkorrosion). Mit einem speziellen ionenaustauschen-
den Katalysator sollen auch geringe PVC-Verunreinigungen nicht stören. Anorganische
Feststoffe sind ebenfalls tolerierbar, da die Spaltprodukte durch Destillation abgetrennt
werden. Das Verfahren ist besonders für Landwirtschaftsfolien und ölverschmutzte Kunst-
stoffbehälter geeignet. Ein weiteres industriereifes Verfahren ist für die Verarbeitung einer

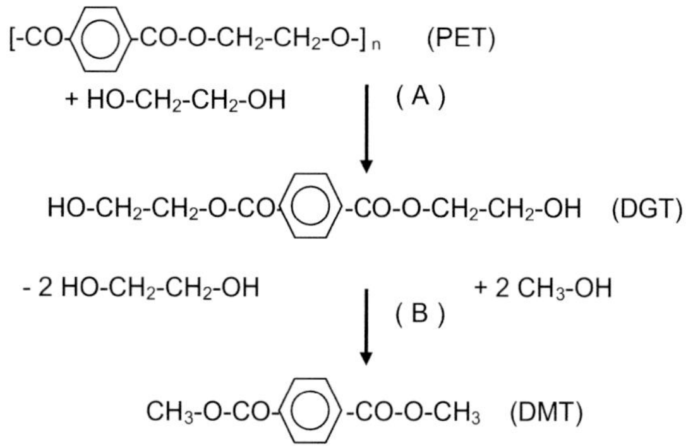

Abb. 7.15 Reaktionsschema der Glykolyse von PET (**A**) mit nachfolgender Methanolyse (**B**) [3.9] (*PET* = Polyethylenterephtalat; *DGT* = Diglykolterephthalat; *DMT* = Dimethylterephtalat)

[-CO⟨◯⟩-CO-O-CH$_2$-CH$_2$-O-]$_n$ (PET)

+ HO-CH$_2$-CH$_2$-OH   (A)

HO-CH$_2$-CH$_2$-O-CO⟨◯⟩-CO-O-CH$_2$-CH$_2$-OH   (DGT)

- 2 HO-CH$_2$-CH$_2$-OH   + 2 CH$_3$-OH
                             (B)

CH$_3$-O-CO⟨◯⟩-CO-O-CH$_3$ (DMT)

Abb. 7.16 Katalytische Spaltung und Destillation von PP/PE-Abfällen [7.15]

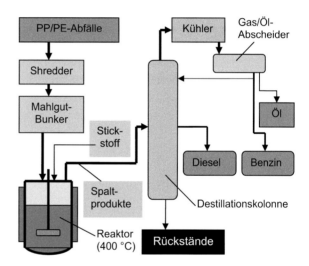

Polyolefin-Fraktion aus einer Müllsortieranlage in den Niederlanden entwickelt worden. Durch katalytische Depolymerisation bei 450 °C entstehen mit 75 % Ausbeute leicht- und mittelschwere Öle (synthetisches Rohöl) und zusätzlich ein gasförmiges Produkt. Das Rohöl eignet sich für die Herstellung von Kraftstoffen und Heizöl in Raffinerien. Das Gas wird für die Energieversorgung der Depolymerisationsanlage eingesetzt.

7.5.2 Hydrierung

Durch das Erhitzen von Altkunststoffen in inerter Atmosphäre auf ca. 400 °C findet eine Depolymerisation zu einem flüssigen Produkt statt (1. Verfahrensstufe). Dieses Material kann anschließend in einer 2. Verfahrensstufe unter hohem Druck (200…250 bar) bei ca. 450 °C mit Wasserstoff hydriert werden. Bei der Hydrierung finden eine weitere Spaltung der Kohlenstoffketten und die Anlagerung von Wasserstoff statt. Aus den Kunststoffen entstehen dadurch Öle mit einer Ausbeute von 90 %. Die gebildeten Öle (Syncrude) sind in Ölraffinerien ohne Probleme einsetzbar.

Spaltung der Kunststoffketten beim Hydrierungsprozess:

Polyolefine: $-CH_2-CH_2-CH_2- \rightarrow -CH_3 + -CH_3-CH_2-$

Polyamid: $-CH_2-\underset{\underset{O}{\|}}{C}-\underset{\underset{H}{|}}{N}-CH- \rightarrow -CH_2-CH_3 + H_2O + NH_3 + H_3C-$

Polyester: $-CH_2-C-O-CH_2- \rightarrow -CH_3 + CH_4 + 2\,H_2O + H_3C-$

In der 1. Verfahrensstufe der Depolymerisation spaltet enthaltenes PVC das Chlor unter Bildung von HCl ab (Dehydrochlorierung). Das HCl ist aus den Abgasen auswaschbar. Aus den einzusetzenden Mischkunststoffen muss also das PVC nicht abgetrennt werden. Ein geringer Teil des Einsatzmaterials wird zu gasförmigem Produkt umgesetzt und ein kleiner Teil als Hydrierbitumen ausgebracht. Eine großtechnische Anlage zur Hydrierung von Mischkunststoffen in Deutschland, die ursprünglich für die Kohlehydrierung vorgesehen war, musste allerdings aus wirtschaftlichen Gründen geschlossen werden. Die großtechnisch erprobte Technologie ist im Abb. 7.17 dargestellt.

7.5.3   Pyrolyse

Die Erhitzung von Kunststoffen bei 500…800 °C unter Ausschluss von Sauerstoff führt zu einer vollständigen thermischen Zersetzung langkettiger oder vernetzter Kohlenwasserstoff-Verbindungen in einerseits wasserstoffreiche flüchtige Produkte (Gas, Öl) und andererseits in einen wasserstoffarmen festen Rückstand (Koks, Ruß). Dieser Prozess wird als Pyrolyse oder Schwelen bezeichnet. Die Mengenverhältnisse der entstehenden Produkte hängen stark vom Einsatzkunststoff ab. Charakteristisch ist aber die Entstehung großer Anteile von Gas (30…55 %) und 40…50 % Öl (vorwiegend Aromaten). Das aromatenreiche Pyrolyseöl ist für die Herstellung petrochemischer Produkte geeignet. Hohe Koksanteile entstehen beim Vorlaufen von Gummi, PC und PF. Die Produkte der Pyrolyse (Öle, Koks) sind aber vor allem als homogenes Einsatzmaterial in einen Vergasungsprozess hervorragend geeignet. Durch die reduzierenden Reaktionsbedingungen wird eine Bildung von Dioxinen weitgehend verhindert. Zusätzlich werden die austretenden Pyrolysegase durch Eindüsen von Wasser schockartig abgekühlt (sog. Quenchen) und damit die Neubildung unerwünschter Verbindungen ausgeschlossen (siehe dazu Abschn. 5.2 „Entstehung von Dioxinen und Furanen bei thermischen Prozessen"). Die Anwesenheit von PVC im Eintrag ist jedoch zu vermeiden, da die Abtrennung des entstehenden HCl problematisch ist.

In Abschn. 5.1 wurde das Pyrolyseverfahren bereits als Vorbehandlungsverfahren für das Recycling von kunststoffbeschichteten Metallen oder ähnlichen Mischwerkstoffen vorgestellt und dabei der *Drehrohrofen als bevorzugter Pyrolysereaktor* genannt (Abb. 5.1). Der

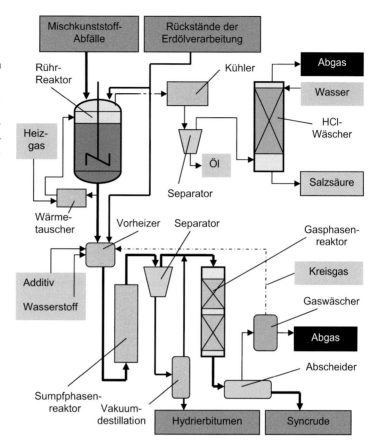

Abb. 7.17 VCC-Verfahren (Veba Combi Cracking) zur Verarbeitung von Altkunststoffen zu Öl (Syncrude) durch Degradation im Rührreaktor und Hydrierung (Sumpfphasen- und Gasphasenreaktor) [3.9]

Pyrolysedrehrohrofen ist ein außenbeheiztes Stahlrohr (Abschottung der Verbrennungsluft und der Verbrennungsgase). Durch die Drehung des Rohres und eine geringe Neigung entsteht eine Transportwirkung des Einsatzmaterials in Richtung Austrag. Beim Materialeintrag und Austrag der Feststoffe (Koks) sichern Schleusensysteme den Luftabschluss. Dieser Reaktor ist auch für reine Kunststoffabfälle geeignet. Das zeigen sehr klar die Betriebsergebnisse mit einer *Drehrohr-Pyrolysanlage.* Beim Eintrag von Kunststoffabfällen in diesen Reaktor (650 °C) entstand folgende Massenbilanz:

- Eintrag Kunststoffabfälle   1.000 kg,
- Pyrolyserückstand   207 kg (Grobkoks 75 kg, Feinkoks 132 kg),
- Dekanteraustrag   13 kg,
- Pyrolyseöl   436 kg (Quencheröl 29 kg, Kühleröl 407 kg),
- BTX-Öl   29 kg,
- Pyrolysereingas   313 kg.

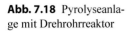 **Abb. 7.18** Pyrolyseanla-
ge mit Drehrohrreaktor

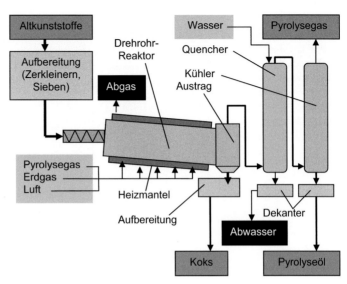

An das Eintragsmaterial ist eine Reihe von Anforderungen zu stellen: Dosierfähige Stückgröße, Vermeidung von Feinstkorn (Verstaubungsgefahr). Dies wird durch eine vorgeschaltete Aufbereitungsstufe (Zerkleinerung, Siebung, Homogenisierung) erreicht und gewährleistet damit einheitliche Zersetzungseigenschaften des Einsatzmaterials mit dem angestrebten Ergebnis eines vollständig pyrolysierten Austrags (Abb. 7.18).

Umfangreiche halbtechnische Untersuchungen liegen auch für die Anwendung des *Wirbelschichtreaktors als Pyrolysereaktor* vor. Dabei läuft der Prozess in einer Fremdbettwirbelschicht aus inertem Material (Sand) ab, in das der zerkleinerte und homogenisierte Kunststoff eingetragen wird. Die Fluidisierung des Sandbettes erfolgt durch Einblasen von vorgeheiztem Pyrolysegas über einen Düsenboden. Zur indirekten Beheizung des Wirbelbetts auf 600…900 °C dienen Strahlheizrohre, in denen Pyrolysegas und Zusatzgas verbrannt wird. Die gebildeten Spaltgase und Pyrolyseöle werden in einem Ölabscheider abgetrennt. Im Sandbett verbleiben Koks, Metallteile und anorganische Materialien, so dass Teile des Sandbettes ausgetauscht und aufbereitet werden müssen. Die besonderen Vorteile des Wirbelschichtreaktors sind hohe Geschwindigkeiten des Wärme- und Stoffaustausches. Dadurch entstehen im gesamten Wirbelbett eine sehr konstante und genau einstellbare Temperatur sowie konstante Reaktionsbedingungen und damit eine konstantes Produktspektrum. Das Prinzip einer Pyrolyseanlage mit Wirbelschichtreaktor ist in Abb. 7.19 skizziert.

Bei einer vergleichenden Einschätzung der Pyrolyse mit dem Hydrierverfahren ergibt sich, dass die Hydrierung zu einer wesentlich höheren Ölausbeute und einem geringen Anfall an Rückständen (Koks, Bitumen) führt, aber einen deutlich größeren verfahrenstechnischen Aufwand erfordert (2 Verfahrensstufen, hoher Wasserstoffdruck). Die Pyrolyse findet auch als Vorstufe für Vergasungsprozesse Verwendung (z. B. bei der Entsorgung von Siedlungsabfall).

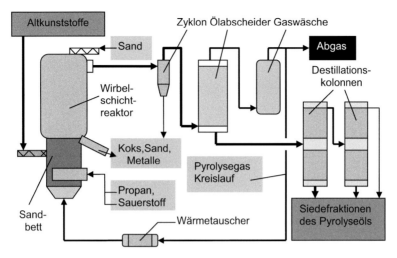

Abb. 7.19 Pyrolyseanlage für Altkunststoffe mit Wirbelschichtreaktor (Sandfremdbett)

7.5.4   Vergasung zu Brenngas oder Synthesegas

Als Vergasung wird die Reaktion von festem Kohlenstoff mit den Vergasungsmitteln Sauerstoff, Wasserdampf oder Kohlendioxid (selten Wasserstoff) zu Gasgemischen aus CO, H_2 und z. T. CH_4 bezeichnet. Der feste Kohlenstoff kann als Kohle oder Koks vorlaufen oder durch Pyrolyseprozesse im Vergasungsreaktor aus Holz, Kunststoffen, Klärschlamm, Ölen u. a. organischem Material gebildet werden. Das Vergasungsmittel CO_2 entsteht ebenfalls im Vergasungsreaktor durch die Reaktion von Kohlenstoff mit Sauerstoff (Verbrennung). Diese Verbrennungsreaktion liefert außerdem die erforderliche Wärme für den Vergasungsprozess. Die Vergasung ist also immer mit einer anteiligen Verbrennung kombiniert. Das gebildete Gasgemisch ist nach Quenchen und Reinigung als Brenngas (Wärmeerzeugung, Elektroenergieerzeugung, Gasmotor) oder als Synthesegas (Herstellung von Methanol) nutzbar. Es ist also wahlweise oder kombiniert eine energetische oder rohstoffliche Verwertung möglich. Die Festbettvergasung ist eine über Jahrzehnte bewährte Verfahrenstechnik (Kleinvergaser, städtische Gaswerke, Großgaswerke), die für die Verwertung von Kunststoffabfällen (u. a. organischen Abfällen) entsprechend verfahrenstechnisch angepasst wurde. Die wichtigsten chemischen Reaktionen bei der Festbettdruckvergasung, die Temperaturen und die existierenden Reaktionszonen sind in Abb. 7.20 angegeben.

Die Vergasung im Festbettdruckreaktor findet bei einer Temperatur von ca. 1.200 °C und einem Druck von 25 bar statt. Die Mengenverhältnisse an CO, H_2 und CH_4 sind durch Temperatur und Druck beeinflussbar (höhere Temperaturen verschieben das Gleichgewicht zu höheren Gehalten an CO und H_2; höherer Druck begünstigt die CH_4-Bildung). Die Vergasungsrückstände sind bei 1.200 °C noch nicht geschmolzen und fallen als Asche an. Der Reaktor der Festbettvergasung arbeitet nach dem Gegenstromprinzip der Stoffe (Feststoffeintrag von oben, Vergasungsmitteleinleitung von unten, Ascheaustrag unten,

Abb. 7.20 Temperaturen, chemische Reaktionen und Reaktionszonen im Festbettvergaser

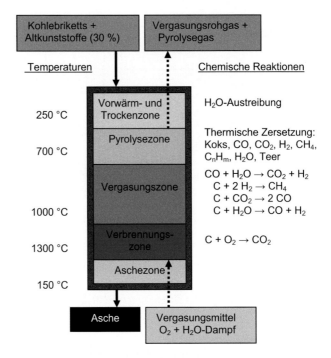

Rohgasaustrag oben). Das verwendete Schüttbett des Festbettreaktors (Abb. 7.21) erfordert einen gleichmäßig verteilten Porenraum, der die Durchströmung der Vergasungsmittel und Reaktionsgase über den gesamten Querschnitt gewährleistet und einen begrenzten Strömungswiderstand erzeugt. Diese Bedingungen sind nur durch größere und gleichmäßige Stückgrößen der eingetragenen Feststoffe zu garantieren. Der Feststoffeintrag muss deshalb vorher durch Brikettieren oder Extrudieren entsprechend aufbereitet werden. Das Schüttbett ruht unten auf einem Drehrost für den Ascheaustrag. Für den Eintrag und Austrag der festen Stoffe sind gasdichte Schleusen erforderlich. Eine Weiterentwicklung des Festbettvergasers ist der Schlackeschmelzbadvergaser. Für den Einsatz von Altkunststoffgemischen in der Vergasung sind Verunreinigungsgrenzen einzuhalten: max. 10 % Störstoffe (Metalle, Glas, keramische Materialien, Textilien) und max. 10 % PVC in den Kunststoffen.

Zur Vergasung von Kunststoffen mit hohen Chlorgehalten (PVC) wurde ein Verfahren mit einem Stückkalk-Wanderbett entwickelt und eine entsprechende Pilotanlage errichtet [7.15]. Das Stückkalk-Wanderbett ist in einem vertikalen Reaktor (Schachtofen) angeordnet und übernimmt in dem Reaktor drei Funktionen.

1. Transportmedium: Die Kunststoffe und Beimengungen werden über das vertikale Kalkschüttbett durch die Schwerkraft in und aus dem Schachtofen transportiert.
2. Stützgerüst: Trennung der schmelzenden Kunststoffe und optimale Gasdurchlässigkeit.
3. Schadstoffbinder: Bindung von Chlor und HCl sowie Schwefel und Schwermetalle an dem Feinkalkanteil, der durch Siebung abgetrennt wird.

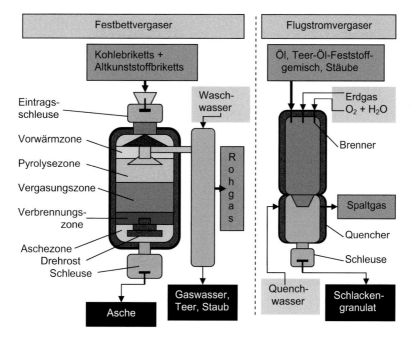

Abb. 7.21 Reaktoren der Festbett- und Flugstromvergasung

Für sehr feinkörnige Materialien (Stäube, Schlämme) und Flüssigkeiten (Öle, Teer) steht die Variante der Flugstromvergasung zur Verfügung (Abb. 7.21). Über ein Brennersystem gelangt das Gemisch aus Öl, Teer, Staub fein zerstäubt in die Vergasungskammer. Bei einer Temperatur von ca. 1.800 °C und 25 bar Druck fallen die Rückstände als flüssige Schlacke an. Die nach Festbett- und Flugstromvergasung erzeugten Gase (Rohgas, Spaltgas) werden gewaschen (HCl-Wäsche) und gekühlt und das Spaltgas zusätzlich einer CO-Konvertierung unterworfen (Einstellung des notwendigen Verhältnisses CO zu H_2 im Synthesegas). In der weiteren Gasaufbereitung erfolgt die Abtrennung von H_2S und CO_2 mittels Methanol (Gewinnung des Schwefels). Die Methanolherstellung aus Synthesegas (CO/H_2-Gasgemisch) ist auf Grund des einfachen Stoffumsatzes $CO + 2H_2 \rightarrow CH_3OH$ günstig zu realisieren.

7.5.5 Reduktionsmittel im Hochofenprozess

Im Hochofen erfolgt die Reduktion der oxidischen Eisenerzkonzentrate (Fe_2O_3, Fe_3O_4 u. a.) durch CO-Gas, das aus dem eingesetzten Koks und dem eingeblasenen Heißwind (Luft) erzeugt wird. Seit Jahren wird ein Teil des erforderlichen teuren Kokses im unteren Bereich des Reaktionsraumes durch eingeblasenen Kohlenstaub, Erdgas oder Schweröl substituiert, wobei ein C/H-Verhältnis im Reduktionsmittel von ungefähr 8 : 1 angestrebt wird. Beim Eintritt in die bis 2.300 °C heißen unteren Ofenteil vergasen diese Zusatzstoffe mit dem Sauerstoff der Heißluft schlagartig unter Bildung eines CO/H_2-Gasgemisches und werden

Abb. 7.22 Verfahrens-
technik und chemische
Hauptreaktionen im
Hochofen

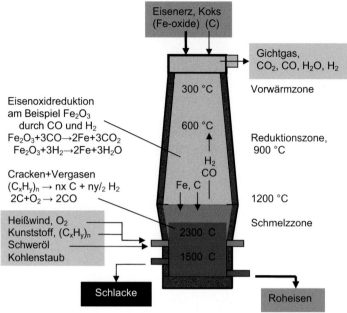

als Reduktionsmittel für das in diesem Stadium zu Wüstit (FeO) vorreduzierte Eisenoxid zu Roheisen wirksam. Die angestrebte optimale Temperatur für das abzustechende Roheisen wird durch eine stärker exotherme Coreduktion von FeO mit CO mit einer schwächer exothermen Reduktion des FeO mit H_2 erreicht. Im Gichtgas verbleiben dann CO_2, H_2O und größere Anteile von CO. Altkunststoffe bestehen ebenso wie Schweröle im Wesentlichen aus Kohlenwasserstoffen (C_xH_y) mit einem C/H-Verhältnis im Bereich von 8 : 1 und können deshalb Schweröle und andere Reduktionsmittel gut ersetzen. Die Verfahrenstechnik und die chemischen Hauptreaktionen im Hochofen sind in Abb. 7.22 dargestellt.

Vor der Einführung des Kunststoffeinblasens wurden die evtl. Auswirkungen auf den Prozess durch Vergleich der stofflichen Zusammensetzung der Zusatzstoffe eingehend geprüft. Ein Vergleich der stofflichen Zusammensetzung von Schweröl, Kohlenstaub und einer typischen Kunststofffraktion aus der Aufbereitung von Verpackungsabfällen (überwiegend Folienware) ist in Tab. 7.12 aufgeführt. Erkennbar ist der erhöhte Cl-Gehalt (PVC-Anteile) in der Kunststofffraktion. Dagegen ist der Schwefel-Eintrag deutlich geringer. Recht ähnlich sehen die Werte für aufbereitete Hartkunststofffraktionen z. B. aus Shredderrückständen aus (siehe dazu auch Kap. 12) [7.16] mit dem Unterschied, dass diese in der Regel erhöhte Aschegehalte bis zu 10 % führen. Da diese Ascheanteile aus den Füllstoffen der Hartkunststoffe stammen und im Wesentlichen aus Kreide oder Talk bestehen, können diese zusätzlich die im Hochofenprozess benötigten primären basischen Schlackenbilder ersetzen. Bei der Aufbereitung von Kunststofffraktionen zum Einsatz als Reduktionsmittel für den Hochofenprozess ist im Wesentlichen auf eine ausreichend gute Abtrennung von PVC, Schwermetallen und Alkalien zu achten. Geeignete Wasch- und Dichtetrennprozesse stellen dies heute sicher. Auf Grund der hohen Prozesstempera-

Tab. 7.12 Vergleich der stofflichen Zusammensetzung von Altkunststoffen mit Schweröl und Kohlenstaub

Bestandteil	Altkunststoffe	Schweröl	Kohlenstaub
C	83,74	85,90	79,60
H	12,38	10,50	4,32
S	0,05	2,23	0,97
Asche	3,08	0,05	9,03
Cl	0,75	0,04	0,20
Na	0,02	0,001	0,082
Cu	0,001	0,0001	0,002
Pb	0,0002	–	0,005

ren und der langen Verweilzeiten kann eine Dioxin- und Furanbildung im Hochofengas ausgeschlossen werden, ein erhöhter Chlor-Anteil kann aber zu Heißgaskorrosion in der Abgasanlage und Reinigung führen. Alkalimetalle können die Ausmauerung des Hochofens angreifen, Schwermetalle, insbesondere Kupfer und Zinn, können als Stahlverspröder die Qualität des Roheisens negativ beeinflussen.

Eine zweite Herausforderung des Kunststoffeinsatzes ist die Förderfähigkeit und Dosierfähigkeit der Kunststoffe durch die Einblaslanzen einerseits, das Umsetzungsverhalten zu CO und H_2 im Hochofen andererseits. Beim Einblasen in den Hochofen wird eine sogenannte Dichtstoffförderung über Lanzen mit Innendurchmessern zwischen 15 und 27 mm angestrebt. Das bedeutet, dass gerade so viel Luft zu Förderung eingesetzt wird, wie der Hochofenprozess an dieser Stelle verträgt. Dies ist zu erreichen, wenn die Kornverteilung bzw. das Kornband des Aufgabegutes so gestaltet wird, dass eine möglichst hohe Schütt- bzw. Förderdichte erreicht wird. Das in den Hochofen eingeblasene Material muss danach in die für den eigentlichen Reduktionsprozess benötigten Komponenten CO und H_2 umgesetzt werden. Dies geschieht bei Kunststoffen wesentlich schneller als bei Kohlenstaub. Dabei ist eine schrittweise Umsetzung, die sowohl die Randbereiche als auch die Kernbereiche des Hochofens mit den Reduktionsgasen versorgt, erwünscht. Hierfür ist ebenfalls eine entsprechende Gestaltung des Kornbandes erforderlich. Dabei werden Agglomerate aus Verpackungsfolien schneller umgesetzt als Hartkunststoffgranulate. Für letztere hat sich ein Kornband zwischen 1 und 8 mm bzw. 10 mm (abhängig vom Hochofendurchmesser) als optimal erwiesen. Für Kunststoff-Agglomerate sollte mindestens der untere Wert ein wenig höher liegen. Diese Agglomerate werden zumeist aus Verpackungsabfällen zunächst durch nasse Dichtesortierung von PVC und evtl. vorhandenen Restmetallen befreit und anschließend in einem Topf- oder Trommelagglomerator unter partiellem Aufschmelzen agglomeriert (siehe dazu Abschn. 7.4.1.5 und Abb. 7.6). Der Einsatz der Altkunststoffe im Hochofen hat heftige Diskussionen mit den Genehmigungsbehörden über die Einordnung dieses Verfahrens als energetische oder stoffliche Verwertung hervorgeru-

Tab. 7.13 Nutzungsgrad des Kunststoffeinsatzes im Hochofen

Stoffliche Verwertung (%)	Energetische Verwertung (%)	Verluste (%)
Reduktion von Eisenoxid, Aufkohlung des Roheisens und Schlackebildung 50	Reaktionswärme + Gichtgasrückführung 30 + Gichtgasverstromung	Verstromungsverluste + Wärmeverluste 20

fen. Die Metallurgen konnten zwingend nachweisen, dass ein stofflicher Verwertungsgrad von >50 % vorliegt. Hierzu zählen die Verwertung der Kunststoffe nach Umwandlung in Reduktionsgas und zusätzlichen Kunststoffstämmigen Anteilen des Kohlenstoff-Inhaltes zur Aufkohlung des Roheisens. Bei gefüllten Kunststoffen tritt außerdem der Ascheanteil als Ersatz für sonst zugesetzte Schlackebildner hinzu. Mindestens 30 % des Kunststoffes werden zudem energetisch genutzt. Der Gesamtwirkungsgrad des Kunststoffeinsatzes ergibt sich aus der Aufstellung in Tab. 7.13. Mit einem Gesamtwirkungsgrad von mindestens 80 % wird derjenige von Müllverbrennungsanlagen bei weitem überschritten [7.17]. Für eine umfassende Bilanz wäre aber der energetische Aufwand für die Aufbereitung und Reinigung der Kunststoffe zu Agglomerat oder Granulat zusätzlich zu berücksichtigen. In neueren integrierten Ansätzen lässt sich der Wirkungsgrad noch weiter steigern. Auch aus einem Vergleich mit dem verfahrenstechnischen Aufwand für die Vergasung in speziellen Festbettdruckreaktoren (siehe Abschn. 7.5.4) wird der erhebliche Vorteil der Kunststoffverwertung im Hochofenprozess erkennbar.

Auf Grund der guten Erfahrungen mit dem Einblasen von Kunststoffagglomeraten in Hochöfen wurde die Abfallpalette auf andere organische Materialien mit hohem Heizwert ausgeweitet. Aus 50 % gesichtetem Gewerbemüll, 30 % sortiertem MBA-Material (mechanisch-biologische Abfallbehandlung) und 20 % Kunststoffverpackungen der gelben Tonne wurden Pellets hergestellt, die ein optimales Einblasen in den Hochofen erlauben. Der Heizwert dieser Pellets liegt bei ca. 25 MJ/kg. Hartkunststoffgranulate etwa aus der Shredderrückstandsaufbereitung erreichen dagegen Heizwerte von durchschnittlich 32 MJ/kg.

7.6 Entscheidungskriterien zur Auswahl des Verwertungsweges für Altkunststoffe

Kunststoffe lassen sich wie beschrieben werkstofflich, rohstofflich oder energetisch verwerten. Politisch wird häufig die werkstoffliche Verwertung als anzustrebender Weg angegeben. Unter ökonomischen, vor allem aber auch ökologischen Gesichtspunkten ist hier sehr genau zu differenzieren, was sinnvoll und was irreführend ist. Dies gilt umso mehr, als rund 93 % des geförderten Erdöls in Kraftstoffe umgesetzt und energetisch genutzt werden, während nur 4 % zu Kunststoffen verarbeitet werden. Mehrere Faktoren spielen in den Entscheidungsprozess für die Auswahl des besten Verwertungsweges hinein.

Ein erstes und sehr effizientes Kriterium ist der Vergleich zwischen Energieaufwand und damit umgerechnet dem Ölverbrauch für die Erzeugung einer Menge eines bestimmten Kunststoffes und dem unteren Heizwert dieses Materials, der bei einer energetischen Verwertung nutzbar wäre. Für den Kunststoff PA 6.6 etwa werden über 140 MJ/kg an Energie für die Erzeugung benötigt, während der untere Heizwert bei rund 30 MJ/kg liegt. Hier ist die Differenz erkennbar groß, so dass eine werkstoffliche Verwertung immer ins Auge gefasst wird. Für PP werden dagegen unter 80 MJ/kg an Energie für die Erzeugung benötigt, während der untere Heizwert bei über 40 MJ/kg liegt. Lassen sich die Aufwendungen für die Aufbereitung und Recyclierung mit einem Energieaufwand von wesentlich weniger als 40 MJ/kg bewerkstelligen, ist das werkstoffliche Recycling vorzuziehen. Steigt der Behandlungsaufwand jedoch über diese Grenze, ist eine rohstoffliche oder energetische Verwertung schon aus ökologischen Gründen die bessere Wahl.

Wie hoch der Behandlungsaufwand ist und welchen Nutzen das Recyclat stiften kann, hängt wesentlich von der Sortenreinheit, dem Verschmutzungsgrad und der Alterung des Materials ab. Sortenreine, unverschmutzte und nicht oder nur gering gealterte Abfälle etwa aus der Produktion sind, mit deutlich geringerem Aufwand, aufbereitbar, als gemischte, stark verschmutzte und/oder stark gealterte Materialien.

Bei einer Entscheidung über einen zu wählenden Recyclingweg sind diese Aspekte gemeinsam mit der Klärung potentiell geeigneter Absatzkanäle immer zu berücksichtigen.

Literatur

7.1   Baur, E., Brinkmann, S., Oswald, T., Rudolph, N., Schmachtenberg, E., Saechtling Kunststoff Taschenbuch, 31.Ausgabe, Hanser Verlag München 2013

7.2   Michaeli, W., Einführung in die Kunststoffverarbeitung, 6. Aufl., Hanser Verlag München 2010

7.3   Engelke, N., Kunststoffrecycling, UmweltMagazin April-Mai 2015, S.38,39. Flottweg Sorticanter®, www.flottweg.com

7.4   Mäurer, A., Schlummer, M., Agulla, K., Altkunststoffe – CreaSolv-Prozess, Recycling magazin 20 (2010),18

7.5   Jehle, B., Kunststoffe aus Elektroaltgeräten – die Herausforderung für die Zukunft, 23. Seminar Kunststoffrecycling in Sachsen, Mai 2014, www.lv-recyclingwirtschaft.de/daten/kunststoffrecycling 2014/09, Vortrag Jehle

7.6   Köhnlechner, R., Sortenreine Separation schwarzer Kunststoffgemische. In: Thomé-Kozmiensky,K., Goldmann, D, Recycling und Rohstoffe, Bd. 6, TK Verlag Neuruppin 2013, S. 225–239.

7.7   Mayer, P., Hochwertiges PET-Recycling. In: Thomé-Kozmiensky, K., Goldmann, D., Recycling und Rohstoffe, Bd. 3, TK Verlag Neuruppin 2010, S. 385–391

7.8   Systec-Gesellschaft f. Systemtechnologie mbH Köln, Prospekt 1999

7.9   Pehlken, A., Die Aufbereitung von Altreifen unter besonderer Berücksichtigung der Zerkleinerungstechnik, Aufbereitungstechnik 45 (2004),Nr. 5, S. 37–46

7.10   Rechner, K., Recycling von Altreifen und anderen Elastomeren, 2012, www.entire-engineering. de/Altreifenrecycling

7.11   Biedenkopf, P., Neue Wege für das Recycling von Altreifen, UmweltMagazin, März 2012, S.22,23

7.12   Recke, Th., LKW-Reifen rezyklieren, UmweltMagazin Jan./Febr. 2014, S.40,41

7.13   Woidasky, J., Weiterentwicklung des Recyclings von faserverstärkten Verbunden. In: Thomé-Kozmiensky,.K, Goldmann, D., Recycling und Rohstoffe, Bd. 6, TK Verlag Neuruppin 2013, S. 241–259

7.14   Weh, A., Monti di Sopra, F., Zerkleinerung und Aufschluss von Abfallströmen mittels gepulster Hochspannungstechnologie. In: Thomé-Kozmiensky, K., Goldmann, D., Recycling und Rohstoffe, Bd. 4, Tk Verlag Neuruppin 2011, S. 471–484

7.15   Möller, R., Reines Synthesegas aus chlorhaltigen Altkunststoffen. In: Thomé-Kozmiensky, K., Goldmann, D., Recycling und Rohstoffe, Bd. 5, TK Verlag Neuruppin 2012, S. 905–917

7.16   Goldmann, D., Erzeugung verwertbarer Stoffströme mit dem Volkswagen-SiCon-Verfahren. In: Thomé-Kozmiensky et al. (ed.): „Produktverantwortung", TK Verlag Karl Thomé-Kozmiensky, Neuruppin, 2007, S. 389–395

7.17   Bürgler, T., Habermann, A. Hehn, B., Mitterbauer, H., Stoffströme aus der Shredderrückstandsaufbereitung für die rohstoffliche und werkstoffliche Verwertung – Erfahrungen aus dem industriellen Betrieb. In: Thomé-Kozmiensky, K., Goldmann, D., Recycling und Rohstoffe, Bd. 2, TK Verlag Neuruppin 2009, S. 519–531

Recycling von Papier

8

Papier ist ein Werkstoff aus Pflanzenfasern, der in dünnen Schichten (Blätter) verwendet wird. Der Zusammenhalt der Fasern entsteht durch Verfilzung und Eigenverklebung. Das unbehandelte Naturpapier wird meist durch Beschichtungen (Streichen, Imprägnieren, Pergamentieren, Kaschieren) veredelt. Pappe unterscheidet sich vom Papier durch die Stärke der Schicht und die ungebleichten Fasern (braune Ware). Die eingesetzten Pflanzenfasern sind Holzschliff, Zellstoff und Altpapier-Fasern. Holschliff wird durch das mechanische Zerfasern von Holz hergestellt. Zellstoff wird aus Holzschnitzeln durch eine nasschemische Behandlung (Soda, Natriumsulfit) bei ca. 160 °C erzeugt. Dabei werden die Zellstofffasern vom Lignin getrennt. An dieses Kochen schließen sich Wasch- und Bleichprozesse (Sauerstoff, Wasserstoffperoxid) an. Bleichmittel aus Chlorverbindungen kommen nicht mehr zur Anwendung (Bildung giftiger chlororganischer Verbindungen). Die Verwendung der Altpapier-Fasern erfordert eine vorausgehende mehrstufige Aufbereitung des Altpapiers (Aussortierung von Fremdstoffen, Zerfasern, Bleichen, Reinigen), um die Sekundärfasern zu gewinnen. In deutschen Papierfabriken deckte Altpapier im Jahr 2011 71 % des Rohstoffeinsatzes ab. Entsprechend der angestrebten Papierqualität wird meist eine Mischung aus Primär- und Sekundärfasern verwendet, die in Wasser suspendiert (Stofflöser) und einem Mahlprozess unterzogen werden. Das Mahlen hat die Aufgabe, die Fasern zu quetschen und zu fibrillieren (Spaltung in der Längsrichtung), um die Verfilzung und Eigenverklebung der Papierschicht zu gewährleisten. Dieser Pulpe werden verschiedene Hilfsstoffe zugesetzt. Solche Hilfsstoffe sind Füllstoffe (Kaolin, Calciumcarbonat, Titandioxid), Leimstoffe und Farben (Pigmente, Farbstoffe). Nach einer weiteren Verdünnung mit Wasser gelangt diese Faserstoffsuspension zur Papiermaschine (Stoffauflauf). Die Papierbildung erfolgt auf dem Endlossieb der Maschine durch Absaugen des Wassers und Verfilzung der Fasern. Die weitere Entwässerung erfolgt mit Presswalzen und abschließend durch Trocknung. Nach der Papierbildung findet die Veredelung statt, die der Erzeugung einer glatten, weißen Papieroberfläche dient und durch das „Streichen" der Oberfläche mit einer Masse aus Pigmenten (Kaolin, Kreide, Calciumsilikat) und Bindemitteln stattfindet (gestrichenes Papier).

© Springer Fachmedien Wiesbaden 2016
H. Martens, D. Goldmann, *Recyclingtechnik*, DOI 10.1007/978-3-658-02786-5_8

Die gesammelten Altpapiere enthalten also neben den Fasern eine Reihe unterschiedlicher Zusatzstoffe, die beim Recycling zu berücksichtigen sind. Die problematischsten Bestandteile vieler Altpapiere sind aber die Druckfarben, die durch einen besonderen Deinking-Prozess entfernt werden müssen. Dazu kommen vielfältige anhaftende Verunreinigungen (Leime, Textilien, Büroklammern, Kunststofffolien, Metallfolien usw.).

8.1   Altpapiersorten und Sammlung von Altpapier

Das Altpapier ist zum wichtigsten Rohstoff der Papierindustrie geworden und demzufolge eine internationale Handelsware. Auf Grund der technisch unterschiedlich ausgerüsteten Altpapierverarbeitungsbetriebe, der verschiedenen Altpapierqualitäten und vor allem der Verunreinigungen war es erforderlich, eine Vielzahl von *Altpapiersorten* für das Recycling und den Altpapierhandel festzulegen (in Europa sind ab dem Jahr 2000 etwa 67 Altpapiersorten definiert). Diese Sorten sind in fünf Gruppen zusammengefasst und nummeriert. In Tab. 8.1 sind wenige Beispiele aus dieser Sortenliste angeführt.

Tab. 8.1 Beispiele aus der europäischen Altpapiersortenliste

Papiersorten	Nr.	Definition
1. Untere Sorten	1.02	Sortiertes gemischtes Altpapier
	1.04	Kaufhausaltpapier (Papier- und Kartonverpackungen)
	1.06	Unverkaufte Illustrierte
	1.07	Telefonbücher
	1.11	Deinkingware
2. Mittlere Sorten	2.01	Zeitungen
	2.03	Weiße Späne
	2.07	Weiße Bücher, holzfrei, ohne Buchdeckel
3. Bessere Sorten	3.03	Buchbinderspäne
	3.14	Weißes Zeitungspapier, unbedruckt
4. Krafthaltige Sorten	4.01	Neue Späne aus Wellpappe
	4.05	Unbenutzte Kraftpapiersäcke[a]
5. Sondersorten	5.01	Altpapier gemischt, unsortiert
	5.03	Getränkekartons mit Kunststoff und Al-Beschichtung

[a] Kraftpapier: Papiersorte hoher Zugfestigkeit, 100 % Zellstoff, keine Sekundärfasern, keine Füllstoffe.

Die *Sammlung von Altpapier* ist eine wichtige erste Recyclingstufe. Die technisch und wirtschaftlich notwendige Unterteilung in die Altpapiersorten erfordert bereits bei der Erfassung eine sortenspezifische Arbeitsweise. Die Anfallstellen für Altpapier sind folgende (Massenanteil in Deutschland 2011) [8.1]:

- Papierverarbeitung (Druckerzeugnisse, Verpackungen)   9,2 %,
- Gewerblicher Bereich (Industrie, Kleingewerbe, Handel)   49,0 %,
- Haushaltsbereich   39,2 %.

Dabei haben sich spezifische Sammelsysteme bewährt. Im Gewerbebereich kommen Presscontainer, Gitterboxen und andere Container zum Einsatz. Im Haushaltbereich werden Hol- und Bringsysteme verwendet (Monotonne, Sacksystem, Bündelsammlung).

8.2   Trockensortierung von gesammeltem Altpapier

Die nach Anfallstellen getrennt gesammelten Altpapiere verarbeitet das klein- und mittelständisch strukturierte Sekundärstoffgewerbe mit Hilfe von Sortierlinien zu den definierten Altpapiersorten in Form von Papierballen. Das Sortieren erfolgt auf Handlesebändern und teilautomatisiert, in neueren Anlagen weitgehend automatisch mit manueller Nachkontrolle. Die automatischen Verfahren verwenden die sensorgestützte Sortierung mit mehreren Identifikationsmethoden:

1. Bildverarbeitende Verfahren (Erkennen des äußeren Bildes; mögliche Fehler durch papierbeschichtete Pappen oder Kartonagen),
2. Nahinfrarot-Spektrometrie (NIR) (Identifikation von Papiersorten nach unterschiedlichen Inhaltsstoffen und Beschichtungen sowie Störstoffen).

Verfahrensstufen in automatischen Sortieranlagen [8.1, 8.2] (Abb. 8.1)

- Materialentzerrung,
- Ballistikseparatoren (siehe Abb. 3.13) in zwei Stufen zur Abtrennung von Kartonnagen oder alternativ eine Grobsiebung (300 mm) zur Abtrennung von Pappen mit nachfolgender Feinsiebung (100 mm) zur Abtrennung der Fraktion Mischpapier,
- NIR-Sensor mit zusätzlicher Bildverarbeitung,
- Ausblaseinheit für Störstoffe und unerwünschte Papiersorten,
- Paperspike (Aufspießen von Kartonagen-Resten mit Nagelbändern),
- Manuelle Nachsortierung an Lesebändern,
- Papierpresse zur Herstellung der handelsüblichen Papierballen.

Störstoffe sind alle Kunststoffe, Textilien, Holz, Metalle und beschichtete Papiere. Unerwünschte Papiersorten für Deinking-Ware sind braune, graue, bedruckte und beschichtete

Abb. 8.1 Trockensortierung von Altpapier [8.1]

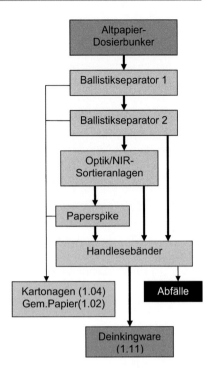

Pappen und Kartonagen und bunte Papiere. Die Arbeitsweise der sensorgestützten Sortierung ist in Abschn. 3.4.6 beschrieben und dort in den Abb. 3.15 und 3.16 demonstriert.

8.3   Nassaufbereitung der Altpapiersorten

Die Nassaufbereitung hat die Aufgabe, das Altpapier durch die Einwirkung von Wasser und mechanischer Beanspruchung (Rührer, Drehtrommel mit stationären Einbauten) in die Einzelfasern aufzulösen und nachfolgend die Papierhilfsmittel und die Fremdstoffe durch nasse Sortierverfahren abzutrennen. Für diese Desintegration kommen zwei Typen von Pulpern zum Einsatz [2.2]:

1. Zylindrische Kessel mit einem Impellerrührer am Boden und Strombrechern, geeignet für Konsistenzen von 6…19%.
2. Trommelpulper für Konsistenzen bis 20%.

In Abb. 8.2 sind zunächst das Gesamtsystem der Papierherstellung mit Altpapier und die Einordnung der Trockensortierung und der Nassaufbereitung des Altpapiers schematisch dargestellt. Die komplette Nassaufbereitung einschließlich Deinking ist nur für die Erzeugung graphischer Papiere („weiße Ware") erforderlich. Für das Recycling zu „brauner Ware" (Pappe und Kartonage) kann das Deinking eingespart werden. Graphische Papiere

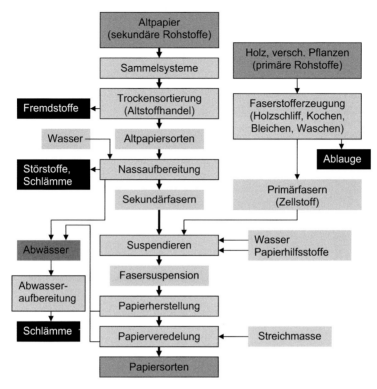

Abb. 8.2 Technologie der Papierherstellung mit Altpapier [8.2, 8.3]

z. B. für Zeitungen können zu 100 % aus Altpapier hergestellt werden. Für bestimmte Papiersorten erfolgt eine Zumischung von Primärfasern (Zellstoff) zu den Sekundärfasern. Das Fließschema lässt erkennen, dass für die Papierherstellung aus Altpapier und aus Primärrohstoffen größere Mengen Wasser technologisch notwendig sind. Das zwingt die Unternehmen zum Betreiben einer umfangreichen Abwasserbehandlung, wobei erhebliche Massen an Schlämmen anfallen. Das Wassermanagement (Wasserkreisläufe, Abwasserreinigung, Wassereinsparung) spielt deshalb in Papierfabriken eine wichtige Rolle.

In Abb. 8.3 ist die Technologie der Nassaufbereitung von Altpapier eines ausgewählten Unternehmens dargestellt. Das Einsatzmaterial sind in diesem Unternehmen die Altpapiersorten 1.11, 1.06 und 2.03 (siehe Tab. 8.1). Für die Auflösung stehen große rotierende Trommeln zur Verfügung, die durch die auflösende Wirkung des Wassers und die Scherkräfte stationärer Einbauten aus dem Altpapier eine pumpfähige Faserpulpe erzeugen. Gleichzeitig werden durch die Zentrifugalkräfte gröbere Fremdkörper an die Trommelwand geschleudert und dadurch aus der Pulpe abgetrennt. Beim Löseprozess werden Chemikalien (Natronlauge, Fettsäuren) zugesetzt, die eine Ablösung der Druckfarben von den Fasern bewirken. Alternative Löseapparate wären Rührkessel mit schnell laufendem Rührwerk. Der nachgeschaltete Dickstoffreiniger verwendet Hydrozyklone, die kleinere schwere Fremdstoffe (Glas, Steinchen, Metallklammern) abscheiden. Danach hält das gelochte Sieb des

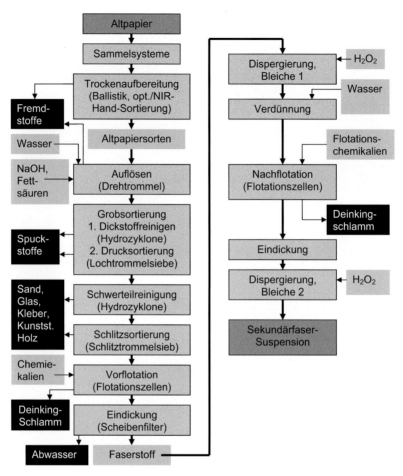

Abb. 8.3 Gesamttechnologie des Altpapier-Recyclings durch Trockensortierung, Nassaufbereitung und Flotation (Deinking) [2.2, 8.2, 8.4]

Drucksortierers flächige Fremdstoffe (Kunststofffolien, Aluminiumfolien, Klebstreifen) zurück, während die Faserpulpe durchgedrückt wird. Diese Faserpulpe durchläuft nach einer Verdünnung zwei weitere Reinigungsstufen mit Hydrozyklonen und Schlitztrommelsieben, die kleinere Schwerteilchen (Sand, Kleber) und flächige Teilchen eliminieren. In der folgenden Vorflotation werden die bereits abgelösten Farbpartikel entfernt.

Das Wirkprinzip der Flotation zeigt Abb. 8.4. Durch Zusatz von Flotationschemikalien werden die Benetzbarkeit der Farbpartikel und die Oberflächenspannung des Wassers verändert. Dadurch wird beim Eintrag von Luft in die Fasersuspension eine Anheftung von freien Farbpartikeln an die Luftblasen erreicht. Dabei bildet sich ein Schaum, der die Farbpartikel enthält und abtrennbar ist. Die vorgereinigte Fasersuspension wird entwässert (Filtration auf Scheibenfiltern, Abtrennung des Schmutzwassers) und der Faserstoff im Disperger einer Reibungsbeanspruchung unterzogen. Durch die intensive Faser-Faser-Reibung werden restliche Druckfarben abgeschlagen, Faserbündel aufgelöst und Störstoffe zerklei-

Abb. 8.4 Deinking durch Flotation

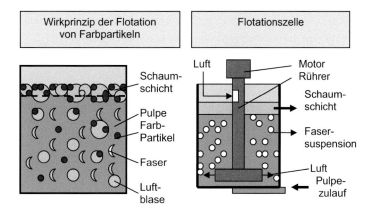

nert. Außerdem erfolgt in dieser Stufe eine erste Faserbleiche. Durch eine Nachflotation lassen sich die im Disperger abgelösten Farbpartikel abtrennen. Nach erneuter Eindickung wird ein zweites Mal dispergiert, um Kleberreste, Wachs und Farbrückstände so fein zu verteilen, dass sie den optischen Eindruck des Produktes nicht mehr stören, was auch eine zweite Bleiche unterstützt [8.4]. Anstelle der Flotation kommen für den Deinkingprozess auch spezifische Waschverfahren zur Anwendung [2.2].

In der Nassaufbereitung fallen mehrere Fraktionen an Fremdstoffen an (Abb. 8.3), die aus technischen Gründen auch immer höhere Gehalte an Faserstoff enthalten. Die technologischen Bemühungen sind deshalb neben der effektiven Abtrennung der Fremdstoffe ebenso auf die Verringerung der Faserverluste (Erhöhung des Faserausbringens) gerichtet. Die Größenordnung des Fasergehaltes in den Fremdstoff-Fraktionen wird durch den Heizwert der Trockensubstanz (TS) deutlich (5…26 MJ/kg TS) sowie durch die Höhe der Glühverluste. Es werden drei Fraktionen an Fremdstoffen unterschieden [8.3]:

1. Spuckstoffe (Metallklammern, Kunststoffe, Folien, Textilien, Papierreste …), Wassergehalt ca. 41 %, Heizwert ca. 24 MJ/kg TS, Glühverlust ca. 90 %.
2. Papierschlämme (Farb-, Pigment-, Füllstoff- und Klebstoffpartikel, Fasern), Wassergehalt ca. 59 %, Heizwert ca. 8,6 MJ/kg TS, Glühverlust ca. 49 %.
3. Deinkingschlämme (Druckfarben, Pigmente, Füllstoffe, Fasern), Wassergehalt ca. 58 %, Heizwert ca. 6 MJ/kg TS, Glühverlust ca. 50 %.

Die Heizwerte dieser Abfälle erreichen in der Trockensubstanz häufig die Heizwerte von Holz (12…16 MJ/kg), so dass nach einer Trocknung die energetische Verwertung angezeigt ist. Für die energetische Verwertung ist ein Heizwert größer 11 MJ/kg vorgeschrieben (§ 8 KrWG [1.3]). Das nutzen auch die Papierwerke zur Deckung ihres eigenen Dampfbedarfs. Die direkte Verbrennung der Papierschlämme ist aber auf Grund ihrer Konsistenz schwierig und erfordert eine Aufbereitung. Unproblematisch ist die Verbrennung in Wirbelschichtreaktoren mit Sandfremdbett (siehe dazu Kap. 15, Energetische Verwertung von festen Abfällen). Bei den Spuckstoffen ist eine Nachsortierung zur Gewinnung der Metallinhalte (Stahl) möglich. Eine Deponierung der Abfälle der Nassaufbereitung ist auf

Grund des hohen Organikanteils in Deutschland ohne Aufbereitung nicht mehr zulässig. Es werden deshalb verschiedene Verwertungswege genutzt [8.3]:

- Energetische Verwertung in der Papierfabrik,
- Aufbereitung zu Ersatzbrennstoffen (siehe Kap. 15),
- Zusatz der Papierschlämme in Kompostieranlagen,
- Verwertung der Papierschlämme zur Strukturverbesserung von Böden,
- Zusatz bei der Ziegelherstellung als Porosierungsmittel.

Ein gewisser Teil der Fremdstoffe und feine Fasern finden sich auch in den Kreislaufwässern und im Abwasser. Die erforderliche Kreislaufwasser- und Abwasser-Aufbereitung liefert deshalb weitere Schlämme, die ebenfalls höhere Organikanteile aufweisen.

8.4 Recycling von Verbundverpackungen

Verbunde sind Materialkombinationen. Der überwiegende Teil der verwendeten Verbundverpackungen sind die Getränkekartons, die zu 75 % aus Papier/Pappe bestehen, das beidseitig mit einer PE-Folie (Masseanteil 20 %) und auf der Innenseite zusätzlich mit einer Aluminiumfolie (ca. 6 µm stark, 5 % Masseanteil) beschichtet sind. Das Recycling konzentriert sich auf die Gewinnung der hochwertigen, reißfesten Zellstofffasern. Voraussetzung für das Recycling von Getränkekartons ist der Einsatz einer von Fremdabfall befreiten Getränkekarton-Fraktion. Dies wird durch die getrennte Erfassung der DSD-Materialien und eine nachfolgende Aussortierung der Getränkekartons erreicht. Diese Trockensortierung erfolgt auf Lesebändern, die zunehmend mit einer automatischen Sortiertechnik auf Basis von NIR-Sensorik ausgerüstet sind (siehe dazu die Abschn. 8.2 und 3.4.6 sowie Abb. 3.13 und 3.15). Die aussortierten Getränkekartons werden zu Ballen gepresst und dann in Papierfabriken verarbeitet. Die Recyclingtechnologie entspricht weitgehend der erprobten Nassaufbereitung von Altpapier. In einer Vorstufe müssen die Getränkekartons aber geshreddert werden, um das von den PE- und Aluminium-Folien umhüllte Papier für den Löseprozess zugängig zu machen. Für das Auflösen des Verbundes und des Papieranteils in Wasser werden Trommelpulper verwendet. Durch die Drehbewegung und die Scherkräfte von stationären Einbauten wird der Materialverbund von PE-Folie und Aluminiumfolie vom Papier getrennt und das Papier in einen Faserbrei verwandelt. Dieser Faserbrei wird durch kleine Öffnungen in der Trommelwand ausgeschwemmt, während der Restverbund PE/Al in der Trommel verbleibt und am Trommelende getrennt ausgetragen wird. Die Verarbeitung des gewonnenen Faserbreis erfolgt dann nach den oben beschriebenen Methoden der Nassaufbereitung von Altpapier, wobei ein geringerer Aufwand für Sortierung und Reinigung, z. B. kein Deinking; erforderlich ist. Für die Verwertung des Restverbundes PE/Aluminium sind zwei Verfahren im Einsatz. In Deutschland wird dieser Abfall im Zementofen zugesetzt. Hierbei wird der

Heizwert des PE, aber auch die freigesetzte Wärme bei der Oxidation des Aluminiums zum Oxid genutzt. Das Aluminiumoxid wird als Zementrohstoff genutzt. Eine finnische Firma unterwirft den Restverbund PE/Aluminium einer thermischen Behandlung bei 400 °C, vergast dabei das PE und verwendet das Gas zur Erzeugung von Prozesswärme. Die Aluminiumfolie bleibt in metallischer Form zurück und ist als Aluminium-Schrott vermarktbar. Die aufwendige Trennung der Verbundkartons kann vermieden werden, wenn diese Einsatz in der Herstellung von Pressplatten für die Möbelindustrie finden. Dafür werden die Getränkekartons gehäckselt und zu 5 mm kleinen Chips aufgemahlen. Durch gleichzeitiges Erhitzen und Pressen der Chips lassen sich Pressplatten unterschied-licher Stärke herstellen.

Für die geshredderten Verbundverpackungen ist eine Aufspaltung des Schichtverbundes durch die Behandlung mit einer Tensidmischung in der technischen Erprobung. Die zer-kleinerten Verbundverpackungen werden bei ca. 40 °C mit einer Tensidmischung verrührt und in Papier-, Kunststoff- und Aluminium-Partikel aufgespaltet, die mit unterschiedli-chen Sortierverfahren trennbar sind. Die Aluminium-Partikel können danach durch Pres-sen verdichtet und als Presslinge verlustarm als Schrott eingeschmolzen werden. Diese Technologie der Firma Saperatec könnte auch besonders vorteilhaft für die Verarbeitung des PE/Aluminium-Restverbundes sein, der nach der üblichen Ablösung des Papieranteiles in einem Trommelpulper zurückbleibt. Das Saperatec-Verfahren ist in Abschn. 3.2 näher beschrieben.

8.5   Grenzen und Chancen des Altpapierrecyclings

Die ständige Steigerung der Altpapier-Einsatzquote in der Papierindustrie ist eine Erfolgs-geschichte des Recyclings. Für Deutschland sind 2011 71 % Altpapieranteil im Rohstoff-einsatz ermittelt. Es existieren allerdings technische Grenzen, da jeder Recyclingzyklus die Faserqualität vermindert. Die Faserlänge nimmt ab und die Festigkeit der Fasern verringert sich. Allgemein wird davon ausgegangen, dass 5…8 Recyclingdurchläufe möglich sind. Außerdem ist der Einsatz von Sekundärfasern bei einigen Papierqualitäten beschränkt. Bei Zeitungen können 100 % und bei Pappen und Kartonagen 95 % Sekundärfasern Verwen-dung finden. Hygienepapiere lassen 74 % und Spezialpapiere bis 40 % zu. Bei graphischen Papieren sind Einsatzquoten von 44 % erreicht, die noch ein Erhöhungspotential besitzen, was vor allem durch bessere sortenreine Sammlung und die weitere Verbesserung der Aufbereitungstechnologien möglich wäre [8.5]. Neue Herausforderungen entstehen aber durch den Einsatz wasserlöslicher Druckfarben in einigen Druckerzeugnissen. Der Nutzen des Papierrecyclings besteht vorrangig in der Ressourcenschonung (Holz) und zusätzlich ergeben sich Einsparungen an Wasser und Energie und damit geringere CO_2-Emissionen (Tab. 8.2).

Tab. 8.2 Rohstoff- und Energieeinsatz für Frischfaserpapier und Recyclingpapier

Rohstoff- und Energie-verbrauch	Recyclingpapier 500 Blatt	Frischfaserpapier 500 Blatt
Altpapier	2,8 kg	
Holz		7,5 kg
Wasser	51,1 Liter	130,2 Liter
Energie	10,5 kWh	26,8 kWh
CO_2-Emissionen	2,2 kg	2,6 kg

Literatur

8.1   Thielmann, H., Sammlung und Aufbereitung von Altpapier – ein Berliner Praxisbeitrag. In: Thomé-Kozmiensky, K., Goldmann, D., Recycling und Rohstoffe, Bd. 6, TK Verlag Neuruppin 2013, S. 177–190

8.2   AMB Vertriebs GmbH. Mit Sieben und Sensoren, UmweltMagazin 2003, Nr. 9, S. 60/61

8.3   Landesamt Umwelt NRW. Spuckstoffe und Papierschlämme aus der Papierindustrie, www.lanuv.nrw.de/abfall/bewertung/DBSpuckstoffe

8.4   Wegner, R., Umbau Vorsortierung AP-Anlage, Papier und Technik 2006, Nr. 2, www.papier-undtechnik.de

8.5   Dornack, C., Seidemann, C., Kappen, J., Wagner, J., Zukünftige Altpapierzusammensetzung in Europa? – Erwartungen, Ursachen und Auswirkungen. In: Thomé-Kozmiensky, K., Goldmann, D., Recycling und Rohstoffe, Bd. 8, TK Verlag Neuruppin, 2015, S. 503–514

Recycling von Glas und Keramik

9

Die Werkstoffe dieser Gruppe bestehen überwiegend aus Silikaten und in geringerem Umfang aus Oxiden (Al_2O_3, MgO, ZrO_2) oder Carbiden bzw. Nitriden (SiC, BN, AlN, Si_3N_4). Die vorliegenden anorganischen Verbindungen zeichnen sich durch eine große thermische und meist auch chemische Stabilität aus. Diese Eigenschaften resultieren bei den Silikaten vor allem aus der großen Stabilität der Si–O-Bindung, die als SiO_4-Baugruppe (SiO_4-Tetraeder) in kristallinen und glasigen Silikaten die Grundstruktur bildet. Als Bindungspartner der silikatischen Anionenkomplexe sind hauptsächlich die Oxide Al_2O_3, CaO, MgO, FeO_n, Na_2O und K_2O zu nennen. Zur Herstellung der Werkstoffe werden relativ günstige silikatische Rohstoffe (Ton, Kaolin) verwendet, die in der Grundsubstanz aus Alumosilikaten bestehen sowie Quarzsand (SiO_2). Dazu kommen die ebenfalls preiswerten carbonatischen Rohstoffe Kalkstein ($CaCO_3$) und Dolomit ($CaCO_3 \cdot MgCO_3$) (sowie bei Gläsern Soda – Na_2CO_3). Durch Erhitzen (Brennen) der vorgeformten Materialien bis zum Sintern entstehen die festen Formteile (Ziegel, Feuerfeststeine, Tonwaren, Porzellan, technische Keramik). Werden Quarz, Silikate und Oxide bzw. Carbonate in geeigneten Massenverhältnissen bis zum Schmelzen erhitzt, dann läuft in den Rohstoffmischungen eine vollständige Stoffumwandlung ab. Bei entsprechender Mischung und Temperaturführung entstehen amorph erstarrende Gläser.

Die Glasschmelzen und auch die Schmelzphasen der Sinterprozesse besitzen ein großes Lösevermögen für eine Vielzahl anderer Oxide. Diese Eigenschaft kann für die feste Einbindung von Schadstoffen durchaus erwünscht und von Vorteil sein.

Für das Recycling der Werkstoffe ist die außerordentliche Stabilität der Silikate und Oxide von grundsätzlicher Bedeutung, weil dadurch eine Auftrennung in die Ausgangsrohstoffe technisch nicht mehr möglich ist und auch wirtschaftlich keinen Sinn ergäbe. Ein rohstoffliches Recycling wie bei Kunststoffen ist also nicht realisierbar. Es kommt demnach nur ein Recycling unter Beibehaltung des vorliegenden Werkstoffs in Betracht (Werkstoffrecycling). Dies erfolgt fast ausschließlich durch Zumischung der Altstoffe zu frischen Rohstoffen. Bei Keramik wird die zerkleinerte Altkeramik in die neue Masse eingemischt (Partikelrecycling). Bei den Gläsern wird das Altglas zusam-

© Springer Fachmedien Wiesbaden 2016
H. Martens, D. Goldmann, *Recyclingtechnik*, DOI 10.1007/978-3-658-02786-5_9

men mit primären Rohstoffen eingeschmolzen. Die Stabilität der Glassilikate erlaubt sogar das wiederholte Einschmelzen und damit ein theoretisch unbegrenztes Recycling. Das Werkstoffrecycling für die betrachteten Materialien muss dabei aus den folgenden Verfahrensstufen bestehen:

1. Zerstörung der im Altmaterial vorliegend Gebrauchsform (z. B. Glasbehälter, Flachgläser, Feuerfeststeine, Keramiken) und Herstellung geeigneter Korngrößen.
2. Abtrennung von Fremdstoffen (Metalle, Kunststoffe u. a.) und Gebrauchsverunreinigungen.
3. Zumischung zu neuen Rohstoffen, Herstellung der neuen Formteile und Sintern (Brennen) oder beim Altglas Aufschmelzen mit nachgeschalteter Formgebung.

Die erste Verarbeitungsstufe ist technisch relativ unkompliziert durch geeignete Zerkleinerungsprozesse (siehe Abschn. 3.2) zu realisieren. Für die Abtrennung der Fremdstoffe und Gebrauchsverunreinigungen in der zweiten Stufe stehen mehrere Sortierverfahren für beigemischte Feststoffe (siehe Abschn. 3.4) und als Ausnahme auch chemische Vorbehandlungsmethoden zur Verfügung. Die dafür notwendige Voraussetzung des mechanischen Aufschlusses (Trennung der Bindungen zwischen den verschiedenen Materialien) muss durch die primäre Zerkleinerungsstufe mit abgedeckt sein. Bei der abschließenden neuen Formgebung plus Sintern oder beim Schmelzen ist eine Abtrennung von Verunreinigungen nicht mehr möglich. Die Verunreinigungen werden bei diesen Verfahrensstufen in die Werkstoffe fest eingebunden. Damit erhalten die in der zweiten Verfahrensstufe vorgeschalteten Sortierverfahren eine entscheidende Bedeutung.

9.1 Recycling von Glas

Die folgenden Ausführungen zu den Glastypen, dem Glasschmelzprozess und dem Einsatz von Altglasscherben stützen sich überwiegend auf das Buch von G. Nölle [9.1].

Gläser haben im Prinzip keine genau definierte Zusammensetzung. Ihre Gemeinsamkeit besteht in dem speziellen physikalischen Zustand eines amorphen Festkörpers. Gläser entstehen durch Schmelzen eines Rohstoffgemenges aus z. B. Quarzsand, Soda und Kalkstein bis zum Erreichen einer homogenen Schmelze und nachfolgender Erstarrung unter Vermeidung einer Kristallisation. Die unerwünschte Kristallisation kann in Gegenwart von Verunreinigungen und bei sehr langsamem Abkühlen auftreten. Dem Rohstoffgemenge können erhebliche Anteile von Produktionsabfällen (Eigenscherben) und auch Altglasscherben zugesetzt werden, deren Einsatz neben der Rohstoffeinsparung zusätzlich verfahrenstechnische und energetische Vorteile bringt. Glasbildende Stoffsysteme sind insbesondere die Silikate und Siliziumdioxid. Die Glasschmelzen besitzen ein hohes Lösevermögen für andere Metalloxide, die dann oft eine Glasfärbung bewirken (Fe_2O_3, Cr_2O_3, CuO, MnO u. a), die z. T. bewusst angestrebt ist (Braunglas, Grünglas). Die Silikatgläser werden in folgende Glastypen unterteilt [9.1]:

- Kieselglas (Quarzglas)   (SiO_2),
- Alkali-Erdalkali-Silikatgläser (SiO_2, Na_2O, CaO, Al_2O_3),
- Borosilikatgläser   (SiO_2, B_2O_3, Na_2O, Al_2O_3),
- Alumosilikatgläser   (SiO_2, Al_2O_3, CaO, MgO),
- Bleisilikatgläser   (SiO_2, PbO, K_2O, Al_2O_3).

Durch diese unterschiedlichen Zusammensetzungen können bestimmte Eigenschaften der Gläser eingestellt werden, z. B. hohe chemische Beständigkeit durch Al_2O_3-Gehalte, große Temperaturwechselbeständigkeit bei entsprechenden B_2O_3-Gehalten sowie durch PbO-Gehalte starke Absorption von Röntgenstrahlung und radioaktiver Strahlung bzw. eine große Lichtbrechung. Die Zumischung von B_2O_3 und PbO verursacht allerdings höhere Kosten. Die genauere Zusammensetzung wichtiger Glassorten ist in Tab. 9.1 angegeben. Für den Anfall von Altglas und die Recyclingmöglichkeiten sind die Einsatzgebiete der verschiedenen Glassorten von Bedeutung. Einen Überblick dazu gibt ebenfalls Tab. 9.1 mit den Einsatzgebieten und den zugehörigen stofflichen Zusammensetzungen.

Eine entscheidende Größe für die wirtschaftliche Durchführung des Altglasrecyclings sind der Massenanteil der Glassorten und die Einsatzgebiete. Dazu liefert die Produktion der deutschen Glasindustrie 2006 einen Überblick: Behälterglas 3,01 Mio t; Flachglas 1,69 Mio t; Spezialglas 0,36 Mio t. Damit ergibt sich für das Recycling die überwiegende Ausrichtung auf Behälterglas und Flachglas. Diese Massengläser weisen außerdem eine weitgehend identische Zusammensetzung (Alkali-Erdalkali-Silikatglas) auf, was das Recycling deutlich vereinfacht. Dagegen besitzen die Spezialgläser sehr unterschiedliche Zusammensetzungen je nach Einsatzgebiet und Hersteller und sind deshalb für die Wiederverwertung auf hohem Qualitätsniveau wenig geeignet. Für das Recycling der Massengläser

Tab. 9.1 Einsatzgebiete und Zusammensetzung wichtiger Glasarten [9.1], [9.2]

Glasart	SiO_2 %	Na_2O %	K_2O %	CaO %	MgO %	BaO %	Al_2O_3 %	B_2O_3 %	PbO %
Flachglas	72	14	1	8	4		1,3		
Behälterglas	72	15	0,4	8,5	2		1,4		
Beleuchtungs-glas	67,5	13,6	1,8	9,1			5		
Geräteglas	80,4	3,8	0,6				2,3	12,9	
Apparate-bauglas	52			…	…		22	…	
Bildschirm-frontglas	68	8	7	0,3		11	3	2	
Bildschirm-trichterglas	58	7	9	1	1	2	3		22
Bleikristall	60	1	15						24

sind neben der Zusammensetzung auch die Einsatzgebiete, die Sammelwahrscheinlichkeit und evtl. Veredelungen bzw. Verunreinigungen von Bedeutung. Für Behälterglas sind Getränkeflaschen die Hauptanwendung (70,6 %), die eine hohe Rücklaufquote aufweisen. Der Rest sind sonstige Verpackungsgläser. Bei Flachglas sind die Hauptanwendungsgebiete Fensterglas, Gebäudeverglasung und Sicherheitsglas der Fahrzeugindustrie mit großen Unterschieden bezüglich Rücklaufquote und Verunreinigungen.

9.1.1 Glasschmelzprozess

Die primäre Glaserzeugung verwendet als Oxidkomponenten überwiegend natürliche Rohstoffe: SiO_2 (aus Quarzsand), CaO/MgO (aus Kalkstein, Dolomit), Al_2O_3 (mit Na_2O, K_2O, CaO und SiO_2 aus Feldspat). Dazu kommen größere Mengen an Glasscherben aus der eigenen Produktion (Eigenscherben), die in einer Menge von etwa 10…20 % in den Betrieben anfallen. Für die weiteren Oxidkomponenten kommen synthetische Rohstoffe zum Einsatz:

- Na_2O: Natriumcarbonat, Natriumsulfat,
- K_2O: Kaliumcarbonat,
- Al_2O_3: Tonerdehydrat, Aluminiumoxid,
- B_2O_3: Borsäure,
- BaO: Bariumcarbonat.

Die natürlichen Rohstoffe enthalten immer gewisse Konzentrationen an Fremdoxiden, die sich in der Glasschmelze auflösen und im Glasgegenstand dann eine Farbwirkung hervorrufen können. Die Hauptverunreinigungen sind Eisenoxide. In geringerem Umfang kommen Oxide von Ni, V, Cu, Mn und Cr vor. Der zulässige Fe_2O_3-Gehalt in Flachglas beträgt z. B. 0,1 %. Die natürlichen Rohstoffe werden deshalb sorgfältig nach den Verunreinigungskonzentrationen ausgewählt. Das betrifft vor allem den Quarzsand, da dieser den überwiegenden Masseanteil im Gemenge ausmacht. Typische Verunreinigungsgehalte von Quarzsand sind in Tab. 9.2 angeführt, an denen sich auch die zulässigen Verunreinigungen für Altglas orientieren müssen. Technische Möglichkeiten zur Beeinflussung der Farbwirkung sind in der folgenden Beschreibung des Schmelzprozesses erläutert. Die Eigenscherben haben eine bekannte Oxidzusammensetzung und keine zusätzlichen Verunreinigungen. Die synthetischen Rohstoffe sind sehr rein und enthalten praktisch keine wirksamen Beimengungen.

Der Schmelzprozess erfordert eine Vorbereitung, Dosierung und Vermischung der Rohstoffe zum so genannten Gemenge. Die Vorbereitung besteht vor allem in der Einstellung einer geringen Korngröße. Die Vermischung der dosierten Rohstoffe erfolgt in Zwangsmischern, evtl. mit zusätzlicher Anfeuchtung. Die Eigenscherben werden auf ca. 20 mm zerkleinert, mit dem Gemenge vermischt oder getrennt in das Schmelzaggregat eingebracht. Der Scherbenanteil kann 20…90 % betragen.

Der gesamte Schmelzprozess verläuft kontinuierlich in gasbeheizten Schmelzwannen und besteht aus den Stufen Schmelzen, Homogenisieren und Läutern sowie Abstehen

Tab. 9.2 Typische Zusammensetzung von Quarzsand [9.2]

Bestandteil	Typ A (%)	Typ B (%)
SiO_2	99,65	ca. 95
Fe_2O_3	0,025	max. 0,004
Al_2O_3	0,20	1,5
TiO_2	0,05	k. A.
$CaO + MgO$	0,01	max. 1,5
$Na_2O + K_2O$	0,02	k. A.
Glühverlust	0,10	max. 1,5

(Abb. 9.1). Das Gemenge wird auf vorhandene Schmelze aufgetragen. Beim Aufheizen laufen nacheinander verschiedene Prozesse ab. Zunächst kommt es zur Silikatbildung und danach zum Aufschmelzen der Scherben. Dann folgt das Schmelzen der primären Silikate und schließlich die Auflösung des Restquarzes in der Schmelze. In diesem Prozessabschnitt befördert die primär entstehende Scherbenschmelze die Auflösung der anderen Rohstoffe erheblich. Damit bewirkt der Scherbenanteil eine Verkürzung der Schmelzzeit und eine Einsparung von Heizenergie (pro Prozentpunkt Scherbenzugabe Senkung des Energiebedarfs um 0,25…0,3 %). In dieser Phase ist die Schmelze noch inhomogen (Schlieren). Durch Zersetzung von Gemengebestandteilen (Hydrate, Karbonate, Sulfate) entstehen Gasblasen, die beim Aufsteigen zu einer sehr erwünschten Durchmischung und Homogenisierung der Schmelze beitragen. In einem besonderen Abschnitt der Schmelzwanne erfolgen die vollständige Homogenisierung der Schmelze und die Läuterung. Die Homogenisierung wird durch Einbauten, durch Einblasen von Luft oder Wasserdampf oder Rühren bewirkt. Unter Läuterung wird die Resorption oder das Aufschwimmen der in der Glasschmelze verbliebenen Gasblasen durch verschiedene Läutermaßnahmen verstanden. Dafür werden vor allem chemische Läutermittel benötigt. Für Massengläser kommt ein Zusatz von Natriumsulfat in Betracht, das bei Temperaturen über 1.200 °C die Gase SO_2 und O_2 abspaltet, die andere kleine Gasblasen zur Oberfläche mitreißen. Ein weiteres Läutermittel ist Arsentrioxid, dessen Wirkung auf der Bildung und dem Zerfall von Arsenpentoxid beruht. Im Abstehbereich der Glaswanne findet die Abkühlung der Schmelze auf Verarbeitungstemperatur statt.

Die Glasschmelzwannen sind mit feuerfesten Steinen ausgekleidet. Diese Wannensteine unterliegen selbstverständlich auch einer geringen Auflösung und beeinflussen mit ihren Oxiden die Zusammensetzung der Schmelze. Die Entfernung von Fremdoxiden aus der Glasschmelze ist unmöglich. Es bestehen aber Möglichkeiten zur Entfärbung. Die chemische Entfärbung verwendet Oxidationsmittel (z. B. KNO_3), die geringe Eisen(II)oxidgehalte in die weniger färbende dreiwertige Oxidationsstufe umwandeln. Höhere Eisenoxidgehalte werden durch optische Kompensation mit anderen färbenden Oxiden (Manganoxid, Selen) entfärbt.

Abb. 9.1 Glasschmelz-
prozess und Glasschmelz-
wanne [9.1]

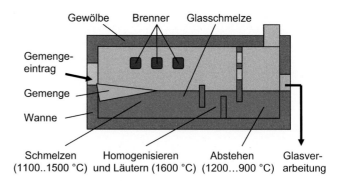

Gewölbe   Brenner   Glasschmelze

Gemenge-
eintrag

Gemenge

Wanne

Schmelzen   Homogenisieren   Abstehen   Glasver-
(1100..1500 °C) und Läutern (1600 °C) (1200...900 °C) arbeitung

9.1.2   Einsatz von Altglasscherben

Aus der Erläuterung des Glasschmelzprozesses in Abschn. 9.1.1 leiten sich die offen-
sichtlichen Vorteile des Einsatzes von Scherben (Einsparung von primären Rohstoffen und Einsparung von Energie) aber auch die notwendigen Anforderungen an deren
Qualität ab. In der Glasindustrie muss aus Qualitätsgründen grundsätzlich zwischen
Eigenscherben, Fremdscherben und Altglasscherben unterschieden werden. Fremdscherben sind die sauberen Produktionsabfälle der glasverarbeitenden Industrie, deren
stoffliche Zusammensetzung gut bekannt ist. Dagegen bestehen Altglasscherben häufig
aus verschiedenen und unbekannten Glassorten, so dass eine exakte Gemengeberech-
nung schwierig ist. Vor allem enthalten Altglasscherben aber störende Beimengungen
und Gebrauchsverunreinigungen. Die Art und Wirkung der wesentlichen Störstoffe ist
bekannt [9.2]:

1. Verschieden gefärbtes Altglas und eine Reihe von evtl. beigemengten Metalloxiden
   verfärben die Schmelzen.
2. Keramisches Material, sog. KSP (Keramik, Steine, Porzellan) und Glaskeramik lösen
   sich in Abhängigkeit von der Korngröße in der Glasschmelze nur sehr langsam oder
   überhaupt nicht auf. KSP zerspringt z.T. und bildet feine, schwimmende Partikel.
3. Metallische Werkstoffe beeinflussen die Schmelze und die Schmelzöfen. Zinn, Blei
   und Kupfer schmelzen bei den herrschenden Temperaturen und sinken auf den Wan-
   nenboden, wo sie eine verstärkte Bodenkorrosion hervorrufen. Aluminium und Zink
   werden vollständig und Eisen z.T. oxidiert und als Oxide in der Glasschmelze gelöst.
   Aluminium reduziert dabei geringe Mengen an SiO_2 zu Si, das als Silizium-Einschluss
   zu Glasbruch bei den Erzeugnissen führt.
4. Organische Stoffe (Papier, Kunststoffe, Lebensmittelreste) verbrennen überwiegend,
   doch es ist auch eine Auswirkung auf die Redoxbedingungen in der Schmelze und damit
   auf die Färbung und Läuterung vorhanden.

Aus dieser Zusammenstellung ergeben sich die notwendigen Anforderungen an die
Sammellogistik und die Aufbereitung von Altglas:

1. Getrennte Sammlung von verschiedenen Glassorten an den Anfallstellen.

2. Getrenntsammlung nach Glasfarben.

3. Zerkleinerung auf Korngrößen von ca. 20 mm, die für die Sortierverfahren und die Beschickung des Schmelzofens erforderlich sind.

4. Abtrennung von Fehlfarben, Metallen, Oxiden und KSP sowie organischen Stoffen durch Sortierverfahren.

Für das überwiegend zum Recycling eingesetzte gebrauchte und gesammelte *Behälterglas (Hohlglas)* hat die Gesellschaft für Glasrecycling und Abfallvermeidung mbH (GGAmbH) Produktspezifikationen ausgearbeitet, die eine Wiederverwendung als Behälterglas sicherstellen. Entsprechende Daten wurden auch vom bvse (Bundesverband Sekundärrohstoffe und Entsorgung e. V.) bereitgestellt. Diese Qualitätsanforderungen an schmelzfertig aufbereitete Hohlglasscherben enthält Tab. 9.3.

In neueren Quellen gibt der bvse folgende zugelassene Werte an: KSP 25 g/t (künftig unter 10 g/t), NE-Metalle 5 g/t. Das aufbereitete Altglas erreicht heute einen Reinheitsgrad von 99,5 %, für Weißglas wird eine Farbreinheit von 99,7 % gefordert, die evtl. durch Ergänzung mit Primärrohstoffen erreicht wird. Neben dem häufigen braunen und grünen Behälterglas sind auch geringe Mengen an tiefblauen und roten Glasflaschen im Gebrauch. Diese müssen zusammen mit dem Grünglas recycelt werden, da nur die Grünfärbung in der Lage ist, andere Farben wie z. B. blau (erzeugt durch Zusätze von Cobalt-, Kupfer- und Nickeloxid) zu überdecken. Die grüne Färbung entsteht durch Gehalte an Chrom- und Eisenoxid. In der Tab. 9.3 ist auch angegeben, welche Altglasgegenstände mit den dazu eingesetzten Glassorten für die Zumischung zu dem typischen Behälterglas (Alkali-Erdalkali-Silikatglas) nicht geeignet sind. Das sind besonders B_2O_3-haltige Gläser (Feuerfest- und Geräteglas), PbO-haltige Gläser (Monitore, Bleikristall) aber auch gewisse Sorten und Anteile an Flachglasabfällen. Da die Qualitätsanforderungen an Behälterglas nicht extrem hoch sind, können Altglasscherben in sehr großen Mengen und Anteilen in der Behälterglasherstellung recycelt werden (Recyclingquote ca. 90 %).

Der Einsatz von *Flachglas-Altglasscherben* in der Floatglasproduktion hat sich aufgrund der sehr hohen Qualitätsanforderungen für Floatglas sowie technisch aufwendiger und damit teurer Demontageverfahren in den verschiedenen Anwendungsfällen sowie

Tab. 9.3 Produktspezifikation für schmelzfertig aufbereitete Hohlglasscherben nach GGAmbH Ravensburg (1998) und bvse (2003)

A Spezifikation	Behälterglas, weiß, grün oder braun nach Farben getrennt (Flaschen, Gläser, Pharmazie- und Kosmetikglas aus Verpackungsglas-Sammelstellen)
B₁ Reinheit Weißglas	Weißglas min. 97 %
	Ausgeschlossene Fremdstoffe in Summe max. 1 %
	Ausgeschlossene Glasqualitäten in Summe max. 2 %
	Fehlfarbanteil max. 3 % (grün max.1 %, braun max.2 %)

Tab. 9.3 (*Fortsetzung*)

A Spezifikation	Behälterglas, weiß, grün oder braun nach Farben getrennt (Flaschen, Gläser, Pharmazie- und Kosmetikglas aus Verpackungsglas-Sammelstellen)
B_2 Reinheit Grünglas	Grünglas min. 97 %
	Ausgeschlossene Fremdstoffe in Summe max. 1 %
	Ausgeschlossene Glasqualitäten in Summe max. 2 %
	Fehlfarbanteil max. 15 %
B_3 Reinheit Braunglas	Braunglas min. 97 %
	Ausgeschlossene Fremdstoffe in Summe max. 1 %
	Ausgeschlossene Glasqualitäten in Summe max. 2 %
	Fehlfarbanteil max. 8 %
C Ausgeschlossene Glasqualitäten	Quarzglas, Feuerfestglas (Feuerfestgeschirr, Geräteglas), Glaskeramik (Kochplatten) max. 0,01 %
	Glas aus elektronischen Geräten, besonders Fernsehröhren (Bildschirm und Tubus) max. 0,005 %
	Bleikristallglas max. 0,01 %
	Leuchtstoffröhren und Glühlampen max. 0,5 %
	Drahtglas max. 0,2 %
	Autoglas (insbesondere Verbundglas) max. 0,2 %
	Flachglas (Fensterglas, Isolierglas) max. 2 %
	Ampullen, Spritzen, Röhren max. 2 %
D Ausgeschlossene Fremdstoffe	Tongefäße, Porzellan, sonst. Keramik, Steine, Schlacken, Erde max. 0,15 %
	Metallverschlüsse, Bleikappen, Banderolen max. 0,35 %
	Sonstige Dosen, Kunststoffe, Karton max. 0,1 %
	Hygienisch bedenkliche Abfälle, die nicht aus der typischen DSD-Haushalterfassung stammen
E Korngrößen-Verteilung	<4 mm max. 5 %; 0…8 mm 10 %; 8…16 mm 30 %; 16…60 mm 50 %; Rest bis max. 80 mm 10 %.

verschiedener Veredlungen (Beschichtungen, Färbungen) und komplizierter Aufbereitungsmethoden bisher nicht durchgesetzt. Das Floatglas umfasst 95 % der Flachglasproduktion (Restmenge gegossenes oder gewalztes Glas). Floatglas wird durch das „Floatverfahren" hergestellt, bei dem die Glasschmelze auf ein Bad von geschmolzenem Zinn fließt, sich auf diesem ausbreitet und erstarrt und an der Austragsseite mit Transportrollen als Glasband abgehoben, abgezogen und geschnitten wird. Mit dem Floatverfahren kann ein Flachglas von ausgezeichneter Oberflächenqualität hergestellt werden (beid-seitig feuerpoliertes, planparalleles Glasband, Glasstärke wahlweise 0,4…25 mm). Das Floatglas ist frei von optischen Verzerrungen und Fehlern. Bei der Floatglasherstellung kommen auch ca. 30 % Eigenscherben zum Einsatz sowie geringe Mengen garantiert reiner Scherben mit Eigenscherbenqualität von direkten Floatglasabnehmern. Floatglas kommt zu 70 % für Gebäude, zu 10 % für Fahrzeugscheiben und zu 20 % für Möbel und Innenanwendung zum Einsatz. Zur Verdeutlichung der Recyclingschwierigkeiten von Floatglas ist es erforderlich, noch einige Anwendungsfälle und Veredlungsmethoden anzuführen:

- Bauglas (Fenster, Fassaden, Dächer, Kuppeln), z. T. mit Drahtnetzeinlage (Draht-glas) oder zur Wärmedämmung bzw. Sonnenschutz beschichtet oder eingefärbt bzw. als Isolierglaseinheiten (Doppel- oder Dreifachverglasung in Metallrahmen). Zur Einfärbung (Tönung) werden dem Gemenge Cobalt-, Nickel- oder Eisenoxide zugesetzt.
- Fahrzeugglas: Einscheibensicherheitsglas (thermisch vorgespanntes Glas; *tempered glass*). Verbundsicherheitsglas aus zwei oder mehreren Glasscheiben, die mit einer Zwischenschicht aus Polyvinylbutyrat (PVB) verbunden sind (*laminated safety glass*). Fahrzeugglas besitzt häufig eine schwarze Randbeschichtung (*black border enamel*) (siehe dazu Abschn. 9.1.4). Verbundsicherheitsglas mit mehreren Schichten kommt auch als Panzerglas zur Anwendung.

Außerdem muss auf verschiedene Montagematerialien für die Flachgläser hingewiesen werden (Kitte, Kunststoffdichtungen, Aluminium-Rahmen). Zu den Spezialgläsern (Glasorten und Einsatzgebiete) und deren Recyclingproblemen werden bei den Aufbereitungsverfahren (Abschn. 9.1.5) einige Ausführungen gemacht.

9.1.3 Aufbereitung von Behälterglas

Die Behälterglas-Aufbereitung erfolgt grundsätzlich getrennt für die drei Behälterfarben weiß, grün und braun. Dabei ist im Schnitt mit einer Fehlfarbenquote von etwa 7 % zu rechnen (Fehlwürfe). Das Aufbereitungsverfahren erfordert zunächst eine Zerkleinerung der Behälter auf die für Sortierverfahren optimalen Korngrößen von 5…60 mm in einer Prallmühle. Als Sortierverfahren sind folgende Verfahren im Einsatz [9.2]:

- Magnetscheidung (Eisenwerkstoffe),
- Windsichten (Papier, Kunststoffe, Folien),
- Wirbelstromsortierung (NE-Metalle, legierter Stahl),
- Siebtrennung (Feinstkorn, Folien),
- Sensorgestütze Sortiertechnik (KSP-Abscheider, NE-Metall-Abscheider, Farbsortier-technik).

Abb. 9.2 Aufbereitungsanlage für
Behälterglas [9.2]

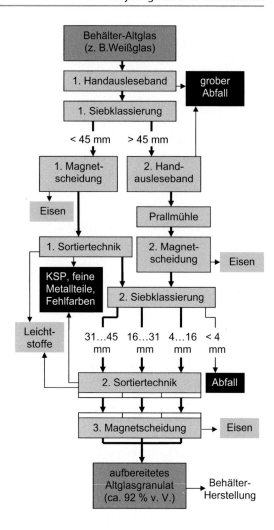

Diese Verfahren und die zugehörige Apparatetechnik sind im Abschn. 3.4 ausführlich beschrieben. Für die Glassortierung sind an dieser Stelle einige Ergänzungen zu speziellen Detektionsmethoden notwendig. Die *KSP-Abscheider* arbeiten entweder mit einem Kamerasystem, das verschiedene Farben, Helligkeiten und Reflexionen erkennt oder verwenden einen Detektor, der die Nichttransparenz erfasst. Die *NE-Metall-Abscheider* verwenden eine Hochfrequenz-Multikanal-Detektionsspule oder die bereits oben angeführte Wirbelstromsortierung. Die Farbsortierung benutzt eine Farbzeilenkamera oder Multicolor-Laserstrahlen. Dazu kommt als Vorabtrennung auch noch die Handauslese. Bei bestimmtem Gebrauchsverunreinigungen und Etiketten kann auch ein Waschprozess erforderlich sein. Der Wäsche muss aber eine Trocknung folgen, da feuchte Scherben die Vereinzelung der Partikel in den Sortierapparaten behindern. Eine gute Sortierung wird aber nur bei Verwendung enger Korngrößenbereiche erzielt. Deshalb ist die Aufteilung des Brechgutes in mindestens drei Kornfraktionen durch Siebklassierung notwendig. Eine saubere Klassierung ist nur durch Verwendung hochwertiger Siebtechnik zu erreichen. Große Probleme entstehen durch zunehmende Verunreinigungen des Sammelglases mit Glaskeramik, Feuerfestgeschirr und Bleikristall, die auf Grund ihrer Transparenz und Farblosigkeit von den optischen Sensoren nicht erfasst werden können. Für deren Detektion muss die Röntgenspektralanalyse eingesetzt werden [9.4]. Die Wirbelstromsortierung und die sensorgestützte Sortierung arbeiten bei Korngrößen >6 mm effektiv. Bei kleineren Korngrößen sind bei dem ersten Verfahren die Abstoßungskraft nicht mehr ausreichend und im zweiten Fall die Identifikation und das Ausblasen nicht mehr optimal. Die kleineren Korngrößen werden deshalb nicht mehr ausreichend sortiert und sind auch im Gemenge nicht erwünscht. Deshalb werden die Korngrößen unter ca. 4 mm durch Siebung abgetrennt (Ablagerung auf Deponien oder evtl. Einsatz als Strahlmittel). Eine Verbesserung des Trenneffektes – auch bei kleineren Kornfraktionen – ist durch Klassierung in fünf Korngrößenklassen zu erreichen, weil dann die Sortiersensorik genauer einzustellen ist [9.4]. In Abb. 9.2 ist ein Beispiel für eine Behälterglas-Aufbereitung angegeben.

9.1.4 Flachglasaufbereitung

Recyclierbare Flachglas-Abfälle fallen ausschließlich in Gewerbebetrieben an (Konfektionierbetriebe für Bauglas, Bauindustrie, Handwerk, Herstellung von Fahrzeugverglasungen, Fensteraufbereitung) und werden von den Flachglas-Aufbereitungsbetrieben sortenrein direkt eingesammelt. Die Aufbereitungsprodukte sind verschiedene Qualitäten von Flachglasgranulat. Wegen der extremen Qualitätsanforderungen des Floatverfahrens können nur geringe Mengen des Flachglasgranulats in der Floatglasherstellung recycelt werden. Die größte Menge geht als Scherben in die Herstellung von Behälterglas, das eine identische Zusammensetzung (Alkali-Kalk-Glas, Tab. 9.1) besitzt und eine geringere Scherbenqualität erlaubt. Daneben kommt der Einsatz für Gussglas, Dämmwolle, Glasbausteine, Schaumglas (Glasschaum-Dämmstoff) und zunehmend auch für die Glasfaserherstellung in Betracht [9.5]. In Abb. 9.3 ist eine industrielle Flachglas-Aufbereitungsanlage dargestellt. Auf Grund des zunehmenden Einsatzes umfangreicher Glasfassaden und Glaskuppeln bei Gebäuden wird künftig das Recycling von Flachglas aus dem Rückbau von Gebäuden notwendig.

Das *Recycling von Flachglas aus Altfahrzeugen* bereitet erhebliche Probleme, die nachfolgend erläutert werden. Die Autoverglasung besteht heute nicht nur aus Flachglas verschiedener Einfärbungen (dunkel, grau, braun, grün), sondern ist durch Integration anderer Materialien ein komplexer Verbund. Die wichtigsten Fremdmaterialien sind Kunststofffolien (Verbundsicherheitsglas), dunkle Einbrennemails an den Scheibenrändern, Silber-Kupfer-Leiterbahnen (Heiz- und Antennendrähte) und Spiegel. Untersuchungen haben gezeigt, dass sich die feinen Silberteile in einer Glasschmelze rasch und vollständig auflösen [9.6]. Erhebliche Schwierigkeiten für ein Recycling bereitet aber die dunkle Einfärbung der Scheibenränder mit Einbrennemail. Diese Einfärbung ist bei allen eingeklebten Scheiben zum Schutz der Klebestoffe vor der zerstörenden Wirkung der UV-Strahlung erforderlich. Deshalb besitzen die beweglichen Scheiben der Fahrzeugtüren diese Rand-

Abb. 9.3 Aufbereitungsanlage für Flachglas [9.5]

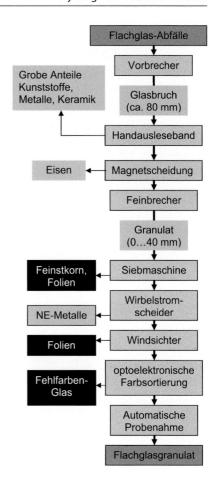

einfärbung nicht. Die Einfärbung der Scheibenränder erfolgt durch das Bedrucken der Ränder mit einer Paste, die aus einer leicht schmelzbaren Glasfritte mit anorganischen Pigmenten (Kupferchromat, Kupferoxid, Nickeloxid, Eisenoxid) und einem organischen Binder besteht. Durch Aufheizen auf Temperaturen über 500 °C schmilzt die Glasfritte auf, löst die Pigmente und verbindet sich mit der Glasscheibe. Die Glasfritte besteht in älteren Fahrzeugen aus Bleisilikat und in Neuwagen ab 2003 aus Bismut-Zinn-Silikaten (Verwendungsverbot von Blei!). Die Verwertung von Altglasscherben mit eingefärbten Rändern ist nur beschränkt für braunes oder grünes Behälterglas und für Glasfasern möglich. Die Aufnahmekapazitäten dieser Glassorten sind aber beschränkt. Ein umfassendes Recycling würde deshalb die Abtrennung der gefärbten Glasscherben durch die bekannten optischen Sortierverfahren voraussetzen. Eingeklebte Scheiben mit dunklen Randeinfärbungen finden auch in Straßenbahnen und Eisenbahnwaggons Verwendung. *Verbundsicherheitsglas* findet für Windschutzscheiben und sicherheitsrelevante Bauverglasungen (Dächer) Verwendung und besteht aus zwei Glasscheiben, zwischen denen sich eine Kunststoff-Folie befindet. Die PVB-Folie macht ca. 10 % der Verbundscheibe aus und hätte in einer Glas-

Abb. 9.4 Saperatec-Technologie für das Recycling von Verbundsicherheitsglas [9.3]

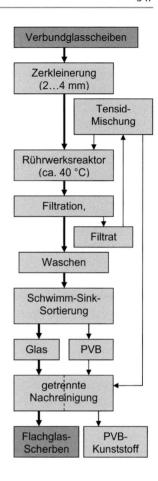

schmelze die Wirkung eines starken Reduktionsmittels. Deshalb ist vor dem Glasrecycling eine Abtrennung der PVB-Folie notwendig. Die PVB-Abtrennung erfordert nach einem Vorshreddern eine Aufmahlung der Scheiben auf ca. 60 % < 0,5 mm. Ein Trommelsieb sortiert danach in Glaspartikel und PVB. Das PVB muss einer Nachreinigung unterzogen werden. Pilotversuche mit einer Tensidbehandlung [9.3] waren ebenfalls erfolgreich. Dabei kommt nach einer Zerkleinerung der Verbundscheiben auf 2…4 mm eine Behandlung mit einer Tensidmischung bei ca. 40 °C zum Einsatz. Dadurch wird der Verbund Glas/ PVB gespalten. Es schließt sich eine Sortierung in Flachglasscherben und PVB-Partikel an. Eine nochmalige Behandlung der beiden Sortierfraktionen mit der Tensidmischung liefert reine Kunststoffpartikel und einen Flachglasbruch, der nach Abtrennung der dunklen Scherben und evtl. Metall- und Gummianteile als Zusatz (ca. 15 %) für neue Scheiben verwendbar ist (Abb. 9.4).

Einscheibensicherheitsglas scheint zunächst günstigere Bedingungen für das Recycling zu besitzen. Da dieses getemperte Glas aber bei der Zerkleinerung in sehr kleine Würfel (< 10 mm) zerbricht, ist der Aufwand für die sensorgestützte Sortiertechnik (Abtrennung der dunklen Glasteile u. a. Verunreinigungen) hoch und meist nicht wirtschaftlich. Aus den Beschreibungen wird deutlich, dass ein erheblicher Aufwand an Handarbeit, Logistik und Technik für die Erzeugung recyclingfähigen Glasbruchs aus Altautoglas erforderlich ist [9.6]. Es müssen unbedingt folgende Arbeitsstufen vorgesehen werden:

- Ausbau der Scheiben,
- Getrennte Sammlung nach Färbungen, Verbundsicherheitsglas, dunkler Randbeschichtung, Funktionselementen,
- Zerkleinerung der einzelnen Fraktionen,
- Entfernung von Metallteilen durch Magnet- und Wirbelstromsortierung und evtl. Abtrennung von PVB-Folie,
- Aussortierung gefärbter Glaspartikel durch spezielle sensorgestützte Sortierung,
- Getrennter Transport der verschiedenen Bruchglasqualitäten zu den Glasfabriken.

Für diesen Aufwand liegen die Kosten bei geschätzt 60...300 €/t Scherben [9.6], die erheblich über den marktüblichen Preisen für Bruchglas anderer Herkunft und über den Preisen für Originalrohstoffe liegen. Diese Originalrohstoffe sind außerdem weltweit in großen Reserven verfügbar. Zusätzlich entsteht ein erheblicher Energieverbrauch für die Apparate und Transporte, so dass die Forderung nach weitgehendem Recycling von Altautoglas mindestens auf der Ebene der Rückführung in die Flach- oder Behälterglasproduktion ökologisch nicht gerechtfertigt ist. Die geforderten hohen stofflichen Verwertungsquoten der Altautoverordnung (siehe Kap. 12) lassen sich unter ökonomisch und ökologisch vertretbaren Aufwendungen nur erreichen, wenn die Anwendung der Glaskomponenten als mineralischer Bau- oder Füllstoff mit berücksichtigt werden.

9.1.5 Recycling von Spezialgläsern

Unter den Spezialgläsern spielten die Gläser der *Röhrenbildschirme* eine größere Rolle. Die Röhrengeräte werden seit 2007 in Europa nicht mehr produziert und sind immer mehr durch LCD-Bildschirme ersetzt worden. Im Elektroschrott fallen jedoch noch längere Zeit ausgesonderte Röhrengeräte an, so dass Entsorgungswege vorgehalten werden müssen. Dabei scheidet die bisherige Praxis der Rückführung von Glasscherben in den Schmelzprozess für neue Röhrenbildschirme aus.

Zusammensetzung einer Farbbildröhre [9.2]:

- Schirmglas (BaSr-Silikatglas)   63,2 %,
- Trichter-/ Halsglas (22 % PbO)   23,7 %,
- Metallteile   12,5 %,
- Glasfritte (80 % PbO, B_2O_3)   0,4 %,
- Beschichtungen an Trichter und Hals   0,05 %,
- Leuchtstoffe am Schirmglas   0,04 %.

Die Leuchtstoffe sind überwiegend Metallverbindungen, die als Schad- bzw. Wert-stoffe abzutrennen sind. Die Trichterbeschichtung besteht aus Polyvinylacetat und Graphit. Der Bildröhrenaufbereitung ist eine Demontage der Bildröhrengeräte vorgeschaltet, die die separierte Bildröhre zur Verfügung stellt. Für das Glasrecycling sind auf Grund des Massenanteils nur Schirmglas und Trichterglas von Bedeutung. Bei der Aufbereitung ist grundsätzlich zwischen dem Verfahren mit Bildröhrentrennung in Schirm und Trichter (Sägen oder Erhitzen an der Verbindungsstelle) und dem Verfahren ohne Bildröhrentrennung (Zerkleinerung der kompletten Röhre) zu unterscheiden. An die erste Stufe der Trennung oder Zerkleinerung schließt sich als zweite Stufe die Entfernung der Leuchtstoffe an (beim Schirm durch Abbürsten oder Wasserstrahl, bei den Scherben durch Attrition und Absiebung) sowie die Abtrennung der Metalle. Bei dem Verfahren der Bildröhrentrennung entsteht danach unmittelbar in sortenreiner Form das BaSr-Silikatglas der Schirme und das PbO-haltige Trichterglas. Bei dem kompletten Zerkleinerungsverfahren muss eine weitere sensorgestützte Sortierstufe für die Scherben angeschlossen werden, die mittels röntgenographischer Detektion die Sortierung in die beiden Glassorten vornimmt. Bei extrem sauberer Trennung der beiden Glassorten können diese als Scherben in den Schmelzprozess für neue Bildschirmgläser zurückgeführt werden. Es sind Altglasscherben-Zusätze von 15 % bei der Schirmglasproduktion und von 50 % bei der Trichterglasherstellung möglich. Nach Einstellung der Bildröhrenproduktion stehen folgende alternative Verwertungswege für die aufbereiteten Scherben zur Verfügung:

1. Der relativ hohe PbO-Gehalt im Trichterglas ermöglicht theoretisch bei Einschleusung in eine Bleihütte eine Gewinnung von metallischem Blei. Die Silikate werden in der Schlacke der Bleigewinnung gebunden. Auf Grund der für Bleihütten relativ geringen Bleigehalte dieses Konzentrates, ist dieser Weg nur für geringe Mengen darstellbar und in der Regel nicht wirtschaftlich.
2. Das Schirmglas ist ein hochwertiges Glas mit Verwertungsmöglichkeit zur Herstellung von Gussglas.
3. Zuschlagstoff in der Keramikindustrie und in Asphaltmischungen.
4. Verwendung für Verglasungsverfahren, d. h. Einbindung von schwermetallhaltigen, radioaktiven oder anderen anorganischen toxischen Abfällen in einer Glasmatrix zur Deponierung.

Diese Verwertungswege stellen an die Bildröhrenaufbereitung deutlich geringere Aufbereitungs-Anforderungen als das frühere Recycling zu den Bildschirmgläsern, sind aber bezüglich der vorhandenen Absatzkanäle und der Wirtschaftlichkeit deutlich schlechter zu bewerten.

Als Alternative wurde auch eine Technologie erprobt, die eine kombinierte Aufbereitung von Röhrenmonitoren mit LCD-Bildschirmen vorsieht. In einer einzigen pyrometallurgischen Verfahrensstufe werden die Bildschirme zusammen mit einigen Zuschlägen und Reduktionsmittel in einem Ofen geschmolzen. Als Schmelzprodukte fallen ein Mischglas und eine Bleischmelze an. Das Mischglas ist als Glaskeramik verwendbar und die Bleischmelze sammelt die wertvollen Metalle Indium und Zinn. Etwa 80 % des Indiuminhaltes der LCD-Monitore konnte aus der Metallphase gewonnen werden. Das Verfahren eignet sich evtl. auch für die Verarbeitung der Abdeckscheiben von Solarmodulen oder für LEDs (siehe Abschn. 13.6 und 6.9.2).

Die *Aufbereitung von Leuchtstofflampen* erfolgt primär mit dem Ziel der Abtrennung von Schadstoffen und Sondermetall-Wertstoffen (Hg und Leuchtstoffe). Da aber die Leucht-stofflampen zu 85 % aus einem Glaszylinder bestehen, liefert die Aufbereitung erhebliche Mengen verwertbarer Altglasscherben. Diese Altglasscherben werden für die Herstellung neuer Glasröhren für Leuchtstofflampen verwendet sowie in der Glasfaserproduktion und in der Bauindustrie eingesetzt. Das Aufbereitungsverfahren für Leuchtstofflampen wird im Kap. 13 (Recycling von Elektro- und Elektronikschrott) behandelt. Die mögliche Ver-wertung der *Glaskomponenten von Flachbildschirmen* (LCD, Plasma) wird ebenfalls in Kap. 13 besprochen.

9.1.6   Alternative Verwertung von Altglasscherben

Für Altglasscherben von schlechter Qualität oder bei einem Überangebot für die Behälter-glasherstellung sind auch weitere Verwendungsgebiete vorhanden.

- Glaswolle für die Verwendung als Wärmeisolation.
- Kugelglas für Reflektoren (Korngrößen 1…60 μm).
- Gussglas für die Bauindustrie (Glassteine, Drahtgewebeglas).
- Schaumglas (Blöcke, Formsteine). Die Herstellung erfolgt durch Vermischung der Scherben mit Stoffen, die beim Erhitzen Gase bilden (SiC, $CaCO_3$ u. a.). Bei Schmelz-temperaturen von 700…900 °C entsteht eine viskose Glasschmelze, die feinverteilte Gasblasen enthält und zu Blöcken, Formen oder Blähgrasgranulat abgekühlt wird.
- Betonzuschlagmaterial in begrenzten Anteilen wegen des Alkaligehaltes. Mit ca. 25 % Blähglasgranulat kann ein Leichtbeton hergestellt werden.
- Zugabe in der Keramikindustrie als Sinteradditiv. Geringe Massenanteile an Scherben (< 2 mm) verbessern bei Tonziegeln und Keramikfliesen die Eigenschaften.
- Straßenbau. Glasscherben < 4 mm sind bis 10 % im Asphalt zumischbar. Sie finden auch in ungebundenen Tragschichten Verwendung.
- Verglasungsverfahren zur festen Einbindung schwermetallhaltiger, toxischer und radioaktiver Abfälle in eine Glasmatrix. Dabei können 10…30 % Altglasscherben geringer Qualität dem Schmelzprozess zugesetzt werden. Die Arbeitstemperaturen beim Verglasungsverfahren liegen über 1.400 °C, so dass alle organischen Verunrei-nigungen verbrennen, flüchtige Bestandteile im Abgassystem zur Abscheidung kommen und die nichtflüchtigen Schwermetalle in der Glasmatrix gelöst und gebunden wer-den. Die Glasmatrix zeichnet sich durch eine hohe hydrolytische Beständigkeit aus und ist deponiefähig oder auch als Straßenbaumaterial einsetzbar [9.2].
- Filterbettmaterial für die Abwasserfiltration (Scherbengröße 0,2…1 mm).

Tab. 9.4 Keramische Werkstoffe und Produkte

Keramik	Produkte
Grobkeramik	
Baukeramik	Ziegel, Tonrohre
Steinzeug	Fliesen, Klinker, Kanalrohre, säurefeste Steine
Feuerfeststeine	Schamotte, Silika, Magnesit, Chromit, gegossene Steine (Korund, Schmelzbasalt)
Feinkeramik	
Steingut	Geschirr, Gefäße
Porzellan	Geschirr-, Sanitärporzellan
Technische Keramik	Silikatisch: Elektrokeramik, Steatit, Forsterit u. a.
	Nichtsilikatisch: Magnetische Werkstoffe, Katalysatorträger, keramische Filter, keramische Maschinenteile (Oxide, Carbide, Nitride, Kohlenstoffwerkstoffe u. a.)

Tab. 9.5 Wichtige mineralische Rohstoffe für die Herstellung von Keramik

Mineralischer Rohstoff	Hauptbestandteile	Erzeugnisse
Ton	Alumosilikat, Eisenoxide	Ziegel, Steinzeug, Feuerfeststeine
Kaolin	Alumosilikat	Porzellan
Quarzsand	Siliziumdioxid	Feuerfeststeine
Dolomit	Calcium-Magnesium-Carbonat	Feuerfeststeine
Magnesit	Magnesiumcarbonat	Feuerfeststeine

9.2   Recycling von Keramik

Als Keramik werden Produkte bezeichnet, die aus nichtmetallischem anorganischem Material (meist Silikate oder Oxide) durch einen Sintervorgang bei höheren Temperaturen hergestellt worden sind (Formsteine, Platten, Rohre und Gefäße). Die keramischen Produkte bestehen zum großen Teil oder vollständig aus kristallinen Phasen. Überlegungen zu Recyclingmöglichkeiten von Keramik erfordern grundlegende Kenntnisse zu den Herstellungstechnologien sowie über die wichtigsten Rohstoffe und Produkte (Tab. 9.4, 9.5). Die dort angeführte Unterteilung in Grob- und Feinkeramik bezieht sich auf die Reinheit und die Korngrößen der eingesetzten, aufbereiteten Rohstoffe (Grobkeramik 2...0,2 mm; Feinkeramik <0,2 mm).

Der Herstellungsprozess von Keramik besteht aus den Stufen der Aufbereitung (Zerkleinerung, Abtrennung von Verunreinigungen, Homogenisierung), der Mischung der Komponenten, der Formgebung, dem Trocknen und dem Brennen (Sintern der Silikate und Oxide). Bei der Herstellung von Schamotteerzeugnissen aus Tonen sind Zuschläge von vorgebrannten Tonpartikeln erforderlich, um die Schwindung zu vermindern.

Aus den beschriebenen Zusammensetzungen und Herstellungsverfahren von Keramik ergeben sich für die Verwertung von Abfällen zwei grundsätzliche Möglichkeiten des Recyclings:

1. Die Abfälle können durch Recyclingprozesse in Materialien bzw. Produkte der gleichen Wertigkeit (Keramik) zurückverwandelt werden.

Diese erste Möglichkeit eröffnet sich bei Verwendung der zerkleinerten und aufbereiteten Altmaterialien als Zuschlagstoffe zu neuen Materialmischungen (z. B. als feinkörniger Zuschlag bei Grobkeramikmischungen).

2. Verwertung der Abfälle für andersartige Verwendungszwecke (Straßen- und Deponiebau).

Wegen der erforderlichen hohen Qualitätsansprüche an die Rohstoffmischungen für die Herstellung von Feinkeramik (Reinheit, Kornspektrum) sowie für Oxid- und Nitridkeramik ist auf diesem Gebiet der Einsatz von gesintertem Recyclingmaterial grundsätzlich nicht möglich. Diese Werkstoffe müssen deshalb bei den folgenden Betrachtungen nicht mehr berücksichtigt werden.

Ausbau, Zerkleinerung und Aufbereitung von Grobkeramik
Eine wichtige Maßnahme für das Recycling von gebrauchter Grobkeramik ist der getrennte Ausbau der Materialien nach Stoffarten (Rückbau). Durch eine solche Maßnahme kann die nachfolgende Aufbereitung ganz wesentlich erleichtert werden, und die Herstellung qualitätsgerechter Recyclingmaterialien ist oft nur dann möglich.

Von großer Bedeutung für die Ressourcenausnutzung sind die Produktionsabfälle der Grobkeramikherstellung. Dabei sind zwei vollständig verschiedene Materialien zu unterscheiden:

• Ungebrannte Massen und Formkörper (sogenannte Grünkörper),
• Gebrannte Formkörper (Bruch).

Das ungebrannte Material geht vollständig in den eigenen Produktionskreislauf ohne Behandlung zurück. Die gebrannten Produktionsabfälle müssen zunächst auf die erforderlichen Korngrößen zerkleinert werden und können danach der eigenen Masseaufbereitung zugesetzt werden. Damit wird eine geringere Schwindung der neuen Masse beim Brennen erreicht (sogenannte Magerung der Masse).

Feuerfeststeine

Feuerfeststeine oder Feuerfeststampfmassen finden vielfältigen Einsatz zur Ausmauerung/ Auskleidung von Reaktoren und Öfen in der Stahlgewinnung, der NE-Metall-Industrie, der Keramikindustrie, der Glasindustrie, der Zementindustrie, in Verbrennungsanlagen usw. Die Ausmauerungen haben Standzeiten von wenigen Monaten bis zu Jahren. Infolge der spezifischen industriellen Anfallstellen von Altsteinen sind der sortengerechte Ausbau des Ofenausbruchs und die sortenspezifische Anlieferung (Schamotte, Silika, Magnesit usw.) an die Recyclingunternehmen prinzipiell möglich. Bei Ofenausbruch aus metallurgischen Öfen sind die Steine oft erheblich mit Metallschmelze infiltriert, so dass auch die Metallrückgewinnung eine wesentliche Zielstellung des Recyclingprozesses sein muss. Das trifft vor allem für Ofenbruch aus Edelmetallschmelzöfen zu (siehe Abschn. 6.7) Voraussetzung für die Herstellung einsatzfähiger Recyclingmaterialien ist eine weitgehende Sortenreinheit. Bisher erfolgte die Sortierung und Klassifizierung des Ofenausbruchs durch Handsortierung. Durch Entwicklung der „Laser-induzierten Plasma Spektroskopie" können Feuerfeststeine unterschiedlicher Formen und Größen schnell und zuverlässig nach den Qualitäten (Schamotte, Silika, Magnesit u. a) klassifiziert und nachfolgend spezifisch aussortiert werden. Die Aufbereitung der sortierten Steine erfolgt durch Zerkleinerung und Vermahlung. Danach kann das aufbereitete Material z. B. als Magerungsmittel in neuen Rohstoffmischungen verwendet werden.

Literatur

9.1   Nölle, G., Technik der Glasherstellung, 3. Aufl., Dt. Verlag f. Grundstoffindustrie Stuttgart, 1997

9.2   Hamidovic, J ., Industrielle Konzepte zum Altglasrecycling, Peter Lang GmbH Europa Verlag d. Wissenschaften, Frankfurt a. Main, 1997

9.3   Saperatec-Technologie, 2014, www.saperatec.de

9.4   Zeiger, E., Glasrecycling mit Mogensen Sortier- und Siebtechnik, Aufbereitungstechnik 46 (2005), Nr. 6, S. 6–13

9.5   Reiling Glas Recycling GmbH, Pioniere im Recycling von Flachglas, Recycling Zeitung Jan. 2007, www.reiling.de

9.6   Teicher, G., Handbook of Automative Glazing, Verlag der Deutschen Glastechn. Gesellschaft, Offenbach , 2006

10.1 Recycling mineralischer Baustoffe

10.1.1 Zusammensetzung mineralischer Baustoffe

Unter mineralischen Baustoffen fasst man unterschiedliche nichtmetallische anorganische Produkte und Materialien zusammen, die für die Errichtung von Gebäuden, Brücken, Straßen, Staudämmen, Mauern, Öfen usw. Anwendung finden. Einige dieser Produkte (keramische Bausteine, Tonrohre) zählen zur Keramik. Eine zweite Gruppe besteht aus natürlichen ungebundenen Gesteinen (Schotter, Natursteine, Kies) und wird in diesem Buch in Verbindung mit dem Einsatz von Recyclingbaustoffen behandelt. Die für das Recycling wichtige dritte Gruppe sind die Bindebaustoffe, die durch hydraulische oder hydrothermale Erhärtungsvorgänge mineralischer Materialien (Zement, Kalkstein, Sand, Kies, Schlackengranalien) zu Formteilen (Kalksandstein) oder ganzen Baugruppen (Beton) verfestigen. Die Motivation für das Recycling von mineralischen Baustoffen liegt schwerpunktmäßig auf der

- Minimierung des notwendigen Deponievolumens und der
- Vermeidung von Schadstoffeinträgen in die Böden.

Die Motive der

- Einsparung natürlicher Rohstoffe und Energie und der
- Verminderung des Eingriffs in die Natur mit Rohstofftagebauen

stehen dagegen bislang erst an zweiter Stelle. Staatliche Maßnahmen wie etwa die „Aggregates Levy" in Großbritannien, die die Entnahme von Primärrohstoffen wie Kies zu Gunsten des Recyclings von Baurestmassen besteuert, könnten künftig aber weiteren Einfluss gewinnen.

© Springer Fachmedien Wiesbaden 2016
H. Martens, D. Goldmann, *Recyclingtechnik*, DOI 10.1007/978-3-658-02786-5_10

Die Besprechung der Recyclingmöglichkeiten setzt einige Kenntnisse über die wichtigsten Werkstoffe, Produkte, Rohstoffe und Herstellungsprozesse von mineralischen Baustoffen voraus (Tab. 10.1, 10.2).

Die hydraulisch oder bituminös gebundenen mineralischen Baustoffe werden aus speziellen Materialmischungen hergestellt:

- Beton wird aus einer Mischung von Zement (Calciumsilikat, Calciumaluminat, Ferrit) mit Sand und Zuschlagstoffen (Kies), die mit Wasser zu Silikathydraten abbindet, erzeugt. Stahlbeton ist ein Verbundbaustoff aus Beton und Stabstahl. Er enthält Einlagen aus Stahlstangen (Betonrippenstahl) oder Stahlmatten.
- Luftmörtel ist eine Mischung aus gebranntem Kalk (CaO) mit Sand und Wasser, die durch das CO_2 der Luft zu $CaCO_3$ abbindet.
- Gipsbauteile entstehen durch Erhärten von gebranntem Gips mit Wasser zum Hydrat ($CaSO_4 \cdot 2\,H_2O$).
- Kalksandstein entsteht aus einer Mischung von hochwertigem gebrannten Kalk und Sand mit Wasser, die bei ca. $200\,°C$ im Autoklaven erhärtet (Calciumsilikathydrate).
- Asphalt wird aus einer erhitzten Mischung von Bitumen mit Gesteinssplitt oder Kies hergestellt.

Tab. 10.1 Mineralische Baustoffe [10.1, 10.2]

Mineralischer Baustoff	Produkte
Ungebunden	
Naturwerksteine, Natursteine, Kies, Sand	Dammbau, Gleisschotter, Frostschutzschichten, Tragschichten im Straßenbau, Fassadenplatten aus Naturstein
Hydraulisch gebunden	
Beton	Stahlbetontragelemente und -decken, Betonfahrbahnen, Betonsteine, Porenbeton, Betondachsteine, Zementestriche
Mörtel	Mauerwerkbinder, Putzschichten
Kalksandstein	Mauersteine, Platten
Gips	Gipskartonplatten, Gipsputz
Bituminös gebunden	
Asphalt	Straßenbelag, Asphaltestrich
Keramisch gebunden	
Silikatbindung oder Oxidbindung	Tonmauerziegel, Tondachziegel, Klinker, Fliesen, Feuerfeststeine

Tab. 10.2 Wichtige mineralische Rohstoffe für die Herstellung von Baustoffen

Mineralischer Rohstoff	Hauptbestandteile	Erzeugnisse
Kalkstein	Calciumcarbonat	Luftmörtel, Weißkalk, Kalksandstein
Ton	Alumosilikat, Eisenoxide	Ziegel, Steinzeug, Fliesen, Feuerfeststeine
Mergelton	Kalkstein/Ton-Gemisch	Zement
Quarzsand	Siliziumdioxid	Mörtel, Beton, Feuerfeststeine, Kalksandstein
Gips, REA-Gips	Calciumsulfat-Dihydrat	Gipsplatten
Erdöl	Bitumen	Asphalt

Aus den beschriebenen Zusammensetzungen und Herstellungsverfahren von mineralischen Baustoffen ergeben sich für die Verwertung von Abfällen zwei grundsätzliche Möglichkeiten des Recyclings:

1. Die Abfälle können durch Recyclingprozesse in Materialien bzw. Produkte der gleichen Wertigkeit (Baustoff, Schotter) zurückverwandelt werden.

Diese erste Möglichkeit eröffnet sich bei Verwendung der zerkleinerten und aufbereiteten Altmaterialien als Zuschlagstoffe zu neuen Materialmischungen (z. B. als grobkörniger Zuschlag bei Beton im Austausch gegen Kies oder als feinkörniger Zuschlag in Asphaltmischungen).

2. Die Abfälle werden zu Materialien verarbeitet, die einer andersartigen Verwertung zugeführt werden.

Eine solche zweite Verwertungsstrategie ist der Einsatz zerkleinerter und aufbereiteter Altmaterialien als ungebundene Schüttschichten (Trag- und Frostschutzschichten im Straßen-, Wege- und Sportplatzbau, Verfüllmaterial, Vegetationssubstrat).

10.1.2 Aufbereitung und Verwertung von mineralischen Baustoffen

Bei Rückbau, Umbau, Sanierung und Neubau von Bauwerken des Hoch- und Ingenieurbaus muss zunächst zwischen verschiedenen Sorten von Bauabfällen unterschieden werden, die wie folgt definiert sind [10.1]:

• Bodenaushub: Natürlich anstehendes oder umgelagertes Locker- und Felsgestein sowie Kies, Ton und Mutterboden.

- Bauschutt: Mineralisches Material, das bei Abbruch, Umbau und Sanierung stofflich gemischt oder sortenrein anfällt (Beton, Stahlbeton, Ziegel, Kalksandstein, Dachsteine, Gips, Fliesen Keramik, Mörtel, Naturstein usw.).
- Straßenaufbruch: Asphalt, Betonfahrbahn, Pflaster und Randsteine, Schotter, Kies, Sand.
- Baustellenabfälle: Holz, Metall, Kunststoff, Kabel, Glas, Papier/Pappe, Fußbodenbeläge, Farben.

Die überwiegende Masse der Bauabfälle ist Bodenaushub (2/3 des Anfalls). Der Bodenaushub kann zu 70 % ohne jegliche Behandlung an Ort und Stelle oder an anderen Orten wieder eingebaut werden. Es sind also nur geringe Aufbereitungsmaßnahmen erforderlich. Der Bodenaushub wird deshalb in diesem Buch nicht näher besprochen. Unter Bauschutt fallen bei ungenügender Trennung oft Mischungen mit Bodenaushub und Baustellenabfällen an, was unter Recyclinggesichtspunkten und abfall- sowie bodenschutzrechtlichen Vorschriften möglichst zu verhindern ist. Die Vermischung des Bauschutts mit Baustellenabfällen ist allerdings selten vermeidbar, da ein vorgeschalteter vollständiger Ausbau der Materialien kaum möglich und sehr kostenaufwendig ist. Man spricht dann von Baumischabfällen. Die sortenreinen Baustellenabfälle, bzw. die bei der Bauschuttsortierung abgetrennten Materialien, können sortenspezifisch den entsprechenden Recyclingprozessen für Baustoffe, Metalle, Kunststoffe usw. beziehungsweise der energetischen Verwertung zugeführt werden. Der Bauschutt erfordert immer eine Aufbereitung, damit in erster Linie die restlichen Materialien der Baustellenabfälle (Holz, Metall, Kunststoffe usw.) abgetrennt werden und danach evtl. die verschiedenen Baustoffsorten zu trennen, um die angestrebten Recyclingbaustoffe zu gewinnen. Der Straßenaufbruch kann meist unmittelbar sortenrein ausgebaut werden, so dass dieser ohne weitere Sortiermaßnahmen der Asphaltaufbereitung bzw. der Betonaufbereitung zugeführt werden kann. Die Auswahl und Gestaltung der Recyclingverfahren wird entscheidend von den Einsatzgebieten der Recyclingbaustoffe (RC-Baustoffe) und den dafür festgelegten Qualitäten der Stoffart, Korngröße und Reinheit bestimmt. Die mineralischen RC-Baustoffe bestehen in der Regel aus Gesteinskörnungen (Granulate) verschiedener Körngrößenfraktionen.

Einsatzgebiete für RC-Baustoffe
Einsatzgebiete für RC Baustoffe [10.1] sind hauptsächlich:

- Tragschichten und Frostschutzschichten im Straßen- und Wegebau (RC-Stra; RC-Wege).
- Dammbaustoffe, Verfüllbaustoffe, Verfüllmassen im Kanal- und Leitungsbau.
- Asphaltstraßenbau (RC-Asphalt).
- Betonzuschlag für Betonwaren, Betonwerksteine, Betondachsteine, konstruktive und nicht konstruktive Betonbauteile (RC-Beton).
- Vegetationsschichten (poröse Bodensubstrate; RC-Vegetra).

Für Feinsande der Bauschuttaufbereitung, insbesondere Betonbrechsande, konnte infolge der Gehalte an Silikaten und Calciumverbindungen ein technisch nutzbares Härtungspotenzial bei Autoklavenbehandlung ermittelt werden, so dass die bautechnische Nutzung als Mauersteine möglich erscheint.

Anforderungen an die RC-Baustoffe
Die geforderten Korngrößen und Korngrößenfraktionen werden durch entsprechende Zerkleinerungs- und Klassierprozesse (Siebung, Windsichtung) hergestellt [10.1].
Typische Gesteinskörnungen sind folgende:

- Feine Gesteinskörnung (Korngruppe 0/4): <1 mm 50 %; <4 mm 94 %.
- Grobe Gesteinskörnung (Korngruppe 8/31): <8 mm 2 %; <31,5 mm 100 %.
- Korngemisch 0/45: <0,5 mm 10 %; <2 mm 32 %; <45 mm 97 %.

Neben der Korngruppe sind weitere Kennwerte zu beachten: Kornrohdichte, Feinanteil (ausschlämmbare Anteile), Widerstand gegen Zertrümmerung und Abrieb, Sulfatgehalt (Gips), Freisetzung von PAK, Wasseraufnahme/Saugwirkung, Chloride. Für den Nachweis wasserlöslicher Schadstoffe ist ein Elutionstest vorgeschrieben mit nachfolgender analytischer Bestimmung von pH-Wert, Chlorid, Sulfat, As, Pb, Cd, Cr, Cu, PAK und PCB im Eluat. Genaue Vorschriften bestehen für „RC-Gesteinskörnungen für hydraulisch gebundene und ungebundene Gemische" z. B. 16/45 sowie für grobe „Recyclierte Gesteinskörnungen für Beton" z. B. 8/16 (Bundesvereinigung Recycling-Baustoffe e. V. 2006; Europäische Regelwerke). Weitere Regelungen sind dem Arbeitsentwurf (Oktober 2012) der „Ersatzbaustoffverordnung" zu entnehmen [10.17]. Für Betonzuschlag mit recycelten Gesteinskörnungen [10.3] wird eine Unterscheidung in vier Liefertypen vorgenommen, die in Tab. 10.3 angegeben sind.

Tab. 10.3 Grenzwerte für die stoffliche Zusammensetzung von recycelten Gesteinskörnungen (Einsatz als Betonzuschlag) [10.3]

Bestandteile, Zusammensetzung	Typ 1	Typ 2	Typ 3	Typ 4
Beton %	>90	>70	<20	>80
Klinker, nichtporöse Ziegel %	<10	<30	>80	
Kalksandstein %			<5	
andere mineral. Bestandteile[a] %	<2	<3	<5	<20
Asphalt %	<1	<1	<1	
Fremdbestandteile[b] %	<0,5	<0,5	<0,5	<1

[a] Porosierte Ziegel, Leichtbeton, Ziegel, Putz, Mörtel, Schlacke.
[b] Glas, Keramik, Stückgips, Kunststoffe, Metalle, Holz, Papier, Pflanzenreste.

Tab. 10.3 (*Fortsetzung*)

Bestandteile, Zusammensetzung				
	Typ 1	Typ 2	Typ 3	Typ 4
Spezifische Eigenschaften				
Minimale Kornrohdichte (g/cm^3)	2,0	2,0	1,8	1,5
Maximale Wasseraufnahme (%)	10	15	20	k. A.

[a] Porosierte Ziegel, Leichtbeton, Ziegel, Putz, Mörtel, Schlacke.
[b] Glas, Keramik, Stückgips, Kunststoffe, Metalle, Holz, Papier, Pflanzenreste.

Recyclingverfahren für Bauschutt

Die geforderten Kornklassen werden durch den Einsatz geeigneter Zerkleinerungsapparate (Backenbrecher, Prallmühlen) in Kombination mit Siebstufen und Windsichtung erzeugt (siehe dazu auch Abschn. 3.2, 3.3, 3.4). Für die Abtrennung von Verunreinigungen sind folgende weitere Verfahrensstufen in Anwendung:

- Lesebänder für Handauslese,
- Magnetscheidung zur Eisenabtrennung,
- Vibrationssiebung und Windsichtung oder Waschstufen zur Abtrennung von Leichtstoffen und Feingut (Papier, Pappe, Holz, Kunststoffe),
- Schwimm-Sink-Sortierung zur Abtrennung von Leichtstoffen und wasserlöslichen Stoffen (Nachteil ist die notwendige Wasseraufbereitung).

Erläuterungen zu diesen Sortierverfahren sind in Abschn. 3.4. dargestellt. Die Automatisierung der Handauslese durch sensorgestützter Sortiertechnik ist technisch möglich, aber aus Kostengründen bisher nicht eingeführt. Es wird z. B. die NIR-Spektroskopie zur Unterscheidung von Mineralstoffen, Holz/Papier und Kunststoffen empfohlen, die nachfolgend ein Greifersystem für die Auslese der relativ groben Körnungen ansteuert. Entsprechend den Anfallstellen von Bauschutt kommen mobile, semimobile und stationäre Anlagen zum Einsatz. In Abb. 10.1 ist beispielhaft eine Aufbereitungstechnologie angegeben. Große Potentiale liegen in der Entwicklung neuer Technologien, die aus feinkörnigen mineralischen Abfällen, unter Zusatz von Blähmitteln wie Siliziumcarbid, Blähgranulate als sogenannte leichte Gesteinskörnungen [10.18] herstellen. Diese Blähgranulate weisen im günstigsten Fall gleiche Festigkeiten wie Kies auf, haben aber durch das eingeschlossene Porenvolumen eine deutlich geringere Dichte und sind insofern für die Herstellung von Leichtbeton geeignet.

Der Bauschuttaufbereitung geht der Abbruch der jeweiligen Bauwerke (Gebäude, Brücken, Bunker) voraus. Dabei ist der baustoffspezifische Abbruch von großem Einfluss auf die nachfolgende Bauschuttaufbereitung. Beim Abbruch von Stahlbetonbauwerken (Brücken, Betondecken) mittels Sprengung, Hydraulikhammer und Stahlbeton-Scheren

Abb. 10.1 Stationäre Bauschuttaufbereitungsanlage (*RC*-Baustoff = Recyclingbaustoff) [10.4]

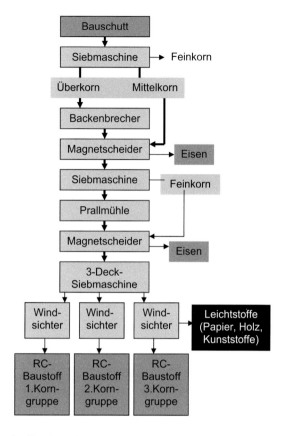

findet bereits eine Vorzerkleinerung und teilweise Abtrennung des Bewehrungsstahls statt. Die Verwertung des Bauschutts ist in Deutschland eine Erfolgsgeschichte, da im Jahr 2007 90 % wiederverwertet wurden. 1997 waren es nur 50 %.

Recyclingverfahren für Baustellenabfälle
Neben den oben genannten Materialien enthalten Baustellenabfälle meist noch gewisse Anteile mineralischer Baustoffe und evtl. auch Erdaushub. Die Verfahrenstechnik versucht vor allem die Abtrennung der Wertstoffe (Metalle, kompakte Kunststoffe) und die Gewinnung eines energetisch verwertbaren Anteils (Holz, Papier, Fußbodenbeläge, Farben). Daneben fällt mineralisches Material an, das zum Bauschuttrecycling oder für die Deponie geeignet ist (siehe Abb. 10.2).

Asphaltaufbereitung
Bei der Asphaltaufbereitung werden die Bindemittel (Bitumen) und auch die Mineralstoffe (Kies, Sand, Füller) vollständig zurückgewonnen. Der Ausbauasphalt fällt als Fräsgut oder als Schollenaufbruch an. Der Schollenaufbruch muss in Prallbrechern zerkleinert werden. Das erhaltene Asphaltgranulat kann in Anteilen von 20…40 % bei der Herstellung neuer Asphaltmischungen zugesetzt werden (Abb. 10.3).

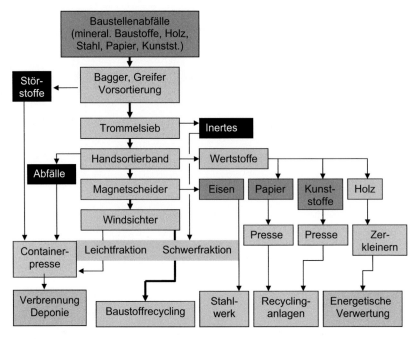

Abb. 10.2 Sortieranlage für Baustellenabfälle [10.4]

Abb. 10.3 Asphaltaufbereitung [10.4]

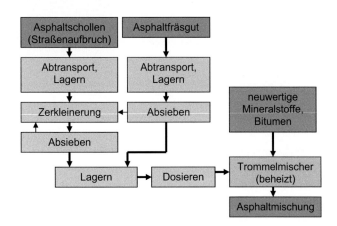

Aufbereitung von Gleisschotter

Die Aufbereitung von Gleisschotter (Abtrennung von Schmutz und Feingut) findet voll-
mechanisiert an Ort und Stelle mit einem gleisgebundenen Gleisbehandlungszug statt, der
auch den Wiedereinbau vornimmt. Diese Schotteraufbereitung ist z. T. mit einer Schotter-
wäsche und einer Waschwasseraufbereitung im Gleisbehandlungszug ausgestattet.

10.2   Verwertung von Schlacken und Aschen

Die Schlacken und Aschen gehören zu einer relativ breit aufgestellten Materialgruppe. Ihre Nutzung ist überwiegend als Ersatzbaustoff im Straßenbau und bei Erdbaumaßnahmen, als Bauzuschlagstoff bei der Betonherstellung oder als Rohmehl- oder Klinkerersatz im Zementbereich möglich. Schlacken und Aschen bestehen im allgemeinen aus ökologisch unbedenklichen Silikaten und Oxiden (SiO_2, CaO, FeO_n), können aber je nach Herkunft unterschiedliche Mengen an Schwermetallen in metallischer, oxidischer, chloridischer und sulfatischer Bindung enthalten. Diese können bei der Verwendung als Baustoff ausgelaugt und in das Grundwasser und in den Boden eingetragen werden, den Baustoff selbst beeinflussen oder bei Exposition Umwelt- oder Gesundheitsschäden hervorrufen. Das Gefährdungspotential dieser Ersatzbaustoffe muss deshalb immer durch eine Elutionsprüfung bestimmt werden. Zusätzlich sind Vorgaben zu maximal zulässigen Gehalten zu berücksichtigen. Das Bundesministerium für Umwelt, Naturschutz und Reaktorsicherheit hat für die dazu bereits bestehenden Verordnungen im Okt. 2012 eine Novellierung in Form eines Arbeitsentwurfes der Mantelverordnung „Grundwasser/Ersatzbaustoffe/Bodenschutz" vorgelegt. Sie ist als Gesamtkonzept für diesen Bereich ausgearbeitet und enthält als Artikel 2 die „Ersatzbaustoffverordnung".

In der in Vorbereitung befindlichen „ErsatzbaustoffV" [10.17] sind die zulässigen „mineralischen Ersatzbaustoffe" aufgelistet, zu denen u.a. folgende Schlacken und Aschen gehören (§ 3 ErsatzbaustoffV):

1. Hochofenstückschlacke (HOS),
2. Hüttensand (HS), der durch Granulieren von Hochofenschlacke gewonnen wird,
3. Stahlwerksschlacke (SWS) aus LD- und Elektroofen (LDS, EOS),
4. Edelstahlschlacke (EDS) aus dem Elektroofen,
5. Gießerei-Kupolofenschlacke (GKOS),
6. Kupferhüttenmaterial (CUM) als Stückschlacke oder Granalien,
7. Schmelzkammergranulat von Steinkohlen (SKG),
8. Steinkohlekesselasche (SKA) und -flugasche (SFA), Braunkohlenflugasche (BFA),
9. Hausmüllverbrennungsasche (HMVA).

Von diesen Materialien sind einige hohe Qualitäten (SWS-1; EDS-1; CUM-1 und HS) als Nebenprodukte eingestuft und nicht Abfälle.

Begrenzungen bezüglich relevanter Inhaltsstoffe und maximal zulässiger Elutionswerte sind – nach wie vor – in Abhängigkeit vom Einsatzzweck am besten der Mitteilung M 20 der Länderarbeitsgemeinschaft für Abfall LAGA aus dem Jahre 2003 zu entnehmen [10.19]. Einen guten Überblick über Rahmenbedingungen für den Einsatz von mineralischen Abfällen aus Sicht des Vollzuges gibt Quelle [10.20].

10.2.1 Zusammensetzung, Schadstoffgehalte und Elutionswerte von Schlacken

Schlacken entstehen als Abfälle oder Nebenprodukte von metallurgischen Schmelzprozessen und anteilig in Verbrennungsprozessen, in deren Verlauf Teile der entstehenden Aschen ganz oder teilweise zu Schlacken aufgeschmolzen werden. Die Schlacken der Metallurgie bilden sich bei diesen Prozessen als weitgehend homogene Schmelzen, die aus freien oder gebundenen Oxiden bestehen. Das sind vorwiegend folgende Oxide: SiO_2, CaO, Al_2O_3 und FeO_n (siehe dazu „Bildung und Funktion von Schlacken" in Abschn. 6.1.1). Analoge homogene Schmelzen entstehen in Schmelzkammerfeuerungen der Steinkohleverbrennung. Beim langsamen Abkühlen der Schmelzen im Schlackenbeet zu den festen Schlacken bilden sich kristalline Phasen (Calciumaluminiumsilikat, Calciumsilikat, Eisensilikat, Ferrit u. a.). Durch die Abkühlungsbedingungen/Wärmebehandlung sind die physikalischen Eigenschaften dieser Schlacken zu beeinflussen. Die festen Schlacken fallen dabei z. T. in metergroßen Schlackenbrocken an. Diese sind den Naturgesteinen sehr ähnlich und als Ersatz für diese verwendbar. Bei einer schnellen Abkühlung der Schmelzen in Wasser entstehen dagegen glasige, feinkörnige Granulate (z. B. Hüttensand (HS) und Schmelzkammergranulat (SKG)), die als Verfüllbaustoffe verwendet werden oder bei HS in der Zementindustrie als Klinkerersatz oder Klinkerzusatz zum Einsatz kommen.

Schlackenbestandteile aus Verbrennungsprozessen, wie sie etwa in Müllverbrennungsanlagen anfallen, werden, da sie mit unaufgeschmolzenen Ascheanteilen vergesellschaftet sind, in Abschnitt 10.2.3 behandelt.

Im Bereich der Metallurgie stellen die Schlacken der Eisen- und Stahlerzeugung den größten Anteil. Von Bedeutung sind hierbei insbesondere die Hochofenschlacken (HOS), die Schlacken des Konverterbetriebs (LDS, benannt nach den Einführungsorten dieser Konvertertechnologie Linz und Donawitz in Österreich), die Schlacken der Elektrolichtbogenöfen (EOS), die Schlacken der Sekundärmetallurgie (SES) und die Schlacken der Kupfermetallurgie (CUM).

Zusätzlich sind die Schlacken aus der Edelstahlproduktion zu benennen. Eine ausführliche Darstellung der Eisen- und Stahlmetallurgie ist Abschn. 6.2 zu entnehmen. Hochofenschlacken besitzen gegenüber den anderen Schlackensystemen den Vorteil, kaum kritische Schwermetallgehalte zu führen, da im Hochofenprozess lediglich Eisenerzkonzentrate, Reduktionsmittel und Schlackenbildner zur Erzeugung von Roheisen eingesetzt werden. In den Schlacken der nachfolgenden (Konverterbetrieb) oder alternativen (Elektrolichtbogenofen) Stahlerzeugungsprozesse finden sich dagegen Anteile der Stahlveredler, die zur Auflegierung des Eisens eingesetzt werden (Cr, Ni, Mo, V) [10.6]. Deren Anteile sind in den Schlacken der Edelstahlherstellung noch höher.

Die Schlacke-Schmelzen besitzen eine gewisse Löslichkeit oder Suspensionswirkung für Schwermetalloxide oder auch Metallsulfide, die ein Schadstoffpotential darstellen können. Die absolute Konzentration dieser Nebenbestandteile/Schadstoffe in den Schlacken (Tab. 10.4) ist für die Verwendung der Schlacken als Baustoffe nur zum Teil von Bedeutung, weil diese sehr unterschiedlich in den Mineralphasen gebunden oder suspendiert sind.

Tab. 10.4 Haupt- und Nebenbestandteile metallurgischer Schlacken [10.5]

	HOS	LDS	EOS	SES	CUM
Hauptbestandteile (%)					
CaO	36...43	45...54	20...35	35...50	1...11
SiO$_2$	35...40	11...18	10...20	5...20	20...35
Al$_2$O$_3$	8...12	1...4	5...15	15...30	3...6
MgO	4...12	1...4	4...7	5...15	1...3
FeO$_n$	< 0,5	18...24	30...50	< 2	40...60
Cr$_2$O$_3$	< 0,007	1	1...6	< 1	< 0,001
Nebenbestandteile / Schadstoffe (mg / kg)					
Cu	10	50	300		2.500...14.000
Mo	< 2	80	200		1.400...3.400
Ni	< 2	9	70		100
Pb	6...20	8	90		500...5.000
V	50	600	2.500		
Zn	< 100	150	900		6.700...16.000
S	12.000...19.000				1.000...10.000

Von *entscheidender* Bedeutung ist das Löseverhalten der Nebenbestandteile bei Kontakt mit Regen, Chemikalien und Grundwasser. Dieses Löseverhalten muss deshalb durch einen normierten Elutionstest geprüft werden.

Die festen Schlacken enthalten aber oft auch größere Metallbrocken oder umschließen kleinere Metallpartikel. Der Einsatz der Schlackenbrocken als Ersatzbaustoffe erfordert eine Aufbereitung, die vorwiegend aus einer Zerkleinerung und Klassierung in die geforderten Kornklassen besteht, aber auch der Abtrennung/Gewinnung der Metallstücke und Metalleinschlüsse (besonders Eisen/Stahl) dient.

Aufbereitungsprozesse [10.7, 10.8]

Hochofenschlacken werden teilweise direkt am Schlackenabstich durch Eindüsung von Wasser in eine amorphe, feinkörnige Sandfraktion umgewandelt, die als Hüttenzement einen Zusatz- oder Ersatzstoff für konventionelle Zemente bildet.

Andere Schlacken werden zur langsamen Erstarrung in Kübel oder Schlackebetten abgegossen. Die entstehenden Stückschlacken müssen vor einer Verwertung weiter aufbereitet werden. Große Metallklumpen (sog. Bären) werden mit Hand ausgelesen und evtl. gesprengt. Die zweite Stufe der Schlackenaufbereitung ist eine Grobzerkleinerung im Backenbrecher. Für den Aufschluss der feinen Metalleinschlüsse muss sich eine Feinzerkleinerung anschließen (Prallbrecher, Kugelmühlen, siehe Abschn. 3.2). Das aufgeschlossene Eisen lässt sich mit Schwachfeldmagnetscheidern abtrennen. Die Gewinnung von Edelstahl,

Ferrolegierungen oder NE-Metallen ist schwieriger. Dafür stehen Wirbelstromscheider und evtl. Starkfeldmagnetscheider und die Dichtesortierung (trockene oder nasse Setzmaschinen, Herde, Zyklone, Sortierzentrifugen) zur Verfügung (siehe Abschn. 3.4). Feinkörnige Schlacken sind allerdings als Ersatzbaustoffe weniger gefragt (höhere Elutionswerte), so dass erhöhtes Metallausbringen mit einem Wertverlust der Restschlacke verbunden ist.

Die Verwertung von Edelstahlschlacken bereitet auf Grund der relativ hohen Cr-Gehalte zunehmend Probleme, die allein durch eine mechanische Aufbereitung schwer zu lösen sind. Zur Abtrennung und Rückgewinnung des Chroms kann eine reduzierende Schmelzbehandlung zum Einsatz kommen [10.21]. Bei Kupferschlacken, die im Wesentlichen aus Eisensilikaten (Fayalaitschlacke) gebildet werden, sind die mitgeschleppten Cu-Gehalte beim Schmelzen der Erzkonzentrate überwiegend in Form von Kupferstein (CuFe-Sulfid) suspendiert. Bei der Verarbeitung von Kupferschrotten in Sekundärhütten werden dagegen Kupferanteile als Silikat verschlackt (siehe Abschn. 6.4.3). Die Kupfersteinpartikel in den Schlacken des Konzentratschmelzens lassen sich durch feine Aufmahlung der Schlacke und anschließende Flotation gewinnen. Die Rückgewinnung des oxidisch gebundenen Kupfers ist nur durch einen erneuten Schmelzprozess möglich.

Bautechnische Eigenschaften

Die Festigkeit und die kantige und raue Oberfläche der Schlacken garantiert eine hohe Tragfähigkeit, die oft höher als die der Natursteine ist. Wichtige Eigenschaften sind die Druckfestigkeit und die Dichte. Die Korngrößen der Schlacken werden nach Standard oder Kundenwunsch durch entsprechende Klassierstufen gewonnen [10.8]. Für Stahlwerksschlacken sind einige Körnungsbereiche in Tab. 10.5 zusammengestellt.

Bautechnische Eigenschaften einer Stahlwerksschlacke als Beispiel [10.8]:

- Rohdichte (g/cm^3) 3,7...3,8;
- Proctordichte (g/cm^3) 2,5...2,6;
- Wasseraufnahme (%) 1,5;
- Druckfestigkeit (N/mm^2) > 100;
- Widerstandsfähigkeit gegen Schlag (%) 15...20.

Tab. 10.5 Standardkörnungen einer Stahlwerksschlacke für bestimmte Einsatzgebiete [10.8]

Bezeichnung	Körnung (mm)	Einsatzmöglichkeiten
Dammschüttmaterial	0/63, 0/100	Deponiebau
Frostschutzmaterial	0/16, 0/32	Straßenbau
Schotter	0/32	Deponie- und Straßenbau
Splitt	0/16, 16/32	Deponie- und Straßenbau
Edelsplitt	2/5, 5/8, 8/11, 11/16, 16/22	Zuschlag in Industriebaustoffe, Asphalt
Brechsand	0/3	Zuschlag in Industriebaustoffe

Tab. 10.6 Zulässige Elutionswerte von Schlacken nach dem Entwurf der „ErsatzbaustoffV"

Parameter	Dimension	HOS-1	SWS-1	SWS-3	EDS-1	EDS-3	CUM-1	CUM-3
pH-Wert		9...12	9...12	9...13	11...13	11...13	6...10	6...10
el. Leitf.	µS/cm	5.000	10.000	10.000	10.000	10.000	300	300
Sulfat	mg/l	1.300			900	1.000		
Fluorid	mg/l		1,1	4,0	1,1	8,7		
As	µg/l						15	120
$Cr_{ges.}$	µg/l		110	250	110	250		
Cu	µg/l						55	230
Mo	µg/l		55	1.000	55	2.000	110	400
V	µg/l		180	1.000				
W	µg/l		$(130)^a$					

[a] Messergebnis einer EDS-Schlacke in einem Stahlwerk [10.8]

Elutionseigenschaften

Das entscheidende Einsatzkriterium der Schlacken als Ersatzbaustoffe ist eine geringe und geprüfte Elution der Schwermetalle u. a. Schadstoffe. Zur Bestimmung kommen der Schüttelversuch (DIN 19529, DIN 19527) oder der Säulenversuch (DIN 19528) zum Einsatz. In Tab. 10.6 sind einige geforderte Elutions-Parameter für Schlacken angeführt.

Sehr wichtig ist dabei die Elutionsprüfung für die jeweilig eingesetzte Körnung, da die erheblich größeren spezifischen Oberflächen von feinen Körnungen zu höheren Elutionswerten führen. Besonders kritisch wird die Auslaugung von Chromverbindungen eingeschätzt, auch weil in einigen Schlacken Gehalte von bis zu 6 % Cr_2O_3 auftreten können (Tab. 10.4). Durch eine metallurgische Zusatzbehandlung der Schlacken sind die Cr-Gehalte im Prinzip absenkbar [10.21].

Auf Grund des Elutionspotenzials sind Schlacken aus der Bleigewinnung (mit ca. 1 % Pb) als Ersatzbaustoffe nicht zugelassen (siehe Abschn. 6.5.2). Die Schlacken der Zinkverflüchtigung im Drehrohrofen sind nur für ausgewählte Baumaßnahmen geeignet (siehe Abschn. 6.6.4).

10.2.2 Verwertungsgebiete von Schlacken

Die verschiedenen Schlackenarten fallen in sehr unterschiedlichen Massen an (Tab. 10.7). Haupteinsatzgebiet ist der Einsatz von Hüttensand als SiO_2–Al_2O_3–CaO-Sekundärrohstoff in der Zementherstellung. An zweiter Stelle steht der Einsatz von Stückschlacken im Straßenbau als Frostschutzschicht (Tab. 10.7). Weitere Anwendungen sind Zuschlagsstoffe in Asphaltschichten und Ziegeln, als Gleisschotter sowie als Strahlmittel. Überaus interessant sind CaO-haltige Rückstände bzw. Nebenprodukte thermischer Prozesse, wenn Sie in Anwendungen überführt werden können, die ansonsten natürlichen Kalk benötigen. Auf diese Weise kann eine merkliche Einsparung an CO_2 erreicht werden, da die Entsäuerung natürlicher Kalke entfällt, wenn bereits thermisch entsäuerte CaO-Träger aus Abfällen genutzt werden.

Tab. 10.7 Erzeugung und Verwertung von metallurgischen Schlacken in Deutschland (2012) [10.6, 10.7, 10.9]

Erzeugung		Verwertung		
Schlackentyp	**Mio t**		**Mio t**	**%**
Hochofenschlacke	7,45		7,45	100
1. Stückschlacke, HOS	0,95	Straßenbau	0,9	12
2. Hüttensand, HS	6,50	Zementherstellung	5,93	80
		Straßenbau	0,11	1,5
		Sonstige	0,51	
Stahlwerksschlacken	5,93		5,93	100
1. Oxygenstahl, LDS	3,1	Straßenbau / Wege	2,22	37
2. Elektroofen, EOS	1,8	Erdbau	1,02	17
3. Edelstahl, EDS	0,6	Wasserbau	0,20	3,4
4. Sekundärmetallurgie	0,4	Deponie	0,75	12,6
		Kreislauf	0,76	12,6
		Düngemittel	0,52	8,8
		Sonstige	0,46	
Kupferhüttenschlacke	1,3		1,3	100
Stückschlacke		Wasserbau		
Eisensilikatsand		Zementherstellung		

10.2.3 Zusammensetzung und Verwertung von verschiedenen Aschen

Im Unterschied zu Schlacken sind Aschen ungeschmolzene, oft inhomogene pulverför-
mige Verbrennungsrückstände. In diesen Verbrennungsrückständen sind allerdings häufig
Anteile gesintert oder z. T. geschmolzen, so dass eine Mischung von Asche und Schlacke
vorliegt. Auf Grund der sehr unterschiedlichen Zusammensetzung und Struktur müssen
die Aschetypen Kohlekraftwerksasche und Hausmüllverbrennungsasche (HMVA) getrennt
betrachtet werden Die Verbrennungsrückstände von Hausmüll werden wegen der vorliegenden Mischung auch als HMV-Schlacken (HMVS) bezeichnet. Beide Begrifflichkeiten
sind unpräzise, da der Ausbrand der in HMVs als Rostabwurf und Rostdurchfall ausgetragen wird immer eine Mischung aus Aschepartikeln, Schlackenpartikeln, unveränderter
Mineralik (Sand, Keramik, Glas, Steine etc.), gröberen Metallpartikeln und Unverbranntem
(organisches Material wie Papier) ist.

HMV-Ausbrand
HMV-Ausbrand entsteht bei der Verbrennung von Haus-, Sperr- und Gewerbemüll in Müll-
verbrennungsanlagen (MVA) bei 850…1.100 °C als Rostabwurf und Rostdurchfall in einer
Masse von ca. 25 % der Müllaufgabe. Der größte Teil des Ausbrands stürzt am Ende des
Verbrennungsrostes in den meisten HMVs in einen Nassentschlacker und wird dort abge-
löscht. Daran schließt sich eine „Vorlagerung" dieser sogenannten Rohschlacke in einem
Bunker unter Befeuchtung an (ca. 4…8 Wochen), die einer Reaktion mit Luft und Wasser
dient. Wichtige Reaktion sind dabei die Bildung von Metallhydroxiden, die Carbonisierung
von $Ca(OH)_2$ zu $CaCO_3$, die Umwandlung von Calciumsulfat in Gips ($CaSO_4 \cdot 2H_2O$) u. a.
Die Rohschlacken sind sehr inhomogen und ihre Zusammensetzung ist sehr stark von den
eingetragenen Abfällen, deren Vorvermischung und den Ofentemperaturen abhängig. Es
wird folgende Stoffmischung angegeben:

- 45 % Aschen und Schlackenpartikel als Feinfraktion < 2 mm, angereichert mit
  Sulfaten, Chloriden, Phosphaten und Schwermetallen.
- 40 % Schmelzprodukte als Grobfraktion > 2 mm (Oxide, Silikate).
- 10 % Durchlaufmaterialien (Bruchstücke von Glas, Keramik, Steinen).
- 6 % Metalle (2…4 % Eisen, 1…2 % Aluminium, Kupfer).
- 1…2 % organisches Material (Unverbranntes).

In der Grobfraktion sind die wesentlichen Minerale Calcium-Aluminium-Silikate und
Eisenoxide. Sie entspricht damit in ihrer Zusammensetzung natürlichen Gesteinen der
Erdkruste. Die chemische Zusammensetzung kann für die Hauptbestandteile wie bei
den Schlacken in Oxidform angegeben und beispielhaft gegen Basalt dargestellt werden
(Tab. 10.8).

Tab. 10.8 Haupt- und Nebenbestandteile von HMV-Rohschlacken im Vergleich mit Basalt [10.10, 10.11]

Hauptbestandteile	HMV-Schlacke (%)	Basalt (%)	Anreicherungs-faktor
SiO_2	30…56	60	0,8
Al_2O_3	0,9…18	15,5	0,6
CaO	4…20	5,7	2,5
Na_2O	0,7…4,7	3,2	1,0
MgO	0,7…3	3,8	0,6
K_2O	0,4…2,5	2,5	0,6
SO_3	0,5…1	0,3	3
P_2O_5	0,7…7,8		
Cl^-	0,03…0,6	0,03	20
Fe	2…11	5,6	1
Kohlenstoff	0,5…5	0,01	50…500
Nebenbestandteile	**g/kg**	**g/kg**	**Anreicherungs-faktor**
Cu	0,2…7	0,06	3…100
Cr	0,1…9,6	0,1	1…100
Zn	0,5…21	0,07	7…300
Pb	0,6…5,2	0,01	60…520
Ni	0,05…0,76	0,08	10
Cd	< 0,08	0	
Hg	< 0,02	0	
As	< 0,02	0,002	10

Folgende chemische Verbindungen sind für eine durchschnittliche Rohschlacke ermittelt worden:

- Siliziumdioxid 20 %, andere Oxide 11 %, Silikate 23 %, Hydroxide 4 %, Phosphate 3 %, Carbonate 18 %, Sulfate 15 %, neugebildete Glasphasen 2 %, Chloride 2 %, metallisches Eisen, Aluminium und Kupfer 2…6 %.

Neben diesen Rohschlacken fallen im HMV-Prozess auch Flugstäube an, die separat aufgefangen und derzeit im Allgemeinen beseitigt werden. Neuere Entwicklungen, die insbesondere in der Schweiz umgesetzt wurden, betreffen eine Änderung des Rohschlackenaustrags. Als Alternative zum Nassentschlacker wird dort ein Trockenentschlackungssystem verwendet [10.12].

Aufbereitung der HMV-Rohschlacken aus der Nassentschlackung
Zielstellungen der derzeitigen Aufbereitung sind folgende:

- Homogenisierung der Rohschlacke.
- Abtrennung/Gewinnung der Metalle im gröberen Kornbereich (Eisen und Kupfer liegen auf Grund ihrer hohen Schmelzpunkte meist unverändert in der Eintragsform vor, während Aluminium als aufgeschmolzene Klumpen oder Tröpfchen anfallen).
- Klassierung metallabgereicherter Mineralik in Lieferkörnungen.
- Abschließende Alterung von ca. 3 Monaten (d. h. vollständiger Abschluss der Reaktionen aus der Vorlagerung, um eine Raumbeständigkeit des Materials zu garantieren).

Die bisher eingesetzten Aufbereitungsverfahren sind in Abb. 10.4 zusammengestellt.

Im derzeitigen Stand der Technik können durch dieses Verfahren lediglich Fraktionen >2 mm verwertet werden und zwar solche, die ausreichend aufkonzentrierbare Metalle enthalten und solche, die ausreichend reine Mineralikfraktionen darstellen. Auf Grund eines stetig ansteigenden Anteils dissipativ verteilter Metalle in Abfällen (verursacht durch Miniaturisierungseffekte) nehmen die Gehalte an Kupfer u. a. potentiellen Wertträgern in der Feinfraktion zu. Dies führt zum einen dazu, dass die bislang übliche Deponierung bzw. der Einsatz als Deponiebaustoff oder als Versatzmaterial schwieriger wird. Zum anderen gehen vermehrt Wertstoffe verloren. Für das Jahr 2010 wurde angegeben, dass allein etwa 17.000 t Kupfer mit der entstanden Feinfraktion ausgeschleust wurden [10.22]. Neuere Entwicklungen gehen deshalb dahin, dass auch der Kornanteil <2 mm einer tiefergehenden Aufbereitung unterworfen wird [10.23].

Trockenentschlackung und Aufbereitung der Trockenschlacken [10.12]
Mit einer Trockenentschlackung soll eine Verbesserung der Gewinnung der Metallinhalte und ein Erhalt der Abbindefähigkeit der Schlacke für die spätere Verwertung erreicht werden. Der Effekt des verbesserten Metallausbringens entsteht dadurch, dass die Metallteile ohne Schlammanhaftungen vorliegen und eine Nachoxidation des Eisens im Wasserbad vermieden wird. Zur Realisierung einer Trockenentschlackung sind die für den Nassbetrieb erprobten Stößelentschlacker ohne Umbau verwendbar. Daran schließt sich ein mehrstufiger Kombinationsapparat aus Vibrationsrinne und Windsichter an, in dem die Schlackenkühlung abläuft. Als Produkte entstehen eine vorzerkleinerte Grobschlacke (> 5 mm) und die mit Feingut beladene Sichterluft. Aus letzterer scheidet ein Zyklon die Feinschlacke (5 mm…50 µm) ab und der in der Luft verbleibende Schlackenstaub (< 0,2 mm) wird als Sekundärluft in die Brennkammer zurückgeleitet.

Die Aufbereitung der Grobschlacke (70 % der Schlackenmasse) lieferte nach den Verfahren für Nassschlacken (Abb. 10.4) 60 % Mineralik, 8 % Eisenmetalle und 2 % NE-Metalle. Für die Aufbereitung der Feinschlacke (30 % der Schlackenmasse) wurde eine Technolo-

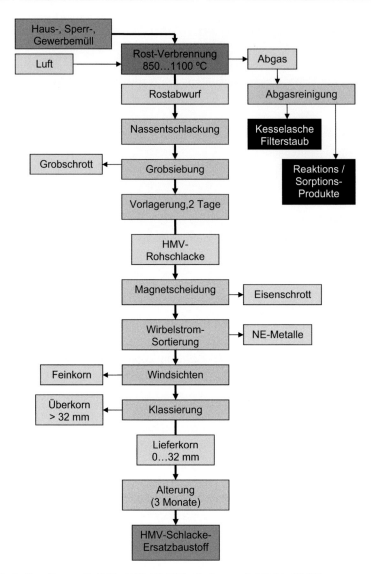

Abb. 10.4 Aufbereitungsmöglichkeit für HMV-Schlacken nach [10.11, 10.13]

gie entwickelt, die aus 2 Starkfeldmagnetscheidern und 2 Wirbelstromscheidern besteht. Dieses Verfahrensstufen lieferten nochmals 3 % Eisenmetalle und 1,2 % NE-Metalle. Die NE-Metallfraktion konnte mittels Lufttrenntischen in eine Aluminiumfraktion und eine Kupfer-/Kupferlegierungsfraktion sortiert werden. Andere Untersuchungen verwendeten zur Sortierung der NE-Metallfraktion eine nochmalige Zerkleinerung mit einer Prallmühle und nachfolgend eine sensorgestützte Sortierung mittels Röntgentransmission (XRT). Dabei entsteht ein Schwergut (Kupfer, Zink), das durch Vakuumdestillation entzinkt werden konnte und ein Leichtgut (Aluminium-Schrott).

Tab. 10.9 Hauptbestandteile und Schadstoffe in Kohlekraftwerksaschen und Schmelzkammer-granulat [10.14]

Hauptbestandteile			Nebenbestandteile / Schadstoffe	
Oxide	Steinkohle-Aschen %	Braunkohle-Aschen %	**Elemente**	Schmelz-kammer-Granulat (g/kg)
SiO_2	40...55	70...90	**Cr**	0,15
Al_2O_3	23...35	3...15	**Cu**	0,15
Fe_2O_3	4...17	5...30	**Ni**	0,1
CaO	1...8	3...14	**Pb**	0,08...0,16
MgO	1...5	1...3	**V**	0,2...0,3
$Na_2O + K_2O$	1...9	0,6...1	**Zn**	0,15...0,45

Verwertung von aufbereiteten HMV-Schlacken

Die Hauptverwendung von Mineralikfraktionen der HMV-Schlacken ist der Einsatz als ungebundene Tragschicht und als Frostschutzschicht im Straßen- und Wegebau sowie für befestigte Flächen (Parkplätze u. a. Verkehrsflächen). Ihre vorwiegende Anwendung findet sie unterhalb von wasserundurchlässigen Schichten. Ein weiteres Verwendungsgebiet ist der Deponiebau. Die Einbauvorschriften sind in der LAGA Mitteilung 20 (Länderarbeitsgemeinschaft Abfall) festgelegt [10.19]. Zulässige Elutionswerte werden im Arbeitsentwurf der ErsatzbaustoffV genannt [10.17].

Kohlekraftwerksaschen

Das Aufkommen an Aschen und Granulat aus Kohlekraftwerken und MVA in Deutschland beträgt ca. 22 Mio. Tonnen pro Jahr und verteilt sich auf folgende Aschematerialien [10.15]:

- Steinkohleaschen 22 %,
- Schmelzkammergranulat 9 %,
- Wirbelschichtasche 2 %,
- Braunkohlenasche 47 %,
- HMV-Rostasche 20 %.

Bei den Kohlekraftwerksaschen werden nach den Anfallstellen und den unterschiedlichen Korngrößen die Typen Rostasche, Kesselasche und Flugasche unterschieden. Bei Steinkohlefeuerungen mit höherer Verbrennungstemperatur (1.500 °C) entsteht eine aufgeschmolzene Asche, die mit Wasser granuliert wird – das Schmelzkammergranulat. Der Stoffbestand der Aschen ergibt sich aus den lagerstättenspezifischen mineralischen Bestandteilen der Kohlen (Alumosilikate, Quarz u. a.). Eine Ausnahme ist die Wirbelschichtasche, die durch Zusätze von Kalkstein zur Schwefelbindung und niedrige Verbrennungstemperaturen (850…950 °C) höhere Gehalte an Calciumsulfat und Calciumoxid aufweist. Die Hauptbestandteile der anderen Aschen entsprechen natürlichen Gesteinen (Tab. 10.9). Schadstoffe liegen nur in sehr geringen Konzentrationen vor (Tab. 10.9).

Der Vergleich mit Tab. 10.8 zeigt deutlich die wesentlich niedrigeren Schadstoffgehalte der Kohleaschen gegenüber HMV-Schlacken. Für die Verwertung sind trotzdem wie bei den HMV-Schlacken und den metallurgischen Schlacken Elutionsuntersuchungen vorgeschrieben (LAGA M 20).

Verwertung von Kohlekraftwerksaschen

Auf Grund der hohen Homogenität und der körnigen Struktur der Aschen und des Schmelzkammergranulats ist eine Aufbereitung nicht erforderlich. Eine für die Verwertung als Baustoffe wichtige Eigenschaft ist die Verfestigung der Aschen bei Zugabe von Wasser durch Bildung stabiler hydratwasserhaltiger Phasen (Puzzolanreaktion). Dafür sind vor allem folgende Mineralneubildungen verantwortlich [10.16]:

1. Calcium-Silikat-Hydrat,

$$x \, Ca(OH)_2 + y \, SiO_2 \, (amorph) + z \, H_2O \rightarrow x \, CaO \cdot y \, SiO_2 \cdot z \, H_2O$$

2. Hydratation von Calciumsulfat-Halbhydrat,

$$CaSO_4 \cdot 0{,}5 \, H_2O + 1{,}5 \, H_2O \rightarrow CaSO_4 \cdot 2 \, H_2O \, (Gips)$$

3. Ettringit-Bildung,

$$3 \, CaO \cdot Al_2O_3 + 3 \, CaSO_4 + 32 \, H_2O \rightarrow 3 \, CaO \cdot Al_2O_3 \cdot 3 \, CaSO_4 \cdot 32 \, H_2O$$

Außerdem findet durch die Reaktion mit Luft die Bildung von Calciumcarbonat statt,

$$Ca(OH)_2 + CO_2 \, (Luft) \rightarrow CaCO_3 + H_2O.$$

Auf Grund der unterschiedlichen Eigenschaften und Anfallstellen kommen vor allem folgende Verwertungen zum Einsatz:

- Steinkohlenflugasche: Betonzusatz, Versatzbaustoff im Bergbau,
- Braunkohleaschen: Verfüllmaterial für die nahegelegenen Kohletagebaue,
- Schmelzkammergranulat: Straßen- und Tiefbau, Strahlmittel.

Literatur

10.1 Bundesvereinigung Recycling-Baustoffe e. V., Recyclingbaustoffe nach europäischen Normen (2005), BRB-Richtlinien Recyclingbaustoffe (2006), www.recyclinbaustoffe.de

10.2 Automatische Klassifizierung von feuerfestem Recycling-Material (2006): World of metallurgy – Erzmetall 60(2007)1, S. 51–62, www.horn-co.de

10.3 Grübl, P.; Rühl, M., Beton mit rezyclierten Gesteinskörnungen, Betonkalender – 2005 – Fertigteile – Tunnelbauwerke, Hrsg. Bergmeister und Wörner, Verlag Ernst u. Sohn, Berlin

10.4 Bilitewski, B.; Härdtle, G., Abfallwirtschaft, 4. Aufl. Springer Verlag, Berlin 2013

10.5 Markus, H.P., Hofmeister, H., Heußen, M., Die Lech-Stahlwerke in Bayern – ein Elektrostahlwerk und seine Schlackenmetallurgie. In:Thomé-Kozmiensky, K., Goldmann, D., Recycling und Rohstoffe, Bd. 5, TK-Verlag Neuruppin 2012, S. 761–784

10.6 Dahlmann, P., u. a., Zur Bedeutung der Stahlwerksschlacke als Sekundärbaustoff und Rohstoffpotential. In: Thomé-Kozmiensky, K., Goldmann, D., Recycling und Rohstoffe, Bd. 5, TK-Verlag Neuruppin 2012, S. 785–796

10.7 Wotruba, H., Weitkämper, L., Aufbereitung metallurgischer Schlacken. In: Thomé-Kozmiensky, K., Goldmann, D., Recycling und Rohstoffe, Bd. 6, TK-Verlag Neuruppin 2013, S. 623–633

10.8 Geißler, G. u. a., Verwertung von Elektroofenschlacke. In:Thomé-Kozmiensky, K., Goldmann, D., Recycling und Rohstoffe, Bd. 6, TK-Verlag Neuruppin 2013, S. 635–647

10.9 Merkel, Th., Daten zur Erzeugung und Nutzung von Eisenhüttenschlacken, Report des FEhS-Instituts 1/2013

10.10 Bayer. Landesamt f. Umwelt (Hrsg.), Marb, Cl., Verwertung von Rostschlacken aus der thermischen Abfallbehandlung, Augsburg 2002

10.11 KM GmbH, Mesters, K., Wissenschaftl. Studie zur Verwertung von HMV-Schlacken, Bochum 2009

10.12 Koralewski, R., Böni, D., NE-Metallgewinnung durch Trockenentschlackung. In: Thomé-Kozmiensky, K., Goldmann, D., Recycling und Rohstoffe, Bd. 4, TK-Verlag Neuruppin 2011, S. 371–383

10.13 Greinert, J., Vermarktung von MVA-Schlacken. In:Thomé-Kozmiensky, K., Goldman, D., Recycling und Rohstoffe, Bd. 5, TK-Verlag Neuruppin 2012, S. 819–836

10.14 Bauhaus Universität Weimar, Bauingenieurwesen, Kraftwerksnebenprodukte KWN, www.uni-weimar.de/Bauing/aufber/db/html/KWNRost.htm

10.15 Nordsieck, H., Zander, A., Rommel, W., Verwertung von Kraftwerksaschen bei Baumaßnahmen. In: Thomé-Kozmiensky, K., Goldmann, D., Recycling und Rohstoffe, Bd. 3, TK-Verlag Neuruppin 2010, S. 451–459

10.16 Zingk, M., Weißflog, E., Kempf, W.D., Verwertung von Rückständen aus Kohlekraftwerken. In Thomé-Kozmiensky, K., Goldmann, D., Recycling und Rohstoffe, Bd. 2, TK-Verlag Neuruppin 2009, S. 695–708

10.17 Ersatzbaustoffverordnung, Arbeitsentwurf v. 31.10.2012, Bundesministerium für Umwelt, www.bmub.bund.de/themen/wasser-abfall-boden/bodenschutz

10.18 Schnell, A., Müller, A., Rübner, K., Ludwig, H.M.: Mineralische Bauabfälle als Rohstoff für die Herstellung leichter Gesteinskörnungen. In: Recycling und Rohstoffe, Bd. 5, Hrsg. K.-J. Thomé-Kozmiensky, D. Goldmann, TK-Verlag, Neuruppin 2012, S. 469–494

10.19 Länderarbeitsgemeinschaft Abfall (LAGA): Anforderungen an die stoffliche Verwertung von mineralischen Abfällen – Technische Regeln. Stand: 06.11.2003; erschienen als Mitteilungen der Länderarbeitsgemeinschaft Abfall (LAGA) 20, 5. Erweiterte Auflage, Erich Schmidt-Verlag Berlin, 2004

10.20 Bertram, U.: Neues Recht für die Verwertung mineralischer Abfälle aus Sicht des Vollzuges. In: Recycling und Rohstoffe, Bd. 4, Hrsg. K.-J. Thomé-Kozmiensky, D. Goldmann, TK-Verlag, Neuruppin 2011, S. 309–333

10.21 Adamczyk, B. Brenneis, R., Kühn, M., Mudersbach, D., Verwertung von Edelstahlschlacken – Gewinnung von Chrom aus Schlacken als Rohstoffbasis. In: Thomé-Kozmiensky, K., Recycling und Rohstoffe, Bd. 1, TK-Verlag Neuruppin 2008, S. 143–160

10.22 Alwast,A., Riemann, A., Verbesserung der umweltrelevanten Qualitäten von Schlacken aus Abfallverbrennungsanlagen, 2010, www.prognos.com/fileadmin/pdf/publikationsdatenbank/UBA_Endbericht.pdf

10.23 Breitenstein, B., Goldmann, D., Heitmann, B.,NE-Metallrückgewinnung aus Abfallverbrennungsschlacken unterschiedler Herkunft. In: Thomé-Kozmiensky, K., Mineralische Nebenprodukte und Abfälle, Bd. 2, TK-Verlag Neuruppin 2015, S. 255–270

Recycling von speziellen flüssigen und gasförmigen Stoffen

11

In diesem Abschnitt wird die Recyclingtechnik von Stoffen behandelt, die den Stoffgruppen metallische Werkstoffe, metallhaltige Abfälle und metallhaltige Lösungen sowie Kunststoffe, Glas, Keramik, Baustoffe und Papier/Pappe nicht zuzuordnen sind. Es handelt sich dabei in einer ersten Gruppe um organische Stoffe (organische Lösemittel, Mineralöle, Alkohole, Kältemittel, Treibmittel usw.) und um Mischungen organischer Lösemittel oder Öle mit Klebstoffen, Fetten, Harzen, Pigmenten, Tensiden, Additiven und Wasser (Farben, Lacke, Kühlschmiermittel, Emulsionen, Gefrierschutzmittel). In einer zweiten Gruppe sollen ausgewählte anorganische Stoffe besprochen werden, wie Abfallsäuren und Beizlösungen. In beiden Gruppen fallen die Stoffe ganz überwiegend im flüssigen Zustand an, aber auch als Schlämme. In wenigen Fällen sind auch Gase und Dämpfe zu betrachten. In diesem Buch wird nur auf solche Stoffe eingegangen, die von der chemischen Industrie in größeren Mengen für die Verwendung im Gewerbe und bei Konsumenten produziert werden. Spezielle Lösemittel, die in der Industrie im inneren Kreislauf verbleiben, finden keine Berücksichtigung. Die wässrigen Lösungen von Metallverbindungen wurden zweckmäßigerweise bereits in den Abschnitten für die jeweiligen Metalle mit behandelt, weil es sich dabei überwiegend um die Abtrennung und das Recycling der Metalle oder der Metallverbindungen aus diesen wässrigen Lösungen handelt und nicht um die Regeneration oder das Recycling einer Flüssigkeit, Suspension oder Emulsion.

11.1 Recycling von organischen Lösemitteln und lösemittelhaltigen Abfällen

Wie allgemein üblich wird im weiteren Text für die exakte Bezeichnung „organische Lösemittel" nur noch der verkürzte Begriff „Lösemittel" verwendet. Lösemittel sind für eine Vielzahl von Anwendungsfällen unverzichtbar.

In der chemischen Industrie sind organische Flüssigkeiten häufig Produkte oder Hilfsstoffe der Produktion. Hilfsstoffe werden durch interne Kreisläufe der Betriebe wieder

© Springer Fachmedien Wiesbaden 2016
H. Martens, D. Goldmann, *Recyclingtechnik*, DOI 10.1007/978-3-658-02786-5_11

verwendet. Solche Kreisläufe rechnet man nicht zum Recycling. Die nachfolgenden Betrachtungen beziehen sich auf den Anfall und das Recycling organischer Flüssigkeiten bei anderen technischen Verfahren und im Konsumtionsbereich. Dabei handelt es sich z. B. um Motorentreibstoffe (Benzin, Dieselöl), Mineralöle, Lösemittel für Fette, Harze, Wachse, Klebstoffe, Extraktionsmittel, Lacke, Farben, Frostschutzmittel (Alkohole) usw. Die genannten organischen Flüssigkeiten werden bei ihrer Verwendung durch verschiedene Einflüsse zu Abfällen:

1. Verschmutzung mit festen Stoffen (Metallspäne) und gelösten Stoffen (Fette, Wachse),
2. Vermischung mit Wasser und Tensiden (Emulsionen),
3. Vermischung mit anderen organischen Flüssigkeiten,
4. Veränderung der Mischungszusammensetzung durch Verdunstung,
5. Zersetzung oder chemische Reaktionen der organischen Flüssigkeit bzw. der Mischungskomponenten (Farben, Lacke, Kleber),
6. Anfall von unbrauchbaren und nicht mehr verwendbaren Kleinmengen (Reste von Benzin, Öl und Frostschutzmittel in Altautos, Reste von Lacken).

Für den deutschen Lösemittelmarkt (ohne Kraftstoffe und Mineralöle) ist eine Masseverteilung auf die Einsatzgebiete bekannt [11.1]:

- 46% Lacke u. a. Beschichtungsmittel,
- 12% Kosmetika, Haushalt- und Autopflegemittel,
- 9% Pharmazeutische Produkte,
- 6% Druckfarben,
- 6% Klebstoffe,
- 4% Reinigungsmittel, Abbeizmittel.

Auf Grund der großen Anzahl der verschiedenen Lösemittel ist deren vollständige Berücksichtigung im Rahmen dieses Buches nicht möglich und auch nicht sinnvoll. In Tab. 11.1 sind deshalb nur ausgewählte Lösemittel aufgeführt. Die Angaben zu den bevorzugten Einsatzgebieten ermöglichen eine weitere Einschätzung der eingesetzten Mengen und liefern damit die erforderliche Information für die Notwendigkeit und Sinnhaftigkeit des Recyclings.

Ein weiterer wichtiger Aspekt für die Notwendigkeit eines Recyclings ist die Bewertung der Giftigkeit und des Umweltverhaltens (Persistenz, Klimaschädigung, Ozonloch). In dieser Hinsicht sind alle halogenierten organischen Stoffe (organische Chlor-, Fluor- und Bromverbindungen) sehr negativ einzustufen. Das führte zu einer ganzen Reihe von Verboten und Beschränkungen für halogenierte organische Stoffe (FCKW, TRI, PCB usw.). Wegen dieser Umweltschädigung stand zunächst die Vermeidung des Eintrages der Lösemittel in Gewässer, Boden und Luft im Vordergrund. Erst allmählich gewann der Recyclingaspekt an Bedeutung, der zur Ressourcenschonung dient und auch einen finanziellen Deckungsbeitrag (Erlöse für die Recyclingprodukte) für die häufig teuren Verfahren der Behandlung der unbrauchbaren Lösemittel und Abgase liefert.

Tab. 11.1 Wichtige verwendete Lösemittel und deren Einsatzgebiete [11.2]

Organische Lösemittel	Einsatzgebiete
Benzine, TRI, PER, ME, TCE	Entfettung von Metall, Leder, Wolle
Benzine, TRI, Tetra	Chemische Reinigung
Ethylacetat, Butylacetat, ME, Ketone, Ethanol, Propanol, Benzol, Toluol, Xylol, Tetrahydrofuran	Lackindustrie, Klebstoffherstellung, Druckindustrie
FCKW	Kältemaschinen, Treibgas für Spray, Treibmittel (PUR-Schaum)
Alkohole, Ester	Kosmetikprodukte, Gefrierschutzmittel
Hexan, ME	Lebensmittelextraktion, Schleifspanentölung, Pulverspritzgießen
ME	Treibmittel (PUR-Schaum)

TRI = Trichlorethylen; PER = Perchlorethylen; ME = Methylenchlorid; TCE = Trichlorethan; Tetra = Tetrachlorkohlenstoff; FCKW = Fluorchlorkohlenwasserstoff

Die Recyclingmöglichkeiten für organische Flüssigkeiten ergeben sich aus deren allgemeinen Stoffeigenschaften. Das sind vor allem die spezifischen charakteristischen Siedepunkte der Flüssigkeiten, die eine destillative Trennung ermöglichen. Weiterhin besteht meist keine Mischbarkeit mit Wasser (Ausnahme Alkohole) und kaum Löslichkeit für feste anorganische Stoffe. Erschwerend für das Recycling ist andererseits die chemische Reaktionsfähigkeit (Oxidation, Zersetzung), die Brennbarkeit, die Bildung explosibler Gemische mit Luft und die Löslichkeit für organische Stoffe. Aus den oben angeführten Verschmutzungsmöglichkeiten und aus den Stoffeigenschaften ergeben sich die technischen Recyclingmöglichkeiten:

- Abtrennung von Feststoffen durch Filtration,
- Ultrafiltration für Emulsionen und Farben,
- Emulsionsspaltung,
- Destillation und Rektifikation zur Abtrennung gelöster organischer Stoffe und zur Trennung und Reinigung organischer Flüssigkeiten,
- Sorption an Sorptionsmitteln.

Eine grundlegende Voraussetzung bei allen Verfahren ist allerdings die getrennte Sammlung der anfallenden organischen Flüssigkeiten.

Filtration und Ultrafiltration
Die Filtration spielt vor allem für Öle und Kühlschmiermittel zur Abtrennung von Schmutz, Abrieb und Metallspänen eine Rolle. Die Filtration findet sehr häufig direkt in den Maschinen mit kleinen Filterelementen statt und gewährleistet den Funktionserhalt der Flüssigkeiten. Bei

externer Filtration kommen unterschiedliche Filterapparate sowie Zentrifugen zum Einsatz, deren Funktionsweise in Abschn. 3.6 und der Literatur zur chemischen Apparatetechnik nachzulesen ist. Die Qualität der filtrierten Öle entspricht wegen gelöster Restverunreinigungen und Teilzersetzung häufig nicht der Primärqualität. Es ist deshalb oft eine physikalisch-chemische Raffination von Altölen erforderlich (siehe dazu „Recycling von Mineralölen" in Abschn. 11.2). *Die Ultrafiltration* ist ein Membranverfahren, deren Funktionsprinzip in Abb. 4.3 und Abschn. 4.1.4 bereits beschrieben ist. Die zu trennenden Flüssigkeiten, Emulsionen oder Suspensionen strömen parallel zur Filtermembran, die die festen Partikel, Öle, Fette, Emulsionströpfchen zurückhält und Wasser sowie ionogene und moleculardisperse Teilchen passieren lässt. *Die Emulsionsspaltung* wird in Abschn. 11.2.5 behandelt.

11.1.1 Destillation von Lösemitteln

Die Destillation ist das am häufigsten eingesetzte Recyclingverfahren für verunreinigte Lösemittel, weil auf Grund sehr unterschiedlicher Siedepunkte der Lösemittel und des Wassers eine effektive spezifische Abtrennung der Lösemittel gelingt und gleichzeitig vorhandene Verunreinigungen (Feststoffe oder gelöste Stoffe) im Destillationssumpf zurückbleiben. Die physikalischen Grundlagen der Destillation und Rektifikation sind in Abschn. 4.1.2 und der Abb. 4.1 (Siedediagramm, Gleichgewichtsdiagramm) erläutert. Die Verfahrenstechnik und die Apparatetechnik sind in Abb. 4.2 skizziert. Für verunreinigte sortenreine Lösemittel kommt die einfache Destillation zum Einsatz. Die notwendige Beheizung der Destillationsblase wird mit verschiedenen Wärmeträgern (Thermoöl, Heißwasser, Dampf) durchgeführt. Bei der Erhitzung der verunreinigten Lösemittel in der Destillationsblase kann bei empfindlichen Stoffkomponenten eine thermische Zersetzung stattfinden. Um solche Zersetzungen zu vermeiden, wird unter Vakuum gearbeitet und dadurch eine Absenkung der Siedetemperatur der Lösemittel bewirkt, was zu einer Absenkung der notwendigen Arbeitstemperatur in der Destillationsblase führt. Das Vakuum erzeugt eine geeignete Vakuumpumpe, die die Lösemitteldämpfe über einen Kondensator absaugt. Durch die Abwesenheit von störenden Komponenten (Luft, Inertgas) ergeben sich zusätzlich ein idealer Wärmeübergang im Kühler und damit eine effiziente Kondensation des Lösemittels. Den apparativen Aufbau einer Vakuumdestillation zeigt Abb. 11.1. Die Vakuumdestillation ermöglicht die Destillation von Lösemitteln bis zu einem Siedepunkt von 290 °C. Bei weitgehend feststofffreien Altlösemitteln kann anstelle einer Destillationsblase ein Dünnschichtverdampfer zur Anwendung kommen. Dabei erfolgt die Verdampfung aus einem mechanisch erzeugten, turbulenten Flüssigkeitsfilm, der auf der Innenfläche eines von außen beheizten Hohlzylinders erzeugt wird. Die kompletten Vakuumdestillationsanlagen werden von den Apparatebaufirmen in sehr unterschiedlichen Größen angeboten, um ein unmittelbares Recycling der gebrauchten Lösemittel in den Unternehmen (am Anfallort) zu ermöglichen. Eine kleine Anlage besitzt z. B. eine Blase für 30 L Füllmenge und erreicht mit 5 kW Heizleistung eine Destillationsleistung von 8…20 L/h. Kompaktanlagen mit einer 3.000 L Blase (100 kW Heizleistung) gestatten Destillationsleistungen von 300…800 L/h.

Abb. 11.1 Vakuumdestillation für verschmutzte organische Lösemittel

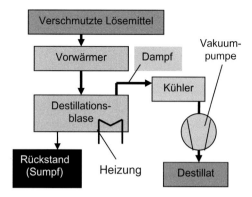

Die Destillation direkt am Anfallort hat erhebliche Vorteile:

1. Keine Vermischung mit betriebsfremden Stoffen und Lösemitteln,
2. Minimierung der Lösemittelvorräte,
3. Einsparung von Lagerbehältern für verschmutzte Lösemittel.

In Unterschied dazu verlangt die zentralisierte Lösemitteldestillation durch Recyclingfirmen neben der Zwischenlagerung am Anfallort stoffspezifische Transportlogistik, analytische Untersuchung der Lösemittelposten und der Destillate sowie evtl. zusätzliche Aufwendungen für die destillative Trennung von vermischten Lösemitteln. Bei der Destillation verschmutzter Lösemittel werden im Durchschnitt 70 % der Lösemittel in verwendungsfähiger Qualität recycelt. In den Destillationsrückständen verbleiben ca. 30 % der Lösemittel. Dieser Rückstand wird der energetischen Verwertung zugeführt. Der effektive Einsatz der Lösemitteldestillation soll an Hand von einigen industriellen Anwendungen deutlich gemacht werden.

Recycling von Gefrierschutzmittel
Als Gefrierschutzmittel sind Mischungen aus Ethylenglykol und Wasser für Kfz-Kühlwasser, Enteisungsmittel und Bremsflüssigkeit im Einsatz. Als Abfalllösung fallen sie überwiegend in Kfz-Werkstätten und an Flughäfen an. Gebrauchtes Kühlwasser besteht zu 60 % aus Wasser, 35 % aus Glykol sowie 5 % aus Korrosionsinhibitoren, Öl und Schlamm. Ethylenglykol hat einen Siedepunkt von 197,3 °C und ist mit Wasser unbegrenzt mischbar. Durch Destillation ist aus der Mischung das Wasser vollständig abzutrennen. Die Verwertung erfordert allerdings eine weitgehend sortenreine Sammlung (Aushaltung von Reinigungsmitteln, Lösemitteln, Öl). Das Recyclingverfahren besteht aus folgenden Verfahrensstufen:

1. Mechanische Abtrennung von Feststoffen und Schlämmen sowie Altöl,
2. Zweistufige Destillation im Dünnschichtverdampfer,
3. Nachreinigung der Produkte Glykol und Wasser.

Die Destillation liefert ein 99%iges Glykol, das als Gefrierschutzmittel erneut verwendbar ist [11.3].

Lösemitteleinsatz und destillative Rückgewinnung bei der Abtrennung von Kühlschmierstoffen aus Metallspänen

Bei jeder spanenden Bearbeitung von Metallen (Bohren, Drehen, Fräsen, Schleifen) entstehen Metallspäne und Schleifschlämme mit erheblichen Gehalten an Kühlschmierstoffen (KSS). Die Trennung der Metallspäne von den KSS gelingt durch Filtration nur unvollständig (Restölgehalt ca. 40 %). Zur Rückgewinnung der Metalle ist vor dem Einschmelzen eine vollständige Entölung und nachfolgende Kompaktierung (Herstellung von Presslingen) der Späne erforderlich (siehe Kap. 6). Eine vollständige Entölung gelingt durch Extraktion des Öls mit dem Lösemittel Hexan, das alle auf Ölen und Estern (auch nativen) basierende KSS löst. Für diese Extraktion kommt eine verschließbare Extraktionskammer zum Einsatz, in die ein Korb mit den KSS-haltigen Metallspänen eingeschoben und danach mit Hexan geflutet wird. Nach einer bestimmten Einwirkzeit kann ein Hexan-Öl-Gemisch in eine Destillationsblase abgelassen werden. Durch Vakuumdestillation ist nachfolgend das Öl-Hexan-Gemisch vollständig trennbar und liefert als Destillationsrückstand einen Kühlschmierstoff mit unveränderter Qualität einschließlich Erhaltung der Additive. Das abgetrennte Hexan kann unbegrenzt im Kreislauf verwendet werden. Die Extraktionsstufe muss bis zu dreimal wiederholt werden.

Lösemitteleinsatz und destillative Rückgewinnung bei der Extraktion organischer Binder beim Pulverspritzgießen

Beim Pulverspritzgießen (Powder Injection Molding, PIM) müssen die Metall- oder Keramikpulver mit einem organischen Binder ummantelt werden. Anschließend können das Einspritzen der Masse in die Formen und danach das Erstarren zu den „Grünlingen" stattfinden. Vor der abschließenden Sinterung muss der Binder aus den Grünlingen durch Lösemittelextraktion entfernt werden. Aus dem Extrakt gelingt das Recycling des Lösemittels durch Vakuumdestillation.

11.1.2 Recycling von Lacken

Lacke sind wichtige Beschichtungsstoffe für Oberflächen. Bei den Beschichtungsverfahren (Spritzen, Tauchen, Streichen) fallen erhebliche Anteile der Lacke als flüssige Lackabfälle in Emballagen, als Overspray und bei Tauchbadwechsel an. Als Overspray wird bei den Spritzverfahren der nicht auf dem Werkstück haftende Anteil der Lacktröpfchen bezeichnet. Dazu kommen Reinigungsflüssigkeiten aus der Reinigung der Lackiergeräte und der Behälter sowie vor allem lösemittelhaltige Abluft aus der Lackierstufe und der Lacktrocknung. Alle diese Abfälle müssen entsorgt bzw. möglichst recycelt werden. Die Lacke bestehen aus einer Vielzahl von Komponenten [11.1]:

1. *Bindemittel:* Das sind vor allem die Filmbildner, die durch chemische Veränderung den Film ausbilden (Alkydharze und Öle) oder eine physikalische Filmbildung gewährleisten (Cellulosederivate, Vinylpolimerisate, Acrylpolimerisate, Siliconharze, Chlorkautschuk). Zu den Bindemitteln gehören auch Weichmacher (Phtalate) und Additive (Netzmittel, Emulgatoren). Die Bindemittel sind in den organischen Lösemitteln löslich. Bei Wasserlacken müssen wasserlösliche Kunstharze verwendet werden.
2. *Farbmittel:* Das sind unlösliche anorganische (z. B. Titandioxid) sowie organische Farbstoffe.
3. *Füllstoffe* (z. B. Schwerspat), *Korrosionsschutzmittel* (Zinkphosphat, Zinkstaub) und *Effektkomponenten* (Aluminiumpulver, Glaskügelchen).
4. *Lösemittel* (ca. 80 % der Lackmasse) für die Binder und Verdünnungsmittel für die Lacksuspension sowie als Hilfsmittel der Filmbildung. Dafür werden vorwiegend organische Lösemittel (aliphatische und aromatische Kohlenwasserstoffe, Ester, Alkohole, Ketone, Ether, Chlorkohlenwasserstoffe) eingesetzt und für Wasserlacke oder wässrige Dispersionsfarben auch Wasserzusätze angewendet.

Zur Reduzierung der Mengen an organischen Lösemitteln und vor allem der lösemittelhaltigen Abluft aus der Lacktrocknung wurden die umweltfreundlicheren Wasserlacke entwickelt. Diese enthalten als verdunstende Komponenten nur 5…20 % organische Lösemittel und mindestens 80 % Wasser. Die Wasserlacke haben außerdem den Vorteil einer einfacheren Rückgewinnung des Oversprays bzw. dessen Verarbeitung, weil der Overspray mit Wasser ausgewaschen wird. Letzteres wird in den nachfolgenden Texten erläutert.

Lackrecycling bei der Spritzapplikation
Das Spritzverfahren ist das verbreitetste Beschichtungsverfahren für wasserfreie Lacke und Wasserlacke. Der Auftragswirkungsgrad auf die zu lackierenden Teile beträgt zwischen 25 % (Druckluftverdüsung) und 70 % (Verdüsung ohne Luft, Airless), d. h. es fallen erhebliche Anteile des Lackes als Overspray an. In Abb. 11.2 ist der prinzipielle Aufbau einer Spritzkabine mit Abscheidevorrichtungen für Overspray skizziert, wie sie für die Verarbeitung von wasserfreien Lacken typisch ist.

Ein Teil des Oversprays kann auf Flächen aufgefangen werden, die hinter dem Werkstück angeordnet sind. Diese Flächen sind als rotierende Scheiben, rotierende Zylinder oder umlaufende Bänder ausgebildet, die mit einem Lackabstreifer versehen sind. Zusätzlich können auf diese Flächen Lösemittel aufgesprüht werden, um den Overspray flüssig zu halten. Dieser Anteil des Oversprays kann nach Konditionierung direkt wieder dem Frischlack zugesetzt werden. Ein weiterer Teil des Oversprays wird durch einen Wasserschleier aus der Kabinenabluft abgeschieden. Diesem Waschwasser sind zum Entkleben des Lacks Koagulierungsmittel zugesetzt, so dass sich ein Lackkoagulat bildet. Das Waschwasser und das Koagulat sammeln sich im Klärsee. Die Teilentwässerung ergibt dann ein Lackkoagulat mit ca. 60 % Wasser (sog. „Lackschlamm"). Die in der Spritzkabine entstehenden Lacknebel nimmt die Abluft auf. Die Abluft wird in einem Wäscher gereinigt. Abbildung 11.3

Abb. 11.2 Spritz-
kabine mit Abscheide-
vorrichtungen für
Overspray [11.2, 11.3]

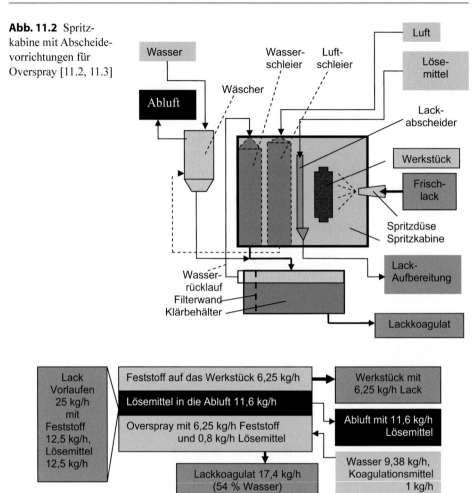

Abb. 11.3 Massenverteilung bei der Spritzlackierung wasserfreier Lacke [11.3, 10.4]

zeigt eine Massenverteilung der Lackkomponenten unter der Annahme eines 50%igen
Auftragswirkungsgrads [11.3, 10.4].

Rückgewinnung des Oversprays bei der Verarbeitung von Wasserlacken
Bei Wasserlacken sind folgende Maßnahmen anwendbar [11.1]:

- Lackbeflutete Spritzkabinenwände (Lack-in Lack-Auffangtechnik), die die Over-
  spraytröpfchen sehr effektiv binden und nur noch einen Lacknebel in die Abluft
  eintragen.
- Gekühlte Auffangflächen, die durch Kondensation der Luftfeuchtigkeit einen geschlossenen Wasserfilm auf den Auffangflächen bilden.

Da bei Wasserlacken durch die wässrigen Auswaschverfahren keine Verklebung von Lackteilchen auftreten kann, ist der Zusatz von Koagulationsmitteln zum Waschwasser nicht erforderlich. Dadurch entsteht auch keine Veränderung der Lackzusammensetzung und die Lackrückgewinnung erfordert ausschließlich eine Aufkonzentrierung. Dafür kann sehr effektiv eine Ultrafiltration eingesetzt werden.

Eine grundlegende Vorbedingung für das Recycling von Lackabfällen (wasserfreie Lacke und Wasserlacke) zu Recyclinglacken ist allerdings die konsequente Trennung unterschiedlicher Lackfarben und verschiedener Lacktypen, was einen hohen Aufwand bedingt.

Stoffliche Verwertung der Lackkoagulate [11.1]
Die Verwertung des Oversprays wasserfreier Lacke erfordert erhebliche Aufwendungen. Man unterscheidet zwischen zwei grundsätzlichen Wegen:

- Die Verarbeitung zu Recyclinglacken oder Lackrohstoffen (Bindemittel und Pigmente/Füllstoffe).
- Die externe Verwertung.

Beide Wege übernehmen meist spezielle Recyclingfirmen. Die Verwertung zu Recyclinglack und Lackrohstoffen ist nur bei einer engen Zusammenarbeit der Recyclingfirmen mit den Lackierbetrieben und den Lackherstellern realisierbar (garantierte Trennung unterschiedlicher Lacksorten). Bei den Lackierbetrieben müssen z. B. spezielle Koagulationsmittel eingesetzt werden, die mit den Bindemitteln nicht reagieren (Metallsalze, Polyelektrolyte).

Herstellung von Recyclinglack aus Lackkoagulaten: Dafür ist z. B. das *Envilack-Verfahren* geeignet, das mit den Stufen Koagulatentwässerung durch Auskneten des Wassers in Knetapparaten, Zumischung von organischem Lösemittel, Abfiltration von gröberen Feststoffen arbeitet. Das Produkt ist ein Recyclinglack. Das *Repaint-Verfahren* kann Recyclinglacke erzeugen, wenn sortenreine Lackkoagulate (nach Bindemitteltypen getrennt und unter Verwendung bindemittelverträglicher Koagulierungsmittel) eingesetzt werden. Die speziellen Aufbereitungsschritte sind nicht veröffentlicht.

Komponentenverwertung der Lackkoagulate aus vermischten Lacksorten
Für solche Mischabfälle kommt das *Isodry-Verfahren* zum Einsatz. Es nutzt einen speziellen Trocknungsprozess, bei dem ein Lösemittel/Wassergemisch abgedampft wird und ein Trockengut (Bindemittel, Pigmente, Füllstoffe) entsteht. Nach Vermahlung des Trockengutes ist dieses als Ersatzbrennstoff und Mineralzuschlag in Zementöfen oder als Reduktionsmittel in Hochöfen verwendbar (siehe Abschn. 7.5.5). Das Lösemittel/Wassergemisch wird stofflich genutzt. Die beschriebenen Verfahren der stofflichen Verwertung von Lackkoagulaten reduzieren die Notwendigkeit der Verbrennung von Lackkoagulaten in Sonderabfall-Verbrennungsanlagen deutlich. Dort kann nur der Energieinhalt der Lösemittel und Bindemittel verwertet werden. Zudem fällt eine deponiebedürftige Asche an.

Konditionierung von Lackkoagulaten

Die direkte Verbrennung von gemischten Lackkoagulaten ist wegen der schlammförmigen Konsistenz und dem Anteil an Lösemitten nur in Drehrohröfen von Sonderabfall-Verbrennungsanlagen technisch und abfallrechtlich möglich. Die energetische Verwertung in einem Kohlekraftwerk erfordert dagegen eine Konditionierung der Lackkoagulate zu einem dosierfähigen Feststoffpulver und die Abtrennung der Lösemittel. Ein solches Aufbereitungsverfahren hat die Volkswagen AG entwickelt, um die konditionierten Lackkoagulate in einem betriebseigenen Kohlekraftwerk mit Kraft-Wärme-Kopplung energetisch zu verwerten. Die Aufbereitung der Lackschlämme verwendet folgenden Verfahrensstufen und Apparate:

- Mechanische Vorentwässerung und Homogenisierung in Rührwerken.
- Kontinuierliche Trocknung in einem indirekt beheizten Knetkontakttrockner mit Selbstreinigung bei ca. 200 °C, Kühlung des Produktes in einer gekühlten Austragsschnecke auf ca. 50 °C.
- Kondensation der Dämpfe, Nachverbrennung der Abluft.
- Phasentrennung des Kondensates in einem Dekanter in eine organische Phase und eine Wasser-Alkohol-Phase.
- Verwertung der Wasser-Alkohol-Phase in der Denitrifikationsstufe einer Kläranlage.
- Siebung und Aufmahlung des Trockengutes zu einem Pulver.
- Verbrennung des Pulvers (23 MJ/kg) und der organischen Phase (35 MJ/kg) in einer Staubfeuerung.

Der Energiebedarf der Aufbereitung beträgt nur 9 % des Heizwertes der Produkte. Die verbleibenden 91 % werden energetisch genutzt.

Recycling der Spül- und Reinigungslösungen der Lackierbetriebe

Als Reinigungslösungen dienen organische Lösemittel, die danach mit ca. 10 % Lack belastet sind. Mit einer einfachen Destillation solcher Spüllösungen werden nur 80 % des Lösemittels ausgetrieben, um eine Anbackung des Sumpfs in der Blase sicher zu vermeiden. Beim *„Recoat-Verfahren"* werden zunächst sedimentierbare Feststoffe abgetrennt, anschließend wird Koagulationsmittel zugesetzt, was erneut zu einer abtrennbaren Feststofffraktion führt. Es verbleibt ein völlig pigmentfreies Lösemittel/Bindemittelgemisch, aus dem der Überschuss des Lösemittels durch Vakuumdestillation gewonnen wird. Bei Temperaturen unter 50 °C sind Zersetzungsprozesse des Bindemittels dabei ausgeschlossen. Der Sumpf ist ein verkaufsfähiges Bindemittel/Lösemittel-Gemisch.

Eine weitere Variante der Vakuumdestillation von lackbelasteten Lösemitteln ist das *„ResolveT-Verfahren"*. Durch Zusatz eines speziellen Additivs in die Destillationsblase wird das Verkleben der Lackpartikel verhindert. Dadurch lässt sich das Lösemittel vollständig ausdampfen. Es entsteht ein rieselfähiger, völlig entklebter Lackrückstand. Dieser Trockenrückstand besteht aus heizwertreichen Bindemitteln (ca. 25 MJ/kg), Pigmenten und Füllstoffen und kann als Reduktionsmittel in Hochöfen eingeblasen werden (siehe

Abschn. 7.5.5). Der Trockenrückstand ist auch als Energieträger in Zementöfen oder für die Synthesegaserzeugung nutzbar.

11.2   Recycling von Mineralölen

Die folgenden Ausführungen stützen sich überwiegend auf das Fachbuch von U. Möller [11.4].

Mineralöle bestehen im Wesentlichen aus flüssigen Gemischen gesättigter Kohlenwasserstoffe, die durch Destillation und Raffination aus mineralischen Rohstoffen (Erdöl, Kohlen) gewonnen wurden. Es werden zwei Grundtypen von Grundölen (auch Basisöle) unterschieden: 1. paraffinbasische Grundöle (Paraffinkohlenwasserstoffe). 2. naphtenbasische Grundöle (aromatische Kohlenwasserstoffe und Cycloparaffine). Die Mineralöle sind grundsätzlich von den Pflanzenölen zu unterscheiden, die aus flüssigen Triglyceriden (Fettsäureester des Glycerol) bestehen. Für die vielfältigen Einsatzgebiete der Mineralöle als Schmierstoffe sind zahlreiche spezifische Ölsorten entwickelt worden: Maschinenschmieröl, Motorenöl, Getriebeöl, Walzöl, Kompressorenöl, Hydrauliköl, Elektroisolieröl (Trafoöl, Schalteröl), Wärmeträgeröl, Metallbearbeitungsöl (Kühlschmierstoffe), Korrosionsschutzöl. Diese Ölsorten unterscheiden sich in ihrer stofflichen Zusammensetzung (Art der Kohlenwasserstoffe) und den zugesetzten Additiven und Wirkstoffen, um vor allem bestimmte Viskositäten und thermische bzw. Oxidationsbeständigkeiten zu erreichen. Als Additive kommen verschiedene chemische Verbindungsgruppen zum Einsatz: organische Polymere, polare organische Verbindungen (Phenole, Amine), metallorganische Verbindungen (Zinkdialkyldithiophosphat), organische Heteroelementverbindungen (organische Schwefelverbindungen). Auch die Pflanzenöle gewinnen als Grundöle für Schmierstoffe immer mehr an Bedeutung, da sie eine gute biologische Abbaubarkeit besitzen. Eine weitere Sorte von Grundölen basiert auf synthetischen Estern (Di-Ester aus Dicarbonsäuren und primären Alkoholen), die für hohe Beanspruchungen geeignet sind und ebenfalls gute biologische Abbaubarkeit besitzen. Der Gebrauch der Öle führt zu ihrer Alterung durch Entstehung von thermischen Crackprodukten, Ruß und verschiedenen Oxidationsprodukten. Außerdem nehmen die Öle Fremdstoffe aus den Einsatzprozessen und den verwendeten Apparaten auf. Solche Fremdstoffe sind partikuläre, emulgierte oder gelöste Verunreinigungen (Metallabrieb, Sand, Wasser, Benzin, Lösemittel, pflanzliche Öle). Infolge zugesetzter Additive weisen Mineralöle außerdem unterschiedliche Gehalte an Schwermetall-, Phosphor-, Schwefel- und Chlorverbindungen auf. Die Aufarbeitung von Ölen mit Chlorgehalten größer 2 g Gesamthalogen/kg oder mehr als 20 mg PCB/kg darf nur erfolgen, wenn diese Schadstoffe dabei nachweisbar zerstört werden (Altölverordnung). Verunreinigte und nicht mehr verwendungsfähige Abfall-Öle werden als Altöle bezeichnet. Nach der deutschen Altölverordnung (AltölV) von 2002 sind Altöle Abfälle, die ganz oder teilweise aus Mineralöl, synthetischem oder biogenem Öl bestehen. Im Unterschied dazu sind nach EU-Definition nur mineralische Schmier- und Industrieöle Altöle. Die Altöle sind als Kohlenwasserstoffe oder Ester in erster Linie wertvolle Rohstoffe mit einem hohen Anreiz zur Sammlung, zur Regenerierung, zum Recycling oder zur energetischen Verwertung (Heizwert 40...42 MJ/kg). Andererseits besitzen die Altöle ein hohes Schadstoffpotential beim Eintrag in Gewässer und Böden. Es bestehen also erhebliche ökonomische und ökologische Forderungen zur Sammlung und Verwertung von Altölen, die Veranlassung für Abfallverordnungen waren (europäische Altölrichtlinie, deutsche Altölverordnung, deutsche Förderrichtlinie zur Altölaufbereitung). Die wichtigsten Verwertungswege für Altöle [11.4] sind folgende:

- Aufbereitung zu einem verkaufsfähigen Ölprodukt,
- Regeneration zu Grundölen,
- Einsatz als Reduktionsmittel im Hochofenprozess,
- Direkte energetische Verwertung als Sekundärbrennstoff in Zementöfen,
- Direkte energetische Verwertung in betrieblichen Altölverbrennungsanlagen bzw. Sonderabfallverbrennungsanlagen.

Die energetische Verwertungen wird in Kap. 15 besprochen.

Sammlung, Lagerung und Transport von Altöl

Die Mineralöle und mineralölhaltige Flüssigkeiten (z. B. Emulsionen) zählen zu den wassergefährdenden Stoffen. Es bestehen deshalb Vorschriften zur vollständigen Sammlung an allen Einsatzstellen, zur Lagerung und zum Transport. Für die Lagerung besteht z. B. die Vorschrift zur Aufstellung der Behälter in Auffangwannen oder die Verwendung von doppelwandigen Gefäßen. Außerdem sind besondere Maßnahmen zur Verhinderung von Ölbränden notwendig.

11.2.1 Mechanische Rekonditionierung gering verunreinigter Altöle

Wenn das gebrauchte Öl keine Verschlechterung der Öleigenschaften aufweist und nur Verunreinigungen durch Feststoffe (Metallabrieb), Wasser und Schlämme vorliegen, ist eine Rekonditionierung durch mechanische oder adsorptive Reinigung oft ausreichend. Für die *mechanische Reinigung* kommen die bekannten Verfahren der Fest-Flüssig-Trennung zum Einsatz (Sedimentieren, Filtrieren, Zentrifugieren) (siehe Abschn. 3.6.1). Im einfachsten Fall wird eine Sedimentation für gröbere Feststoffe genutzt. Die Abtrennung feiner Feststoffpartikel ist hingegen nur durch eine Filtration (Papierfilter) zu erreichen. Diese Reinigungsmethode – durch Filtrationen – ist häufig in die Ölkreisläufe der Maschinen integriert. Ein Nachteil dabei ist die Entstehung stark ölhaltiger Filterelemente, die einer besonderen Abfallentsorgung bedürfen. Die Filtrationsgeschwindigkeit ist durch Erwärmen des Öls auf 50...80 °C deutlich zu erhöhen, wobei gleichzeitig ölärmere Filterelemente bzw. Rückstände anfallen. Ein optimales Behandlungsverfahren ist die apparativ aufwendigere Zentrifugiertechnik (Zentrifugen, Dekanter, Separatoren), die neben den Feststoffen auch das Wasser abtrennt. Die zentrifugale Trenntechnik kommt als mechanische Vorstufe anschließender Veredlungsverfahren (Destillation) und für die Umarbeitung zu Heizöl (Erhöhung des Heizwertes) in Betracht. Für die *adsorptive Reinigung* sind Bleicherden (natürliche Silikate) in Anwendung. Die Adsorption verwendet ebenfalls Temperaturen von 50…80 °C, hat allerdings den Nachteil, dass auch Additive des Altöls mit abgetrennt werden. Die Regeneration der Bleicherden ist durch eine Glühbehandlung in Wirbelschichtreaktoren möglich.

11.2.2 Physikalisch-chemische Verfahren zur Regeneration von Altölen zu Grundölen

Oxidativ veränderte und stark verschmutzte Altöle müssen in industriellen Raffinationsanlagen behandelt werden, um daraus wieder Grundöle zu gewinnen [11.4]. Diese Behandlung wird auch als Zweitraffination bezeichnet, da sie praktisch dem Verfahren der Primärraffination von Erdöl entspricht.

Schwefelsäure/Bleicherde-Verfahren
Dieser klassische Prozess besteht aus sechs Stufen (Abb. 11.4):

- Sedimentation (Grobentfernung von gröberen Feststoffen und Wasser),
- Atmosphärische Destillation (<250 °C) (Verdampfung von Leichtsiedern und Wasser),
- Schwefelsäureraffination (konz. H_2SO_4) unter Ausscheidung eines Säureharzes mit anschließender Kalkneutralisation (Entfernung von Oxidationsprodukten und Additiven),
- Dekantieren und Filtrieren zur Entfernung des Raffinationsschlammes (Säureharz),
- Vakuumdestillation (ca. 100 mbar) (fraktionierte Destillation in ein bis zwei leicht- bis mittelviskose Destillatfraktionen und einen Destillationsrückstand),
- Behandlung der Destillate mit Bleicherde (Nachreinigung, Aufhellung).

Die Ausbeute an Recyclingöl beträgt 75…80 %. Dabei entstehen die Sonderabfälle Säureharz und ölbeladene Bleicherde. Letztere kann durch Glühen regeneriert werden. Das Säureharz besteht aus 50 % Öl, Harzen und Asphaltenen und bis 45 % Schwefelsäure. Die Verarbeitung des Säureharzes kann nur in Verbrennungsanlagen erfolgen, die eine nachgeschaltete Verwertung des entstehenden SO_2 ermöglichen Eine Verbesserung des Schwefelsäure/Bleicherde-Verfahrens wird durch eine Thermocrackstufe erreicht.
Eine Weiterentwicklung dieses Raffinationsverfahrens ist das Verfahren der primären Totalverdampfung mit folgenden Verfahrensstufen:

- Entwässerung des Altöls.
- Totalverdampfung in einem Rohrreaktor (ca. 340 °C, hohes Vakuum) unter Zusatz von Natronlauge zur Zerstörung von organischen Chlorverbindungen. Das Destillat ist ein Schmieröl/Gasöl, der Sumpf ein Heizöl oder Bitumen-Zuschlagstoff,
- Schwefelsäureraffination und Bleicherdebehandlung des Destillats (Schmieröl/Gasöl).

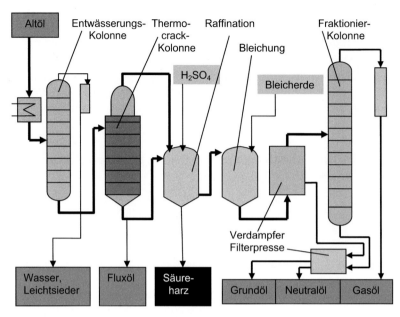

Abb. 11.4 Altölraffination nach dem Schwefelsäure/Bleicherde-Verfahren mit Thermocrackstufe [11.4]

Diese Verfahrensverbesserung verringert die Menge an Sonderabfall (Säureharz, ölbelastete Bleicherde) auf 13 % des bisherigen Anfalls.

Hochdruck-Hydrierverfahren
Die Direktkontakthydrierung (HyLube-Prozess) arbeitet in einem Hydrierreaktor mit speziellen Katalysatoren bei Drücken von 60…80 bar und 300…350 °C. Durch chemische und physikalische Umsetzungen werden die Metallverbindungen und die Schwefel-, Stickstoff- und Chlorverbindungen der Additive entfernt und aromatische Verbindungen abgesättigt. Vor dem Hydrierreaktor wird das Altöl mit aufgeheiztem Wasserstoff vermischt, wobei 50…70 % des Altöls in die Gasphase übertreten. Ein Separator trennt den Öldampf von dem Verdampfungsrückstand (Sumpf). Die Öldämpfe treten dann in den Hochdruck-Hydrierreaktor ein. Der Sumpf wird in einer Strippkolonne mit Wasserdampf in ein Schweröl und weitere Öldämpfe separiert. Nach der Hydrierstufe werden die Ölkomponenten von den Reaktionsprodukten und dem Kreislaufgas getrennt, H_2S und HCl werden durch Natronlauge aus dem Gas ausgewaschen. Die erhaltene Ölmischung gelangt in eine Fraktionierkolonne, die Schmierölfraktionen unterschiedlicher Viskositäten und als Nebenprodukte Benzin und Diesel liefert (Abb. 11.5).

Extraktionsverfahren mit verdichtetem Propan
Nach einer Vorabtrennung von Leichtsiedern und Wasser, wird das Altöl mit Hochdruckpumpen in eine Gegenstromextraktionskolonne eingeführt. Als Extraktionsmittel dient verdichtetes Propan, das bei 95 bar und 150 °C die Ölkomponente extrahiert und von den Feststoffen und einem Schweröl abtrennt. Der am Kopf der Kolonne austretende Extrakt wird danach in einer Hydrierkolonne bei 250 °C mit Wasserstoff vermischt und mit Hilfe eines

Abb. 11.5 Direktkontakthydrierung
von Altöl (HyLube-Verfahren)

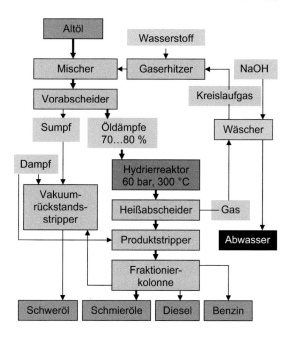

Abb. 11.6 Altölraffination mit dem Propan-
Extraktionsverfahren

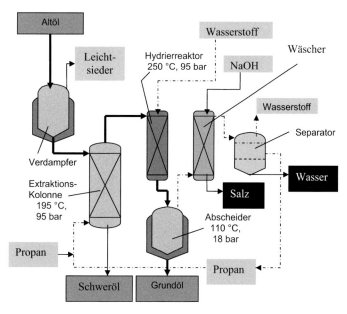

Katalysators die organischen Chlorverbindungen und die Schwefelverbindungen in HCl
und H_2S konvertiert. In einem Abscheider erfolgt eine Reduktion des Drucks auf 18 bar. Es
bildet sich eine reine Ölphase als Recyclingprodukt und eine Gasphase. Die Gasphase muss
in einer Absorptionskolonne mit Natronlauge von den Chlor- und Schwefel-Verbindungen
befreit und in einem Separator in Wasser, Wasserstoff und Propan-Kreislaufgas getrennt
werden (Abb. 11.6).

11.2.3 Aufarbeitung von Altöl zu Heizöl und Fluxöl

Die Verwendung von aufbereiteten Altölen als *Heizöle* ist in vielen Ländern der weit überwiegende Verwertungsweg [11.4]. Die verschiedenen anfallenden Altöle entsprechen aber nicht den Qualitätsanforderungen an Heizöle (DIN 51 603-4), da die Metall-Gehalte der Additive (As, Pb, Cd, Cr, Co, Ni und anderen Verbindungen) die Einhaltung der Emissionsgrenzwerte für diese Metalle in den Feuerungsanlagen nicht gewährleisten. Daraus ergibt sich die Notwendigkeit einer Aufbereitung. Das Aufbereitungsverfahren muss die Abtrennung des Wassers, der Leichtsieder, der Feststoffe und der Metallverbindungen der Additive ermöglichen. Durch diese Aufbereitung wird ein Ölprodukt gewonnen, das den Qualitätsanforderungen für ein Heizöl entspricht (Flammpunkt > 61 °C, Heizwert > 42 MJ/kg, Wassergehalt < 0,2 %, Viskosität (50 °C) < 30 mm²/s, Asche < 0,05 %). Die Zerstörung der Metallverbindungen erfordert wie bei der Herstellung von Grundölen eine Behandlung mit Schwefelsäure. Das BKM-Verfahren der Altölaufbereitung zu einem Regelbrennstoff besteht aus vier Verfahrensstufen:

- Vermischung des erwärmten Altöls mit verdünnter Schwefelsäure und kationischen Tensiden zur Bildung einer Drei-Phasen-Dispersion.
- Dichtetrennung der Dispersion in einem Dekanter in die Phasen Öl, wässrige Lösung (Metallsulfate) und Ölschlamm (Feststoffe und ausgefällte Stoffe).
- Destillation der Leichtsieder und des Restwassers aus der Ölphase bei < 160 °C.
- Behandlung des Öls mit Bleicherde und Filtration der Bleicherde.

Dabei entstehen Ölschlämme und ölbeladene Bleicherde als Abfälle, die in Zementöfen verbrannt werden. Die wässrige Abfalllösung wird in eine Abwasseranlage eingeschleust. Das Ausbringen an verkaufsfähigem Heizöl nach diesem Verfahren beträgt ca. 85 %. An Leichtsiedern fallen 4,3 % und an Bleicherde und Ölschlamm ca. 4,5 % an.

Als *Fluxöl* werden die Fraktionen des Altöls bezeichnet, die über 320 °C sieden und eine hohe Viskosität besitzen (Viskosität bei 50 °C ca. 45…120 mm²/s). Die Fluxöle entstehen z. T. bei der Zweitraffination von Altöl zu Grundöl und/oder werden gezielt aus Altöl hergestellt. Die Einsatzgebiete der Fluxöle sind die Herstellung von Industriebitumen für Dach- und Dichtungsbahnen und Zusatzmaterial bei der Regenerierung von Ausbauasphalt. Für die gezielte Herstellung von Fluxöl aus Altöl sind folgende Verfahrensschritte üblich:

1. Mechanische Abtrennung von Feststoffen und Wasser.
2. Abdampfen der Leichtsieder und des Restwassers bei 170 °C.
3. Wasserdampfdestillation (Zusatz von Ammoniakwasser) bis 320 °C. Als Destillat fallen Gasöle und Spindelöle an. Der Sumpf ist das Fluxöl.

11.2.4   Umarbeitung von Altöl in Synthesegas oder Einsatz als Reduktionsmittel im Hochofen

Diese alternativen Verwertungswege entsprechen vollständig den bereits für Abfallkunst-stoffe ausführlich beschriebenen Verfahren in den Abschn. 7.5.4 und 7.5.5. Für die Vergasung von Altöl kommt das Flugstromverfahren in Betracht, das in Abb. 7.21 bereits vorgestellt wurde. Das Einblasen von Altöl in den Hochofen ist dosiertechnisch deutlich einfacher als bei Kunststoffagglomeraten und -granulaten (Abb. 7.22). Für beide Verwer-tungsverfahren mit Altöleinsatz wurden der Verbleib und die Auswirkungen der Verun-reinigungen des Altöls (Metallverbindungen, chlororganische Verbindungen) ausführlich überprüft. Die Metallverbindungen werden vollständig gespalten, der organische Anteil vergast und die Metalle als Oxide in die Schlacken eingebunden (z. T. auch im Roheisen gelöst). Die mögliche Bildung von Dioxinen und Furanen wurde eingehend untersucht. Infolge der hohen Prozesstemperaturen und der reduzierenden Gasatmosphäre ist die Bil-dung von Dioxinen und Furanen ausgeschlossen.

11.2.5   Auftrennung von Mineralöl-Wasser-Mischungen und Emulsionen

Mineralöle und Wasser sind Flüssigkeiten, die sich nicht ineinander lösen. Mischungen von Mineralölen und Wasser stammen aus der metallverarbeitenden Industrie (Kühlschmier-stoffe bei Zerspanungs- und Schleifoperationen) und aus Reparatur-, Reinigungs- und Waschanlagen für Maschinen und Autos sowie aus Entfettungsbädern. Die AltölV rechnet die Bearbeitungsemulsionen, Öle aus Ölabscheidern, ölhaltige Schlämme u. ä. nicht zu den Altölen. Bei den Mischungen von Mineralölen mit Wasser sind prinzipiell zwei Zustände zu unterscheiden:

1. Freie Öle, die als getrennte Phase im Wasser auftreten (ölverunreinigtes Wasser oder wasserverunreinigtes Öl).
2. Emulsionen.

Eine Emulsion ist eine Mischung aus zwei ineinander nicht löslichen Flüssigkeiten, wobei die eine Flüssigkeit in Form feinster Tröpfchen (disperse Phase) in der anderen Flüssigkeit (Dispersionsmittel) dispergiert ist. Bei Mineralöl-Wasser-Mischungen sind zwei Emulsionsformen zu unterscheiden: Öl-in-Wasser Emulsionen und Wasser-in-Öl-Emulsionen. Die häufigste Form sind die Öl-in-Wasser-Emulsionen. Die Herstellung der Emulsionen erfolgt durch intensive Vermischung der Flüssigkeiten. Um die Beständig-keit von Emulsionen zu erhöhen oder überhaupt ihre Ausbildung zu ermöglichen, werden Emulgatoren (z. B. Natrium-Alkylsulfonat, Fettsäureethylester u. a.) zugesetzt, die sich an den Grenzflächen der Tröpfchen anlagern und ein koagulieren der Tröpfchen verhindern. An den Phasengrenzschichten bildet sich außerdem eine gleichsinnige elektrische Ladung aus. Außerdem entstehen Emulsionen unbeabsichtigt bei starker Vermischung von Ölen und Wasser in Gegenwart emulsionsfördernder Stoffe (Waschmittel usw.). Abfallemulsionen enthalten etwa 2…10 % Öl. Zwischen den idealen Zuständen „freies Öl" und „Emulsion" existieren in der Praxis vielfältige Übergangszustände und Mischungen. Die für das Recycling der Mineralöle notwendige Emulsionstrennung gelingt vor allem mit Hilfe folgender Methoden:

- Chemische Verfahren, die durch Zusatz von Elektrolytlösungen (Säuren, Eisen- oder Magnesium-Salze) eine Neutralisation der elektrischen Ladungen an den Grenzflächen bewirken.
- Ultrafiltration.
- Verdampfung des Wasseranteils nach verschiedenen Techniken.

Die Emulsionsspaltung ist neben dem an dieser Stelle interessanten Ölrecycling vor allem für die Beseitigung emulsionshaltiger Abwässer von großer Bedeutung. Für diesen Zweck sind auch organische Polymere (tertiäre Polyaminverbindungen), Adsorptionsmittel (Aktivkohle) oder die Elektrokoagulation zur Emulsionsspaltung einsetzbar.

Ölabscheidung aus Mischungen mit freien Ölen
Die Hauptmenge des Öls kann in so genannten Ölabscheidern abgetrennt werden. Auf Grund des Dichteunterschiedes Öl/Wasser findet durch Herabsetzung der Strömungsgeschwindigkeit in einer Abscheidekammer die Trennung statt. Solche Leichtflüssigkeitsabscheider sind genauso für Benzin u.a. nicht wasserlösliche Lösemittel in Anwendung. Der Restölgehalt im Wasser erreicht 100…500 ppm. Als alternative Verfahren kommen das Abschöpfen aufschwimmenden Öls mit Skimmern und selbstverständlich auch eine kostenintensivere zentrifugale Technik in Betracht. Eine weitere Ölentfernung erfolgt anschließend in Koaleszenzabscheidern auf Restölgehalte von max. 5 ppm. In diesen Apparaten strömt das noch ölhaltige Wasser in einen Filterzylinder, der an der Eintrittsseite eine oleophile Oberfläche besitzt. Diese Oberfläche veranlasst die Öltröpfchen zu koalieren und aufzuschwimmen. Bei beiden Verfahren sollten feststofffreie Mischungen eingeleitet werden, da sonst zusätzlich ölhaltige Schlämme anfallen.

Chemische Emulsionsspaltung
Beim Zusatz von Säuren oder Salzlösungen (Eisen- oder Magnesium-Salze) zu Emulsionen lagern sich die Säureprotonen bzw. die Kationen an die anionenaktiven Gruppen der Emulgatoren an und machen sie inaktiv. Dadurch werden ein Zusammenfließen der Öltröpfchen und deren Aufschwimmen möglich. Das Aufsteigen der Öltröpfchen ist durch Einblasen feiner Luftblasen unter Ausnutzung des Flotationseffekts sehr wirksam zu verbessern. Eine Erwärmung der Emulsion unterstützt die Spaltvorgänge. Die Nachteile dieses Verfahrens sind der Chemikalienbedarf, eine Aufsalzung und meist die Notwendigkeit einer Neutralisation der Wasserphase oder eine Hydroxidfällung (Abb. 11.7).

Abb. 11.7 Anlage zur Emulsionsspaltung mit Säure
[11.3]

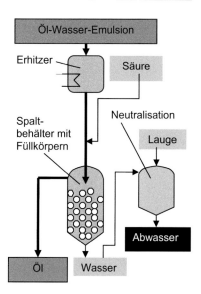

Verdampfungsverfahren zur Emulsionstrennung

Eine Erhitzung bewirkt bereits eine geringe Emulsionsspaltung. Durch eine Vakuumverdampfung gelingt aber die Abtrennung der Hauptmenge das Wassers und die Konzentrierung der Emulsion auf ca. 20 % Ölgehalt. Für die weitere Behandlung des Ölkonzentrates wird eine Zentrifuge eingesetzt, die eine Ölphase mit 25 % Restwasser liefert. Die Restentwässerung erfolgt in einem Phasentrennbehälter (Desorber), in dem über einen Düsenboden erhitzte Luft eingeblasen wird. Die eingeblasene Luft sättigt sich mit Wasserdampf und entwässert dadurch das Öl auf 5 % Wassergehalt. In dieser Qualität ist das Öl energetisch verwertbar. Die Wasserdestillate müssen von Restöl befreit werden (mechanisch und durch Ansäuern). Das behandelte Destillat kann dann in die Herstellung neuer Kühlschmierstoffe zurückgeführt werden (Abb. 11.8).

Das Verdampfungsverfahren ist vor allem für Mischemulsionen in Anwendung, die unterschiedliche Tenside enthalten. Als Verdampfer kommen bevorzugt Dünnschichtverdampfer oder Umlaufverdampfer zum Einsatz. Infolge vorlaufender Verunreinigungen entstehen häufig auch Ausscheidungen an Salzen oder Schlämmen.

Ultrafiltration von Emulsionen

Die Ultrafiltration arbeitet mit Membranen, die teildurchlässige Eigenschaften besitzen und dadurch feinste Feststoffe, Kolloide und Öltröpfchen herausfiltrieren. Die Membranwerkstoffe sind häufig Polyamide oder Zelluloseacetat. Sie kommen in Modulbauweise zur Anwendung. Das Verfahrensprinzip wurde bereits in Abschn. 4.1.4 und Abb. 4.3 ausführlich erläutert. Bei der Trennung von Öl-Wasser-Emulsionen spielen neben der Tröpfchengröße auch die hydrophoben bzw. hydrophilen Eigenschaften der Inhaltsstoffe eine Rolle. Das Prinzip der Ultrafiltration ist also keine Emulsionsspaltung, sondern eine Entwässerung der

Abb. 11.8 Verdampfungsverfahren für die
Aufarbeitung von Öl-Wasser-Emulsionen

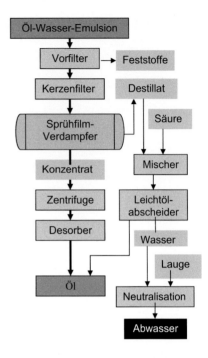

Emulsion mit Aufkonzentrierung der ölhaltigen Phase (Retentat) (Abb. 11.9). Es werden
folgende Trenneffekte für Abfallemulsionen angegeben:

- *Permeat*: Wasser, Nitrite, Phosphate, Metallionen, Säuren, Netzmittel, Tenside, Emulgatoren, Korrosionsschutzmittel.
- *Retentat*: Öle, Fette, hydrophobe Emulgatoren, Metallhydroxide, Schleifabrieb.

Die Ultrafiltration erreicht z. B. die Konzentrierung einer Emulsion mit 2…5 % Öl auf
ca. 35 % Öl in der Retentatphase. Das Retentat ist danach mittels Dünnschichtverdampfung
oder Zentrifugieren weiter auf ca. 90 % Öl anzureichern. Die Ölrestgehalte im Permeat
betragen ca. 20 mg/l.

11.3   Lösemittelrückgewinnung aus Dämpfen und Abluft

Bei allen in Tab. 11.1 aufgeführten Einsatzgebieten für Lösemittel werden Lösemitteldämpfe
freigesetzt. Dadurch entstehen in Anlagenteilen z. T. erhebliche Lösemittelkonzentrationen
im Gasraum. Auch die als Kältemittel und Treibmittel eingesetzten FCKW sind bei Raumtemperatur überwiegend gasförmig. Es treten aber auch Lösemitteldämpfe in die Arbeitsräume aus und durch Absauganlagen werden Mischungen von Luft und Lösemitteldämpfen
abgezogen. Aus Gründen des Arbeitsschutzes, des Explosionsschutzes und der Auflagen der
Luftreinhaltung (Emissionen) ist eine Entsorgung der Dämpfe und der Abluft unverzichtbar.

Abb. 11.9 Ultrafiltrationsverfahren für Emulsionen

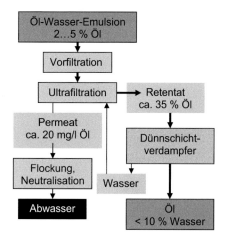

Dabei standen zunächst die Beseitigung im Vordergrund sowie der Brand- bzw. Explosionsschutz und der individuelle Schutz des Personals. Zunehmend wurden auch Verfahren der Verwertung und des Recyclings entwickelt. Eine entscheidende Voraussetzung für Verwertung und Recycling ist die möglichst geringe Verdünnung der Lösemitteldämpfe durch Absaugluft oder andere Gase. Auch aus diesem Grunde haben sich heute meist gekapselte Anlagen durchgesetzt, die evtl. auch mit Kreislaufführung der Gase arbeiten. Allerdings sind bei Luft als Trägergas der Lösemittelkonzentration deutliche Beschränkungen durch die Explosionsgrenzen gesetzt. Gegebenenfalls ist also mit kostenintensiven Inertgasen zu arbeiten. Letzteres empfiehlt sich bei Trocknungsanlagen, die hohe Lösemittelkonzentrationen aufweisen und dann zweckmäßigerweise im Kreislaufbetrieb arbeiten, um das Inertgas mehrfach zu nutzen.

Für die stoffliche Rückgewinnung der flüssigen Lösemittel aus Dämpfen oder Abluft stehen vier Verfahren zur Auswahl: *Kondensation, Adsorption, Absorption, Membranverfahren (Gaspermeation).*

Das bevorzugte Behandlungsverfahren für Lösemitteldämpfe und Abluft ist aber die Verbrennung (evtl. mit energetischer Verwertung). Das erfolgt überwiegend durch direkte Verbrennung, wobei meist ein Brenngas zugesetzt werden muss. Eine weitere Möglichkeit ist die katalytische Verbrennung.

11.3.1 Rückgewinnung durch Kondensation

Die Kondensation einer Gaskomponente aus einer Gasmischung kann durch Abkühlung erzwungen werden. Voraussetzung für die Anwendung des Kondensationsverfahrens ist allerdings eine hohe Lösemittelkonzentration (in der Nähe der Sättigungskonzentration), um beim Abkühlen die Kondensation auch zu erreichen. Die Abkühlung kann indirekt durch Wärmetauscherflächen oder direkt durch Kontakt mit dem gekühlten flüssigen Lösemittel (Sprudelkühler, Sprühkondensation) erfolgen. Auch flüssiger Stickstoff kommt als Kühl-

Abb. 11.10 Lösemittelrückgewinnung durch Kondensation bei
einer Lacktrocknung mit Inert-
gaskreislauf [11.2] (*LM* = Lösemittel)

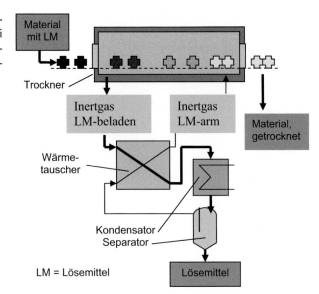

mittel in Lacktrockenanlagen in Betracht, da das entstehende Stickstoffgas anschließend
als Inertgas nutzbar ist (Abb. 11.10).

Problematisch sind beim Kondensationsverfahren meist Gehalte an Wasserdampf (Ver-
eisung). Der energetische Aufwand für die Kühlung ist immer hoch. Besondere Maßnahmen sind für die Kondensation von FCKW-Dämpfen erforderlich, wie sie bei der Demontage von Kühlgeräten anfallen. FCKW stammt dabei aus dem Treibgas der PUR-Isolation
und aus dem Kältekreislauf. Die FCKW-Dämpfe werden getrennt aufgefangen, gewaschen (Entsäuerung, Trocknung) und dann durch Kühlung und Verdichtung verflüssigt.
Die FCKW-Flüssigkeit ist danach durch Destillation in reines FCKW und höhersiedende
Verunreinigungen trennbar. Wegen des Verwendungsverbots für FCKW in den Industrieländern ist vorwiegend die Hochtemperaturverbrennung (> 1.200 °C) in Anwendung [10.4].

11.3.2 Rückgewinnung durch Absorption

Unter Absorption einer Gaskomponente aus einer Mischung ist deren Auflösung in einer
Flüssigkeit (Waschlösung) zu verstehen. Für Lösemittel kommt nur ein physikalischer
Auflöseeffekt in Betracht (physikalische Gaswäsche). Die Art der Waschlösung wird von
der Spezifik des zu absorbierenden Gases bestimmt. Für wasserlösliche Stoffe (Alkohole,
Aceton) ist Wasser die Waschflüssigkeit. Für die häufigeren wasserunlöslichen Lösemittel
sind hochsiedende organische Flüssigkeiten verwendbar (Silikonöle). Die Wirksamkeit der
physikalischen Absorption nimmt mit höheren Gasdrücken und niedrigen Temperaturen zu.
Die Exsorption des absorbierten Lösemittels und die Regenerierung des Waschmittels ge-
lingen deshalb relativ einfach durch Erwärmen des beladenen Waschmittels. Die wichtigste
Methode jedoch ist die destillative Trennung Lösemittel/Waschmittel. Eine weitere Methode

Abb. 11.11 Lösemittelrückgewinnung durch physikalische
Absorption in einer Waschflüssigkeit und Desorption/
Kondensation [11.2]

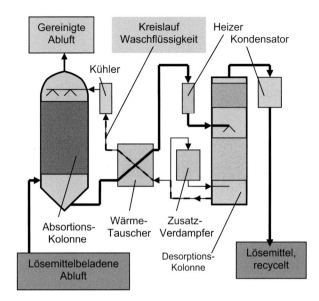

der Exsorption ist das Strippen mit Wasserdampf als Trägergas mit nachfolgender Kondensation des Dampfgemisches und einer Phasentrennung Wasser/Lösemittel (Abb. 11.11).

Die Absorptionsgeschwindigkeit wird durch den Stoffübergang Gas/Waschlösung
bestimmt. Deshalb müssen die Absorptionsapparate große und sich ständig erneuernde
Grenzflächen zwischen Gas und Waschlösung verwirklichen. Das wird durch Versprühen
des Waschmittels in den Gasstrom (Sprühtürme, Rieseltürme) oder die Verteilung von
Gasblasen in der Waschlösung (Füllkörperkolonnen) realisiert.

11.3.3 Rückgewinnung durch Adsorption

Adsorption ist die Anlagerung von Gasen an der Oberfläche poriger Stoffe durch vorwiegend physikalische Kräfte. In Abschn. 4.1.5 sind bereits die wesentlichen Gesetzmäßigkeiten der Adsorption (Selektivität, Adsorptionsisotherme, Adsorptionswärme) und die
apparativen Ausführungen (Festbettadsorber, Adsorptionskolonnen, Wanderbetten, Wirbelschichtadsorber) beschrieben.

Das Adsorptionsverfahren ist für die Lösemittelabtrennung aus stark verdünnter Abluft
besonders geeignet, da die Adsorptionskolonnen mit sehr großen Abluftströmen beaufschlagt werden können. Die wichtigsten Adsorptionsmittel für Lösemittel sind Aktivkohle
und Molekularsiebe. Die Desorption gelingt durch Erwärmung oder durch Verdrängungsdesorption mit einem Fremdgas (z. B. Wasserdampf). Ein Anlagenprinzip für eine Festbett-
Adsorptions-Desorptions-Anlage ist in Abb. 4.4 vorgestellt. Das Adsorptionsverfahren ist
für alle wesentlichen Gruppen an Lösemitteln gut geeignet (CKW, FCKW, Aromaten, Ali-
phaten, Alkohole, Ester, Ketone). Probleme treten allerdings auf, wenn die Abluft zusätzlich
mit feinen Feststoffpartikeln belastet ist, die sich an der Oberfläche der Adsorptionsmittel

Abb. 11.12 Apparative Anordnung zur Rückgewinnung von Lösemitteln aus einer lösemittelbeladenen Abluft durch Gaspermeation

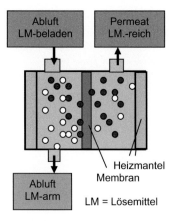

festsetzen. Das tritt z. B. bei Abluft aus Lackierkabinen auf. Die geringsten Schwierigkeiten entstehen dabei in bewegten Adsorptionsmitteln (Wirbelschichtadsorber). Gegebenenfalls ist eine der Adsorption vorgeschaltete Entstaubung (Nass-Elektrofilter, Venturiwäsche) notwendig [11.2].

11.3.4 Rückgewinnung durch Gaspermeation

Die Gaspermation gehört zu den Membranverfahren, deren Wirkprinzip bereits in Abschn. 4.1.4 und Abb. 4.3 als Trennverfahren für Lösungskomponenten erläutert wurde. Das Prinzip ist analog für Gasgemische nutzbar. Die Gaspermeation ermöglicht die Trennung einer mit Lösemitteldämpfen beladenen Abluft in ein lösemittelreiches Gas (Permeat) und eine lösemittelarme Abluft, wie das in Abb. 11.12 skizziert ist. Das Verfahren ist vorwiegend für hohe Lösemittelkonzentrationen in der Abluft geeignet. Dabei entsteht zunächst nur ein lösemittelreiches Permeat als Gas, aus dem erst in einer Nachbehandlungsstufe z. B. durch Kondensation ein flüssiges Lösemittel als Recyclat gewonnen wird. Auch für das Retentat ist eine Nachreinigung anzuschließen, um die geforderten Emissionswerte zu gewährleisten. Dafür ist ein Adsorptionsverfahren besonders geeignet.

11.4   Recycling von Abfallsäuren und Beizlösungen

Bei einigen industriellen Prozessen entstehen verdünnte Säuren bzw. bei der Bearbeitung von Metallen oder Leiterplatten auch Beizlösungen, die nicht immer im Kreislauf geführt werde können, da sie mit Metallsalzen angereichert sind und/oder infolge der Reaktionen der konzentrierten Vorlaufsäure/Beizlösung eine erheblich verminderte Konzentration des Beizmittels aufweisen. Solche Prozesse sind z. B. Säureaufschlussverfahren und die bereits genannten Metallbeizverfahren. Das Recycling der Abfallsäuren und der verbrauchten Beizlösungen erfordert deshalb eine Aufkonzentrierung und/oder Ausscheidung der Metallsalze.

Abb. 11.13 Recyclingverfahren von
Abfall-Schwefelsäure (Dünnsäure) aus
der Titanoxid-Herstellung

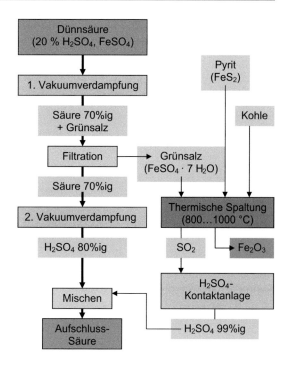

Als charakteristische Beispiele sollen die Aufkonzentrierung und Reinigung von Abfall-Schwefelsäure und verdünnter Salzsäure sowie einiger Beizlösungen behandelt werden.

Recycling von Abfall-Schwefelsäure (Dünnsäure)

Für die Herstellung von Titandioxid durch Säureaufschluss von Ilmenit ($FeTiO_3$) ist konz. Schwefelsäure erforderlich. Bei diesem Aufschluss entsteht eine verdünnte Säure mit etwa 20 % H_2SO_4 und höheren $FeSO_4$-Gehalten, die allgemein als Dünnsäure bezeichnet wird. Bis etwa 1990 war es international üblich, diese Dünnsäure in die Weltmeere abzuleiten (sog. Verklappung). Als Alternative zur Verklappung wurde ein Recyclingverfahren entwickelt, das im Wesentlichen aus einer zweistufigen Vakuumverdampfung und einer thermischen Spaltung des $FeSO_4$ besteht (Abb. 11.13). In einer ersten Verdampfungsstufe wird die Schwefelsäure auf 70 % konzentriert, da bei dieser Konzentration das $FeSO_4$ ein Löslichkeitsminimum besitzt und abfiltrierbar ist. In der zweiten Verdampfungsstufe erfolgt eine Konzentration auf 80 % Schwefelsäure. Das gewonnene Grünsalz ($FeSO_4 \cdot 7\,H_2O$) wird unter Zusatz von Kohle und Pyrit bei 800…1.000 °C im Wirbelschichtreaktor in SO_2 und Fe_2O_3 thermisch gespalten. Das SO_2 wird durch das bekannte Kontaktverfahren zu konz. Schwefelsäure umgesetzt. Die Mischung der beiden gewonnenen Schwefelsäuren (80%ig und konzentriert) liefert eine ausreichende Säurekonzentration für den Wiedereinsatz im Aufschlussprozess.

Aufkonzentrierung von verdünnter Salzsäure

Salzsäure ist auf Grund niedriger Siedepunkte relativ unkompliziert durch Verdampfung und Destillation zu regenerieren. Dabei spielt aber der Azeotroppunkt der reinen

Abb. 11.14 Regenerieranlage für eine Edelstahlbeize mit dem Retardationsverfahren

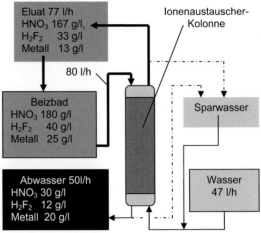

Salzsäure bei 110 °C mit einer Konzentration von 20,2 % HCl und 79,8 % Wasser eine entscheidende Rolle. Am Azeotroppunkt von Mischungen entsteht eine Dampfphase mit der Azeotropkonzentration und es findet keine Trennung der Komponenten mehr statt. Das heißt, verdünnte Salzsäure mit unterazeotroper Konzentration kann durch Verdampfung von Wasser maximal auf eine HCl-Konzentration von 20,2 % HCl im Sumpf aufkonzentriert werden. Die weitere Konzentrierung gelingt aber durch Absenkung des Azeotroppunktes mit Hilfe eines hohen Zusatzes an Calciumchlorid (40...50 %). Das Calciumchlorid bindet Wasser und erniedrigt dadurch den Azeotroppunkt auf ca. 10 % HCl. Damit wird es möglich, aus dem azeotropen Salzsäure-Sumpf einer ersten Destillation in einer nachgeschalteten zweiten Destillation mit Calciumchlorid-Zusatz ein HCl-reiches Gas auszutreiben. Durch Absorption dieses Gases in Wasser entsteht eine Recyclingsalzsäure von ca. 30 % HCl.

Säureregenerierung von Beizlösungen durch Dialyse oder Retardation

Die möglichen Verfahren der Säuredialyse und der Elektrodialyse wurden in Abschn. 4.1.4 und Abb. 4.3 mit ihren Wirkprinzipien bereits vorgestellt. Bei der Anwendung auf Beizlösungen dienen sie sowohl der Trennung der Säurereste von den Metallsalzen als auch der Konzentrierung der Säuren. An dieser Stelle soll auch das *Retardationsverfahren* nochmals mit einem Beispiel vertieft werden [4.2]. Das Verfahren verwendet spezielle Anionenaustauscherharze (siehe Abschn. 4.2.4), die die Eigenschaft besitzen, freie undissoziierte Säuren zu Adsorbieren und die Metallsalze passieren zu lassen. Nach der vollständigen Säurebeladung des Harzes wird die Säure mit Wasser eluiert. Dabei entsteht ein säurereiches, metallsalzarmes Eluat, das in einem Beizprozess erneut einsetzbar ist. Die Beladung der Ionenaustauschersäule erfolgt im Abstrom und die Elution im Aufstrom (Abb. 11.14). Die bei der Beladung anfallende säurearme Metallsalzlösung gelangt in eine Abwasserbehandlung oder kann z. B. bei einer Aluminium-Beize als Flockungsmittel genutzt werden. Typische Anwendungsfälle sind salzsaure Aluminium-Beizen, schwefelsaure Anodisierbäder und Edelstahlbeizen mit Mischsäuren.

Abb. 11.15 Regenerierung einer Persulfat-
beize durch anodische Oxidation [3.9]

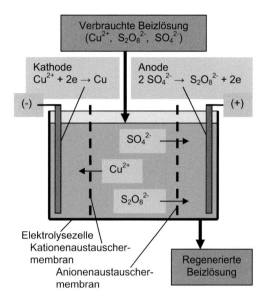

Regenerierung von oxidierenden Beizlösungen durch elektrolytische Reoxidation

Häufig verwendete oxidierende Beizlösungen enthalten Persulfat, Chromsäure und Per-
manganat. Durch die Beizreaktion finden einerseits die Ablösung bestimmter Metall- oder
Metalloxidschichten und andererseits eine Reduktion von Persulfat, Chromsäure oder Per-
manganat zu Sulfat, Chrom(III) und Manganat oder MnO_2 statt. Für die Regenerierung
dieser Beizlösungen ist eine anodische Oxidation in einer Elektrolysezelle geeignet. Pa-
rallel dazu findet eine kathodische Reduktion der Metallkationen statt (Cu^{2+} zu Cu; Fe^{3+} zu
Fe^{2+}). Die Gewinnung wertvoller Metalle (Kupfer) oder verwertbarer Metallverbindungen
(Eisensalze, Aluminiumsalze) aus den Beizlösungen wurde bereits in den entsprechenden
Stoffabschnitten besprochen. Für salzsaure Eisenbeizen wurde die Rückgewinnung der
Salzsäure mit behandelt.

Um eine anodische Reoxidation von Sulfat zu Persulfat durchzuführen, muss die Elektrolysezelle mit Hilfe einer Kationenaustauschermembran und einer Anionenaustauschermembran in drei getrennte Räume unterteilt werden. Die elektrochemischen Vorgänge in
einer Elektrolysezelle und die Transportvorgänge an Ionenaustauschermembranen sind
in den Abschn. 4.2.3 und 4.2.4 sowie in den Abb. 4.7 und 4.8 erläutert. In Abb. 11.15
ist der Wirkungsmechanismus für die Reoxidation der SO_4^{2-}-Anionen zu $S_2O_8^{2-}$-Anionen
(Persulfat) in einer solchen Elektrolysezelle für eine Kupferbeizlösung dargestellt [3.9].
Die Anionenmembran lässt nur die gebildeten Sulfatanionen und die restlichen Persulfat-
Anionen passieren, während die Kationen-Membran den Durchgang der Kupfer-Ionen
gestattet.

- Anodenreaktion: $2\,SO_4^{2-} \rightarrow S_2O_8^{2-} + 2\,e$,
- Kathodenreaktion: $Cu^{2+} + 2\,e \rightarrow Cu^0$.

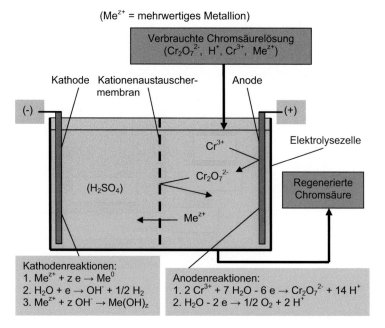

$(Me^{z+}$ = mehrwertiges Metallion)

Abb. 11.16 Elektrolytische Regeneration chromsaurer Prozesslösungen [4.2]

Eine andere Verfahrensvariante des Recyclings einer Persulfat-Beize mit Kupfer-Ionen ist die primäre elektrolytische Entkupferung in einer Rollschichtelektrolysezelle auf sehr geringe Kupfergehalte und die nachfolgende anodische Reoxidation des Sulfats der entkupferten Lösung in einer getrennten Oxidationszelle. Dabei entsteht allerdings als Abfall kathodisch Wasserstoff. In analoger Weise können verbrauchte Beizlösungen auf Permanganat-Basis regeneriert werden.

Für die elektrolytische Regeneration von chromsauren Beizen und Chromelektrolyten kommt eine Elektrolysezelle mit einer Kationenaustauschermembran zum Einsatz, wie sie in Abb. 11.16 skizziert ist. Die verbrauchte Lösung wird der Anodenkammer der Zelle zugeleitet. An der Anode erfolgt die Oxidation der Chrom(III)-Ionen zu Chromat-Ionen, die durch die Kationenmembran in der Anodenkammer zurückgehalten werden.

Anodische Oxidation: $2\,Cr^{3+} + 7\,H_2O - 6\,e \rightarrow Cr_2O_7^{2-} + 14\,H^+$.

Dagegen ist diese Membran für die Fremdkationen (Cu^{2+}, Ni^{2+}, Zn^{2+}, Fe^{3+}) durchlässig. Die Chrom(III)-Kationen werden an der Anode sehr schnell mit guter Stromausbeute oxidiert, so dass die Chrom(III)-Verluste durch Migration in den Katholyt gering sind. Als Katholyt wird eine verdünnte Schwefelsäure verwendet. Aus dieser Lösung scheiden sich die edleren Kationen (Cu^{2+}) als Metalle an der Kathode ab, während die unedlen (Zn^{2+}, Fe^{3+}) in der Lösung verbleiben oder als Hydroxid ausfallen. Als Nebenreaktionen sind die Bildung von Sauerstoff an der Anode und Wasserstoff an der Kathode nicht vermeidbar. Die möglichen Reaktionen sind in Abb. 11.16 angegeben.

Literatur

11.1 Kittel, H., Lehrbuch der Lacke und Beschichtungen, 9 Bände, 2. Aufl., S. Hirzel Verlag Stuttgart, Leipzig 2004

11.2 Bank, M., Basiswissen Umwelttechnik, Vogel Buchverlag, 2007

11.3 Kunz, P., Behandlung flüssiger Abfälle, Vogel Buchverlag 1995

11.4 Möller, U., Altölentsorgung durch Verwertung und Beseitigung, expert Verlag, Renningen 2004

11.5 Brauer, Handbuch Umweltschutz und Umwelttechnik, Bd. 2, Produktions- und produktionsintegrierter Umweltschutz, Springer Verlag Berlin, Heidelberg 1996

Recycling von Altfahrzeugen

12

12.1 Altfahrzeuge mit Verbrennungsmotoren

Auf Grund der international ständig steigenden Anzahl an produzierten und betriebenen Kraftfahrzeugen und des deshalb steigenden Anfalls an stillgelegten Fahrzeugen ergibt sich in allen Ländern ein erheblicher Handlungsbedarf zur Nutzung der Materialressource Altfahrzeug und zur Neutralisation des enthaltenen Schadstoffpotentials. Weltweit wurden 2014 fast 68 Millionen PKW produziert, in Deutschland 5,6 Millionen. In Deutschland fahren z. Zt. etwa 40 Millionen PKW, davon wurden 2012 rund 3,2 Mio. abgemeldet. Die Nutzungsdauer der abgemeldeten PKW beträgt im Durchschnitt 12 Jahre. In einigen anderen Industriestaaten sind die Verhältnisse analog (EU, Japan). Von den in Deutschland 2012 stillgelegten 3,2 Mio. PKW gelangten nur 0,48 Mio. als Altfahrzeuge zu einer inländischen Verwertung. 1,35 Mio. PKW wurden als Gebrauchtfahrzeuge exportiert und der Verbleib der restlichen 1,38 Mio. PKW ist ungeklärt (Diebstahl, nicht öffentliche Nutzung, illegaler Export) [12.2, 12.5]. Der Export von Altautos bedeutet allerdings für die Industrieländer einen erheblichen Verlust an Sekundärrohstoffen, der oft auch ein globaler Verlust ist, da in der Dritten Welt häufig keinerlei Recycling stattfindet. Die Ausfuhr unbehandelter Fahrzeuge ist zwar rechtlich unzulässig, da aber die Abgrenzung zwischen älterem Gebrauchtfahrzeug und Altfahrzeug nicht sauber festzulegen ist, wurde bis jetzt kein Lösungsansatz für diese Problematik gefunden. Bei einem weltweiten Durchschnittsalter für die Verschrottung von PKW von etwa 15 Jahren spiegelt der derzeitige globale Anfall an Altfahrzeugen die Ausschleusequote für die Baujahre rund um die Jahrtausendwende wieder. Der weltweite Bestand lag zu der Zeit bei knapp 800 Mio. Fahrzeugen. Diese Zahl wird sich nach verschiedenen Quellen bis zum Jahr 2030 etwa verdoppelt haben. Damit verdoppeln sich auch die Altfahrzeugströme, wobei in gesättigten Märkten wie Deutschland kein Zuwachs mehr zu erwarten ist. Was das für einen Einfluss auf die Exportströme haben wird, lässt sich heute noch nicht abschätzen.

Die nachfolgenden Ausführungen beziehen sich auf die Verwertung von PKW. Grundsätzlich werden auch LKW, Busse, Wohnwagen und Krafträder am Ende ihrer Nutzungs-

© Springer Fachmedien Wiesbaden 2016
H. Martens, D. Goldmann, *Recyclingtechnik*, DOI 10.1007/978-3-658-02786-5_12

Tab. 12.1 Bestand eines PKW an Betriebsflüssigkeiten und separat entnehmbaren Bauteilen sowie deren Zuordnung zu den Entnahme-Kategorien

Bauteile mit Schadstoffen (Entnahme oder Neutralisation)	Betriebsflüssigkeiten (Entnahme)	Bauteile zur Verwertung	Bauteile zur Wiederverwendung
Hg-haltige Bauteile	Kraftstoffe (Benzin, Diesel)	Batterie	Motor, Getriebe
Asbesthaltige Bauteile	Batteriesäure (verbleibt i. d. R. in der Batterie)	Katalysator	Anlasser, Lichtmaschine
Airbag, Gurtstraffer	Motorenöl, Getriebeöl, Hydrauliköl, Stoßdämpferöl	Reifen	Elektrische/elektronische Bauteile
Latentwärmespeicher	Kühlerflüssigkeit	Auswuchtgewichte	Kühler
Flüssiggastank	Bremsflüssigkeit		Stoßdämpfer
	Kältemittel		Glasscheiben
	Scheibenreiniger		Tank, Türen, Heckklappe, Motorraumklappe

Tab. 12.2 Werkstoffeinsatz im PKW [12.6, 12.7, 12.8]

Werkstoffe	VW Golf 2 1990	VW Golf 7 2012	Daimler C-Klasse 2015	VW Elektro-Golf 7
Stahl-/Eisenwerkstoffe	70,0 %	62,9 %	46,9 %	55,2 %
Leichtmetalle (Al, Mg)	5,0 %	8,2 %	22,0 %	10,3 %
Sonstige NE-Metalle		2,6 %	2,1 %	8,2 %
Polymerwerkstoffe	17,0 %	19,5 %	20,2 %	17,5 %
Prozesspolymere		1,1 %	0,9 %	0,7 %
Elektronik/Elektrik		0,1 %	0,2 %	0,2 %
Sonstige Werkstoffe	4,0 %	3,3 %	3,8 %	4,3 %
Betriebsstoffe/Hilfsmittel	2,3 %	2,3 %	3,7 %	3,6 %

phase zu Altfahrzeugen. LKW und Busse als gewerbsmäßig genutzte Fahrzeuge werden jedoch im Allgemeinen ab einer bestimmten Lebensdauer und einer Erhöhung des Ausfallrisikos in Länder exportiert, die geringere Zeit- und Kostendruck-Situationen beim Betrieb solcher Fahrzeuge haben. Die wenigen Fahrzeuge, die in Deutschland zu einer Verwertung gelangen, werden von einzelnen Betrieben verwertet. Gleiches gilt, wenn auch z. T. aus anderen Gründen für Wohnwagen und Krafträder. Auch bei den PKW gibt es erhebliche Unterschiede bei den Fahrzeugen, die den Verwertungsbetrieben zulaufen. Besonders hochwertige Automobile werden meist immer noch vor einer möglichen Verschrottung als Gebrauchtwagen exportiert.

Altfahrzeuge sind ein typisches Beispiel für ein komplexes Altprodukt. Deren Recycling unterscheidet sich grundlegend vom Recycling einzelner Werkstoffe, Werkstoffverbunde oder spezieller Flüssigkeiten, die in den Kap. 6 bis 11 besprochen wurden. In einem solchen komplexen Altprodukt sind eine Vielzahl von Bauteilen, Funktionsteilen und Werkstoffen durch Zusammenbau oder andere Fügetechnik zu einem Produkt integriert. Dadurch eröffnet sich zunächst die Möglichkeit, durch Demontage einzelne Bauteile oder getrennte Werkstoffe zu gewinnen. Die Bauteile können direkt oder nach einer Regenerierung einer Wiederverwendung zugeführt werden (Produktrecycling). Zudem gehören Fahrzeuge zu den Produkten, die vor einer Verwertung einer Schadstoffentfrachtung zu unterziehen sind. Erst nach dieser und der Demontage wiederverwendbarer oder separat verwertbarer Bauteile, ist der Ansatz von speziellen Recyclingtechnologien zur Materialverwertung technisch und kostenseitig sinnvoll. Zur Einschätzung der bestehenden Aufgabe ist ein Überblick über die wichtigsten Betriebsmedien, Bauteile und Werkstoffe von Altfahrzeugen erforderlich (Tab. 12.1 und 12.2).

Schätzungsweise besteht ein Kraftfahrzeug aus ca. 10.000 Teilen unter Verwendung von 40 verschiedenen Werkstoffen. Hauptwerkstoffe sind Stahl und Gusseisen, aber zunehmend auch Leichtmetalle (Tab. 12.2) und aus Korrosionsschutzgründen Verzinkungen und PVC-Unterbodenschutz. In jedem Auto wurden 2007 durchschnittlich 130…150 kg Aluminium, 25 kg Kupfer und 10 kg Zink verbaut. In Elektrofahrzeugen ist durch Elektromotoren, Batterien und Leistungselektronik ein erhöhter Anteil an NE-Metallen vorhanden. Bei den Kunststoffen kommen typische Massenkunststoff-Sorten zum Einsatz:

* PP, PP/EPDM (Stoßfänger, Armaturenbrett, Radhausverkleidung, Heizkanäle, Rammschutzleisten),
* PE (Wasserbehälter, Tank, Bremsflüssigkeitsbehälter),
* PA (Kühlerwasserkasten, Sitzlehnen, Radkappen, Lüfterrad, Luftführungen),
* PMMA (Heckleuchten),
* PUR (Sitzpolster, Armaturentafelpolsterung, Dachhimmel),
* ABS (Kühlergrill, Handschuhkasten, Innenverkleidung),
* PVC (Unterbodenschutz, Kabelisolierung, Kunstleder).

Der Werkstoffeinsatz und die Größe der Einzelteile haben einen großen Einfluss auf die Möglichkeiten der werkstofflichen Verwertung. Zur Identifizierung von Baugruppen und

Materialien sowie zur Anleitung für die Entnahme von Bauteilen haben sich die Automobilhersteller weltweit zusammengeschlossen und das einheitliche Demontageinformati-
onssystem IDIS für Komponenten geschaffen, die mehr als 100 g wiegen (IDIS = International Dismantling Information System; www.idis2.com). IDIS-2 erhält die Informationen
von mehr als 20 Autoherstellern zu 61 Automarken. Der Zugriff auf IDIS ist für Altauto-
Entsorgungsbetriebe kostenlos. Es ist in 33 Ländern verfügbar und wird in 24 Sprachen
angeboten.

Bezüglich der möglichen Erlöse bei der Altfahrzeugverwertung stehen die Wiederverwendung von Bauteilen und alle Metalle mit ihren hervorragenden Recyclingeigenschaften
(Stahl- und Eisenschrotte, Aluminiumschrotte, Kupferschrotte) an erster Stelle. Erlöse
lassen sich aber auch für nichtmetallische Aufbereitungsfraktionen wie Kunststoffgranulate
erzielen.

12.1.1 EU-Altfahrzeug-Richtline und deutsche Altfahrzeug-Verordnung

Die Altautoverwertung ist in der EU durch die EU-Richtlinie 2000/53/EG (ELV) aus dem
Jahre 2000 geregelt, die in Deutschland in ein Gesetz mit zugehöriger Verordnung (AltfahrzeugV v. 21. Juni 2002 [12.1]) umgesetzt ist. Die Verordnung gilt für PKW und leichte
Nutzfahrzeuge. Kern der Verordnung ist die Produktverantwortung und Rücknahmepflicht
der Hersteller und Importeure. Im Rahmen der Produktverantwortung sollen die Hersteller
ihre Produkte recyclinggerecht konstruieren, produzieren und den Einsatz gefährlicher
Stoffe vermeiden. Ab 01.07.2003 dürfen Fahrzeuge mit Ausnahme spezieller Anwendungen kein Blei, Quecksilber, Cadmium oder sechswertiges Chrom mehr enthalten. Aus-
genommen sind für Blei und Bleilegierungen folgende Anwendungen, für die es bislang
kein Substitut gibt: Bleibatterien, Schwingungsdämpfer, Lötlegierungen; z. T. zeitlich bis
2008 begrenzt: Lagerschalen, Blei in Al-Legierungen und Kunststoffstabilisatoren. Geringe Ausnahmen sind auch noch für NiCd-Batterien in Fahrzeugen und chromhaltige
Korrosionsschutzschichten sowie für sehr niedrige Konzentrationen (0,1 % Pb; 0,01 % Cd)
zulässig (EG-Richtline 2005/438/EG). Quecksilber darf noch in Beleuchtungseinheiten
wie etwa der Hintergrundbeleuchtung von Navigationsgeräten verwendet werden. In den
Demontagebetrieben sind davon die Bleibatterien, die Lagerschalen und die NiCd-Batterien
in jedem Fall zu entnehmen.

Als zweiten Punkt legen Altfahrzeugrichtlinie und Verordnung einzuhaltende Verwer-
tungs- und Recyclingquoten fest.

Ab 1. Januar 2015 gelten folgende Quoten:

1. Wiederverwendung und Verwertung > 95 Gewichts-%.
2. Davon Wiederverwendung und stoffliche Verwertung > 85 Gewichts-% (Rest kann eine
   sonstige, insbesondere energetische Verwertung sein).
3. Ausbau von Bauteilen, Materialien, Flüssigkeiten vor dem Shreddern mindestens 10 Ge-
   wichts-%, sofern diese nicht hinter dem Shredderprozess abgetrennt werden können;

wobei metallische Bauteile und Materialien, wie z.B. Restkarossen, Kernschrott, Ersatzteile sowie Kraftstoff nicht in die Berechnung eingehen dürfen.

4. Stoffliche Verwertung der nichtmetallischen Shredderfraktion zu 5 Gewichts-%, weitere 10 Gewichts-% sollen einer sonstigen Verwertung zugeführt werden.

Ein dritter wesentlicher Punkt ist die Vorgabe, dass der Letzthalter von den Kosten für die Entsorgung seines Altfahrzeuges freizustellen ist, anfallende Kosten insofern von Hersteller und Verwertungskette zu tragen wären. Durch massive, von der Autoindustrie vorangetriebene Verfahrensentwicklungen einerseits und steigende Rohstoffpreise andererseits haben sich Altfahrzeuge als Rohstoffquelle in den letzten 10 Jahren aber zu einem begehrten Rohstofflager entwickelt und werden auch bei ordnungsgemäßer Entsorgung meist mit positivem Marktpreis vom Erstbehandler (Autoverwerter) angenommen.

Als viertes ist durch die Automobilhersteller zur Erlangung der Typgenehmigung sicherzustellen, dass für alle auf den Markt gebrachten Neufahrzeuge durch Nachweis von geeigneten Verwertungspfaden eine 95%ige Verwertungsquote erreichbar ist.

12.1.2 Die Verwertungskette im Altfahrzeugrecycling

Die Verwertung komplexer Altprodukte, wie sie Altfahrzeuge darstellen, erfolgt entlang einer Kette in verschiedenen Behandlungsstufen, um letztlich wiederverwendbare Bauteile und Sekundärrohstoffe optimal in den Markt zurückführen zu können. Da die Altprodukte dissipativ im Markt verteilt vorliegen und die erste Ebene der Wertschöpfung, der Direktverkauf gebrauchter Ersatzteile an Fahrer älterer Fahrzeuge ebenfalls breitflächig erfolgt, beginnt der Prozess in regionalen Strukturen. Auf der Basis einer Vielzahl kleinerer Demontagebetriebe als Erstbehandler des Altfahrzeugs setzten Prozessstufen auf, die immer weiter konzentriert und spezialisiert arbeiten. Dementsprechend nehmen deren Größe und deren Einzugsgebiet zu, so dass die Zahl der Betriebe in den verschiedenen Behandlungsebenen sich von unten nach oben verringert und der Verwertungskette damit das Aussehen einer Pyramide verleiht. Eine ursprünglich noch weiter vorgelagerte und noch breiter gestreute Ebene, die separate Annahmestelle, hat sich in der Praxis nur in Ausnahmefällen durchgesetzt, da es für den Letztbesitzer wesentlich lukrativer ist, sein Fahrzeug direkt beim Demontagebetrieb abzugeben.

Seit Anbeginn des automobilen Zeitalters existiert diese erste Ebene dieser Pyramide, der Demontagebetrieb, im allgemeinen Sprachgebrauch als Autoverwerter bezeichnet. Haupterlösquelle der Autoverwerter ist der Verkauf von Teilen, die aus den zu verschrottenden Fahrzeugen gewonnen werden und die als direkt weiter zu verwendende Gebrauchtersatzteile oder nach Aufarbeitung als Austauschteile ihren Markt finden. Auf Grund der Kundenbindung zwischen Kunde und Verwerter bleibt der Einzugsbereich für die Demontagebetriebe beschränkt. Derzeit sind in Deutschland etwa 1.200 zertifizierte Betriebe tätig, mit jährlichen Durchsatzleistungen meist zwischen 500 und 5.000 Fahrzeugen. Entwicklungen der letzten Jahre, etwa der Handel von Gebrauchtteilen in Netzwerken [12.19] aber auch über das Internet [12.20], führen jedoch zu neuen Verhaltensmustern. Auf Strukturen und Prozesse des Produktrecyclings soll im Rahmen dieses Buches nicht vertieft eingegangen werden. Neben der Entnahme von Bauteilen finden in den genannten Betrieben die Schadstoffentfrachtung und die Entnahme von Komponenten zur stofflichen Verwertung statt. Der Maschineneinsatz ist relativ gering, der Umfang manueller Tätigkeiten entsprechend höher.

Wurden bis in die 60er-Jahre des letzten Jahrhunderts bei Demontagebetrieben Karossen soweit beraubt und dann kompaktiert, dass sie direkt in Stahlwerken als Schrott eingesetzt werden konnten, hat sich seit den 70er-Jahren die Shreddertechnologie durchgesetzt. Heute verarbeiten 40–50 Shredderbetriebe in Deutschland die entfrachteten Restkarossen gemeinsam mit anderen eisenreichen Schrotten wie Elektrogroßgeräten („weiße Ware") und sogenanntem leichten Mischschrott (Fahrräder, Fässer, Gebinde etc.). Das Hauptprodukt, welches direkt in Stahlwerken eingesetzt werden kann ist der sogenannte Shredderschrott, ein Stahlschrottkonzentrat mit Eisengehalten um oder über 95 %.

Die Rückstände des Prozesses werden verschiedenen Aufbereitungsanlagen zur Shredderrückstandsaufbereitung zugeführt. Hiervon gibt es nur einige wenige in Deutschland. Letztlich werden die dort, wie auch die im Shredder erzeugten Fraktionen einigen wenigen Anlagen wie Elektrostahlwerken, Hochofenbetrieben etc. in Europa zugeführt.

12.1.3 Demontage von Altfahrzeugen und Schadstoffentfrachtung

Die Hauptaufgabe der Demontagebetriebe besteht in Schadstoffentfrachtung, Entnahme von Teilen zur Wiederverwendung und solchen zur separaten Verwertung. Zurück bleibt die Restkarosse, die der nächsten Prozessstufe, dem Shredder zugeführt wird. Die notwendigen Verfahrensschritte zur Erreichung dieses Ziels sind in der AltfahrzeugV [12.1] bereits sehr konkret vorgegeben:

- *Einrichtung von Annahmestellen* mit öl- und säuredichten Lagerflächen (mindestens in Betonqualität B 35), Zwischenlagerung vor Entnahme von Betriebsflüssigkeiten, Batterien und pyrotechnischen Bauteilen max. 3 Tage.
- *Schadstoffentfrachtung:*
   1. *Vorbehandlung:* Entnahme der Batterie, der Betriebsflüssigkeiten (siehe Tab. 12.1) und der Ölfilter sowie Neutralisierung der pyrotechnischen Bauteile.
   2. *Ausbau von Schadstoffträgern* (asbesthaltige Bauteile, Hg-haltige Schalter, Latentwärmespeicher, Flüssiggastanks).
   3. *Demontage von separat verwertbaren Bauteilen* (siehe Tab. 12.1) zur getrennten werkstofflichen Verwertung wie Katalysatoren, Auswuchtgewichte, Aluminium-Felgen, Glasscheiben, Reifen, große Kunststoffteile, Kupfer-, Aluminium- und Magnesium-Bauteile. Als Ausnahme können große Kunststoffteile sowie Kupfer-, Aluminium- und Magnesium-Teile in der Restkarosse verbleiben, wenn die Abtrennung hinter dem Shredder mit Post-Shredder-Technologien erfolgt.
- *Verdichtung der demontierten Restkarosse* für den Transport zu Shredderbetrieben.

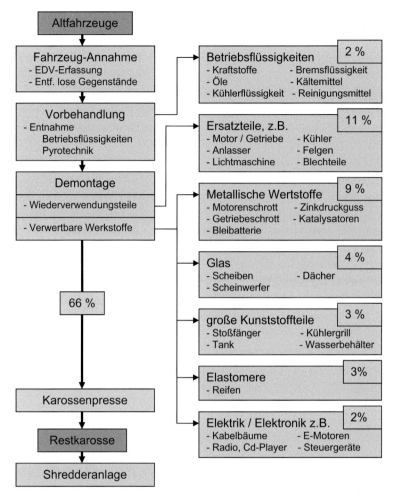

Abb. 12.1   Flussdiagram der selektiven Demontage von Altfahrzeugen bei umfassender Entnahme von Bauteilen [12.9, 12.10]

In Deutschland ist eine dezentrale und typoffene Altautodemontage etabliert. Flexible Betriebsmedienentnahmestationen, einheitliche Zündvorrichtungen für Airbags, Reifen-Felgen-Trennsysteme oder Aligatorscheren zur Entnahme der Katalysatoren sind Stand der Technik in der Vorbehandlung [12.3, 12.11, 12.21]. Die Betriebe arbeiten überwiegend nach dem Prinzip der Inseldemontage. Bei der Inseldemontage wird nach der Trockenlegung des Autos das komplette Fahrzeug an zwei bis fünf Arbeitsstationen manuell und mit maschinellen Hilfsmitteln demontiert. Der Aufwand an technischen Einrichtungen (Hebebühne, Deckenkran, Gabelstapler, Transportwagen, Werkzeuge) ist gering. Der Zerlegungsgrad (Demontagetiefe) kann bei jedem Fahrzeug an die Erfordernisse des Bedarfs angepasst werden. Dagegen verlangt die Liniendemontage auf einer mechanisierten Demontagelinie (Förderband, Manipulatoren, Wendemaschine) erhebliche Investitionen

und hat wegen der dafür relativ geringen Inputströme und des individuellen Zustandes
der Autos Probleme mit Auslastung und Taktzeiten. Die Demontageeigenschaften der
Fahrzeuge und damit das Demontageergebnis werden in jedem Fall sehr wesentlich beeinflusst durch

- die Art der Verbindungstechnik der Bauteile und Werkstoffe (Fügetechnik) und
- die räumliche Anordnung und die Zugänglichkeit zu Bauteilen und Verbindungselementen.

Bei den Verbindungstechniken sind lösbare Verbindungen (Gewinde, Schrauben,
Stifte, Welle-Nabe-Verbindungen, Schnappverbindungen) günstig. Nicht lösbare Ver-
bindungen (Niet-, Schweiß- und Klebverbindungen, Pressverbindungen) erfordern
Erwärmung oder zerstörende Zerlegemethoden (Schneiden, Brennschweißen). Diese
Erkenntnisse müssen im Rahmen der Produktverantwortung der Hersteller stärker Be-
rücksichtigung finden („Recyclinggerechte Gestaltung von Produkten", „Design for
Recycling"; siehe Kap. 16).

Der Zerlegungsgrad richtet sich nach den Vorgaben der AltfahrzeugV (siehe Abschn. 12.1.1) aber auch nach den Möglichkeiten der Vermarktung von Bauteilen und
Werkstoffen. Deshalb erfolgt vorwiegend eine *selektive Demontage* und die nicht direkt
verwertbaren Bauteile (die Mehrzahl der Kunststoffe und Textilien, d. h. die Sitze und das
Cockpit, Teile der Elektrik, Glas u. a.) verbleiben in der Restkarosse. Nach Beendigung
der Demontage werden die Restkarossen zu sogenannten Slabs gepresst, um eine kosten-
günstigen Transport und effizienten Eintrag in die Shredder zu ermöglichen. In Abb. 12.1
ist der prinzipielle Arbeitsablauf einer Demontage wiedergegeben.

Die Einhaltung und der Nachweis der in Deutschland vorgeschriebenen Ausbauquoten
bei der Demontage sind für die Unternehmen z. T. schwierig, da Fahrzeuge oft bereits
vordemontiert sind, Müll enthalten und die Festlegung des Leergewichtes unsicher ist.
Tabelle 12.3 gibt eine Übersicht über die kumulierten Demontageergebnisse in Deutschland
im Jahre 2012 wieder.

Demontage von Aluminiumkarossen
Aluminiumkarosserien sind seit den 90er-Jahren in geringer Stückzahl produziert worden
und in noch geringerer Stückzahl bei deutschen Autoverwertern als Altfahrzeug gelandet,
da es sich hierbei häufig um sehr hochwertige Modelle handelt, die oft als ältere Gebrauchtfahrzeuge exportiert werden. Das Recycling von Fahrzeugen mit einer Aluminium-Karosse
könnte in Zukunft bei Anstieg von Aluminium-Karossen im Mittelklassesegment relevant
werden. Daher lohnt eine kurze Betrachtung auf Möglichkeiten einer gesonderten Behandlung. Hierbei stünde u. a. die Gewinnung eines recyclinggerechten Aluminium-Schrottes im
Fokus. Der mögliche Recyclingweg soll auf Basis der beim Audi A8 eingesetzten Space-
Frame-Bauweise kurz skizziert werden. Diese Bauweise verwendet eine Rahmenstruktur aus gebogenen Strangpressprofilen, die an Verbindungspunkten mit Druckgussteilen
verschweißt sind. Die Rahmenstruktur ist durch Flächen schließende und versteifende

Tab. 12.3 Demontageergebnisse für Deutschland im Jahr 2012 nach UBA [12.2]

Demontierte Bauteile und Stoffe	Wiederverwendung (t)	Recycling (t)	Energet. Verwertung (t)	Beseitigung (t)
Batterien[a]	65	4.082	0	2
Flüssigkeiten (ohne Kraftstoff)	89	2.895	581	867
Ölfilter[a]	0	0	53	5
Katalysatoren[a]	9	347	0	1
Reifen	1.249	6.651	5.665	50
Große Kunststoffbauteile	285	1.326	0	3
Glas	474	1.084	0	3
Andere Stoffe[a]	4.546	0	1.039	30
Summe	6.717	16.349	7.338	983

[a] Nur Nichtmetalle

Blechteile komplettiert. Die Blechteile sind vorwiegend genietet (Stahlnieten) und z. T. punktgeschweißt oder geklebt. Für das Recycling ist die Kenntnis der eingesetzten Aluminium-Legierungen von Bedeutung. Das sind Gusslegierungen (AlSi7Mg) und Knetlegierungen (AlMg0,4Si1,2 und AlMg5Mn). Im Abschn. 6.3 „Aluminiumrecycling" sind die Vorteile einer getrennten Behandlung von Guss- und Knetlegierungen, sowie der Einfluss von Verunreinigungen (Fe, Cu) erläutert. Dies bedeutet für die Aluminium-Altkarossen, dass eine Demontage- und Aufschlusstechnologie einzusetzen ist, die Eisen- und Kupferteile weitgehend abtrennt und die Guss- und Knetlegierungen nach Möglichkeit separiert. Nach der Demontage von Eisenteilen und Kupferkabeln besteht die Möglichkeit, die Gussteile und oder die Blechbeplankungen mechanisch herauszutrennen und anschließend zu Shreddern. Bei einem gemeinsamen Shreddern der Gesamtkarosse sind nach Abtrennung von Eisenresten (Magnetsortierung) und Kunststoffen (Windsichtung) Verfahrensstufen zur Sortierung in Guss- und Knetlegierungen einsetzbar (Hot-Crush-Technik; sensorgestützte Sortierung, Wirbelstromscheider).

Demontage von CFK-Karosserien
Noch weiter in die Zukunft gerichtet sind Überlegungen zum Recycling von CFK-Karossen. Der BMW i3 mit CFK-Karosserie z. B. hat folgenden Aufbau:

1. Das Chassis besteht aus einem Leichtmetallrahmen, der das Fahrwerk, die komplette Antriebs- und Steuereinheit und die Li-Ionen-Akkus trägt.

2. Die CFK-Fahrgastzelle (inkl. Außenhaut) ist mit dem Rahmen verschraubt. Für ein optimales CFK-Recycling sind die Demontage des CFK-Aufbaus vom Rahmen und der Ausbau des Kabelbaums erforderlich.

Allgemeingültige Aussagen zum Recycling von CFK-Werkstoffen und faserverstärkten Kunststoffen sind in Abschn. 7.4.3 besprochen.

Verwertung der entnommenen Betriebsflüssigkeiten und Bauteile

1. Altöl: Die Verwertung von Altölen ist für das stoffliche Recycling (Altöl-Raffination oder Reduktionsmittel im Hochofen) bereits in Abschn. 11.2 ausführlich behandelt. Die energetische Verwertung vermischter Altöle wird in Abschn. 15.6 zu behandeln sein.
Besonderer Erwähnung bedürfen die Ölfilter. Sie bestehen aus einem Stahlgehäuse (30…60 %), Filterpapier (5…10 %) und dem restlichen Altöl (10…30 %). Durch Shreddern, Waschen und Magnetsortieren lässt sich ein hochwertiger Stahlschrott gewinnen. Das Filterpapier ist energetisch zu verwerten.

2. Altkraftstoffe: Bei getrennter und sauberer Entnahme dienen sie dem Eigenbedarf der Demontagebetriebe. Wegen möglicher Verunreinigungen sind sie nicht verkäuflich und müssen bei Abgabe an Dritte evtl. energetisch verwertet werden.

3. Kühlerflüssigkeit: Die Verwertung der Wasser/Ethylenglykol-Mischungen ist in Abschn. 11.1.1 bereits behandelt.

4. Bremsflüssigkeit: Die Bremsflüssigkeit besteht aus hochsiedendem Glykol (Siedetemperatur $>250\,°C$), das im Laufe der Verwendung durch Wasseraufnahme (2…3 %) unbrauchbar wird. Eine einfache Art der Regenerierung ist nach einer Filtration die destillative Abtrennung des Wassers. Ein zweites Verfahren führt nach Filtration fester Verunreinigungen eine Umesterung durch (Gewinnung von Glykolether und Borsäure) und reinigt den Glykolether destillativ. Etwa 50 % der entnommenen Bremsflüssigkeiten aber werden energetisch verwertet oder in Sonderabfallverbrennungsanlagen entsorgt.

5. Kältemittel: In Altautos sind Kältemittel vom FCKW-Typ (CF_2Cl_2) oder der chlorfreie Typ (CH_2FCF_3) zu erwarten. Wegen des starken Schädigungspotentials der Ozonschicht sind diese Kältemittel vollständig zu erfassen und am günstigsten den Primärherstellern zur Verwertung oder Beseitigung anzudienen.

6. Batteriesäure und Blei-Batterie: Die Batteriesäure (Schwefelsäure) verbleibt meist in der Blei-Batterie und wird zusammen mit dieser den Blei-Recyclinghütten zugeführt. Die Verwertung der Batteriesäure erfolgt dort durch Umsetzung mit Soda zu kristallinem Natriumsulfat oder durch Regeneration der Schwefelsäure. Das Recycling der Blei-Batterien ist in Abschn. 6.5.2 erläutert.

7. Kunststoffe: Die Wiederverwendung von Kunststoffgebrauchtteilen ist begrenzt, da oft eine Beschädigung beim Ausbau auftritt. Gelegentlich sind demontierte Stoßfänger oder Leuchten verkäuflich. Der getrennte sortenreine Ausbau von größeren Kunststoffbauteilen ist aber auch für das werkstoffliche Recycling von grundlegender Bedeutung. Bei Vermischung der vielen Kunststoffsorten und Verbunde ist auch durch nachfolgende Sortierprozesse nur schwierig ein qualitativ ausreichendes Recyclat zu gewinnen. Eine Besonderheit der Altkunststoffe aus Automobilen ist häufig die Lackierung (besonders Stoßfänger). Die Lackschicht schützt zwar den Kunststoff vor der UV-Strahlung, führt aber beim Werkstoffrecycling zu einer Qualitätsverminderung. Es ist deshalb eine Entlackung erforderlich. Die Entlackung ist durch Sandstrahlen – bzw. mit anderen Strahlmitteln – möglich. Das Verfahren besitzt aber den Nachteil, dass das Strahlmaterial in die Kunststoffoberflächen eindringt und dadurch das Kunststoffmaterial verunreinigt. Deshalb ist nur ein Ablösen der Lackschichten einsetzbar. Als Lösemittel ist eine Mischung von Diethylenglykol mit KOH geeignet. Der Löseprozess wird nach einer Vorzerkleinerung der Kunststoffbauteile durchgeführt. In einer halbtechnischen Untersuchung konnte eine Gesamttechnologie zur Aufarbeitung von lackierten Stoßfängern ausgearbeitet werden. In einer ersten Stufe wurden eine Rotorschere und ein Sieb zur Zerkleinerung und Klassierung auf 10…50 mm eingesetzt. Dieses zerkleinerte Gut enthielt 88 % Hartkunststoffe, 6 % Kunststoff-Schäume, 5 % Stahl und 1 % Kunststoff-Metall-Verbunde. Es wurde durch Magnetscheidung und Windsichtung gereinigt und danach der chemischen Entlackung zugeführt. Daran schloss sich eine 2-stufige NIR- und MIR-Sortierung an, die zu sehr guten Kunststoffqualitäten führte: PA 97,1 %; PE 95,6 %; PMMA 99,2 %; PC-PBT 98,7 %. Weitere umfangreiche Angaben zum Kunststoffrecycling finden sich in Kap. 7. Dort wird auch die getrennte Aufarbeitung einiger Autobauteile kurz beschrieben (ABS-Kühlerschutzgitter; PA-Kühlwasserkästen; PP-Stoßfänger; PUR-Armaturentafeln). Die Demontage von Kunststoffbauteilen mit nachfolgender werkstofflicher Verarbeitung steht allerdings in Konkurrenz zum Verbleib in der Restkarosse und einer Kunststoffgewinnung aus der Shredderleichtfraktion (z. B. im VW-SiCon-Verfahren), dessen Kunststoffgranulat dann zur rohstofflichen Verwertung als Reduktionsmittel im Hochofen geeignet ist. Auf Grund des hohen Demontageaufwandes und der starken Alterung und Verschmutzung der Kunststoffbauteile in Altfahrzeugen findet die Demontage und Verwertung nur in begrenztem Umfang statt.

8. Abgaskatalysator: Der Wert der Altkatalysatoren besteht in dem Anteil an Edelmetallen (Pt, Pd, Rh) in der aktiven Schicht des Keramikkörpers bzw. des Edelstahlgitters. Für das Recycling müssen die Altkatalysatoren zunächst von dem Stahlmantel befreit werden. Aus dem Katalysatorträger können anschließend die Edelmetalle herausgelöst werden. Ein Verfahren ist in Abschn. 6.7 erläutert.

9. Altreifen: Die werkstoffliche und rohstoffliche Verwertung von Altreifen wurde im Abschn. 7.4.2 besprochen. Zur energetischen Verwertung werden Angaben in Kap. 15 gemacht.

10. Glasscheiben: Die Glasscheiben gehören zum Glastyp Flachglas. In Fahrzeugen sind drei Flachglas-Sorten zu unterscheiden: Einscheibensicherheitsglas, Verbundsicherheitsglas (mit einer PVB-Kunststofffolie), eingeklebte Scheiben mit einer schwarzen Randbeschichtung („black border enamel") (siehe Abschn. 9.1). Eine Wiederverwendung ausgebauter Scheiben findet praktisch nicht statt. Die werkstoffliche Verwertung ausgebauter Scheiben oder Scherben durch Aufbereitung und Umschmelzen ist nur zu niedrigen Qualitäten möglich und ist in Abschn. 9.1 beschrieben. Auf Grund von Komplexität und Qualitätsproblemen ist der Anteil aber gering. Die größere Menge der Scheiben verbleibt in der Karosse, wird mit geshreddert und findet sich in den Shredderrückständen. Je nach Aufbereitungstiefe einer nachgeschalteten Shredderrückstandsaufbereitung landet das Glas in Fraktionen zur Deponierung, zum Deponiebau und zum untertägigen Versatz oder nach tiefergehender Aufbereitung in einer Mineralikfraktion zur Verwertung.

12.1.4 Der Shredderprozess in der Altfahrzeugverwertung

Das Shreddern ist ein Verfahren der Aufschlusszerkleinerung mit dem Ziel, die Karosse in sortierfähige Stückgrößen von < 150 mm zu zerkleinern und durch die besondere Art der Beanspruchung die Werkstoffverbindungen auseinander zu reißen, d. h. einen Aufschluss zu bewirken (siehe dazu die Ausführungen in Abschn. 3.2) und anschließend eine Sortierung in 3 Stoffströme durchzuführen. Eine gewisse Unschärfe bei der Nutzung der Begrifflichkeit führt dazu, dass in Literatur und Sprachgebrauch als „Shredder" sowohl das Zerkleinerungsaggregat am Anfang des Prozesses, ausgebildet als Hammerbrecher, wie auch die komplette Shredderanlage mit mindestens einem integrierten Klassier- und zwei integrierten Sortierschritten bezeichnet wird. In der Praxis bestehen Shredderanlagen mindestens aus einer Zuförderstrecke, einer Einzugswalze, einem Hammerbrecher (Abb. 3.2 und Abb. 12.3) mit integrierten Sieben und Auswurfklappen, einem Abwurfband mit darüber angeordneter Absaugung und nachgeschalteter Zyklonabscheidung der Stäube sowie einem Walzenmagnetscheider. In Abb. 12.2 sind die Verfahrensstufen und Stoffströme einer Shredderanlage dargestellt.

In der folgenden Abb. 12.3 ist zunächst die maschienentechnische Ausführung eines ausgewählten Shredders mit der Zuförderstrecke, dem Hammerbrecher, den Austragsrosten und der Staubabsaugung wiedergegeben.

Der Begriff mit der englischsprachigen Bezeichnung „Shredder" wurde in den 70er-Jahren des vergangenen Jahrhunderts in Deutschland eingeführt mit dem Ziel, eine Abgrenzung zu beliebigen Häcksel- und Zerkleinerungsaggregaten, die im deutschen Sprachraum auch als Schredder bezeichnet werden, zu erreichen. Ziel der Entwicklung und Einführung von Shredderanlagen war es, aus immer komplexeren eisenreichen Altprodukten Stahlschrottfraktionen abzutrennen, die den auf der anderen Seite immer anspruchsvolleren Vorgaben der abnehmenden Stahlwerke genügen. Dies gelingt durch einen Aufschluss mittels Schlag- und Schereffekten, einer nachgeschalteten Absaugung aller leichtern Bestandteile

Abb. 12.2 Verfahrensstufen und Stoffströme einer Shredderanlage [1.5, 12.9]

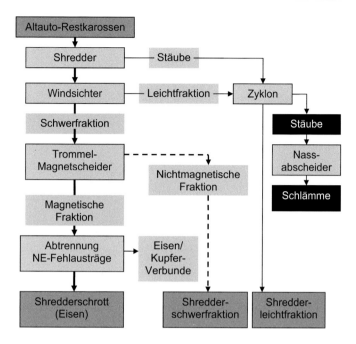

("Shredderleichtfraktion") und einer anschließenden Abtrennung der magnetischen Bestandteile ("Shredderschrott", Stahlschrottfraktion) von den verbleibenden, NE-Metallreichen, nicht magnetischen Bestandteilen ("Shredderschwerfraktion"). Die ursprüngliche Shreddertechnik, entwickelt von der Firma Lindemann, heute Metso Lindemann, hat sich im Laufe der Jahrzehnte weiterentwickelt und zwar zu Spezialmaschinen für schwere Mischschrotte (langsam laufendes Zerkleinerungsaggregat, Typ „Kondirator" der Fa. Lindemann), schnelllaufende, weiterentwickelte mittelgroße Shredder (z. B. Typ „Zerdirator" der Fa. Lindemann; Abb. 12.3), zu sehr großen Aggregaten mit Durchsatzleistungen bis zu 120 t/Stunde (z. B. Typ „Power-Zerdirator" der Fa. Lindemann) aber auch kleineren, flexiblen Aggregaten (Schrottmühlen und deren Weiterentwicklungen). Weltweit sind einige Unternehmen insbesondere aus Deutschland/Finnland, Deutschland/Frankreich, England, USA, Japan und China als Shredderanlagenhersteller aktiv.

Shredder, die für die Verwertung von Altfahrzeugen genutzt werden, sind so dimensioniert, dass komplette gepresste Restkarossen aber auch ungepresste Altautos zugeführt werden können. Im Aufgabebereich des Shredders sorgen Einzugsrollen für die Zuführung der Restkarossen in den Zerkleinerungsraum. Das Zerreißen übernehmen dann an einem massiven Rotor pendelnd aufgehängte Hämmer und ein Amboss. Eine weitere Zerkleinerung und auch Verdichtung findet durch Prallvorgänge mit dem Shreddergehäuse und zwischen den Stücken statt. Ein im Gehäuse eingebauter Rost (unterhalb, oberhalb oder seitlich) gestattet nur den Austrag ausreichend zerkleinerter Stücke, so dass im Shredder auch eine Materialklassierung stattfindet. Schmutz, Lackpartikel, Textilien und Kunststoffe werden dabei z. T. so fein zerkleinert, dass im Shredder auch staubförmiges Material entsteht und sofort abgesaugt wird.

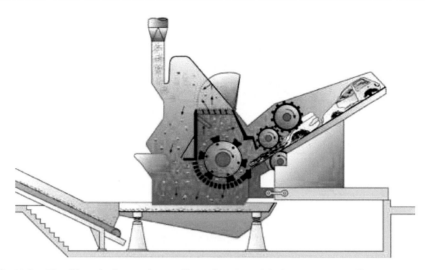

Abb. 12.3   Shredder mit oben und unten liegendem Rost, Lindemann ZZ (Zerdirator) [12.22]

   Die apparative Gestaltung einer typischen Shredderanlage mit den zugehörigen Sortierapparaten, Absaugung und Staubabscheidung ist in Abb. 12.4 dargestellt.

Windsichtung, Shredderleichtfraktion (SLF)
Von dem Shredderaustrag wird in einer ersten Sortierstufe durch Windsichtung eine
flugfähige Leichtfraktion abgetrennt. Das Funktionsprinzip einer Windsichtung ist in
Abschn. 3.3 (Stromklassierung) ausführlich erläutert und in Abb. 3.9 skizziert. An dieser
Stelle werden nur nochmals die wesentlichen Zusammenhänge benannt. Die Windsichter
sind Aerostromsortierer, bei denen ein Körnerkollektiv in einen Luftstrom eingetragen
wird. Dieser Luftstrom nimmt die leichten und kleinen Körner mit, während die schweren und großen Partikel im Luftstrom absinken. Neben der Dichte und der Korngröße
der Partikel beeinflusst auch noch die Kornform (Kugeln, Platten, Fasern) den Trenneffekt. Die Dichten wichtiger Werkstoffe sind in Tab. 3.5 zusammengestellt. Die erzeugte
Shredderleichtfraktion (SLF) (Masseanteil ca. 18…25 % für reine Restkarossenströme
und Standardinputmischungen des Shredders) wird aus dem Luftstrom mit einem Zyklon ausgeschieden. Die verbleibende Abluft muss noch durch ein Nassabscheidesystem
(vorwiegend Venturidüse und Tropfenabscheider) nachgereinigt werden. Eine durchschnittliche Zusammensetzung der SLF ist in Tab. 12.4 angegeben. Für SLF werden auch
folgende Bezeichnungen verwendet: Shredderrückstände; Shredderabfälle; Shreddermüll;
Residue Shredder (RESH); Fluff; Automotive Shredder Residue (ASR). Diese Bezeichnungen sind jedoch teilweise unscharf oder sehr einschränkend. So wären unter den ersten
drei genannten Begriffen eigentlich die SLF plus der Rückstände der SSF-Aufbereitung
nach Abtrennung der NE-Metalle daraus (siehe weiter hinten) zu verstehen. RESH ist
eine Bezeichnung, die in der Schweiz verwendet wird. Fluff ist missverständlich, da
damit ggfs. nur der faserig-schaumige Teil der SLF bezeichnet wird. ASR bezieht sich

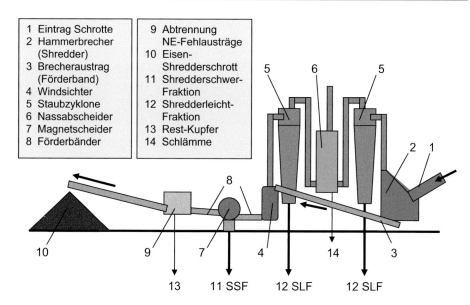

Abb. 12.4 Typische apparative Ausführung einer industriellen Shredderanlage (vereinfachte Darstellung nach Prospekten von Metso-Lindemann [12.22])

ausschließlich auf Shredderrückstände, die bei der Shredderung reiner Altfahrzeugchargen gewonnen würden. Da dies außer zu Versuchszwecken nicht der Praxis entspricht, ist der Begriff nur sehr eingeschränkt verwendbar. In der Regel verarbeiten Shredderanlagen immer Mischungen von Altfahrzeugen, Haushaltsgroßgeräten (Elektrogroßgeräte bzw. „weiße Ware", siehe auch Kap. 13) und leichtem Mischschrott, da so Auslastung und Betrieb des Hammerbrechers optimiert werden können. Weitere Materialkenngrößen der SLF: Heizwert 13 000...14.000 kJ/kg; Korngrößen 1...80 mm (6 % >80; 24 % 20...80; 40 % 2...20; 30 % <1). Von anderen Autoren wird ein Feinkornanteil <10 mm von etwa 50 % angegeben.

Magnetscheidung, Shredderschrott (Stahlschrott), Shredderschwerfraktion (SSF)
Aus der schweren Fraktion, die bei der Windsichtung anfällt, trennt ein Trommelmagnetscheider (siehe Abschn. 3.4.2; Abb. 3.10) die Stahl- und Gusseisen-Stücke ab. Die stark kupferhaltigen Eisenteile (Lichtmaschinenanker) sowie Gummi- und Polsterteile mit Eisenkern werden nachfolgend manuell aussortiert (0,6 %). Eine Separierung der kupferhaltigen Eisenteile mittels Röntgensortierung wurde erfolgreich erprobt. Die abgetrennte Eisenfraktion wird als Shredderschrott (Massenanteil ca. 65...75 % für Restkarossenströme, bei Standardinputmischungen des Shredders eher 75 %) bezeichnet. Die verbleibende unmagnetische Fraktion aus NE-Metallen, CrNi-Stahl, Glas, Gummi und Kunststoffen ist die sogenannte Shredderschwerfraktion (SSF). Der Massenanteil der Shredderschwerfraktion beträgt 5...11 % für reine Restkarossenströme, bei Standardinputmischungen des Shredders eher 3...8 %.

Der Shredderschrott ist ein wertvoller Stahlschrott (>95 % Fe), der in den Stahlwerken zum Einsatz kommt. Durch die mechanische Beanspruchung beim Shreddervorgang sind

Tab. 12.4 Zusammensetzung der Shredderleichtfraktion (SLF) in Abhängigkeit verschiedener Aufgabemischungen von Restkarossen, Haushaltsgroßgeräten und leichtem Mischschrott

Material	Massenanteile
Hartkunststoffe	25…40 %
Elastomere, Gummi	10…30 %
Holz, Zellulosestoffe	3…8 %
Fasern, Bezugsstoffe	5…16 %
Lack, Unterbodenschutz	3…5 %
Glas, Keramik	10…16 %
Metalle:	
Eisen	5…15 %
Kupfer	1…3 %
Aluminium	2…3 %
Sonstiges (Rost, Sand, Staub)	2…5 %
Schadstoffe:	
Kohlenwasserstoffe	<2 %
PCB	10…25 ppm

auch Lacke, Rost und Verunreinigungen von den Stahlteilen abgeplatzt, so dass metallisch glänzende, verdichtete Schrottstücke homogener Stückgröße (50…150 mm) vorliegen. Dieses Material ist gut dosierfähig. Nach der europäischen Stahlschrottsortenliste werden Stückgrößen von 95 % <200 mm, 5 % <1.000 mm und Freiheit von sichtbarem Kupfer, Zinn, Blei und deren Legierungen gefordert. Die beim Stahlschmelzen notwendigen Schrottqualitäten und die Verfahrenstechnik wurden in Abschn. 6.2.2 besprochen. An diese Stelle muss nochmals auf die Anforderung der Stahlmetallurgie nach geringen Cu- und Sn-Gehalten im Shredderschrott hingewiesen werden, da bei der Stahlraffination keine Abtrennung von Kupfer oder Zinn möglich ist. Das bedeutet für die Demontage- und Shreddertechnologie, dass eine effektive Aufschlusszerkleinerung mit Handnachsortierung oder Röntgensortierung nach der Magnetscheidung notwendig sind. Der Restgehalt an Kupfer im Shredderschrott darf heute maximal 0,15 % Cu betragen. Dieser Gehalt muss beim Stahlschmelzen durch Verdünnung mit kupferarmen Schrotten oder Roheisen auf unter 0,1 % Cu gesenkt werden. Die zulässigen Sn-Gehalte liegen häufig noch um eine Zehnerpotenz niedriger.

In die unmagnetische Fraktion der Magnetscheidung, die Shredderschwerfraktion, gelangt aus dem Input des Shredders die Hauptmenge an NE-Metallen und deren Legierungen (stückiges Material aus Aluminium, Magnesium, Kupfer, Zink, Messing, Bronze, Blei, Zinn), ein Anteil an Kupferkabeln, nichtmagnetischer CrNi-Stahl sowie große Kunststoff-

und Gummiteile, Glas und Holz aber auch Beton aus Ausgleichgewichten von Waschmaschinen bei gemischtem Shredderinput. Mit einem Metallgehalt von 40…50 % stellt die Shredderschwerfraktion ein beachtliches Wertstoffpotential dar. Im Schnitt werden rund 77 % der NE-Metalle in dieser Fraktion ausgebracht. Rund 21 % werden in die SLF ausgetragen. Etwa 2 % entfallen auf die weitgehend aus dem Shredderschrott ausgeklaubten kupferhaltigen Komponenten. Bei der Verteilung der wichtigsten NE-Metalle über SLF und SSF ergab sich bis vor einigen Jahren folgendes Bild [12.12]:

- Shredderschwerfraktion: Aluminium 81,6 %; Kupfer 40,4 %; Zink 89,1 %,
- Shredderleichtfraktion: Aluminium 17,6 %; Kupfer 48,8 %; Zink 10,9 %.

Der große Anteil von Kupfer in der SLF ist auf die dort hauptsächlich ausgebrachten Kupferkabel zurückzuführen. Heute ist der Gesamtanteil an Zink im groben Bereich rückläufig, da ein großer Teil aus Vergasern (Druckgussteile) stammte, die mittlerweile nicht mehr verbaut werden. Für die im nächsten Abschnitt beschriebene weitere Aufbereitung der Shredderschwerfraktion ist auch die Massenverteilung der Stückgrößen von Bedeutung: >65 mm 14 %; 15…65 mm 61 %; <15 mm 25 %.

Im Jahr 2003 hatten deutsche Shredderanlagen folgenden Input: Leichter Mischschrott 60,5 %; Altkarossen 22,3 %; Haushaltgroßgeräte 8,6 %; sonstige Elektrogeräte 4,5 %; Sonstiges (Stahlblech, CrNi-Stahl, Al-Schrott). Hierbei ist darauf hinzuweisen, dass die letztgenannten beiden Kategorien als Sonderchargen oder auf speziellen Shredderanlagen verarbeitet wurden. Im Jahr 2012 war der Anteil der Altkarossen auf 12,7 % gesunken. Dabei enthielten 40 % der Altkarossen keinen Motor. Die Motoren werden häufig für die Regenerierung ausgebaut oder zusammen mit Getriebe und Achsen als Kernschrott entnommen, da diese Kompaktschrotte in getrennter Form einen höheren Schrotterlös erzielen. Der Kernschrott wird dann separat geshreddert. Auf Grund des geringen Anteils der Altautos am Shredder-Input ist ein Nachweis der Verwertungsquoten der Altfahrzeuge für die Unternehmen problematisch.

12.1.5 Aufbereitung und Verwertung der Shredderschwerfraktion

Für die Rückgewinnung der wertvollen NE-Metalle aus dieser Mischfraktion ist ein besonderer Aufbereitungsprozess erforderlich, der in der Regel in vier Verfahrensschritten durchgeführt wird (Abb. 12.5):

- In einem ersten Verfahrensschritt erfolgt häufig direkt hinter der Shredderanlage eine Klassierung der SSF in die Fraktionen <10 (15) mm, 10 (15)…40 mm, 40…100 mm und >100 mm. Die Fraktion <10 (15) mm wird an spezielle SSF-Feinkornaufbereiter weitergegeben, von denen in Europa zwei Betriebe zur Metallrückgewinnung aktiv sind, darunter einer in Deutschland. Die Fraktion >100 mm durchläuft eine Handklaubung. Aufgeschlossene Metallteile werden einer direkten

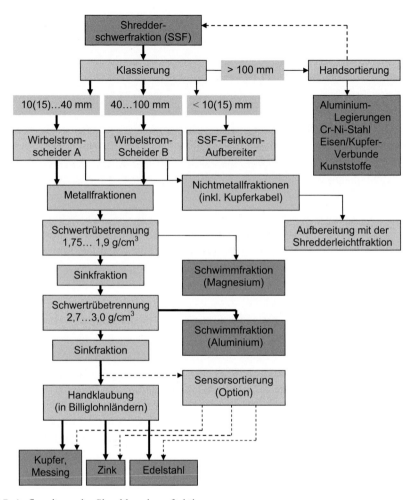

Abb. 12.5 Aufbereitung der Shredderschwerfraktion

Verwertung zugeführt, unaufgeschlossene Teile wieder in den Shreddervorlauf zurückgegeben. Die beiden mittleren Fraktionen laufen in der Regel direkt aber im Hinblick auf höhere Trennschärfen in separaten Strömen Wirbelstromscheidern vor (Funktionsprinzip siehe Abschn. 3.4.2, Tab. 3.7 und Abb. 3.11). Aufgrund des deutlichen Rückganges der Investitionskosten für Wirbelstromscheider wird diese Technik heute in der Regel vor der Schwimm-Sink-Trennung eingesetzt und bei größeren Shredderanlagen zunehmend direkt hinter diesen installiert. Hier erfolgt eine Trennung der leitfähigen kompakten Metallteile gegen die nichtleitfähigen nichtmetallischen Komponenten. Dabei werden Kupferkabel auf Grund noch vorhandener Ummantelung und der schlechten Abtrennbarkeit eindimensional ausgelängter Partikel in die nichtmetallische Fraktion befördert. Diese weitgehend nichtmetallische Fraktion lässt sich zur weiteren Aufbereitung mit der SLF verei-

nen oder getrennt verarbeiten. Letzteres wurde insbesondere von der Fa. Galloo in
Belgien vorangetrieben (siehe Abschn. 12.1.6.2).

- Die abgetrennten Metallfraktionen laufen nun einer Dichtetrennung in Schwertrü-
betrommeln vor. Das Funktionsprinzip dieses Sortierverfahrens ist in Abschn. 3.4.1
und Abb. 3.7 beschrieben. Die Dichtewerte der Metalle enthält Tab. 3.5. Sind nennenswerte Mengen an Magnesiummetall zu erwarten, erfolgt die Trennung in einem
zweistufigen Prozess. Mittels feingemahlenem Magnetit (oder Ferrosilizium) werden
Trübedichten von 1,75…1,9 g/cm³ eingestellt, bei denen Magnesium aufschwimmt,
während alle anderen Bestandteile absinken. Der zweite bzw. bei vernachlässigbaren
Magnesium-Anteilen einzige Trennschnitt wird mit einer Dichtetrübe unter Einsatz
von geblasenem Ferrosilizium bei einem Trennschnitt von 2,7…3,0 g/cm³ durchgeführt. Hierbei schwimmt Aluminium auf während alle anderen Metalle absinken.
Diese Systeme sind häufig noch ausgelagert und werden von mehreren Shredderbe-
treibern beliefert. Sehr große Betriebe haben aber auch diese Prozessstufe bereits in
ihren Gesamtablauf integriert. Mit dieser Technologie lassen sich direkt verwertbare
Magnesium- und Aluminium-Konzentrate erzeugen. Die verbleibende schwere NE-
Metallfraktion muss jedoch weiter aufbereitet werden.

- In einer vierten Prozessstufe erfolgt die weitere Auftrennung der schweren NE-
Metallfraktion, die überwiegend aus Kupfer, Messing, Zink und Edelstahl besteht.
Bis heute erfolgt ein nennenswerter Teil dieser Separation durch Handklaubung, die
in Entwicklungs- und Schwellenländern durchgeführt wird. Eine alternative dazu
bietet die sensorgestützte Sortierung, mit deren Hilfe auch bei dem Lohnniveau von
Industriestaaten eine effiziente Trennung und damit Verfügbarmachung für heimische
Metallhütten möglich ist.

12.1.6 Aufbereitung und Verwertung der Shredderleichtfraktion (SLF) bzw. der Shredderrückstände (SR)

Die Shredderleichtfraktion stellt mit 18…25 % des Shredderoutputs einen erheblichen
Masseanteil dieses Prozesses und damit einen beachtlichen Anteil der zu verwertenden
Masse eines Altfahrzeuges dar. Hinzu zu rechnen ist die im Wesentlichen nichtmetalli-
sche Restfraktion aus der Aufbereitung der Shredderschwerfraktion, die 10…20 % der
Masse der SLF ausmacht. Gemeinsam werden diese als Shredderrückstände (SR) be-
zeichnet. Auf Grund des hohen Organikanteils und der Metallgehalte ist in Deutschland
seit 2005 eine Deponierung der SR ohne Vorbehandlung auf einer Hausmülldeponie
(Glühverlust <3 bzw. 5 % vorgeschrieben) nicht mehr gestattet. Österreich setzte als
erstes Land der EU ein faktisches Deponieverbot für unbehandelte SR durch. In den
Niederlanden wurde ab 2008 eine Deponiesteuer für SLF erhoben und seit 2009 ist die
Deponierung von SLF verboten. Die thermische Behandlung bzw. energetische Nutzung
ist in einer Müllverbrennungsanlage (MVA) möglich. Auf Grund des hohen Kunststoffanteils von ca. 30 % und des Gehaltes wertvoller Metalle wird aber deren Rück-

gewinnung zur stofflichen oder energetischen Verwertung (Ersatzbrennstoffe) ab 2006 gefordert (AltfahrzeugV). Darüber hinaus muss, auch zur Erfüllung der Verwertungs- und Recyclingquoten für Altfahrzeuge, ein großer Teil der entsprechend aufbereiteten Shredderrückstände geeigneten Absatzwegen zugeführt werden. Dies gilt im Übrigen ebenfalls im Hinblick auf die Erreichung der Verwertungs- und Recyclingquoten für bestimmte Elektroaltgeräte (siehe Kap. 13) die den Weg über die Shredderroute nehmen. Da in den derzeit geltenden Fassungen der entsprechenden Altproduktverordnungen bzw. -gesetze noch Quoten für die stoffliche Verwertung im Allgemeinen und nicht von Recycling im Speziellen vorgegeben sind, lassen sich diese Quoten auch mit relativ einfachen Maßnahmen erreichen. So genügt es beispielsweise insbesondere bei der SLF, diese durch einen Siebschnitt in eine heizwertreiche Grob- und eine heizwertarme Feinfraktion zu trennen. Die heizwertreiche Grobfraktion kann Müllverbrennungsanlagen zugeleitet werden, die einen ausreichend hohen Energie-Auskopplungsgrad aufweisen. Auf Grund eines Heizwertes von > 11 MJ/kg gilt der Einsatz dieser Fraktion als energetische Verwertung. Der heizwertarme Siebdurchgang kann auf Deponien als Deponiebaustoff eingesetzt werden und gilt dann als stofflich verwertet. Diese Verwertungsoptionen sind nicht besonders hochwertig, bei niedrigen Annahmegebühren von Müllverbrennungsanlagen und Deponien aber wettbewerblich schwer zu unterbieten. Würde im Rahmen künftiger Revisionen von Altproduktrichtlinien, -gesetzen und -verordnungen der Begriff der stofflichen Verwertung durch den Begriff Recycling ersetzt, so, wie er in der Europäischen Abfallrahmenrichtlinie und dem deutschen Kreislaufwirtschaftsgesetz definiert ist (also im Sinne von Rückführung in den Wirtschaftskreislauf unter Ausschluss der Ablagerung oder Verfüllung), wären komplexere Aufbereitungs- und hochwertigere Verwertungsverfahren erforderlich.

In Ländern mit strikteren gesetzlichen Vorgaben, hohen Annahmepreisen oder anderen Rahmenbedingungen, die eine hochwertige Verwertung begünstigen wie etwa Japan, Österreich, Belgien, Frankreich, den Niederlanden oder der Schweiz, haben sich komplexere Aufbereitungsprozesse und hochwertigere Verwertungspfade etabliert. In Deutschland existiert derzeit in Espenhain nur eine solche industrielle Umsetzung [12.13]. Aufgrund des hohen Masseanteils und des noch größeren Volumenanteils der SLF an den Shredderprodukten wurde die Lösung des SLF-Problems seit Ende der 80er-Jahre des letzten Jahrhunderts umfangreich untersucht. Die vier Länder, in denen weltweit die meisten Entwicklungen durchgeführt wurden, waren Deutschland, Belgien, Japan und die Schweiz. Auf Grund des völligen Deponieverbots für nicht komplett inertisierte Abfälle in der Schweiz wurde dort bereits sehr früh primär auf thermische Routen gesetzt, während die Entwicklungen in den anderen genannten Ländern im Wesentlichen von der Rückgewinnung von Wertstoffen und der Reduzierung des zu deponierenden Volumens getrieben waren und dabei auf mechanische Separationsverfahren setzten. In den folgenden Ausführungen werden ausgewählte Beispiele von Industrieanlagen und Pilotanlagen und weitere Verfahrensvorschläge vorgestellt.

Abb. 12.6 Hauptprozess der Aufbereitung von Shredderleichtfraktion nach dem VW-SiCon-Verfahren

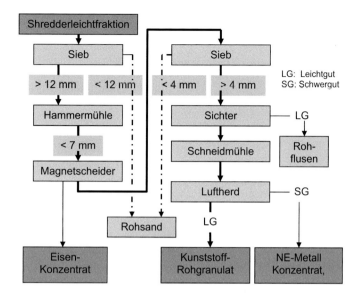

12.1.6.1 Die VW-SiCon-Technologie als beispielhaftes Verfahren

Auf diesem in Deutschland entwickelten Verfahren basieren mehrere industrielle Anlagen in Österreich, Frankreich, Belgien und den Niederlanden. Das mehrstufige Verfahren arbeitet mit mechanischen Trenntechniken: „mehrstufige Zerkleinerung, Klassierung, Sortiertechnik auf Basis von Dichte, Kornform, Magnetisierbarkeit, elektrischer Leitfähigkeit und optischer Eigenschaften" [7.16, 12.15]. In der ersten Prozessebene erfolgt die Trennung verschiedener Komponentengruppen nach ihren prinzipiellen Materialcharakteristika in robusten trockenmechanischen Prozessen. Dabei wird das Aufgabematerial in die 5 Fraktionen „Rohgranulat" (Hartkunststoff-dominierte Fraktion), „Rohflusen" (Faser- und Schaumstoff-dominierte Fraktion), „Rohsand" (Mineralik-dominierte Fraktion) sowie bereits direkt verwertbare Eisen- und NE-Konzentrate aufgetrennt. Dieser sogenannte SR-Hauptprozess des Verfahrens ist in Abb. 12.6 angegeben.

Die drei Vorprodukte *Rohgranulat*, *Rohflusen* und *Rohsand* werden in nachfolgenden, Kunden- bzw. Absatzkanal-spezifischen Prozessen so weiter veredelt, dass sie zielgerichtet in die entsprechenden Absatzkanäle eingeführt werden können. Vor dem Hintergrund international unterschiedlicher Abnahmemärkte wird diese Prozessebene regional angepasst gestaltet. Hierbei ist die Auswahl geeigneter Absatzkanäle im Hinblick auf die maximale Nutzung der Materialeigenschaften, hinreichend großer Abnahmekapazitäten und ausreichender Unempfindlichkeit gegenüber Qualitäts- und Mengenschwankungen entscheidend. Anforderungen bezüglich Wertstoffmindest- und Störstoffhöchstgehalten seitens der Abnehmer fließen in die Prozessgestaltung ein. Gleiches gilt auch für die Optimierung der physikalischen Parameter der Zielfraktion (Aufbau des Kornbandes, Faserlängen etc.). Die Prozessführung der zweiten Ebene erfolgt entsprechend in teils komplexeren trocken- und nassmechanischen Verfahrensschritten.

Abb. 12.7 Veredelung der
Kunststofffraktion „Roh-
granulat" des VW-SiCon-Ver-
fahrens zur Erzeugung einer
Reduktionsmittelfraktion für
den Hochofenprozess

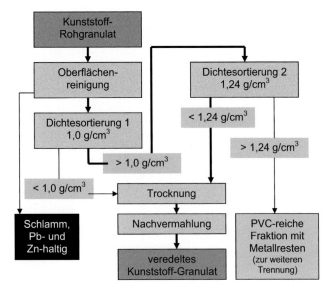

Für den gezielten Einsatz einer Hartkunststofffraktion als Reduktionsmittel im Hochofenprozess wird das Vorprodukt Rohgranulat in einer zweistufigen nassen Dichtesortierung veredelt (Abb. 12.7). Zuvor erfolgt eine Oberflächenreinigung des Granulats in
einem Friktionswäscher, die dem Abwaschen Pb/Zn-haltiger Stäube dient und eine maximale Oberflächenbenetzung für die Dichtesortierung garantiert. In der Dichtetrennung
wird eine wässrige Magnesiumsulfat-Lösungen eingesetzt. Hauptziel ist die Abtrennung
von PVC, schwefelhaltigen vulkanisierten Gummipartikeln und Restgehalten an Kupfer.
Das veredelte Kunststoffgranulat erfüllt die Qualitätsanforderungen für das Einblasen als
Reduktionsmittel im Hochofenprozess (Heizwert 30…35 MJ/kg; Glühverlust ca. 91 %;
Cl < 1,2 %; Na_2O < 1 g/kg; Zn < 0,5 g/kg). Der Einsatz im Hochofen ist in Abschn. 7.5.5,
Abb. 7.22 und den Tab. 7.12 sowie 7.13 ausführlich beschrieben.

Ein weiterer Verwertungsweg für die Kunststoff-Granulate ist die Vergasung zu Synthe-
segas (siehe Abschn. 7.5.4), das zu Methanol verarbeitet wird. Eine noch weitergehende
Veredlung der Kunststofffraktion wird ebenfalls geprüft (Gewinnung einer Polyolefin-
Fraktion und deren Reinigung mit dem CreaSolv-Prozess).

Die Shredderflusen (PUR-Schaum, Textilfasern) eignen sich nach entsprechender Veredlung z. B. als Entwässerungshilfsmittel in der Klärschlammkonditionierung [7.17]. Shred-
dersand kann ggfs. zu Bauzuschlagstoff aufgearbeitet werden [10.18]. Hierzu wurde im
Rahmen der Verfahrensentwicklung eine Auftrennung in folgende Fraktionen vorgenommen (Prozentanteile sind Mittelwerte): 26 % Eisenkonzentrat, 1 % Kupferkonzentrat, 15 %
Mischmetall, 24 % Organik, 34 % Mineralik-Konzentrat [12.16]. Weitere Separationen in
eine Aluminium/Magnesium-Fraktion und eine Kupfer-Fraktion sind möglich. Auch für
die PVC-reiche Fraktion aus der Granulatveredelung wurden weitere Aufbereitungs- und
Verwertungsschritte erarbeitet, die aber nur bei ausreichendem Mengenanfall wirtschaftlich
umsetzbar sind. Für das VW-SiCon-Verfahren erarbeiteten die Entwickler eine Ökobilanz,

die einen Vorteil des Verfahrens gegenüber einer weitgehenden Demontage der Kunststoffe aus den Altautos ausweist [12.14]. Das VW-SiCon-Verfahren ist darauf ausgelegt mit allen Shredderrückständen umzugehen.

12.1.6.2 Weitere Technologieansätze für die mechanische Aufbereitung von Shredderrückständen

Aufbereitungsverfahren der Fa. Scholz [12.13]
Dieses Verfahren arbeitet mit den Stufen Magnetscheidung, Siebklassierung und Wirbelstromsortierung. Folgende Produkte können gewonnen werden:

*   Metalle, direkt verwertbar: Eisen, Aluminium, Kupfer, legierter Stahl, Aluminium-Eisen-Verbunde.
*   Metallhaltige Verbunde: Kupfer-Produkt, Eisen-Produkt, Kabel, Leiterplatten, Verbunde zur weiteren Aufbereitung.
*   Kunststoffe und kunststoffreiche Produkte.
*   Ersatzbrennstoffe.

Außerdem fallen Flusen, Staub und mineralisches Feingut als Abfälle an. Durch weitere Aufbereitung der kunststoffreichen Fraktion gelingt eine Abtrennung restlicher Metalle durch zwei Schwimm-Sink-Stufen (1,5 und 3,2 g/cm^3) unter Zwischenschaltung einer Wirbelstromsortierung. Daran schließt sich die Trennung der Kunststofffraktionen ebenfalls mit einer Schwimm-Sink-Technologie an. Es lassen sich sortenreine Fraktionen von PP (<0,93 g/cm^3), PE (0,93…1,0 g/cm^3), ABS (1,05…1,1 g/cm^3) und PS (1,05…1,1 g/cm^3) in kleinen Masseanteilen (3…10%) erzeugen. Die Hauptmasse bilden auch hier Mischkunststofffraktionen für die Verwendung als Reduktionsmittel im Hochofen. Für die gesamten Kunststoffe aus SSF und SLF ist eine stoffliche Verwertungsquote von fast 50% erreichbar.

Sortec-Verfahren der LSD GmbH
Dieses trockenmechanische Aufbereitungs-Verfahren wurde in einer Pilotanlage mit der Zielstellung erprobt, die SLF in eine organische und eine anorganische Fraktion zu separieren. Es waren folgende Verarbeitungsstufen installiert: 2-stufige Zerkleinerung unter 7 mm, Trocknung, Siebung, Windsichtung, Magnetscheidung und Zick-Zack-Sichter. Erzeugte Produkte: Eisenfraktion, Kupferhäcksel (95% rein), Mineralien-Metall-Gemisch und eine homogene qualitätsgerechte organische Fraktion (60% des SLF-Einsatzes; Heizwert 23 MJ/kg).

Trockenmechanischer SRP-Prozess (Sult GmbH)
Das Verfahren verwendet folgende Trennapparate:

1. Vorsieb (Trennung in Feinsand, Mittelkorn, Überkorn).
2. Rotorschere (Aufschlusszerkleinerung des Überkorns auf <24 mm).
3. Magnetscheider (Abtrennung Stahl und Eisen).

4. Sensorgestützter Sortierer MESORT® (Abtrennung von Cr-Ni-Stahl und groben NE-Metall-Stücken).
5. Granulator (vollständiger Aufschluss aller Verbundteile, z.B. Kupferkabel, Feinheit 12 mm).
6. Bandtrockner (Endfeuchte ca. 2% zur Vermeidung von Verklebungen in den nachfolgenden Sieben und Sichtern).
7. Kegelsichter (Abtrennung der Schaumstoffe und Flusen).
8. Hauptsieb (Auftrennung in fünf Kornklassen; Grobkorn gehört zur organischen Fraktion).
9. Zick-Zack-Sichter (Abtrennung der Organik aus den drei mittleren Kornklassen als Leichtgut).
10. Luftherd (Gewinnung der NE-Metalle aus dem Feinkorn des Hauptsiebes und der Schwerfraktion des Zick-Zack-Sichters; zur Herdsortierung siehe Abschn. 3.4.1).

Hergestellte Produkte: a) kleinstückige Stahl-Eisen-Fraktion; b) NE-Metall-Fraktion (überwiegend Kupferdrähte); c) Organische Fraktion, Heizwert ca. 23 MJ/kg, Aschegehalt <5% (Grobkorn des Hauptsiebes, Schaumstoffe, Flusen, Leichtfraktion der Zick-Zack-Sichter).

Schwertrübetrennung bei der Firma ESR International [12.18]
Die Shredderrückstände enthalten durch den intensiven Shredderprozess in einer Hammermühle einen größeren Anteil ultrafeinen anorganischen Materials (Glas, Metall), das für eine Schwertrübe zu verwenden ist. Dieses ultrafeine Material wird am Anfang des Prozesses mittels eines Klassierzyklons gewonnen und die wässrige Suspension besitzt eine Trübedichte von über $3{,}0\,\mathrm{g/cm^3}$. Für den Trennprozess werden liegende Separations-Trommeln mit einer Förderschnecke eingesetzt. Der Prozess besteht aus folgenden Stufen.

a) 1,0-Separator: Abtrennung einer Leichtfraktion aus Schaumgummi, Holz, Textilien und leichten Kunstoffen.
b) 1,6-Separator: Aus der Schwerfraktion des 1,0-Separators wird als Leichtfraktion die Organik vollständig abgetrennt.
c) 1,25-Separator: Aus der Leichtfraktion des 1,6-Separators wird PVC als Schwerfraktion abgeschieden. Die Leichtfraktion kann mit einem 1,10-Separator in weitere Kunststoffsorten aufgetrennt werden.
d) 3,2-Separator: Aus dem Sinkgut des 1,6-Separators wird als Leichtfraktion Aluminium und Magnesium gewonnen. Das Schwergut ist ein Schwermetallgemisch (Zink, Edelstahl, Nickel, Kupfer, Blei), aus dem durch Klassiersiebe und Wirbelstromsortierung die Hauptmenge des Kupfers isoliert wird.

Technologien mit sensorgestützter Sortierung
Durch die ständige Weiterentwicklung der verschiedenen Verfahren der sensorgestützten Sortierung treten diese in Konkurrenz zu den Verfahren der nassen und trocknen Dichtetrennung. Insbesondere die Entwicklungen zur Sortierung sehr kleiner Stückgrößen macht auch

Abb. 12.8 Sortieranlage für Shredderleicht-fraktion der Lübecker Schrotthandel GmbH (LSI I) [12.4]

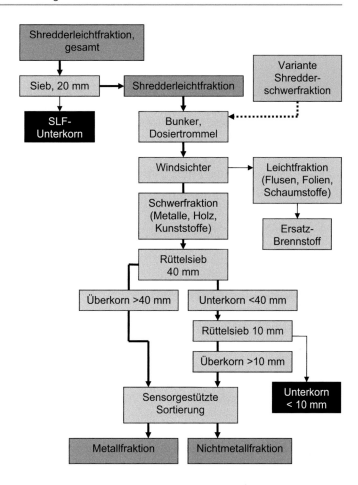

eine Sortierung von Metallen, Kunststoffen und Glas aus Siebfraktionen von 10…40 mm (nach anderen Angaben auch von 1…10 mm) möglich. Voraussetzung für gute Sortiereffekte kleiner Stückgrößen ist immer die Klassierung in enge Kornbänder unter Verwendung moderner Mehrdeck-Klassierapparate. Diese Mehrdeck-Apparate sind vorzugsweise aus einer Kombination von Stangensystemen im oberen Bereich (Abtrennung des Grobgutes) und Siebgeweben im unteren Bereich aufgebaut. Damit wird eine höhere Klassiergüte und eine Entlastung der Siebe erreicht. Das Funktionsprinzip der sensorgestützten Sortierung ist in Abschn. 3.4.6 mit Abb. 3.16 ausführlich beschrieben. Speziell für die Sortierung von Kunststoffen nach dieser Methode sind nochmals Ausführungen in Abschn. 7.4.1 ergänzt. Es sind erprobte Sensoren für Metalle (Induktion, Röntgenfluoreszenz, Optoelektronik) und Kunststoffe (NIR, MIR, Röntgenfluoreszenz, Röntgenstrahlen-Absorption, Optoelektronik) verfügbar, die auch zur Identifikation von Polymeren mit erhöhten Schwermetall- und Chloranteilen sowie für Glas und Holz geeignet sind. Die modernsten Sortierer (2008) können bis 40.000 Einzelstücke pro Sekunde und Meter Arbeitsbreite erkennen, rechentechnisch auswerten und maximal 2.000 Einzelstücke pro Sekunde und Meter Arbeitsbreite ausblasen. Damit wird die Leistungsfähigkeit der Sensorsortierung zunehmend durch die mechanischen Probleme (Vereinzelung der Stücke und Luftwirbel beim Ausblasen) begrenzt. Die sensorgestützten Sortierapparate können in vorhandenen oder geplanten Aufbereitungsverfahren für SLF und SSF zusätzlich installiert werden.

Zur optimalen Metallausschleusung aus SLF setzt die Lübecker Schrotthandel GmbH (LSH) eine spezielle Sensortechnologie der WMS Group [12.4] in Verbindung mit Siebstufen ein. Das Fließbild der Sortieranlage ist in Abb. 12.8 dargestellt.

Das LSH-Verfahren verwendet mehrere Siebschnitte und einen Windsichter. Das ausgewählte Material >10 mm wird dann der sensorgestützten Sortierung aufgegeben. Die Sensortechnik kann Stückgrößen <10 mm nicht mehr exakt sortieren. Die spezielle Sensortechnik verwendet elektromagnetische Felder und mehrere in einer Fläche angeordnete Induktionsspulen. Sie arbeitet mit hoher Geschwindigkeit und kann in mehrere Empfindlichkeitsbereiche eingestellt werden. Es sind 6 voreingestellte Programme wählbar, die folgende Metallgruppen aussortieren können:

1. Alle Metalle,
2. Nur NE-Metalle,
3. Nur Eisen und CrNi-Stahl,
4. Alle Metalle außer Eisen,
5. CrNi-Stahl.

Die in der Sortieranlage erreichten Ergebnisse sind in Tab. 12.5 zusammengestellt.

12.1.7 Thermische Verfahren für die SLF-Behandlung

Auf Grund des hohen mittleren Heizwertes der SLF von 13…14 MJ/kg (Kunststoffe, Textilien und Holz) ist der Einsatz thermischer Verfahren zur Verwertung oder Beseitigung naheliegend. Dagegen spricht allerdings der Gehalt an PVC, der eine intensive Abgasbehandlung erfordert, sowie die geforderten stofflichen Verwertungsquoten der EU-Richtlinie bzw. AltfahrzeugV ab 2006 bzw. 2015 (siehe Abschn. 12.1.1). Daher haben sich effiziente Entwicklungen spezieller thermischer Verfahren nur in den Ländern außerhalb der EU durchgesetzt, die nicht an gesetzliche Quoten für das Recycling gebunden sind, insbesondere Japan und die Schweiz. Die thermischen Verfahren verfügen durchaus auch über das Potential zur Verwertung der Metallinhalte der SLF (z. B. bei einem Pyrolyseprozess oder einer Vergasungstechnologie) oder bei Kombination mit mechanischen Verfahren. Für die künftige Einschätzung der thermischen Behandlung als Maßnahme der energetischen Verwertung sind vor allem die Festlegungen der im Jahr 2008 verabschiedeten EU-Abfallrahmenrichtlinie von Bedeutung. Danach kann eine Abfallverbrennung als energetische Verwertung eingestuft werden, wenn der Bruttowirkungsgrad (Effizienzkriterium R1) über 65 % liegt. Das entspricht einem Nettowirkungsgrad (elektr.) von etwa 20 %. Die notwendigen technischen Einrichtungen zur Reinigung der Abgase werden in Kap. 15 ausführlich besprochen.

Tab. 12.5 Metallrückgewinnung aus Shredderleichtfraktion bei Input von Mischschrott in der LSH-Anlage [12.4]

Outputfraktion	Metallgehalt der Fraktion	Metallinhalt der Outputfraktion in Prozent des SLF-Inputs	In der Sortieranlage gewonnene Metalle
Windsichter Leichtfraktion	1,0 %	0,7 %	
Siebunterkorn < 40 mm	24,5 %	4,0 %	4,0 %
Nichtmetallfraktion	0,4 %	0,3 %	
Metallfraktion	85,0 %	4,9 %	4,9 %
Gesamtmetallgehalt des SLF-Inputs		10,6 %	8,9 %
Metallausbeute			**84,0 %**

Kombiniertes mechanisch-thermisches Verfahren (RESHMENT)

Die SLF wird in der Schweiz mit RESH (von Residue Shredder) bezeichnet. Ein kombiniert mechanisch-thermisches Verfahren (RESHMENT-Prozess) wurde bis zur Generalplanung einer Industrieanlage entwickelt aber nicht realisiert. Diese Technologie sah nach mechanischer Vorbehandlung (Aussortierung von Aluminium-, Kupfer- und Eisen-Schrott) die kombinierte Verarbeitung von RESH mit Flugaschen aus MVA in einem Schmelzzyklon (VAI CONTOP®) bei 2.000 °C vor. Dabei sollten der Energieinhalt vollständig verwertet, die Metalle Zink, Blei und Cadmium als Metalloxid-Stäube sowie eine Kupfer/Eisen-Legierung gewonnen werden und eine Prozessschlacke mit Verwertungspotential für die Bauindustrie entstehen. In der Praxis hat sich in der Schweiz bisher die Verbrennung in einer MVA (in der Schweiz „Kehrichtverbrennungsanlage") durchgesetzt. Ein dem RESHMENT-Ansatz ähnliches thermisches Verfahren wurde an der Montanuniversität Leoben durch Einschmelzen in einem Kupferbadreaktor untersucht. Wie in den Abschn. 6.4 (Kupferrecycling) und Abschn. 6.7 (Edelmetallrecycling) ausführlich erläutert, übernimmt dabei die Kupferschmelze eine Sammler-Funktion für viele wertvolle NE-Metalle (Kupfer, Nickel, Blei, Zink, Zinn) und die Edelmetalle, die alle in den industriell vorhandenen Kupferrecyclingprozessen ausbringbar sind. Vor einem Schmelzprozess müssen allerdings immer die Eisenschrotte sowie die Aluminium- und Magnesium-Schrotte abgetrennt werden, da diese Metalle das Kupfer-Recycling belasten (Eisen) bzw. beim Schmelzen als Oxide verschlacken (Aluminium, Magnesium) werden.

Mitverbrennung in einer MVA

Die Mitverbrennung ist in Abfallverbrennungsanlagen mit Rostfeuerung in Anwendung. Auf Grund des hohen Feinkornanteils der SLF (bis 50 % < 10 mm) ist aber die Verbrennung für den Feuerrost nicht optimal. Es muss eine intensive Mischung mit dem groben

Hausmüll erfolgen. Der Zusatz von bis zu 10 % Masseanteil unaufbereiteter SLF ist dann möglich. Vorzugsweise wird aber SLF nach Abtrennung des Feinkornanteils eingesetzt (siehe Abschn. 12.1.6.). Außerdem beeinflusst der SLF-Zusatz infolge hoher Schwermetallgehalte die Qualität der Rostasche bzw. der Filterstäube und erhöht den Reinigungsaufwand der Abgase (Gehalte an Chlor u. a. Schadstoffen in der SLF). Eine Aufbereitung der Rostaschen zur Metallabtrennung (Stahl, Eisen, Kupfer, Aluminium) ist noch nicht optimal gelöst aber denkbar (siehe dazu die Ausführungen in Abschn. 10.2.3). Im Rahmen wissenschaftlicher Untersuchungen sind in einer MVA mit Rostfeuerung SLF-Anteile von 24…31 % eingesetzt worden, die ohne Beeinträchtigung des Anlagenbetriebes und der Reingasemissionen verliefen.

TwinRec-Verfahren
Das Verfahren ist eine Kombination von Wirbelschichtvergasung in einem Sandfremdbett mit einer nachgeschalteten Zyklonschmelzkammer (Abb. 12.9) [12.17]. SLF kann mit einer Stückgröße bis 300 mm in die Wirbelschicht eingebracht werden. Mit entsprechendem Luftunterschuss (20…30 %) findet dort eine Vergasung und Entgasung der organischen Bestandteile bei etwa 580 °C statt. Dabei entsteht ein Gasgemisch aus CO und H_2. Nähere Ausführungen zu den Vergasungsreaktionen sind in Abschn. 7.5.4 angegeben. Die verfahrensspezifischen Bedingungen in einer Wirbelschicht (intensiver Stoff- und Wärmeaustausch) garantieren bereits bei dieser niedrigen Temperatur von 580 °C eine ausreichende Vergasungsgeschwindigkeit und vermeiden das Sintern oder Aufschmelzen von anorganischen Materialien (Glas, Keramik) und Metallen (Aluminium). Das Sandbett wird kontinuierlich abgezogen, Aluminium, Glas, Inertmaterial und grobe Aschen abgesiebt und der Sand in das Bett zurückgeführt. Die entstehende feine Asche transportiert der Gasstrom in die Zyklonschmelzkammer. Hier erfolgen durch Luftzuführung die vollständige Verbrennung des erzeugten Gases (ca. 1.400 °C) und das Schmelzen der Feinasche. Der Wärmeinhalt der Verbrennungsgase wird in einem Dampfkessel ausgekoppelt und energetisch verwertet. Die Ascheschmelze wird im Wasserbad granuliert, besitzt einen hohen Verglasungsgrad, ist dadurch elutionsfest und als Baustoff verwertbar. An den Dampfkessel schließt sich eine konventionelle Rauchgasreinigung an. Die dabei anfallende Flugasche enthält häufig höhere Gehalte an Zink- und Zinnoxid, die gewinnbar sind.

Für das TwinRec-Verfahren liegen auf Basis einiger industrieller Referenzanlagen in Japan (z. B. 80 MW Leistung) bereits Verwertungsquoten für Altfahrzeuge vor [12.17]:

- Demontage und Trockenlegung (Wiederverwendungsteile, stoffliche Verwertung) 10 %
- Shredderanlage (Magnetische Metalle, NE-Metalle) 70 %
- TwinRec-Vergaser und Schmelzzyklon (Magnetische Metalle, NE-Metalle,) 2,5 % (Baustoffe) 5,5 %
- TwinRec-Energieverwertung 10 %
- Rauchgasreinigung (Recycling Metallsalze) 1,0 %
- Deponieanteil 1,0 %

Abb. 12.9 Verfahrens-
schema des TwinRec-
Verfahrens [12.17]

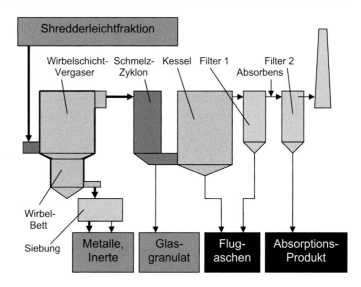

Damit ergibt sich eine theoretische Gesamtverwertungsquote von 99%.

Diese Verfahren müssen sich in Japan allerdings im Wettbewerb nur Alternativen stellen (Müllverbrennungskonditionen bei komplettem Deponieausschluss) die im Bereich der Entsorgungskosten von 300…400 €/t liegen.

Vergasungsverfahren

Ein industrielles Vergasungsverfahren für Altkunststoffe (DSD-Sortierreste) wurde jahrelang großindustriell mit einem Festbettvergaser betrieben (SVZ Schwarze Pumpe). Bei entsprechender Vorbereitung (Vermischung mit Altkunststoffen und Brikettierung) ist in einen solchen Festbettvergaser auch die SLF gut zu verarbeiten. Dabei muss eine Mischung aus den brikettierten Abfällen mit Kohlebriketts eingesetzt werden. Gegebenenfalls kann auch das Feinkorn der SLF abgetrennt werden und ist für den Einsatz in einem Flugstromvergaser ohne weitere Aufbereitung besser geeignet. Die Grundlagen und die apparative Ausgestaltung des Vergasungsprozesses sind in Abschn. 7.5.4 bereits ausführlich behandelt und in Abbildungen dargestellt. Das Produkt der Vergasung ist ein sog. Synthesegas (Mischung aus CO und H_2), das nach intensiver Reinigung vorzugsweise zu Methanol umgewandelt (stoffliche Verwertung) oder in einem Kraftwerk energetisch genutzt wird. Die SVZ Schwarze Pumpe wurde allerdings mittlerweile geschlossen.

Pyrolysetechnologie

Die grundlegende Reaktion eines Pyrolyseprozesses ist die Erhitzung von organischen Materialien unter vollständigem Luftabschluss, wobei eine thermische Zersetzung in ein Pyrolysegas und Pyrolysekoks stattfindet. Die Pyrolyse findet mit hoher Geschwindigkeit bei Temperaturen von 600…700 °C statt. Sie kann aber bereits in einem niedrigeren Temperaturbereich von 450…550 °C durchgeführt werden, wenn das für die thermischen Eigenschaften der Begleitstoffe (z. B. keine Überschreitung der Schmelzpunkte von Aluminium und Glas) angezeigt ist. Die anorganischen Bestandteile des Eintragmaterials bilden mit dem Pyrolysekoks eine Mischung. Grundlegende Ausführungen zu der Pyrolysetechnologie wurden bereits in Abschn. 5.1 und Abb. 5.1 gemacht. Spezielle Angaben zur Pyrolyse von Altkunststoffen finden sich außerdem in Abschn. 7.5.3. Für die Mitverbrennung von SLF, DSD-Sortierresten, MBA-Leichtfraktion, Spuckstoffen u. a. in einem Kraftwerk wurde als Vorbehandlungsstufe z. B. eine Pyrolyseanlage (ConTherm-Anlage) errichtet, die einen Drehrohrreaktor verwendet. Die Kopplung dieser Anlage mit einem Kraftwerk ist in Abb. 15.9 skizziert. Die Pyrolyse arbeitet im Temperaturbereich um 500 °C und setzt Abfälle bis 200 mm Kantenlänge ein. Der feste Pyrolyserückstand wird mittels Siebstufen in Feinkoks, Metalle und Inertmaterial sortiert. Der Koks und die Pyrolysegase werden in der Kraftwerksfeuerung sehr effektiv thermisch verwertet.

12.2 Elektro- und Hybridfahrzeuge

Auf Grund der andersartigen Bauteile sind weitgehend neue Recyclingkonzepte noch zu erarbeiten und zu erproben. Die neuartigen Bauteile in einem Hochvoltmodell (HV) sind folgende:

1. Elektromotor versch. Typen (auch als Generator genutzt).
2. HV-Batterie-Pack (Li-Ionen-Technik), der aus den Batteriemodulen besteht.
3. Leistungselektronik (Wandler für Gleich- und Wechselstrom und verschiedene Spannungsebenen, Ladeanschluss, HV-Bordnetz).
4. Elektrische Nebenaggregate (Heizung/Klimaanlage, Batteriekühlung, Niedervoltbatterie).

Die Karosse ist häufig von einer Verbrenner-Karosse übernommen. Es gibt aber auch vollkommene Neuentwicklung in Leichtmetallbauweise oder mit CFK-Fahrgastzelle/ Leichtmetallrahmen.

Die sehr verschiedenen Werkstoffe der Bauteile erfordern das Verfahren einer tiefgehenden Demontage in die wesentlichen Bauteile: Li-Ionen-Batterie-Pack, Elektromotor, Leistungselektronik, Karosse. Dabei spielt der mengenmäßig erhebliche Einbau von Kupfer (Motor, HV-Bordnetz, Leistungselektronik) eine große Rolle. Aber auch Sonderwerkstoffe (NdFeB-Permanentmagnete, Halbleiterbauteile) müssen beachtet werden. Zu den Demontageverfahren siehe Abschn. 12.1.2. Nach einer solchen vollständigen Demontage der Bauteile können diese nach den bekannten Verfahren für Metallkarossen aus Stahl oder Aluminium (Rahmen, Bleche, Getriebe, Achsen, Räder) sowie für Kunststoffe/CFK (siehe Kap. 7), für „Altelektro-Elektronikgeräte" (Elektromotor, Leistungselektronik, Kupferkabel) (siehe Kap. 13) und „Altbatterien (siehe Kap. 14) recycelt werden. Für die Li-Ionen-Batterien und die Leistungselektronik sind die Recyclingtechnologien noch in der Testphase.

Für den vollelektrisch betriebenen BMW i3 verwendet BMW zwei getrennte Funktionseinheiten, die miteinander verschraubt sind:

1. Drive-Modul (Fahrwerk, Antriebs- und Steuereinheit und Li-Ionen-Pack in einem Aluminium-Rahmen).
2. Life-Modul (Fahrgastzelle aus CFK).

Auf Grund dieser Bauweise gewährleistet BMW für das Recycling eine sortenreine Entnahme von Komponenten und Materialien. Das heißt, das Recycling beginnt mit der Demontage des Life-Moduls vom Chassis, gefolgt von der Zerlegung des Drive-Moduls in die Bauteile Li-Ionen-Pack, Elektromotor, Leistungselektronik, Fahrwerk und Aluminium-Rahmen.

In den mannigfaltigen Bauarten der Hybridfahrzeuge kommen neben dem Verbrennungsmotor im Wesentlichen die gleichen Bauteile zum Einsatz. Damit sind analoge Demontagetechnologien erforderlich.

Literatur

12.1 AltfahrzeugV, v.21.6.2002, erg. 5.12.2013

12.2 Umweltbundesamt 2014. Jahresbericht über Altfahrzeugverwertungsquoten in Deutschland 2012

12.3 Holzhauer, R., Altauto-Demontage – Bisherige Entwicklung und Realität. In: Thomé-Kozmiensky, K., Goldmann, D., Recycling und Rohstoffe, Bd. 8, TK Verlag Neuruppin 2015, S. 151–171

12.4 Tabel, Th., Leistner, W., Hollm, R., Einsatz einer Kompaktsortieranlage zur Metallausschleusung bei Shredderleichtfraktionen, BMU-Abschlussbericht, 31.05.2011

12.5 Umweltbundesamt. www.umweltbundesamt.de/themen/verbleib-von-14-millionen-stillgelegten-pkw-unklar

12.6 Goldmann, D., Stand der Altfahrzeugverwertung. In: Thomé-Kozmiensky, K., Goldmann, D., Recycling und Rohstoffe, Bd. 2, TK Verlag Neuruppin 2009, S. 471–490

12.7 Schmid, D., Zur-Lage, L., Perspektiven für das Recycling von Altfahrzeugen. In: Thomé-Kozmiensky, K., Goldmann, D., Recycling und Rohstoffe, Bd. 7, TK Verlag Neuruppin 2014, S. 105–126

12.8 Daimler Nachhaltigkeitsbericht 2014, www.nachhaltigkeit.daimler.com

12.9 VDI 4085, Planung, Errichtung und Betrieb von Schrottplätzen – Anlagen und Einrichtungen zum Umschlagen, Lagern, Behandeln von Schrotten u. a. Materialien, April 2011

12.10 Schmidt, J., Altautoverwertung und -entsorgung, expert verlag Renningen 1995

12.11 Bayrisches Landesamt für Umwelt. Demontage und Verwertung von Altfahrzeugen, Okt. 2005

12.12 Wallau, F., Kreislaufwirtschaftssystem Altauto, Dt. Universitätsverlag GmbH Wiesbaden 2001

12.13 Kummer, B., Großversuch bestätigt die Wirksamkeit der Scholz-Post-Shredder-Technik, Plasticker Fachartikel 2008

12.14 Krinke, S., Boßdorf-Zimmer, B., Goldmann, D. „The Volkswagen-SiCon Process: Eco-efficient solution for future end-of-life vehicle treatment" in: 13th CIRP International Conference on Life Cycle Engineering, Conference Proceedings, Leuven, May/June 2006, S. 359–363

12.15 Goldmann, D.: VW-SiCon Verfahren – Bewertung aus heutiger Sicht, Recycling Technology, 1. Jahrgang, Heft 5, 2009, Seite 32–33

12.16 Goldmann, D., u. a., Shredder Sand. In: Innovative Technologien für Ressourceneffizienz in rohstoffintensiven Produktionsprozessen, Fraunhofer Verlag Stuttgart 2013

12.17 Selinger, A., Steiner, Ch., Materialrecycling und energetische Verwertung im TwinRec-Verfahren – 3 Jahre Betriebserfahrung in Japan, VDI Wissensforum, Dortmund Nov. 2003

12.18 Olivier, P., The processing and recycling of automobile and industrial shredder residue, www.esrl.com/pdf/separation.pdf ESR International, Dense medium separation – metals. Automobile and industrial waste – ASR. www.esrint.com/pages/pages/metals.html

12.19 Kaerger, W., Netzwerke der Demontagebetriebe-Fahrzeugrücknahmesystem und optimierter, IT-gestützter Ersatzteilhandel. In: Thomé-Kozmiensky, K., Goldmann, D., Recycling und Rohstoffe, Bd. 3, TK Verlag Neuruppin, 2010, S. 585–592

12.20 Kaerger, W., Markt der Gebrauchtersatzteile im Wandel. In: Thomé-Kozmiensky, K., Goldmann, D., Recycling und Rohstoffe, Bd. 7, TK Verlag Neuruppin, 2014, S. 127–135

12.21 www.seda.at

12.22 Metso Lindemann GmbH. Lindemann ZZ, ZS und ZK Metall Shredder, Prospekt-Nr. 1212-01-02-RBL (2009) www.metso.com/recycling

Recycling von Elektro- und Elektronikgeräten 13

Die zunehmende Anwendung von Haushaltgeräten mit elektrischen und elektronischen Bauteilen und die steigende Ausstattung von Industrie, Gewerbe und Haushalten mit Geräten zum Messen, Steuern, Überwachen sowie die Unterhaltungselektronik, vor allem aber der sich rasant entwickelnde Informations- und Kommunikationssektor, führen zu einem massiven Anstieg in Verkehr gebrachter Geräte. Dieser Trend ist weltweit zu beobachten. Nach Aussagen auf der UNEP-Konferenz in Bali im Jahre 2010 ist binnen 10 Jahren eine Verachtfachung des globalen Elektro- und Elektronikmarktes zu erwarten. In gleichem Umfang steigen mit leichter Verzögerung die Anfallmengen an Elektro- und Elektronikschrotten, international als „Waste Electric und Electronic Equipment" WEEE bezeichnet. Im Gegensatz zu Fahrzeugen und anderen Produkten, die meist erst zur Verwertung gelangen, wenn nennenswerte Defekte auftreten oder die Verkehrssicherheit nicht mehr gewährleistet ist, ist bei Elektrogeräten teilweise ein anderer Trend zu beobachten. Ein Großteil der Geräte, insbesondere aus dem Bereich der Informations- und Kommunikationstechnik (ICT) verlässt bereits vorzeitig den Markt. Dies ist mehreren Gründen geschuldet. Der wichtigste ist wohl, dass neue Softwaresysteme auf alten Geräten nicht mehr laufen (sollen). Andere Geräte unterliegen Modetrends, die zum schnellen Austausch der Geräte führen. Mangelnde Interoperabilität mit moderneren Geräten führt für andere Geräte ebenso zum Austausch, wie die z. T. geplante Obsoleszenz – der Ausfall bestimmter Systeme nach einer definierten Laufzeit. Nicht nur die ungeheure Bandbreite sondern auch die sehr unterschiedlichen Lebensdauern charakterisieren den Bereich der Elektro- und Elektronikgeräte und damit auch der WEEE. Erreichen z. B. einige Waschmaschinen durchschnittlich ein Alter von 25 Jahren, liegt die Austauschrate bei Mobiltelefonen in den Industriestaaten mittlerweile bei nur noch 18 Monaten.

Dementsprechend fallen die Altgeräte in einer enormen Typenvielfalt und mit extremen Alters- und Größenunterschieden – vom Kühlschrank bis zum USB-Stick – an. Der Anfall an Elektro(nik)-Schrott wurde im Schnitt der letzten Jahre in Deutschland auf ca. 2 Mio. t und weltweit auf rund 40 Mio. t pro Jahr geschätzt. Aktuelle Zahlen der United Nations University [13.11, 13.18] geben für 2014 folgendes Bild:

© Springer Fachmedien Wiesbaden 2016
H. Martens, D. Goldmann, *Recyclingtechnik*, DOI 10.1007/978-3-658-02786-5_13

Gesamtanfall	**41,8 Mio. t,**	davon
	12,8 Mio. t	Haushaltskleingeräte (Staubsauger, Mikrowellengeräte, Kaffeemaschinen, Toaster, Rasierer …),
	11,8 Mio. t	Haushaltsgroßgeräte (Waschmaschinen, Trockner, Geschirrspülmaschinen, Öfen …),
	7,0 Mio. t	Kühlgeräte (Kühl- und Gefrierschränke),
	6,3 Mio. t	Bildschirmgeräte,
	3,0 Mio. t	kleine IT-Geräte (Mobile ICT-Geräte, PC, Drucker …),
	1,0 Mio. t	Lampen.
Wertstoffinhalte	belaufen sich z. B. auf:	
	16,5 Mio. t	Stahl / Eisen,
	1,5 Mio. t	Kupfer (entspr. 10 % der Welt-Kupfer-Produktion),
	0,3 Mio. t	Gold (entspr. 11 % der Welt-Gold-Produktion)
Marktwert	48 Mrd. €	(Schätzung nach aktuellen Preisen)

Weniger als 1/6 davon wurden aber einer ordnungsgemäßen Verwertung zugeführt:

▶   Diese Altgeräte stellen somit einerseits ein umweltbelastendes Schadstoffpotential dar und beinhalten andererseits das mittlerweile wohl größte Wertstoffpotential unter allen Abfallströmen.

Durch immer kürzere Produktzyklen besonders in der Informations- und Kommunikationstechnik (ICT) (Computer, Monitore, Mobiltelefone), bei Geräten für Therapie und Analytik sowie der Unterhaltungselektronik (UE) wächst diese Schrottmenge ständig. Das ist zusätzlich in höchstem Maße relevant, da diese Gerätegruppe bis zu 60 chemische Elemente enthält und besonders im Bereich der Sondermetalle die mit Abstand größte Rohstoffsenke darstellt.

Zurzeit ist nur ein recht geringer Anteil an Elementen aus den Altgeräten rückgewinnbar. Unter schlechten Bedingungen, so wie sie in vielen Entwicklungsländern herrschen, werden häufig nur bis zu 5 Elemente unter teils verheerenden Umwelt- und Sozialstandards zurückgewonnen. Mit modernsten Technologien in Europa, die bislang industriell realisiert sind, können bis zu 19 Elemente zurückgewonnen werden. Dementsprechend herrscht ein riesiger Forschungs- und Entwicklungsbedarf zur Rückgewinnung eines Großteils der anderen Wertstoffe. Abbildung 13.1 gibt einen Überblick, welche Elemente bis zu welchem Grade heute überhaupt aus Altprodukten zurückgewonnen werden.

Zunächst besteht erhebliche Veranlassung, diese Altgeräte zu sammeln und zu verwerten. Eine Getrenntsammlung hat dabei deutliche Vorteile. Für größere Geräte funktioniert dies bereits relativ gut. Je kleiner die Geräte sind, desto geringer fallen die Sammelquoten

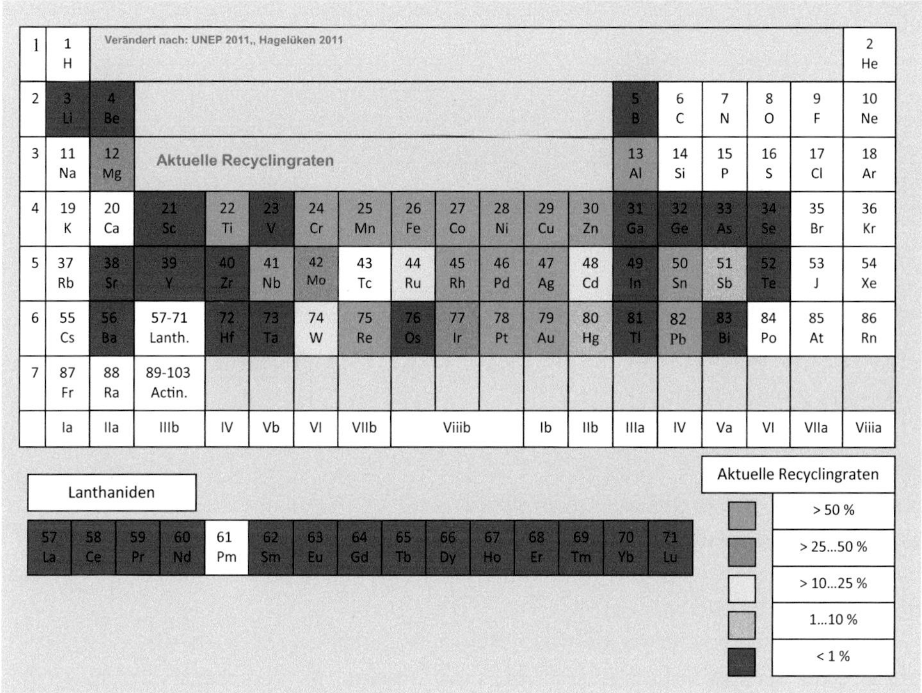

1	1 H	Verändert nach: UNEP 2011., Hagelüken 2011															2 He
2	3 Li	4 Be										5 B	6 C	7 N	8 O	9 F	10 Ne
3	11 Na	12 Mg	Aktuelle Recyclingraten									13 Al	14 Si	15 P	16 S	17 Cl	18 Ar
4	19 K	20 Ca	21 Sc	22 Ti	23 V	24 Cr	25 Mn	26 Fe	27 Co	28 Ni	29 Cu	30 Zn	31 Ga	32 Ge	33 As	34 Se	35 Br	36 Kr
5	37 Rb	38 Sr	39 Y	40 Zr	41 Nb	42 Mo	43 Tc	44 Ru	45 Rh	46 Pd	47 Ag	48 Cd	49 In	50 Sn	51 Sb	52 Te	53 J	54 Xe
6	55 Cs	56 Ba	57-71 Lanth.	72 Hf	73 Ta	74 W	75 Re	76 Os	77 Ir	78 Pt	79 Au	80 Hg	81 Tl	82 Pb	83 Bi	84 Po	85 At	86 Rn
7	87 Fr	88 Ra	89-103 Actin.															
	Ia	IIa	IIIb	IV	Vb	VI	VIIb		Viiib			Ib	IIb	IIIa	IV	Va	VI	VIIa	Viiia

Lanthaniden

57 La	58 Ce	59 Pr	60 Nd	61 Pm	62 Sm	63 Eu	64 Gd	65 Tb	66 Dy	67 Ho	68 Er	69 Tm	70 Yb	71 Lu

Aktuelle Recyclingraten
- > 50 %
- > 25...50 %
- > 10...25 %
- 1...10 %
- < 1 %

Abb. 13.1 Aktuelle Recyclingraten aus Altprodukten [13.18]

aus. So werden für Mobiltelefone je nach Quelle Rücklaufquoten über Getrenntsammelsysteme von 15…28 % in Deutschland angegeben. Dabei zählt Deutschland schon zu den Ländern mit den effektivsten Strukturen. Eine nennenswerte Menge der alten Kleingeräte liegt zwar noch in Schubladen und ist so nicht grundsätzlich verloren („Hoarding Effekt"), ist aber bis auf weiteres dem Stoffkreislauf entzogen. Verschiedene Schätzungen gehen davon aus, dass in deutschen Haushalten momentan rund 100 Mio. alte Mobiltelefone aufbewahrt werden. Unerfreulicher ist die Tatsache, dass auch ein großer Teil solcher oder ähnlicher Geräte in den Restmüll (graue Tonne) gelangen und so bislang einer effizienten Verwertung entzogen werden. Aktuelle Schätzungen gehen von rund 40 Mio. Geräten aus, die jedes Jahr in Deutschland im Restmüll verschwinden. Durch Miniaturisierung und immer breitere Dissipation wird es immer schwieriger, die Wertstoffrückgewinnung im Bereich der Elektrokleinstgeräte (USB-Sticks etc.) auf den konventionellen Wegen darzustellen. Parallel zu Sammlung und Verwertung im Inland werden größere Mengen an Altgeräten exportiert. Das erfolgt auch durch illegale Entnahme der Geräte bei Straßensammlungen oder an Sammelstellen. Altgeräte werden in Folge zur angeblichen Zweitnutzung auf Umwegen oder direkt über Überseehäfen in Entwicklungsländer verbracht. Zu trauriger Berühmtheit hat es die weltgrößte Elektronikschrotthalde in Agbogbloshie in Ghana gebracht. Die exportierten Geräte sind häufig nicht mehr funktionstüchtig und werden dort illegal entsorgt oder unter die Umwelt schädigenden Bedingungen und un-

Tab. 13.1 Verteilung der Elektro(nik)-Altgeräte auf verschiedene Entsorgungswege in Deutschland 2007

Verteilung	Menge (t/a)
Rücknahme (registriert bei EAR)	565.000…754.000
Export Hafen Hamburg	12.000
Export Osteuropa	122.000
Entsorgung über Hausmüll	142.000
Summe (bekannter Verbleib)	841.000…1.030.000
In Verkehr gebrachte Geräte	ca. 1.600.000
Unklarer Verbleib (Differenz)	759.000…570.000

ter Gesundheitsgefahren durch „Hinterhof-Recycling" (Gold aus Platinen) verwertet. In Deutschland wurde für 2007 die in Tab. 13.1 dargestellte Verteilung der Altgerätemengen auf Rücknahme, Exporte und Hausmüll ermittelt und danach ein unklarer Verbleib von 36…47 % festgestellt.

Es bestand und besteht die dringende Notwendigkeit, geeignete nationale und internationale rechtliche Vorschriften zu erlassen, die in Abschn. 13.1 vorgestellt werden.

Zunächst sollen die wichtigsten Wert- und Schadstoffe über den gesamten WEEE-Bereich benannt werden:

Wertstoffpotential (Auswahl)

- Stahl in Gehäusen und Funktionsteilen (Waschmaschinen, Kühlschränke, Schaltschränke, Elektrowerkzeuge u. a.).
- Kupfer in Motoren, Generatoren, Trafos, Spulen, Kabeln, Leiterbahnen.
- Aluminium in Chassis, Kühlelementen, u. a.
- Gold, Palladium, Silber in Kontakten, Bonddrähten, u. a.
- Zinn, Blei, Silber, Wismut in Loten.
- Seltene Metalle/Halbmetalle (Tantal in Kondensatoren; Indium in LCD-Bildschirmen, Mobiltelefonen, LEDs und Dünnschichtsolarzellen; Ruthenium in Festplattenlaufwerken und Widerständen, Selen in Kopiergeräten u. a.).
- Seltenerdmetalle in Leuchtstoffen (Y, Eu), Permanentmagneten (Nd, Dy).
- Kunststoffe (ABS, PP) in Gehäusen und Formteilen.

Schadstoffpotential (Auswahl)

- Polychlorierte Biphenyle (PCB) in Kondensatoren und Transformatoren.
- Polybromierte Diphenylether (PBDE) als Flammschutzmittel in PC-Gehäusen, Platinen und Kabeln.

Tab. 13.2 Materialbestandteile von ausgewählten Elektro(nik)-Geräten [13.1]

Hauptbestand-teile	Elektro(nik)-Geräte, gesamt (%)	Kühlgeräte (%)	IT- und TK-Geräte (ohne Bildschirme) (%)	Mobiltelefone (%)
Eisenwerk-stoffe	36	43	50–65	3
NE-Metalle (vorw. Kupfer)	21	7	3–10	18
Kunststoffe, gesamt	19	45	12–22	58
ABS-PC				29
PUR-Schaum		11		
Epoxidharz				9
Elektronik, gesamt	4			
Leiterplatten			8–13	
Glas	10		1–5	
Keramik				16
Andere Materialien	10	4	3–8	5

- Quecksilber in Schaltern, Leuchtstoffröhren, Batterien und Hintergrundbeleuchtung von LCDs.
- Blei im Bildschirmglas und z. T. in Kunststoffen.
- Chromverbindungen.
- FCKW als Kältemittel und als Treibmittel in PUR-Schäumen.

In den EU-Staaten sind ab 2005 Beschränkungen für einige Schadstoffe gültig. Bei der Einschleusung unbehandelter Altgeräte in ungeeignete Verbrennungsprozesse können weitere Schadstoffe entstehen (Dioxine, PAK). Ein sehr großes Problem stellt die Freisetzung von FCKW etwa aus Kühlgeräten bei Abfackeln unter freiem Himmel, wie es z. T. in Afrika geschieht, dar (Ozonloch!).

An dieser Stelle soll darauf hingewiesen, dass auch die Batterien und Akkumulatoren, die in Elektro- und Elektronikgeräten verwendet werden, ein großes Wert- und Schadstoffpotential besitzen. Ausführungen hierzu werden in Kap. 14 gegeben.

Das Vorkommen und die Massenanteile von Wertstoffen sind für ausgewählte Elektro(nik)-Geräte in den Tab. 13.2 und 13.3 nochmals ausführlicher aufgeführt.

Tab. 13.3 Einsatz von Hochtechnologiemetallen und Seltenerdmetallen in den Produktgruppen Flachbildschirme, Notebooks, Smartphones und LED-Leuchten, die im Jahr 2010 in Deutschland verkauft wurden [13.2]

Metall	Flach-bild-schirme (kg)	Note-books (kg)	Smart-phones (kg)	LED* (kg)	Verwendung
Cer	30	1		120	Leuchtstoff
Dysprosium		430			Schwingspulen, Magnete
Europium	50	< 1		40	Leuchtstoff
Gadolinium	10	5		910	Leuchtstoff
Gallium	15	10		1.980	Halbleiter-Chip
Gold	1.645	740	230		Kontakte-Leiterplatten
Indium	2.365	290		1.800	Displayinnen-Beschich-tung, Halbleiter
Cobalt		461.000	48.500		Lithium-Ionen-Akku
Lanthan	40	< 1			CCFL-Hintergrundbe-leuchtung
Neodym		15.160	385		Permanentmagnete
Palladium	465	280	85		Leiterplatten, Kontakte
Platin		30			Festplattenscheiben
Praseodym	< 1	1.950	80		Schwingspulen, Lautspre-cher, Magnete, Hinter-grundbeleuchtung
Silber	6.090	3.100	2.350		Leiterplatten, Kontakte
Tantal		12.065			Kondensatoren
Terbium	14	< 1			CCFL-Hintergrundbe-leuchtung
Yttrium	680	12		1.950	Leuchtstoff

* Schätzung für Ersatz von 70 % der Glühlampen

Fokusbaugruppe Leiterplatten

Wesentliche Bauteile der elektronischen Geräte (und zunehmend auch der elektrischen Geräte) sind die Leiterplatten (Platinen) mit den darauf fixierten elektronischen Bauelementen. Die Platinen bestehen überwiegend aus Epoxidharz-getränkten Glasfasermatten (Basismaterial) mit flammenhemmenden Additiven (u. a. Br- und Sb-Verbindungen), in denen eine oder mehrere Schichten Cu-Leiterbahnen eingebracht sind (Dicke der Cu-Bahnen ca. 35…70 µm, bei höheren Stromstärken bis 400 µm). Auf diesen Platinen sind die elektronischen Bauelemente aufgelötet. Lotmaterialien sind SnPb-Lote und nach neuen Vorschriften Pb-freie Lote auf Basis SnBi, SnAg oder SnAgCu. Häufige Elektro(nik)-Bauteile sind Transformatoren, Spulen, Widerstände, IC, Transistoren, Dioden, Potentiometer usw., die durch weitere Bauteile (Kühlelemente aus Aluminium, Kontakte, Stecker, Schalter, Sicherungen) komplettiert werden. Neben den für die Leiterplatte und die Bauteile eingesetzten Metallen (Cu, Fe, Ni, Al, Ta, Nb, Zn, Sn, Au, Ag, Pd u. a.), den Metallverbindungen und Kunststoffen kommen auch keramische Werkstoffe (Aluminiumoxid) zur Anwendung. Die Halbleiterwerkstoffe sind Si, GaAs und Ge, die mit geringsten Mengen anderer Elemente dotiert sind. Als durchschnittliche Zusammensetzung bestückter Platinen kann folgendes angenommen werden:

- Basismaterial   23 %;
- Halbleiterbauelemente 33 %;
- Kondensatoren   24 %;
- Widerstände   12 %;
- Sonstiges   8 %.

Als stoffliche Zusammensetzung einer PC-Leiterplatte wurde im Durchschnitt ermittelt: 25 % organische Verbundstoffe, 20 % Cu, 7 % Fe, 5 % Al, 1,5 % Pb, 1 % Ni, 3 % Sn, 250 ppm Au, 1.000 ppm Ag, 100 ppm Pd, geringe aber teils relevante Gehalte von As, Sb, Be, Br, Bi, Ta [13.19].

Beispielgebend für eine Problematik kann aufgeführt werden, dass Ta nur in relativ geringen Mengen pro Gerät vorhanden ist, dass aber rund 65 % der Weltproduktion dieses Elements genau in diese Anwendungen gelangt. Diese stellen entsprechend eine der potentiell größten Quellen für diesen kritischen Rohstoff dar. Die große Anzahl der wertvollen Stoffe und der Verbunde sowie die Miniaturisierung der Bauteile sind für das Recycling außerordentlich erschwerend.

13.1   EU-Richtlinien, deutsches Elektrogesetz und Strategien zum WEEE-Recycling

Die EU-Richtlinien über *„Elektro- und Elektronik-Altgeräte"* (Waste Electrical and Electronic Equipment, WEEE) (2002/96/EG) und zur *„Beschränkung der Verwendung bestimmter gefährlicher Stoffe in elektrischen und elektronischen Geräten"* (Restriction of the Use of Certain Hazardous Substances, RoHS) (2002/95/EG) wurden in den EU-Ländern in nationale Gesetze umgesetzt. In Deutschland galt seit 2005 (z. T. 2006) für beide Richtlinien das *„Elektro- und Elektronikgerätegesetz" (ElektroG1)* [13.3], welches *das Inverkehrbringen, die Rücknahme und die umweltverträgliche Entsorgung von Elektro- und Elektronikgeräten"* regelt. Das ElektroG verfolgt drei wesentliche Ziele:

1. Vermeidung von Elektro- und Elektronikschrott.
2. Reduzierung von Abfallmengen durch Wiederverwendung sowie erhöhte Rohstoffrück-
   gewinnung durch Sammel- und Verwertungsquoten.
3. Verringerung des Schadstoffgehalts in Elektro- und Elektronikgeräten.

Das ElektroG gilt für bestimmte Geräte:

• Geräte, die zu ihrem ordnungsgemäßen Betrieb elektrische Ströme oder elektromagnetische Felder benötigen.
• Geräte zur Erzeugung, Übertragung und Messung solcher Ströme und Felder, die für
  den Betrieb mit Wechselspannung von höchstens 1.000 Volt oder Gleichspannung von
  höchstens 1.500 Volt ausgelegt sind.

Die betreffenden Geräte sind in zehn Kategorien aufgeschlüsselt.

Gerätekategorien I (ElektroG1)

Kat. 1.   Haushaltgroßgeräte (Waschmaschinen, Kühlgeräte, Klimageräte, Heizge-
               räte usw.).
Kat. 2.   Haushaltkleingeräte (Staubsauger, Bügeleisen, Rasierapparate usw.).
Kat. 3.   Geräte der Informations- und Telekommunikationstechnik (PC, Drucker,
               Telefone, Taschenrechner, Großrechner usw.).
Kat. 4.   Geräte der Unterhaltungselektronik (Radio, Fernseher, Videokamera, ab
               2015 PV-Module).
Kat. 5.   Beleuchtungskörper (Leuchten für Leuchtstofflampen, Leuchtstofflam-
               pen, Natriumdampflampen usw.).
Kat. 6.   Elektrische und elektronische Werkzeuge (Bohrmaschinen, Nähmaschi-
               nen, Schweißgeräte usw.).
Kat. 7.   Spielzeug, Sport- und Freizeitgeräte.
Kat. 8.   Medizinprodukte (Geräte für Analysen, Strahlentherapie, Dialyse usw.).
Kat. 9.   Überwachungs- und Kontrollinstrumente (Thermostate, Waagen, Kont-
               rollgeräte in Bedienpulten usw.).
Kat. 10.   Automatische Ausgabegeräte (Geldautomaten, Getränkeautomaten usw.).

Zur Überwachung des Inverkehrbringens und der Rücknahme wurde eine „*Stiftung Elek-
tro-Altgeräte Register*" (EAR) gegründet, bei der sich alle Hersteller (Vertreiber) mit
ihren Gerätearten registrieren müssen. Dabei ist zwischen Konsumgütern für Privatnutzer
(Business to Consumer, B2C) und Investitionsgütern für Gewerbe (Business to Business,
B2B) zu unterscheiden. Die Hersteller (Vertreiber) müssen die nach 2005 entworfenen
Elektro(nik)-Geräte so konzipieren, dass ihre Demontage und Verwertung, insbesondere
ihre Wiederverwendung und die stoffliche Verwertung von Altgeräten, ihren Bauteilen und
Werkstoffen durch die Entsorger berücksichtigt und erleichtert wird (recyclinggerechte
Produktkonzeption!). Dabei sind die Beschränkungen für bestimmte Schadstoffe (Pb,

Hg, Cr(VI), Cd, PBB, PBDE) einzuhalten. Die Hersteller sind ebenfalls für die Rücknahme und Entsorgung verantwortlich, müssen diese Aufgaben organisieren und dem EAR gegenüber nachweisen. Für private Nutzer übernehmen die öffentlich-rechtlichen Entsorger die Sammlung nach fünf entsorgungsrelevanten Sammelgruppen und melden dann gefüllte Sammelbehälter dem EAR, der sie zertifizierten Entsorgungsunternehmen zuweist. Dieses Sammel- und Erfassungssystem erweist sich u. a. deshalb als störanfällig, da den „Erstbehandlern" (siehe Abschn. 13.2) in den Sammelcontainern häufig bereits z. T. ausgeschlachtete Geräte (Kompressoren aus Kühlschränken entfernt) oder zerstörte Geräte (Monitore) übergeben werden, die zu stark verminderten Erlösen führen. Außerdem besteht eine erhebliche Abhängigkeit von den Preisen am Metallmarkt (Eisen, Kupfer, Aluminium usw.), da die Behandlungskosten vor allem durch den Verkauf der Altmetalle gedeckt werden müssen.

EU-Richtlinie WEEE 2012/19/EU, novelliertes Elektrogesetz (ElektroG2) und ElektroStoffVerordnung
2012 wurde die EU-Richtlinie WEEE 2002/29/EG geändert und eine Neufassung als WEEE 2012/19/EU [13.5 (A)] vorgelegt. Die Umsetzung in deutsches Recht erfolgte im Oktober 2015 in der Form eines novellierten Elektrogesetzes (ElektroG2) [13.5 (B)].
Die zentralen Elemente dieser Novellierung sind folgende:

1. Erweiterung des Anwendungsbereichs auf Photovoltaik-Module und ab 2018 auf alle Elektro- und Elektonikgeräte.
2. Sammlung: Stufenweise Anhebung der Sammelquoten; Rücknahmepflicht für „Großvertreiber".
3. Erhöhung der Recycling- und Verwertungsquoten um 5% ab 2015.

Die nachfolgend beschriebenen Verwertungsquoten und Behandlungsvorschriften basieren auf der WEEE 2012/19 und dem ElektroG2. Für die Gerätekategorien gilt ab August 2018 eine neue Einteilung, die nachfolgend als Gerätekategorien II aufgeführt ist.

Gerätekategorien II, gültig ab August 2018 (ElektroG2 [13.5 (B)])

1. *Wärmeüberträger* (Kühlgeräte, Klimageräte, Wärmepumpen),
2. *Bildschirme* (mit einer Oberfläche $> 100 \, cm^2$),
3. *Lampen* (Gasentladungslampen, LED-Lampen),
4. *Großgeräte* (Waschmaschinen, Elektroherde, Großrechner, Kopierer, medizinische Großgeräte, große Produkt- und Geldausgabeautomaten, Photovoltaikmodule u. a.),
5. *Kleingeräte* (Staubsauger, Mikrowellen, Bügeleisen, Radios, Videokameras, Uhren, elektrisches Spielzeug, kleine Werkzeuge und Medizingeräte, kleine Messgeräte, u. a.),
6. *Kleine IT- und Telekommunikationsgeräte* (keine äußere Abmessung $> 50 \, cm$) (Mobiltelefone, GPS-Geräte, Taschenrechner, Router, PCs, Drucker, Telefone).

Tab. 13.4 Verbindliche Verwertungsquoten für Altgeräte nach Gerätekategorie I ab Oktober 2015 (ElektroG2 [13.5 (B)])

Gerätekategorie I	Verwertung	Recycling, Wiederverwendung
Kat. 1 und 10	85 %	80 %
Kat. 3 und 4	80 %	70 %
Kat. 2 und 5 bis 9	75 %	55 %
Gasentladungslampen		80 %

Die Sammel- und Verwertungspflicht nach ElektroG2 gilt nicht für folgende Geräte:
- Militärische Geräte, Waffen, Munition
- Glühlampen
- Weltraumgeräte
- Ortsfeste Großanlagen und Großwerkzeuge
- Verkehrsmittel
- Forschungsgeräte
- Medizinische Geräte (implantiert oder infektiös)

Sammelgruppen für Altgeräte
Im ElektroG1 galten 5 Sammelgruppen (SG 1 bis SG 5). Mit dem ElektroG2 [13.5 (B)] werden in Anpassung an die Gerätekategorien II bereits ab Oktober 2015 folgende neue Sammelgruppen festgelegt:

Gruppe 1: Haushaltgroßgeräte, automatische Ausgabegeräte,
Gruppe 2: Kühlgeräte, Ölradiatoren,
Gruppe 3: Bildschirme, Monitore, TV-Geräte,
Gruppe 4: Lampen,
Gruppe 5: Haushaltkleingeräte; It-, TK- und UE-Geräte; Leuchten; elektrische/ elektronische Werkzeuge, Spiel- und Sportgeräte; Medizinprodukte; Überwachungs-/Kontrollgeräte,
Gruppe 6: Photovoltaikmodule.

Für die *Beschränkung gefährlicher Stoffe in Elektro(nik)geräten (RoHS)* liegt ebenfalls eine überarbeitete Richtlinie (Juni 2011) vor, die in der deutschen *ElektroStoffVerordnung (ElektroStoffV, April 2013)* [13.6] separat umgesetzt wurde.

Sammelquoten und Verwertungsquoten
Entscheidend für eine weitgehende Verwertung/Recycling ist ein effektives Sammelsystem für Altgeräte. Das ElektroG2 [13.5 (B)] schreibt ab 2016 eine Sammelquote von 45 % des Gewichtes der im Vorjahr (Durchschnitt von drei Jahren) in den Verkehr gebrachten Geräte

Tab. 13.5 Selektive Behandlung von Werkstoffen und Bauteilen (ElektroG2 [13.5 (B)])

1. Stoffe und Bauteile, die getrennt auszubauen sind	
Cd- und Se-haltige Fotoleitertrommeln	Kathodenstrahlröhren
Hg-haltige Lampen/Schalter	FCKW, Kohlenwasserstoffe (KW)
Batterien, Akkus	Gasentladungslampen
Leiterplatten von Mobiltelefonen	Flüssigkristallanzeigen > 100 cm^2
Leiterplatten mit Oberfläche > 10 cm^2	externe elektrische Leitungen
Tonerkartuschen/Farbtoner	Bauteile mit Keramikfasern
Kunststoffe mit bromierten Flammschutzmitteln	Bauteile mit radioaktiven Stoffen
Bauteile mit Asbest, Asbestabfall	Elektrolytkondensatoren, die bedenkliche Stoffe enthalten (bei Höhe und Durchmesser > 25 mm)

2. Festgelegte Sonderbehandlungen
Kathodenstrahlröhren: Entfernung der Fluoreszenzbeschichtung
Geräte, die ozonabbauende Gase enthalten oder mit Erderwärmungspotential (GWP > 15) (Kühlkreisläufe, Schäume)
Gasentladungslampen: Entfernung des Quecksilbers, < 5 mg Hg/kg Altglas
PCB-haltige Kondensatoren

3. Die Nummern 1. und 2. sind so durchzuführen, dass eine Wiederverwendung oder ein Recycling nicht behindert wird.

vor und ab 2019 von 65 %. Für diese gesammelten Altgeräte gelten anschließend bestimmte gewichtsbezogene Verwertungsquoten. Dabei wird zwischen Gesamtverwertung, Wiederverwendung (Bauteile, reparierte Geräte) und stofflicher Verwertung (Werkstoffe u. a. Stoffe) (siehe Tab. 13.4) unterschieden. Der Differenzbetrag zwischen Gesamtverwertung und stofflicher Verwertung/Wiederverwendung kann als energetische Verwertung genutzt werden. Die in Tab. 13.4 benannten Verwertungsquoten sind in Deutschland bereits weitgehend erreicht.

Behandlungsvorschriften

Das ElektroG1 und das ElektroG2 schreiben eine Behandlung nach dem Stand der Technik vor und fordern dazu mindestens die Entnahme aller Flüssigkeiten sowie die selektive Behandlung (Ausbau) der in Tab. 13.5 angeführten Bauteile und Werkstoffe.

Weitere detaillierte Behandlungsempfehlungen enthält die VDI-Richtlinie 2343, besonders das Blatt 5 *Stoffliche und energetische Verwertung und Beseitigung* [13.7]. Dort ist auch ein allgemeines Behandlungsschema mit Stoff- und Verfahrensbeispielen angegeben (siehe Abb. 13.2).

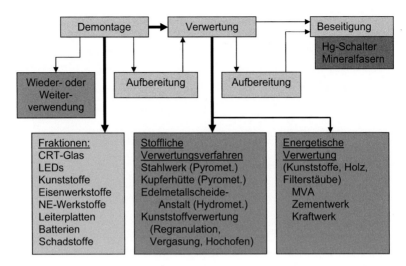

Abb. 13.2 Bearbeitung von Elektro(nik)-Altgeräten nach VDI 2343, Blatt 5, Seite 3 [13.7]

Spezifik der Elektro(nik)-Altgeräte

Die EU-Richtlinie und das ElektroG stellen eine außerordentliche Herausforderung für die Recyclingtechnologien dar. Die vielfältigen technischen Probleme und die Anforderungen sind nachfolgend nochmals zusammengestellt:

- Vielfalt der Gerätetypen und der Hersteller sowie schneller Produktwechsel,
- Große Unterschiede der Abmessungen (Knopfzelle bis Waschmaschine),
- Vielfalt der Konstruktions- und Funktionsbauteile,
- Große Anzahl an Konstruktionswerkstoffen, Verbundwerkstoffen und Funktionsstoffen,
- Ständige weitere Miniaturisierung der Bauteile, sehr dünne Funktionsschichten,
- Logistische Anforderungen für hohe Sammelquoten,
- Geforderte hohe Verwertungsquoten,
- Spezifische Abtrennung von Schadstoffen,
- Spezifik der gesetzlichen Behandlungsvorschriften.

Abschließend bleibt anzumerken, dass ähnlich wie im Bereich der Fahrzeuge vom Gesetzgeber bestimmte Vorgaben gemacht werden, die sich auf den Stand der Technik zum Zeitpunkt der Gestaltung des Rechtstextes beziehen. Sollte es bei einer Weiterentwicklung der Technologien z. B. möglich werden, bestimmte werthaltige Komponenten wie Leiterplatten durch mechanische Prozesse zu separieren, so muss eigentlich die Vorgabe zu einer manuellen Entnahme außer Kraft gesetzt werden, da ansonsten die Wettbewerbsfähigkeit der europäischen/deutschen Unternehmen im Kampf um die Rohstoffquelle WEEE untergraben wird.

Tab. 13.6 Inverkehrgebrachte, gesammelte und verwertete Elektro(nik)-Geräte in Deutschland im Jahr 2010 [13.4]

Gerätekategorie I / Nr.		in Verkehr gebrachte Geräte (t)	gesammelte Schrott- mengen (t)	Verwertung des Schrot- tes (%)	Wieder- verwen- dung und Recycling (%)
Haushaltgroß- geräte	1	714.141	249.149	94,9	84,4
Haushaltklein- geräte	2	175.329	72.364	96,3	77,4
IT- und Telekom- munikation	3	285.284	217.907	96,7	84,4
Unterhalt- ungselektronik	4	210.596	191.280	96,4	84,5
Beleuchtungs- körper	5	57.471	784	98,1	88,6
Gasentladungs- lampen	5a	40.207	11.092	93,0	87,5
elektrische und elektronische Werkzeuge	6	114.588	22.489	96,1	80,0
Spielzeug, Sport- und Freizeitgeräte	7	50.671	3.770	97,5	84,4
medizinische Geräte	8	26.704	2.844	96,8	84,1
Überwachungs- und Kontroll- instrumente	9	42.570	1.225	98,4	82,0
automatische Ausgabegeräte	10	13.237	4.121	98,1	92,7
Summen		1.730.794	777.035	95,9	83,5

13.2   Strukturen des WEEE-Recycling

Aufbauend auf den rechtlichen Vorgaben und Strategien erfolgt das WEEE-Recycling in Strukturen, die den technischen Prozessen der Verwertung der einzelnen Stoffgruppen folgen.

In Tab. 13.6 sind die Tonnagen der Gerätekategorien für das Jahr 2010 (Deutschland) zusammengestellt, die in Verkehr gebracht und als Schrott gesammelt wurden.

Für viele Altgeräte sind identische Recyclingtechnologien möglich und aus technischen sowie Kostengründen unbedingt anzustreben. Grundsätzlich lassen sich 5 Gerätegruppen unterscheiden, die jeweils in einer spezifischen Route behandelt und verwertet werden. Es sind dies folgende:

1. Verwertungsgruppe 1: Großgeräte mit hohem Anteil von Eisen-Werkstoffen (60...80 % Fe) ohne Kältemittel (Haushaltgroßgeräte und Automaten wie Waschmaschinen, Elektroherde, Geschirrspüler, Getränkeautomaten) der SG1 (Abschn. 13.3).
2. Verwertungsgruppe 2: Klima- und Kühlgeräte, hoher Anteil an Eisen-Werkstoffen und Kunststoffen (Kühlschränke, Gefriertruhen, Klimaanlagen) der SG2 (Abschn. 13.4).
3. Verwertungsgruppe 3: Kleingeräte mit elektrischen und elektronischen Funktionsteilen (Motoren, Netzteile, Trafo, Leiterplatten, LCD-Displays, LED-Lampen, Heizelemente ...) wie Computer, Radio, DVD-Player, Mobiltelefone, Telefonanlagen, Staubsauger, Mikrowelle, Werkzeuge, Spielzeug, Kontrollinstrumente usw. der SG 3 und 5 (Abschn. 13.5).
4. Energiesparlampen der SG 4 (Abschn. 13.6).
5. PV-Anlagen (Abschn. 13.7).

Eine wesentliche Verbesserung der Vorsortierung wäre zukünftig möglich, wenn durch Ausnutzung der Radio Frequency Identification (RFID) eine exakte Charakterisierung der Elektrogeräte stattfände [13.29]. Auf den Elektrogeräten dauerhaft angebrachte RFID-Transponder (RFID-Tags) könnten alle recyclingrelevanten Informationen (nutzbare Bauteile, Wertstoffe, Schadstoffe) enthalten. Für die Hersteller ergäben sich zusätzliche Vorteile (Nachweis und Verbleib ihrer Geräte, Recyclingempfehlungen) und ebenso für die Gerätenutzer (über Internet abrufbare Information zu Wartung, Austausch usw.). Von anderer Seite wird dagegen gewarnt, dass die RFID-Tags in die Recyclinglinien für Glas, Aluminium und Stahl dort evtl. schädliche Elemente (Cu, Al, Si) einbringen können. Die folgende Zusammenstellung folgt dem technischen Aufbau der Geräte im Hinblick auf die Verwertungsprozesse und der Ausrichtung auf Hauptwertstoffträger und spezielle, entsprechend zu behandelnde Schadstoffe.

13.3   Recycling von FCKW-freien Haushaltsgroßgeräten

Die FCKW-freien Haushaltsgroßgeräte (HHGG, auch „weiße Ware" genannt) werden in der Regel direkt über Shredderprozesse gemeinsam mit vorbehandelten Altfahrzeugen verarbeitet. Der Verwertungsweg ist daher bereits in Kap. 12 beschrieben worden.

13.4   Recycling von Kühl- und Klimageräten

Die Kühlgeräte sind in einer eigenen Verwertungsgruppe zusammengefasst, da sie einer speziellen Behandlung bedürfen. Die Gründe dafür sind die Kältemittel im Kältekreislauf, gelöste Kältemittel im Kältemaschinenöl und Treibgase im PUR-Isolierschaum. Als Kältemittel und Treibgas kamen jahrzehntelang die schädlichen FCKW zum Einsatz, die seit einigen Jahren durch Pentan ersetzt wurden. Die erste Behandlungsstufe für Kühlgeräte ist deshalb immer die Entleerung des Kältekreislaufs. Mit flexibler Bohrkopf- und Zangentechnik werden Kältemittel und Kältemaschinenöl gemeinsam möglichst leckagefrei abgezogen. Öl und Kältemittel werden anschließend thermisch getrennt und einer Weiterverwendung zugeführt. Evtl. vorhandene Hg-haltige Schalter sind ebenfalls auszubauen. Das treibgashaltige Isoliermaterial kann getrennt ausgebaut und nach Zerkleinerung entgast werden. Die Gase werden durch Aktivkohleadsorption oder Kryokondensation zurückgewonnen. Neuere Anlagen [13.20] können auf den Ausbau des Isoliermaterials durch Verwendung einer gasdichten Zerkleinerung verzichten. Die Nutzung einer Stickstoffatmosphäre in der Zerkleinerung ermöglicht diese Technologie auch für pentangeschäumtes PUR. Die Gase aus der Zerkleinerung werden durch Kryokondensation mit flüssigem Stickstoff kondensiert und ausgebracht und das entstehende Stickstoffgas für die Inertisierung der Atmosphäre in der Zerkleinerung genutzt. Die Zerlegung der vorbehandelten Kühlschränke erfolgt meist im Querstromzerspaner in Stickstoffatmosphäre (Abb. 13.3). Das zerkleinerte PUR-Material wird durch Siebung vom Metallanteil getrennt und in einer Heizschnecke nochmals entgast. Für die Sortierung der Metallfraktion kommen die üblichen Verfahren (Magnetscheidung, Wirbelstromsortierung) zum Einsatz und liefern die Produkte Eisen-Fraktion, Aluminium-Fraktion, Kupfer-Fraktion und eine Gummi/ Kunststofffraktion. Die PUR-Fraktion wird einer Sortierung in ein PUR-Mehl und ein PS-Kunststoffprodukt unterzogen. Die FCKW/Pentan-Rückgewinnungsquote erreicht nahezu 100 % und sichert eine sehr geringe FCKW-Konzentration in der Abluft ($20\,\text{mg/m}^3$).

13.5   Elektro- und Elektronikschrott der Gruppen IT-, TK-, UE-Geräte und Haushaltkleingeräte

Bezüglich der Zahl verschiedener Gerätetypen ist diese Kategorie die mit Abstand umfangreichste. Im Hinblick auf Schadstoffentfrachtung, Aufbereitung und Wertstoffgewinnung ähneln sie sich aber stark. Demzufolge werden diese Geräte in aller Regel gemeinsam in

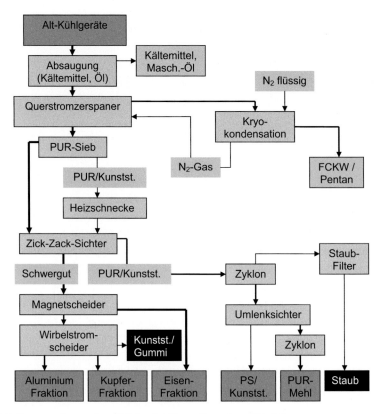

Abb. 13.3 Prozessschema einer Kühlgeräte-Recyclinganlage [13.20]

entsprechenden Betrieben verarbeitet. Diese Betriebe sind eben jene, die man im allgemeinen Sprachgebrauch als Elektronikschrott Recycler bezeichnet.

Grundlegend lassen sich hierbei Elektroschrotte und Elektronikschrotte unterscheiden. Unter Elektroschrotten werden Altgeräte verstanden, die im Wesentlichen aus den Massenmetallen Eisen, Aluminium und Kupfer und Kunststoffen bestehen aber kaum Sonder- und Edelmetall-haltige Elektronikkomponenten enthalten. Elektronikschrotte sind demgegenüber jene, die aus Geräten mit nennenswerten Anteilen an eben solchen Elektronikkomponenten bestehen. Darüber hinaus sind bestimmte Gerätegruppen wie Bildschirmgeräte zunächst gesondert zu behandeln, bevor sie mit den anderen WEEE-Materialien gemeinsam verarbeitet werden.

Das Standardrecyclingverfahren für Elektro(nik)-Altgeräte [13.13] der Sammelgruppen 3 und 5 besteht in der Abfolge:

• Vorsortierung, Schadstoffentfrachtung und Demontage,
• Mechanische Aufbereitung,
• Verwertung der gewonnen Konzentrate insbesondere in Prozessen der Metallurgie (Kap. 6) oder des Kunststoffrecyclings (Kap. 7).

Für besonders werthaltige (insbesondere hoch Edelmetall-haltige Leiterplatten) Komponenten wird z. T. eine direkte pyrometallurgische Nutzung durchgeführt, um die Edelmetallverluste, die in einer mehrstufigen Verwertungskette auftreten können, zu minimieren. In eine ähnliche Richtung gehen auch Ansätze, die vor die mechanische Aufbereitung oder zwischengeschaltet zwischen verschiedene Stufen der mechanischen Aufbereitung Pyrolyseschritte vorsehen.

Grundsätzlich geht die Tendenz in die Richtung, die mechanische Aufbereitung weiterzuentwickeln und z. B. durch die Aufbereitung der Filterstäube aus der Entstaubung der mechanischen Aufbereitung das Gesamtausbringen an Kupfer, Gold und Palladium zu erhöhen. Außerdem ist eine tiefergehende Aufbereitung erforderlich, um bestimmte Wertstoffe voneinander zu trennen, die sich in nachgeschalteten pyrometallurgischen Prozessen nicht mehr effizient separieren bzw. rückgewinnen lassen. So geht etwa der Ta-Inhalt von Leiterplatten in der Schlacke von Kupferhütten verloren, wenn diese ohne weitere Aufbereitung zwecks Gewinnung von Kupfer und Edelmetallen der Kupfermetallurgie zugeführt werden.

Letztlich werden in Zukunft bestimmte Wertstoffe zielgerichtet in Schlacken oder Stäuben der Pyrometallurgie angereichert, um dann aus diesen zurückgewonnen zu werden. In Folge wird sich eine vielstufige Prozesskette aus Demontage, mechanischer Aufbereitung, pyrolytischen Prozessen sowie pyro- und hydrometallurgischen Verfahren entwickeln.

13.5.1 Vorsortierung, Schadstoffentfrachtung und Demontage

Da die Altgeräte der Gruppen IT-, TK-, UE-Geräte und Haushaltkleingeräte bei den Erstbehandler-Betrieben in der Regel gemeinsam angeliefert werden, muss hier zunächst eine händische Vorsortierung, Schadstoffentfrachtung und Demontage erfolgen. Die hierfür wesentlichen Schritte sind:

1. Eingangsverwiegung, Datenerfassung nach ElektroG, Entfernung externer Kabel und z. T. Schadstoffe (sog. Erstbehandlung).
2. Manuelle oder automatische Sortierung in Verwertungsgruppen [13.29].
3. Abtrennung von Gasen und Flüssigkeiten.
4. Zerlegung (Demontage) der Geräte manuell oder maschineller Grobaufschluss (Rotorshredder, Querstromzerspaner).
5. Maschinelle oder manuelle Aussortierung von wiederverwendbaren Bauteilen, vollständige Schadstoffentfrachtung und Gewinnung bestimmter Werkstofffraktionen (Metalle, Kunststoffe) bzw. spezifischer Bauteile (Bildschirme, Leiterplatten).

Im Anschluss an die Vorsortierung, Schadstoffentfrachtung und Demontage von wiederverwendbaren (Gebrauchtersatzteile) oder separat stofflich verwertbaren Komponenten, wird der Rest einer mechanischen Aufbereitung zugeführt. Abbildung 13.4. gibt ein Beispiel für die ersten Behandlungsstufen beim Umgang mit bestimmten Eingangsströmen.

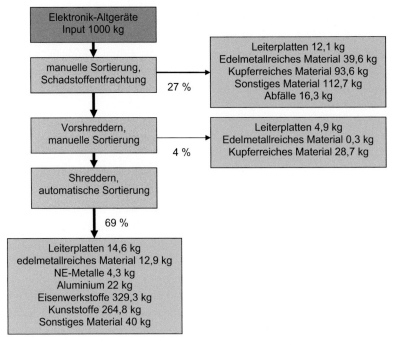

Abb. 13.4 Sortiereffekte der Vorbehandlung von Elektronik-Altgeräten nach Lit. [13.8]

Die Zerlegung erfolgte und erfolgt z.T. noch überwiegend manuell unter Verwendung einfacher Werkzeuge (Motorschrauber, Zangen, Seitenschneider, Motorsägen, Saugheber usw.) auf Rollbahnen, Schwenktischen und Arbeitsbändern mit unterschiedlicher Zerlegetiefe im Inselverfahren oder als Fließbanddemontage. Das erfordert besondere Kenntnisse des Personals bezüglich der Bauteile, Werkstoffe und Schadstoffe und wird durch Mustergeräte, Musterlisten oder Zerlegelisten abgesichert. Für bestimmte Gerätetypen sind auch teilautomatisierte Zerlegelinien im Einsatz. Die Zerlegeprodukte sind neben den umweltschädigenden Bauteilen und Stoffen (siehe Tab. 13.5) z.B. Elektronikbauteile, Bildschirme, Gehäuse (Kunststoff, Stahl), Motoren, Trafos usw. Eine teilweise Automatisierung der Zerlegung gelang durch Einführung von Spezialmaschinen. Das ist erstens die Vorzerlegemaschine Smash Boom Bang SB[2] [13.9]. Diese Maschine besteht aus einer Drehtrommel mit eingebauten Mitnehmern und einer separaten Wurfvorrichtung im Trommelinneren. Durch die Drehbewegung und die Wurfvorrichtung werden die Geräte in ihre einzelnen Bauteile mechanisch zerlegt. Die Bauteile wie Elektromotoren, Trafos, Batterien, Kondensatoren, Elektronikbauteile, Farbpatronen und Werkstoffverbunde werden aber nicht beschädigt oder zerstört und können anschließend entsprechend sortiert werden. Das heißt, auch eine Reihe schadstoffhaltige Bauteile (Kondensatoren, Batterien, Fototrommeln, Farbpatronen), die nach ElektroG getrennt zu behandeln sind (Tab. 13.5), müssen nicht durch aufwendige Vordemontage entfernt werden. Die Vorzerlegemaschine ist deshalb für kleine Haushaltgeräte, Unterhaltungselektronik, Computer, Drucker und Scanner hervorragend einsetzbar. Für Bauteile mit Glasgehäuse (Hg-Schalter, Bildschirme) ist die

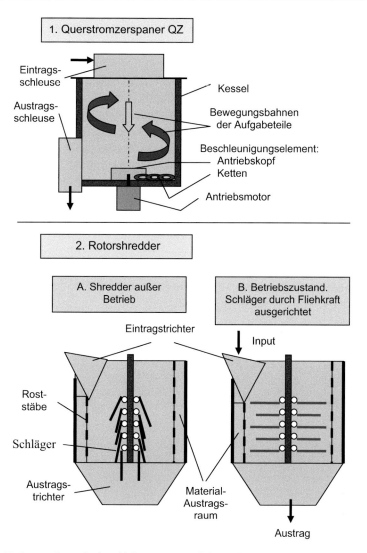

Abb. 13.5 Zerlegung bzw. Grobzerkleinerung von Elektro(nik)-Altgeräten *1*. Querstromzerspaner QZ (Kettenzerkleinerer) [13.9, 13.10] *2*. Rotorshredder [13.12]

Maschine selbstverständlich nicht nutzbar. Mit dem Querstromzerspaner QZ (Dismantler) steht eine weitere Maschine für die Vorzerlegung und Zerlegung ohne Schneidelemente zur Verfügung [13.9, 13.10]. Der Apparat besteht aus einem Kessel, an dessen Boden eine rotierende Kette angebracht ist, die die eingebrachten Geräte auf hohe Geschwindigkeiten beschleunigt und dadurch eine autogene gegenseitige Prallzerlegung der Geräte bewirkt sowie die durch die Verformungen entstehende Wärme gleichzeitig zur Auflösung von Verbunden ausnutzt (Abb. 13.5). Individuell einstellbare Verweilzeiten bestimmen den Aufschlussgrad und die Größe und Form der Produkte. Dadurch können auch in dieser

Maschine wesentliche Bauteile (Elektromotoren, Trafos, Elektronikbauteile, Kabel) in kompakter Form gewonnen werden und gefährliche Bauteile (Batterien, Kondensatoren) bleiben unzerstört. Der Querstromzerspaner steht in fünf Baugrößen zur Verfügung (Kesseldurchmesser von 0,9 bis 3,0 m), die für entsprechende Gerätegrößen (auch vorbehandelte Kühlgeräte) auswählbar sind.

Auf nachgeschalteten Bändern erfolgt der weitere manuelle Ausbau bzw. manuelle Aussortierung (Klauben) der in den Behandlungsvorschriften des ElektroG benannten umweltschädigenden Bauteile bzw. Stoffe (Batterien, Kondensatoren, Leiterplatten, LCD, Kunststoffe mit bromierten Flammschutzmitteln usw.; siehe Tab. 13.5). Daran schließt sich eine manuelle Sortierung oder eine automatische Sortierung [13.29] der Wertstoffbauteile mit Sieben, Magneten oder Sensoren an, die in entsprechenden Paletten abgelegt werden (wiederverwendbare Funktionsteile, Kunststoffe, Motoren, Kabel, Elektronik usw.). Ein weiterer eingesetzter Shredder ist der Rotorshredder, der bezüglich Aufschlussergebnis, Zerkleinerungsgrad und Intensität der Beanspruchung an die Aufgabenstellung der Zerlegung optimal anzupassen ist [13.12]. Der Rotorshredder besteht aus einem stehenden Kessel, einer senkrechten Welle und daran beweglich angeordneten Schlagelementen. Der Produktaustrag erfolgt über die als Spaltrost ausgebildete Zylinderwand (Abb. 13.5). Das Aufschlussprodukt entspricht dem des Querstromzerspaners, d.h. wesentliche Bauteile werden nur aus ihren Verbunden gelöst aber nicht zerstört. Die Weiterbehandlung ist beim Querstromzerspaner bereits beschrieben (siehe oben).

13.5.2 Mechanische Aufbereitung der Elektro(nik)-Altgeräte

Aufschlusszerkleinerung und Klassierung

Für die weitere Zerkleinerung kommen angepasst an die Größe der Geräte oder Bauteile und den gewünschten Aufschlussgrad verschiedenartige Shredder (Hammerbrecher) Rotorscheren oder Mühlen zum Einsatz (siehe Abschn. 3.2 und 3.3; Zerkleinerung, Klassierung). Die zwei bis drei Zerkleinerungsstufen (z. B. <60 mm; <15 mm; <5 mm) sind bei der Feinzerkleinerung meist mit entsprechenden Siebstufen kombiniert, um die für die automatischen Sortierprozesse erforderlichen engen Kornklassen zu erzielen. Große Geräte (Waschmaschinen, Kühlgeräte) erfordern nur eine Grobzerkleinerung, während für den Aufschluss von Geräten der Sammelgruppen 3 und 5 eine Feinzerkleinerung unerlässlich ist. Speziell für die Aufbereitung von Kabeln muss eine Verkugelung des Litzenmaterials erfolgen, um danach die Dichtesortierung der verkugelten Kupfer-Litze von den Leichtstoffen zu ermöglichen. Für eine solche Verkugelung in Verbindung mit weiterer Verbundauftrennung ist z. B. eine Rotorprallmühle im Einsatz. Diese Prallmühle ist auch für die Verkugelung sehr kleiner Metallreste in Shredderleichtfraktion (SLF) des Altfahrzeug-Recyclings und in Feinkornmaterial der Elektroschrott-Verarbeitung geeignet.

Da mindestens die ersten Stufen des Recyclings von Altgeräten der Gruppen trockenmechanisch durchgeführt werden, erfolgt auch die Klassierung überwiegend durch Trockensiebung und Windsichtung.

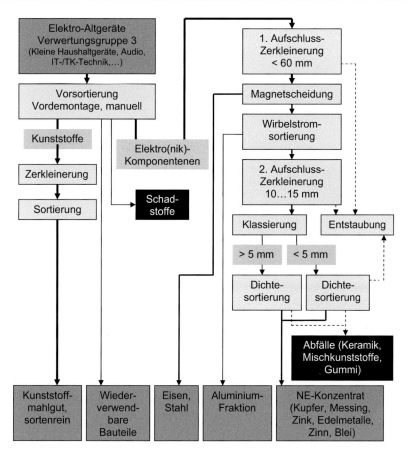

Abb. 13.6 Standardverfahren für das Recycling von Elektro(nik)-Geräten der Gruppe Haushaltkleingeräte (Mikrowelle, Audio, IT-/TK-Technik usw.) mit manueller Vordemontage; Fa. Electrocycling GmbH [13.15]

Sortierverfahren

Eine erste Verfahrensstufe nach der Zerkleinerung ist die Abtrennung von Staub und Feinstteilen (Lackteile, Fasern, Pappe, Kunststoffpartikel) durch Windsichtung, die meist bereits im Shredder integriert ist. Als Sortierverfahren folgen danach die Magnetscheidung (Eisen/Stahl) und die Wirbelstromsortierung für Aluminium, andere NE-Metalle und CrNi-Stahl. Außerdem werden verschiedene Methoden der sensorgestützten Sortierung eingesetzt (NIR für Kunststoffe, induktive Metallerkennung, Röntgenverfahren). Diese Methoden werden auch als kombinierte Sensoren angewandt. Für die Wirbelstromsortierung und die sensorgestützten Methoden sind sehr gleichmäßige Stückgrößen für eine genaue Trennung notwendig Zur weiteren Sortierungen der Vorkonzentrate (Kunststoffe, Eisen/Stahl, Aluminium und NE-Metall-Mischkonzentrate mit Kupfer, Messing, Zink, Blei, Edelmetallen) oder deren Reinigung kommen zusätzlich elektrostatische Separation und Dichtesortierung (Schwimm-Sink-Scheider, Nassherd, Lufttrennherd) zum Einsatz. Die Grundlagen der

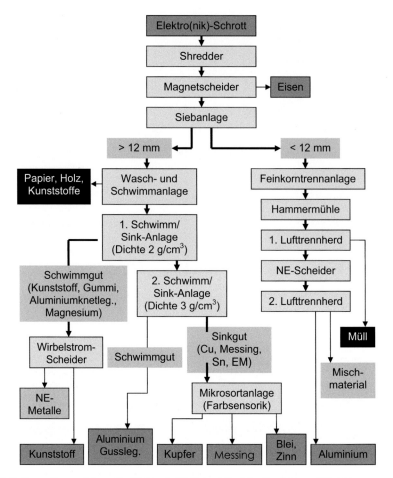

Abb. 13.7 Recyclingverfahren für Elektro(nik)-Schrott bei der Fa. Metran [13.16]

genannten Sortierverfahren und die apparativen Ausführungen sind in Kap. 3 bereits ausführlich erläutert und dargestellt.

Aus diesen umfassenden technischen Möglichkeiten und Apparaten haben die Recyclingunternehmen unterschiedlichen Verfahrensvarianten zusammengebaut [13.14]. In den Abb. 13.6 und 13.7 sind einige industriell realisierte Fließbilder wiedergegeben.

Darüber hinausgehend kommen verstärkt nassmechanische Verfahren zur Aufbereitung von Feinstkornfraktionen wie auch dem Filterstaub der trockenmechanischen Aufbereitung zum Einsatz. Zudem etablieren sich Ergänzungs- und Erweiterungstechnologien, etwa zum Recycling von Leiterplatten [13.27] und anderen Teilströmen.

Möglichkeiten zur Weiterentwicklung der Sortiertechnologie für Elektro(nik)-Altgeräte bestehen durch die Kombination verschiedener neuer Metall-, Kunststoff- und Farbsensoren, wie das in Abb. 13.8 ausführlich vorgestellt wird [13.17]. Damit wird es auch möglich, in den Kunststoffen die Flammschutzmittel u. a. Zusatzstoffe zu erkennen und die Kunststoffe danach zu selektieren.

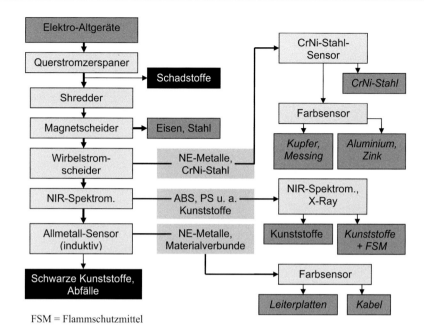

FSM = Flammschutzmittel

Abb. 13.8   Möglichkeiten der Verbesserung der Sortiertechnologie für Elektro(nik)-Altgeräte durch weiterentwickelte Sensortechnik mit Angabe zusätzlicher Sortierfraktionen (kursiv) [13.17], Zerlegung mit dem Querstromzerspaner

13.5.3   Recycling von LCD-Bildschirmen

Bildschirme mit Flüssigkristallanzeigen (Liquid Crystal Display, LCD) in Fernsehgeräten, Monitoren, Mobiltelefonen. bestehen aus dem LCD-Panel (LCD-Modul), Elektronikbauteilen (Platine, Kondensatoren), Lautsprecher, Kabel, Stahl-Kunststoffgehäuse und Gerätefuß. Das LC-Display hat einen Schichtaufbau. Die viskose Flüssigkristallschicht befindet sich zwischen zwei dünnen Glasplatten, die an den Innenseiten mit einer transparenten Elektrodenschicht aus Indiumzinnoxid (ITO) beschichtet sind. Auf den Außenseiten der Glasplatten sind die Polarisationsfilter und weitere Folien aufgebracht (Abb. 13.9). Das Panel besitzt eine Hintergrundbeleuchtung (ältere Typen Leuchtstoffröhren, moderne Geräte LED) und ist in einem Stahlrahmen montiert.

Die Tablet-Computer besitzen ebenfalls ein LC-Display, das mit einem Touchpanel (Frontglas) abgedeckt ist und eine LED-Hintergrundbeleuchtung besitzt. Für das Recycling wäre die unkomplizierte Trennung der beiden Panels und der LEDs günstig, was aber offenbar nicht immer gewährleistet ist.

Nach den Angaben in Abb. 13.9 bestehen die LCD-Geräte zu 17 % aus Kunststoffen, 15 % aus Glas und 55 % aus Stahl. Die Entsorgung findet deshalb noch häufig in Müllverbrennungsanlagen statt. Aus der Verbrennungsasche wird dann der Stahl sehr einfach durch Magnetsortierung gewonnen.

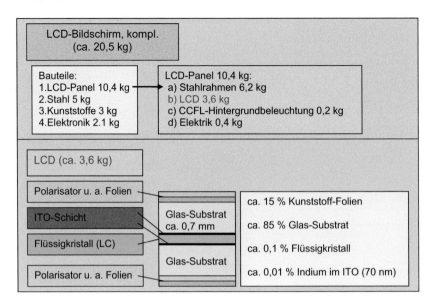

Abb. 13.9 Aufbau und Werkstoffe von LCD-Bildschirmen

Das Recycling von weiteren Wertkomponenten ist nur durch Demontage bzw. schonende Zerlegung möglich (Abb. 13.10). Bei den älteren Geräte-Typen ist besondere Sorgfalt auf die Entfernung der Hg-haltigen Leuchtstoffröhren (Cold Cathode Fluorescent Lamp, CCFL) zu richten (siehe Abschn. 13.6.1 Gasentladungslampen).

Die gegenwärtigen Technologieentwicklungen konzentrieren sich auf das Recycling des Indiums. Dazu ist zunächst die Gewinnung des LCD-Panels durch eine manuelle oder teilautomatisierte Demontage der LCD-Geräte notwendig.

Das LCD-Panel besteht dann immer noch aus einem Mehrschichtverbund von Glasscheiben, Kunststofffolien, Halbleiterbeschichtungen (mit dem Zielwertstoff Indium-Zinnoxid) sowie Flüssigkristallen.

Nach Entfernung des Stahlrahmens können mehrere Technologien zur Verwertung des LC-Displays Anwendung finden.

1. Einschmelzen zusammen mit Elektroschrott nach dem Umicore-Verfahren (siehe Abb. 6.36) mit Gewinnung eines indiumhaltigen Rohbleis. Auf Grund der geringen In-Konzentration in der Glasfraktion ist dies jedoch kaum wirtschaftlich darstellbar.
2. Mehrstufige Zerkleinerung (Hammermühle) und Siebung. Ablösung der ITO-Schicht vom Glasbruch durch Laugung mit Schwefelsäure und Gewinnung von Indium aus der Lösung durch ionenselektive Konzentrationsverfahren [13.28].
3. Einschmelzen der LC-Displays zusammen mit Bildschirmglas von Röhrenfernsehern unter Zusatz von Reduktionsmitteln. Dadurch entsteht eine indiumhaltiges Rohbleis (80 % des Indium-Vorlaufs) und ein Mischglas [13.30] (Dieses Verfahren könnte auch für das Indium-Recycling aus LEDs geeignet sein).

Abb. 13.10 Zerlegung von LCD-Bildschirmen [13.13]

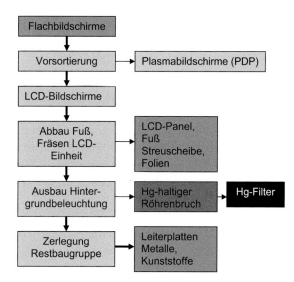

Die nachfolgende Gewinnung des Indiums aus den Zwischenprodukten ist in Abschn. 6.9 beschrieben.

Eine der zentralen Herausforderungen besteht bei der mechanisch-hydrometallurgischen Route in der Trennung von Glas und Kunststoffschichten. Ein spezielles z. Zt. geprüftes Zerlegeverfahren ist die Spaltung von Schichtverbunden mittels einer Mikroemulsion (Tensid-Mischung), die bei Erfolg auch für Photovoltaik-Dünnschichtmodule von Bedeutung wäre (siehe Abschn. 3.2, [3.24]).

13.5.4 Recycling von Elektro(nik)-Altgeräten durch Pyrolyse, Schmelztechnik und Löseprozesse

13.5.4.1 Pyrolyseverfahren

Das Pyrolyseverfahren ermöglicht durch eine Erhitzung von Materialien auf 500 °C bis 800 °C unter Luftabschluss die thermische Zersetzung organischer Substanzen (Depolymerisation, Aufbrechen der Bindungen, Cracken). Diese Verfahrenstechnik bietet die Möglichkeit, die in Elektro(nik)-Altgeräten enthaltenen Kunststoffbauteile und Verbindungselemente zu zerstören und damit von den Metallen und anorganischen Stoffen weitgehend zu trennen. Die Pyrolysetechnologie wurde bereits in Abschn. 5.1 als Hochtemperaturverfahren zur Abfallvorbehandlung näher beschrieben. Dort findet sich auch in Abb. 5.1 das Apparateschema eines Drehrohrreaktors für eine Pyrolyse. Der Drehrohrreaktor mit äußerem Heizmantel ist der Standardapparat für Pyrolyseverfahren. Speziell zu Prozessen der Kunststoffpyrolyse finden sich nochmals Ausführungen in Abschn. 7.5.3 mit den Abb. 7.16 (Drehrohrreaktor) und Abb. 7.17 (Wirbelschichtreaktor). Für die Verwertung von Elektro(nik)-Schrott wurden mehrere Pyrolyseverfahren halbtechnisch erprobt (Pyrocom-,

Pyromaat-, Haloclean-Prozess). Ein industrieller Einsatz ist bisher nicht bekannt. Diese Prozesse werden deshalb nachfolgend nur kurz skizziert.

Pyrocom-Verfahren Das Verfahren verwendet wie üblich einen Drehrohrreaktor, der durch einen Heizmantel indirekt beheizt wird (650...850 °C). Im gasdichten Reaktor entsteht eine reduzierende Atmosphäre. Dadurch wird die Bildung von Dioxinen verhindert. Der abgeleitete Pyrolysedampf lässt sich in ein Öl (halogenhaltig) und ein Heizgas (aufwendige Gasreinigung) trennen. Der feste Pyrolyserückstand wird zerkleinert und z. B. durch Windsichtung der feinkörnige Koks abgetrennt. Weitere Sortierverfahren ermöglichen die Auftrennung in verschiedene Metallfraktionen (Eisen, NE-Metalle) und eine Inertfraktion.

Pyromaat-Verfahren Das vorrangige Ziel dieses Prozesses war die Rückgewinnung von Brom aus der Kunststofffraktion der Elektro(nik)-Altgeräte. Brom ist wesentlicher Bestandteil der Flammschutzmittel von Kunststoffen (polybromierte Biphenyle, PBB; polybromierte Diphenylether, PBDE). Die Pyrolyse erfolgte bei 550 °C und der entstehende Pyrolysedampf wurde bei 1.230 °C zu einem Synthesegas vergast. Mit einer alkalischen Wäsche des Synthesegases konnte Brom zu 95 % ausgewaschen werden.

Haloclean-Prozess Das Verfahren verwendet eine Pyrolyse in zwei Temperaturstufen und erzeugt ein halogenabgereichertes Pyrolyseöl, ein Bromprodukt und ein Heizgas. Durch Anwendung einer zweistufigen Pyrolyse sollte zunächst eine Konzentrierung der Halogene in einem Öl erreicht werden, was sich als nicht realisierbar erwies. Es wurde aber die gestufte Pyrolyse (1. Stufe 300...400 °C; 2. Stufe 400...500 °C) beibehalten und durch thermisch-chemische Aufbereitung des Pyrolysedampfes ein halogenabgereichertes Pyrolyseöl für die chemische Verwertung, ein Pyrolysegas (Heizgas) und Brom erzeugt.

Pyrolyse von Festplatten [13.25] Diese Anwendung wurde für das Recycling von Seltenerdmetall-Magneten in Festplatten untersucht. Die komplette Festplatte wurde unter Stickstoff bei 700 °C auf einem Gitterrost mehrere Stunden behandelt. Dabei zersetzen sich die organischen Bestandteile, die Magnete werden entmagnetisiert und der Aluminiumrahmen (AlSi9Cu3-Legierung) schmilzt, tropft durch den Rost ab und alle Schraubverbindungen werden freigelegt. Die Festplatte ist dadurch in ihre Einzelkomponenten zerfallen, die anschließend in Stahl, SEM-Magnete, Aluminium und Staub (Edelmetalle) sortierbar sind.

13.5.4.2 Schmelztechnische Verfahren

Mit den Schmelzverfahren können die Metallinhalte (Kupfer, Nickel, Zink, Edelmetalle) in einer Schmelzphase konzentriert werden. Die unedleren Metalle (Eisen, Aluminium aber auch Tantal, Niob, Seltenerdmetalle und andere Sondermetalle) werden allerdings im Schmelzprozess verschlackt. Hier sollte entweder eine Abtrennung vor dem Schmelzprozess oder eine Rückgewinnung bestimmter Elemente aus der Schlacke erfolgen. Die pyrometallurgisch erzeugten Rohmetalle oder Legierungen müssen nachfolgend hydrometallurgisch separiert und raffiniert werden. Die Kunststoffe sind beim Schmelzen im Prinzip energetisch nutzbar. Aus unterschiedlichen Gründen ist aber meist die vorgeschaltete Abtrennung der Kunststoffe erwünscht. Die Grundlagen und Technologien der Schmelzverfahren sind ausführlich in den Abschnitten für das Recycling von Kupfer und Edelmetallen abgehandelt (Abschn. 6.4.3 Kupfer-Schmelzmetallurgie; Abschn. 6.7 Recycling von Edelmetallen). Die Kenntnis der Schmelzverfahren für Kupfer- und Edelmetallschrotte ist für das Verständnis der Verzahnung von mechanischer Aufbereitung (Aufschluss und Sortierung) und Schmelztechnologien jedoch unbedingt erforderlich. An dieser Stelle ist besonders auf das Kombinationsverfahren von Umicore hinzuweisen, das durch eine kombinierte Kupfer-Blei-Technologie neben den Edelmetallen auch die Gewinnung einiger Sondermetalle (Antimon, Bismut, Zinn, Indium, Selen, Tellur) ermöglicht (siehe Abb. 6.36).

13.5.4.3 Löseverfahren

Die selektive Auflösung bestimmter Anteile der Elektro(nik)-Altgeräte eröffnet eine weitere Möglichkeit einer ersten stofflichen Trennung. Grundsätzlich sind technische Prozesse verfügbar, die einerseits eine Auflösung von Metallen durch chemische Reaktionen gestatten oder eine Auflösung von Kunststoffen durch bestimmte organische Lösemittel erlauben. Für die Auflösung von Metallen kommen anorganische Chemikalien zur Anwendung, die die Kunststoffe nicht angreifen. Die Kunststoffe sind dagegen nur in organischen Lösemitteln löslich, die wiederum keine Metallauflösung bewirken. Diese günstigen Verhältnisse sind die Grundlage für das selektive Herauslösen von Metallen oder von Kunststoffen aus Elektro(nik)-Altgeräten. Die bereits heute technisch nutzbaren selektiven Metalllöseprozesse sind in den stoffspezifischen Abschnitten des Kap. 6 insbesondere für die Hauptmetalle beschrieben. Eine Reihe neuer Verfahrensansätze sind derzeit in Entwicklung, die auf die in geringen Konzentrationen vorliegenden Sondermetalle abheben. Kern dieser Ansätze ist die Aufkonzentration bestimmter, auch in den Lösungen sehr gering konzentrierter Metalle durch ionenselektive Prozesse (Ionentauscherprozesse).

Die Auflösung von Kunststoffen ist sehr sortenspezifisch und ermöglicht damit die Trennung auch verschiedener Kunststoffsorten. Löslich sind bisher überwiegend Thermoplaste. Als Lösemittel sind bisher Methylethylketon, Tetrahydrofuran, Xylol und Dichlormethan untersucht. Die Grundlagen und Anwendungen dieser Technologien sind bereits im Kapitel Kunststoffe (Abschn. 7.4.1) ausführlich behandelt. Ein besonderer Vorteil dieser Technik ist, dass die erzeugten Recyclingkunststoffe die Qualität von Primärkunststoffen erreichen. Die Nachteile dieser Technik sind die technologisch ungünstigen Eigenschaften der Lösemittel (hoher Dampfdruck, Brennbarkeit, Toxizität), die einer industriellen Anwendung bisher entgegenstanden. Die genannten Nachteile soll ein deutlich günstigeres Lösemittel (hoher Flammpunkt, biologisch abbaubar) beseitigen, das beim *CreaSolv-Verfahren* verwendet wird. Nähere Angaben zu diesem Lösemittel sind bisher aber nicht veröffentlicht. Weitere technische Angaben zu diesem Verfahren sind ebenfalls in Abschn. 7.4.1 und in Abb. 7.2 verfügbar.

Tab. 13.7 Marktanteil und Hg-Gehalt verschiedener Gasentladungslampen [13.21]

Lampentyp	Marktanteil	Hg-Gehalt pro Lampe
Leuchtstofflampen, stabförmig und nicht stabförmig	66 %	< 10 mg
Kompaktleuchtstofflampen	28 %	< 5 mg
Hochdruckentladungslampen	6 %	30 mg

13.6   Lampenrecycling

Die technische Entwicklung zur Verbesserung der Energieeffizienz elektrischer Lichtquellen führte von der klassischen Glühlampe (Wolframglühfaden im edelgasgefüllten Glaskolben) und den Halogenglühlampen zu den Gasentladungslampen (Quecksilber-Dampf, Argon und Leuchtstoffe in Glasröhren bzw. -kolben). Die nächste Generation der Lichtquellen, die Halbleiterlichtquellen (Leuchtdioden, LED), sind seit etwa 2012 im Masseneinsatz. Etwa 8 % der erzeugten elektrischen Energie wird in Deutschland für Beleuchtungszwecke eingesetzt. Bereits vor rund 10 Jahren wurde die Hälfte davon über Energiesparlampen abgedeckt (im großen Umfang im Bereich der Leuchtstoffröhren), die damit bereits 80 % des Gesamtlichtbedarfs lieferten. Seit dem Verbot konventioneller Glühlampen einerseits und dem Aufkommen der LED-Leuchtmittel steigt der Anteil kontinuierlich.

Die geringe Glas- und Metallmasse der Glühlampen, die Abwesenheit von Schadstoffen und die geringen Mengen an Wolfram lassen einen wirtschaftlichen Recyclingprozess nicht zu. Dagegen zwingen bei gebrauchten Gasentladungslampen die Schadstoffgehalte (Hg) zu einer Sonderbehandlung, die damit gekoppelt auch ein Recycling der relativ großen Massenanteile an Glas und z.T. an Leuchtstoffen und an Metallen aus den Lampensockeln ermöglicht. Das vollständige Recycling der LED-Lampen ist in der Vorbereitung.

13.6.1 Gasentladungslampen

Typen von Gasentladungslampen
Es sind verschiedene Typen von Gasentladungslampen auf dem Markt, die wegen ihrer verschiedenen Marktanteile und Hg-Gehalte von sehr unterschiedlicher Bedeutung für die Schadstoffbeseitigung und das Recycling sind (Tab. 13.7).

Die stabförmigen Leuchtstofflampen und die Kompaktleuchtstofflampen (Energiesparlampen) bilden den Schwerpunkt des Lampenrecyclings. Bei den Hochdruckentladungslampen wird zwischen mehreren Typen unterschieden:

- Quecksilberhochdrucklampen: Quecksilber und Argon in einem Quarzgefäß.
- Metallhalogenidlampen: Quecksilber, Argon, Jodverbindungen in einem Quarz- oder Aluminiumoxid-Gefäß.
- Natriumdampflampen: Natrium, Aluminiumoxid-Gefäß.

Die stabförmigen Leuchtstofflampen bestehen aus dem Glasrohr (Alkali-Erdalkali-Silikatglas) mit einer inneren Leuchtstoffschicht, der Quecksilber-Argon-Gasfüllung und den Wolframelektroden sowie Bleiglas an den Rohrenden. Den Rohrverschluss bildet eine Metallkappe mit Kontakten. Das für die Zündung erforderliche konventionelle Vorschaltgerät KVG (Drossel, Starter) ist außerhalb der Leuchtstofflampe im Lampengestell installiert. Bei den Kompaktleuchtstofflampen (vorwiegend Energiesparlampen mit Gewindesockel) ist ein elektronisches Vorschaltgerät EVG in den Lampensockel (Kunststoff + Metallgewinde) integriert. Das EVG besteht aus kleinen elektronischen Bauteilen (Kondensator, Transformator, Drossel, Hochfrequenzgenerator), die auf einer Leiterplatte platziert sind. Zu früheren Zeiten und in einigen Industrieanlagen auch heute noch werden Leuchtstofflampen verwendet, die das relativ einfache Leuchtmittel Calciumhalophosphat ($Ca_5(PO_4)_3(F,Cl)$: Sb^{3+}; Mn^{3+}) nutzen. Um relativ warme und beliebig einstellbare Weißtöne zu erreichen, werden heute mindestens im Wohn- und Bürobereich Leuchtstofflampen eingesetzt, die mit sogenannten Dreibandenleuchtstoffen arbeiten. Diese Leuchtstoffe emittieren Licht in den Spektralbereich grün, blau und rot und addieren sich damit zu weißem Licht. Die dafür genutzten Leuchtstoffe sind Oxide, die mit Seltenerdmetallen (SEM) dotiert sind:

- Certerbiumaluminat Ce $MgAl_{11}O_{19}$:Tb (CAT) als Grünkomponente,
- Bariummagnesiumaluminat $BaMgAl_{10}O_{17}$:Eu (BAM) als Blaukomponente,
- Yttrium/Europiumoxid Y_2O_3:Eu (YOE) als Rotkomponente.

Im Durchschnitt enthalten Leuchtstofflampen etwa 2…4 % Leuchtstoffe, die wiederum im Mittel 10 % SEM-Oxide enthalten. Auf Grund der Rohstoff- und Preisentwicklung für die Seltenerdmetalle rückten die Gasentladungslampen bereits vor einigen Jahren in den Fokus des Interesses für das Recycling. Die stoffliche Zusammensetzung und Hg-Verteilung in einer gebrauchten stabförmigen Leuchtstofflampe stellt sich im Mittel wie folgt dar:

Zylinderglas (Na_2O-CaO-Glas)	85,0 % (Hg ca. 1,2 mg),
Kappen, Elektroden, Bleiglas	12,9 %,
Leuchtstoff	2,1 % (Hg ca. 7,5 mg),
Gasfüllung	Hg ca. 1,3 mg.

Für die Gasentladungslampen stehen drei Recyclingverfahren zur Auswahl: Produktspezifische Zerlegeverfahren; Shredderverfahren (für alle Lampentypen geeignet); Trocken- und Nassverfahren für die Leuchtstoffabtrennung.

Abb. 13.11 Fließbild des
Kapp-Trennverfahrens für
stabförmige Leuchtstoff-
lampen

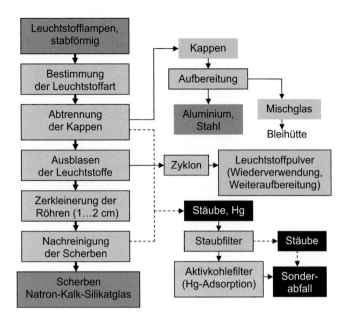

Kapp-Trennverfahren für stabförmige Leuchtstofflampen

In einem ersten Schritt wird die Leuchtstoffart (Halophosphat oder Dreibandenleuchtstoff) ermittelt, um deren Wiederverwendung zu ermöglichen. Die unter Unterdruck stehenden Röhren werden zunächst belüftet. Bei den stabförmigen Leuchtstofflampen sind die Lampenenden (Metallkappen plus Bleiglas) durch Schneiden oder Absprengen technisch unkompliziert abzutrennen. Alle Verarbeitungsstufen arbeiten mit geschlossenen Apparaten im Unterdruckbereich, um den freigesetzten Quecksilber-Dampf und die Stäube vollständig abzusaugen und über Filter zu reinigen. Der Quecksilber-Dampf wird an Aktivkohle adsorbiert. Die abgetrennten Enden lassen sich mechanisch aufbereiten und in verwertbare Metalle (Stahl, Aluminium) und ein Mischglas separieren. Aus dem Mischglas könnte in einer Bleihütte das Blei recycelt werden. Aus dem Glasrohr wird der Leuchtstoff mittels einer Art Sandstrahlung von der Glasoberfläche gelöst, ausgeblasen und in einem Zyklon abgeschieden (Quecksilber im Abgas zusätzlich in Aktivkohlefiltern). Die gereinigte Glasröhre wird danach zu Scherben (1…2 cm Stückgröße) zerkleinert und der noch anhaftende restliche Staub (Glasstaub, Leuchtstoffreste) sowie geringe Metallteile abgetrennt. Die Scherben (85 % der Lampenmasse) können direkt wieder in der Röhrenherstellung eingesetzt werden. Ein Fließbild des Kapp-Trennverfahrens zeigt Abb. 13.11. Ein modifiziertes Kapp-Trennverfahren ist auch für ausgewählte Typen von Kompaktleuchten einsetzbar [13.21].

Die Leuchtstoffe lassen sich in chemischen Prozessschritten in einzelne Komponenten oder definierte Leuchtstoffgemische zerlegen bzw. überführen und direkt einer Wiederverwendung in der Lampenindustrie zuführen.

Eine geeignete Technologie ist im Abschn. 6.10 in der Abb. 6.46 wiedergegeben.

Zentrifugal-Separationsverfahren
Dieses Verfahren ist ebenfalls produktspezifisch nur für Lampen ähnlicher Bauart einsetzbar (für Energiesparlampen, nicht für stabförmige Gasentladungslampen). Das Zentrifugal-Separationssystem gewährleistet in der ersten Verfahrensstufe eine schonende Zerlegung in die Bauteile Glas, Metall-Kunststoff-Sockel und EVG (elektronisches Vorschaltgerät). Der Leuchtstoff und die Stäube werden abgesaugt und über Filter abgeschieden. Durch Siebsortierung erfolgt eine Abtrennung des Glases, das durch Ausheizen von Quecksilber gereinigt wird. Die Fraktion Lampenfassung, Kunststoffe und Elektronikbauteile wird geshreddert, über Magnetscheidung getrennt und recycelt (Metalle) bzw. energetisch verwertet (Kunststoffe) oder untertägig deponiert (Leuchtstoffe, Glasstaub) [13.21].

Glasbruchwaschverfahren
Das Verfahren arbeitet in der ersten Stufe mit einer vollständig trockenen Zerkleinerung, so dass alle Lampentypen sowie Lampenbruch und Produktionsausschuss verarbeitbar sind. Das Zerkleinerungsgut gelangt danach in eine Vibrationswäsche, die dem weiteren Aufschluss des Gutes und besonders der Ablösung der Leuchtstoffe dient. Das Waschwasser mit den suspendierten Leuchtstoffen (+ kleine Glaspartikel + Quecksilber) wird durch Sedimentation gereinigt. Es verbleibt ein Leuchtstoffschlamm, der in einem Drehrohr erhitzt wird, wobei Wasser und Quecksilber vollständig verdampfen. Das daraus kondensierte Quecksilber hat eine Reinheit von 99,99 %. Das Glasbruch-Metall-Gemisch wird unter Verwendung von Sieben, einem Metallabscheider und einer sensorgestützten Aufbereitung in die recycelfähigen Fraktionen Na_2O-CaO-Glas, Bleiglas und Metalle sortiert [13.21].

Shredderverfahren
Beim Shredderverfahren erfolgt ebenfalls eine vollständig trockene Aufschlusszerkleinerung, die alle Lampentypen zu verarbeiten gestattet. Die weitere Verarbeitung erfolgt ebenfalls trocken. Durch mehrstufige Siebsortierung entstehen drei Korngrößenfraktionen. Die Grobfraktion enthält die verformten Metallteile (Recycling). Die mittlere Fraktion (Glas, Kunststoffe) wird durch Windsichtung getrennt. Die Feinfraktion enthält die Leuchtstoffe, Glasstaub und Quecksilber und muss als Sonderabfall deponiert werden (evtl. Abtrennung von Quecksilber durch Destillation). Die Qualität der getrennten Produkte ist relativ niedrig, so dass z. B. der Glasbruch nur für Bauglas einsetzbar ist [13.21].

Recycling der Leuchtstoffe
Die Leuchtstoffe lassen sich, wie bereits im Anschluss an das Kapp-Trennverfahren beschrieben, zu wiedereinsetzbaren Leuchtstoffen aufarbeiten. Dies geschieht in der Regel auf chemischem Wege. Im Gegensatz zum Recycling von Seltenerdmetallen aus Magnetanwendungen etwa, ist eine Reduktionsstufe zum Metall nicht erforderlich. Der Wiedereinsatz erfolgt direkt auf der Ebene der erzeugten Oxide. Die erste größere Produktionsanlage zum Recycling solcher Stoffe in Europa wird in Frankreich betrieben (siehe Abschn. 6.10).

13.6.2 LED-Lampen

Eine LED-Lampe ist ein elektronisches Gerät aus z. B. folgenden Bauteilen:

1. LED-Chip (z. B. InGaN-Halbleiter, GaAsP-Halbleiter mit Leuchtstoff) mit Reflektor-
wanne, Goldbonddraht und Kontakten. Mehrere LED-Chips sind auf einer Aluminium-
platine (Kühlelement) angebracht.
2. Elektrisches Vorschaltgerät (Leiterplatte mit elektronischen Bauteilen).
3. Kunststoffgehäuse.
4. Kunststoffsockel mit verschiedenen elektrischen Anschlussformen (auch Metallschraub-
sockel, Metallstecksockel, Keramiksockel u. a.).
5. Glaskolben bei der Glühlampenform.

Es sind mehr als 25 Lampenformen (z. B. Reflektorlampen, LED Spots, Glühlampen-
formen) aus unterschiedlichen Werkstoffen auf dem Markt.

Ähnlich wie bei den Dreibandenleuchtstoffen in den Gasentladungslampen werden verschiedene Komponenten kombiniert, um weißes Licht mit unterschiedlicher Wärmetönung
zu erhalten. Relevant sind u. a.

AlGaAs	– rot (665 nm) und infrarot bis 1.000 nm Wellenlänge,
GaAsP und AlInGaP	– rot, orange und gelb,
GaP	– grün,
SiC	– erste kommerzielle blaue LED; geringe Effizienz,
InGaN und GaN	– Ultraviolett, Violett, blau und grün.

Für das Recycling sind die enthaltenen NE-Metalle, Gold, Silber, die Halbleitermetalle
Gallium und Indium, die Leuchtstoffe und das Altglas von Interesse. Die Halbleiter und
die Leuchtstoffe sind aber in so geringen Massen im LED-Chip verbaut, dass eine Rückgewinnung sehr problematisch ist (z. B. pro LED ca. 29 µg In, 32 µg Ga, 32 µg Y). Eine sehr
optimistische Bewertung schätzt 90 % der Bestandteile einer LED als recycelbar ein. Industrielle Recyclingverfahren für die Werkstoffe sind bisher nicht veröffentlicht. Unabhängig
davon sind auf Grund der elektronischen und elektrischen Bauteile der LEDs diese nach
dem Elektrogesetz getrennt zu entsorgen. Eine Beseitigung im Hausmüll ist unzulässig.

Recyclingmöglichkeiten
Für ein Recyclingverfahren sind zunächst die Hauptbestandteile an geringwertigen Werk-
stoffen (Glas, Kunststoff, Reflektor) von den wertvollen Metallen (Kontakte, Leiterplatte,
Kühlelement) durch mechanische Aufbereitung (Zerlegung, Grobzerkleinerung und
Sortierverfahren) zu separieren. Abgetrennt werden die Fraktionen Eisen, Aluminium,
Leiterplatten, Kunststoffe und NE-Metalle. Die NE-Metallfraktion kann anschließend in
metallurgische Schmelzprozesse für Kupfer- oder Bleischrotte als Sammlermetalle eingebracht werden. Aus diesen Sammlermetallen sind dann in mehreren Verfahrensstufen z. B.

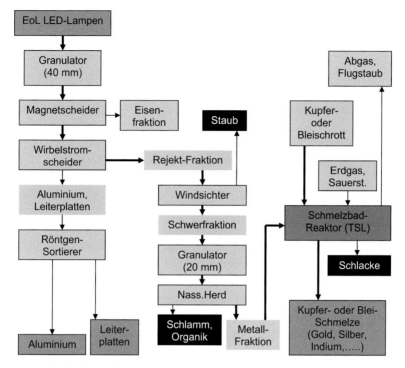

Abb. 13.12 Mechanische Aufbereitung von LEDs (System-Simulation) [13.31]

Edelmetalle, Nickel, Zink, Indium und Arsen zu gewinnen (siehe Abschn. 6.9). Für eine solche Technologie liegt eine System-Simulation von M. Reuter vor (Abb. 13.12) [13.31].

13.7 Recycling von Photovoltaikmodulen

Die ersten Recyclingaktivitäten im Bereich der Photovoltaikmodule konzentrierten sich zunächst auf die in relevanten Mengen anfallenden Produktionsabfälle (Schnittverluste, Sägeslurry, Bruch). Mit der erst stürmischen Entwicklung der deutschen Solarindustrie entstanden eine Reihe von Recyclingansätzen aus deren Reihen. Mit dem Niedergang dieser Branche in Deutschland auf Grund der billigen Importe aus China, erhielt auch die Entwicklung von Recyclingtechnologien hier einen Dämpfer.

Mit einem gewissen zeitlichen Verzug werden aber relevante Mengen an Altmodulen auch in Deutschland anfallen, die einer Entsorgung und Verwertung bedürfen. Nach 20…30 Jahren sinkt der Wirkungsgrad der verbauten Module und es treten mechanische Zerstörungen auf. Diese Altmodule müssen nach ElektroG2 gesammelt und recycelt werden. Die Mehrzahl der Altmodule aus der ersten Aufbauphase enthalten kristalline Silizium-Solarzellen. In diesen ist das Potential an Sekundärrohstoffen Glas und Aluminium-Profile und nur 3 % kristallines Silizium. Der Trend ging danach zu dünneren Silizium-Wafern.

Die Nachfolge-Typen verwenden andere Halbleiter:

- Amorphes Silizium,
- Cadmium-Tellurid (CdTe),
- Kupfer-Indium-Diselenid (CIS),
- Kupfer-Indium-Gallium-Diselenid (CIGS).

Diese Halbleitermaterialien werden in dünnen Schichten auf ein Trägermaterial (Glas, Kunststoff) aufgedampft und daraus die Dünnschichtmodule gefertigt.

Aufbau der häufigsten Altmodule auf Basis von kristallinem Silizium-Solarzellen [13.22]

1. Scheibe aus hochreinem, dotiertem, kristallinem Silizium (Wafer). Der Wafer ist auf der dem Licht zugewandten Seite mit einer Antireflektionsschicht (Siliziumnitrid oder Titandioxid) versehen. Die Oberseite besitzt einen Gitterkontakt aus Aluminium, die Unterseite eine Kontaktschicht aus Silber (0,006 % des Moduls). Die Zellen sind mit Lötbändchen (Zinn) verbunden.
2. Umhüllung der Zellen mit verschweißten Kunststofffolien (Etylenvinylacetat, EVA), ca. 6 % des Moduls.
3. Frontglas (4 oder 2 mm).
4. Unterseite Kunststofffolie (Polyvinylfluorid) oder auch Glas (2 mm).
5. Profilrahmen (Aluminium, 10 % des Moduls).
6. Anschlussdose mit Verkabelung (Kupfer).

Recyclingtechnologien für Module mit kristallinen Silizium-Zellen
A) Gewinnung von Silizium-Bruch [13.23]

- Abtrennung der Anschlussdosen.
- Thermische Zersetzung und Vergasung der Kunststofffolien zur Freilegung des Stoffverbundes von Glas, Silizium, NE-Metallen und Edelmetallen.
- Abtrennung des Aluminium-Rahmens.
- Gemeinsame Zerkleinerung von Glas und Zellen.
- Aussortieren der Kupferverbindungsleiter (z. B. mittels Induktionssensoren).
- Glas-Silizium-Trennung durch optische Sortierung des transparenten Glases vom nichttransparenten Silizium.
- Nachreinigung des Siliziums; Ablösung des Aluminium-Gitters mit Aluminiumchloridlösung, chemische Auflösung der Silberschicht.

Aufbereitungsprodukte: 1. Aluminiumschrott. 2. Glasgranulat mit extrem hoher Reinheit, Ausbeute 95 % (Flachglasqualität). 3. Siliziumbruch mit 73 % Ausbeute in sehr hoher

Reinheit und 27 % einer Silizium-Mischfraktion. 4. Kupfer(fast 100 % Ausbeute). 5. Polyaluminiumchloridlösung. 6. Silbernitratlösung.

Der hochreine Si-Bruch wird zu Si-Blöcken umgeschmolzen.

B) Gewinnung intakter Silizium-Wafer In einer nach diesem Ansatz arbeitenden Pilotanlage erfolgt eine Zersetzung der Folie bei 600 °C und eine nachfolgende manuelle Sortierung in die Komponenten Solarzelle, Glas, Aluminiumrahmen, Kabel und Leiterbahnen. Durch Ätzstufen werden die störenden Beschichtungen vom Wafer entfernt. Bei älteren Waferdicken von 400 µm liefert diese Methode 76,4 % Wafer-Ausbeute. Bei den neueren Waferdicken von 200 µm ist das Verfahren unwirtschaftlich.

Aufbau der CdTe-Dünnschichtmodule und eine Recyclingtechnologie [13.22, 13.24, 13.32]

Auf einer Molybdän-Kontaktschicht ist der CdTe-Halbleiter aufgebracht, mit einem Frontkontakt (transparentes leitfähiges Oxid) beschichtet und mit Frontglas abgedeckt. Auf der Rückseite befindet sich eine Laminatschicht und das rückseitige Abdeckglas. Die Module sind wie folgt zusammengesetzt: 95 % Glas, 3,5 % Polymere, 1 % Kupferkabel, 0,07 % Cadmium, 0,07 % Tellur.

Das Recycling von Produktionsabfällen und Altmodulen besteht aus folgenden Stufen:

- Grobzerkleinerung im Shredder.
- Feinzerkleinerung auf 4…5 mm in einer Hammermühle zum Aufschluss der Laminat-Versiegelung.
- Chemische Auflösung der Halbleiterschicht und des Molybdäns mit Säure + Wasserstoffperoxid in einer Edelstahltrommel.
- Ausfällung der Metallhydroxide in drei Stufen bei steigendem pH-Wert und Gewinnung eines Filterkuchens für das weitere Recycling von Cadmium und Tellur.
- Trennung von Glas und Laminat auf einem Vibrationssieb.
- Waschprozess des Glases (Ausbringen 90 %).
- Entsorgung des Laminats durch Verbrennung.

Für CIGS-Module wird ebenfalls ein hydrometallurgischer Prozess angegeben (Umicore) mit den Stufen stark saure Laugung, Selenfällung, Kupferfällung und Indiumhydroxid-Fällung.

Eine Pilotanlage verwendet das Saperatec-Verfahren (siehe Abschn. 3.2) der Aufspaltung des Schichtverbundes mit einer Tensidmischung. Es wurde an CdTe- und CIGS-Modulen erprobt.

Die Recyclingtechnologien für CdTe-, CIS- und CISG-Module konzentrieren sich vor allem auf die Entsorgung der giftigen Cadmiumverbindungen und das Recycling von Selen, Tellur und Indium.

Literatur

13.1 bvse, Überblick über die Recycling und Entsorgungsbranche, Zahlen – Daten – Fakten, April 2013

13.2 Buchert, M. u. a., Recycling kritischer Rohstoffe aus Elektronik-Altgeräten, Öko-Institut Freiburg für LANUV (NRW), LANUV-Fachbericht 38, Recklinghausen 2012

13.3 Elektro- und Elektronikgerätegesetz (ElektroG) v. 16.03.2005

13.4 Umweltbundesamt (UBA), Analyse der Datenerhebung nach ElektroG für 2009 und 2010 zur Vorbereitung EU-Berichtspflicht 2012, Text 28/2013 (von Gallemkemper, B., Breer, J.). www.uba.de/uba-info-medien/4461.html

13.5 (A) Richtlinie 2012/19/EU des europäischen Parlaments und des Rates über Elektro- und Elektronik-Altgeräte v. 4. Juli 2012, (B) Elektro- und Elektronikgerätegesetz (ElektroG2) v. 20.10.2015

13.6 Elektro- und Elektronikgeräte-Stoff-Verordnung (ElektroStoffV) v. 19.04.2013

13.7 VDI 2343 Recycling elektrischer und elektronischer Geräte, Blatt 4: Aufbereitung (Jan. 2012), Blatt 5: Stoffliche und energetische Verwertung und Beseitigung (Sept.2013)

13.8 Rotter, S., Rückgewinnung von Metallen aus Elektroaltgeräten, Innovationsforum: Freiberg 2011

13.9 MeWa, Alternative zur manuellen Vordemontage von E-Schrott, UmweltMagazin 2008, Nr. 6, S. 25

13.10 Schäfer, S., Schäfer, A., Neue Möglichkeiten für die Aufschlusszerkleinerung beim Recycling durch den Universal-Querstromzerspaner. In: Thomé-Kozmiensky, K., Goldmann, D., Recycling und Rohstoffe, Bd. 3, TK Verlag Neuruppin 2010, S. 287–299

13.11 UNU 1st Global E-waste Monitor 2014, http://i.unu.edu/media/unu.edu/news/52624/UNU-1stGlobal-E-Waste-Monitor-2014-small.pdf

13.12 Drechsel, Chr., Mechanische Verfahren zum Recycling von Elektronikschrott mit Rotorshredder und Prallmühle, Aufbereitungs Technik 47 (2006), NR.3, S. 4–13

13.13 Fröhlich, G., Ökonomische Gewinnung von Rohstoffen aus Elektroaltgeräten in Deutschland, REWIMET-Symposium Goslar 24.04.2013, www.rewimet.de

13.14 Fröhlich, G., Entsorgung von Elektro- und Elektronikgeräten in der Praxis. In: Thomé-Kozmiensky, K., Goldmann,D., Recycling und Rohstoffe, Bd. 2, TK Verlag Neuruppin 2009, S. 551–565

13.15 Fröhlich, G., Rohstoff Elektroaltgeräte ...., Konf. Green Economy des BMBF 2012, www.fona.de/ge 2012/referenten.php

13.16 METRAN, www.mueller-guttenbrunn.at

13.17 Kulcke, A., Stangl, S., Burstaller, M., 2D-NIR-Spektroskopie und materialselektive induktive Metallerkennung im Recycling, Sensorgestützte Sortierung 2008, Heft 114 der Schriftenreihe der GDMB

13.18 UNEP (2011) Recycling Rates of Metals – A Status Report, A Report of the Working Group on the Global Flows to the International Resource Panel. http://www.unep.org/resourcepanel/Portals/24102/PDFs/Metals_Recycling_Rates_110412-1.pdf

13.19 Hagelücken, Chr. Edelmetallrecycling – Status und Entwicklung, Schriftenreihe der GDMB Heft 121 „Sondermetalle und Edelmetalle", 2010.

13.20 Andritz MeWa Recycling Technologies – Kühlgeräte, www.andritz.com/mewa

13.21 ZVEI (Hrsg.), Sammlung und Recycling von Entladungslampen, Broschüre der AG Lampenverwertung, 31.03.2008, www.zvei.org

13.22 Friege, H., Kummer, B., Photovoltaik-Module. Bedarf und Recycling, UmweltMagazin Nr. 3, 2013, S. 46–49

13.23 Recycling für PV-Module, bifa Umweltinstitut GmbH, 2012, www.bifa.de

13.24 Wade, A., Nachhaltigkeit durch Produktionszyklus-Management, Innovationsforum „Life Cycle und Recycling seltener Metalle…", März 2011 Freiberg, www.loserchemie.de

13.25 Stuhlpfarrer Ph. u. a., Recyclingkonzepte zur Rückgewinnung von Massen- und Technologiemetallen aus E-Schrotten der Kategorie 3, World of metallurgy – Erzmetall 67(2014), No. 1, S. 28–37

13.26 Kernbaum, S., Hübner, T., Recycling von Photovoltaikmodulen. In Thomé-Kozmiensky, K., Goldmann, D., Recycling und Rohstoffe, Bd. 6, TK Verlag Neuruppin 2013, S. 545–557

13.27 Kolbe, P., Innovative Ansätze im Leiterplattenrecycling. In: Thomé-Kozmiensky, K., Goldmann, D., Recycling und Rohstoffe, Bd. 3, TK Verlag Neuruppin 2010, S. 647–654

13.28 Goldmann, D., Rasenack, K.: Recycling of indium from end-of-life LCDs, European Metallurgical Conference 2015, Düsseldorf, 14. – 17.06.2015. Published in: Proceedings of the European Metallurgical Conference EMC 2015, GDMB Verlag GmbH, Vol. 2, pp. 759–770, ISBN: 978-3-940276-62-9

13.29 Behrendt, S., Nolte, R., Röben, A. (IZT): Recycling als Rohstoffquelle, Hrsg: ZVEI Zentralverband Elektrotechnik- und Elektronikindustrie, Fachverband Automatisierung, Jan. 2015

13.30 Stelter, M. Neues Verfahren zum Recyceln von Röhren- und LCD-Bildschirmen entwickelt, www.tu-freiberg.de/presse (24.6.2014)

13.31 Worrell, E., Reuter, M., Handbook of Recycling, Elsevier Inc. 2014

13.32 Reckziegel, C., Recycling in der Photovoltaikindustrie. In: Thomé-Kozmiensky, K., Goldmann, D. Recycling und Rohstoffe, Bd. 3, TK-Verlag Neuruppin 2010, S. 677–689

13.33 Hagelücken, Chr., Recycling of electronic scrap at Umicores integrated metals smelter and refinery, World of metallurgy, Erzmetall, 59 (2006), S. 152–161

Batterien sind Quellen elektrischer Energie, die aus gespeicherter chemischer Energie gewonnen wird. Sie sind in großer Stückzahl und erheblichen Tonnagen im Gebrauch. In der Mehrzahl sind sie transportabel, haben häufig eine kurze Lebensdauer und fallen am Nutzungsende als Abfall (Altbatterien) an.

Rund 230.000 t Batterien werden allein in Deutschland jedes Jahr auf den Markt gebracht. Mit ihren Bestandteilen Blei, Zink, Mangan, Eisen, Nickel, Cadmium, Cobalt, Silber, Quecksilber, Kupfer, Aluminium, Lithium sowie einigen Seltenerdmetallen, Kunststoffen und Elektrolyten stellen Altbatterien einerseits ein großes Rohstoffpotential, andererseits bei unsachgemäßer Entsorgung ein erhebliches Umweltrisiko dar. Der Hauptanteil dieser Masse entfällt mit rund 80 % auf Bleiakkumulatoren, die als Starterbatterien für Fahrzeuge, Antriebsbatterien für Gabelstapler oder in Notstromsystemen Verwendung finden und zum überwiegenden Anteil aus Blei und Bleiverbindungen bestehen. 60…70 % der Welt Bleiproduktion wird für diese Anwendung eingesetzt. Daneben werden jedes Jahr in Deutschland rund 1 Mrd. Gerätebatterien verkauft. Diese enthalten ca. 4.700 t Zink, 1.500 t Nickel, 700 t Cadmium, 7 t Silber und 3 t Quecksilber. Die durchschnittliche Nutzungsdauer von Batterien liegt zwischen 2 und 7 Jahren (ab Verkauf bzw. „in den Markt bringen" bis zum „End of Life Product" Stadium). Durch den Hoarding-Effekt (Verbleib nach Nutzungsende in den Haushalten) ist mit einem Rücklauf aber erst nach 4–10 Jahren (ab Verkauf bzw. „in den Markt bringen" bis zum Eintritt in die Verwertungskette) zu rechnen. Daraus ergibt sich die gesellschaftliche Notwendigkeit einer getrennten Sammlung und Entsorgung (Recycling oder Beseitigung). In der EU ist deshalb eine entsprechende Richtlinie erlassen worden, die in ein deutsches „Gesetz über das Inverkehrbringen, die Rücknahme und die umweltverträgliche Entsorgung von Batterien und Akkumulatoren" (BattG vom 25.06.2009) umgesetzt wurde [14.1].

Aufbau und Funktionsweise von Batterien

Im Grundaufbau besteht eine Batteriezelle aus einer positiven Elektrode (Kathode, Pluspol), einer negativen Elektrode (Anode, Minuspol), einer Elektrolytflüssigkeit und der Trennmem-

© Springer Fachmedien Wiesbaden 2016

H. Martens, D. Goldmann, *Recyclingtechnik*, DOI 10.1007/978-3-658-02786-5_14

bran (Separator) zwischen den Elektroden. Die Batteriespannung für den äußeren Stromkreis wird an den Elektroden abgenommen. Der Elektrolyt übernimmt den Ionentransport zwischen den Elektroden (Ionenstrom, innerer Stromkreis). Der Elektrolyt kann in flüssiger, pastöser oder fester Form vorliegen. Die Elektrodenmaterialien („aktive Masse") sind häufig Metalle oder deren Verbindungen. Die Stoffart der aktiven Massen bestimmt die Spannung (in Volt, V) einer Batteriezelle, die Menge der aktiven Massen die Kapazität der Batterie (in Amperestunden, Ah). Durch Zusammenschalten mehrerer Batteriezellen addiert sich die Spannung und man erhält einen Batteriesatz. Eine weitere Kennziffer von Batterien ist die masse- oder volumenbezogene Energiedichte (gespeicherte Energie in Wattstunden pro Gramm oder Kubikzentimeter). Auf Grund der unterschiedlichen Anforderungen der batteriebetriebenen Geräte (Elektronik, Motoren usw.) bezüglich Spannung, Kapazität, Energiedichte, Selbstentladung u. a. sind eine Vielzahl von Batterietypen, Batteriegrößen und Batterieformen in Anwendung, was hohe Anforderungen an die Recyclingtechnologien stellt. Diese Vielzahl begründet sich auch durch die stetige Weiterentwicklung der Batterietechnologie, deren Ziel es ist, möglichst hohe Leistung bei immer geringerem Gewicht und Volumen der Batteriezellen zur Verfügung zu stellen. Haupttreiber ist insbesondere der Bereich der mobilen Anwendungen von Information, Kommunikation und Unterhaltung sowie der Verkehrsmittel.

Grundsätzlich wird zwischen zwei verschiedenen Batterietypen unterscheiden:

- Primärbatterien: Diese besitzen ihren Energieinhalt von Anfang an und sind nur einmal zu entladen und danach Abfall,
- Sekundärbatterien (Akkumulatoren): Diese Typen sind am Stromnetz wieder aufzuladen und deshalb immer erneut nutzbar. Sie werden erst nach einer Vielzahl von Entladungs-/Ladezyklen unbrauchbar.

Für das Recycling ist die Unterscheidung der zwei Typen von geringer Bedeutung.

14.1 Batterietypen und stofflicher Aufbau

Die Durchführung des Recyclings der Batterien und insbesondere deren stoffliche Verwertung sind ohne genaue Kenntnisse des stofflichen Aufbaus der verschiedenen Batterietypen nicht möglich. Sie werden deshalb nachfolgend vorgestellt.

Primärbatteriesysteme
Zink-Kohle (ZnC) Die Zink-Kohle-Batterie wurde Anfang der 60er-Jahre des 20. Jahrhunderts als erste massentaugliche Gerätebatterie eingeführt und läutete damit das Zeitalter der mobilen Information und Unterhaltung ein. Dieser Batterietyp basiert auf einem Braunstein-Zink-System. Die innere positive Elektrode (Kathode) besteht aus Braunstein (MnO_2), der einen Kohlestift als Ableitelektrode umschließt. Die äußere negative Elektrode (Anode) bildet ein Zinkbecher. Als Elektrolyt dient NH_4Cl- oder $ZnCl_2$-Lösung. Den Zinkbecher umschließt eine Isolierhülse und das Zellengefäß besteht dann wieder aus Zink.

Verwendung: Taschenrechner, Wecker, TV-Fernbedienung u. a. Metallinhalt: 15…20 % Fe, 15…30 % Zn, 10…25 % Mn [14.2].

Alkali-Mangan (AlMn) Diese Batterie ist ebenfalls ein Braunstein-Zink-System, das aber einen alkalischen Elektrolyt (KOH) verwendet. Die Alkali-Mangan-Batterie wurde als leistungsfähigere Variante zur Zink-Kohle-Batterie Anfang der 80er-Jahre des letzten Jahrhunderts auf den Markt gebracht. Die Kathode besteht aus einer Mischung von Braunstein (MnO_2) und Graphit und die Anode aus Zinkpulver. Die Trennung übernimmt ein Separator. Kathode, Separator und Anode sind mit Kalilauge getränkt. Die äußere Hülle ist ein Stahlbecher. Ältere Batterien können noch etwas Quecksilber enthalten. Verwendung: MP3-Player, Taschenlampen, Blutdruckmessgeräte, Spielzeuge u. a. Metallinhalt: 15…25 % Fe, 15…30 % Zn, 10…25 % Mn, 1…3 % Cu [14.2].

Zink-Luft Eine sehr dünne katalytische Kathode, eine Zinkpulveranode und ein alkalischer Elektrolyt bilden dieses Element mit sehr hoher Energiedichte (überwiegend als Knopfzellen). Verwendung: Hörgeräte.

Silberoxid (AgO) Silberoxid bildet die Kathode und Zinkpulver die Anode. Der Elektrolyt ist alkalisch, die Hülle aus Stahl (überwiegend als Knopfzellen). Verwendung: Armbanduhren.

Lithium-Mangandioxid (LiMnO₂) Lithium ist die negative Elektrode, Mangandioxid die Kathode. Wegen der Reaktionsfähigkeit von Lithium mit Wasser können nur wasserfreie Elektrolyte verwendet werden. Dazu dienen organische Lösungsmittel mit Salzzusätzen oder anorganische Lösungsmittel. Weitere Systeme dieser Lithium-Familie sind z. B. Lithium-Sulfurdioxid, Lithium-Thionylchlorid, Lithium-Eisendisulfid, Lithium-Vanadiumpentoxid, Lithium-Silberchromat. Es gibt hierbei verschiedene Bauweisen (Becher, Flachzellen) und Größensysteme z. B. auch eine Flachzelle von 0,4 mm Dicke. Verwendung: Langzeitgebrauch in Elektronik und Telekommunikation; digitale Fotokameras, Smartcards, Alarmsysteme.

Nickel-Zink Dies ist ein Batterietyp mit Nickelhydroxid-Kathode, Zink-Anode und alkalischem Elektrolyt.

Sekundärbatteriesysteme
Blei-Säure Batterie (Pb) Das mit Abstand wichtigste und älteste System im Bereich der Sekundärbatteriesysteme und der Batterien insgesamt ist die Blei-Säure-Batterie. Trotz Einführung der Elektromobilität, die weitgehend auf den Einsatz von Li-Ion-Akkumulatoren setzt, wird sich dies auf absehbare Zeit auch nicht ändern. Bei einer erwarteten Verdoppelung der Zahl an Automobilen von rund 800 Mio. zur Jahrtausendwende bis zum Jahre 2030 und einem gleichzeitigen Zuwachs im Bereich Li-Ion-Batterie gestützter Elektromobilität auf 60 Mio. Fahrzeuge ist erkennbar, dass sich die Zahl der Bleiakkumulatoren immer

noch fast verdoppeln dürfte. Entsprechend wird auch die Menge an entsprechendem Ak-
kuschrott ansteigen. Das Recycling dieses Batterietyps als wichtigster Sekundärbleiquelle
wurde bereits in Abschn. 6.5.2 beschrieben und wird daher hier nicht nochmals betrachtet.
Es erfolgt im Laufe dieses Kapitels nur ein Hinweis auf die neueren trockenen Blei-Gel-,
und Blei-Vlies-Akkus.

Nickel-Cadmium (NiCd) Mitte der 80er-Jahre des letzten Jahrhunderts erfolgte mit der
Nickel/Cadmium-Batterie die Markteinführung der ersten massentauglichen Gerätebatterien
des Typs Akkumulator. Der Akkumulator besteht aus einer Nickelhydroxid-Kathode, einer
Cadmium-Anode, dem Kalilauge-Elektrolyt und einer Stahlhülle. Metallinhalt: 40…45 %
Fe, 18…22 % Ni, 16…18 % Cd [14.2]. Das System war in den 90er-Jahren sehr verbreitet,
wird heute vielfach noch bei Werkzeugen eingesetzt, aber in zunehmendem Maße durch
die NiMH-Batterien ersetzt.

Nickel-Metallhydrid (NiMH) Anfang der 90er-Jahre erfolgte die Markteinführung der
Nickel-Metallhydrid-Batterie. Dieser Typ ersetzt das giftige Cadmium der NiCd-Akkus
durch eine Wasserstoffspeicher-Legierung, z. B. La(Ni, Co, Mn), und verwendet ebenfalls
eine Nickelhydroxid-Kathode (mit Cobalt-Zusatz) und einen alkalischen Elektrolyten.
Verwendung: Audio-, Video-, Fotogeräte, schnurlose Telefone, Elektroantrieb für
Fahrräder/Rollstühle und in Hybridfahrzeugen. Eine spezielle Ausführung ist die
LSD-NiMH-Batterie mit sehr geringer Selbstentladung (LSD = low self discharge).
Metallinhalt: 36…42 % Ni, 20…45 % Fe, 6…10 % Seltenerdmetalle (SEM), 2…4 % Co,
Graphit 1…3 % [14.2].

Lithium-Ion (Li-Ion) Die erste Generation der Lithium-Ionen-Batterien, die Mitte der
90er-Jahre auf den Markt kam, verwendete die Systeme Li-Co-Oxid (LCO), Li-Ni-
Oxid (LNO), Li-Mn-Oxid und Li-Ni-Mn-Co-Oxid (NMC). Die genannten Oxide sind
das Kathodenmaterial der Batteriezellen. Die Anode besteht aus Graphit; der auf einer
Stromsammlerfolie aus Kupfer aufgebracht ist. Zur Ableitung des Stromes an der Kathode
dient eine Aluminiumfolie. In beiden Elektroden sind Li-Ionen eingelagert, die zwischen
Kathode (z. B. $LiCoO_2$) und Anode (Li_xC) ausgetauscht werden. Die Elektroden sind
durch einen permeablen Separator voneinander elektrisch isoliert. Die Metalloxidpulver
und die anderen Zellenkomponenten werden durch einen Binder (Polyvinylidenfluorid)
zusammengehalten. Der Li-Ionen-Austausch erfolgt über einen Elektrolyten (organisches
Lösungsmittel mit Lithium-Leitsalz, z. B. $LiPF_6$). Zum Erreichen höherer Spannung
sind die Einzelzellen zu einem Akkupack verklebt und mit Kupferstreifen elektrisch
verbunden. Mit einem elektronischen Bauteil (Batterie-Management-System) ist der
Akkublock an die Verbraucher angeschlossen und überwacht die Zellspannung, die
Ladung u. a. Der Akkupack ist mit einem Stahl-, Aluminium- oder Kunststoffgehäuse
ummantelt.

Zusammensetzung einer NMC-Batterie [14.9]:
Modul:

- Zelle 50,4 %
- Stahl 18,9 %
- Kunststoff 11,2 %
- Al 7,9 %
- Cu 3,6 %
- Elektronikbauteile 8 %

Zelle:

- Graphit + organische Stoffe 45 %
- Al 24,5 %
- Cu 19 %
- Co + Ni + Mn 3,2 %
- Li 2 %

Die Li-Ionen-Zellen sind u. a. wegen der hohen Zellspannung von 3,7 V und der hohen Energiedichte (z. B. 150…400 Wh/kg) die Basis für Hybrid- und Elektrofahrzeuge. Hierfür kommt ein Batterieblock von z. B. 120 V (HEV-Li-Ion-Batterie) zum Einsatz. Verwendung: Elektroantrieb für E-Fahrzeuge, Mobiltelefone, Laptop u. a. Ein spezielles System ist die *Lithium-Ion-Polymer* Zelle. Dieser Typ ist eine Li-Ion-Zelle mit einem festen Polymerelektrolyt, was hohe Auslaufsicherheit und extrem dünne Bauweise ermöglicht. Li-Ionen-Zellen werden in sehr unterschiedlichen Gestaltungsformen (packaging) – zylindrische, prismatische und Beutelzellen (coffee bag) – mit verschiedenem Gehäusematerial hergestellt.

Die neuere Generation der Li-Ionen Batterien verwendet häufig die Systeme Li-Fe-Phosphat (LFP) oder Li-Fe-Mn-Phosphat (LFMP) mit einem festen Elektrolyten, der mit einem porösen Separator kombiniert ist. Diese Systeme sind nicht explosibel, nicht brennbar und damit sehr sicher, sind aber nur begrenzt leistungsfähig. Eine LFMP-Zelle hat z. B. nur eine Dicke von 0,1…0,3 mm. Die Kathodenschicht ist bis 0,2 mm stark, die Graphitschicht bis 0,1 mm, der Separator 0,025 mm und die Aluminium- und Kupfer-Folien jeweils nur 0,02 mm. Der Akkupack besitzt z. B. ein Polypropylen-Gehäuse. Die elektrischen Verbindungen bestehen beispielsweise aus versilberte Kupfer-Schienen.

Bleigel- oder Bleivlies-Akkus: Der Elektrolyt ist in Kieselsäuregel oder in ein Glasfaservlies eingelagert. Deshalb ist der Akku „trocken", wird zusätzlich dicht verschlossen, gast praktisch nicht und verdunstet kein Wasser (Überdruckventil). Diese Trockenakkus können deshalb in beliebiger Lage eingesetzt werden. Der Vlies-Akku hat die Bezeichnung „absorbent glass mat" (AGM). Vlies- und Gel-Akkus tragen die Sammelbezeichnung VRLA-Akku (valve regulated lead acid). Verwendung: Gel-Akku für medizinische Geräte; AGM-Akku auch für Starterbatterien (siehe auch Abschn. 6.5.2).

Tab. 14.1 Übersicht zu den wichtigsten Batterietypen und deren Hauptbestandteilen [14.4]

	Batteriesystem	Hauptinhaltsstoffe
Primärbatterien	Zink-Kohle (ZnC)	Braunstein Zink Eisen
	Alkali-Mangan (AlMn)	Braunstein Eisen Zink
	Lithium (Li)	Eisen Braunstein Nickel Lithium
Sekundärbatterien (Akkus)	Blei-Säure-Batterie (Pb)	Blei Bleioxid Schwefelsäure
	Nickel-Cadmium-Akku (NiCd)	Eisen Cadmium Nickel
	Nickel-Metall-Hydrid-Akku (NiMH)	Nickel Eisen, Cobalt Seltenerdmetalle
	LSD-Nickel-Metall-Hydrid-Akku (LSD-NiMH)	Nickel Eisen, Cobalt Seltenerdmetalle
	Lithium-Ionen-Akku (Li-Ion)	Graphit Cobalt, Nickel Lithium
	Wiederaufladbare Alkali-Mangan-Batterie (RAM)	Zink Mangan

Silber-Zink: Dieses System befindet sich in der Vorbereitung und könnte in bestimmten Anwendungen den Li-Ion-Akku verdrängen.

Wiederaufladbare Alkali-Mangan-Batterien (RAM): Das Batteriesystem entspricht dem Typ AlMn ist aber bis 25 Mal wiederaufladbar (RAM = rechargable-alkali-mangan).

Aus dieser Auflistung mit den angegebenen Metallinhalten ergibt sich, dass als wesentliche Wertmetallinhalte die Mengen an Nickel, Zink, Cobalt, Lithium, Kupfer und Seltenerdmetalle sowie Blei zu berücksichtigen sind und parallel dazu ein Ausbringen der weniger wertvollen Bestandteile Mangan und Eisen (siehe dazu die Metallpreise in Tab. 6.2) wünschenswert erscheint (Tab. 14.1).

Neben den Hauptbestandteilen sind aber erhebliche Problemstoffe wie Blei, Cadmium und z. T. Quecksilber in Knopfzellen, organische und anorganische Bestandteile der Elektrolyte, Leitsalze sowie Kunststoffkomponenten (Separatoren, Gehäuse) enthalten.

14.2 Batteriegesetz

Durch eine EU-Richtlinie und das deutsche Batteriegesetz (BattG) sowie die Durchführungsverordnung zum Batteriegesetz (BattGDV) [14.1] wird die stoffliche Verwertung von Batterien mit bestimmten Verwertungsquoten gesetzlich vorgeschrieben. Diese Forderung ist im BattG durch die Rücknahmepflicht für Hersteller und Vertreiber, die Einrichtung von Getrenntsammelsystemen, eine Einteilung in drei Batteriegruppen und eine Erfolgskontrolle abgesichert. In der nachfolgender Auflistung sind die wichtigen Paragraphen des BattG für das Recycling zusammengestellt.

Batteriegesetz (BattG) v. 25.06.2009
- § 2 Begriffsbestimmung. Einteilung der Batterien in die drei Gruppen Gerätebatterien, Industriebatterien und Fahrzeugbatterien.
- § 3 Verkehrsverbot für Batterien mit mehr als 0,0005 % Hg (Knopfzellen bis 2015 2 %, danach 0,5 %). Verkehrsverbot für Gerätebatterien mit mehr als 0,002 % Cd (Ausnahme Not- und Alarmsysteme und Medizingeräte).
- § 5 Rücknahmepflicht der Hersteller und der Vertreiber für Geräte-, Fahrzeug- und Industriebatterien (§ 8, § 9).
- § 6 Gemeinsames Rücknahmesystem für Geräte-Altbatterien.
- § 11 Pflichten des Endnutzers.
- (1) Sammlung aller Altbatterietypen getrennt vom Siedlungsabfall.
- (2) Übergabe der Gerätealtbatterien an die Sammelstellen des gemeinsamen Rücknahmesystems.
- (3) Abgabe von Industrie- und Fahrzeugbatterien beim Vertreiber oder Behandler.
- § 14 Verwertung und Beseitigung.
- (1) Alle gesammelten Altbatterien sind soweit technisch möglich und wirtschaftlich zumutbar aufzubereiten und stofflich zu verwerten, in Ausnahmefällen zu beseitigen.
- (2) Die Verbrennung oder Deponierung von Industrie- und Fahrzeugbatterien ist untersagt, für Behandlungsrückstände aller Altbatterien aber erlaubt.
- § 16 Sammelquoten für Gerätealtbatterien. Im Jahr 2014 40 %, im Jahr 2015 45 %.
- § 17 Kennzeichnung von Schadstoffen: Batterien mit > 0,0005 % Hg, 0,002 % Cd oder 0,004 % Pb sind mit den Symbolen Hg, Cd oder Pb zu kennzeichnen.

Die drei nach BattG §2 festgelegten Batteriegruppen werden wie nachfolgend definiert [14.1]. In Klammern sind die angefallenen Tonnagen in 2010 in Deutschland angegeben:

1. Gerätebatterien (43.000t): Gekapselte, kleine Batterien (Rundzellen, Knopfzellen, Blöcke) für elektronische Geräte, Elektrowerkzeuge, Taschenlampen usw.,
2. Industriebatterien (95.000t): Batterien für industrielle oder gewerbliche Zwecke in z.T. erheblicher Größe, z.B. für Notstromversorgung, Fahrzeuge mit Elektroantrieb (Autos, E-Fahrräder, Rollstühle u.a.), Hausbatteriespeicher, Batterie-Speicher-Kraftwerke (Wind- und Solarenergie),
3. Fahrzeugbatterien (130.000t): Batterien für Anlasser, Zündung und Beleuchtung von Fahrzeugen.

Die Fahrzeugbatterien waren 2010 zu 96,6% Bleiakkumulatoren. Andere Systeme hatten 2010 bei den Fahrzeugbatterien nur einen geringen Anteil (NiCd 1,4%; Li-Ionen 1,3%), der bei Li-Ionen eine deutliche Steigerung erfahren wird.

In der BattGDV §3 ist zur Behandlung und Verwertung weiterhin folgendes festgelegt:

1. Die Behandlung muss mindestens alle Flüssigkeiten entfernen,
2. Die Behandlung und Lagerung darf nur auf undurchlässigen Oberflächen und unter wetterbeständigen Abdeckungen stattfinden,
3. Verwertungsquoten (ab 2011):
   3.1   Blei-Säure-Altbatterien 65% stoffliche Verwertung (vor allem das Blei),
   3.2   NiCd-Altbatterien 75% stoffliche Verwertung (vor allem das Cadmium),
   3.3   Sonstige Altbatterien 50% stoffliche Verwertung.

14.3   Massenanteile der Batteriesysteme und Anwendungsfelder des Batterierecyclings

Die Recyclingtechnologien konzentrieren sich auf die Batteriesysteme mit dem größten Massenanteil. Für die Industriebatterien sind die Anwendungsfelder in Deutschland im Jahr 2010 in Tab. 14.2 angeführt. Eine wesentliche Veränderung wird sich durch den Bau von großen Batterie-Speicherkraftwerken und Hausspeicherbatterien ergeben, die die schwankende Energieerzeugung von Wind- und Solarenergie ausgleichen.

Während solche Batteriespeicher zur Netzstabilisierung in den USA mit 14MW Leistung mit 8.000 Bleibatterien und in Kanada mit 27MW Leistung mit 13.700 NiCd-Batterien betrieben werden, besteht die Tendenz zur Verwendung von Li-Ionen-Hochleistungsbatterien. In Schwerin ist 2014 ein Li-Ionen-Batteriespeicher mit 25.600 Li-Manganoxid-Zellen in Betrieb gegangen (Leistung 5MW; Betriebsgarantie 20 Jahre). Auch das Batteriesystem Natrium-Schwefel ist für künftige Batteriespeicher geeignet.

Ein ganz andersartiger Batteriespeicher ist das stationäre *Vanadium-Redox-Flow-System*. Dieses System verwendet zwei Vanadium-Sulfat-Elektrolyten, die in getrennten Tanks ge-

Tab. 14.2 Industriebatterien: Anwendungsfelder der im Jahr 2010 eingesetzten 95.000 t Batterien [14.5]

Anwendungsfeld	Massenanteil (%)
Unterbrechungsfreie Stromversorgung (USV)	31,7
Traktionsbatterien (überw. Flurförderfahrzeuge)	29,4
Schienenfahrzeuge	11,9
Notstrom und Beleuchtung	15,5
Sicherheitstechnik, Rollstühle u. a. Fahrzeuge	8,7
E-Autos, E-Bikes, Golf Carts, Weidezäune u. a.	2,8

Tab. 14.3 Gerätebatterien: Massenanteile der 2011 in Deutschland in Verkehr gebrachten Batteriesysteme [14.3]

Batteriesysteme	Massenanteil (%)
Alkali-Mangan	56
Zink-Kohle	14
Sonst. Primärbatterien	3
Lithium-Ion	15
Nickel- Metallhydrid	7
Nickel-Cadmium	3
Blei-Säure	2
Primärbatterien **Sekundärbatterien**	**72** **28**

lagert werden. Die Ladung und Entladung der Elektrolyte beruht auf den Redox-Reaktionen von V^{2+} und V^{3+} bzw. V^{4+} und V^{5+}. Diese Reaktionen finden in einem Reaktorblock an Graphitelektroden mit Trennmembranen statt. Dieses System ist nur ortsfest als Batteriespeicher einsetzbar und in einem Container für z. B. 20 KW bei 100 KWh Speicherkapazität lieferbar. Es ist bis zu Leistungen von 3 MW erprobt. Dieses System kann problemlos tiefentladen werden und soll eine Lebensdauer von 20 Jahren erreichen. Es besteht also z. Zt. nur Recyclingbedarf bei Unfällen oder Zerstörung. Dabei müssten die Vanadiumsalze gefällt und zu Oxid umgearbeitet werden (siehe dazu Abschn. 6.8.6).

Für die Gerätebatterien sind die verfügbaren Daten zum Massenanteil der einzelnen Systeme, zu den erreichten Sammelquoten und der stofflichen Verwertung in den Tab. 14.3 und 14.4 zusammengestellt.

Tab. 14.4 Gerätebatterien: Ergebnisse der Sammlung und stofflichen Verwertung in Deutschland im Jahr 2011 für Typengruppen und Systeme [14.3]

	Typen-gruppe	System	In Verkehr gebracht (t)	Zurück-genommen (t)	Stofflich verwertet (t)
Primär-batterien	Rundzellen, Blockbatt.	ZnC	5.982	3.257	3.529
		AlMn	24.162	11.100	11.903
		Zn-Luft	40	15	15
		Li	316	107	104
	Knopfzellen	AgO	48	7	7
		AlMn	187	27	29
		Zn-Luft	187	27	28
		Li, sonstg.	289	32	32
		Summe 1	31.212	434	397
Sekundär-batterien	Rund-, Prismatische Zellen, Blockbatt.	Li-Ion	6.617	376	360
		NiMH	3.129	434	397
		NiCd	1.335	1.013	937
		Pb, AlMn	1.016	1.321	1.218
	Knopfzellen	Li-Ion, sonstg.	26	0	0
		Summe 2	12.123	3.142	2.910
		Gesamt	**43.334**	**17.728**	**18.575**

14.4   Recyclingsysteme und -verfahren

Für die verschiedenen Batteriesysteme mit ihren sehr unterschiedlichen Komponenten (Metalle, Oxide, Elektrolyte, Kunststoffe) und Problemstoffen ist kein einheitliches Recyclingverfahren verfügbar. Ein solches Verfahren könnte auch nicht das Recycling der verschiedenen Stoffe mit großer Ausbeute in hoher Endqualität gewährleisten. Die anfallenden Altbatterien müssen deshalb vor den nachfolgenden Behandlungsschritten in die verschiedenen Batteriesysteme sortiert werden. Bei den Fahrzeugbatterien ist das unkompliziert, da diese als größere, schwere Gehäuse anfallen und außerdem zu 95 % aus Blei-Säure-Batterien bestehen. Das Aussortieren der z. Zt. geringen Anzahl NiCd- bzw. Li-Ionen-Akkus im Bereich der Starterbatterien erfolgt direkt manuell an der Rücknahmestelle. Bei Industriebatterien handelt es sich ebenfalls um größere bis sehr große Einheiten (Traktionsbatterien, USV, Speicher usw.) die an den Rücknahmestellen bzw. bei der Demontage sofort sortiert werden. Problematisch ist die Identifizierung der relativ kleinen Gerätebatterien (Rundzellen, Blockbatterien, Knopfzellen) und der Batterie-Packs aus mehreren Einzelzellen. Dafür sind spezielle Sortierverfahren notwendig.

14.4.1 Sammelsysteme

Die Sammlung von Batterien wird durch Sammelsysteme bzw. -organisationen durchgeführt bzw. organisiert. Folgende Sammelsysteme sind in Deutschland am Markt aktiv:

1. GRS Stiftung Gemeinsames Rücknahme System Batterien, als größte Batterie-Sammelorganisation,
2. Vfw-REBAT und einige herstellerspezifische Systeme (Bosch, Sonnenschein).

Im Jahr 2014 wurden vom GRS-System über 15.000 t Altbatterien eingesammelt und einer Verwertung oder Beseitigung zugeführt [14.14]. Letztbesitzer können alte Gerätebatterien gemischt in grünen Sammelboxen lagern und in Geschäften, die Batterien verkaufen, abgeben. Derzeit wird in Deutschland eine Sammelquote von ca. 45 % erreicht. Damit wird zwar den gesetzlichen Vorgaben Genüge getan, es besteht aber noch ein erhebliches Entwicklungspotential.

Die eingesammelten Gerätebatterien werden in rund einem halben Dutzend Sortieranlagen in Deutschland in die einzelnen Typengruppen sortiert.

14.4.2 Sortierverfahren für Gerätebatterien

Eine sehr einfache Sortierung kann nach der Größe durch Siebung erfolgen (Abtrennung von Knopfzellen). Die Zink-Kohle-Batterien sind mittels eines Elektromagneten abzutrennen, da sie im Unterschied zu allen anderen Typen keinen Eisenmantel besitzen. Rundbatterien lassen sich von anders geformten Systemen mittels eines Drehtellers trennen.

Visuelle/manuelle Sortierung (Klauben) Die anfallenden Batterie-Packs müssen manuell aussortiert werden. Daran schließt sich eine Entfernung der Kunststoffgehäuse an.

Automatische Sortierung Alle Einzelzellen werden automatisch sortiert. Dies erfolgt mittels sensorgestützter Sortiertechnik (Apparatetechnik siehe Abschn. 3.4.6) unter Verwendung von zwei Sensorsystemen.

1. *Wägung plus elektromagnetischer Sensor:* Der Sensor erkennt die verschiedenen Werkstoff-Systeme magnetischer Rundzellen auf Grund unterschiedlicher Störungen des Ma-

gnetfeldes. Diese Identifikation steuert dann den Auswurfmechanismus (Sortierleistung 6 Batterien pro Sekunde; Sortierreinheit 98 %),

2. *Röntgenverfahren:* Nach einer Größensortierung erkennt ein Röntgensensor das Batteriesystem von Rundzellen und steuert das Auswurfsystem (Sortierleistung 26 Batterien pro Sekunde; Sortierreinheit 98 %).

Eine zusätzliche Sortierung nach Hg-freien Batterien kann durch Erkennung eines aufgebrachten UV-sensiblen Lack-Pigments erreicht werden, wenn noch Hg-haltige Batterien zu erwarten sind (seit 2001 herrscht aber Verkaufsverbot) [14.15].

14.4.3 Verarbeitung von Alkali-Mangan-, Zink-Kohle- und Zink-Luft-Batterien

Das Recycling dieser Systeme konzentriert sich vornehmlich auf die Verwertung des Zinkinhalts. Dabei wird die Eigenschaft des Zinks ausgenutzt, bei thermischen Prozessen bei relativ niedrigen Temperaturen zu verdampfen (Siedepunkt 906 °C). Hierbei kann auf eingeführte metallurgische Verfahrenstechniken zurückgegriffen werden.

Ein günstiges Verfahren ist der *Imperial-Smelting-Prozess* (IS-Prozess) für Blei-Zink-Rohstoffe. In den IS-Schachtofen können die Batterien direkt aufgegeben werden. Aus dem CO-reichen Abgas des Schachtofens ist metallisches Zink kondensierbar.

Ein weiteres nutzbares Verfahren ist das *Wälzverfahren im Drehrohrofen* (siehe dazu Abschn. 6.6.4). In einer ersten Verfahrensstufe erfolgen eine Aufschlusszerkleinerung der Batterien und eine Abtrennung der Eisenanteile als Eisenschrott durch Magnetscheidung. Es verbleibt ein Gemisch aus Zink, Manganoxid, Kohle und Elektrolyt. Der Chloridelektrolyt sollte weitgehend ausgewaschen werden, während der Kalilauge-Elektrolyt die weitere Verarbeitung nicht stört. Dieses Gemisch aus Zink, Manganoxid und Kohle ist für die Verarbeitung im Drehrohrofen zusammen mit zinkreichen Stahlwerksstäuben gut geeignet. Dabei wird das Manganoxid verschlackt, die Kohle als Reduktionsmittel genutzt und das Zink als Zinkoxid (ZnO) in einem Wälzoxid ausgebracht. Eine vollständige Chloridabtrennung aus dem Wälzoxid erfolgt durch eine Sodalaugung (siehe dazu Abschn. 6.6.4), so dass nachfolgend durch Elektrolyse hochreines metallisches Zink gewonnen werden kann. Eine weitere Variante ist das Schmelzen der zerkleinerten Batterien im *Elektrolichtbogenofen* zusammen mit Stahlschrott [14.5]. Dabei fällt ein zinkreicher Stahlwerksstaub an, der wiederum einem Wälzprozess vorlaufen kann. Anteile des Mangan-Inhalts der Batterien werden als Legierungsbestandteile in den Stahl eingebunden.

Für nicht aufbereitete Alkali/Mangan- und Zink/Kohle-Batterien hat sich auch das Schmelzen im DK-Schachtofen zusammen mit den dafür üblichen Rohstoffen (Fe-Zn-haltige Filterstäube und Schlämme der Stahlherstellung, Eisenoxidabfälle) bewährt. Das DK-Verfahren ist in Abschn. 6.2.5 und Abb. 6.7 bereits beschrieben. Der Zinkinhalt der Batterien wird dabei in einem Flugstaub als ZnO-Konzentrat ausgebracht, der Eisen-Anteil gelangt nahezu vollständig in das Roheisen, in dem sich auch 80 % des Mangans sammelt.

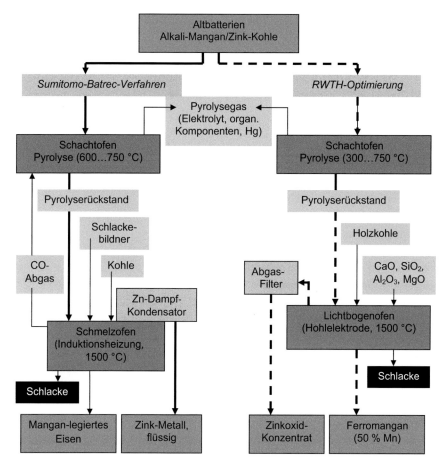

Abb. 14.1 Recycling von Alkali-Mangan und Zink-Kohle-Batterien nach dem Sumitomo-Batrec-Verfahren und dessen optimierte Variante der RWTH Aachen [14.6]

Das DK-Zinkkonzentrat hat folgende Zusammensetzung: 65 % Zn (als ZnO), 2 % Pb, 1 % Fe, <1 % Cl, <1 % F. Dies ist ein sehr guter Sekundärrohstoff für das Zink-Recycling nach dem Wälzverfahren.

Eine spezielle Verfahrenstechnik ist das *Sumitomo-Batrec-Verfahren* (Abb. 14.1). Diese Technik verwendet eine vorgeschaltete Pyrolyse der Batterien in einem Schachtofen, der mit CO-reichem Abgas aus dem Schmelzofen auf 600…750 °C erhitzt wird. Diese Behandlung zerstört die organischen Materialien und verdampft evtl. vorhandenes Quecksilber (Siedepunkt 357 °C), das aus dem Pyrolysegas kondensiert und gewonnen werden kann. Der Pyrolyserückstand gelangt in einen induktiv beheizten, geschlossenen Schmelzofen zusammen mit Reduktionskohle und Schlackenbildnern und wird auf eine Arbeitstemperatur von 1.500 °C erhitzt. Das Zink verdampft und wird aus dem CO-reichen Abgas als flüssiges Zink kondensiert. Im Ofen verbleiben zwei Schmelzphasen (Schlacke und verwertbares Ferromangan).

Eine Optimierung des *Lichtbogenofen-Verfahrens* durch eine vorgeschaltete Pyrolyse und eine verbesserte Schlackenführung führte zu einer weitgehenden MnO_2-Reduktion und dessen Recycling als Ferromangan In halbtechnischen Versuchen an der RWTH Aachen konnte ein Mangan-Ausbringen von 62,4 % in einer hochwertigen Ferromanganlegierung (bis 50 % Mn) erreicht werden. Das Zink wird vollständig verflüchtigt und als ZnO-Flugstaub gewonnen (Abb. 14.1) [14.6].

Als Alternative wurde auch ein *hydrometallurgisches Verfahren* entwickelt. Nach einer Vorbehandlungsstufe zur Abtrennung von Stahl und Papier erfolgt eine Laugung mit Schwefelsäure, die zu einer Lösung aus Mangan- und Zinksulfat führt. Mit dieser Technologie könnte für Mangan und Zink mit hohem Verfahrensaufwand eine stoffliche Verwertungsquote von über 99 % erzielt werden.

Verarbeitung Hg-haltiger Knopfzellen
Aus Hg-haltigen Knopfzellen muss aus ökologischen Gründen vor allem Quecksilber abgetrennt und zurückgewonnen werden. Das ist auf Grund des niedrigen Siedepunkts von Quecksilber (357 °C) durch Erhitzen in geschlossenen Apparaten einfach und sehr vollständig zu realisieren. Vorzugsweise kommen thermische Techniken bei 350...650 °C zur Anwendung. Der Ausdampfungsrückstand ist als vollständig Hg-freier Stahlschrott nutzbar

14.4.4 Verwertung von Nickel-Cadmium- und Nickel-Metallhydrid-Batterien

Verwertung von Nickel-Cadmium-Batterien
Das metallurgische Recycling von NiCd-Batterien erfolgt durch eine Trennung des relativ leicht verflüchtigbaren Cadmiums vom hochschmelzenden Nickel. Zur Stofftrennung wird der hohe Dampfdruck von Cadmium bei erhöhter Temperatur (Siedepunkt 765 °C) ausgenutzt. Hierzu wird das Material in einen Vakuumdestillationsofen (Druck 1 mbar) eingebracht. Bei Erhitzung auf 100...150 °C erfolgt zunächst die Verdampfung von Wasser. Bei 200...400 °C findet eine Pyrolyse der Kunststoffe statt. Durch weitere Erhitzung auf 850 °C und Zusatz von Reduktionsmitteln (Reduktion von CdO) verdampft das Cadmium-Metall vollständig und ist als hochreines Cadmium (99,9 %) kondensierbar. Als Rückstand verbleibt im Ofen ein festes Nickel-Eisen-Gemisch (< 50 ppm Cd), das für die Stahlmetallurgie geeignet ist (Abb. 14.2) [14.7]. Alternativ wurden hydrometallurgische Verfahren untersucht. Nach einer Batteriezerlegung erfolgt dabei eine Laugung mit Schwefelsäure unter Zusatz von Wasserstoffperoxid. Eisen, Nickel und Cadmium werden als Sulfate gelöst, und danach Fe^{3+} als Hydroxid ausgefällt. Cd^{2+} und Ni^{2+} werden elektrolytisch aus den Lösungen mit hoher Reinheit abgeschieden.

Recycling von Nickel-Metallhydrid-Batterien
Die bestehenden industriellen Verfahren verwerten häufig nur den hohen Nickel-Inhalt. Die Batterien werden geshreddert, wobei die Freisetzung von größeren Volumina Wasserstoff

Abb. 14.2 Verarbeitung von Nickel-Cadmium-
Batterien (ACCUREC-Verfahren) [14.7]

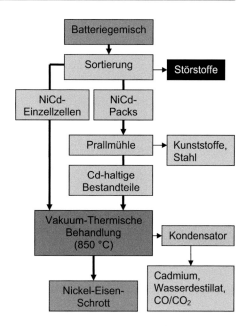

zu beachten ist (überwachte Atmosphäre). Der erhaltene Nickel-Eisen-Schrott kann nach Abtrennung der Kunststoffe in starker Verdünnung zur Herstellung nickellegierter Stähle zugesetzt werden. Der Nachteil dieser Technik ist, dass keine Nutzung des Inhaltes an Cobalt und Seltenerdmetallen (SEM) stattfindet. Der *Umicore Batterie-Recycling-Prozess* setzt die Batterien ohne Vorbehandlung in einen Schmelzofen ein und erschmilzt eine CoNi-Legierung sowie eine Schlacke. Der Kunststoffanteil wird im Prozess energetisch genutzt. Die CoNi-Legierung wird mit hydrometallurgischen Verfahren in Nickel- und Cobalt-Verbindungen getrennt (siehe auch „Umicore Battery Recycling Process" unter Abschn. 14.4.5, Abb. 14.4). Die Seltenerdmetalle werden quantitativ in der Schlacke gebunden und können aus dieser herausgelaugt werden [14.10]. Alternativ können die Seltenerdmetalle durch gezielte Schlackenbeeinflussung in der schmelzflüssigen Phase und gesteuerte Abkühlprozesse in separate Mineralphasen überführt werden [14.16]. Damit bietet sich die Chance einer Anreicherung und Abtrennung dieser Wertträger durch mechanische Sortierverfahren.

Von großer Bedeutung ist eine Verfahrensentwicklung, die auch Cobalt und Seltenerdmetalle gewinnbar macht (Abb. 14.3). Dies erfolgt durch Kombination mechanischer, pyrometallurgischer und hydrometallurgischer Verfahrenstechniken. Nach einer Vorzerlegung der Akkupacks werden die NiMH-Einzelzellen einer Vakuum-Thermischen Behandlung unterworfen. In dieser Verfahrensstufe kann der Wasserstoff kontrolliert desorbiert werden und dient zusammen mit den Kunststoffen als Reduktionsmittel für das Nickeloxid. Aus dem erhaltenen Materialgemisch wird eine Grobfraktion(Stahl) abgesiebt und in der Feinfraktion Nickel, Cobalt und die SEM gewonnen. Die Feinfraktion wird mit Zuschlägen pelletiert und im Lichtbogenofen eingeschmolzen. Hierbei wird eine verkaufsfähige Ni-Co-Cu-Legierung gewonnen, während die SEM in der Schlacke verbleiben. Dieses Verfah-

Abb. 14.3 Recycling von Nickel-Metallhydrid-Batterien nach dem ACCUREC-RWTH-
Verfahren [14.7] (*SEM* = Seltenerdmetalle)

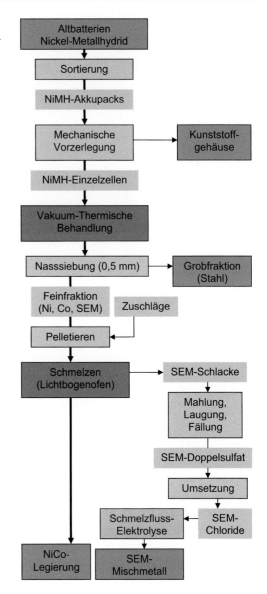

ren wird industriell eingesetzt. Für die Schlacke steht auch hier eine hydrometallurgische
Ergänzungstechnologie zur Verfügung, die die Gewinnung eines SEM-Mischmetalloxids
ermöglicht (Abb. 14.3) [14.7].

Weitere Entwicklungsarbeiten befassen sich mit einem vollständig hydrometallurgischen Verfahren [14.8]. Damit können Metallverluste in der Schlacke und Probleme mit
Abgasen und Flugstäuben vermieden werden. Es wurde folgende Technologie erprobt:

• Zerkleinerung der NiMH-Einzelzellen,
• Behandlung mit 2 M Salzsäure bei 60 °C,

- Abtrennung der unlöslichen Bestandteile von der Ni/Co/Fe/SEM-Chloridlösung,
- Fällung der SEM mit Oxalsäure, Filtration der SEM-Oxalate, Kalzination,
- Rückführung des Ni/Co/Fe-Filtrates zur Laugung neuer NiMH-Zellen,
- Durch Verringerung der HCl-Konzentration werden nur die SEM gelöst und
- die Ni-, Co- und Fe-Ionen als Oxalate gefällt,
- Wiederholung des Kreislaufs mit der Chloridlösung,
- Kalzination der SEM-Oxalate und der Ni-Co-Fe-Oxalate.

Bei drei Kreisläufen entstanden folgende Produkte:

1. SEM-Oxid (49 % La_2O_3, 44 % Sm_2O_3, 3 % Nd_2O_3 u. a. SEM-Oxide, 0,1 % NiO),
2. Ni-Fe-Co-Oxid (80 % NiO, 15 % Fe_2O_3, 3 % Co_3O_4, 0,8 % Er_2O_3).

14.4.5 Verfahrensentwicklungen zur Verwertung von Lithium-Ionen-Batterien

Li-Ionen-Altbatterien – besonders beschädigte Altbatterien – besitzen ein erhebliches Gefährdungspotential, so dass für die Sammlung, den Transport und die ersten Verarbeitungsschritte besondere Maßnahmen einzuhalten sind. Die Gefährdung ergibt sich aus dem Aufbau der Batterien. Sie besitzen eine hohe Energiedichte von 150…400 Wh/kg, die bei Schäden in kurzer Zeit durch Kurzschluss freigesetzt wird. Außerdem ist das enthaltene metallische Lithium extrem reaktionsfähig, der Elektrolyt ist leicht entzündlich und durch Zersetzung des Binders bzw. Elektrolytsalzes entsteht Fluorwasserstoff (HF).

Die industrielle Verwertung von Li-Ionen-Batterien findet z. Zt. nur für die Systeme der ersten Generation (Li-Co-Ni-Mn-Oxide) statt. Relevante Massenströme gibt es bislang nur aus dem Bereich der Gerätebatterien. Verfahrenserweiterungen für Li-Ionen-Traktionsbatterien der Elektromobilität wurden entwickelt und sind einsatzbereit. Zwei Routen werden industriell genutzt, die allerdings beide bisher nur auf die Rückgewinnung des Cobalt ausgelegt sind. Während bei der Firma XstrataNickel in Kanada Li-Ionen-Batterien mit in den primärmetallurgischen Prozess zur Gewinnung von Nickel und Cobalt aus Erzkonzentraten eingebracht werden, betreibt die Firma UMICORE in Belgien eigenständige metallurgische Recyclingsysteme hierfür. Die XstrataNickel Technologie gestattet nur das Ausbringen der edleren schweren Metalle Cobalt und Nickel sowie Kupfer, während die unedleren Metalle wie Lithium in Schlacken oder Stäube in großer Verdünnung ausgetrieben werden. Im UMICORE Batterie Recycling Prozess [14.10], werden dagegen Li-Ionen-Batterien und NiMH-Batterien gemeinsam oder chargenweise verhüttet. Bei diesem Prozess erfolgt eine Auftrennung der Inhaltsstoffe in die drei Produktströme Metalllegierung (als schwere Schmelze am Boden des Reaktors abgezogen), Schlacke (überlagert als Schmelze das Metallbad) und Flugstäube. Die schweren Wertmetalle konzentrieren sich in einer Ni-Co-Cu-Fe-Legierung, die nachfolgend hydrometallurgisch aufgetrennt wird. Lithium, Aluminium, Mangan und die Seltenerdmetalle (SEM) sammeln sich in der silikatischen Schlacke des Schmelzprozesses, während Halogene und ggfs. vorhandene bzw. mitgeschleppte leicht-

Abb. 14.4 „Umicore Batterie Recycling
Process" für Li-Ionen- und NiMH-Alt-
Batterien [14.10]

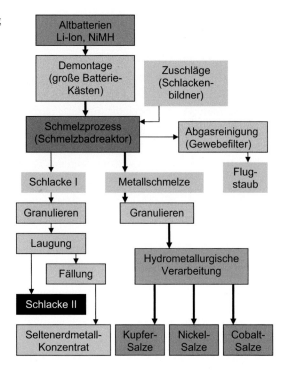

flüchtige Metalle in die Stäube ausgetrieben werden. Der gegenwärtig industriell betriebene
Umicore Batterie Recycling Process ist in Abb. 14.4 wiedergegeben.

Die Batterien werden in einer ersten Behandlungsstufe vom Stahlgehäuse befreit (dismantling) und dann zusammen mit anderen Ni-Co-haltigen Abfällen und Zuschlägen in
Schmelzbadreaktoren (TSL-Reaktor) reduzierend geschmolzen. Der Elektrolyt, die Polymere und der Graphit verbrennen dabei und dienen auch als Reduktionsmittel. Metall-
schmelzphase und Schlackenphase werden granuliert. Die Metallgranalien werden hydrometallurgisch zu Nickel-, Kupfer- und Cobalt-Metallen und Verbindungen verarbeitet.
Bei alleinigem Einsatz von Li-Ionen-Batterien entsteht eine lithiumhaltige Schlacke, die
gezielt als Zementzuschlagstoff (Lithium erhöht die Abbindegeschwindigkeit bestimmter
Zemente) genutzt werden kann. Gemeinsame Technologieentwicklungen der Industrie und
der TU Clausthal erlauben es, über Schlackenbeeinflussung, gezielte Abkühlung und nachfolgende mechanische Aufbereitung oder wahlweise über hydrometallurgische Ansätze
eine Rückgewinnung batteriefähigen Lithiumkarbonats darzustellen [14.13]. Obwohl UMI-
CORE der weltgrößte Verwerter von Li-Ionen-Batterien ist, reichen die derzeit anfallenden
Mengen noch nicht für eine wirtschaftliche Umsetzung dieses Prozessschrittes aus. Bei den
aktuellen Steigerungsraten im Verbrauch von Li-Ionen-Gerätebatterien und dem Beginn
des Aufkommens erster Altakkumulatoren aus dem Bereich der Elektromobilität kann sich
dieses in absehbarer Zeit ändern. Werden in dem Prozess NiMH-Batterien mit eingeschmolzen, werden die dort enthaltenen SEM-Inhalte ebenfalls in die Schlacken getrieben und

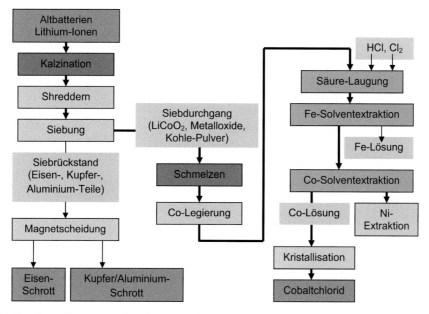

Abb. 14.5 Recycling-Prozess der Firma Sony für Lithium-Cobaltoxid-Ionen-Batterien (LCO-System)

können, wie weiter vorne beschrieben, entsprechend rückgewonnen werden. International gibt es eine Reihe von Forschungsansätzen, die auf eine effiziente Rückgewinnung der einzelnen Wertstoffe aus Li-Ionen-Batterien abzielen. Neben den Aktivitäten in Belgien und Kanada sind insbesondere Entwicklungen in Japan und Deutschland vorangetrieben worden. Zu erwähnen sind auch Prozessentwicklungen in anderen Ländern, wie bei Batrec (CH), Recupyl (F), Toxco (USA) und Inmetco (USA).

In Japan hat die Firma Sony einen Verfahrensvorschlag zum Recycling von LCO-Batterien (Li-Co-Oxid), insbesondere zur hydrometallurgischen Gewinnung des Cobalt gemacht (siehe Abb. 14.5).

In Deutschland sind zur Absicherung der Vorhaben zur Elektromobilität mehrere Forschungsprojekte zum Recycling von Li-Ionen-Batterien (einschließlich Li) der ersten Generation durchgeführt und Pilotanlagen errichtet worden [14.11]. Im Projekt „LiBRi" wurde eine mechanisch-pyrometallurgisch-hydrometallurgische Verarbeitung und im Projekt „LithoRec" eine mechanisch-hydrometallurgische Verarbeitung untersucht. Ein dritter Verfahrensansatz arbeitet vor der mechanischen Aufbereitung und nachfolgenden metallurgischen Schritten mit einer Pyrolysestufe. Für die Entwicklung dieser Verfahren haben sich führende deutsche Hochschulen, Automobilhersteller und Unternehmen der Rohstoff- und Recyclingindustrie zusammengefunden.

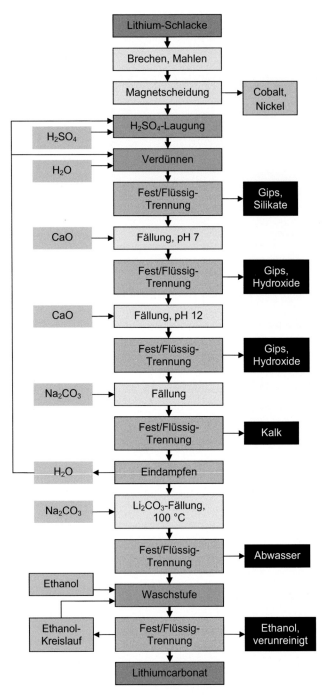

Abb. 14.6 Direkter hydrometallurgischer Lithium-Rückgewinnungsprozess aus Schlacken des UMICORE Batterie Recycling Systems nach dem „LiBRi"-Verfahren [14.13]

Abb. 14.7 Mechanisch-hydrometallurgisches
Verfahren der Verwertung von Li-Ionen-Altbatterien nach dem LithoRec Verfahrensansatz
[14.11]

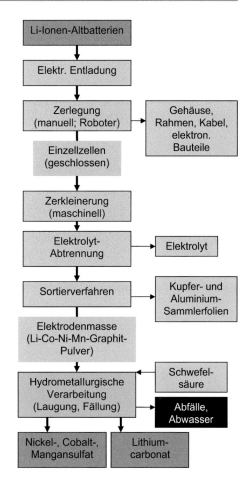

Die entwickelten Verfahren werden nachfolgend kurz beschrieben.

Mechanisch-pyrometallurgisch-hydrometallurgisches Verfahren

Der Verfahrensansatz im Projekt „LiBRi" setzt auf dem UMICORE-Batterie Recycling
Prozess auf und fokussiert sich einerseits auf eine sichere und effiziente Zerlegung gro-
ßer Traktionsbatterien bis auf Zellblockebene, an die der Schmelzprozess der Umicore-
Technologie anschließt. Die Möglichkeiten der Beeinflussung der Schlackensysteme und
der Flugstaubbildung zur Verbesserung des Lithium-Ausbringens wurden geprüft. Für die
Schlacken und Flugstäube wurden mechanische und chemische Aufbereitungsverfahren zur
Rückgewinnung des Lithiums als Lithiumcarbonat sowie anderer Wertträger untersucht.
Erfolgversprechende Ergebnisse lieferte eine schwefelsaure Laugung der Schlacke mit anschließender Fällung von Hydroxiden und Gips und die finale Lithium-Fällung als Li_2CO_3
(65 % Li-Ausbringen aus der Schlacke) (Abb. 14.6) [14.13] oder bei geeigneten Inputströ-
men eine Schlackenbeeinflussung mit gezielter Bildung von Lithium-Phasen in der Schlacke, die nach geeigneter Abkühlung und Zerkleinerung durch Flotation abtrennbar wären.

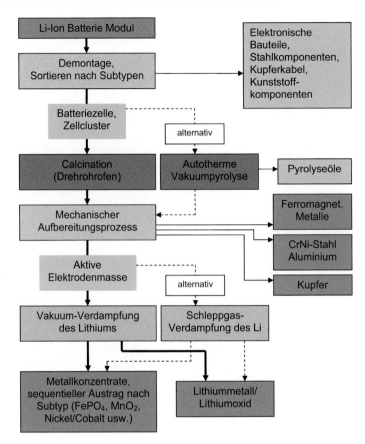

Abb. 14.8 EcoBatRec-Verfahrensvorschlag für Li-Ionen-Altbatterien mit primärer thermischer Verfahrensstufe [14.12, 14.17].

Graphit, Aluminium und Elektrolyt werden in diesem Prozessansatz als Energieträger, Reduktionsmittel und Prozesssteuerungsagenz eingesetzt und nicht stofflich zurückgewonnen.

Mechanisch-hydrometallurgisches Verfahren
Diese Technologie konzentriert sich auf die mehrstufige mechanische Zerlegung der Batterien bis zur Separation der aktiven Elektrodenmasse und deren hydrometallurgische Verarbeitung zu Lithium-, Cobalt- und Nickel-Salzen. Die einzelnen Stufen sind in dem Fließschema (Abb. 14.7) skizziert [14.11]. Im Gegensatz zum Ansatz beim Projekt LiBRi wird auch eine stoffliche Rückgewinnung der Elektrodenmaterialien und des Elektrolyten angestrebt.

Thermisches Verfahren
Ein dritter Verfahrensansatz verwendet für die Verarbeitung der Module als ersten Schritt eine Calcinierung im Drehrohrofen oder alternativ einen Pyrolyseprozess (Vakuum-Thermische Behandlung) (Abb. 14.8). Das danach vorliegende Material kann durch Sortierver-

fahren in ferromagnetische Metalle, Aluminium, Kupfer und die aktive Elektrodenmasse getrennt werden. Die Elektrodenmasse wird hydrometallurgisch zu Nickel- und Cobalt-Salzen und Lithiumcarbonat verarbeitet. Als Alternative ist für die Elektrodenmasse auch eine primäre Abtrennung des Lithiums durch Vakuum-Verdampfung oder durch Trägergas-verdampfung (Schleppgasverdampfung) geplant (Grundlagen der Trägergasverdampfung siehe Abschn. 6.1.1.1 „Reinigung von Metallschmelzen"). Aus dem Verdampfungsrück-stand können anschließend Cobalt, Nickel und Mangan gewonnen werden (EcoBatRec-Verfahren) [14.12, 14.17].

Literatur

14.1 Gesetz über das Inverkehrbringen, die Rücknahme und die umweltverträgliche Entsorgung von Batterien (Batteriegesetz – BattG) v. 25.06.2006; Verordnung zur Durchführung des BattG (BattGDV)

14.2 Rombach, E., Weyhe, R. u. a., Altbatterien als sekundäre Rohstoffressourcen für die Metall-gewinnung, World of metallurgy – Erzmetall 61 (2008), No. 3, S. 180–185

14.3 Umweltbundesamt, Batterierecycling in Deutschland: Verwertungsergebnisse 2011, www.umweltbundesamt.de/themen/abfall-ressourcen

14.4 Umweltbundesamt, Batterien und Akkus – Ratgeber, Broschüre 2013

14.5 Gemeinsames Rücknahmesystem (GRS), Die Welt der Batterien, 2012

14.6 Sánchez-Alvarado, R., Friedrich, B., Optimisation of the FeMn und ZnO production from spent pyrolised primary batteries – feasibility of a CD-submerged arc furnace process, World of metallurgy – Erzmetall 61 (2008) No. 4, S. 220–234

14.7 Weyhe, R., Stoffliche Verwertung moderner Batteriesysteme. In Thomé-Kozmiensky, K., Gold-mann, D., Recycling und Rohstoffe, Bd. 3, TK Verlag Neuruppin 2010, S. 663–674

14.8 Kaindl, M., Poscher, A., Luidold, St., Kreislaufschließung beim Recycling von NiMH-Akku-mulatoren. In Thomé-Kozmiensky, K., Goldmann, D., Recycling und Rohstoffe, Bd. 7, TK Verlag Neuruppin 2014, S. 321–339

14.9 Honggang, W., Friedrich, B., Innovative recycling of Li-based electric vehicle batteries, World of metallurgy – Erzmetall 66 (2013) No. 3, S. 161–167

14.10 Umicore Batterierecycling, www.umicore.com

14.11 BMU Förderprogramm Elektromobilität (LiBRi, LithoRec I; II), www.bmu.de

14.12 Weyhe, R., Recycling von Lithium-Ion-Batterien. In Thomé-Kozmiensky, K., Goldmann, D., Recycling und Rohstoffe, Bd. 6, TK Verlag Neuruppin 2013, S. 505–525

14.13 Elwert, T., Goldmann, D., Schirmer, Th., Strauß, K., Recycling von Li-Ionen-Traktionsbat-terien – Das Projekt LiBRi-. In Thomé-Kozmiensky, K., Goldmann, D., Recycling und Roh-stoffe, Bd. 5, TK Verlag Neuruppin 2012, S. 679–690

14.14 http://www.grs-batterien.de/

14.15 Sziegoleit, H., Sortierung von Gerätebatterien. In Thomé-Kozmiensky, K., Goldmann, D., Recycling und Rohstoffe, Bd. 6, TK Verlag Neuruppin 2013, S. 495–504

14.16 Elwert, T., Goldmann, D., Schirmer, T., Strauß, K.: Affinity of rare earth elements to silico-phosphate phases in the system Al_2O_3–CaO–MgO–P_2O_5–SiO_2 , Chemie Ingenieur Technik, 86, No. 6, Wiley-VCH Verlag GmbH & Co. KGaA, Weinheim, DOI: 10.1002/cite.201300168

14.17 ACCUREC, Li-batteries-process technology, www.accurec.de/treatment-and-recycling/technologies/li-batteries

Energetische Verwertung von festen Abfällen und Einsatz von Ersatzbrennstoffen

Auch wenn die energetische Verwertung von Abfällen nicht zu den Maßnahmen des Recyclings zu rechnen ist, stellt sie doch in der Kette der Verwertung von Abfällen eine entscheidende technologische Prozessstufe dar. Es existiert ein umfangreiches Schrifttum zur thermischen Abfallbehandlung, energetischen Verwertung und zur Erzeugung von geeigneten Ersatz- und Sekundärbrennstoffen. Insofern soll im Rahmen dieses Lehrbuches nur auf einige Aspekte eingegangen werden, die zur Vernetzung mit Recyclingtechnologien wichtig sind und dem allgemeinen Verständnis dienen. Dies spielt zunehmend eine Rolle, da die energetische Verwertung und die thermische Behandlung nicht mehr wie früher Endstufe des Entsorgungsprozesses sind, hinter der letztlich nur noch die Deponie steht. Auf Grund der Komplexität vieler Abfallströme entwickelt sich dieser Bereich zu einem Segment in der Abfallbehandlungskette, das neben der effizienten Nutzung der Energieinhalte die Inertisierung und Homogenisierung der Abfälle sowie die Konditionierung der Verbrennungsrückstände für nachgeschaltete Verarbeitungsprozesse umfasst. Diese können, wie in Kap. 10 dargestellt, z. B. auf die Rückgewinnung von Metall- und Mineralikanteilen abzielen.

Insofern hat sich auch in der Terminologie einiges geändert. Wurden Anlagen zur Verbrennung von gemischten Restabfällen früher generell als Müllverbrennungsanlagen (MVAs) bzw. Hausmüllverbrennungsanlagen (HMVAs) bezeichnet, so setzten sich mit einer verstärkten Energieauskopplung weitere Begriffe durch, die diesem Umstand Rechnung tragen. Moderne Anlagen dieser Art, die die Energie sowohl in Form von Strom als auch von Wärme gewinnen, werden entsprechend als Müllheizkraftwerke (MHKW) bezeichnet.

Durch die Entwicklung zum sorgsameren Umgang mit fossilen bzw. Kohlenstoff-basierten Energieträgern rückte auch die Nutzung von Abfallkomponenten aus dem Bereich Biomasse und Kunststoff in den Fokus. Eine energetische Nutzung dieser Stoffströme nach entsprechender Aufbereitung ist durchaus als Pendant zu Biomassekraftwerken oder Erdöl/Erdgaskraftwerken zu sehen. Der Unterschied liegt hier in der Nutzung von anthropogenen an Stelle von geogenen oder primär biogenen Ressourcen.

© Springer Fachmedien Wiesbaden 2016
H. Martens, D. Goldmann, *Recyclingtechnik*, DOI 10.1007/978-3-658-02786-5_15

Die energetische Verwertung von Abfällen – in Form von Wärme oder Elektroenergie – ist vor diesem Hintergrund rechtlich im KrWG §8 (3) [15.14] der stofflichen Verwertung gleichgestellt und gleichwertig unter der Bedingung, dass der „Heizwert eines einzelnen Abfalls ohne Vermischung mit anderen Stoffen mindestens 11 MJ/kg beträgt". Dieser Wert wurde seinerzeit festgelegt, da dies die Schwelle darstellt, oberhalb derer gemischte Abfälle in Rostfeuerungsanlagen energieautark verbrennen. Höher aufbereitete bzw. stofflich eingeengte Abfälle können in anderen Verbrennungsanlagen bereits bei niedrigeren Heizwerten energieautark umgesetzt werden. In Wirbelschichtfeuerungsanlagen für bestimmte Abfallgemische sinkt dieser Wert auf 8,8 MJ/kg, in Monoverbrennungsanlagen für Klärschlamm in modernen Anlagen sogar auf 4,4 MJ/kg. Daher ist diese gesetzliche Festlegung durchaus noch diskussionswürdig. Der untere Heizwert H_u von 11 MJ/kg wird von sortenreinen Abfällen häufig erreicht (z. B. PE, PS 40 MJ/kg; Autoreifen 36 MJ/kg; Verbundverpackungen 22 MJ/kg; Papier 17 MJ/kg; Textilien 16 MJ/kg). Die Werte entsprechen den Heizwerten von Primärbrennstoffen (Heizöl 40 MJ/kg; Steinkohle 30 MJ/kg; Rohbraunkohle 8…12 MJ/kg). Gemischte Siedlungsabfälle erreichen dagegen nur 8…11 MJ/kg und stark entwässerter Klärschlamm 5,5 MJ/kg. Dabei gilt nach KrWG § 6 [15.14] für alle Verwertungsverfahren, die energetischen wie die stofflichen, dass die Auswahl der Verfahren unter besonderer Berücksichtigung von vier Kriterien erfolgen muss;

1. den zu erwartenden Emissionen,
2. dem Maß der Schonung der natürlichen Ressourcen,
3. der Menge der einzusetzenden oder zu gewinnenden Energie und
4. der möglichen Anreicherung von Schadstoffen in Produkten, den daraus hergestellten Erzeugnissen oder den sekundären Abfällen.

Nach KrWG Anlage 2 [15.14] können auch Abfallverbrennungsanlagen als energetische Verwertungsanlagen anerkannt werden, wenn sie über eine sehr hohe Energieeffizienz (65 % bei Neuanlagen; 60 % bei Altanlagen) verfügen. Diese Energieeffizienz ist durch das so genannte R1-Kriterium zu ermitteln.

Feste Abfälle können auch nach einer mechanischen Aufbereitung als Ersatzbrennstoffe (EBS) zur Herstellung von Warmwasser, Dampf oder Elektroenergie bzw. zur Substitution von Primärenergieträgern bei thermischen Verfahren Anwendung finden. Besondere Qualitäten und geprüfte EBS werden auch als Sekundärbrennstoffe (SBS) bezeichnet. Die Hauptabnehmer der Ersatzbrennstoffe sind spezielle EBS-Kraftwerke, Zementwerke und konventionelle Steinkohle- und Braunkohle-Kraftwerke sowie andere Industriebetriebe mit hohem Wärme- oder Dampfbedarf (z. B. Papierfabriken). Für die im deutschen Gesetz verwendete Bezeichnung „energetische Verwertung" wird international und auch national oft der falsche Begriff „thermisches Recycling" angewendet. Gegenüber dem Recycling erfolgt zum einen bei der energetischen Verwertung keine oder nur eine untergeordnete Rückführung von Stoffen in Produkte oder stoffliche Produktionsmittel. Zum anderen ist die energetische Verwertung grundsätzlich von der „thermischen Abfallbehandlung" mit dem Ziel der Konditionierung für die Deponierung oder zur Beseitigung abzugrenzen. Für diese Abgrenzung ist der Hauptzweck der thermischen Behandlung – die Zerstörung des Schadstoffpotentials – das Entscheidungskriterium. Von dieser Abgrenzung bleibt selbstverständlich die Tatsache unberührt, dass auch in den Abfallverbrennungsanlagen mit ihrer Zweckbestimmung der Abfallbeseitigung die aus dem Heizwert der Abfälle entstehende Wärme energetisch als Dampf, Fernwärme oder zur Stromerzeugung genutzt wird. Die Anlagen zur energetischen Verwertung von Abfällen und Ersatzbrennstoffen benötigen außerdem nach Bundesimmissionsgesetz eine Genehmigung und müssen strenge Anforderungen hinsichtlich staubförmiger und gasförmiger Emissionen einhalten, die in der *TA Luft* [15.1] und der *17. BImSchV (Verordnung über die Verbrennung und Mitverbrennung von Abfällen, 2013)* [15.2] festgelegt sind. Zum Verständnis dieser Maßnahmen sollen die Vorgänge bei Verbrennungsverfahren näher betrachtet werden.

Grundlagen der Verbrennungsprozesse von Abfällen
Ausgangspunkt der Betrachtungen muss immer die Zusammensetzung der eingesetzten Abfälle sein. Die Abfallverbrennungsanlagen verarbeiten vorwiegend Hausmüll, Sperrmüll und hausmüllähnliche Gewerbeabfälle. Für den Verbrennungsprozess sind die organischen Verbindungen entscheidend, die durch ihren Inhalt an Kohlenstoff und Wasserstoff den Heizwert bestimmen. In Tab. 15.1 wird eine Übersicht über die in Hausmüll, Sperrmüll und hausmüllähnlichem Gewerbemüll vorliegenden Bestandteile und deren grundlegende stoffliche Zusammensetzung gegeben. Daraus kann deren Verhalten bei der Verbrennung abgeleitet werden.

Die Verbrennungsanlagen sind immer mit effektiven Abgasreinigungsanlagen ausgerüstet. In der Fassung der 17. BImSchV von 2013 [15.2] sind auch neue Vorschriften für die Mitverbrennung von Abfällen festgelegt und die Emissionsgrenzwerte denen der Abfallverbrennungsanlagen (Monoverbrennung) weitgehend angeglichen. Zur Absicherung dieser Emissionsgrenzwerte sind in der 17. BImSchV [15.2] drei Verbrennungsbedingungen vorgeschrieben:

1. Die Verbrennungsgase müssen nach der letzten Zuführung von Verbrennungsluft eine Mindesttemperatur von 850 °C besitzen.
2. Bei gefährlichen Abfällen mit halogenorganischen Verunreinigungen von > 1 % Chlor muss die Mindesttemperatur der Verbrennungsgase 1.100 °C betragen.
3. Die Mindesttemperaturen müssen für eine Verweilzeit von 2 Sek. eingehalten werden.

Unbeschadet dieser existierenden Rechtsvorschriften und der ständigen Kontrollen durch Betreiber und Behörden wird in der Öffentlichkeit die energetische Verwertung von Abfällen immer wieder als stark umweltgefährdend diskutiert, abgelehnt und ruft Bevölkerungsproteste hervor. Das entscheidende Argument sind dabei die Gefährdungen und Belästigungen, die von den staub- und gasförmigen Emissionen bei einer Abfallverbrennung ausgehen, obwohl die Auflagen aus der 17. BImschV deutlich niedrigere Grenzwerte als für Feuerungsanlagen und Kraftwerke (TA Luft, 13. BImSchV [15.3]) vorschreiben (Tab. 15.2). Auch bei der energetischen Nutzung von Biobrennstoffen (Holz, Biogas) treten

Tab. 15.1 Hauptbestandteile von Hausmüll, Sperrmüll und hausmüllähnlichen Gewerbeabfällen; stoffliche Zusammensetzung und wichtige Verbrennungsprodukte

Bestandteil	Stoffe bzw. Stoffgruppen	Verbrennungsprodukte	
		Feststoffe, Schlacken	Gase, Stäube
Pflanzliche Stoffe Holz, Papier, Pappe Baumwolle, Zucker, Backwaren, Gemüse, Obst Öle, Fette	Polysaccharide, Zellulose Glucose Kohlehydrate Glycerinester	Asche	CO_2, H_2O
Tierische Stoffe Wolle, Leder, Fleisch, Milchprodukte Fette	Eiweiß (Aminosäuren) Glycerinester	Asche	CO_2, H_2O, NO_x, SO_2
Kunststoffe[a] Gummi Behälter Folien, Flocken, Gewebe Chemiefasern	Polybutadien, PUR, PE, PP, PET, PVC, PC, PMMA, PS, PF, UP… Polyacrylnitril, Caprolactam	Asche, Eisen, Zinkoxid	CO_2, H_2O, SO_2 NO_x, HCl, HF, Chloride, ZnO, BaO, Dioxine
Verbundstoffe Getränkekartons Papierverbund Windeln	Zellulose, Aluminium, Kunststoffe	Aluminium-oxid Asche	CO_2, H_2O
Kleber, Farben Klebstoffe Farben, Lacke Lösemittel	Alkydharze, Ketone Pigmente (TiO_2, Fe_2O_3 u. a. Oxide, Sulfate …)	Pigmente	CO_2, H_2O, SO_2
Metalle Eisen, Edelstahl Aluminium, Messing	Metalle	Metalle: Eisen, Kupfer, Nickel, Messing (Aluminium)	
Anorgan. Salze Gips Kalk, Kalkstein	Ca-Sulfat, Ca-Oxid, Ca-Carbonat	CaO	CO_2, SO_2

Tab. 15.1 *(Fortsetzng)* Hauptbestandteile von Hausmüll, Sperrmüll und hausmüllähnlichen Gewerbeabfällen; stoffliche Zusammensetzung und wichtige Verbrennungsprodukte

Bestandteil	Stoffe bzw. Stoffgruppen	Verbrennungsprodukte	
		Feststoffe, Schlacken	**Gase, Stäube**
Haushaltmittel Waschmittel, Pflegemittel Medikamente	Na-Al-Silikate, Alkylsulfonate, Alkylchloride, Phosphate, Seifen, Borate, Alkohole	Asche	CO_2, H_2O, SO_2
Glas, Keramik, Sand, Altglas Porzellan, Keramik, Baustoffe	Na-Ca-Silikat, Silikate, Aluminiumoxid Ca-Sulfat, Ca-Carbonat	Schlacke, Asche, Oxide, Silikate	SO_2, CO_2
Kleingeräte Batterien, Glühlampen, Kabel, CD, Elektronik, Handy	Zink, Eisen, Manganoxid, Zinn, Quecksilber, Blei, Wolfram, Chloride, Kupfer, Kunststoffe, Glas, Edelmetalle, Silizium	Schlacke, Asche, Eisen, Kupfer	Zinkoxid, Chloride, Quecksilber, Dioxine, CO_2, H_2O

[a] siehe auch Tab. 7.1

Tab. 15.2 Emissionsgrenzwerte (Tagesmittelwerte) für Feuerungsanlagen und Abfallverbrennungsanlagen in Deutschland [15.1 – 15.3]

Emissionsart	Verbrennungs-Anlagen für Abfälle 17. BImSchV (mg/m^3)	Feuerungsanlagen feste Brennstoffe $>50\,MW$ 13. BImSchV (mg/m^3)	Feuerungsanlagen feste Brennstoffe $<50\,MW$ TA-Luft (mg/m^3)
Staub	10 (5)[a]	20 (10)[a]	20
C (organ. Stoffe)	10		
HCl (anorgan. Cl)	10		
HF (anorgan. F)	1		
SO_2 (SO_3)	50	150…400[c]	350…1300[c]
NO_2 (NO_x)	200 (100)[b]	150…400[c]	300…400[c]
Hg (Hg-Verbdg.)	0,03 (0,01)[b]	0,03 (0,01)[b]	
CO	50	150…200	150

Tab. 15.2 *(Fortsetzung)* Emissionsgrenzwerte (Tagesmittelwerte) für Feuerungsanlagen und Abfallverbrennungsanlagen in Deutschland [15.1, 15.2, 15.3]

Emissionsart	Verbrennungs-Anlagen für Abfälle 17. BImSchV (mg/m³)	Feuerungsanlagen feste Brennstoffe > 50 MW 13. BImSchV (mg/m³)	Feuerungsanlagen feste Brennstoffe < 50 MW TA-Luft (mg/m³)
Σ Cd, Tl	0,05	0,05	
Σ Sb, As, Pb, Cr, Co, Cu, Mn, Ni, V, Sn	0,5	0,5	
Dioxine, Furane	0,1 ng/m³	0,1 ng/m³	

[a] gültig ab 2016
[b] gültig ab 2019
[c] die unterschiedlichen Forderungen sind für verschiedene Feuerungssysteme und Feuerungswärmeleistungen festgelegt

Tab. 15.3 Emissionsfrachtenvergleich für 1 MWh Strom von Müllverbrennungsanlagen (MVA) und Biobrennstoffeinsatz (Deutschland 2003) [15.4]

Emissionsart	MVA 17. BImSchV (g)	Holzkraftwerk TA-Luft (g)	Biogas-Motor TA-Luft (g)	Biogas-Gasturbine TA-Luft (g)
Staub	0,4	105	10	19
CO	14	780	1.600	770
C ges.	2	780	3	5
SO_2	3	10	6	10
NO_x	90	1.040	1.290	670
Schwermetalle (Cd, Tl, Hg)	0,1	0,03	0,02	0,03
Dioxine	18 (ng)	210 (ng)	18 (ng)	20 (ng)

Emissionen auf, die aber von der Öffentlichkeit überwiegend toleriert werden. Zur Vergleich der Emissionsverhältnisse sind in Tab. 15.3 Emissionsfrachten für Biobrennstoffe und für die Abfallverbrennung aufgeführt.

Wie schwierig eine objektive Bewertung ist, zeigt das Problem der Feinstaubemission bei häuslichen Holzheizungen, das wegen der positiven ökologischen Einstufung des Holzes sehr lange nicht wahrgenommen wurde. Erst die Feinstaubmessungen an Dieselmotoren haben zu entsprechenden Empfehlungen auch für häusliche Holzheizungen geführt. Zur

Objektivierung der Emissionsproblematik soll ein besonderer Abschn. 15.2 „Abgasreinigung bei Verbrennungsprozessen" beitragen.

Der stofflichen Verwertung wird dem Eindruck der Autoren zu Folge von der Bevölkerung stets der Vorrang eingeräumt, auch wenn Ökobilanzen zu anderen Aussagen gelangen. Die stoffliche Verwertung muss aber gegenüber der energetischen Verwertung objektiv dann als nachrangig eingeordnet werden, wenn hohe Aufwendungen an Hilfsstoffen, Energie und Apparaten notwendig sind und belastete sekundäre Abfälle entstehen. Ein weiterer ökologischer Aspekt der energetischen Verwertung von Abfällen – der bremsende Einfluss auf den Klimawandel – findet in der kritischen Öffentlichkeit kaum Beachtung. Dieser positive Einfluss auf das Weltklima entsteht

1. durch einen biogenen Anteil von ca. 60 % in den EBS, der als kohlendioxidneutral zu betrachten ist und
2. durch eine Verringerung der Bildung des Treibhausgases Methan, das bei der Deponierung oder Kompostierung von organischen Abfällen entsteht.

Auf Grund der starken Kritik an Abfallverbrennungsanlagen wurden als Alternative die Verfahrenstechniken Pyrolyse und Vergasung mit nachfolgender energetischer Verwertung der Zwischenprodukte technisch und ökonomisch geprüft. Zu diesen Verfahren werden einige Ausführungen in Abschn. 15.3 gemacht. Als zweite Alternative zur Verbrennung wurde die mechanisch-biologische Aufbereitung (MBA) von Abfällen installiert. Dabei entsteht eine heizwertreiche Fraktion (Ersatzbrennstoff) und eine heizwertarme MBA-Fraktion, für die eine Deponierung bis 18 % TOC zugelassen wird. Das widerspricht eigentlich der Forderung der TA-Siedlungsabfall (TASi) [15.5], die 1…3 % Restkohlenstoffgehalt für eine Deponierung fordert. Deshalb erfolgt zunehmend eine thermische Nachbehandlung dieser heizwertarmen Fraktion. Vor diesem Hintergrund zeichnet sich ab, dass die Einführung der MBA technisch und wirtschaftlich Nachteile besitzt. Dazu kommt die Entstehung und notwendige Behandlung gasförmiger Schadstoffe beim MBA-Prozess.

Aus diesen Gründen ist national und international das weit überwiegend eingesetzte Verfahren zur thermischen Behandlung von Gewerbemüll, Hausmüll und Sperrmüll das Verbrennungsverfahren *auf dem Rost* geblieben (in einigen Anwendungen in der Wirbelschicht), das durch hocheffiziente Abgasreinigungsverfahren und energetische Verwertung entscheidend verbessert wurde.

Die in diesem Kapitel betrachteten festen Massenabfälle sind grundsätzlich von den „gefährlichen Abfällen" zu unterscheiden, die durch definierte „gefahrenrelevante Eigenschaften" charakterisiert und je nach Gefahrenart einer getrennten Behandlung zu unterziehen sind. Es sind 15 gefahrenrelevante Eigenschaften festgeschrieben (giftig, explosiv, brandfördernd, leicht entzündbar, krebserregend, ätzend, infektiös, mutagen usw.). Gefährlichen Abfälle dieser Art (häufig auch als „Sonderabfälle" und früher als „besonders überwachungsbedürftige Abfälle" bezeichnet) sind nur in Ausnahmefällen für eine energetische Verwertung geeignet. Sie müssen je nach Abfallart Beseitigungsverfahren oder anderen thermischen Verfahren, die bei höheren Temperaturen und längeren Verweilzeiten arbeiten, unterworfen werden (Zersetzung, Spaltung, Verbrennung). Im Falle von flüssigen, schlammigen und besonderen festen Sonderabfällen wurden dazu in mehreren Unterkapiteln dieses Buches die notwendigen Ausführungen gemacht (Abschn. 5.1 und 11.1.2). Dort sind auch Angaben zu den bevorzugten Apparaten (Brennkammer, Drehrohrofen) zu finden.

15.1   Monoverbrennung von festen Abfällen

Bei der Verbrennung von Abfällen ist zwischen der alleinigen Verbrennung (Monoverbrennung) von unbehandelten Abfällen oder Aufbereitungsprodukten (EBS) einerseits und der Mitverbrennung von Abfällen oder EBS zusammen mit Primärbrennstoffen andererseits zu unterscheiden. Die Mitverbrennung stellt höhere Anforderungen an die Homogenität und Qualität der Abfälle und fordert geringfügig niedrigere Emissionsgrenzwerte. Für die Monoverbrennung fester Abfälle besteht folgende Zielstellung:

- Vollständige Zersetzung der organischen Stoffe in anorganische Stoffe (sog. Inertisierung),
- Vollständige Oxidation der organischen Stoffe und Kohlenstoff zu CO_2 und H_2O (in geringem Umfang HCl, SO_2, NO_x),
- Maximale Nutzung der freigesetzten Energieinhalts in Strom und Wärme,
- Bildung eines homogenisierten, im Volumen stark reduzierten mineralischen Verbrennungsrückstandes (Asche, Sinter oder Schlacke) mit sehr geringem C-Gehalt (< 1 bzw. $< 3\,\%$ Restkohlenstoff) als Rostasche o. ä.,
- Geeigneter Austrag zur mechanischen Aufbereitung der Asche/Schlacke zu Baustoff und Gewinnung von Metallen (siehe Abschn. 10.2),
- Abführung von heißen Rauchgasen zur energetischen Nutzung und nachfolgender Intensivreinigung mit Abscheidung der Flugasche.

Die Verbrennung findet in mehreren ineinander übergreifenden Prozessstufen statt.

1. Trocknung durch Strahlung, Verbrennungsluft und Verbrennungsgas,
2. Entgasung und Pyrolyse der organischen Bestandteile bei 250...600 °C,
3. Zündung und Verbrennung von brennbaren Gasen ab ca. 500 °C,
   ($C_mH_n + (m+n/4)\, O_2 \rightarrow m\, CO_2 + n/2\, H_2O$),
4. Verbrennung von Kohlenstoff (800...1.200 °C) direkt zu CO_2 oder indirekt über die Vergasungsreaktion ($2\,C + O_2 \rightarrow 2\,CO$),
5. Bildung gasförmiger anorganische Stoffe (H_2O, SO_2, HCl, NO_x, Hg, Metallchloride u. a.),
6. Ausbrand des Restkohlenstoffs aus der Asche.

Zur Realisierung dieser physikalischen und chemischen Vorgänge sind die Erhitzung der Abfälle und ein Angebot an Verbrennungsluft für die Oxidationsreaktionen Grundvoraussetzung. Es sind also zuerst die Prozesse des Wärmetransports und nachfolgend die des Stofftransports für den Verbrennungsablauf bestimmend. Die chargierten festen Abfälle weisen im Unterschied zur Kohleverbrennung folgende gravierende Besonderheiten auf: Extrem unterschiedliche vermischte Stoffe (Kunststoffe, Holz, Textilien, Bioabfall, Stroh, Metalle, Papier, Pappe, mineralische Stoffe, Glas usw.) mit sehr verschiedenem Verbrennungseigenschaften; sehr verschiedene Stückgrößen; verschiedenste geometrische Formen; schwankende Feuchtigkeit. Diese Besonderheiten führen zu außerordentlich veränderlichen Bedingungen für die Chargierung und den Wärme- und Stofftransport und damit zu unterschiedlicher Verbrennungsdauer. Deshalb müssen die Reaktoren eine gute Vermischung von Abfall und Luft, eine ständige mechanische Freilegung neuer Abfalloberflächen und lange Verweilzeiten gewährleisten.

15.1.1 Rostverbrennung

Den Rostverbrennungsanlagen sind Müllbunker zur Lagerung und Vermischung des Mülls vorgelagert. Die Krananlage des Müllbunkers beschickt mittels Greifer einen Beschickungstrichter aus dem durch Aufgabestößel der Müll in den Feuerraum dosiert wird. Die Beschickungseinrichtungen sind den häufig vorlaufenden größeren Stückgrößen angepasst. Die Vermischung der Feststoffe untereinander im Feuerraum und mit der Verbrennungsluft sowie den Transport des Materials zum Ofenende und den vollständigen Ausbrand realisieren die Rostsysteme durch bewegte Roste (Rückschubrost, Walzenrost, Drehrost), Schrägroste und Stufenroste und das Einblasen von Primärluft unter den Rost. Die Primärluft wird dabei den verschiedenen Abschnitten der Rostlänge entsprechend dem Luftbedarf für Trocknung, Vergasung, Hauptverbrennung und Ausbrand geregelt zugeführt. Gleichzeitig erfüllt die Primärluft die Funktion einer Rostkühlung. Mehrere Hersteller entwickelten dafür auch wassergekühlte Rostsysteme. In Abb. 15.1 ist die prinzipielle Konstruktion eines Rostverbrennungsreaktors mit Rückschubrost angegeben.

Der Rost besteht aus treppenförmig angeordneten Roststufen, von denen einige entgegen der Rostneigung bewegt werden und dadurch einen Schüreffekt bewirken (Vermischung des Glutbetts mit frischem Abfall). Im Glutbett werden Temperaturen von über 1.000 °C erreicht. Im Feuerraum erfolgt die Verbrennung der Schwelgase sowie eine Nachverbrennung bei 1.000…1.200 °C durch zugeführte Sekundärluft und ungereinigtes rückgeführtes Abgas (die Forderungen der 17. BImSchV sind Temperaturen von mindestens 850 °C und 2 Sek. Verweilzeit [15.2]). Der Verbrennungsrückstand ist eine inhomogene Masse aus Asche- und Schlackepartikeln, Metallteilen, unveränderten Mineralikkomponenten (Steine, Keramik etc.) und Anteilen von Unverbranntem (Papierballen etc.), der am Rostende in einen Nassaustrag oder einen Trockenaustrag fällt (siehe auch Abschn. 10.2). Die Bezeichnung für diesen Verbrennungsrückstand ist allerdings häufig Schlacke, obwohl keine vollständige Sinterung oder Homogenisierung durch Aufschmel-

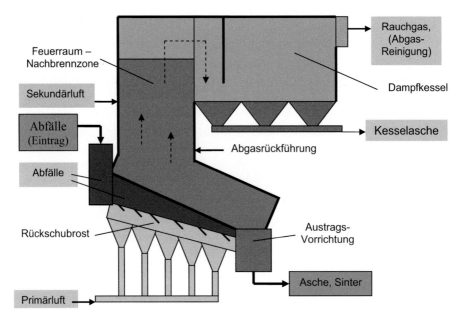

Abb. 15.1 Rostverbrennungsreaktor mit geneigtem Rückschubrost und Dampfkessel

zen vorliegt (siehe Eigenschaften von Schlacken in Abschn. 6.1.1). Übliche Rostgrößen sind $50\,m^2$. Bei 8 m Rostlänge wird eine Verweilzeit der Abfälle von 60…80 Minuten erreicht und damit eine Aschequalität mit $<2\,\%$ Glühverlust garantiert [15.6]. Durch die Größe der Roste, die Dimension der Beschickungseinrichtungen und den unkomplizierten Ascheaustrag sind auch sehr große Müllbestandteile (bis 0,5 m Stückgröße) zu verarbeiten. Auch Anteile an Eisenschrott verursachen kaum Störungen. Der Dampfkessel ist unmittelbar über dem Rost angeordnet (Kühlung der Feuerraumwände). Der erste Kesselzug ist meist ein Leerzug mit geringer Abgasgeschwindigkeit, um die Abscheidung von Flugasche zu gewährleisten. Bei Anwendung einer Kraft-Wärme-Kopplung sind Brennstoffwärmenutzungsgrade von 70 % erreichbar (elektrischer Wirkungsgrad 20 %). Eine Verbesserung der Standard-Rostverbrennung wurde mit dem Syncom-Verfahren erreicht. Dieses Verfahren verwendet sauerstoffangereicherte Primärluft (24…35 % O_2) und eine Feuerungsregelung mit IR-Thermographie. Im Ergebnis werden im Brennbett Temperaturen von über 1.150 °C erreicht und dadurch ein verbesserter Ausbrand mit teilweiser Sinterung der Asche, sowie Verringerung der Abgasmenge um 35 % und einem höheren Kesselwirkungsgrad. Eine weitere Verbesserung ermöglicht das Syncom-Plus-Verfahren, das zusätzlich eine Abtrennung der ungesinterten Asche-Feinfraktion und deren Rückführung in das Brennbett vorsieht. Diese Verfahrensvariante gewährleistet eine vollständige Sinterung der Asche zu einem Schlackengranulat mit $<0,1\,\%$ Glühverlust und sehr geringen Elutionswerten. Auch eine Dioxin-Zerstörung von $>90\,\%$ ist zu beobachten [15.6].

15.1.2 Wirbelschichtverbrennung

Die Verbrennung in einer Wirbelschicht bietet eine Reihe reaktionstechnischer Vorteile gegenüber der Rosttechnologie (hohe Reaktionsgeschwindigkeit, niedrigere Verbrennungstemperatur). Der Einsatz hat allerdings zur Folge, dass die entstehenden Verbrennungsrückstände in feinkörniger, ungesinterter Form anfallen müssen, um Störungen beim Austrag zu vermeiden. Das heißt, dass z. B. Eisenschrotte vorher abzutrennen sind. Besonders vorteilhaft ist die Wirbelschicht für feinkörnige Abfälle einsetzbar (Schlämme, Holzabfälle, Stäube). Die genannten Besonderheiten dieser Technologie ergeben sich aus den spezifischen Eigenschaften eines Wirbelschichtreaktors.

Aufbau und Funktion eines Wirbelschichtreaktors
Eine Feststoff-Gas-Wirbelschicht entsteht aus körnigem Feststoff, wenn dieser von unten von einem Gas angeströmt wird. Das Gas wird unter dem Feststoffbett über einen Düsenboden zugeführt. Bei Verbrennungsprozessen übernimmt die Primär-Verbrennungsluft diese Aufgabe. Mit gesteigerter Luftmenge (Strömungsgeschwindigkeit) wird die Feststoffschüttung zunehmend aufgelockert und erreicht am Wirbelpunkt (Lockerungspunkt) die Eigenschaften einer Flüssigkeit (Fluidisierungspunkt). Die Wirbelschicht ist über einen größeren Bereich der Luftströmungsgeschwindigkeit stabil. Erst bei starker Erhöhung der Luftströmungsgeschwindigkeit werden die Bedingungen für den pneumatischen Austrag von Feststoffkörnern erreicht (Austragspunkt). Dieser pneumatische Austrag unterliegt den physikalischen Gesetzmäßigkeiten der Stromklassierung oder Sichtung (siehe Abschn. 3.3 Stromklassierung und Abschn. 3.4.1 Dichtesortierung) und ist von Korngröße, Korndichte und Kornform abhängig. Im expandierten Wirbelbett entsteht eine intensive Vermischung von Luft und Feststoff in vertikaler und horizontaler Richtung, die zu einem optimalen Stoff- und Wärmeaustausch zwischen dem Gas (Mischung aus Luft und Verbrennungsgasen) und Feststoffen und zwischen den Feststoffkörnern untereinander führt. Auf diese Weise entstehen die hohen Reaktionsgeschwindigkeiten der Wirbelschichten. Diese nahezu homogenen Bedingungen gestatten die Einhaltung einer gleichmäßigen Temperatur im gesamten Wirbelbett. Die Verbrennungsprozesse verlaufen dadurch schon bei 850 °C und ohne Luftüberschuss vollständig ab. In speziellen Fällen ist bereits bei 650 °C eine Kohlenstoff-Verbrennung möglich, wenn eine so niedrige Temperatur wegen eines niedrigen Schmelzpunktes der Asche erforderlich ist.

Die Bildung einer Wirbelschicht setzt außerdem bestimmte Eigenschaften des körnigen Feststoffes voraus. Dies sind eine gleichmäßige und geringe Korngröße (z. B. 2…20 mm) und eine weitgehend sphärische Kornform. Die Wirbelschicht kann in Ausnahmefällen aus noch nicht verbrannten Abfällen und der entstehenden Asche bestehen. Bei der Verbrennung der meist inhomogenen Abfälle ist aber ein Wirbelbett aus Quarzsand üblich (Fremdbett aus Inertmaterial). In dem fluidisierten Sandbett schwimmen die Abfälle wie in einer Flüssigkeit, werden homogen im Bett verteilt und verbrennen im Bett zu Asche. Das Sandbett gestattet auch den Eintrag größerer Stücke bis etwa 80 mm, die im Bett bis zum Ausbrand schwimmen. Das Sandbett verbleibt überwiegend im Reaktor und wird nur

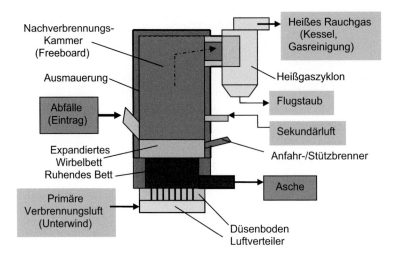

Abb. 15.2 Aufbau eines Wirbelschichtreaktors (Stationäre Wirbelschicht)

teilweise zum Austrag der Asche mit dieser abgezogen. Große Teile der Asche erreichen Korngrößen für einen pneumatischen Austrag und werden im Heißgaszyklon als Flugstaub abgeschieden (Abb. 15.2). Aus der dargestellten Funktionsweise des WS-Reaktors wird deutlich, dass nichtbrennbare Stoffe größerer Stückgröße (Metallteile) sowie schmelzendes oder sinterndes Material nicht eingetragen werden dürfen und eine gleichmäßige Körnung des Aufgabegutes für die Dosierung und die Reaktion optimal sind (Notwendigkeit einer Aufbereitung).

In Abb. 15.2 ist der Aufbau eines WS-Reaktors mit stationärer Wirbelschicht dargestellt. Der Ofenschacht ist zylindrisch oder rechteckig. Für die Abfallzuführung werden schräge Schleusen oder Schnecken verwendet. Unterhalb des Düsenbodens befindet sich die Luftverteilung. Der Ascheaustrag kann am Bettboden mit Schnecke oder auch als Überlauf am Bettspiegel realisiert werden. Das Freeboard oberhalb des WS-Betts dient als Nachbrennkammer (Ausbrand der Asche und Verbrennung von Gasen) und hat deshalb eine Sekundärluftzuführung.

Rotierende und zirkulierende Wirbelschichten

Eine rotierende Wirbelschicht wird durch einen geneigten Düsenboden und eine Deflektorplatte erzeugt. Mit Hilfe dieser Technik werden eine bessere Vermischung im Bett und ein günstigerer Ascheaustrag erreicht. Dieser geneigte Düsenboden kann auch schirmartig ausgebildet sein.

Die zirkulierende Wirbelschicht (ZWS) arbeitet mit einer Luftströmungsgeschwindigkeit oberhalb des Austragspunktes. Dadurch dehnt sich die Wirbelschicht und die Verbrennungszone über die gesamte Schachthöhe (20…30 m) aus. Das Aufgabematerial muss aufgemahlen sein (<40 mm), aber noch nicht auf die Korngrößen von Staubfeuerungen. Auch bei der ZWS werden Zuschläge von Quarzsand verwendet, die einen intensiveren Wärmeübergang zwischen den Reaktionspartnern (Abfall, Verbrennungsluft) bewirken, was

Abb. 15.3 Reaktor für zirkulierende Wirbelschicht

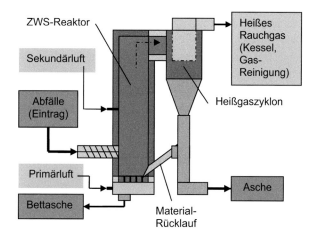

einen optimalen Ausbrand garantiert. Der Ascheaustrag erfolgt mit dem Abgasstrom. Ein
unmittelbar nachgeschalteter Heißgaszyklon trennt die Asche vom Verbrennungsgas. Die
Asche wird teilweise direkt in den Reaktionsraum zurückgeführt (zirkuliert). Die Vorteile
dieser Verfahrensvariante sind die hohe Reaktionsgeschwindigkeit, gleichmäßige Temperaturverteilung, längere Verweilzeit und vollständigerer Ausbrand. Von Nachteil ist eine
höhere Staubbeladung der Rauchgase. In Abb. 15.3 ist der Aufbau eines zirkulierenden
Wirbelschichtreaktors skizziert.

Bevorzugte Abfallarten für die Wirbelschichtverbrennung

Feinkörnige Abfälle und Stäube sind für eine WS-Verbrennung mit Sandbett gut geeignet.
Solche Materialien können dagegen auf Rosten nicht oder nur in geringen Anteilen mitverbrannt werden (Rostdurchfall, pneumatischer Austrag). Auch heizwertreiche Abfallfraktionen (Holz) werden überwiegend in WS-Reaktoren verbrannt.

Folgende Abfallarten kommen in aufbereiteter oder vorgetrockneter Form in WS-
Reaktoren zum Einsatz: Heizwertreiche Abfallfraktionen, EBS, Altholz, Holzabfälle,
Papierschlamm, Klärschlamm, Pyrolysekoks, Biomasse, Wasserwerksschlämme. Die
Aufbereitung umfasst dabei zunächst die Zerkleinerung (etwa 20…40 mm) sowie die
Vortrocknung und anschließend eine Aussortierung von Eisenwerkstoffen, NE-Metallen,
Keramik und Glas. Auch besondere Abfallarten wie Ölschlämme, Teeröle und Schlamm-
kohle können in WS-Reaktoren mitverbrannt werden. Wegen der guten Regelbarkeit
und den niedrigen Verbrennungstemperaturen eignet sich die Wirbelschicht auch für die
Regenerierung feinkörniger Materialien mit organischen Verunreinigungen wie Kieselgur
und Gießereisand.

Emissionsbedingungen bei der Wirbelschichtverbrennung

Infolge der im Vergleich zum Rost niedrigeren Verbrennungstemperaturen (um 850 °C)
findet eine Reaktion des Luftstickstoffs mit dem Luftsauerstoff zu NO_x nicht statt (erforderliche Temperaturen um 1.200 °C). Eine NO_x-Belastung der Rauchgase entsteht deshalb

nur über die Reaktion des Brennstoff-Stickstoffs mit dem Luftsauerstoff. Auch die Emission von Schwefeloxiden kann verringert werden, wenn dem Wirbelbett direkt Kalkstein zugesetzt wird. Die Emission von Schadstoffen (z. B. Chlor, Schwermetalle) hängt sehr von der vorgelagerten Abfallaufbereitung ab. Infolge der hohen Strömungsgeschwindigkeiten der Gase entstehen größere Mengen an Flugasche und Flugstaub, die evtl. flüchtige Metallverbindungen adsorbieren und auch die Denovo-Synthese von Dioxinen begünstigen.

15.1.3 Verbrennungsöfen für Biomasse

Als energetisch verwertbare Biomasse kommen Stroh, Schilf und verschiedene Energiepflanzen in Betracht, aber auch Abfälle aus der Produktion, die solche oder ähnliche Materialien enthalten. Diese Materialien besitzen Heizwerte H_u von ca. 15 MJ/kg TS. Die stoffliche Struktur dieser Stoffe und ihre Entflammbarkeit sowie der z. T. höhere Feuchtigkeitsgehalt erlauben keine Verbrennung auf dem Rost, im Drehrohrofen oder in der Wirbelschicht. Es sind besondere Öfen verfügbar, die diese Stoffstruktur bei der Beschickung und der Verbrennung berücksichtigen. Die verdichteten Strohballen werden z. B. mit einem Kolben durch einen waagerechten, abgedichteten, längeren Beschickungskanal in den Feuerraum (sog. Zigarrenbrenner) gefördert. Auch Schachtöfen mit kaltem Oberofen werden verwendet, sie werden von oben beschickt und die Brennzone am Schachtfuß ist mit seitlicher Ableitung der heißen Rauchgase realisiert.

15.2   Abgasreinigung nach Verbrennungsprozessen von Abfällen

Die Thematisierung der Gefährlichkeit der Emissionen aus Abfallverbrennungsanlagen durch Umweltverbände und ständige Bevölkerungsproteste veranlassten die Industrie zur Entwicklung sehr effektiver Rauchgasreinigungssysteme. Der hohe Standard der Reinigungssysteme ermöglichte in Deutschland die Festlegung sehr niedriger Emissionsgrenzwerte in der 17. BImSchV 2013 [15.2] (siehe Tab. 15.2) durch den Gesetzgeber. Die Schadstoffemissionen können bereits im Feuerraum durch Primärmaßnahmen reduziert werden. Primärmaßnahmen sind die Optimierung der Oxidation aller eingetragenen organischen Stoffe und die Vermeidung der Neubildung organischer Schadstoffe (Dioxine) im Kessel. Die nachgeschalteten Rauchgasreinigungsstufen müssen die weiteren notwendigen Reinigungsaufgaben gewährleisten:

- Entstaubung (Primärstäube und Kondensate von Schwermetallverbindungen).
- Abscheidung gasförmiger anorganischer Schadstoffe (SO_2, NO_x, HCl, HF, Hg).
- Abscheidung organischer Spurenstoffe (Dioxine, Furane, Kohlenwasserstoffe).

Für diese Reinigungsaufgaben stehen verschiedene Prozesse und Apparate zur Verfügung, die in Varianten zu den mehrstufigen Rauchgasreinigungsanlagen zusammengesetzt sind. Es ist deshalb sinnvoll, zunächst die speziellen Prozesse und Apparate kurz zu beschreiben.

Entstaubung

Für die Grobentstaubung kommen *Zyklone* zum Einsatz, die als Fliehkraftabscheider arbeiten und bei Gastemperaturen bis 1.000 °C einsetzbar sind, aber nur Abscheidegrade bis 80 % ermöglichen. Mit *Trocken-Elektrofiltern* werden Abscheidegrade über 99 % erreicht. Sie bestehen aus einem großen Gehäuse, in dem Sprühelektroden eine Aufladung von Staubteilchen bewirken, die an Niederschlagselektroden zur Abscheidung kommen. Mittels Klopfvorrichtungen wird der Staub anschließend zum Abfallen von den Elektroden gebracht. Die Arbeitstemperatur kann bis 300 °C betragen. Dieses Reinigungsprinzip ist auch als *Nass-Elektrofilter* bei 60…70 °C verfügbar. Es dient vorwiegend zur Endreinigung (Feinststaub, Aerosole). *Gewebefilter* verwenden Filterschläuche aus verschiedenen Geweben (Natur-, Kunststoff- oder Glasfasern) und es müssen deshalb überwiegend Temperaturen von unter 100 °C eingehalten werden. Auf den Gewebeoberflächen bildet sich ein Filterkuchen aus, der auch direkt als Filtermittel wirkt und hohe Abscheidegrade ermöglicht. Solche Filterkuchen werden durch zusätzliches Eindüsen von Kalkstaub oder Aktivkohle auch zur Absorption/Adsorption gasförmiger Schadstoffe genutzt (sog. Flugstromadsorptionsverfahren).

Abscheidung der Schadgase SO_2, HCl, HF und Hg-Chloride durch Absorption

Als Vorstufe ist eine intensive Trockenentstaubung notwendig. In einer zweiten Vorstufe wird das Rauchgas durch Eindüsen von Wasser gekühlt und mit Wasserdampf gesättigt (Quenchen). Die anschließenden Sprühabsorber oder Nasswäscher sind Stahlbehälter, in denen das Rauchgas (Eintritt ca. 220 °C) mit einer verdüsten Absorptionslösung (Kalkmilch) intensiv vermischt wird. Die Kalkmilch ($Ca(OH)_2$) reagiert mit den sauren Schadgasen (SO_2, HCl, HF) unter Bildung von $CaCl_2$, CaF_2 und vor allem Calciumsulfit ($CaSO_3$), das durch Einblasen von Luft leicht zu Gips ($CaSO_4 \cdot 2\,H_2O$) oxidiert wird. Durch die Rauchgaswärme verdampft das Wasser der Lösung und es fällt ein trockenes Feststoffpulver an. Bei den Abgasen der Kohlekraftwerke enthält das entstaubte Abgas fast nur noch den Schadstoff SO_2, sodass ein relativ reines Calciumsulfat-Produkt anfällt, das als REA-Gips gut zu verwerten ist (REA = Rauchgasentschwefelungsanlage). Die Abgastemperatur liegt nach dem Sprühabsorber bei ca. 150 °C. Wird in Abfallverbrennungsanlagen der Absorptionslösung Aktivkohle zugemischt, findet eine simultane Adsorption von Dioxinen und Hg statt. Das Feststoffpulver wird in einem nachgeschalteten Entstauber (Gewebefilter oder Elektrofilter) abgeschieden. Durch zweistufige Nasswäsche ist eine getrennte Abscheidung der Komponenten möglich. Mit Wasser als Waschlösung erfolgt in einer 1. Waschstufe bei pH-Werten um pH 1 die Absorption von HCl und HF (Erzeugung einer Dünnsäure mit bis 10 g/l HCl). Die Dünnsäure kann zu einer verkaufsfähigen Säure aufkonzentriert werden oder es erfolgt eine Neutralisation zu NaCl. In dieser Stufe lösen sich auch die Quecksilberverbindungen ($HgCl_2$, Hg_2Cl_2), die 95 % der Hg-Gehalte des Rauchgases ausmachen. In der 2. Waschstufe wird ein neutraler oder basischer pH-

Wert eingestellt. Dies erfolgt durch Zugabe von Kalksteinmehl ($CaCO_3$) oder Kalkmilch ($Ca(OH)_2$; seltener $NaOH$). Dabei wird das SO_2 über die Zwischenstufe Sulfit ebenfalls zu Gips ($CaSO_4 \cdot 2\,H_2O$) abgebunden. Bei der Variante mit $NaOH$ entsteht entsprechend Na_2SO_4. Der Gips hat eine geringe Löslichkeit und ist durch Filtration der Suspension abzutrennen. Alle anfallenden Abwässer werden in einen Sprühtrockner zurückgeführt und die Feststoffe dann im Entstauber abgeschieden.

NOx-Zerstörung

Die verbrennungstechnischen Maßnahmen zur Minimierung der NO_x-Bildung unterschreiten meist nicht eine Konzentration von $400\,mg/m^3$. Bei der Abfallverbrennung ist aber ein Grenzwert von $200\,mg/m^3$ gefordert (17. BImSchV, Tab. 15.1). Für die Zerstörung des NO_x wird die Reduktionsreaktion mit NH_3 zu Stickstoff und Wasser benutzt.

$$4\,NO + 4\,NH_3 + O_2 \rightarrow 4\,N_2 + 6\,H_2O; \quad 2\,NO_2 + 4\,NH_3 + O_2 \rightarrow 3\,N_2 + 6\,H_2O$$

Als Reduktionsmittel ist auch Harnstofflösung ($CO(NH_2)_2$) verwendbar. Der Reduktionsprozess ist als *selektive katalytische Reduktion* (SCR-Verfahren) oder als *selektive nichtkatalytische Reduktion* (SNCR-Verfahren) technisch realisiert. Das *SCR-Verfahren* verwendet einen Reaktorturm mit Katalysatormasse (V_2O_5 auf wabenförmigem Keramikträger) und benötigt Temperaturen von $200\ldots300\,°C$. Das Rauchgas muss staubfrei sein. Der Katalysator kann deshalb auf der Heißgasseite direkt hinter dem Elektrofilter angeordnet werden. Häufiger kommt die „Reingasschaltung" hinter der Nasswäsche zur Anwendung, was allerdings die Aufheizung der Rauchgase von $70\,°C$ auf $300\,°C$ erfordert. Der NO_x-Reduktionsgrad des SCR-Verfahrens liegt bei $80\ldots90\,\%$. Das *SNCR-Verfahren* funktioniert nur im Temperaturbereich $850\ldots1.000\,°C$ und wird deshalb direkt im Nachverbrennungsraum durchgeführt. Dort wird eine NH_3-Lösung versprüht. Ohne NH_3-Überschuss wird jedoch nur ein Reduktionsgrad von $50\,\%$ erzielt.

Abscheidung von Dioxinen, Furanen und Quecksilber-Dampf

Das überwiegend angewandte Verfahren ist die Adsorption an Aktivkohle/Aktivkoks (z. B. Herdofenkoks, HOK). Diese Stufe wird für das bereits weitgehend gereinigte Rauchgas als Endreinigung eingesetzt. Das hochporöse Material (spezifische Oberfläche $300\ldots2.000\,m^2/g$) adsorbiert fast alle noch enthaltenen gasförmigen und partikelgebundenen Schadstoffe (Dioxine, Furane, organische Stoffe, Quecksilber-Dampf, Restgehalte an Schwermetallverbindungen). Die Aktivkohle wird beim Flugstromadsorptionsverfahren als Mischung mit Kalkhydrat in den Rauchgasstrom eingeblasen und dann in einem Gewebefilter abgeschieden. Das Kalkhydrat hat die Funktion einer tragenden Filterschicht und kann zusätzlich Reste an sauren Gasen absorbieren und Feinstäube abscheiden. Andere apparative Varianten sind Festbett-, Wanderbett- und Wirbelschichtadsorber. Die beladene Aktivkohle kann rezirkuliert werden und muss danach als Sonderabfall verbrannt werden. Eine Zerstörung der Dioxine und Furane ist auch mittels katalytischer Oxidation bei ca. $350\,°C$ möglich.

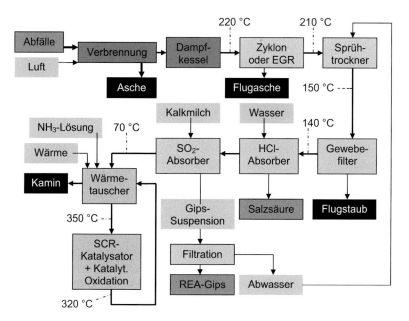

Abb. 15.4 Rauchgasreinigung einer Müllverbrennungsanlage mit Nasswäsche und SCR-Verfahren

Rauchgasreinigungsanlagen

Aus den oben beschriebenen Prozessstufen werden die Rauchgasreinigungsanlagen zusammengestellt oder ältere Anlagen aufgerüstet. In den Abb. 15.4 und 15.5 sind zwei ausgewählte Beispiele für komplette Rauchgasreinigungsanlagen nach Abfallverbrennungsanlagen angeführt. Dabei sind in Abb. 15.4 auch die durchschnittlich entstehenden bzw. erforderlichen Rauchgastemperaturen zwischen den Verfahrensstufen vermerkt.

Die Verwertung der $CaSO_4$-Suspension des SO_2-Absorbers als REA-Gips (Abb. 15.4) ist Stand der Technik, da große Mengen des REA-Gipses in Rauchgasreinigungsanlagen von Kohlekraftwerken anfallen (REA = Rauchgasentschwefelungsanlage). Die in Abb. 15.4 angeführte Erzeugung von verkaufsfähiger Salzsäure ist ein mögliches Recyclingverfahren, das unter dem gesellschaftlichen Druck der vollständigen Verwertung von Inhaltsstoffen gegenüber der Beseitigung als Natriumchlorid entwickelt wurde. Die Ökobilanz ist umstritten, da geringe HCl-Konzentration in den Rauchgasen (500…2.000 mg/ m^3) vorliegen und hohe Aufwendungen an Energie und Werkstoffen notwendig sind. Die HCl-Recyclingtechnologie soll an dieser Stelle kurz erläutert werden. Durch zweistufige Gegenstrom-Absorption in der sauren Waschstufe entsteht eine Rohsäure mit 8 % HCl. In einer besonderen Anlage wird aus der Rohsäure Wasser bis zur azeotropen Konzentration (20,2 % HCl) im Sumpf abdestilliert. Durch Zusatz von Calciumchlorid ($CaCl_2$) zum Sumpf gelingt eine Absenkung des Azeotroppunktes und aus dieser Lösung lässt sich nachfolgend HCl-Gas austreiben. Durch Absorption des HCl-Gases in Wasser wird verkaufsfähige konz. Salzsäure (31 % HCl) gewonnen.

Die in Abb. 15.5 angeführte Verglasung von Flugstaub ist ebenfalls eine Option. Der Flugstaub wird aber überwiegend untertägig deponiert.

15.3 Thermische Abfallbehandlung durch Pyrolyse oder Vergasung

Auf Grund der oben bereits dargestellten öffentlichen Kritik an der Abfallverbrennung wurden als Alternativen die Pyrolyse und die Vergasung von Hausmüll in Kombination mit einer nachfolgenden energetischen oder stofflichen Verwertung geprüft. Als Vorteil dieser Methoden ist die Vermeidung einer Bildung bzw. Denovo-Synthese von Dioxinen und Furanen zu nennen, die sich auf Grund der reduzierenden Bedingungen bei der Pyrolyse oder Vergasung ergibt (siehe dazu Abschn. 5.2). Außerdem fallen die Reststoffe (Aschen, Schlacken, Metalle) z. T. in günstiger verwertbarer bzw. deponierbarer Form an. Zu diesen Technikvarianten wurden in den 1990er-Jahren in Europa außerordentlich aufwendige technische Untersuchungen durchgeführt und Versuchsanlagen errichtet und betrieben. Eine umfassende technische Anwendung konnten diese Alternativverfahren (Schwel-Brenn-Verfahren, Noell-Konversionsverfahren, Thermoselect-Technologie u. a.) aber infolge hoher Investitions- und Verfahrenskosten in Mitteleuropa nicht erreichen. Dagegen arbeiten in Asien (Japan) mehrere Anlagen nach entsprechenden Kombinationsverfahren. Da die Prozesse der Pyrolyse und Vergasung bei der Behandlung vieler Abfälle eine wichtige Rolle spielen, sind die Grundlagen dieser Prozesse und spezielle technische und apparative Gestaltungen bereits in mehreren vorangegangenen Abschnitten beschrieben worden. Folgende Abschnitte können dazu eingesehen werden:

Pyrolyse:	Abschn. 5.1, Abb. 5.1;
	Abschn. 7.5.3 (Pyrolyse von Kunststoffen), Abb. 7.18, 7.19;
	Abschn. 13.5.4 (Pyrolyse von Elektro(nik)-Altgeräten).
Vergasung:	Abschn. 7.5.4 (Vergasung von Kunststoffen), Abb. 7.20, 7.21.

15.4 Mechanische Aufbereitung fester Abfälle zu Ersatzbrennstoffen

Mit Ausnahme der besonderen Bedingungen der Vermischung, der Verbrennung und Einbindung der Aschen in den Klinker im Zementdrehrohrofen erfordern alle anderen Einsatzfälle für Ersatzbrennstoffe eine Aufbereitung der festen Abfälle. Diese Notwendigkeit der Aufbereitung fester Abfälle zu Ersatzbrennstoffen ergibt sich aus den spezifischen Bedingungen eines Verbrennungsprozesses. Ein Verbrennungsprozess in einem geschlossenen Brennraum stellt folgende Anforderungen an die Brennstoffe (siehe auch Abschn. 15.1):

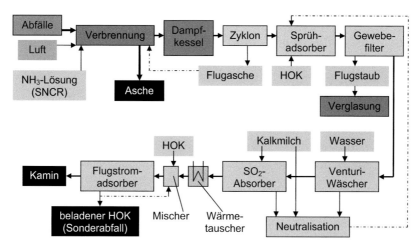

Abb. 15.5 Rauchgasreinigung einer Müllverbrennungsanlage mit SNCR, Nasswäsche und Flug-stromadsorption (*HOK* = Herdofenkoks)

- Förderfähigkeit und Dosierfähigkeit (Korngröße, Kornform),
- Hoher Heizwert (geringer Ascheanfall, geringer Wassergehalt),
- Homogenität des Brennstoffes im Heizwert und der Körnung (Regelbarkeit),
- Gute Vermischbarkeit mit der Verbrennungsluft (Korngröße),
- Ausreichende Verbrennungsgeschwindigkeit der Einzelkörner, um eine begrenzte Verweilzeit im Brennraum zu erreichen (Korngröße, Porosität),
- Ausreichende Wärmeentwicklung pro m^2 Rostfläche bzw. pro m^3 Feuerraum,
- Technische Beherrschbarkeit der Verbrennungsrückstände (Metallteile) und Aschen (Schlackenbildung),
- Limitierte Schadstoffgehalte (Chlor, Schwefel, Quecksilber, Cadmium, Blei).

Die Korngrößenverteilung der Ersatzbrennstoffe ist im Hinblick auf mehrere Anforderungen von Bedeutung. Der Einfluss der Korngröße und Porosität auf die Verbrennungsgeschwindigkeit ergibt sich auf Grund der geschwindigkeitsbestimmenden heterogenen Reaktion an der Phasengrenze Brennstoffpartikel – Luft. Daraus ergeben sich als Zielstellungen für eine Aufbereitungstechnologie

- die Erhöhung des Heizwertes durch Aufkonzentration der heizwertreichen Bestandteile und Trocknung,
- die Herstellung einer bestimmtem Korngröße/Kornform mit geeigneter Porosität,
- die Erzeugung einer ausreichenden Qualität und Homogenität.

Bezüglich der notwendigen Korngröße ist davon auszugehen, dass für Ersatzbrennstoffe aus gemischten Abfällen (aus Produktion, Gewerbe, Haushalten) vorwiegend Rostfeuerungen in Betracht kommen, die im Bereich von Korngrößen von 10…50 mm am besten arbeiten. Staubförmige Sekundärbrennstoffe (Korngröße < 1 mm) sind aus solchen Abfällen nur sehr schwierig herzustellen. Sehr günstige Eigenschaften für die Verbrennung von Abfällen verschiedener Korngrößen und Kornformen besitzen allerdings Wirbelschichtverbrennungsanlagen mit Sandfremdbett, die auch inhomogene gröbere und feine Abfälle verarbeiten können. Das ergibt sich auf Grund des charakteristischen Schwebezustandes der Abfallteile in dem fluidisierten Sandbett (siehe Abschn. 15.1.2).

Bevorzugte Abfallsorten für die Aufbereitung
Für die Herstellung von Ersatzbrennstoffen kommen vor allem folgende Abfallsorten in Betracht:

- Produktionsspezifische Abfälle, Gewerbemüll, Sperrmüll, Altholz,
- heizwertreiche Fraktionen aus MBA und MBS, DSD-Reste,
- sortierte Bauabfälle, Spuckstoffe (aus dem Altpapierrecycling).

Einige der genannten Abfälle sind in Deutschland frei handelbare Gewerbeabfälle, die privaten Dritten zur Verwertung überlassen werden. Davon abzugrenzen sind Hausmüll (graue Tonne), Sperrmüll der Haushalte, Straßenkehricht und Sortierabfälle der Hausmüllaufbereitung, die den öffentlich-rechtlichen Entsorgungsträgern anzudienen sind. Der andienungspflichtige Hausmüll ist schon wegen seiner extremen Inhomogenität für eine unmittelbare Nutzung als Ersatzbrennstoff ungeeignet. Erst die aus diesem Hausmüll in MBA oder MBS gewonnenen heizwertreichen Fraktionen sind einsetzbar (MBA = Mechanisch-biologische Abfallbehandlung; MBS = Mechanisch-biologische Stabilisierung). Für die Aufbereitung der Abfälle gilt selbstverständlich, dass eine sortenspezifische Sammlung und Anlieferung den technischen und den Kostenaufwand der Aufbereitung der Abfälle wesentlich senken kann. Der in diesem Buch verwendete Oberbegriff Ersatzbrennstoff (EBS) ist nicht eindeutig definiert. Besser definiert und eingegrenzt ist die Bezeichnungen Sekundärbrennstoff (SBS) oder Substitutbrennstoff. Die Bezeichnung Sekundärbrennstoff ist vorwiegend für höhere Qualitäten im Gebrauch und die „Gütegemeinschaft Sekundärbrennstoffe und Recyclingholz e. V." (BGS) kontrolliert diese Qualitäten durch Güte- und Prüfbestimmungen (RAL-GZ 724). Nachfolgend aufgeführte Zuordnungen von Abfallsorten sind üblich.

Ersatzbrennstoffe (EBS)
EBS wird häufig aus nicht getrennt erfassten Abfällen aus Industrie, Gewerbe und Haushalten mit mittlerem Heizwert durch eine Basisaufbereitung zu niedrigen Qualitätsanforderungen mit geringem Aufbereitungsaufwand hergestellt. Hinzu kommen die sortenhomogenen EBS Tiermehl, Klärschlamm und Papierschlamm.

Sekundärbrennstoffe (SBS)
SBS sind gütegesicherte, schadstoffarme, ofenfertige Brennstoffe, die aus heizwertreichen Gewerbeabfällen oder heizwertreichen Fraktionen durch effektive Aufbereitung gewonnen werden und damit hohe Heizwerte von 15…20 MJ/kg besitzen.

Aufbereitungstechnologien

Für die oben genannten Zielstellungen einer Aufbereitung von Abfällen zu Ersatzbrennstoffen stehen verschiedene Verfahrenstechniken zur Verfügung:

- Vorzerkleinerung mit Rotorschere oder Einwellenzerkleinerer,
- Nachzerkleinerung mit Hammermühle,
- Verschiedene Siebklassiertechnologien und Siebschnitte,
- Ballistische Sortiertechnik,
- Aussortierung von Metallen und Fremdstoffen durch Magnetsortierung, Wirbelstromscheidung, Windsichtung und sensorgestützter Sortierung (NIR-Technik, Induktionsverfahren),
- Gegebenenfalls Pelletierung oder Herstellung von Presslingen.

Die Funktionsweise der Maschinen ist in Kap. 3 beschrieben. Für die Nachzerkleinerung wurde auch eine spezielle Hammermühle entwickelt, in die ein sensorgestütztes Ausschleusungssystem für Störstoffe integriert ist. Verbesserte Sortierergebnisse werden durch Feinklassierprozesse erzielt, da metallische Verunreinigungen in den feinsten Partikeln angereichert werden [15.7]. Eine wichtige Qualitätsforderung ist ein geringer Chlorgehalt, der aus PVC-Verunreinigungen resultiert. Die Aussortierung von PVC ist mittels sensorgestützter Sortierung effektiv zu verwirklichen. Diese Einzelkornsortiertechnik stellt aber hohe Anforderungen an die Vereinzelungstechnik [15.7]. Die Abtrennung von Metallen hat für die EBS-Aufbereitung eine zunehmende Bedeutung erlangt, weil die Feuerungsanlagen für Mitverbrennung keine Metallteile vertragen, die Maschinentechnik der Pressprozesse geschützt werden muss und die Erlöse aus abgetrennten Metallen einen Deckungsbeitrag für die Aufbereitungskosten leisten. Für diese Metallabtrennung wird zunehmend eine Sortiertechnik mittels Induktionsspulen eingesetzt. Die Herstellung von Presslingen erzeugt verdichtete sphärische Körper und hat dadurch für die EBS Vorteile hinsichtlich höherem Schüttgewichts, besserer Dosierfähigkeit, gleichmäßiger Verbrennungsbedingungen und Vermeidung von Staubaustrag. Deshalb kommt das Verpressen für spezifisch leichte Abfälle mit unterschiedlichen Kantenlängen wie Stroh, Holz, flächige Kunststoffe und aussortierten Müllfraktionen zur Anwendung. Als Apparate werden Flachmatrizenpressen empfohlen. Die hier beschriebene Abtrennung von Störstoffen wird als Negativsortierung bezeichnet. Bei der Herstellung von EBS kann auch eine Positivsortierung, d. h. die Abtrennung der heizwertreichen Materialien, sehr sinnvoll sein [15.8]. Die Positivsortierung mit Hilfe der NIR-Technik findet vor allem für die Gewinnung hochwertiger Sekundärbrennstoffe Anwendung. Die Auswahl und Zusammenstellung der Aufbereitungstechnologie wird ausschließlich von den Einsatzstoffen (Art, Homogenität, gleichmäßige Anlieferung) und der vom Abnehmer geforderten Produktqualität bestimmt. Diese Produktqualität ergibt sich beim Abnehmer aus der dort vorhandenen Anlagentechnik (Fördertechnik, Feuerungssystem, Abgasreinigung). Aus diesen Bedingungen leitet sich die Notwendigkeit umfassender Analysenprogramme für Input und Output ab. Dabei ist die Probenahme bei dem relativ inhomogenen Input immer sehr problematisch. Die Anforderungen an die Qualität von Input

Tab. 15.4 Qualitätsbeispiel für einen Ersatzbrennstoff für den Hauptbrenner eines Zementdrehrohrofens (Herstellung aus Verpackungsmaterial und Gewerbemüll) [15.9]

Ersatzbrennstoff

1. Qualitätskriterien	**2. Verunreinigungen mg/kg TS**
pneumatisch förderbar	Hg 0,6
Kantenlänge < = 5 mm	Cd 4
Dichte 0,2…0,3 t/m^3	As 5
Heizwert > = 21 MJ/kg	Pb 70
Körnung > = 25 mm	Be 0,5
Chlor < = 1 %	Se 3

und Aufbereitungsverfahren werden an einem Qualitäts-Beispiel für einen Ersatzbrennstoff für den Hauptbrenner eines Zementdrehrohrofens demonstriert (Tab. 15.4) [15.9].

Die Gütegemeinschaft Sekundärbrennstoffe gibt mit RAL-GZ 724 z.B. folgende Qualitätsvorgaben für SBS an [15.8]: $H_{u\ TS}$ 17,5 MJ/kg; Cl 0,5…1 %; Pb 190 mg/kg; Cu 350 mg/kg; Ni 80 mg/kg; Cd 4 mg/kg; Hg 0,6 mg/kg. Die Quecksilber-Verunreinigungen sind außerordentlich kritisch zu sehen, da eine Mehrzahl der Mitverbrennungsanlagen über *keine* Aktivkohle-Adsorptionstechnik verfügt, die für die Quecksilber-Abtrennung aus den Rauchgasen notwendig ist. Das ist ein wesentlicher Unterschied zu Abfall-Monoverbrennungsanlagen, die diese Technik alle besitzen. In Abb. 15.6 ist ein Aufbereitungsvorschlag mit hoher Sortiertiefe dargestellt.

Günstige Eigenschaften von EBS lassen sich auch durch Verschneiden verschiedener Materialien erzeugen. Zum Beispiel sind die Verbrennungseigenschaften von nicht recycelbaren Kunststoffabfällen durch Zumischung von getrocknetem Klärschlamm wesentlich zu verbessern, wenn durch ein abschließendes Verpressen der Mischung Pellets hergestellt werden [15.10]. Erfolgt dies – wie hier – zielgerichtet zur Herstellung gut verwertbarer Fraktionen, ist das nicht als *negativ zu bewertende Abfallvermischung* zum Zwecke der Senkung bestimmter Schadstoffgehalte in der Mischung zu sehen (Vermischungsverbot).

15.5 Mitverbrennung von Abfällen und Ersatzbrennstoffen in Feuerungsanlagen

Eine Mitverbrennung liegt dann vor, wenn der Hauptzweck der Feuerungsanlage mit Primärbrennstoffen die Energiebereitstellung (Elektroenergie, Dampf, Wärme) oder die stoffliche Produktion (Zementherstellung) ist und dabei Abfälle als Austauschbrennstoff für Primärbrennstoffe (Kohle, Heizöl, Erdgas) eingesetzt werden. Dabei kann in Bezug auf die Abfälle auch deren Entsorgung durch den Verbrennungsprozess ein Teilziel sein

Abb. 15.6 Vorschlag einer Abfallaufbereitung zu Ersatzbrennstoff mit hoher Sortiertiefe [15.8]

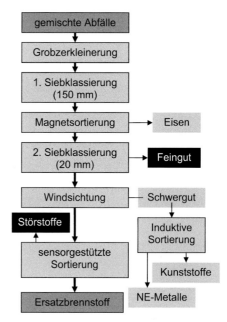

(z. B. Klärschlamm, Tiermehl, Altreifen). Zur Mitverbrennung zählen auch die energetische Verwertung von ungereinigten Pyrolyseprodukten (Gas, Öl, Koks) und Rohgas aus Vergasungsprozessen, wenn diese aus Abfällen hergestellt sind [15.2]. Die Mitverbrennung ist auf 25 % der Feuerungswärmeleistung (FWL) der Gesamtverbrennung limitiert. Ausnahmen sind Zementöfen und Kalkbrennöfen, für die auch 40 % und mehr der FWL zulässig sind. Die dafür gültigen Emissionsgrenzwerte sind in Tab. 15.5 aufgeführt. Die zulässigen Emissionen bei Mitverbrennungen in der 17. BImSchV wurden weitgehend an die Forderungen der klassischen Monoverbrennung angepasst. Ein Vorteil bei der Mitverbrennung mit Braunkohle ergibt sich durch eine starke Einbindung von Schadstoffen in die Braunkohleasche.

Für alle Mitverbrennungstechnologien gelten eine Reihe allgemeingültiger Anforderungen

- Anpassung des EBS/SBS an die Verbrennungstechnologie des Primärbrennstoffs (Staubfeuerung, Rostfeuerung),
- Hoher Heizwert,
- Geringe Gehalte an Schadstoffen, Balaststoffen (Ascheanfall) und Feuchte,
- Abwesenheit von Metallen,
- Geeignete Korngröße (häufig geringe Korngröße).

Damit besteht ein wesentlicher Unterschied zur Monoverbrennung, die für den Einsatz von unbehandelten, grobstückigen Abfällen mit hohen Gehalten an Ballaststoffen, Feuchte und auch Schadstoffen (bei Rostverbrennung auch mit Metallstücken) ausgelegt ist. Bei der Mitverbrennung, die z. B. in Kraftwerken überwiegend weniger als 5 % beträgt, leiten

Tab. 15.5 Anforderungen der 17. BImSchV an die Emissionsgrenzwerte (Tagesmittelwerte) von Abfallverbrennungsanlagen, von Mitverbrennungsanlagen und den Abfalleinsatz in Zementöfen und Kalkbrennöfen [15.2]

Emissionsart	Abfall-Ver-brennung und Mitverbrennung >25% FWL[a] mg/m^3	Abfall-Mitver-brennung <25% FWL[a] mg/m^3	Zementöfen Kalkbrennöfen (auch >25% FWL[a]) mg/m^3
Gesamtstaub	10 (5)[b]	10 (WS 100)	20 (10)[c]
C (organ, Stoffe)	10	10	10
HCl (anorg. Cl)	10	20	10
HF (anorg. F)	1	1	1
SO_2 (SO_3)	50	850…200	50
NO_2 (NO_x)	200 (100)[c]	400…200	500 (200)[c]
Hg (Hg-Verb.)	0,03 (0,01)[c]	0,03	0,03 (0,05)[c]
CO	50	150…200	50
Schwermetalle Σ Cd, Tl	0,05	0,05	0,05
Σ Sb, As, Pb, Cr, Co …	0,5	0,5	0,5
Σ As, Cd, Benzopyren	0,05	0,05	0,05
Dioxine, Furane	0,1 ng/m^3	0,1 ng/m^3	0,1 ng/m^3

[a] FWL = Feuerungswärmeleistung
[b] gültig ab 2016
[c] gültig ab 2019

sich aus der vorliegenden Anlagentechnik für den Primärbrennstoff (Staubfeuerung, zirkulierende Wirbelschichtfeuerung) die Anforderungen an den EBS/SBS direkt ab.

Bei einem Einsatz von Ersatzbrennstoffen erzielen die einzelnen Anwenderbetriebe einen zweifachen finanziellen Vorteil, da sie 1. Primärbrennstoffe sparen und 2. von den Lieferanten der EBS noch eine Zuzahlung erhalten. Diese Zuzahlung ergibt sich dadurch, dass die primären Abfallerzeuger für die Abfallbehandlung in Müllverbrennungsanlagen (MVA) einen entsprechenden Entsorgungskostenbetrag entrichten müssen. Die Zuzahlung bei Einsatz von EBS ist nicht unproblematisch, da z. B. Zementwerke z. T. energetisch unnötige Mengen an Ersatzbrennstoffen verwenden. Die überschüssige Wärme führen die Zementwerke über die Außenwand der Drehrohröfen an die Atmosphäre ab (Mantel-temperaturen bis 300 °C). Die finanziellen Vorteile sind dabei offenbar so hoch, dass eine verbesserte Wärmeableitung zum Ofenmantel z. T. durch Ausmauerung mit Siliziumkarbid sowie aggressive dünnflüssigere Schmelzphasen als Folge höherer Chlorid- und Fluorid-Gehalte der EBS in Kauf genommen werden.

Auf die Preisbildung haben weitere Faktoren einen erheblichen Einfluss: Kosten für Verbrennung in MVAs; Situation zwischen Angebot und Nachfrage von EBS; Preis für Primärenergieträger; Emissionshandel für CO_2.

Zur weiteren Verbesserung der Mitverbrennung von EBS wird eine Vorvergasung technisch geprüft. Dadurch können problematische Abfälle thermisch aufbereitet werden. Im Großversuch haben sich ZWS-Reaktoren für die Vergasung bewährt. Der Vergasungsreaktor ist unmittelbar vor der Feuerungseinrichtung anzuordnen. Das erzeugte Brenngas aus CO und H_2 kann dann ungereinigt und heiß der Feuerungsanlage zugeführt werden.

15.5.1 Ersatzbrennstoffe in der Zementindustrie

Die sehr weitgehende Zulassung von unbehandeltem Altöl, Altreifen, Kunststoffen u. a. Abfällen als Ersatzbrennstoff in Zementöfen beruht auf den verfahrenstechnischen Bedingungen in diesen Öfen (Temperatur und Verweilzeit) und der stofflichen Zusammensetzung des Zementrohmehls (Tab. 15.6) [15.11]. Dies muss kurz begründet werden. Die Rohstoffe für Portlandzement sind Kalkstein, Quarzsand und Ton (Alumosilikat) und gewisse Mengen an Sekundärrohstoffen (Aschen, Bleicherden, Flugstäube), die die erforderlichen Mengenrelationen von CaO, SiO_2, Al_2O_3 und Fe_2O_3 im Zementklinker (Hydraulischer Modul) gewährleisten müssen. Die vorzerkleinerten und vorgemischten Rohstoffe werden in Mühlen fein zerkleinert (Rohmehl), über abgasbeheizte Vorwärmeapparate einem Drehrohrofen (55…60 m Länge) aufgegeben und bis zum Sintern erhitzt (ca. 1.450 °C). Daran schließt sich eine Kühlung des Klinkers und die Vermahlung (Zusatz von ca. 3 % Gips) zu einem Pulver an. Im Vorwärmeapparat erfolgen die Trocknung und die Abspaltung des gebundenen Wassers der Tone. Im Ofen finden dann in der ersten Zone die thermische Zersetzung des Kalksteins zu CaO statt (Kalzinatorzone) und danach die Hochtemperaturreaktion zu Tricalciumsilikat sowie zu Aluminaten und Ferriten.

Die als Ersatzbrennstoffe eingesetzten Abfälle müssen einen hohen Heizwert besitzen (20…35 MJ/kg) (Sekundärbrennstoffe), um die erforderlichen Flammtemperaturen (2.000 °C) zu erreichen (Tab. 15.7). Der Anteil der Ersatzbrennstoffe am Energieeinsatz in der Zementindustrie beträgt bis 40 %. Damit wird besonders deutlich, dass der „Hauptzweck der Maßnahme" (KrWG) die energetische Verwertung dieser Stoffe ist und nicht deren Beseitigung.

Die Verbrennung der Ersatzbrennstoffe und das Verhalten der mitgeführten Verunreinigungen im Drehrohrofen werden durch die wesentlichen verfahrenstechnischen Bedingungen im Ofen bestimmt:

- Über 2/3 der Ofenlänge in der Beschickung Temperaturen > 1.200 °C max. 1.450 °C.
- Intensive Vermischung der Ersatzbrennstoffe mit den Zementrohstoffen durch die Ofendrehung.

Tab. 15.6 Stoffliche Zusammensetzung von Portlandzement

Komponente	Gehalt %
SiO_2	16...26
$Al_2O_3 + TiO_2$	4...9
Eisenoxide Manganoxide	2...6
CaO	59...67
MgO	0,3...3
K_2O	0,3...1,8
Na_2O	<0,3
SO_3	0,5...2,5
Glühverlust	0,3...3
Rest	0,1...0,8

Tab. 15.7 Ersatzbrennstoffe in der Zementindustrie. Heizwerte und Anteile der Abfallarten an der Gesamtkapazität [15.11]

Ersatzbrennstoff	Heizwert MJ/kg	Anteil der Abfallarten an der Gesamtkapazität %
Altreifen	26	18
Kunststoffe	22	7
Altöl	33	14
Tiermehl/Tierfett	19	
Industrie- und Gewerbeabfall	20	27
Altholz	13	11
Bleicherde	13	
Lösemittel	24	3
Aufbereitete Siedlungsabfälle	15	7
Papierschlämme, Spuckstoffe		6

- Lange Verweilzeit der Rohstoffmischung, der Asche der Ersatzbrennstoffe sowie des alkalischen Klinkermaterials im Ofen (ausreichend Reaktionszeit für die Feststoffreaktionen),
- Oxidierende Gasatmosphäre und ausreichende Verweilzeit der Rauchgase im Ofen auf hoher Temperatur (ca. 3 Sek.).

Unter diesen Bedingungen werden alle organischen Stoffe vollständig zu CO_2 und Wasser sowie SO_2 und Stickoxiden oxidiert. Die organischen Halogenverbindungen (z. B. PCB) werden ebenfalls vollständig oxidiert und der Chlorinhalt bildet mit den alkalischen Oxiden des Klinkers Alkali- und Erdalkalichloride. Der Gehalt an Alkali-/Erdalkalichloriden im Zement ist allerdings limitiert und damit auch der Chloreintrag über die Ersatzbrennstoffe. Für Kunststoffabfälle als Ersatzbrennstoffe in der Zementindustrie gilt deshalb eine Begrenzung für $K_2O + Na_2O$ von < 1 % und für Halogene von < 0,3 %. In den Abgasen und im Klinker wurden nur außerordentlich geringe Gehalte an PCDD und PCDF ermittelt. Das vor allem aus dem Schwefelgehalt von Altreifen entstehende SO_2 bindet der Kalkstein zu $CaSO_4$. Die Stickoxide in den Abgasen sind ein Problem. Die Schwermetallbeimengungen (z. B. Stahldraht, Zinkoxid usw.) bzw. evtl. Schwermetallverunreinigungen werden zu den Oxiden oxidiert und in dieser Form als Silikate oder Ferrite in den Klinker fest eingebunden. Geringe Mengen flüchtiger Metallchloride können in das Rauchgas gelangen und werden im Vorwärmer am Rohmehl oder in den Entstaubungsanlagen absorbiert. Allerdings wird die überwiegende Menge an Schwermetallen über die Zementrohstoffe eingetragen und nicht durch die Ersatzbrennstoffe. Die intensiven Vermischungs- und Verbrennungsbedingungen im Drehrohrofen und die großen Abmessungen des Ofenraumes ermöglichen es, im Prinzip heizwertreiche Abfälle in erheblicher Stückgröße und ohne Aufbereitung in den Drehrohrofen einzutragen. Diese Einsparung von Aufbereitungskosten werden besonders dann genutzt, wenn die Aufbereitung technisch schwierig und kostenintensiv ist, wie das für Altreifen, Papierschlamm, Tierfett u. a. Abfälle zutrifft. Etwa 40 % der in Deutschland anfallenden Altreifen werden deshalb in unzerkleinertem Zustand in der Zementindustrie energetisch verwertet. Die kompakten Altreifen verbrennen vorwiegend bereits in der Kalzinatorzone. Die Zuführung der Altreifen übernimmt eine Transportrollbahn, auf der die Reifen vereinzelt und über Sensoren auf Größe (PKW, LKW) und Fremdkörper (z. B. Felge) untersucht und evtl. ausgeschleust werden. Über eine Waage und eine Doppelklappenschleuse werden sie anschließend dosiert dem Ofen aufgegeben. Bezüglich der Emission legt die 17. BImSchV für Zementöfen gesonderte Grenzwerte fest, die in Tab. 15.4 aufgeführt sind.

Einsatz von Sekundärrohstoffen und Abfällen in der Zementindustrie
Die stoffliche Zusammensetzung der Zemente aus CaO–SiO_2–Al_2O_3–Fe_2O_3 erlaubt die Einschleusung entsprechend zusammengesetzter Sekundärrohstoffe und Abfälle. Die Einbindung dieser Stoffe in den Zement ist durch die intensive Vermischung, die hohen Reaktionstemperaturen und Verweilzeiten sowie die Nachvermahlung des Klinkers gewährleistet.

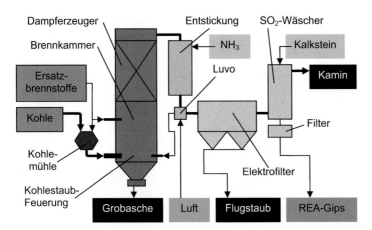

Abb. 15.7 Mitverbrennung von Ersatzbrennstoffen in Kohlekraftwerken mit Kohlestaubfeuerung und erforderlicher Rauchgasreinigung [15.12]

Es kommen dafür folgende Stoffe in Betracht:

- CaO: Neutralisationsschlämme,
- SiO_2: Gießereialtsand, Bleicherden,
- Al_2O_3: Oxidkrätzen des Aluminiumschmelzens,
- Fe_2O_3: Pyritabbrand, Stahl-Schleifschlamm, Rotschlamm (Bayerprozess),
- Ca/Al/Mg/Fe-Silikate: Hochofenschlacke, Stahlschlacke, Aschen und Flugstäube der Kohleverbrennung.

15.5.2 Mitverbrennung in Kraftwerken

Die optimierten Feuerungsanlagen von Kraftwerken erfordern feuerungstechnisch genau angepasste Ersatzbrennstoffe hoher Qualität und Homogenität, die nur von intensiv aufbereiteten Abfällen zu erfüllen sind. Deshalb müssen die verschiedenen Feuerungstechniken erläutert werden. Kraftwerke mit Erdgas oder Heizöl als Brennstoff scheiden für die Mitverbrennung aufbereiteter fester Abfälle aus. Sie wären nur für gasförmige oder flüssige Ersatzbrennstoffe aus Vergasung oder Pyrolyse technisch nutzbar, sind aber aus Gründen eingeschränkter Rauchgasreinigungsanlagen sowie der fehlenden Absorptionskapazität der Kohleaschen für Schadstoffe nicht empfehlenswert.

Die Großkraftwerke mit den Primärenergieträgern Steinkohle und Braunkohle arbeiten zu 90 % mit Kohlestaubfeuerung. Die Kohlen werden durch Mahltrocknung auf eine Feinheit von ca. 0,1…0,4 mm aufgemahlen und dann in eine Brennkammer eingeblasen. Die anfallende Asche fällt als Pulver an oder kann bei der Schmelzkammerfeuerung durch Einstellung hoher Temperaturen (1.300 °C) auch schmelzflüssig erhalten werden (Schlackengranulat). Die Brennkammer ist überwiegend zylindrisch, kann aber auch kegelförmig wie ein Zyklon gebaut sein (Zyklonbrennkammer). In die Zyklonbrennkammer wird der

Abb. 15.8 Mitverbrennung von Ersatzbrennstoffen in Kohlekraftwerken mit zir-
kulierender Wirbelschichtfeuerung [15.13]

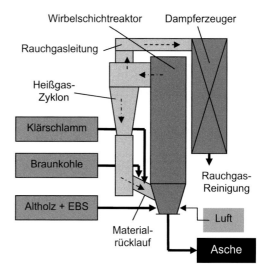

Brennstoff tangential eingeblasen. Dadurch wird eine schraubenförmige Partikelflugbahn mit größeren Verweilzeiten in der Kammer erzielt (erhöhter Ausbrand). Die optimalen Korngrößen der Brennstoffe für Zyklonfeuerung liegen bei 1…5 mm, können aber auch höhere Staubanteile enthalten. Bei der Anwendung einer zirkulierenden Wirbelschicht-feuerung (ZWS) ist ebenfalls eine Grobmahlung der Kohlen auf ca. 2…5 mm ausrei-chend. Noch gröbere Kohlen sind im Prinzip bei einer stationären Wirbelschichtfeuerung möglich, doch mit Einbußen bei Verbrennungsgeschwindigkeit, Verbrennungsleistung und Ausbrand. In Abb. 15.7 und 15.8 sind einige der genannten Kraftwerkstechnologien skizziert.

In den Kraftwerken mit Kohlestaubfeuerung können nur flugfähige und rieselfähige EBS eingeblasen werden. Das sind insbesondere Klärschlamm und Tiermehl. In den ZWS-Feu-erungen sind auch Papierschlamm sowie Altholz und prinzipiell andere sorgfältig aufbe-reitete Abfälle verbrennbar. Neben den genannten Anforderungen an die Korngrößen muss besonderes Augenmerk auf die Gehalte an Chlor gelegt werden, da Chlor zu erheblichen Korrosionsproblemen führen kann. Unter anderem aus diesem Grund ist die Mitverbren-nung in Kraftwerken auf etwa 5 % EBS beschränkt. Ein deutsches Energieunternehmen hat im Jahr 2006 folgende Anteile an EBS eingesetzt: Aufbereitete SBS 13,5 %; Klärschlamm 50 %; Papierschlamm 25 %; Tiermehl 6,5 %; Altholz 5 % [15.13]. Eine spezielle Lösung der Mitverbrennung von EBS in Kraftwerken ist die Verwendung einer vorgeschalteten Pyrolysetrommel. Dieses *ConTherm-Verfahren* ermöglicht damit den direkten Einsatz in-homogener pyrolysefähiger Ersatzbrennstoffe (EBS) großer Stückgröße, die den Quali-tätsanforderungen genügen. Die entstehenden Pyrolysegase und Pyrolyseöle können ohne Gasreinigung direkt in die Staubfeuerung eingeleitet werden. Der Pyrolyserückstand wird wie üblich gemahlen, von Inertstoffen und Metallen abgesiebt und dann als Feinkorn eben-falls eingeblasen (Abb. 15.9).

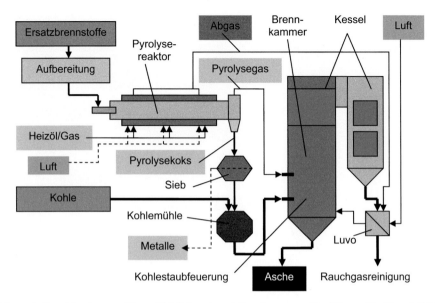

Abb. 15.9 Kombinationsverfahren Abfall-Pyrolyse-Mitverbrennung (ConTherm-Verfahren) [15.13]

15.6   Altöle als Ersatzbrennstoffe [15.11]

Die wesentlichen stofflichen Eigenschaften der Altöle (fluider Zustand, Homogenisierbarkeit, Pumpfähigkeit, Verdüsbarkeit) ermöglichen einen technisch unkomplizierten Eintrag in Verbrennungsanlagen. Sie gewährleisten eine gleichmäßige und regulierbare Verbrennung und sind damit ein idealer Ersatzbrennstoff. Die Verbrennung von Altöl erfordert deshalb nur eine einfache mechanische Vorbehandlung (Abtrennen von Wasser und evtl. Feststoffen) sowie eine Erwärmung (Viskosität) und ist danach in Standard-Brennern für flüssige Brennstoffe zu verarbeiten. Damit ist diese energetische Verwertung deutlich kostengünstiger als die Regenerierverfahren für Altöl zu Grundölen oder normgerechtem Heizöl. Eine Problematik der Verbrennung von Altöl ergibt sich aus den Gehalten an Schadstoffen (organische Metallverbindungen, chlororganische Verbindungen). Deshalb ist die Verbrennung nur dann zulässig, wenn die Abscheidung oder Zerstörung der Schadstoffe und deren Folgeprodukte (Dioxine) gewährleistet sind. Die Verbrennung ist demnach nur in genehmigungsbedürftigen industriellen Feuerungsanlagen mit Rauchgasreinigung oder unter den speziellen Bedingungen der Zementöfen zugelassen. Für Deutschland liegt zusätzlich ein Bericht des Umweltbundesamtes vor, der die ökologische Gleichwertigkeit von vier Altöl-Verwertungsvarianten feststellt. Das sind die in Abschn. 11.2 behandelten drei Recyclingverfahren (Regenerierung zu Grundölen; Aufbereitung zu Norm-Heizöl; Erzeugung von Synthesegas) und die energetische Verwertung in Zementöfen. In Deutschland hat sich eine Aufteilung des Altöls zu etwa 30 % auf die Verbrennung und zu 70 % auf die stoffliche Aufbereitung eingestellt. In Frankreich wurden 1996 ca. 56 % des Altöls verbrannt und nur 42 % aufbereitet.

Der Einsatz von Altöl in immissionsschutzrechtlich nicht genehmigungsbedürftigen Feuerungsanlagen ist nicht erlaubt. Das sind Feuerungsanlagen mit geringer Feuerungswärmeleistung <20 MW. In betrieblichen Feuerungsanlagen ist die Mitverbrennung von Altöl gestattet, wenn der Hauptzweck in der Energieerzeugung oder der stofflichen Produktion besteht. Die Auflagen für die Emissionsgrenzwerte ergeben sich dabei aus dem Anteil des Altöls, größer oder kleiner 25 % der Feuerungswärmeleistung (siehe Tab. 15.4).

Letztlich kann Altöl auch als Reduktionsmittel im Hochofenprozess eingesetzt werden. Dies kann insbesondere in Anlagen durchgeführt werden, die ansonsten hauptsächlich Schweröl als Sekundärreduktionsmittel nutzen (siehe Abschn. 11.2.4).

Literatur

15.1   Technische Anleitung zur Reinhaltung der Luft, TA Luft, Fassung 2002

15.2   Verordnung über die Verbrennung und Mitverbrennung von Abfällen (17. BImSchV, 2013)

15.3   Verordnung über Großfeuerungsanlagen (13. BImSchV 2013)

15.4   Interessengemeinschaft der thermischen Abfallbehandlungsanlagen in Deutschland e. V. (ITAD e. V.), www.itad.de

15.5   Technische Anleitung zur Verwertung, Behandlung und sonstigen Entsorgung von Siedlungsabfall (TASI)

15.6   Martin GmbH, www.martingmbh.de

15.7   Pretz, Th., Sekundärbrennstoff – Aufbereitung und Verwertung, Müll und Abfall 2008, 11

15.8   Pretz, Th., Aufbereitungsverfahren für qualitätsgerechte Ersatzbrennstoffe, VDI-Wissensforum Oberhausen 2003

15.9   Habel, A., Energie aus Abfall, Informationsschrift des bvse, bvse-reconsult GmbH

15.10 N.N., Ersatzbrennstoffe aus Klärschlamm und Kunststoffabfällen, Umweltmagazin, Sept. 2014, S. 59

15.11 Möller, U., Altölentsorgung durch Verwertung und Beseitigung, expert Verlag Renningen 2004

15.12 Rossmann, G., Einsatz von Ersatzbrennstoffen in kohlegefeuerten Kraftwerken, S+S Report Nr. 5, Okt. 2005

15.13 Schükes, M., Perspektiven der Sekundärbrennstoff-Mitverbrennung in Braun- und Steinkohlekraftwerken von NRW, MUNLV NW Symp., Duisburg, Okt.2007

15.14 Kreislaufwirtschaftsgesetz (KrWG) v. Febr. 2012

Recyclinggerechte und umweltgerechte Gestaltung von Produkten

16

16.1 Rahmenbedingungen einer recyclingorientierten Produktgestaltung

Die recyclingorientierte Gestaltung von Produkten wird von Politik, Gesellschaft und einigen handelnden Akteuren aus der Wirtschaft seit langem eingefordert. Hierzu sind vier grundsätzliche Anmerkungen voraus zu schicken.

Die erste Anmerkung betrifft Zielkonflikte bei der Gestaltung von Produkten. Kein Produkt wird primär zum Zwecke des Recyclings geschaffen sondern im Hinblick auf seine Nutzung. Jeder Konstrukteur hat daher bereits zu Beginn bei der Auswahl von Material und Strukturen Fragen von Funktionalität, Sicherheit, Preis, anderen ökologischen Herausforderungen und vieles mehr zu beachten. Die Umsetzung einer recyclinggerechten Konstruktion stößt z. B. an Grenzen, wo sie mit anderen, zum Teil auch ökologischen Anforderungen in Zielkonflikt gerät. Ein klassisches Beispiel ist der Zielkonflikt Leichtbau im Fahrzeugsektor versus recyclinggerechter Konstruktion. In der Tat sind die Verringerung des Fahrzeuggewichts und damit die Reduktion des Kraftstoffverbrauchs über die Nutzungsphase von ökologisch größerer Bedeutung. Bei der Bewertung eines gesamtheitlich ökologisch optimierten Systems ist neben der Recyclingfreundlichkeit deshalb auch der Aufwand im Bereich Produktion und Nutzung einzubeziehen. Von dem her lassen sich nur Konzepte verlässlich vergleichen, die den gesamten Lebenszyklus umfassen. Hierfür wird das Verfahren des vergleichenden Life-Cycle-Assessments verwendet, welches u. a. auf Ökobilanzen beruht. Am Ende zählt aber nicht nur das gesamtökologisch freundlichste Produkt sondern das ökologisch günstigste, das sich auch am Markt durchsetzen kann. Letzteres hängt dann wesentlich von anderen Eigenschaften ab.

Die zweite Anmerkung bezieht sich auf die begrenzten Einwirkungsmöglichkeiten nationaler oder selbst europäischer Vorgaben. Viele Produkte und insbesondere Komponenten vieler Produkte kommen in der globalisierten Wirtschaft aus allen Teilen der Welt. Es ist bei bestimmten Produkten nur sehr schwer möglich, entsprechende Vorgaben durchzusetzen, wenn ein

© Springer Fachmedien Wiesbaden 2016
H. Martens, D. Goldmann, *Recyclingtechnik*, DOI 10.1007/978-3-658-02786-5_16

großer Teil dieser Produkte oder deren Komponenten nicht in Europa hergestellt werden. Hier ist darauf zu achten, keine Schieflage zu erzeugen und die politischen Instrumente so einzusetzen, dass sie nicht zu Wettbewerbsverzerrungen an Stelle ökologischer Innovationen führen.

Eine dritte Anmerkung bezieht sich auf den Stand der Recyclingtechnologie. Viele gesetzliche Vorgaben und politische Forderungen gehen vom Stand der Technik zum Zeitpunkt der Positionierung aus. Dieser entwickelt sich im Bereich der Recyclingtechnologien aber rasant. Während im Bereich der Konstruktion von Produkten seit langer Zeit mit großem Personaleinsatz eine gewisse Routine erarbeitet wurde, ist die Recyclingtechnik in vielen Gebieten immer noch Pionierland. Hier sind wesentlich häufiger Sprunginnovationen zu erwarten und zu beobachten. Nur wenn es heute noch keine effiziente Technologie zum Recyceln bestimmter Materialien und Produkte gibt, heißt es nicht, dass das so bleibt. Auch vor diesem Hintergrund sind Zielvorgaben, keinesfalls aber Wege dorthin, mit Augenmaß zu definieren.

Die vierte und letzte Anmerkung bezieht sich auf den Einsatz von Recyclaten. Eine recyclinggerechte Konstruktion und ein Recyclingprozess laufen ins Leere, wenn am Ende nicht der Einsatz von Recyclaten in neuen Produkten steht. Zwei große Herausforderungen sind hierbei im Blick zu behalten. Zum einen ändern sich heute Konstruktionen, Produkte und verwendete Materialien relativ schnell. Dennoch ist erkennbar, dass selbst bei großen Anstrengungen im Bereich der Substitution für eine große Zahl von Elementen und Grundstoffen in naher Zukunft kein Ersatz in Sicht ist. Gerade diese kritischen, wirtschaftsstrategischen Rohstoffe müssen an entsprechenden Stellen und Mengen in den jeweils relevantesten Produkten eingesetzt werden. Eine intelligente, mit der Substitution und natürlich auch der Primärrohstoffgewinnung verknüpfte Vorgehensweise, ist daher zwingend, um den Recyclateinsatz optimal zu steuern. Dies kann zum anderen auch dazu führen, dass Forderungen zum Einsatz bestimmter Recyclatmengen in neuen Produkten mangels Verfügbarkeit nicht realisierbar sind. Grundsätzlich ist anzustreben, den Recyclateinsatz in neuen Produkten seitens der Konstrukteure gleich oder besser zu stellen als den Einsatz von Primärware. Das garantiert aber für diesen nicht die Verfügbarkeit der Recyclate.

Für die Ausbildung der Recylingtechniker und damit für die Leser dieses Buch steht die dritte Anmerkung im Vordergrund. Während die in der ersten und vierten Anmerkung gemachten Ausführungen im Wesentlichen Produkthersteller, ihre Konstrukteure und Einkäufer betreffen und die zweite Anmerkung auf die politischen Entscheidungsträger zielt, umreißt Anmerkung drei das Entwicklungsfeld der Recyclingtechnik.

16.2   Allgemeine technische Hinweise und Richtlinien

Aus den Ausführungen in den vorangegangenen Kapiteln ergeben sich eine Reihe von technischen Erkenntnissen über die recyclinggerechte Gestaltung von Produkten. Der Aufwand für das Recycling wird durch folgende Eigenschaften der Produkte ganz entscheidend beeinflusst: Demontagegerechte Struktur, Zerlegbarkeit in Werkstoffgruppen, Vielfalt der Materialien, Recyclingverträglichkeit verbundener Werkstoffe und Abwesenheit von gefährlichen Inhaltsstoffen. Diese Eigenschaften haben erhebliche Auswirkungen auf die Qualität der erzeugbaren Recyclingprodukte bzw. die Kosten des Recyclings.

International wurde für diesen Komplex die Bezeichnung „Design for Recycling (DfR)" eingeführt [6.47, 6.48, 6.49].

Der Verein Deutscher Ingenieure (VDI), die EU Kommission, die deutsche Bundesregierung u. a. haben Richtlinien für eine recyclingorientierte bzw. umweltgerechte Produktgestaltung herausgegeben. Die umweltgerechte Gestaltung schließt neben dem Recycling auch den Rohstoffverbrauch, den Energiebedarf bei der Nutzung, die Reparaturmöglichkeiten, die Immissionen und die Beseitigung mit ein. Dazu gehört auch die Vorbereitung zur Wiederverwendung (Verfahren der Prüfung, Reinigung oder Reparatur) [1.1, § 3 (22)]. Die letzten Aspekte können in diesem Buch über „Recyclingtechnik" keine Berücksichtigung finden. Nachfolgend wird aber auf einige der wichtigsten Regelungen und Maßnahmen im Bereich DfR eingegangen.

VDI 2243 (2002-10) „Recyclingorientierte Produktgestaltung" [16.1]
Die Richtlinie gibt konkrete Empfehlungen für den modularen Aufbau, die Verbindungstechniken der Werkstoffe, die Werkstoffauswahl, notwendige Produktinformationen u. a., die vollständig in die Tab. 16.2 eingearbeitet wurden.

Richtlinie 2009/125/EG „Schaffung eines Rahmens für die Festlegung von Anforderungen an die umweltgerechte Gestaltung energieverbrauchsrelevanter Produkte" [16.2]
Diese Ökodesign-Richtlinie berücksichtigt den gesamten Lebenszyklus von Produkten (Entwurf, Material- und Energieeinsatz, Produktion, Energieeffizienz bei der Nutzung, Weiterverwendung, Recycling, Beseitigung) für die Gruppe der energiebetriebenen Produkte und auch jene Produkte, die selbst keine Energie verbrauchen, aber während ihrer Nutzung den Verbrauch von Energie beeinflussen. Die Richtlinie ist nur eine Rahmenrichtlinie. Konkrete Produktanforderungen werden nach und nach in Durchführungsmaßnahmen für bestimmte Produktgruppen (Waschmaschinen, Staubsauger usw.) festgelegt. Im Anhang 1 der Richtlinie wird explizit auf die für dieses Buch wichtigen Aspekte hingewiesen: „Wiederverwendbarkeit und Recyclierbarkeit", „Zeitaufwand für das Zerlegen", „leichte Zugänglichkeit zu wertvollen Bauteilen und Materialien und zu gefährlichen Stoffen" u. a.

Energieverbrauchsrelevante-Produkte-Gesetz (EVPG) „Gesetz über die umweltgerechte Gestaltung energieverbrauchsrelevanter Produkte" (Nov. 2011) [16.3]
Das deutsche Gesetz zur Umsetzung der EU-Richtlinie konzentriert sich vorwiegend auf die Energieeffizienz in der Nutzungsphase und listet einzelne Durchführungsmaßnahmen (Verordnungen) auf.

Bundespreis „ecodesign" – Lebenszyklusphasen (Jan. 2013) [16.4]
Hier findet sich eine übersichtliche tabellarische Zusammenstellung der Aspekte des Ökodesign.

Erneut soll an dieser Stelle darauf hingewiesen werden, dass rechtliche Vorgaben häufig auf dem aktuellen Stand der Technik aufsetzen und nach entsprechenden Fortschritten auf diesem Gebiet angepasst werden müssen.

16.3   Komponentenrecycling oder stoffliche Verwertung

Bei der recyclingorientierten Gestaltung muss zwischen zwei unterschiedlichen Recycling-Zielstellungen, dem Komponentenrecycling und der stofflichen Verwertung (Materialrecycling) unterschieden werden (siehe dazu auch Abschn. 1.2 und Tab. 1.1). Streng genommen gehört die Wieder- und Weiterverwendung nach derzeitiger Rechtslage nicht zur Kategorie Recycling, sondern ist dieser vorgelagert. Rein technisch betrachtet sind die Grenzen bei der effizienten Verwertung von Altprodukten insofern fließend, dass beide Ansätze ineinander verschränkt auftreten. Letztlich werden auch regenerierte Teile nach ihrer Wiederverwendung irgendwann Ausgangsmaterial für das Materialrecycling.

Für das Komponentenrecycling, d. h. die Wiederverwendung oder Weiterverwendung von Bauteilen ist deren Unversehrtheit und Regenerierungsfähigkeit entscheidend und deren stoffliche Zusammensetzung spielt keine Rolle. Dagegen ist für das Materialrecycling die stoffliche Zusammensetzung von entscheidender Bedeutung und die Rückgewinnung der Materialkomponenten daraus das Recyclingziel.

Aus diesen Gründen leiten sich für das *Komponentenrecycling* folgende Anforderungen an eine recyclinggerechte Konstruktion ab:

- Modularer Aufbau, standardisierte Baugruppen oder Bauteile (Elektromodule, Elektronikmodule, Antriebsmodule, Heiz- und Kühlmodule usw.).
- Eindeutige Identifikation der Module.
- Demontagegerechte Baustruktur, räumliche Anordnung und Zugänglichkeit.
- Demontagegerechte Verbindungstechnik (lösbare Verbindungen wie Schrauben, Schnappverbindungen, Passfedern, Stifte).
- Gewährleistung einer zerstörungsfreien Demontage, d. h. keine irreversible Beschädigung der Bauteile, Erhaltung der Bauteilfunktionen.
- Möglichkeit der Reinigung und Nachbearbeitung der Bauteile zur Herstellung eines wieder einsatzfähigen Produkts (Regenerierung).

Das Komponentenrecycling ist vor allem das Arbeitsgebiet der Produkthersteller oder spezieller Betriebe des Maschinenbaus oder der Elektrotechnik und nicht der Recyclingindustrie. Einer der wesentlichen Treiber für teure, komplexe Produkte wie etwa Automobile, die diese Entwicklung massiv unterstützen, ist die reparaturgerechte Konstruktion. Gerade die Automobilindustrie arbeitet schon aus Gründen der Kostenreduktion bei der Wartung und Instandsetzung ihrer Fahrzeugflotte im Hinblick auf Werterhaltung und Kundenbindung seit einigen Jahren intensiv an dieser Thematik. Das Komponentenrecycling wurde in diesem Buch nicht behandelt, da Ziele und Technologien eher in den Bereich Konstruktion und Kundendienst von Produktherstellern fallen.

Das *Materialrecycling* hat im Unterschied zum Komponentenrecycling die Aufgabe, die Zerlegung der Altprodukte in die verschiedenen Materialkomponenten oder geeignete Materialgruppen zu ermöglichen. Diese Zielstellung muss durch die Gestaltung des Produktes gesichert sein.

Für die Zerlegung der Altprodukte stehen zwei Verfahren zur Verfügung:

1. Teildemontage in separat besser verwertbare Komponenten und Werkstoffgruppen.
2. Zerstörung der Werkstoffverbindungen durch Kraftwirkungen (Aufschluss).

Für beide Verfahren ist die Art der vorliegenden Werkstoffkombinationen von Bedeutung. Diese Werkstoffkombinationen können Einzelwerkstoffe mit Verbindungselementen, Verbundwerkstoffe oder Beschichtungen sein (zu den Verbindungstechniken siehe Abschn. 3.1). Verbundwerkstoffe und Beschichtungen sind prinzipiell schwieriger zu zerlegen, werden aber großenteils aus anderen technischen oder ökologischen Erwägungen (Leichtbau etc.) eingesetzt.

Einsatz der Teildemontage beim Materialrecycling
Die Teildemontage ist angezeigt, wenn Umweltschutzgründe (Schadstoff-Entfrachtung) vorliegen oder der spezifische Ausbau von Werkstoffmodulen bessere Erlöse verspricht. Das betrifft vorwiegend folgende Aufgaben:

- Trockenlegung der Produkte (Entnahme von Ölen, Kühlmitteln, Gasen, Säuren).
- Ausbau von schadstoffhaltigen Komponenten (Batterien, Kondensatoren).
- Ausbau besonderer Werkstoffmodule (Bleiakkus, Trafos, Elektromotoren, Aluminium- und Magnesium-Bauteile, Kunststoffbauteile, Kupferkabelbäume, Bildröhren, Gummireifen …), die als Einzelbauteile bessere Erlöse versprechen oder die Sortierstufen des Materialrecycling günstiger gestalten (bessere Trenneffekte und ein höheres Materialausbringen). Diese Vorteile werden allerdings immer mit den höheren Kosten der überwiegend manuellen Teildemontage bezahlt.

Die Teildemontage beim Materialrecycling kann im größeren Umfang auch beschädigungsbehaftet erfolgen. Dies ist ein entscheidender Unterschied zum Komponentenrecycling.

Aufschluss der Altprodukte beim Materialrecycling
Die Auftrennung der Werkstoffverbindungen ist eine Grundvoraussetzung für die nachfolgende Materialsortierung. Dieser Aufschluss erfolgt durch Krafteinwirkung. Das Aufschlussergebnis (Aufschlussgrad) hängt dabei stark von der Art der vorliegenden Verbindungstechniken ab (formschlüssige, kraftschlüssige oder stoffschlüssige Verbindungen; siehe Abschn. 3.1 und 3.2).

16.4   Recyclingeigenschaften von Werkstoffen und Materialien

Bewertung der Recyclierbarkeit von Werkstoffen

In den speziellen Stoffkapiteln des Buches sind Einschätzungen zu den technischen Möglichkeiten für das Recycling der einzelnen Stoffe, zu den Schwierigkeiten und vor allem zu den erreichbaren Qualitäten der recycelten Stoffe angeführt. Auf Basis dieser Angaben ist es möglich, eine Bewertungsmatrix aufzustellen (Abb. 16.1).

Diese qualitative Bewertung kann beim Entwurf von neuen Produkten hilfreich sein, wenn eine gute Recyclierbarkeit angestrebt wird. Häufig sind aber andere Eigenschaften der Stoffe wie Korrosionsbeständigkeit, elektrische Leitfähigkeit, Temperaturbeständigkeit, Isolationseigenschaften, Kosten usw. für die Stoffauswahl entscheidend und die Recyclingeigenschaften können nur eingeschränkt Berücksichtigung finden.

Recyclingverträglichkeit der Stoffe beim Materialrecycling

Die durch Teildemontage und Aufschlusszerkleinerung gewonnenen Altstoffeinzelteile müssen in mehrstufigen Sortierprozessen in die einzelnen Materialien oder Materialgruppen aufgetrennt werden. Für die weitere Verarbeitung der sortierten Materialien ist eine Zusammenführung zu technisch/wirtschaftlich notwendigen größeren Massen und deren Homogenisierung erforderlich. Erst mit diesen homogenisierten Massen kann die Reinigung der Materialien oder ihre Einschleusung in vorhandene Stoffkreisläufe (Stahlerzeugung, primäre Kupfergewinnung, Glasschmelzen u. a.) stattfinden. Für das Homogenisieren kommen folgende Prozesse zum Einsatz:

1. Mahlen und Mischen für bestimmte Kunststoffe und Keramik.
2. Schmelzen und Auflösen für Metalle, Glas und Thermoplaste.
3. Suspendieren für Papier.

Bei der Homogenisierung und vor allem der finalen Reinigung der Schmelzen, Lösungen und Suspensionen ist die *Recyclingverträglichkeit* der Materialgruppen und anderer Inhaltsstoffe (Legierungskomponenten, Verunreinigungen, Fehlsortierungen) zu beachten.

Aus diesen Gesetzmäßigkeiten in Recyclingprozessen ergeben sich entsprechende Forderungen an die Werkstoffauswahl bei der Produktgestaltung. In Tab. 16.1 sind für den Konstrukteur wichtige Angaben zur Recyclingverträglichkeit von Werkstoffen zusammengefasst. In Spalte zwei der Tabelle sind die für die Werkstoffe häufigen Begleitstoffe (typische Legierungskomponenten und mögliche Verunreinigungen) aufgeführt, die beim Recycling dieser Werkstoffe keine Störungen hervorrufen. Diese Begleitstoffe können beim Recyclingprozess durch Verschlacken, Verdampfen, Filtration, Auflösung oder Elektrolyse effektiv abgetrennt werden. In Spalte drei sind Legierungskomponenten und Begleitstoffe angegeben, die im Recyclingprozess als Legierungskomponente wieder genutzt (z. B. Chrom und Nickel in hochlegierten Stählen) oder getrennt zurückgewonnen werden (z. B. Edelmetalle und Nickel aus Kupferwerkstoffen). Erheblichen Trennungsaufwand erfordern die in Spalte vier angeführten Verunreinigungen. Eine vollständige Recyclingunverträglichkeit ist für die in Spalte fünf aufgelisteten Stoffe festzustellen.

Abb. 16.1 Bewertungsmatrix für die Recyclierbarkeit von Werkstoffen u. a. Materialien

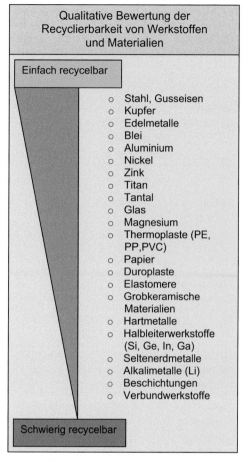

Tab. 16.1 Recyclingverträglichkeit für wichtige Werkstoffe

Werkstoffe	Recycling-verträgliche Begleitstoffe	Verwertbare Legierungsmetalle bzw. Begleitstoffe	Verunreinigungen, die mit erhöhtem Aufwand abtrennbar sind	Absolut unverträgliche Begleitstoffe
Eisen-Werkstoffe	Oxide, Silikate, organ. Stoffe. Metalle hoher O_2-Affinität (Mg, Al, Ti, Si) oder mit niedrigem Siedp.	bei hochlegiertem Stahl: Cr, Ni, Mo, Mn	S, Cl	für alle Stähle (gilt nicht für Gusseisen): Cu, Sn, P Für unlegiertenStahl: Ni, Cu, Mo, Sn
Aluminium-Werkstoffe	Oxide, Silikate (geringe Anteile)	Je nach zu erzeugender Legierung: Mg, Si, Zn, Cu, Fe, Mn, Li	Oxide, Silikate (höhere Anteile)	Pyrometallurgisch nicht abtrennbare elektrochemisch edlere Metalle, die in der Legierung verbleiben für die Erzeugung bestimmter Qualitäten

Tab. 16.1 (*Fortsetzung*) Recyclingverträglichkeit für wichtige Werkstoffe

Werkstoffe	Recycling-verträg-liche Begleitstoffe	Verwertbare Legierungs-metalle bzw. Begleitstoffe	Verunreinigungen, die mit erhöhtem Aufwand abtrenn-bar sind	Absolut unverträgli-che Begleitstoffe
Kupfer-Werkstoffe	Edelmetalle, Me-talloxide, Silikate, organ. Stoffe. Metalle hoher O_2-Affinität (Mg, Al, Ti, Fe)	Edelmetalle, Zn, Sn, Ni, Se, Te	Pb, Ni, Sb, Br, Cl in geringeren Konzentrationen	Sb und Halogene in höheren Konzentra-tionen
Nickel-Werkstoffe	Oxide, Silikate, organ. Stoffe. Metalle hoher O_2-Affinität (Mg, Al, Si)	Cu	Cu, Fe, (Co)	Halogene
Magnesium-Werkstoffe	keine	Li	Li	alle Metalle, Kunst-stoffe
Zink-Werkstoffe	geringe Anteile Fe, Pb, Oxide, Silikate	Al, Cu	Fe, Pb, Cd	alle anderen Metalle
Titan/ Tantal Werkstoffe	keine	Titan: Al, V, Sn, Pd	geringe Anteile N, O, W	sonst. Metalle, organ. Stoffe, Oxide
Glas-Werkstoffe	Spuren an Oxiden, Silikaten	keine	keine	Fremdfarben, fremde Glastypen (Ba-, Pb-, B-haltige), Keramik, Metalle, organ. Stoffe
Kunststoffe	geringe Anteile fremder Kunst-stoffsorten	evtl. verträg-liche Kunst-stoffsorten[a]	geringe Anteile Metalle, Oxide	unverträgliche Kunst-stoffsorten, Metalle

[a] Verträgliche und mischbare Kunststoffsorten siehe Kap. 7

16.5   Schlussfolgerungen für die Gestaltung und Fertigung von Produkten bei einem vorgesehenen Materialrecyclings der Altprodukte

Aus den Erörterungen in Abschn. 16.2, 16.3 und 16.4 ergibt sich, dass bei einem vorgese-henen Materialrecycling vor allem folgende Anforderungen an die Produktgestaltung zu stellen sind:

- Demontagefreundlichkeit,
- Einsatz lösbarer Verbindungstechniken,

- Beachtung der technischen Möglichkeiten des Aufschlusses, der Stoffsortierung, der Homogenisierung und der Stoffreinigung,
- Bevorzugung gut recycelbarer Materialien und deren Recyclingverträglichkeit,
- Kennzeichnung der Werkstoffe – besonders der Kunststoffe,
- Abtrennbarkeit von gefährlichen Stoffen bzw. Bauteilen mit solchen Stoffen.

Aus diesen Forderungen leitet sich unmittelbar ab, dass eine Beschränkung der Werkstoffvielfalt die Recyclingfreundlichkeit unter allen Bedingungen stark verbessern kann.

Für die Recyclingeigenschaften von Elektro- und Elektronikgeräten haben A. van Schaik und M. Reuter [16.7 – 16.9] eine computerbasierte Simulation (Prozessmodelle) entwickelt, die die optimale Recyclingroute eines Gerätes ermitteln kann. Die Simulation verknüpft den Geräteaufbau (Materialien, Materialkombinationen, Verbindungsarten) mit den notwendigen Aufbereitungsverfahren (Aufschlussverhalten, Sortierlinien) und den möglichen metallurgischen Prozessen (Eisen-, Kupfer-, Aluminium-Route). Die Ergebnisse der Modellierung können für 50 Elemente in einer graphischen Darstellung („Metal Wheel") [16.8] anschaulich gemacht werden. Im Umkehrschluss sind daraus entsprechende Forderungen an ein Geräte-Design abzuleiten.

Eine umfassende Übersicht der Anforderungen für eine recyclinggerechte Gestaltung ist in Tab. 16.2 zusammengestellt. Diese Anforderungen sind in ähnlicher Form auch in der VDI 2243 „Recyclingorientierte Produktentwicklung" [16.1] angeführt. In der Tabelle wird eine Einteilung in die aufeinander folgenden Arbeitsschritte der Konstruktion und Fertigung von Produkten verwendet. Bereits im ersten Schritt der Auswahl der Funktionsprinzipien werden Festlegungen getroffen, die Einfluss auf die Recyclingeigenschaften haben (z. B. Art der Antriebstechnik, Wahl der Konstruktions- und Funktionswerkstoffe). Die Entscheidungen zur Produktgestaltung und zu den Werkstoffen haben die größte Auswirkung auf das spätere Recycling. Aber auch die Fertigungsverfahren ermöglichen eine Berücksichtigung von Recyclingaspekten (Auswahl der Verbindungstechniken, Entscheidung für spanende Bearbeitung oder Umformtechnik). Schließlich ist die Kombination von Werkstoffgruppen nach anwendbaren Recyclingmethoden ein weiterer Aspekt. Einzelne Forderungen sind dabei durchaus mehreren Arbeitsschritten zuzuordnen.

Tab. 16.2 Forderungskatalog für eine recyclinggerechte Gestaltung und Fertigung unter besonderer Berücksichtigung des Materialrecyclings

Forderungen	Bemerkungen / Beispiele
1. Auswahl der Funktionsprinzipien - Antriebs- und Steuerungsmethoden - Sensoren, Aktoren - Heiz- und Kühlmethoden - Energieträger	z. B. elektrische, hydraulische oder pneumatische Antriebe. Hilfsstoffe (FCKW, KW).

Tab. 16.2 (*Fortsetzung*) Forderungskatalog für eine recyclinggerechte Gestaltung und Fertigung unter besonderer Berücksichtigung des Materialrecyclings

Forderungen	Bemerkungen / Beispiele
2. Baugruppenfestlegung • Modularer Aufbau • Minimierung der Bauteile • Bauteildatenbank • Demontageinformationen (Recyclingpass; IDIS[a])	Bauteilmodule (Elektrik-/Elektronik-Module, Kabelbäume) Werkstoffmodule (unlegierter und legierter Stahl, Gusswerkstoffe, Al-Werkstoffe, Kunststoffe nach Sorten). z. B. Gehäuse und Chassis aus einheitlichen Werkstoffen.
3. Gestaltungsoptimierung • Entnahmegerecht • Zerlegungsgerecht • Zerkleinerungsgerecht • Minderung Korrosionsgefahr • Kennzeichnung der Werkstoffe, besonders der Kunststoffe bei größeren Teilen	Leichter Ausbau von Schadstoffträgern (Batterien) und wiederverwendbaren Bauteilen (Motoren, Getriebe); Lösbare Verbindungselemente mit Form- oder Kraftschluss; Minimierung stoffschlüssiger Verbindungen; Sollbruchstellen (Vorteile spröder Stoffe wie Gusswerkstoffe und Duroplaste); Vermeidung von Spalten und Hohlräumen; Kennzeichnung einheitlicher Materialien z. B. für recyclingfähige Stoßfänger, Gehäuse, Behälter usw. aus Kunststoffen
4. Werkstoffwahl • Reduzierung der Werkstoffvielfalt • Stofflich verwertbare Materialien • Recyclingverträgliche Werkstoffkombinationen • Beschränkung problembehafteter Verbundwerkstoffe • Vermeidung von Schadstoffen	Sicherstellung der vorgeschriebenen stofflichen Recyclingquoten. Recyclingverträgliche Metalle oder Kunststoffe aber auch Metalle mit Keramik. Beschichtungen recyclingverträglich mit dem Trägermaterial auswählen. Hg, Cd, Pb, Cr-Verbindungen vermeiden
5. Fertigungsverfahren • Minimierung der spanenden Bearbeitung zugunsten von Gussteilen/Schmiedeteilen • Einschränkung der Nachbearbeitung durch Schleifen und Beizen • Sortieren der Produktionsabfälle nach Werkstoffsorten, Bearbeitungszustand und physikalischem Zustand	Werkstoffspäne sind häufig verunreinigt und führen zu deutlich geringeren Recyclingausbeuten. Schleifschlämme und Beizlösungen erfordern hohen Aufwand zur Rückgewinnung verwertbarer Stoffe. Sortenreine und saubere Werkstoffabfälle sind effektiver zu verarbeiten und ergeben deshalb höhere Erlöse.
6. Berücksichtigung der Recyclingverfahren • Planung von Werkstoffzusammenstellungen, die gleichartige Recyclingverfahren erfordern	z. B. Werkstoffgruppen, die Schmelzverfahren, Pyrolyse oder chemische Verfahren erfordern. z. B. Gehäuse und Chassis aus gleichen Werkstoffen.

[a] IDIS = International Dismantling Information System (siehe Altauto-Demontage; Kaitel.12)

Zur Verdeutlichung der tabellarischen Zusammenstellungen sollen noch wenige charakteristische Beispiele angeführt werden:

1. Ausnutzung der guten Recyclingverträglichkeit von Edelmetallen mit Kupferschrotten (z. B. Steckerleisten, Leiterplatten). Kupfer wirkt als Edelmetallsammler mit gutem Edelmetallausbringen,
2. Kombination von Metallen mit Keramikwerkstoffen, da sich Keramik in Metallschmelzen nicht auflöst und meist in den Schlacken gut abzutrennen ist,
3. Gewährleistung sehr effektiver Zerlegemöglichkeiten oder Aufschlussmöglichkeiten zwischen Aluminiumwerkstoffen und Eisenwerkstoffen, um den Eintrag von Eisen in Aluminiumschmelzen weitgehend auszuschließen,
4. Einschränkung der Verwendung von schwer abtrennbarem PVC in Kombination mit anderen Kunststoffen oder Metallen, weil durch PVC-Verunreinigungen beim Metallschmelzen oder bei einer thermischen Behandlung/Verwertung von Kunststoffen die Gefahr der Dioxinbildung besteht,
5. Aufschlussfreundliche Gestaltung von Produkten mit unlegierten und hochlegierten Stählen, um die Verwertung von Chrom und Nickel als Legierungskomponenten zu gewährleisten und hohe Erlöse für die getrennten Schrottsorten zu realisieren,
6. Verwendung von zusammensteckbaren Kunststoffgehäusen für Elektronikgeräte (IT, UE) (Electronic Packaging Assembly Concept, E-PAC) mit dem Effekt der Verringerung von Schraubverbindungen und einfacher Demontage.

Die Zielsetzung einer recyclingfähigen Gestaltung und Fertigung ist ständig vor neue Herausforderungen gestellt. Diese entstehen z. B. durch die Tendenz der fortschreitenden Verkleinerung und Gewichtsreduzierung von Apparaten (Handhabbarkeit, Energieeinsparung), die Ausweitung der Funktionen, die Miniaturisierung von Funktionsbauteilen und den Einsatz neuartiger Werkstoffe. Daraus ergibt sich häufig ein Interessenkonflikt zwischen optimaler funktioneller Konstruktion und Werkstoffwahl einerseits, ökonomischen und anderen ökologischen Anforderungen (Leichtbau bei Fahrzeugen, erhöhte Energieeffizienz und damit höherer elektronischer Steuerungsaufwand etwa bei Waschmaschinen etc.) und der Recyclingfähigkeit andererseits. Dieser Widerspruch verlangt immer eine verantwortungsvolle Abwägung, ist aber auch Treiber für die Weiterentwicklung von Recyclingtechnologien.

16.6 Produktgestaltung aus Sicht von Nachhaltigkeit und Ressourceneffizienz

Das Recycling steht im Kontext der übergeordneten Ziele zur Erreichung einer nachhaltigen Industriegesellschaft und der dafür erforderlichen Rohstoffsicherung und Ressourceneffizienz. Dieses Anliegen wird durch das Deutsche Ressourceneffizienzprogramm (ProgRess) weiter präzisiert [16.5]. 20 Handlungsansätze in unterschiedlichen Feldern werden zur

Erreichung von fünf übergeordneten Zielen vorgeschlagen, bei denen das Recycling in vielen Feldern einen Beitrag liefern kann:

- Ziel 1: Sicherung einer nachhaltigen Rohstoffversorgung unter verstärkter Einbeziehung von Recyclingpotentialen,
- Ziel 2: Steigerung der Ressourceneffizienz in der Produktion, u. a. durch DfR,
- Ziel 3: Ressourceneffiziente Gestaltung des Konsums, u. a. durch verbesserte Akzeptanz und Förderung von Recyclateinsatz,
- Ziel 4: Ressourceneffizienter Ausbau der Kreislaufwirtschaft, u. a. durch verbesserte Erfassung und Steuerung von Abfallströmen,
- Ziel 5: Nutzung übergreifender Instrumente, u. a. Stärkung der Recyclingforschung und Nutzung ökonomischer Instrumente um Recyclingtechnologien in den Markt zu bringen.

Letztlich sind immer der internationale Rahmen und die Entwicklungen in anderen Teilen der Welt im Auge zu behalten. Entwicklungen der internationalen Diskussion zur Steigerung der Ressourceneffizienz [16.6] finden in vielen Länder der Welt statt und führen auch zu einem Technologiewettlauf bei der Entwicklung von Recyclingtechnologien und -strukturen, da diese zunehmend als Quelle der Rohstoffsicherung zu sehen sind.

Literatur

16.1   VDI 2243, 2002-10, Recyclingorientierte Produktentwicklung

16.2   EU-Richtlinie 2009/125/EG v. 21. Okt. 2009, Schaffung eines Rahmens für die Festlegung von Anforderungen an die umweltgerechte Gestaltung energieverbrauchsrelevanter Produkte

16.3   Energieverbrauchsrelevante-Produkte-Gesetz (EVPG) v.16. Nov. 2011, Gesetz über die umweltgerechte Gestaltung energieverbrauchsrelevanter Produkte

16.4   Bundespreis-ecodesign, Lebenszyklusphasen (14.Jan.2013), www.bundespreis-ecodesign.de

16.5   Bundesministerium für Umwelt, Naturschutz und Reaktorsicherheit (2012): Deutsches Ressourceneffizienzprogramm (ProgRess). – 121pp. Online: http://www.bmu.de/fileadmin/bmu-import/files/pdfs/allgemein/application/pdf/progress_bf.pdf

16.6   Technische Universität Clausthal & Bundesanstalt für Geowissenschaften und Rohstoffe (2013): ENTIRE – Entwicklung der internationalen Diskussion zur Steigerung der Ressourceneffizienz. – 177 S., Berlin, Clausthal-Zellerfeld, Hannover

16.7   Worrell, E., Reuter, M., Handbook of Recycling, Elsevier Inc. 2014

16.8   UNEP 2013. Metal recycling – Opportunities, Limits, Infrastructure, April 2013, www.unep.org/resourcepanel/Portals/24102/PDF.

16.9   Schaik van, A., Reuter, M.. Material-centric and Product-centric Recycling. In: Worrell, E., Reuter, M., Handbook of Recycling, Elsevier Inc. 2014

16.10 UNEP 2011. Recycling Rates of Metals – A Status Report. www.unep.org/resourcepanel/Portals/50244/publications/UNEP_report2.

Sachverzeichnis

© Springer Fachmedien Wiesbaden 2016
H. Martens, D. Goldmann, *Recyclingtechnik*, De DOI 10.1007/978-3-658-02786-5

Organische Lösemittel, 69, 72, 289, 377
  Destillation, 379, 381
  Einsatzgebiete, 379
Overspray, 382, 384
Oxidation
  selektive, 114
  thermische, 99

P
PA-6-Recycling, 310
Papier, 325, 326, 327
  Pulper, 328
  Recycling, technische Grenzen, 333
  Sekundärfaser, 329
  Verbundverpackung, 333
Papierschlamm, 331
Partikelkathode, 89
Partikelrecycling, 306
PCDD, 104
PCDF, 104
Pentan, Kältemittel, 453
PET-Getränkeflasche, 297
Photovoltaikmodul, 447, 471
Polybromierte Diphenylether (PBDE), 442
Polychlorierte Biphenyle (PCB), 442
Polymer, 271
Post-Consumer-Abfall, 5
Post-Industrial-Abfall, 5
Post-Production-Abfall, 5
Produktgestaltung, 533, 535
  Baugruppe, 542
  Fertigungsverfahren, 542
  Werkstoffwahl, 542
Produktionsabfall, 542
Produktrecycling, 2
Produktverantwortung, 2
Propan-Extraktion, 391
Prozesslösung, 404
PUR, 311, 312
PUR-Recycling, 305
PVC
  Bodenbelag, 296
  Dachbahn, 296
  Fenster, 295
  Profil, 295
Pyrolyse, 101, 314, 316, 317
  Elektro(nik)-Altgeräte, 463
  Kunststoffe, 316
  Prozess, 102

Verfahren, 463
Wirbelschichtreaktor, 316, 317

Q
Qualitätskriterium, 522
Querstromzerspaner, 35, 36

R
R1-Kriterium, 502
Raffination, 115
  Rohblei, 206
  Verfahren, 150
  von Schmelzen, 228
Raffinationselektrolyse, 179, 184
Rauchgasreinigung, 519
Rauchgasreinigungsanlage, 517
Reaktor, 319
Recyclat, 12, 534
  Einsatz, 534
  Qualität, 12
Recyclierbarkeit, 539
Recycling
  Definition, 2
  Ressourcenschonung, 1
  Restwert, 1
  von Duroplasten, 306
  von EPS-Abfall, 290
  von Kunststoffen, 282, 283, 284
  von Polyamid, 300
  von PVC, 295
  von Refraktärmetallen, 242
  von Selen und Tellur, 255
Recyclingbaustoff, 358, 359, 360
Recyclingeigenschaft, 13, 14
Recyclinggerechte Gestaltung, 541
Recyclingkette, 19, 20, 21
Recyclinglack, 385
Recyclingrate, 441
Recyclingverträglichkeit, 538, 539
Reduktion, 322
  thermische, 103
Reduktionselektrolyse, 89, 94, 187
Reduktionsmittel, 319, 320
Refraktärmetall, 239, 240, 241
  Einsatzgebiete, 240, 241
Regenerierung, 4
Regranulat, 290
Rekonditionierung, 388

Printed in the United States
By Bookmasters